수 매씽

개념 연산

중학 수학

2·1

step 1

개념을 한눈에 쏙~!
개념 한바닥

1 개념을 학습하면서 생길 수 있는 궁금증을 해결할 수 있게 질문과 답변을 담았어요.

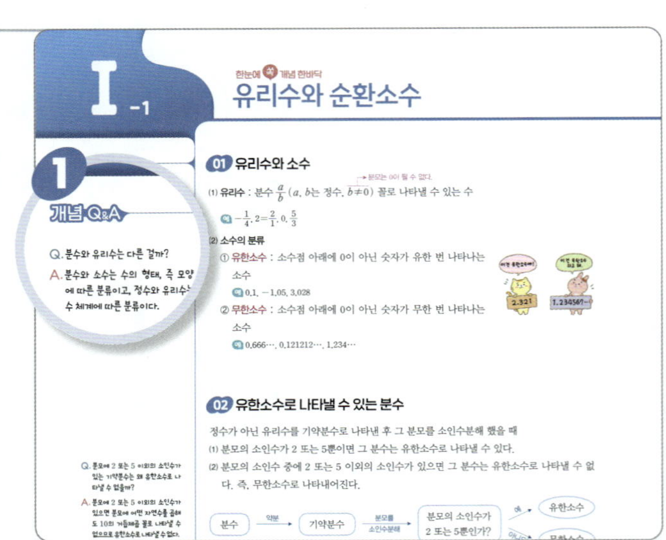

step 2

개념의 원리를 이해하기 쉽게!
VISUAL 개념연산

2 꼭 알아야 할 핵심 개념을 한 마디로 정리했어요.

3 자주 실수하는 부분을 미리 짚어 주었으니 실수하지 마세요.

4 문제 해결 과정을 따라가면서 문제 푸는 방법을 익힐 수 있게 했어요.

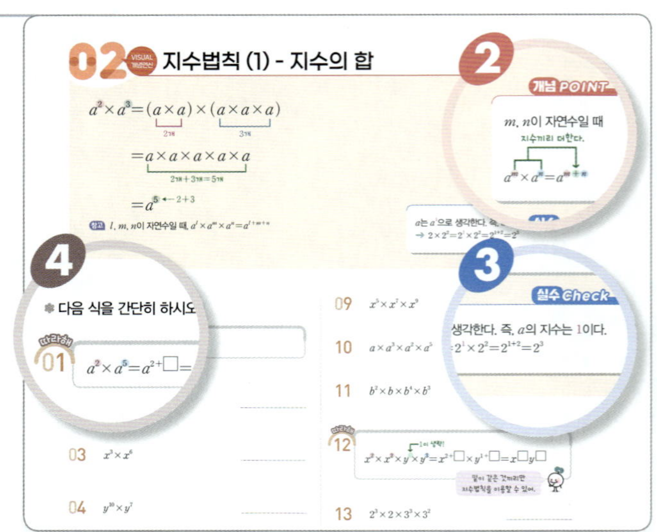

step 3 빠르고 정확하게! 10분 연산 TEST

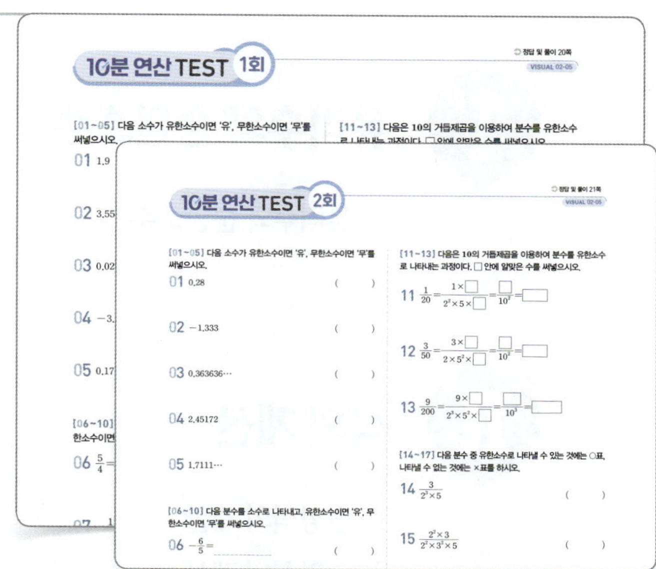

step 4 실전 문제로 자신감 쑥쑥! 학교 시험 PREVIEW

5 핵심 개념을 정확하게 이해하고 있는지 스스로 점검해 보세요.

6 틀리기 쉬운 문제들이니 실수하지 않도록 주의하여 풀어 보세요.

7 학교 시험에 잘 나오는 문제들을 선별하여 출제율을 표시했어요.

8 서술형 문제에 대비할 수 있게 채점 기준을 함께 제시했어요.

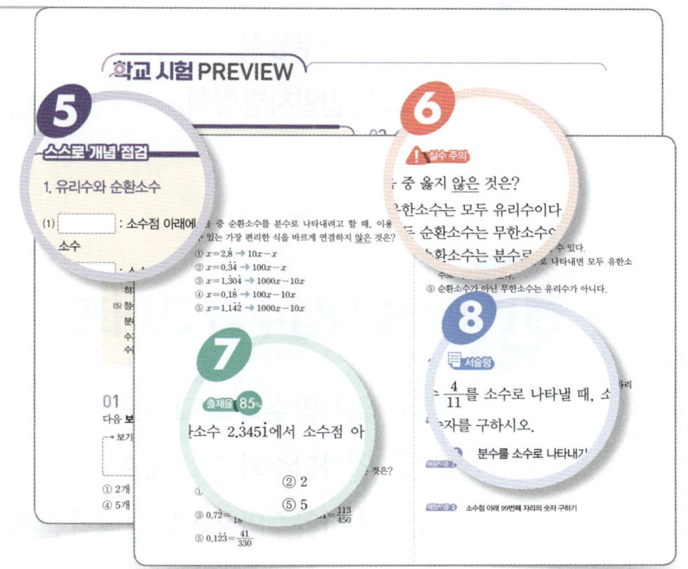

쉬운 개념 + 집중 연산 훈련
수매씽 개념연산

Contents

Ⅰ 유리수와 순환소수

Ⅱ 식의 계산

Ⅲ 부등식과 연립방정식

Ⅳ 일차함수와 그래프

유리수와 순환소수

 **유리수와 순환소수는 왜 배우나요?**

유리수와 순환소수를 배우고 나면
순환소수의 뜻을 알고,
유리수와 순환소수의 관계를
알 수 있어요.

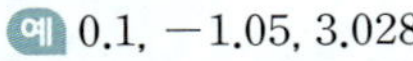
유리수와 순환소수

Q. 분수와 유리수는 다른 걸까?

A. 분수와 소수는 수의 형태, 즉 모양에 따른 분류이고, 정수와 유리수는 수 체계에 따른 분류이다.

01 유리수와 소수

(1) **유리수** : 분수 $\dfrac{a}{b}$ (a, b는 정수, $b \neq 0$) 꼴로 나타낼 수 있는 수

$\rightarrow$ 분모는 0이 될 수 없다.

예 $-\dfrac{1}{4}$, $2=\dfrac{2}{1}$, 0, $\dfrac{5}{3}$

(2) **소수의 분류**

① **유한소수** : 소수점 아래에 0이 아닌 숫자가 유한 번 나타나는 소수

예 0.1, -1.05, 3.028

② **무한소수** : 소수점 아래에 0이 아닌 숫자가 무한 번 나타나는 소수

예 $0.666\cdots$, $0.121212\cdots$, $1.234\cdots$

02 유한소수로 나타낼 수 있는 분수

정수가 아닌 유리수를 기약분수로 나타낸 후 그 분모를 소인수분해 했을 때

(1) 분모의 소인수가 2 또는 5뿐이면 그 분수는 유한소수로 나타낼 수 있다.

(2) 분모의 소인수 중에 2 또는 5 이외의 소인수가 있으면 그 분수는 유한소수로 나타낼 수 없다. 즉, 무한소수로 나타내어진다.

Q. 분모에 2 또는 5 이외의 소인수가 있는 기약분수는 왜 유한소수로 나타낼 수 없을까?

A. 분모에 2 또는 5 이외의 소인수가 있으면 분모에 어떤 자연수를 곱해도 10의 거듭제곱 꼴로 나타낼 수 없으므로 유한소수로 나타낼 수 없다.

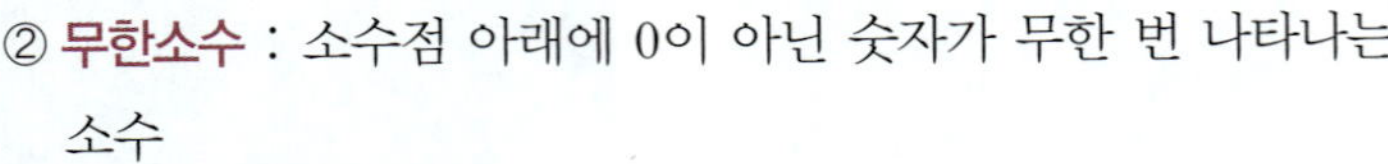

예 $\dfrac{18}{75}=\dfrac{6}{25}=\dfrac{2\times3}{5^2}$에서 분모의 소인수가 5뿐이므로 $\dfrac{18}{75}$은 $\dfrac{18}{75}=0.24$와 같이 유한소수로 나타낼 수 있다.

03 순환소수

(1) **순환소수** : 소수점 아래의 어떤 자리에서부터 한 숫자 또는 몇 개의 숫자의 배열이 끝없이 되풀이되는 무한소수

참고 무한소수 중에는 원주율 $\pi=3.141592\cdots$와 같이 순환소수가 아닌 무한소수도 있다.

(2) **순환마디** : 순환소수의 소수점 아래에서 숫자의 배열이 일정하게 되풀이되는 한 부분

(3) **순환소수의 표현** : 순환마디의 양 끝의 숫자 위에 점을 찍어 간단히 나타낸다.

예 $0.333\cdots$의 순환마디는 3이므로 $0.\dot{3}$과 같이 나타낸다.

$0.212121\cdots$의 순환마디는 21이므로 $0.\dot{2}\dot{1}$과 같이 나타낸다.

$0.102102102\cdots$의 순환마디는 102이므로 $0.\dot{1}0\dot{2}$와 같이 나타낸다.

Q. 순환마디는 숫자의 배열이 반복되는 부분만 찾으면 될까?

A. 순환마디는 숫자의 배열이 가장 먼저 반복되는 부분을 찾되, 반드시 소수점 아래에서 찾아야 한다. 예를 들어, $1.212121\cdots$의 순환마디는 12가 아닌 21이다.

04 순환소수를 분수로 나타내기

(1) 10의 거듭제곱 이용하기

❶ 주어진 순환소수를 x로 놓는다.

❷ ❶의 양변에 10의 거듭제곱을 곱하여 소수점 아래의 부분이 같은 두 식을 만든다.

❸ ❷의 두 식을 변끼리 빼서 x의 값을 구한다. → 순환하는 부분을 없앤다.

[예] 순환소수 $0.\dot{5}\dot{6}$을 분수로 나타내 보자.

❶ 순환소수 $0.\dot{5}\dot{6}$을 x로 놓으면 $x = 0.565656\cdots$

❷ 양변에 100을 곱하면 $100x = 56.565656\cdots$

❸ 위의 두 식을 변끼리 빼면
$$\begin{array}{r} 100x = 56.565656\cdots \\ -)\quad x = 0.565656\cdots \\ \hline 99x = 56 \end{array} \qquad \rightarrow \ x = \frac{56}{99}$$

(2) 공식 이용하기

① 분모 : 순환마디를 이루는 숫자의 개수만큼 9를 쓰고, 그 뒤에 소수점 아래에서 순환마디에 포함되지 않는 숫자의 개수만큼 0을 쓴다.

② 분자 : 소수점을 무시한 순환마디를 포함한 전체의 수에서 순환하지 않는 부분의 수를 뺀다.

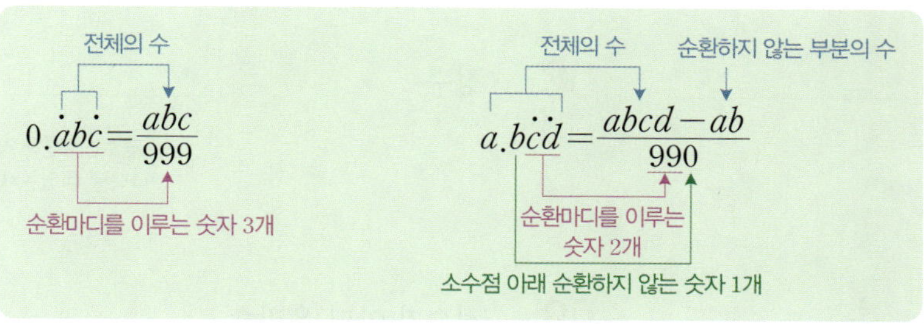

[예] $0.\dot{1}\dot{5} = \dfrac{15}{99} = \dfrac{5}{33}$, $0.1\dot{0}\dot{3} = \dfrac{103 - 1}{990} = \dfrac{102}{990} = \dfrac{17}{165}$

[참고] 0 또는 한 자리의 자연수 a, b, c에 대하여

① $0.\dot{a} = \dfrac{a}{9}$ ② $0.\dot{a}\dot{b} = \dfrac{ab}{99}$ ③ $0.a\dot{b} = \dfrac{ab - a}{90}$ ④ $0.ab\dot{c} = \dfrac{abc - ab}{900}$

05 유리수와 소수의 관계

(1) 정수가 아닌 유리수는 유한소수 또는 순환소수로 나타낼 수 있다.

(2) 유한소수와 순환소수는 모두 유리수이다.

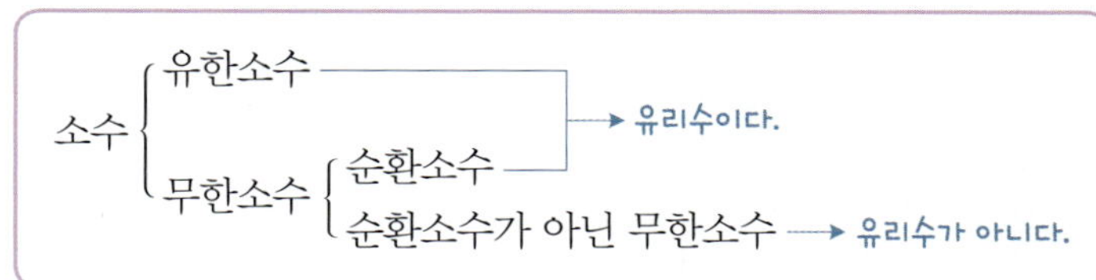

Q. 소수점 아래의 부분이 같은 두 식은 어떻게 만들까?

A. 소수점이 첫 순환마디의 앞뒤로 옮겨지도록 10의 거듭제곱을 적당히 곱한다.

Q. 순환소수가 아닌 무한소수는 왜 유리수가 아닐까?

A. 무한소수 중에 순환소수는 분수로 나타낼 수 있으므로 유리수이지만 순환소수가 아닌 무한소수는 분수로 나타낼 수 없으므로 유리수가 아니다.

유리수 : 분수 $\dfrac{a}{b}$ (a, b는 정수, $b \neq 0$) 꼴로 나타낼 수 있는 수

$$\text{유리수} \begin{cases} \text{정수} \begin{cases} \text{양의 정수(자연수) : } 1,\ 2,\ 3,\ \dots \\ 0 \\ \text{음의 정수 : } -1,\ -2,\ -3,\ \dots \end{cases} \\ \text{정수가 아닌 유리수 : } -0.5,\ -\dfrac{1}{4},\ 1.8,\ \dfrac{4}{7},\ \dots \end{cases}$$

실수 Check

모든 정수는 분수로 나타낼 수 있으므로 유리수이다.

→ $5 = \dfrac{15}{3}$, $-2 = -\dfrac{4}{2}$

✿ **다음 수를 보기에서 모두 고르시오.**

◦ 보기 ◦

ㄱ. -3.3　　ㄴ. 4　　ㄷ. 0　　ㄹ. $-\dfrac{2}{9}$

ㅁ. 0.25　　ㅂ. 3.14　　ㅅ. -11　　ㅇ. $\dfrac{15}{100}$

01 자연수 　_______________

02 정수 　_______________

03 정수가 아닌 유리수 　_______________

04 양의 유리수 　_______________

05 음의 유리수 　_______________

06 유리수 　_______________

✿ **다음 수를 보기에서 모두 고르시오.**

◦ 보기 ◦

ㄱ. 10　　ㄴ. $-\dfrac{1}{3}$　　ㄷ. 8　　ㄹ. $\dfrac{3}{5}$

ㅁ. 2.1　　ㅂ. $-\dfrac{12}{4}$　　ㅅ. 0.46　　ㅇ. -7

07 자연수 　_______________

08 정수 　_______________

09 정수가 아닌 유리수 　_______________

10 양의 유리수 　_______________

11 음의 유리수 　_______________

12 유리수 　_______________

02 VISUAL 개념연산 유한소수와 무한소수

(1) **유한소수** : 소수점 아래에 0이 아닌 숫자가 유한 번 나타나는 소수

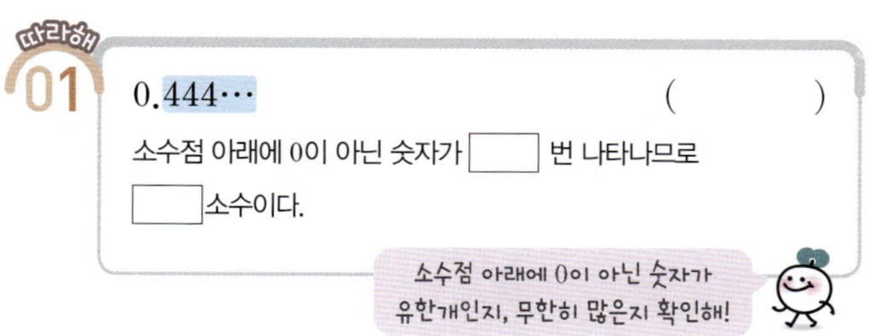

(2) **무한소수** : 소수점 아래에 0이 아닌 숫자가 무한 번 나타나는 소수

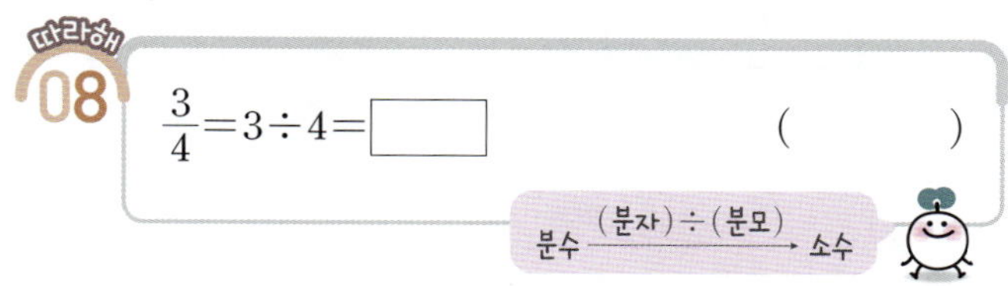

참고 분수는 (분자)÷(분모)를 하여 정수 또는 소수로 나타낼 수 있다.

- $\dfrac{1}{5}=1\div5=0.2$ → 유한 번 → 유한소수

- $\dfrac{4}{11}=4\div11=0.363636\cdots$ → 무한 번 → 무한소수

❋ 다음 소수가 유한소수이면 '유', 무한소수이면 '무'를 써넣으시오.

01 0.444···　　　　　　（　　　）

소수점 아래에 0이 아닌 숫자가 □ 번 나타나므로 □ 소수이다.

02 5.8　　　　　　（　　　）

03 1.232323···　　　　　　（　　　）

04 −4.76　　　　　　（　　　）

05 0.7694　　　　　　（　　　）

06 3.141592···　　　　　　（　　　）

07 −2.010010001···　　　　　　（　　　）

❋ 다음 분수를 소수로 나타내고, 유한소수이면 '유', 무한소수이면 '무'를 써넣으시오.

08 $\dfrac{3}{4}=3\div4=$ □　　　　　　（　　　）

09 $-\dfrac{2}{3}=$ ________　　　　　　（　　　）

10 $\dfrac{7}{9}=$ ________　　　　　　（　　　）

11 $\dfrac{15}{8}=$ ________　　　　　　（　　　）

12 $\dfrac{3}{11}=$ ________　　　　　　（　　　）

13 $\dfrac{6}{7}=$ ________　　　　　　（　　　）

14 $-\dfrac{8}{25}=$ ________　　　　　　（　　　）

03 VISUAL 개념연산 유한소수를 분수로 나타내기

유한소수를 기약분수로 나타내기	분모를 소인수분해 하기	분모의 소인수

분모가 10의 거듭제곱 꼴인 분수로 나타내기

$$0.5 = \frac{5}{10} = \frac{1}{2} \longrightarrow \frac{1}{2} \longrightarrow 2$$

$$0.04 = \frac{4}{100} = \frac{1}{25} \longrightarrow \frac{1}{25} = \frac{1}{5^2} \longrightarrow 5$$

$$0.15 = \frac{15}{100} = \frac{3}{20} \longrightarrow \frac{3}{20} = \frac{3}{2^2 \times 5} \longrightarrow 2,\ 5$$

분모의 소인수가 2 또는 5뿐이다.

✿ 다음 소수를 기약분수로 나타내시오.

따라해 01

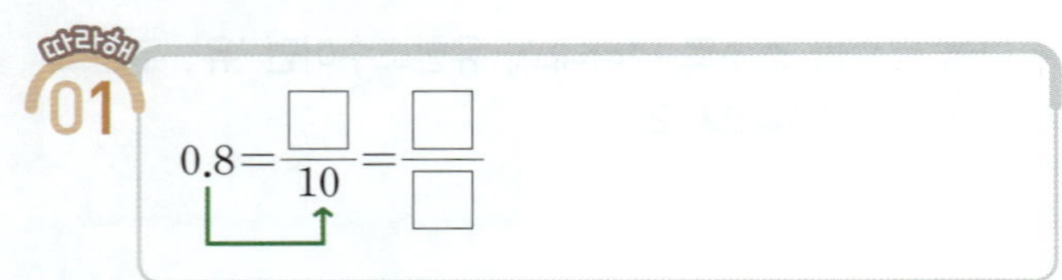

$$0.8 = \frac{\boxed{}}{10} = \frac{\boxed{}}{\boxed{}}$$

02 0.08 ___________

03 0.26 ___________

04 1.24 ___________

05 1.375 ___________

06 1.425 ___________

✿ 다음 소수를 기약분수로 나타내고, 분모의 소인수를 구하시오.

따라해 07

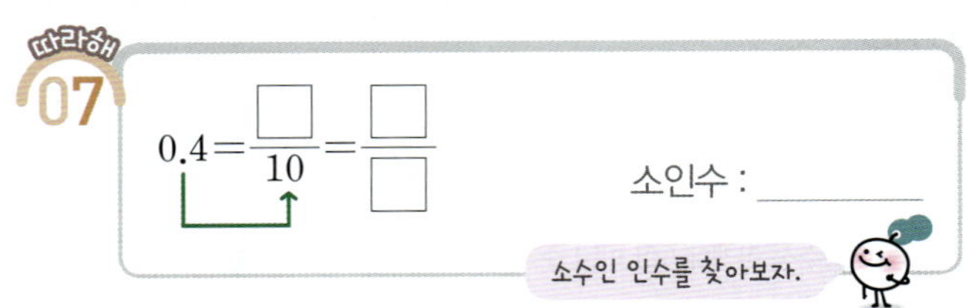

$$0.4 = \frac{\boxed{}}{10} = \frac{\boxed{}}{\boxed{}}$$

소인수 : ___________

08 0.25 ___________ , 소인수 : ___________

09 0.18 ___________ , 소인수 : ___________

10 1.84 ___________ , 소인수 : ___________

11 0.275 ___________ , 소인수 : ___________

12 1.625 ___________ , 소인수 : ___________

04 VISUAL 개념연산 10의 거듭제곱을 이용하여 분수를 소수로 나타내기

정답 및 풀이 19쪽

$$\frac{7}{20}=\frac{7}{2^2\times5}=\frac{7\times5}{2^2\times5\times5}=\frac{35}{2^2\times5^2}=\frac{35}{100}=0.35$$

분모를 소인수분해

분모, 분자에 각각 5를 곱하여
분모의 2와 5의 지수를 같게 만들기

약분

$$\frac{4}{50}=\frac{2}{25}=\frac{2}{5^2}=\frac{2\times2^2}{5^2\times2^2}=\frac{8}{100}=0.08$$

분모를 소인수분해

분모, 분자에 각각 2^2을 곱하여
분모의 2와 5의 지수를 같게 만들기

10의 거듭제곱은 다음을 이용해야 해.

$$2\times5=10$$
$$2^2\times5^2=(2\times5)^2=10^2=100$$
$$2^3\times5^3=(2\times5)^3=10^3=1000$$

✿ 다음은 **10의 거듭제곱을 이용하여 분수를 유한소수로 나타내는 과정**이다. ☐ 안에 알맞은 수를 써넣으시오.

01 $\dfrac{5}{2}=\dfrac{5\times\boxed{}}{2\times5}=\dfrac{\boxed{}}{10}=\boxed{}$

02 $\dfrac{3}{25}=\dfrac{3}{5^2}=\dfrac{3\times2^2}{5^2\times\boxed{}}=\dfrac{\boxed{}}{100}=\boxed{}$

03 $\dfrac{9}{50}=\dfrac{9}{2\times5^2}=\dfrac{9\times\boxed{}}{2\times5^2\times\boxed{}}=\dfrac{\boxed{}}{100}=\boxed{}$

04 $\dfrac{7}{40}=\dfrac{7}{2^3\times5}=\dfrac{7\times\boxed{}}{2^3\times5\times\boxed{}}=\dfrac{\boxed{}}{1000}$
$\phantom{\dfrac{7}{40}}=\boxed{}$

05 $\dfrac{11}{200}=\dfrac{11}{2^3\times5^2}=\dfrac{11\times\boxed{}}{2^3\times5^2\times\boxed{}}=\dfrac{\boxed{}}{1000}$
$\phantom{\dfrac{11}{200}}=\boxed{}$

✿ 다음 분수를 **10의 거듭제곱을 이용하여 유한소수로** 나타내시오.

06 $\dfrac{3}{5}$

07 $\dfrac{7}{28}$

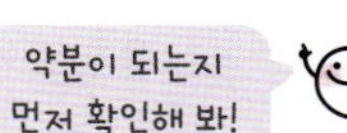

08 $\dfrac{12}{75}$

09 $\dfrac{21}{40}$

10 $\dfrac{9}{250}$

05  유한소수로 나타낼 수 있는 분수

분수를 기약분수로 나타내기	분모를 소인수분해 하기	분모의 소인수가 2 또는 5뿐인가?	

예 → 유한소수
아니요 → 무한소수

$\dfrac{14}{40}=\dfrac{7}{20}$ (약분) → $\dfrac{7}{2^2\times5}$ → 분모의 소인수가 2 또는 5뿐이다. → 유한소수 $\dfrac{7}{20}=0.35$

$\dfrac{26}{60}=\dfrac{13}{30}$ (약분) → $\dfrac{13}{2\times3\times5}$ → 분모의 소인수가 2, 3, 5이다. → 무한소수 $\dfrac{13}{30}=0.4333\cdots$

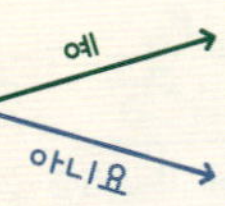
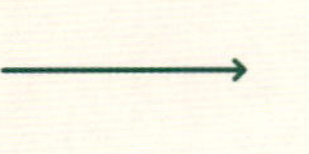

실수 Check

분수를 반드시 기약분수로 고친 후, 분모를 소인수분해 한다.
→ $\dfrac{3}{30}=\dfrac{3}{2\times3\times5}$ 의 분모의 소인수는 2, 3, 5이다. (×), $\dfrac{3}{30}=\dfrac{1}{10}=\dfrac{1}{2\times5}$ 의 분모의 소인수는 2, 5이다. (○)

❋ 다음 □ 안에 알맞은 수를 써넣고, 옳은 것에 ○표를 하시오.

01 $\dfrac{4}{10}$ (약분) → □

→ 분모의 소인수가 □뿐이다.
→ 유한소수로 나타낼 수 (있다, 없다).

02 $\dfrac{7}{12}$ (분모를 소인수분해) → □

→ 분모의 소인수가 □와 □이다.
→ 유한소수로 나타낼 수 (있다, 없다).

03 $\dfrac{9}{60}$ (약분) → □ (분모를 소인수분해) → □

→ 분모의 소인수가 □와 □이다.
→ 유한소수로 나타낼 수 (있다, 없다).

04 $\dfrac{35}{98}$ (약분) → □ (분모를 소인수분해) → □

→ 분모의 소인수가 □와 □이다.
→ 유한소수로 나타낼 수 (있다, 없다).

❋ 다음 분수 중 유한소수로 나타낼 수 있는 것에는 ○표, 나타낼 수 없는 것에는 ×표를 하시오.

05 $\dfrac{3}{2^4}$ ( )

06 $\dfrac{11}{2\times5^2}$ ( )

07 $\dfrac{2^3}{2^2\times3\times5}$ ( )

08 $\dfrac{3\times7}{3\times5^2}$ ( )

09 $\dfrac{9}{3^2\times5\times7^2}$ ( )

10 $\dfrac{2}{15}$ ( )

11 $\dfrac{12}{40}$ ( )

12 $\dfrac{6}{56}$ ( )

13 $\dfrac{9}{75}$ ( )

14 $\dfrac{33}{90}$ ( )

15 $\dfrac{12}{108}$ ( )

16 $\dfrac{21}{120}$ ( )

❋ 다음 분수에 어떤 자연수를 곱하면 유한소수로 나타낼 수 있다. 이때 어떤 자연수 중 가장 작은 자연수를 구하시오.

따라해

17 $\dfrac{1}{2^2 \times 3}$ ___________

유한소수가 되려면 분모의 소인수가 ☐ 또는 ☐뿐이어야 하므로 분모의 소인수 중 ☐이 약분되도록 분수에 ☐의 배수를 곱해야 한다.

따라서 구하는 가장 작은 자연수는 ☐이다.

18 $\dfrac{2}{3^2 \times 5}$ ___________

19 $\dfrac{14}{2 \times 5^2 \times 7^2}$ ___________

20 $\dfrac{7}{18}$ ___________

21 $\dfrac{9}{66}$ ___________

22 $\dfrac{25}{210}$ ___________

10분 연산 TEST 1회

[01~05] 다음 소수가 유한소수이면 '유', 무한소수이면 '무'를 써넣으시오.

01 1.9　　　　　　　　　(　　　)

02 $3.555\cdots$　　　　　　　(　　　)

03 $0.0272727\cdots$　　　　(　　　)

04 -3.14　　　　　　　(　　　)

05 0.172841　　　　　　(　　　)

[06~10] 다음 분수를 소수로 나타내고, 유한소수이면 '유', 무한소수이면 '무'를 써넣으시오.

06 $\dfrac{5}{4}=$ ＿＿＿＿＿　(　　　)

07 $-\dfrac{1}{9}=$ ＿＿＿＿＿　(　　　)

08 $\dfrac{8}{15}=$ ＿＿＿＿＿　(　　　)

09 $\dfrac{3}{8}=$ ＿＿＿＿＿　(　　　)

10 $-\dfrac{4}{27}=$ ＿＿＿＿＿　(　　　)

[11~13] 다음은 10의 거듭제곱을 이용하여 분수를 유한소수로 나타내는 과정이다. □ 안에 알맞은 수를 써넣으시오.

11 $\dfrac{5}{8}=\dfrac{5\times\boxed{}}{2^3\times\boxed{}}=\dfrac{\boxed{}}{10^3}=\boxed{}$

12 $\dfrac{19}{20}=\dfrac{19\times\boxed{}}{2^2\times5\times\boxed{}}=\dfrac{\boxed{}}{10^2}=\boxed{}$

13 $\dfrac{6}{75}=\dfrac{2}{\boxed{}}=\dfrac{2\times\boxed{}}{5^2\times\boxed{}}=\dfrac{\boxed{}}{10^2}=\boxed{}$

[14~17] 다음 분수 중 유한소수로 나타낼 수 있는 것에는 ○표, 나타낼 수 없는 것에는 ×표를 하시오.

14 $\dfrac{3}{2^2\times7}$　　　　　　(　　　)

15 $\dfrac{3^2}{2\times3\times5}$　　　　(　　　)

16 $\dfrac{44}{80}$　　　　　　　(　　　)

17 $\dfrac{10}{96}$　　　　　　　(　　　)

[18~19] 다음 분수에 어떤 자연수를 곱하면 유한소수로 나타낼 수 있다. 이때 어떤 자연수 중 가장 작은 자연수를 구하시오.

18 $\dfrac{13}{2^2\times7}$

19 $\dfrac{21}{45}$

맞힌 개수　$\dfrac{}{19}$개

10분 연산 TEST 2회

[01~05] 다음 소수가 유한소수이면 '유', 무한소수이면 '무'를 써넣으시오.

01 0.28 ( )

02 −1.333 ( )

03 0.363636… ( )

04 2.45172 ( )

05 1.7111… ( )

[06~10] 다음 분수를 소수로 나타내고, 유한소수이면 '유', 무한소수이면 '무'를 써넣으시오.

06 $-\dfrac{6}{5}=$ _______ ( )

07 $\dfrac{2}{11}=$ _______ ( )

08 $-\dfrac{5}{12}=$ _______ ( )

09 $\dfrac{13}{25}=$ _______ ( )

10 $\dfrac{17}{40}=$ _______ ( )

[11~13] 다음은 10의 거듭제곱을 이용하여 분수를 유한소수로 나타내는 과정이다. □ 안에 알맞은 수를 써넣으시오.

11 $\dfrac{1}{20}=\dfrac{1\times\square}{2^2\times5\times\square}=\dfrac{\square}{10^2}=\square$

12 $\dfrac{3}{50}=\dfrac{3\times\square}{2\times5^2\times\square}=\dfrac{\square}{10^2}=\square$

13 $\dfrac{9}{200}=\dfrac{9\times\square}{2^3\times5^2\times\square}=\dfrac{\square}{10^3}=\square$

[14~17] 다음 분수 중 유한소수로 나타낼 수 있는 것에는 ○표, 나타낼 수 없는 것에는 ×표를 하시오.

14 $\dfrac{3}{2^3\times5}$ ( )

15 $\dfrac{2^2\times3}{2^2\times3^2\times5}$ ( )

16 $\dfrac{32}{75}$ ( )

17 $\dfrac{9}{60}$ ( )

[18~19] 다음 분수에 어떤 자연수를 곱하면 유한소수로 나타낼 수 있다. 이때 어떤 자연수 중 가장 작은 자연수를 구하시오.

18 $\dfrac{40}{3\times5^2\times7}$

19 $\dfrac{5}{36}$

맞힌 개수 □ 개/19개

06  VISUAL 개념연산 순환소수

(1) **순환소수** : 소수점 아래의 어떤 자리에서부터 한 숫자 또는 몇 개의 숫자의 배열이 끝없이 되풀이되는 무한소수
(2) **순환마디** : 순환소수의 소수점 아래에서 숫자의 배열이 일정하게 되풀이되는 한 부분

순환소수		순환마디		순환소수의 표현
0.666⋯	→	6	→	$0.\dot{6}$
0.717171⋯	→	71	→	$0.\dot{7}\dot{1}$
1.2343434⋯	→	34	→	$1.2\dot{3}\dot{4}$
2.058058058⋯	→	058	→	$2.0\dot{5}\dot{8}$

↑소수점 아래에서 처음으로 반복되는 부분을 찾는다.

순환마디의 양 끝의 숫자 위에 점을 찍어 나타낸다.

실수 Check

순환마디는 소수점 아래에서 숫자의 배열이 가장 먼저 반복되는 부분이다.
4.254254254⋯
→ $4.\dot{2}5\dot{4}$ (○), $\dot{4}.2\dot{5}$ (×), $4.2\dot{5}4\dot{2}$ (×)

✽ 다음 소수가 순환소수인 것에는 ○표, 순환소수가 아닌 것에는 ×표를 하시오.

01 0.333⋯ ( )

소수점 아래 ☐째 자리에서부터 숫자 ☐의 배열이 끝없이 되풀이되므로 ☐소수이다.

소수점 아래에서 숫자의 배열이 일정하게 되풀이되는지 확인해 봐.

02 2.454545⋯ ( )

03 1.10203⋯ ( )

04 3.0161616⋯ ( )

05 7.5222⋯ ( )

06 4.010010001⋯ ( )

✽ 다음 순환소수의 순환마디를 구하시오.

07 0.555⋯ ______

08 0.232323⋯ ______

09 0.4777⋯ ______

10 1.616161⋯ ______

11 2.789789789⋯ ______

12 5.3282828⋯ ______

13 0.666⋯ ___________

순환마디가 ☐ 이므로 순환마디에 점을 찍어 나타내면 ☐ 이다.

14 0.282828⋯ ___________

15 0.325325325⋯ ___________

순환마디를 이루는 숫자가 3개 이상일 때는 순환마디를 이루는 숫자 중에서 양 끝의 숫자 위에만 점을 찍어!

16 0.7111⋯ ___________

17 1.341341341⋯ ___________

18 3.0969696⋯ ___________

19 2.71805805805⋯ ___________

20 순환소수 $0.\dot{3}\dot{1}$의 소수점 아래 20번째 자리의 숫자

____

$0.\dot{3}\dot{1}$의 순환마디를 이루는 숫자는 3, 1의 ☐ 개이고,

$20 = $ ☐ $\times 10$이므로 소수점 아래 20번째 자리의 숫자는 순환마디의 2번째 숫자인 ☐ 이다.

순환마디를 이루는 숫자가 몇 개인지 먼저 구해 봐.

21 순환소수 $0.4\dot{3}\dot{2}$의 소수점 아래 33번째 자리의 숫자

____

22 순환소수 $0.\dot{2}\dot{5}$의 소수점 아래 41번째 자리의 숫자

____

$0.\dot{2}\dot{5}$의 순환마디를 이루는 숫자는 2, 5의 ☐ 개이고,

$41 = $ ☐ $\times 20 + $ ☐ 이므로 소수점 아래 41번째 자리의 숫자는 순환마디의 ☐ 번째 숫자인 ☐ 이다.

23 순환소수 $0.7\dot{3}\dot{1}$의 소수점 아래 16번째 자리의 숫자

____

24 순환소수 $0.5\dot{0}2\dot{6}$의 소수점 아래 22번째 자리의 숫자

____

순환소수로 나타낼 수 있는 분수

정답 및 풀이 21쪽

분수를 기약분수로 나타내기	분모를 소인수분해 하기	분모에 2 또는 5 이외의 소인수가 있는가?	예 → 순환소수

$$\frac{4}{30} = \frac{2}{15}$$
약분

$$\frac{2}{3 \times 5}$$

분모에 2 또는 5 이외의 소인수 3이 있다.

순환소수
$$\frac{2}{15} = 0.1333\cdots = 0.1\dot{3}$$

순환소수는 무한소수야.

✿ 다음 분수를 소수로 나타내고, 순환마디에 점을 찍어 간단히 나타내시오.

01 $\dfrac{2}{9}$

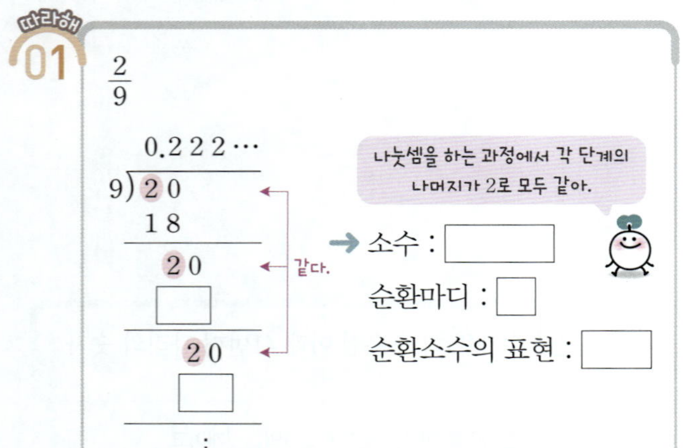

02 $\dfrac{5}{6}$ → 소수 : ____________
→ 순환소수의 표현 : ____________

03 $\dfrac{7}{11}$ → 소수 : ____________
→ 순환소수의 표현 : ____________

04 $\dfrac{8}{37}$ → 소수 : ____________
→ 순환소수의 표현 : ____________

✿ 다음 분수 중 순환소수로만 나타낼 수 있는 것에는 ○표, 나타낼 수 없는 것에는 ×표를 하시오.

05 $\dfrac{5}{2 \times 7}$ ( )

분모에 2 또는 5 이외의 소인수 ☐ 이 있으므로 순환소수로 나타낼 수 (있다, 없다).

06 $\dfrac{11}{2 \times 3 \times 5}$ ( )

07 $\dfrac{7}{25}$ ( )

08 $\dfrac{3^2}{2 \times 3 \times 5^2}$ ( )

분모를 소인수분해 하기 전에 기약분수인지 먼저 확인해!

09 $\dfrac{14}{44}$ ( )

10 $\dfrac{20}{135}$ ( )

소수점 아래 바로 순환마디가 오는 경우

$0.\dot{1}\dot{5}$를 기약분수로 나타내 보자.

❶ $x = 0.151515\cdots$
　　순환마디를 이루는 숫자가 2개 ⟩ 양변에 100을 곱한다.
❷ $100x = 15.151515\cdots$
❸ $100x = 15.151515\cdots$ → 소수점 아래의 부분이 같다.
　$-)\quad x = 0.151515\cdots$
　$99x = 15$　　∴ $x = \dfrac{15}{99} = \dfrac{5}{33}$

❶ 순환소수를 x로 놓는다.
❷ ❶의 양변에 10의 거듭제곱(10, 100, 1000, …)을 곱하여 소수점 아래의 부분이 같은 두 식을 만든다.
❸ ❷의 두 식을 변끼리 빼서 x의 값을 구한다.

✿ 다음은 순환소수를 기약분수로 나타내는 과정이다. □ 안에 알맞은 수를 써넣으시오.

01　$0.\dot{7}$

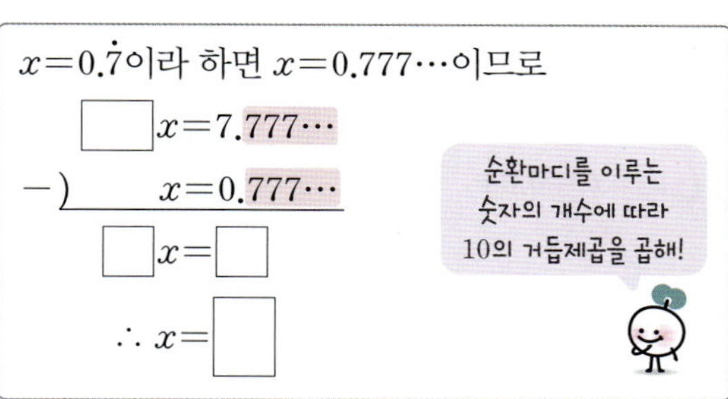

02　$1.\dot{1}\dot{2}$

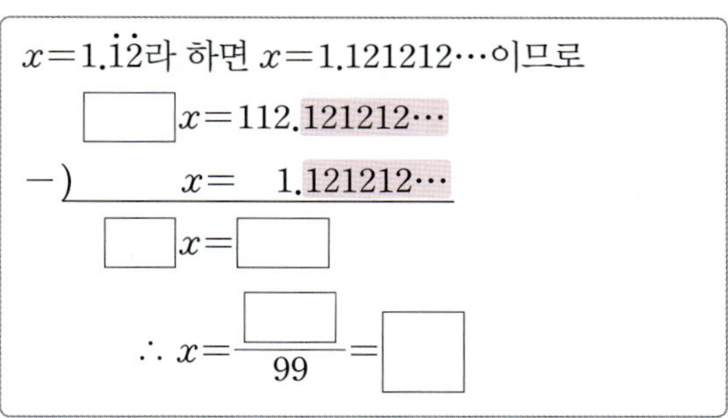

03　$0.\dot{8}1\dot{0}$

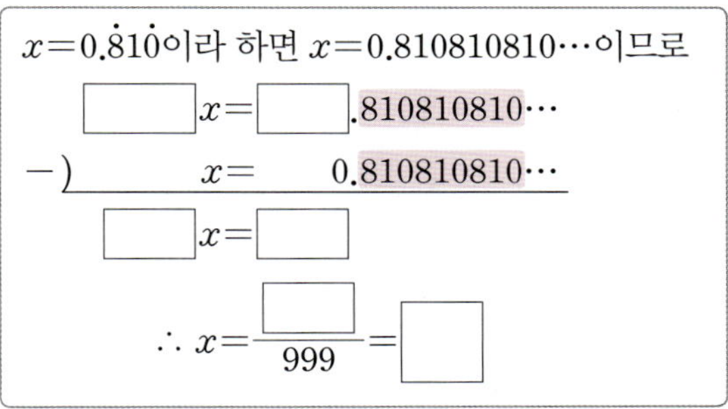

✿ 다음 순환소수를 10의 거듭제곱을 이용하여 기약분수로 나타내시오.

04　$0.\dot{4}$

05　$1.\dot{6}$

06　$3.\dot{5}$

07　$0.\dot{2}\dot{7}$

08 $0.7\dot{6}$ _______________

09 $1.\dot{3}\dot{2}$ _______________

10 $1.\dot{5}\dot{4}$ _______________

11 $0.3\dot{4}\dot{5}$ _______________

12 $1.\dot{0}8\dot{1}$ _______________

13 $1.\dot{2}3\dot{4}$ _______________

✿ 다음 순환소수를 분수로 나타낼 때, 이용할 수 있는 가장 편리한 식을 보기에서 고르시오.

┌─ 보기 ─────────────────────────────┐
ㄱ. $10x-x$ 　　ㄴ. $100x-x$ 　　ㄷ. $1000x-x$
└────────────────────────────────────┘

14 $x=0.\dot{8}$ _______________

15 $x=0.\dot{7}0\dot{9}$ _______________

16 $x=0.0\dot{4}$ _______________

17 $x=1.\dot{3}\dot{6}$ _______________

18 $x=2.\dot{7}$ _______________

19 $x=4.2\dot{0}\dot{3}$ _______________

소수점 아래 바로 순환마디가 오지 않는 경우

$0.2\dot{3}\dot{6}$을 기약분수로 나타내 보자.

❶ $x=0.2\underline{36}3636\cdots$
　　순환하지 않는 숫자가 1개

　　　　　　　　　　　　양변에 10을 곱한다.

❷ $10x=2.\underline{36}3636\cdots$ (㉠)
　　순환마디를 이루는 숫자가 2개

　　　　　　　　　　　　양변에 100을 곱한다.

　　$1000x=236.363636\cdots$ (㉡)

❸ 　$1000x=236.363636\cdots$
　 $-) \quad 10x=\ \ \ 2.363636\cdots$　→ 소수점 아래의 부분이 같다.

　　$990x=234$

$$\therefore x=\frac{234}{990}=\frac{13}{55}$$

❶ 순환소수를 x로 놓는다.
❷ 소수점 아래의 부분이 같은 두 식을 만든다.
　㉠ : ❶의 양변에 소수점 아래에서 순환하지 않는 숫자의 개수에 따라 10의 거듭제곱(10, 100, 1000, …)을 곱한 식
　㉡ : ㉠의 양변에 순환마디를 이루는 숫자의 개수에 따라 10의 거듭제곱(10, 100, 1000, …)을 곱한 식
❸ ❷의 두 식을 변끼리 빼서 x의 값을 구한다.

✱ 다음은 순환소수를 기약분수로 나타내는 과정이다. ☐ 안에 알맞은 수를 써넣으시오.

01　$0.5\dot{2}$

$x=0.5\dot{2}$라 하면 $x=0.5222\cdots$
☐$x=5.222\cdots,$
☐$x=52.222\cdots$이므로
　$100x=52.222\cdots$
$-)\ \ 10x=\ \ 5.222\cdots$
☐$x=$☐
$\therefore\ x=$☐

소수점이 첫 순환마디의 앞과 뒤에 오도록 10의 거듭제곱을 곱해!

02　$0.2\dot{3}\dot{7}$

$x=0.2\dot{3}\dot{7}$이라 하면 $x=0.2373737\cdots$
☐$x=2.373737\cdots,$
☐$x=237.373737\cdots$이므로
☐$x=237.373737\cdots$
$-)\quad$☐$x=\ \ \ 2.373737\cdots$
☐$x=$☐
$\therefore\ x=\dfrac{\text{☐}}{990}=$☐

03　$1.03\dot{5}$

$x=1.03\dot{5}$라 하면 $x=1.03555\cdots$
☐$x=103.555\cdots,$
☐$x=1035.555\cdots$이므로
☐$x=1035.555\cdots$
$-)\ $☐$x=\ \ 103.555\cdots$
☐$x=$☐
$\therefore\ x=\dfrac{\text{☐}}{900}=$☐

✱ 다음 순환소수를 10의 거듭제곱을 이용하여 기약분수로 나타내시오.

04　$0.0\dot{3}$ ＿＿＿＿＿＿

05　$0.5\dot{7}$ ＿＿＿＿＿＿

06 $3.6\dot{5}$

07 $0.0\dot{3}\dot{2}$

08 $0.2\dot{6}\dot{9}$

09 $2.3\dot{4}\dot{5}$

10 $0.51\dot{4}$

11 $3.41\dot{6}$

✿ 다음 순환소수를 분수로 나타낼 때, 이용할 수 있는 가장 편리한 식을 보기에서 고르시오.

> **• 보기 •**
> ㄱ. $100x-10x$ ㄴ. $1000x-10x$ ㄷ. $1000x-100x$

12 $x=0.3\dot{2}$

13 $x=0.1\dot{3}\dot{4}$

14 $x=0.45\dot{7}$

15 $x=2.01\dot{2}$

16 $x=3.0\dot{6}$

17 $x=5.5\dot{8}\dot{1}$

10 공식을 이용하여 순환소수를 분수로 나타내기 (1)

➡ 정답 및 풀이 23쪽

소수점 아래 바로 순환마디가 오는 경우

전체의 수

$$0.\dot{1}4\dot{3}=\frac{143}{999}$$

순환마디를 이루는 숫자 3개

전체의 수 정수 부분

$$1.\dot{4}\dot{3}=\frac{143-1}{99}$$

순환마디를 이루는 숫자 2개

① 분모 : 순환마디를 이루는 숫자의 개수만큼 9를 쓴다.
② 분자 : (전체의 수) − (정수 부분)

개념 POINT

0 또는 한 자리의 자연수
a, b, c, d에 대하여

$$0.\dot{a}=\frac{a}{9}$$

$$0.\dot{a}\dot{b}=\frac{ab}{99}$$

$$a.\dot{b}=\frac{ab-a}{9}$$

$$a.\dot{b}c\dot{d}=\frac{abcd-a}{999}$$

✿ 다음 순환소수를 기약분수로 나타내시오.

01
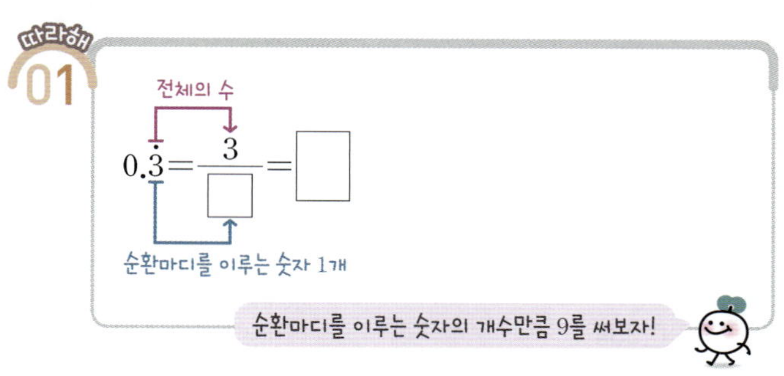

02 $0.\dot{5}$ ___________

03 $0.\dot{2}\dot{4}$ ___________

04 $0.5\dot{0}\dot{7}$ ___________

05 $0.\dot{3}8\dot{1}$ ___________

06
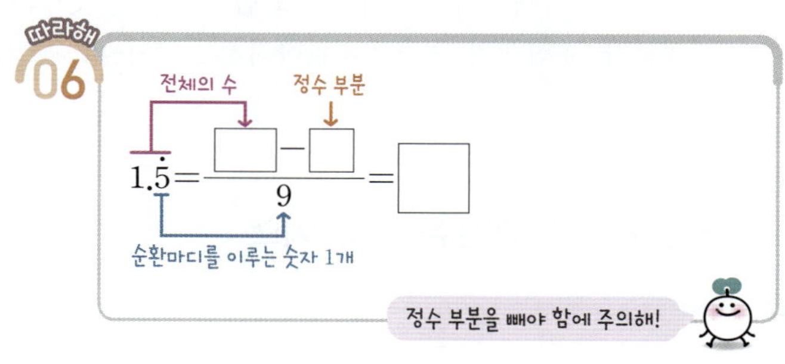

07 $3.\dot{4}$ ___________

08 $11.\dot{3}$ ___________

09 $2.\dot{0}\dot{1}$ ___________

10 $1.\dot{4}2\dot{6}$ ___________

11 공식을 이용하여 순환소수를 분수로 나타내기 (2)

→ 정답 및 풀이 23쪽

소수점 아래 바로 순환마디가 오지 않는 경우

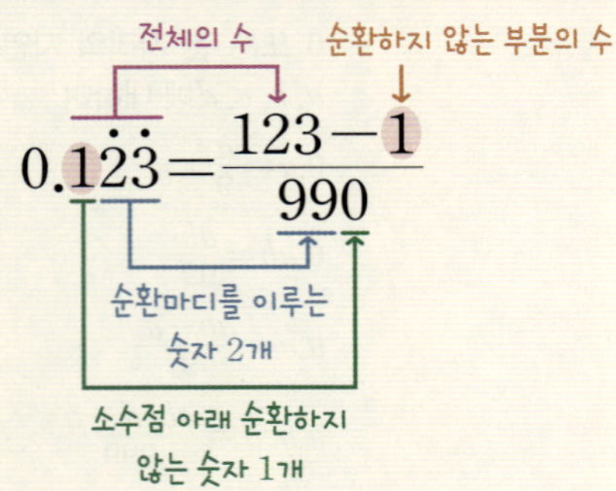

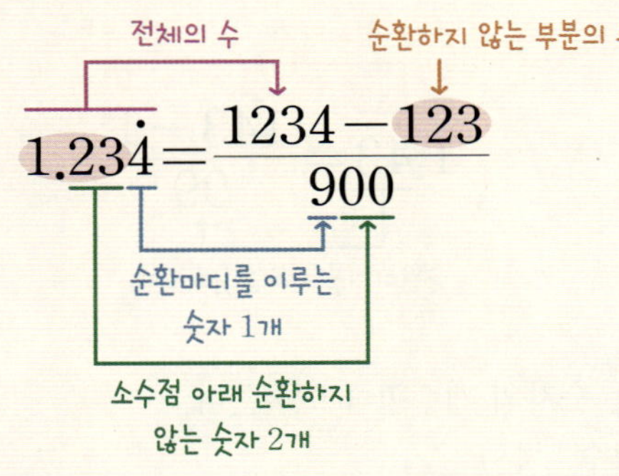

개념 POINT

0 또는 한 자리의 자연수 a, b, c, d에 대하여

$$0.a\dot{b} = \frac{ab-a}{90}$$

$$0.a\dot{b}\dot{c} = \frac{abc-ab}{900}$$

$$a.b\dot{c}\dot{d} = \frac{abcd-ab}{990}$$

$$a.bc\dot{d} = \frac{abcd-abc}{900}$$

① 분모 : 순환마디를 이루는 숫자의 개수만큼 9를 쓰고, 그 뒤에 소수점 아래에서 순환마디에 포함되지 않는 숫자의 개수만큼 0을 쓴다.
② 분자 : (전체의 수) − (순환하지 않는 부분의 수)

❈ 다음 순환소수를 기약분수로 나타내시오.

따라해 01

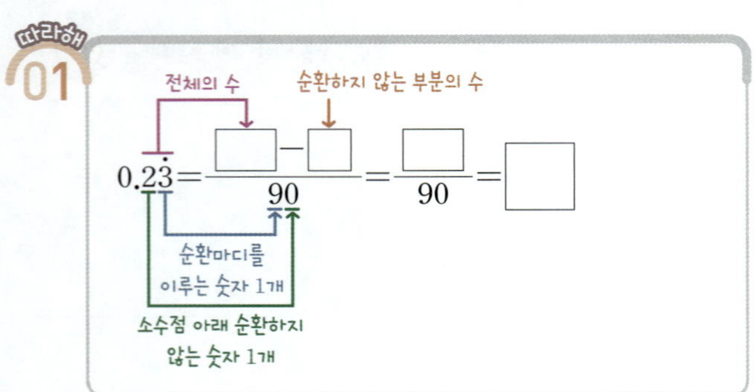

02 $0.0\dot{5}$ _______________

03 $1.2\dot{4}$ _______________

따라해 04

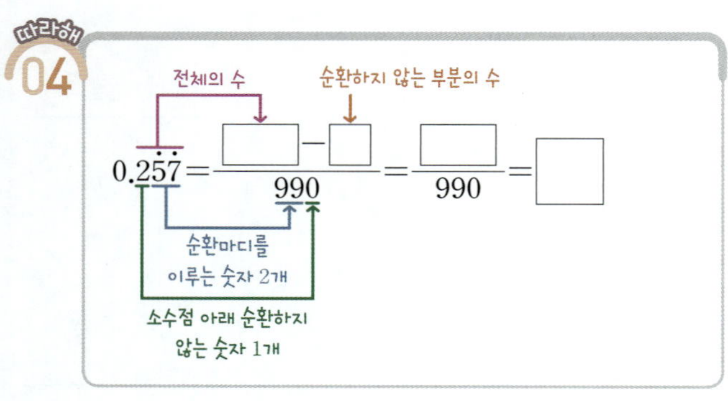

05 $0.0\dot{2}\dot{6}$ _______________

06 $0.23\dot{4}$ _______________

07 $5.01\dot{2}$ _______________

따라해 08

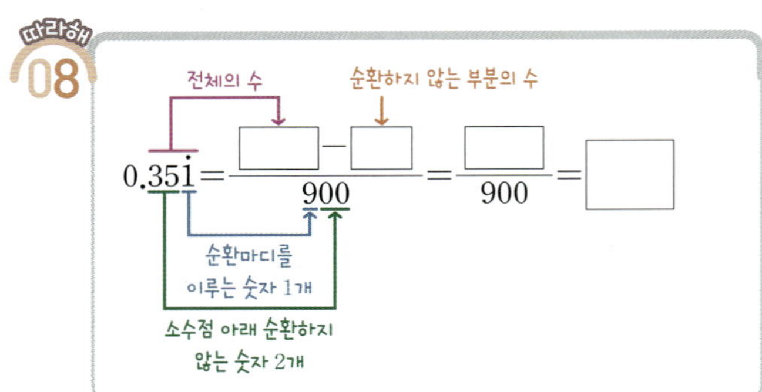

09 $0.03\dot{8}$ _______________

10 $1.34\dot{6}$ _______________

12 VISUAL 개념연산 유리수와 소수의 관계

정답 및 풀이 23쪽

소수
- 유한소수 → $0.3 = \dfrac{3}{10}$
- 무한소수
  - 순환소수 → $0.\dot{3}\dot{1} = \dfrac{31}{99}$ — 분수로 나타낼 수 있으므로 유리수이다. → 유리수
  - 순환소수가 아닌 무한소수 → π → 분수로 나타낼 수 없으므로 유리수가 아니다.

참고 순환소수는 무한소수이지만 무한소수가 모두 순환소수는 아니다.

개념 POINT

(1) 정수가 아닌 유리수는 유한소수 또는 순환소수로 나타낼 수 있다.
(2) 유한소수와 순환소수는 모두 유리수이다.

❋ 다음 중 유리수인 것에는 ○표, 유리수가 아닌 것에는 ×표를 하시오.

따라해 01
$0.656565\cdots$ ( )
$0.656565\cdots$는 (유한, 순환)소수이다.

02 $0.1\dot{7}$ ( )

03 $0.202002000\cdots$ ( )

04 -0.512346 ( )

05 $-9.919919919\cdots$ ( )

06 $1.223334444\cdots$ ( )

❋ 다음 중 옳은 것에는 ○표, 옳지 않은 것에는 ×표를 하시오.

따라해 07
모든 소수는 분수로 나타낼 수 있다. ( )
순환소수가 아닌 무한소수는 분수로 나타낼 수 (있다, 없다).

08 모든 순환소수는 유리수이다. ( )

09 모든 유리수는 분수로 나타낼 수 있다. ( )

10 모든 유리수는 유한소수로 나타낼 수 있다. ( )

11 모든 무한소수는 순환소수이다. ( )

12 모든 무한소수는 유리수이다. ( )

10분 연산 TEST 1회

[01~04] 다음 순환소수의 순환마디를 구하고, 순환마디에 점을 찍어 간단히 나타내시오.

01 $2.666\cdots$

02 $0.0575757\cdots$

03 $3.414141\cdots$

04 $0.213213213\cdots$

[05~06] 다음 순환소수에서 소수점 아래 20번째 자리의 숫자를 구하시오.

05 $0.\dot{4}\dot{9}$

06 $0.3\dot{2}\dot{1}$

[07~10] 다음 분수를 소수로 나타내고, 순환마디에 점을 찍어 간단히 나타내시오.

07 $\dfrac{20}{9}$

08 $\dfrac{8}{11}$

09 $\dfrac{4}{37}$

10 $\dfrac{11}{45}$

[11~14] 다음 분수 중 유한소수로 나타낼 수 있는 것에는 '유', 순환소수로만 나타낼 수 있는 것에는 '순'을 써넣으시오.

11 $\dfrac{5}{3^2}$　　　　　　（　　　）

12 $\dfrac{42}{7 \times 5^2}$　　　　　　（　　　）

13 $\dfrac{29}{30}$　　　　　　（　　　）

14 $\dfrac{21}{105}$　　　　　　（　　　）

[15~18] 다음 순환소수를 기약분수로 나타내시오.

15 $0.\dot{7}\dot{3}$

16 $0.1\dot{4}\dot{7}$

17 $1.5\dot{4}$

18 $0.14\dot{6}$

[19~21] 다음 중 옳은 것에는 ○표, 옳지 않은 것에는 ×표를 하시오.

19 3.14는 유리수이다.　　　　　　（　　　）

20 순환소수 중에는 유리수가 아닌 것도 있다.
　　　　　　（　　　）

21 소수는 유한소수와 무한소수로 분류할 수 있다.
　　　　　　（　　　）

맞힌 개수 　개／21개

10분 연산 TEST 2회

[01~04] 다음 순환소수의 순환마디를 구하고, 순환마디에 점을 찍어 간단히 나타내시오.

01 $1.0777\cdots$

02 $2.393939\cdots$

03 $5.3424242\cdots$

04 $2.5753753753\cdots$

[05~06] 다음 순환소수에서 소수점 아래 40번째 자리의 숫자를 구하시오.

05 $0.4\dot{8}$

06 $1.\dot{1}7\dot{2}$

[07~10] 다음 분수를 소수로 나타내고, 순환마디에 점을 찍어 간단히 나타내시오.

07 $\dfrac{7}{12}$

08 $\dfrac{8}{15}$

09 $\dfrac{2}{33}$

10 $\dfrac{40}{27}$

[11~14] 다음 분수 중 유한소수로 나타낼 수 있는 것에는 '유', 순환소수로만 나타낼 수 있는 것에는 '순'을 써넣으시오.

11 $\dfrac{3}{2^2 \times 7}$ (   )

12 $\dfrac{9}{2 \times 3 \times 5}$ (   )

13 $\dfrac{2 \times 3^2}{3^2 \times 5^2 \times 8}$ (   )

14 $\dfrac{14}{48}$ (   )

[15~18] 다음 순환소수를 기약분수로 나타내시오.

15 $1.\dot{3}$

16 $0.\dot{4}\dot{5}$

17 $0.41\dot{6}$

18 $2.7\dot{3}\dot{5}$

[19~21] 다음 중 옳은 것에는 ○표, 옳지 않은 것에는 ×표를 하시오.

19 모든 소수는 유리수이다. (   )

20 순환소수가 아닌 무한소수는 $\dfrac{(정수)}{(0이\ 아닌\ 정수)}$로 나타낼 수 없다. (   )

21 모든 무한소수는 유리수가 아니다. (   )

맞힌 개수 　　개 / 21개

1. 유리수와 순환소수

(1) ☐ : 소수점 아래에 0이 아닌 숫자가 유한 번 나타나는 소수

(2) ☐ : 소수점 아래에 0이 아닌 숫자가 무한 번 나타나는 소수

(3) ☐ : 소수점 아래의 어떤 자리에서부터 한 숫자 또는 몇 개의 숫자의 배열이 끝없이 되풀이되는 무한소수

(4) ☐ : 순환소수의 소수점 아래에서 숫자의 배열이 일정하게 되풀이되는 한 부분

(5) 정수가 아닌 유리수를 기약분수로 나타낸 후 그 분모를 소인수분해 했을 때, 분모의 소인수 중에 ☐ 또는 ☐ 이외의 소인수가 있으면 그 분수는 무한소수로 나타낼 수 있으며, 그 무한소수는 순환소수이다.

01

다음 **보기**에서 유리수는 모두 몇 개인가?

> **보기**
>
> $$0, \quad \pi, \quad 0.48, \quad -\frac{1}{3}, \quad 1, \quad \frac{32}{8}$$

① 2개 ② 3개 ③ 4개
④ 5개 ⑤ 6개

02

다음은 분수 $\dfrac{13}{40}$ 을 소수로 나타내는 과정이다. ☐ 안에 알맞은 수로 옳지 <u>않은</u> 것은?

$$\frac{13}{40} = \frac{13 \times ②}{2^{①} \times 5 \times ②} = \frac{③}{10^{④}} = ⑤$$

① 3 ② 5^2 ③ 325
④ 4 ⑤ 0.325

03 출제율 80%

다음 분수 중 유한소수로 나타낼 수 있는 것은?

① $\dfrac{1}{30}$ ② $\dfrac{7}{56}$ ③ $\dfrac{12}{2 \times 3 \times 7}$
④ $\dfrac{5}{120}$ ⑤ $\dfrac{35}{2^2 \times 3 \times 5^2}$

04

분수 $\dfrac{91}{3 \times 5 \times 7^2}$ 에 어떤 자연수를 곱하면 유한소수로 나타낼 수 있다. 이때 어떤 자연수 중 가장 작은 자연수는?

① 3 ② 7 ③ 9
④ 14 ⑤ 21

05

분수 $\dfrac{A}{72}$ 를 소수로 나타내면 유한소수가 된다. 이때 A의 값이 될 수 <u>없는</u> 것은?

① 9 ② 18 ③ 24
④ 27 ⑤ 36

06

다음 중 순환소수의 표현으로 옳은 것은?

① $0.333\cdots = 0.\dot{3}\dot{3}$
② $1.321321321\cdots = 1.\dot{3}\dot{2}$
③ $0.9636363\cdots = 0.9\dot{6}\dot{3}$
④ $0.525252\cdots = 0.\dot{5}2\dot{5}$
⑤ $1.3424242\cdots = 1.3\dot{4}\dot{2}$

07 출제율 85%

순환소수 $2.345\dot{1}$에서 소수점 아래 80번째 자리의 숫자는?

① 1   ② 2   ③ 3
④ 4   ⑤ 5

08

다음 중 순환소수를 분수로 나타내려고 할 때, 이용할 수 있는 가장 편리한 식을 바르게 연결하지 않은 것은?

① $x=2.\dot{8}$ ➡ $10x-x$
② $x=0.\dot{3}\dot{4}$ ➡ $100x-x$
③ $x=1.\dot{3}0\dot{4}$ ➡ $1000x-10x$
④ $x=0.1\dot{8}$ ➡ $100x-10x$
⑤ $x=1.1\dot{4}\dot{2}$ ➡ $1000x-10x$

09

다음 중 순환소수를 분수로 나타낸 것으로 옳은 것은?

① $1.\dot{2}=\dfrac{4}{3}$ ② $1.\dot{4}\dot{5}=\dfrac{5}{11}$

③ $0.7\dot{2}=\dfrac{13}{18}$ ④ $2.5\dot{1}=\dfrac{113}{450}$

⑤ $0.1\dot{2}\dot{3}=\dfrac{41}{330}$

10

다음 중 순환소수 $x=0.2030303\cdots$에 대한 설명으로 옳지 않은 것은?

① 유리수이다.
② $0.2\dot{0}\dot{3}$으로 나타낸다.
③ 순환마디는 3이다.
④ $1000x-10x=201$이다.
⑤ 기약분수로 나타내면 $\dfrac{67}{330}$이다.

11 실수 주의

다음 중 옳지 않은 것은?

① 유한소수는 모두 유리수이다.
② 모든 순환소수는 무한소수이다.
③ 모든 순환소수는 분수로 나타낼 수 있다.
④ 정수가 아닌 유리수를 소수로 나타내면 모두 유한소수로 나타낼 수 있다.
⑤ 순환소수가 아닌 무한소수는 유리수가 아니다.

12 서술형

분수 $\dfrac{4}{11}$를 소수로 나타낼 때, 소수점 아래 99번째 자리의 숫자를 구하시오.

채점기준 1   분수를 소수로 나타내기

채점기준 2   순환마디를 이루는 숫자의 개수 구하기

채점기준 3   소수점 아래 99번째 자리의 숫자 구하기

다른 그림 찾기

Ⅱ

식의 계산

 **식의 계산은 왜 배우나요?**

식의 계산을 배우고 나면 지수법칙을
이해하고, 다항식의 덧셈과 뺄셈의
원리를 이해할 수 있어요.

단항식의 계산

Q. 지수법칙은 언제 이용할 수 있을까?

A. 지수법칙은 밑이 같을 때만 이용할 수 있다. 즉,
$a^2 \times a^3 = a^{2+3} = a^5$이지만
$a^2 \times b^3$은 지수법칙을 이용할 수 없다.

Q. $2^2 \times 2^2$과 $2^2 + 2^2$은 같은 값일까?

A. $2^2 \times 2^2 = 2^{2+2} = 2^4 = 16$이고,
$2^2 + 2^2 = 2 \times 2^2 = 8$로 서로 다른 값이다.
같은 수의 계산에서 곱셈은 지수끼리 더하고, 덧셈은 더한 개수만큼 곱한다.

Q. $a^m \div a^n \ (m \neq n)$을 간단히 할 때, 주의할 점은?

A. 먼저 m과 n의 대소를 비교한 후, 지수가 양수가 되도록 큰 수에서 작은 수를 뺀다.

Q. 음수의 거듭제곱에서 부호는 어떻게 결정될까?

A. $a>0$일 때,
$(-a)^n = \{(-1) \times a\}^n$
$\quad\quad = (-1)^n a^n$
이므로
$(-a)^n = \begin{cases} a^n & (n\text{이 짝수}) \\ -a^n & (n\text{이 홀수}) \end{cases}$

01 지수법칙

(1) 지수법칙 – 지수의 합

m, n이 자연수일 때, $a^m \times a^n = a^{m+n}$

예 $a^3 \times a^2 = (a \times a \times a) \times (a \times a) = a \times a \times a \times a \times a = a^5$

주의 $a^m \times a^n \neq a^{mn}$, $a^m + a^n \neq a^{m+n}$

참고 l, m, n이 자연수일 때, $a^l \times a^m \times a^n = a^{l+m+n}$

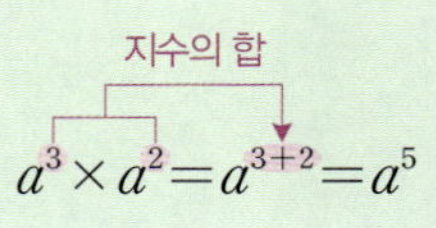

(2) 지수법칙 – 지수의 곱

m, n이 자연수일 때, $(a^m)^n = a^{mn}$

예 $(a^3)^4 = a^3 \times a^3 \times a^3 \times a^3 = a^{3+3+3+3} = a^{3 \times 4} = a^{12}$

주의 $(a^m)^n \neq a^{m+n}$, $(a^m)^n \neq a^{m^n}$

참고 l, m, n이 자연수일 때, $\{(a^l)^m\}^n = a^{lmn}$

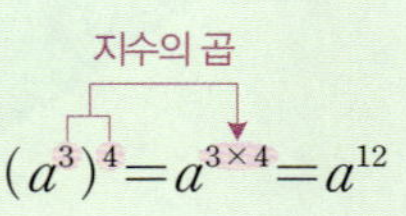

(3) 지수법칙 – 지수의 차

$a \neq 0$이고, m, n이 자연수일 때

① $m > n$이면 $a^m \div a^n = a^{m-n}$

② $m = n$이면 $a^m \div a^n = 1$

③ $m < n$이면 $a^m \div a^n = \dfrac{1}{a^{n-m}}$

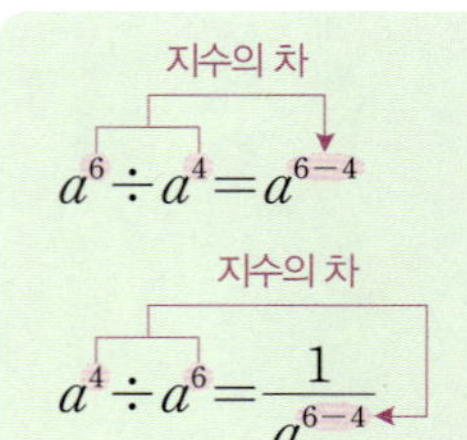

예 $a^6 \div a^4 = \dfrac{a \times a \times a \times a \times a \times a}{a \times a \times a \times a} = a \times a = a^2$

$a^3 \div a^3 = \dfrac{a \times a \times a}{a \times a \times a} = 1$

$a^4 \div a^6 = \dfrac{a \times a \times a \times a}{a \times a \times a \times a \times a \times a} = \dfrac{1}{a \times a} = \dfrac{1}{a^2}$

주의 $a^m \div a^n \neq a^{m \div n}$, $a^m \div a^m \neq 0$

(4) 지수법칙 – 지수의 분배

m이 자연수일 때

① $(ab)^m = a^m b^m$

② $\left(\dfrac{a}{b}\right)^m = \dfrac{a^m}{b^m}$ (단, $b \neq 0$)

예 $(ab)^2 = ab \times ab = a \times a \times b \times b = a^2 b^2$

$\left(\dfrac{a}{b}\right)^4 = \dfrac{a}{b} \times \dfrac{a}{b} \times \dfrac{a}{b} \times \dfrac{a}{b} = \dfrac{a \times a \times a \times a}{b \times b \times b \times b} = \dfrac{a^4}{b^4}$

주의 $(ab)^m \neq ab^m$, $\left(\dfrac{a}{b}\right)^m \neq \dfrac{a^m}{b}$

참고 l, m, n이 자연수일 때, $(a^m b^n)^l = a^{ml} b^{nl}$, $\left(\dfrac{a^m}{b^n}\right)^l = \dfrac{a^{ml}}{b^{nl}}$ (단, $b \neq 0$)

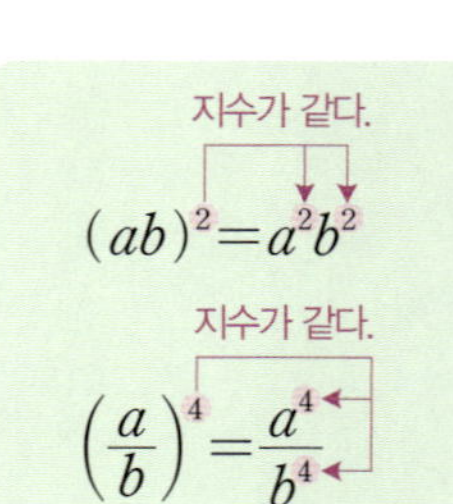

02 단항식의 곱셈

❶ 계수는 계수끼리, 문자는 문자끼리 곱하여 계산한다.

❷ 같은 문자끼리의 곱셈은 지수법칙을 이용하여 간단히 한다.

예 $3ab \times 2b = 3 \times a \times b \times 2 \times b = (3 \times 2) \times (a \times b \times b) = 6ab^2$

참고 ① 단항식에서는 수를 문자 앞에 쓰고, 문자는 알파벳 순서로 쓴다.

② 단항식의 곱셈에서 부호는 계수끼리의 곱에서 다음과 같이 결정된다.

→ 음수가 짝수 개이면 $+$, 음수가 홀수 개이면 $-$

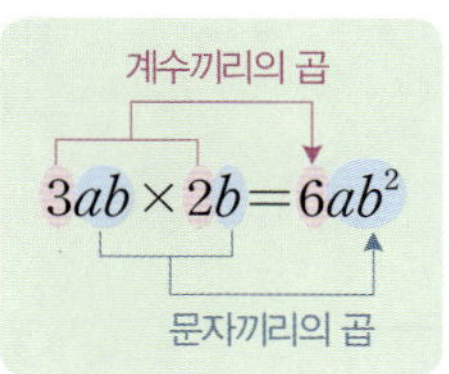

03 단항식의 나눗셈

[방법 ❶] 분수 꼴로 바꾸어 계수는 계수끼리, 문자는 문자끼리 계산한다.

$$\rightarrow A \div B = \frac{A}{B}$$

[방법 ❷] 역수를 이용하여 나눗셈을 곱셈으로 바꾸어 계수는 계수끼리, 문자는 문자끼리 계산한다.

$$\rightarrow A \div B = A \times \frac{1}{B} = \frac{A}{B}$$

참고 나누는 식이 분수 꼴이거나 나눗셈이 2개 이상인 경우에는 [방법 ❷]를 이용하는 것이 편리하다.

① 나누는 식이 분수 꼴인 경우 $\rightarrow A \div \dfrac{C}{B} = A \times \dfrac{B}{C} = \dfrac{AB}{C}$

② 나눗셈이 2개 이상인 경우 $\rightarrow A \div B \div C = A \times \dfrac{1}{B} \times \dfrac{1}{C} = \dfrac{A}{BC}$

04 단항식의 곱셈과 나눗셈의 혼합 계산

❶ 괄호가 있는 거듭제곱은 지수법칙을 이용하여 괄호를 먼저 푼다.

❷ 나눗셈은 역수를 이용하여 곱셈으로 바꾸거나 분수 꼴로 바꾸어 계산한다.

❸ 계수는 계수끼리, 문자는 문자끼리 계산한다.

예 $8x^4y^2 \div 4x^2y \times (-2x)^4$

$= 8x^4y^2 \div 4x^2y \times 16x^4$ 괄호 풀기

$= 8x^4y^2 \times \dfrac{1}{4x^2y} \times 16x^4$ 나눗셈을 곱셈으로 바꾸기

$= 32x^6y$ 계수는 계수끼리, 문자는 문자끼리 계산하기

Q. 단항식의 나눗셈에서 각 방법은 어떤 경우에 이용하는 것이 편리할까?

A. 나누는 식이 분수 꼴이 아니면 [방법 1]을, 나누는 식이 분수 꼴이면 [방법 2]를 이용하는 것이 편리하다.

Q. $\dfrac{1}{3}x$의 역수는 $3x$일까?

A. 역수를 구할 때는 문자까지 포함하여 분모와 분자를 먼저 구분한 후 그 위치를 서로 바꿔야 하므로 $\dfrac{1}{3}x = \dfrac{x}{3}$의 역수는 $\dfrac{3}{x}$이다.

Q. 곱셈과 나눗셈이 혼합된 식에서 계산하는 순서는 정해져 있을까?

A. 나눗셈에서는 교환법칙과 결합법칙이 성립하지 않으므로 곱셈과 나눗셈이 혼합된 식은 앞에서부터 차례로 계산한다.

01 VISUAL 개념연산 거듭제곱 [종등 1학년]

정답 및 풀이 25쪽

거듭제곱 : 같은 수(또는 문자)를 여러 번 곱할 때, 곱하는 수(또는 문자)와 곱하는 횟수를 이용하여 간단히 나타낸 것

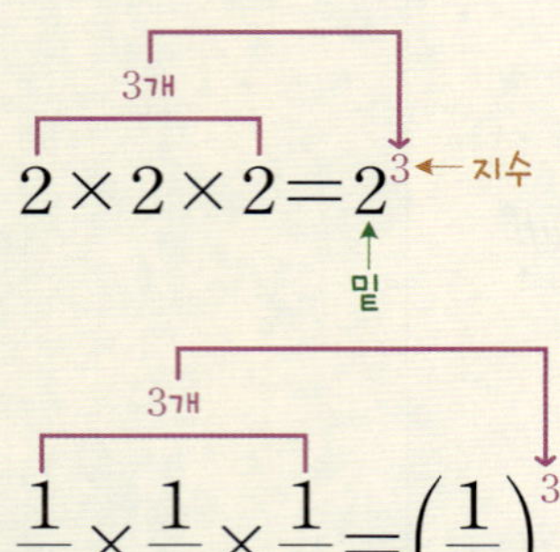

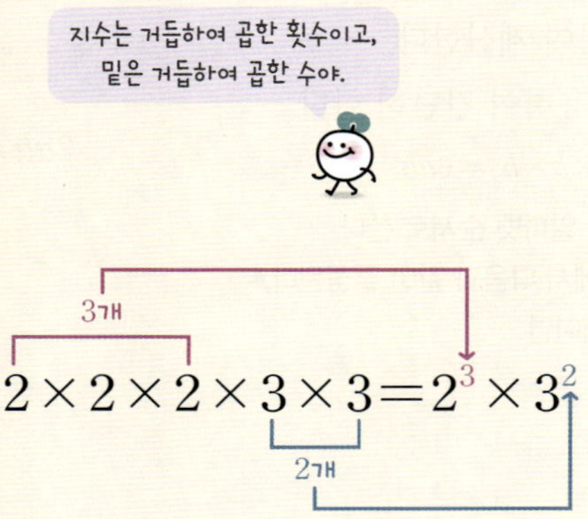

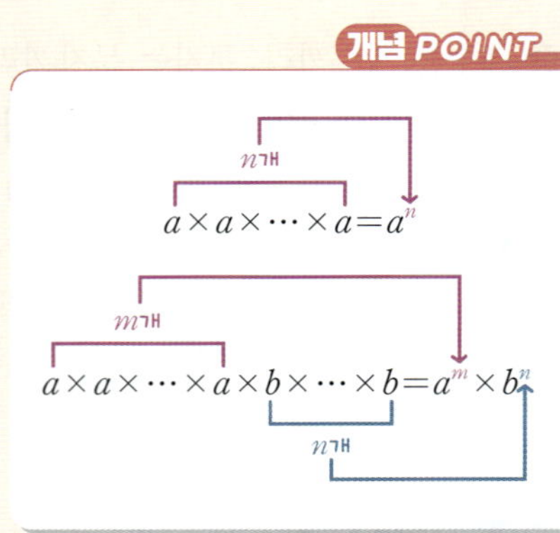

✿ 다음 수의 밑과 지수를 각각 쓰시오.

01 3^5 밑 : ________ , 지수 : ________

02 $\left(\dfrac{1}{4}\right)^3$ 밑 : ________ , 지수 : ________

03 x^8 밑 : ________ , 지수 : ________

04 11^a 밑 : ________ , 지수 : ________

✿ 다음을 거듭제곱을 이용하여 나타내시오.

05
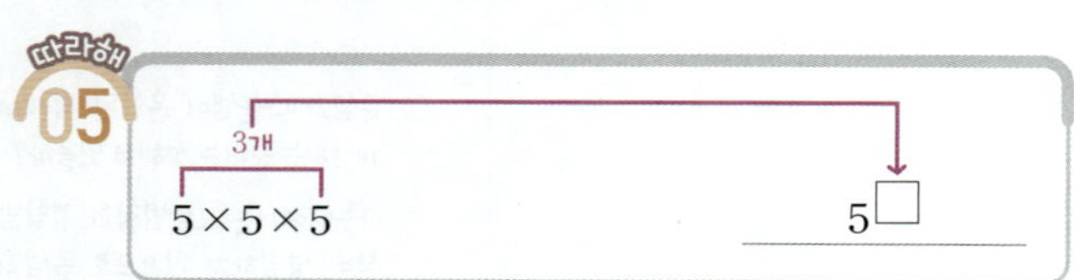

06 $7 \times 7 \times 7 \times 7 \times 7$ ________

07 $\dfrac{1}{3} \times \dfrac{1}{3} \times \dfrac{1}{3}$ ________

08 $x \times x \times x \times x$ ________

09
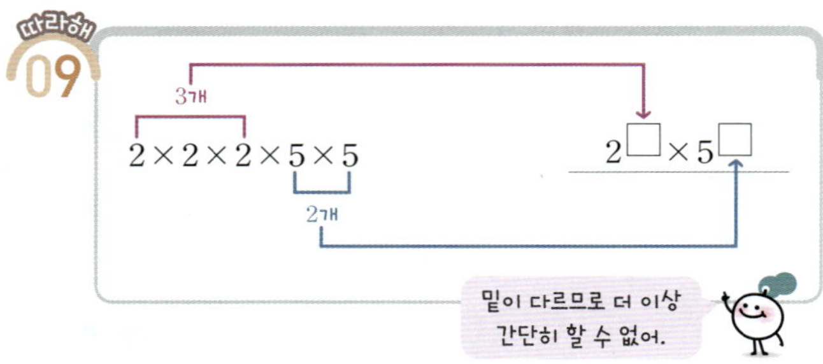

10 $3 \times 3 \times 3 \times 7 \times 7 \times 7 \times 7$ ________

11 $\dfrac{1}{5} \times \dfrac{1}{5} \times \dfrac{1}{5} \times \dfrac{2}{11} \times \dfrac{2}{11}$ ________

12 $\dfrac{1}{2 \times 2 \times 7 \times 7 \times 13}$ ________

13 $a \times a \times a \times b \times b \times b \times b$ ________

14 $x \times y \times y \times x \times x$ ________

02 VISUAL 개념연산 지수법칙 (1) – 지수의 합

$$a^2 \times a^3 = (a \times a) \times (a \times a \times a)$$

2개　　3개

$$= a \times a \times a \times a \times a$$

2개 + 3개 = 5개

$$= a^5 \leftarrow 2+3$$

참고　l, m, n이 자연수일 때, $a^l \times a^m \times a^n = a^{l+m+n}$

개념 POINT

m, n이 자연수일 때

지수끼리 더한다.

$$a^m \times a^n = a^{m+n}$$

실수 Check

a는 a^1으로 생각한다. 즉, a의 지수는 1이다.

$\rightarrow 2 \times 2^2 = 2^1 \times 2^2 = 2^{1+2} = 2^3$

✿ **다음 식을 간단히 하시오.**

따라해 01

$$a^2 \times a^5 = a^{2+\square} = a^{\square}$$

02　$2^2 \times 2^4$

03　$x^3 \times x^6$

04　$y^{10} \times y^7$

05　$b \times b^8$

따라해 06

1이 생략!

$$a \times a^2 \times a^3 = a^{1+\square+\square} = a^{\square}$$

07　$2^2 \times 2 \times 2^4$

08　$b^3 \times b^2 \times b^5$

09　$x^5 \times x^7 \times x^9$

10　$a \times a^3 \times a^2 \times a^5$

11　$b^2 \times b \times b^4 \times b^3$

따라해 12

1이 생략!

$$x^2 \times x^2 \times y \times y^3 = x^{2+\square} \times y^{1+\square} = x^{\square} y^{\square}$$

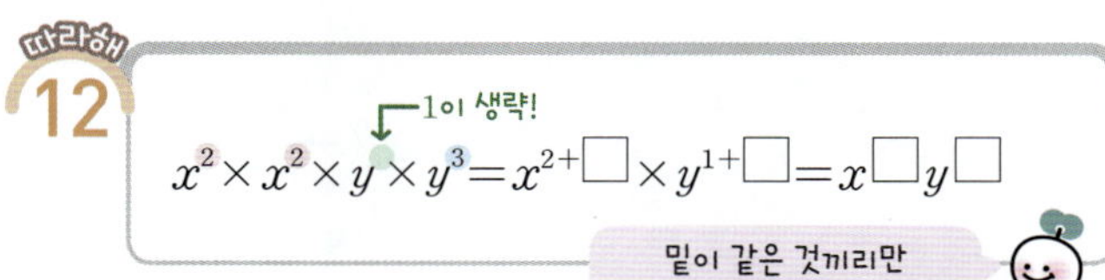

13　$2^3 \times 2 \times 3^3 \times 3^2$

14　$a \times a^2 \times b^2 \times b^5$

따라해 15

밑이 같은 것끼리 모으기

$$x^3 \times y^2 \times x^4 = x^3 \times x^4 \times y^2$$
$$= x^{3+\square} \times y^{\square} = x^{\square} y^{\square}$$

16　$a^3 \times b^4 \times a^5 \times b^2$

17　$x^5 \times y^5 \times y^6 \times x^2$

03 VISUAL 개념연산 지수법칙 (2) - 지수의 곱

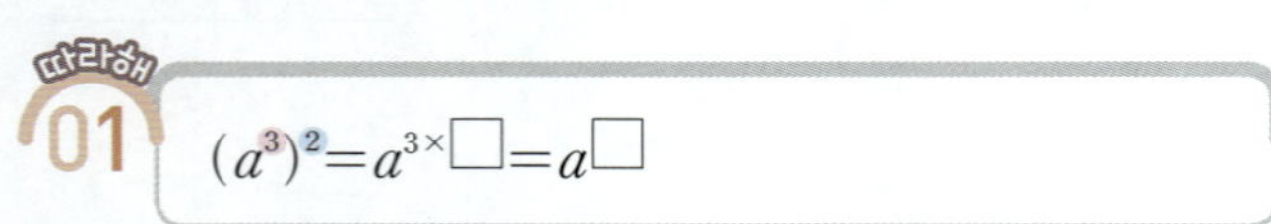

a^2이 3개

$$(a^2)^3 = a^2 \times a^2 \times a^2$$
$$= a^{2+2+2}$$
$$= a^6 \leftarrow 2 \times 3$$

$a^m \times a^n = a^{m+n}$ 이용!

개념 POINT

m, n이 자연수일 때

지수끼리 곱한다.

$$(a^m)^n = a^{mn}$$

실수 Check

$(a^2)^3$은 a^2을 3번 곱한 것이다.
→ $(a^2)^3 = a^{2+3} = a^5$ (×), $(a^2)^3 = a^{2\times3} = a^6$ (○)

✿ 다음 식을 간단히 하시오.

따라해 01

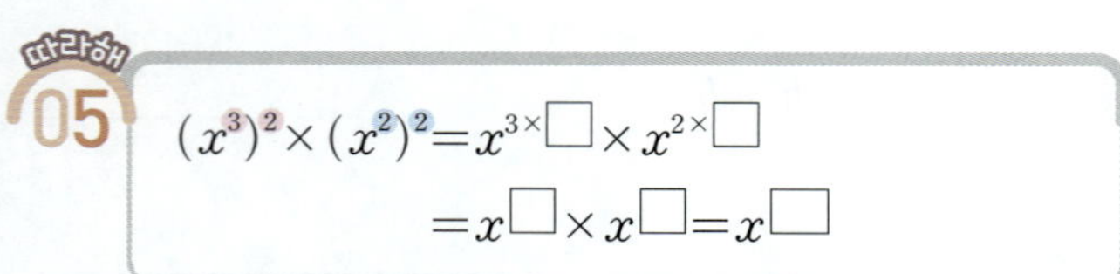
$$(a^3)^2 = a^{3 \times \square} = a^{\square}$$

02 $(3^4)^3$ ___________

03 $(x^2)^4$ ___________

04 $(y^6)^5$ ___________

따라해 05
$$(x^3)^2 \times (x^2)^2 = x^{3 \times \square} \times x^{2 \times \square}$$
$$= x^{\square} \times x^{\square} = x^{\square}$$

06 $(2^5)^2 \times 2^3$ ___________

07 $a \times (a^3)^3$ ___________

08 $(b^4)^3 \times b^2$ ___________

09 $(x^2)^6 \times (x^4)^2$ ___________

따라해 10

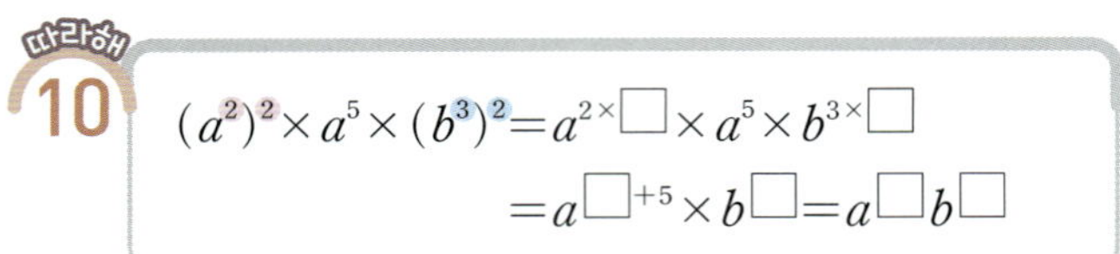
$$(a^2)^2 \times a^5 \times (b^3)^2 = a^{2 \times \square} \times a^5 \times b^{3 \times \square}$$
$$= a^{\square + 5} \times b^{\square} = a^{\square} b^{\square}$$

11 $x^4 \times (x^3)^4 \times y^8$ ___________

12 $(a^6)^2 \times b^3 \times (b^2)^3$ ___________

따라해 13

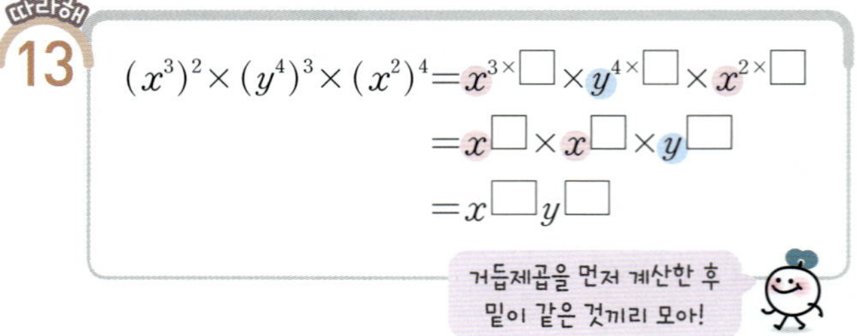
$$(x^3)^2 \times (y^4)^3 \times (x^2)^4 = x^{3 \times \square} \times y^{4 \times \square} \times x^{2 \times \square}$$
$$= x^{\square} \times x^{\square} \times y^{\square}$$
$$= x^{\square} y^{\square}$$

거듭제곱을 먼저 계산한 후
밑이 같은 것끼리 모아!

14 $(a^2)^5 \times (b^3)^5 \times a^7$ ___________

15 $(b^2)^2 \times (a^8)^3 \times (b^4)^2$ ___________

정답 및 풀이 26쪽

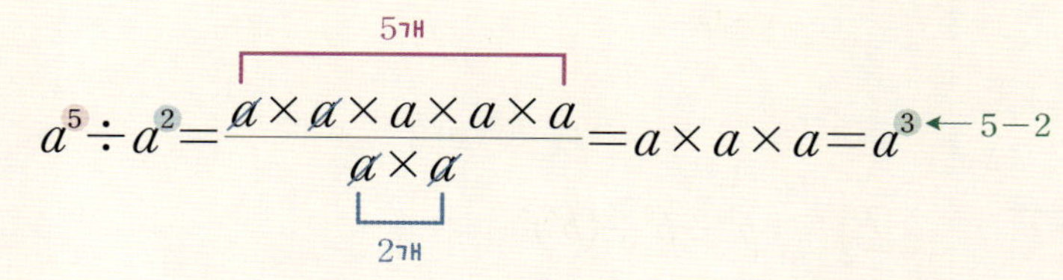

$$a^5 \div a^2 = \frac{\overbrace{a \times a \times a \times a \times a}^{5개}}{\underbrace{a \times a}_{2개}} = a \times a \times a = a^3 \quad \leftarrow 5-2$$

$$a^2 \div a^2 = \frac{\overbrace{a \times a}^{2개}}{\underbrace{a \times a}_{2개}} = 1$$

$$a^2 \div a^5 = \frac{\overbrace{a \times a}^{2개}}{\underbrace{a \times a \times a \times a \times a}_{5개}} = \frac{1}{a \times a \times a} = \frac{1}{a^3} \quad \leftarrow 5-2$$

개념 POINT

$a \neq 0$이고, m, n이 자연수일 때

$$a^m \div a^n = \begin{cases} a^{m-n} & (m > n) \\ 1 & (m = n) \\ \dfrac{1}{a^{n-m}} & (m < n) \end{cases}$$

실수 Check

$a^m \div a^n \ (m \neq n)$을 간단히 할 때, 지수의 대소를 먼저 비교해야 한다.

→ $m > n$이면 $a^{\square}$ 꼴

  $m < n$이면 $\dfrac{1}{a^{\square}}$ 꼴

✿ 다음 식을 간단히 하시오.

따라해 01

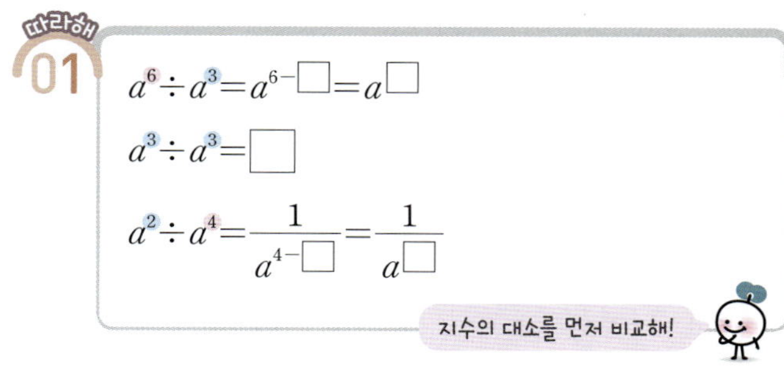

$$a^6 \div a^3 = a^{6-\square} = a^{\square}$$
$$a^3 \div a^3 = \square$$
$$a^2 \div a^4 = \frac{1}{a^{4-\square}} = \frac{1}{a^{\square}}$$

02 $\quad 3^4 \div 3^2$

03 $\quad 4^2 \div 4^2$

04 $\quad 2^3 \div 2^6$

05 $\quad x^{10} \div x^5$

06 $\quad a^8 \div a^8$

07 $\quad x^7 \div x^{12}$

따라해 08

$$(x^2)^2 \div x^2 = x^{2 \times \square} \div x^2 = x^{\square} \div x^2$$
$$= x^{\square - 2} = x^{\square}$$

09 $\quad (a^3)^3 \div a^{10}$

10 $\quad b^{12} \div (b^4)^3$

11 $\quad (x^2)^3 \div (x^6)^2$

12 $(y^3)^6 \div (y^9)^2$ _________

13 $(x^5)^2 \div (x^2)^4$ _________

14

$$a^3 \div a \div a^5 = a^{3-\square} \div a^5 = a^{\square} \div a^5$$
$$= \frac{1}{a^{\square - \square}} = \frac{1}{a^{\square}}$$

15 $4^5 \div 4 \div 4^3$ _________

16 $x^{10} \div x^3 \div x^2$ _________

17 $b^4 \div b^2 \div b^8$ _________

18 $a^7 \div (a^6 \div a^2)$ _________

19 $(x^2)^4 \div x^5 \div x$ _________

20 $a^{15} \div (a^3)^3 \div a^8$ _________

21 $b^{16} \div b^6 \div (b^2)^5$ _________

22 $(x^4)^3 \div x^{10} \div (x^3)^2$ _________

23 $(x^7)^2 \div (x^4)^2 \div x^6$ _________

24 $a^{20} \div (a^6)^2 \div (a^2)^3$ _________

25 $(y^8)^3 \div (y^4)^4 \div (y^5)^4$ _________

26 $(b^4)^7 \div (b^2)^8 \div (b^3)^3$ _________

27 $(a^9)^3 \div (a^3)^5 \div (a^2)^6$ _________

지수법칙 (4) - 지수의 분배

→ 정답 및 풀이 26쪽

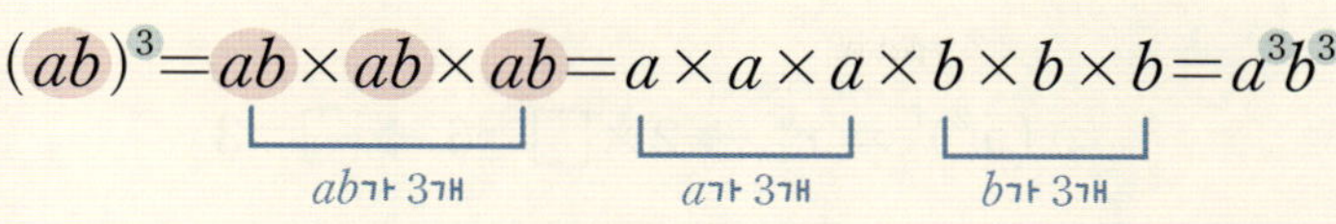

$$(ab)^3 = ab \times ab \times ab = a \times a \times a \times b \times b \times b = a^3 b^3$$

ab가 3개 　　 a가 3개 　　 b가 3개

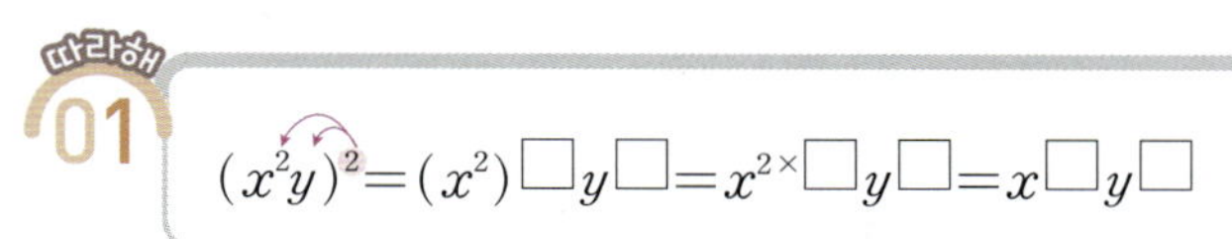

$$\left(\frac{a}{b}\right)^3 = \frac{a}{b} \times \frac{a}{b} \times \frac{a}{b} = \frac{a \times a \times a}{b \times b \times b} = \frac{a^3}{b^3}$$

$\frac{a}{b}$가 3개 　　 b가 3개

개념 POINT

m이 자연수일 때

지수의 분배

(1) $(ab)^m = a^m b^m$

(2) $\left(\dfrac{a}{b}\right)^m = \dfrac{a^m}{b^m}$ (단, $b \neq 0$)

실수 Check

거듭제곱을 계산할 때는 모든 문자와 수를 거듭제곱해야 한다.

→ $(-3x)^3 = -3 \times x^3 \,(\times)$, $(-3x)^3 = (-3)^3 \times x^3 = -27x^3 \,(\bigcirc)$

✿ 다음 식을 간단히 하시오.

따라해 01

$$(x^2 y)^2 = (x^2)^\square y^\square = x^{2 \times \square} y^\square = x^\square y^\square$$

02 $(ab)^4$ ________________

03 $(xy^2)^3$ ________________

04 $(a^2 b^3)^2$ ________________

따라해 05

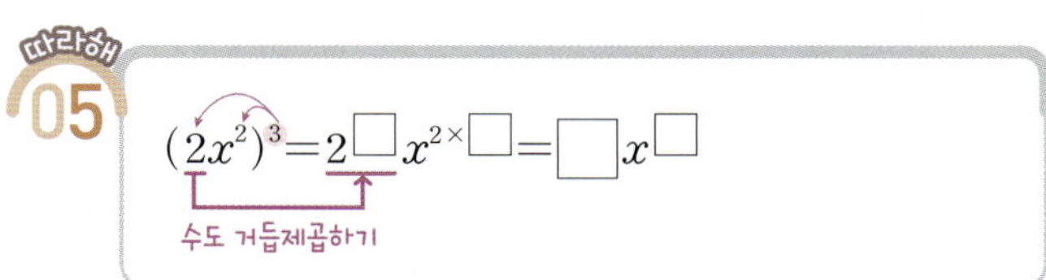

$$(2x^2)^3 = 2^\square x^{2 \times \square} = \square x^\square$$

수도 거듭제곱하기

06 $(3a^3)^2$ ________________

07 $(\; \bullet \; xy)^5$

08 $(-4a^4 b^2)^2$ ________________

따라해 09

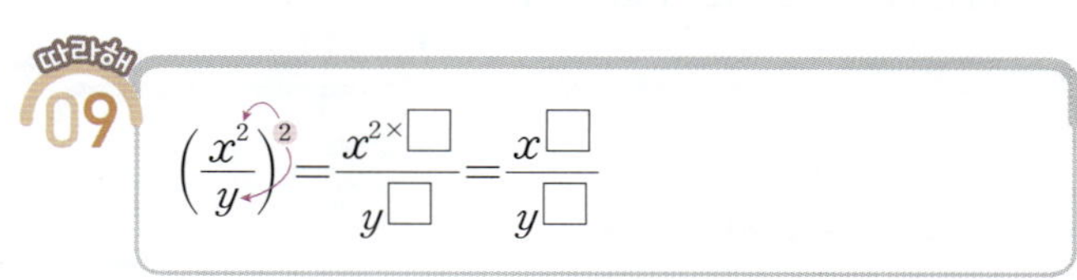

$$\left(\frac{x^2}{y}\right)^2 = \frac{x^{2 \times \square}}{y^\square} = \frac{x^\square}{y^\square}$$

10 $\left(\dfrac{b}{a}\right)^3$ ________________

11 $\left(\dfrac{x}{y^2}\right)^4$ ________________

12 $\left(\dfrac{a^2}{b^3}\right)^3$ ________________

따라해 13

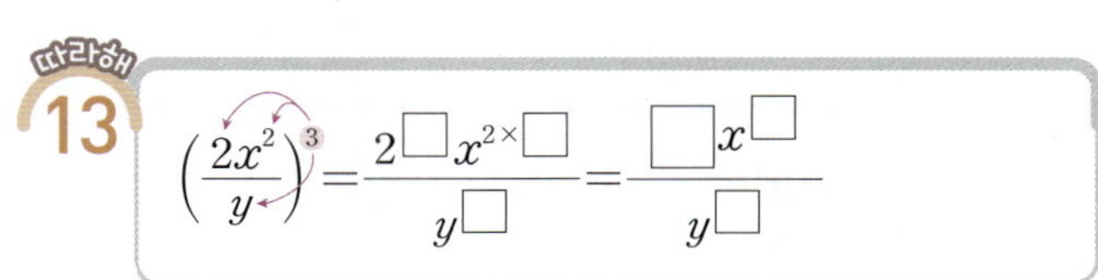

$$\left(\frac{2x^2}{y}\right)^3 = \frac{2^\square x^{2 \times \square}}{y^\square} = \frac{\square x^\square}{y^\square}$$

14 $\left(\dfrac{a^4}{5}\right)^2$ ________________

15 $\left(\dfrac{2y}{x^3}\right)^4$ ________________

16 $\left(-\dfrac{a^2}{3b}\right)^3$ ________________

① $x^2 \times x^{\square} = x^5$ → $2 + \square = 5$ → $\square = 3$

② $(x^2)^{\square} = x^6$ → $2 \times \square = 6$ → $\square = 3$

③ $x^6 \div x^{\square} = x^2$ → $6 - \square = 2$ → $\square = 4$

④ $(xy^{\square})^2 = x^2 y^4$ → $\square \times 2 = 4$ → $\square = 2$

⑤ $\left(\dfrac{x^{\square}}{y^2}\right)^2 = \dfrac{x^4}{y^4}$ → $\square \times 2 = 4$ → $\square = 2$

❋ 다음 □ 안에 알맞은 수를 구하시오.

01 $x^{\square} \times x^3 = x^7$

$\rightarrow x^{\square + 3} = x^7$에서 $\square + 3 = 7$

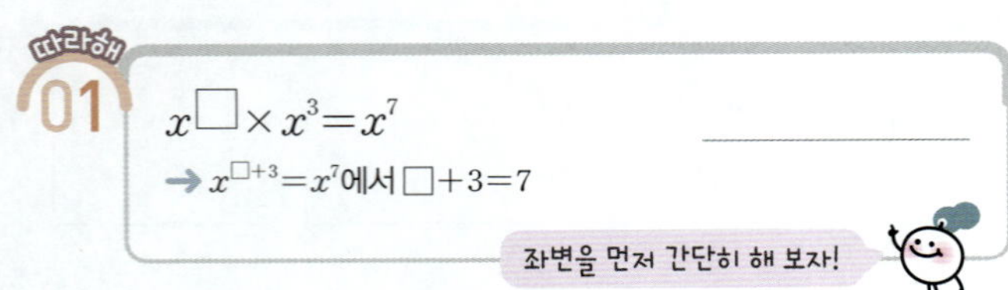

02 $2^{\square} \times 2^5 = 2^{10}$

03 $a^4 \times a^{\square} = a^8$

04 $b \times b^{\square} \times b^2 = b^{10}$

05 $(a^{\square})^3 = a^9$

$\rightarrow a^{\square \times 3} = a^9$에서 $\square \times 3 = 9$

06 $(3^{\square})^3 = 3^{15}$

07 $(x^4)^{\square} = x^{12}$

08 $b^2 \times (b^{\square})^2 = b^{10}$

09 $x^{\square} \div x^2 = x^4$

$\rightarrow x^{\square - 2} = x^4$에서 $\square - 2 = 4$

10 $2^4 \div 2^{\square} = 1$

11 $a^{\square} \div a^5 = a^3$

12 $b^3 \div b^{\square} = \dfrac{1}{b^2}$

13 $(a^{\square} b^2)^3 = a^9 b^6$

$\rightarrow a^{\square \times 3} b^{2 \times 3} = a^9 b^6$에서 $\square \times 3 = 9$

14 $(2a^3)^{\square} = 16a^{12}$

15 $\left(\dfrac{x^2}{y^{\square}}\right)^4 = \dfrac{x^8}{y^{20}}$

$\rightarrow \dfrac{x^{2 \times 4}}{y^{\square \times 4}} = \dfrac{x^8}{y^{20}}$에서 $\square \times 4 = 20$

16 $\left(\dfrac{b^{\square}}{a^3}\right)^5 = \dfrac{b^{10}}{a^{15}}$

10분 연산 TEST 1회

맞힌 개수 ＿＿개/20개

[01~16] 다음 식을 간단히 하시오.

01 5×5^6

02 $a^{10} \times a^7$

03 $x^2 \times x \times x^5$

04 $a^2 \times b \times b^3 \times a^4$

05 $(2^3)^6$

06 $(x^2)^8$

07 $(a^2)^4 \times (b^3)^3$

08 $x^3 \times (y^3)^2 \times (x^2)^3$

09 $a^{10} \div a^5$

10 $(y^2)^4 \div (y^5)^3$

11 $x^{10} \div x^5 \div x^3$

12 $(b^2)^6 \div b^2 \div (b^5)^2$

13 $(-7x^2)^2$

14 $(a^2b^4)^3$

15 $\left(\dfrac{x^2}{2}\right)^5$

16 $\left(-\dfrac{3x}{y^3}\right)^4$

[17~20] 다음을 만족시키는 자연수 a, b의 값을 각각 구하시오.

17 $x^2 \times x^a = x^9$

18 $y^a \div y^2 = \dfrac{1}{y}$

19 $(2xy^a)^4 = bx^4y^8$

20 $\left(-\dfrac{y^a}{3x}\right)^2 = \dfrac{y^6}{9x^b}$

10분 연산 TEST 2회

맞힌 개수 　　／20개

[01~16] 다음 식을 간단히 하시오.

01 $2^2 \times 2^5$

02 $x^3 \times x^7$

03 $a \times a^2 \times a^3$

04 $x^3 \times y^2 \times x^4 \times y$

05 $(3^5)^3$

06 $(a^3)^4$

07 $(x^2)^3 \times x^3$

08 $(a^3)^2 \times (b^4)^3 \times (a^2)^4$

09 $x^{12} \div x^{16}$

10 $(a^3)^3 \div a^6$

11 $x^8 \div x \div x^7$

12 $(b^2)^4 \div b^3 \div (b^5)^4$

13 $(xy^2)^4$

14 $(-4a^3b)^2$

15 $\left(\dfrac{x^3}{y^2}\right)^5$

16 $\left(-\dfrac{3a^3}{2b}\right)^3$

[17~20] 다음을 만족시키는 자연수 a, b의 값을 각각 구하시오.

17 $x^a \times x^4 = x^7$

18 $y^8 \div y^a \div y = y^2$

19 $(x^a y)^3 = x^{12} y^b$

20 $\left(-\dfrac{ax^2}{y}\right)^4 = \dfrac{16x^8}{y^b}$

07 단항식의 곱셈

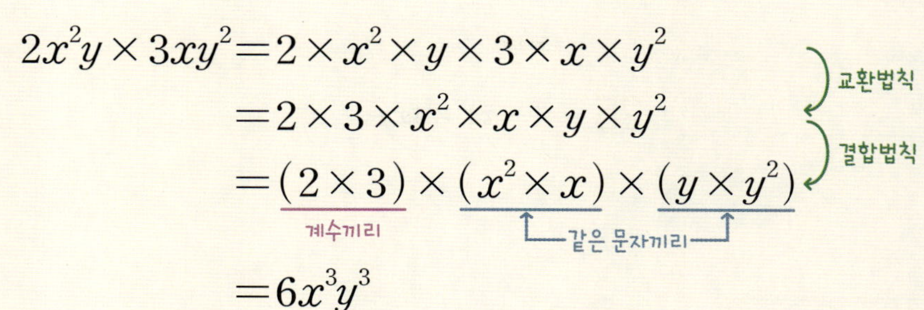

$$2x^2y \times 3xy^2 = 2 \times x^2 \times y \times 3 \times x \times y^2$$
$$= 2 \times 3 \times x^2 \times x \times y \times y^2$$
$$= (2 \times 3) \times (x^2 \times x) \times (y \times y^2)$$
$$= 6x^3y^3$$

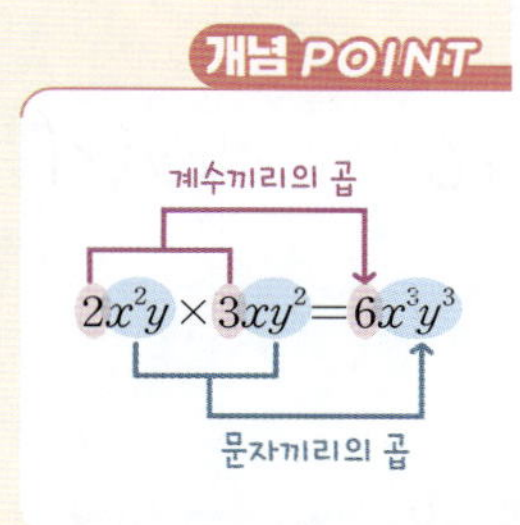

✿ 다음을 계산하시오.

01
$$2a \times 6b = \boxed{} \times a \times \boxed{} \times b$$
$$= \boxed{} \times \boxed{} \times \underline{a} \times \underline{b}$$
$$= \boxed{}$$

02 $5x \times 4y$

03 $7a \times 3b$

04 $4a \times (-6b)$

05 $(-5x) \times (-2y)$

06 $(-2ab) \times 8b$

07 $\dfrac{1}{3}x \times (-6xy)$

08
$$2x \times 4x^3 = \boxed{} \times x \times \boxed{} \times x^3$$
$$= \boxed{} \times \boxed{} \times \underline{x \times x^3}$$
$$= \boxed{}$$

09 $3a \times (-5a^4)$

10 $\left(-\dfrac{1}{4}b^3\right) \times 8b^2$

11
$$3xy \times 2xy^2 = \boxed{} \times x \times y \times \boxed{} \times x \times y^2$$
$$= \boxed{} \times \boxed{} \times \underline{x \times x} \times \underline{y \times y^2}$$
$$= \boxed{}$$

12 $4a^3b \times (-7b^2)$

13 $\dfrac{1}{2}xy \times \dfrac{2}{3}x^2y$

14 $(-5a^3b) \times 2ab^2$

15 $4a^2b^3 \times (-3ab^2)$

16 $(-2x^2y) \times \left(-\dfrac{1}{4}xy^4\right)$

17
$$2x^4 \times 3xy \times y^3 = \square \times x^4 \times \square \times x \times y \times y^3$$
$$= \square \times \square \times \underline{x^4 \times x} \times \underline{y \times y^3}$$
$$= \boxed{}$$

18 $3a^3b \times 4a \times 5ab^2$

19 $\left(-\dfrac{3}{2}xy^3\right) \times y \times 8x^2$

20 $6x^3y \times (-xy) \times (-4y^2)$

21
$$a^3 \times (-2ab)^2 = a^3 \times (-2)^{\square} \times a^2 \times b^{\square}$$
$$= \square \times \underline{a^3 \times a^2} \times \underline{b^{\square}}$$
$$= \boxed{}$$

22 $(-a)^3 \times (-7a^6)$

23 $3x \times (-2y)^4$

24 $(-3x^2)^2 \times (-5y)$

25 $(-x)^5 \times 4xy$

26 $(3ab)^3 \times (-ab)$

27 $(4x^3y^2)^2 \times \dfrac{1}{2}x^2y$

28 $(-2ab^2)^3 \times (-a^2b)^2$

29 $(-x)^4 \times 3xy \times (2x^2y)^2$

30 $2a^3b \times (-a)^3 \times (-5b)^2$

31 $(-x^2y)^3 \times 8x^2y \times \left(-\dfrac{3}{4}y^2\right)$

32 $(2xy^2)^3 \times 5xy \times (-x^2y)^3$

33 $(-2ab)^4 \times \left(-\dfrac{b}{3a^2}\right)^2 \times (6ab^2)^2$

08 VISUAL 개념연산 단항식의 나눗셈

분수 꼴로 바꾸어 풀기

$$15x^2y \div 3x = \frac{15x^2y}{3x} = \frac{15}{3} \times \frac{x^2y}{x} = 5xy$$

역수의 곱셈으로 바꾸어 풀기

$$15x^2y \div \frac{x}{3} = 15x^2y \times \frac{3}{x} = 15 \times 3 \times x^2y \times \frac{1}{x} = 45xy$$

✽ 다음을 계산하시오.

01 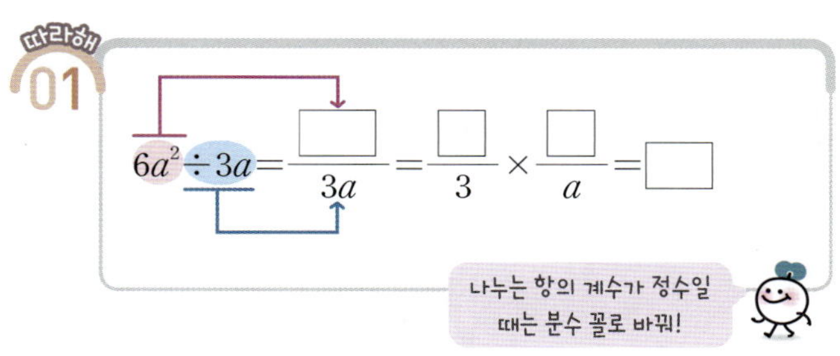

$$6a^2 \div 3a = \frac{\square}{3a} = \frac{\square}{3} \times \frac{\square}{a} = \square$$

02 $12a^3 \div (-4a)$ _______________

03 $(-15x^4) \div 3x^2$ _______________

04 $5xy \div 10x^3$ _______________

05 $6a^8b^4 \div 3a^5b^3$ _______________

06 $(-2x^3y) \div 8x^2y^2$ _______________

07 $20a^2b \div (-5ab^2)$ _______________

08 $(-3xy^2) \div (-9xy^3)$ _______________

09 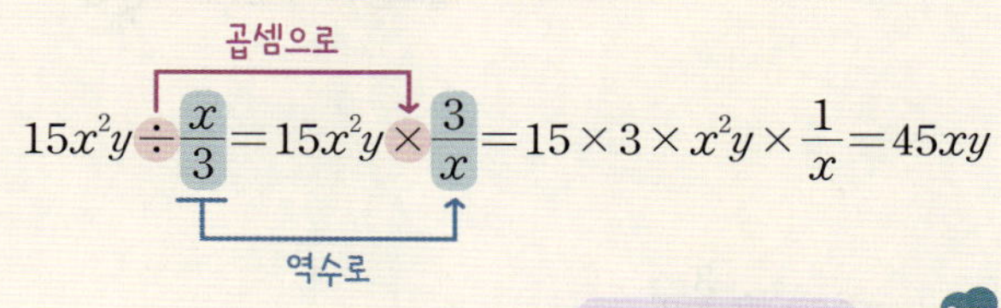

$$10x^2 \div \frac{5}{2}x = 10x^2 \times \frac{\square}{\square}$$
$$= 10 \times \square \times x^2 \times \frac{1}{\square} = \square$$

10 $6a^4 \div \frac{3}{4}a^2$ _______________

11 $x^2 \div \left(-\frac{1}{5}x\right)$ _______________

12 $4ab \div \frac{1}{2}b$ _______________

13 $(-2xy) \div \frac{x}{3y}$ _______________

14 $12a^2b \div \left(-\frac{6}{5}ab\right)$ _______________

15 $(-8x^2y) \div \frac{2}{3}xy^2$ _______________

16 $\left(-\frac{1}{2}x^3y^2\right) \div \left(-\frac{y}{2x}\right)$ _______________

17

$$(3x^2)^2 \div 9x^3 = 9x^4 \div 9x^3$$
$$= \frac{9x^4}{\boxed{}} = \boxed{}$$

18 $(-6a)^2 \div \dfrac{3}{2}a^5$ _______

19 $8x^2y^3 \div (2y)^3$ _______

20 $(-2a^2b)^3 \div 4a^3b^2$ _______

21 $(ab^2)^2 \div \left(-\dfrac{1}{3}a^5b^2\right)$ _______

22 $(2a^2b)^5 \div (ab^3)^3$ _______

23 $\left(-\dfrac{1}{5}x^2y\right)^2 \div \dfrac{1}{10}x^2y^2$ _______

24 $\left(\dfrac{2x^3}{y}\right)^4 \div \left(-\dfrac{8x^4}{y^5}\right)$ _______

25 $(-2a^2b^3)^2 \div \left(-\dfrac{1}{2}ab\right)^3$ _______

26

$$9x^2y^3 \div xy^2 \div 3x$$
$$= 9x^2y^3 \times \frac{1}{\boxed{}} \times \frac{1}{\boxed{}}$$
$$= 9 \times \frac{1}{\boxed{}} \times x^2y^3 \times \frac{1}{\boxed{}} \times \frac{1}{x} = \boxed{}$$

27 $(-8a^2) \div 4a \div a$ _______

28 $12x^2 \div \dfrac{1}{2}x \div (-8x^2)$ _______

29 $6ab^3 \div (-2a^2b) \div 3a$ _______

30 $(-20x^4y^6) \div 5xy^2 \div (-2xy)$ _______

31 $4x^2y \div \dfrac{1}{3}xy^2 \div \left(-\dfrac{x}{2y}\right)$ _______

32 $(-xy^2)^3 \div 5x^2y \div (-6xy^4)$ _______

33 $(3ab^3)^2 \div \dfrac{3}{4}a \div \left(-\dfrac{2}{3}ab\right)^2$ _______

$$\frac{(-2x^2y)^3 \div 4x^2y^2 \times 3y}{= (-8x^6y^3) \div 4x^2y^2 \times 3y}$$ 거듭제곱 계산하기

$$= (-8x^6y^3) \times \frac{1}{4x^2y^2} \times 3y$$ 나누는 식의 역수 곱하기

$$= \left(-8 \times \frac{1}{4} \times 3\right) \times \left(x^6y^3 \times \frac{1}{x^2y^2} \times y\right)$$
계수끼리 　　　 문자끼리

$$= -6x^4y^2$$

실수 Check

곱셈과 나눗셈이 혼합된 식은 앞에서부터 차례로 계산한다.

$$\rightarrow A \div B \times C \xrightarrow{\times} A \div BC = \frac{A}{BC}$$
$$\xrightarrow{\bigcirc} A \times \frac{1}{B} \times C = \frac{AC}{B}$$

✿ **다음을 계산하시오.**

따라해 01

$$2xy \times 4x^3 \div 8x^2 = 2xy \times 4x^3 \times \boxed{}$$
$$= 2 \times 4 \times \boxed{} \times xy \times x^3 \times \boxed{}$$
$$= \boxed{}$$

02 $7x^2 \times 5y \div (-x)$ ＿＿＿＿＿＿

03 $(-x^2y) \times 6y \div (-2x^2)$ ＿＿＿＿＿＿

따라해 04

$$2y \div 3xy \times 6y^2 = 2y \times \boxed{} \times 6y^2$$
$$= 2 \times \boxed{} \times 6 \times y \times \boxed{} \times y^2$$
$$= \boxed{}$$

05 $5a \div 4ab \times 2ab$ ＿＿＿＿＿＿

06 $9ab^3 \div 3a^3b^2 \times (-5b^2)$ ＿＿＿＿＿＿

07 $6x^2y \div (-2x^5y^6) \times 4x^2y$ ＿＿＿＿＿＿

08 $10a^3 \times (-a^2)^3 \div 5a^4$ ＿＿＿＿＿＿

거듭제곱 먼저 계산하기

09 $28a^2b \times (-2ab^3) \div (-7ab)^2$ ＿＿＿＿＿＿

10 $15xy^2 \times \left(-\dfrac{2}{y}\right)^4 \div 8x^2y$ ＿＿＿＿＿＿

11 $(3x^2y)^2 \times \dfrac{4}{7}x^2y^3 \div \dfrac{8}{21}xy^2$ ＿＿＿＿＿＿

12 $9a^4b \div 3a^3 \times (-b)^2$ ＿＿＿＿＿＿

13 $(2x^2y^3)^3 \div \dfrac{4}{5}xy^2 \times (-y)$ ＿＿＿＿＿＿

14 $12a^2b \div (-ab^3)^2 \times (-2ab^2)^3$ ＿＿＿＿＿＿

15 $3ab^2 \div \left(-\dfrac{1}{2}ab^3\right)^2 \times (-a^2b^3)^4$ ＿＿＿＿＿＿

10 VISUAL 개념연산 단항식의 곱셈과 나눗셈의 응용

$$A \times \square = B \ \rightarrow \ \square = B \div A$$

$$A \div \square = B \ \rightarrow \ A \times \frac{1}{\square} = B \ \rightarrow \ \square = A \div B$$

$$3ab \times \square = 12a^2b^3 \ \rightarrow \ \square = 12a^2b^3 \div 3ab$$
$$= \frac{12a^2b^3}{3ab} = 4ab^2$$

$$12a^2b^3 \div \square = 3ab \ \rightarrow \ \square = 12a^2b^3 \div 3ab$$
$$= \frac{12a^2b^3}{3ab} = 4ab^2$$

참고 (1) $A \times \square \div B = C \ \rightarrow \ A \times \square \times \frac{1}{B} = C \ \rightarrow \ \square = C \div A \times B$

(2) $A \div \square \times B = C \ \rightarrow \ A \times \frac{1}{\square} \times B = C \ \rightarrow \ \square = A \times B \div C$

♣ 다음 □ 안에 알맞은 식을 구하시오.

01
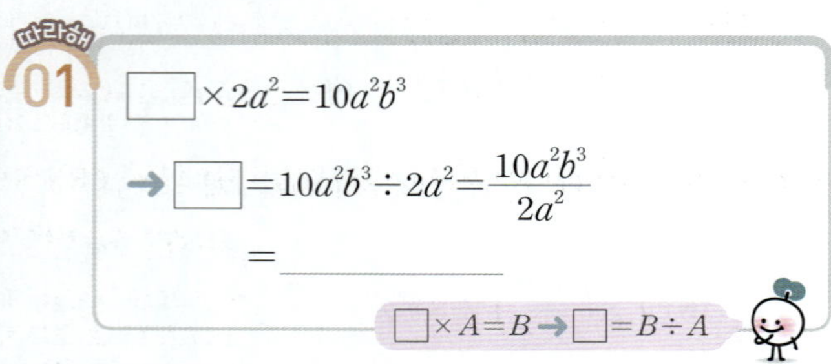

$$\square \times 2a^2 = 10a^2b^3$$
$$\rightarrow \ \square = 10a^2b^3 \div 2a^2 = \frac{10a^2b^3}{2a^2}$$
$$= \underline{\hspace{3cm}}$$

02 $\square \times 3xy = -12x^3y^2$ $\underline{\hspace{3cm}}$

03 $4x^2y \times \square = 8x^5y^3$ $\underline{\hspace{3cm}}$

04 $(-3ab^2) \times \square = 9a^7b^7$ $\underline{\hspace{3cm}}$

05
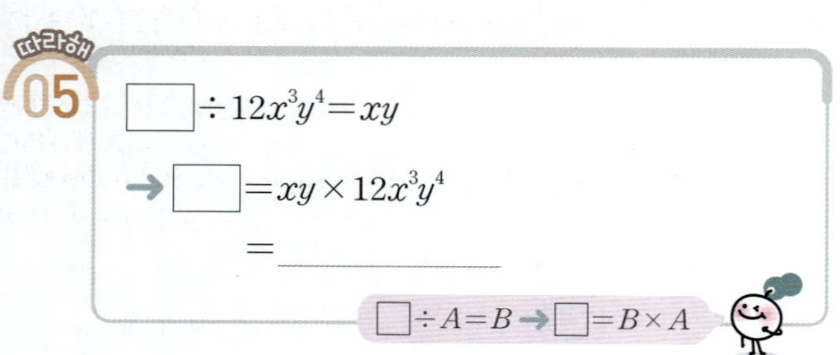

$$\square \div 12x^3y^4 = xy$$
$$\rightarrow \ \square = xy \times 12x^3y^4$$
$$= \underline{\hspace{3cm}}$$

06 $\square \div 10a^2b = \frac{1}{5}ab^3$ $\underline{\hspace{3cm}}$

07 $6a^4b^5 \div \square = -2b^2$ $\underline{\hspace{3cm}}$

08 $8x^2y^5 \div \square = 24x^2y^2$ $\underline{\hspace{3cm}}$

09
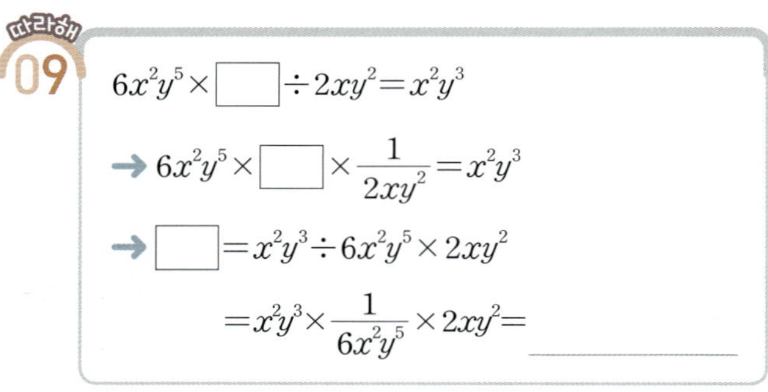

$$6x^2y^5 \times \square \div 2xy^2 = x^2y^3$$
$$\rightarrow \ 6x^2y^5 \times \square \times \frac{1}{2xy^2} = x^2y^3$$
$$\rightarrow \ \square = x^2y^3 \div 6x^2y^5 \times 2xy^2$$
$$= x^2y^3 \times \frac{1}{6x^2y^5} \times 2xy^2 = \underline{\hspace{2cm}}$$

10 $3a^3b \times \square \div (-ab^5) = 12a^2b$ $\underline{\hspace{3cm}}$

11 $10x^2y^2 \div \square \times \frac{2}{5}y = -8xy^2$ $\underline{\hspace{3cm}}$

12 $(-2a^4b^6) \div \square \times 4a^2b^3 = \frac{1}{3}a^3b^2$ $\underline{\hspace{3cm}}$

✿ 다음 그림과 같은 도형의 넓이를 구하시오.

13

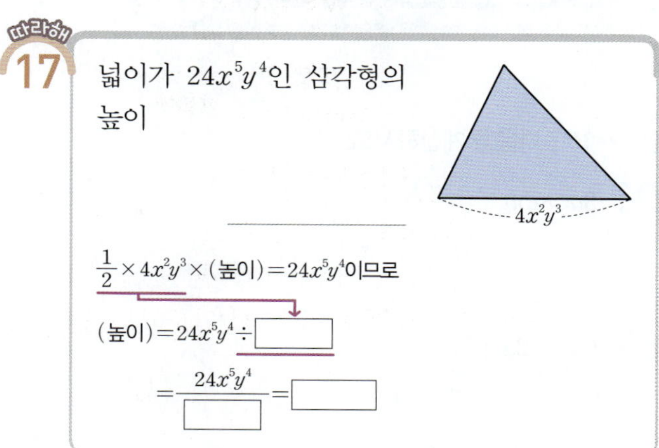

(직사각형의 넓이) $= 6x^2y^2 \times \boxed{}$

$\qquad = 6 \times \boxed{} \times x^2 \times \boxed{} \times y^2 \times \boxed{}$

계수끼리   문자끼리

$\qquad = \boxed{}$

14

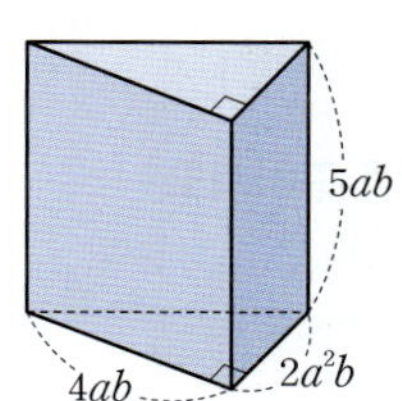

✿ 다음 그림과 같은 각기둥과 원뿔의 부피를 구하시오.

15

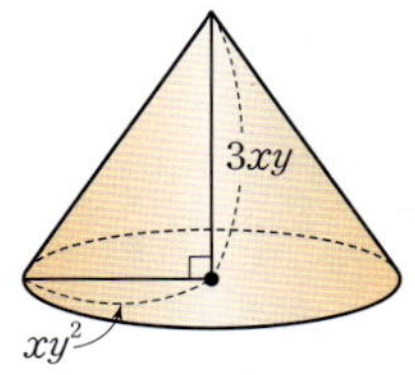

16

✿ 아래 그림과 같은 도형에 대하여 다음을 구하시오.

17 넓이가 $24x^5y^4$인 삼각형의 높이

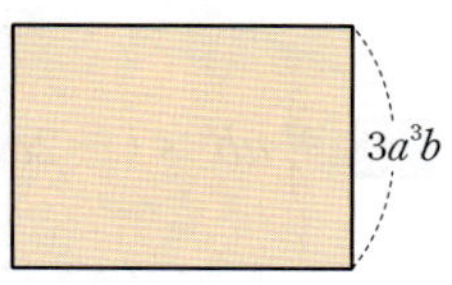

$\dfrac{1}{2} \times 4x^2y^3 \times ($높이$) = 24x^5y^4$이므로

(높이) $= 24x^5y^4 \div \boxed{}$

$\qquad = \dfrac{24x^5y^4}{\boxed{}} = \boxed{}$

18 넓이가 $15a^4b^5$인 직사각형의 가로의 길이

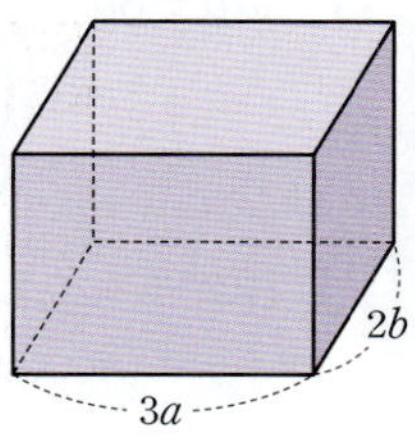

19 부피가 $18ab^2$인 직육면체의 높이

20 부피가 $50\pi a^4b^5$인 원기둥의 높이

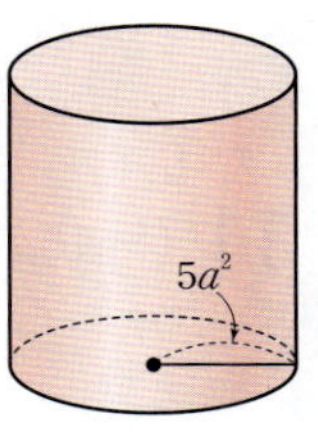

10분 연산 TEST 1회

맞힌 개수 □개/20개

[01~17] 다음을 계산하시오.

01 $3a^2 \times 5b$

02 $6x^3 \times 2x^2y$

03 $2a^3b \times (-3a^2b^3)$

04 $4x \times y^3 \times 3x^2y^2$

05 $\dfrac{3}{4}ab^5 \times (-2ab^2) \times \dfrac{16}{3}a^2$

06 $\left(-\dfrac{1}{2}a^2b\right)^2 \times (-4a^3b^2)^2$

07 $2ab \div 8b$

08 $12x^5 \div 4x^3$

09 $(-8a^4b) \div 2ab$

10 $\left(\dfrac{2}{3}xy^2\right)^2 \div \left(-\dfrac{2x}{y^2}\right)^3$

11 $(-15a^4) \div 5a \div a^2$

12 $20x^4y^6 \div 2xy^2 \div 5xy$

13 $8x^4y^2 \div 2x^2y^5 \times y^3$

14 $(-17x^3y^3) \times 2xy \div (-2xy^3)$

15 $(x^2)^3 \times (-y^2)^4 \div 3x^3y$

16 $12x^2y^5 \div 8x^4y^3 \times (-2y)^3$

17 $2ab^2 \times (-3a^2b^3)^2 \div \dfrac{1}{3}a^2$

[18~20] 다음 □ 안에 알맞은 식을 구하시오.

18 $4xy \times \boxed{} = 12x^2y^3$

19 $28xy^5 \div \boxed{} = 7xy^2$

20 $9a^4b^6 \times \boxed{} \div 6a^3b = -\dfrac{1}{2}ab^2$

10분 연산 TEST 2회

맞힌 개수   개 / 20개

[01~17] 다음을 계산하시오.

01 $(-3x) \times 7y^3$

02 $2a^2b^5 \times 5ab^2$

03 $4xy \times (-2x)^2$

04 $(-2x) \times 3x^2y \times (-x^4y)$

05 $(-a^2b) \times (-3b^2) \times (-5ab^3)$

06 $(3ab^2)^2 \times (2ab)^3$

07 $xy^5 \div y^3$

08 $9a^2b \div 3a$

09 $(-4x^2)^3 \div 8x^5y$

10 $(-12a^4b^5) \div (-2ab)^4$

11 $\left(\dfrac{1}{5}xy^2\right)^2 \div \left(\dfrac{2}{5}x^2y\right)^2$

12 $4xy^4 \div \left(-\dfrac{1}{3}xy^2\right) \div \dfrac{2y}{x}$

13 $3ab \times 8a \div 12b$

14 $2x^2y \div xy \times 7y$

15 $(-3a)^2 \times 4a \div 2a^2$

16 $4xy \div (-6xy^2) \times (-3xy)^3$

17 $\left(-\dfrac{2}{3}xy^2\right) \times \left(-\dfrac{1}{2}x\right)^2 \div \dfrac{5}{6}xy$

[18~20] 다음 □ 안에 알맞은 식을 구하시오.

18 $(-xy) \times \boxed{} = -8xy^7$

19 $15a^4b^2 \div \boxed{} = 3a^2b$

20 $8xy^2 \div 2x^2y \times \boxed{} = 12y$

스스로 개념 점검

1. 단항식의 계산

(1) m, n이 자연수일 때,

$a^m \times a^n = a^{\boxed{}}$, $(a^m)^n = a^{\boxed{}}$

(2) $a \neq 0$이고, m, n이 자연수일 때

① $m > n$이면 $a^m \div a^n = a^{\boxed{}}$

② $m = n$이면 $a^m \div a^n = \boxed{}$

③ $m < n$이면 $a^m \div a^n = \dfrac{1}{a^{\boxed{}}}$

(3) m이 자연수일 때, $(ab)^m = \boxed{}$

m이 자연수이고 $b \neq 0$일 때, $\left(\dfrac{a}{b}\right)^m = \boxed{}$

(4) 단항식의 곱셈은 계수는 $\boxed{}$끼리, 문자는 $\boxed{}$끼리 곱하여 계산한다.

(5) 단항식의 나눗셈은 분수 꼴로 바꾸거나 $\boxed{}$를 이용하여 나눗셈을 곱셈으로 바꾸어 계산한다.

01

$(x^2)^3 \times y^4 \times x \times (y^5)^2$을 간단히 하면?

① $x^7 y^{11}$ ② $x^7 y^{14}$ ③ $x^7 y^{16}$

④ $x^8 y^{11}$ ⑤ $x^8 y^{14}$

02

다음 중 옳은 것은?

① $x^6 \div x^3 = x^2$

② $a^8 \div a^4 \div a^7 = \dfrac{1}{a^2}$

③ $(2^3)^2 \div 2^6 = 2$

④ $y^3 \div (y^4)^2 = \dfrac{1}{y^5}$

⑤ $(b^2)^3 \div (b^5)^2 = b^4$

03

다음 중 옳지 <u>않은</u> 것은?

① $(-x^2 y^3)^2 = x^4 y^6$

② $(-2a^2)^3 = -8a^6$

③ $(x^5 y^2)^4 = x^{20} y^8$

④ $(4a^2 b^3)^2 = 8a^4 b^5$

⑤ $\left(\dfrac{1}{3}xy^2\right)^3 = \dfrac{1}{27}x^3 y^6$

04

$\left(\dfrac{3x^a}{y}\right)^b = \dfrac{27x^{12}}{y^c}$일 때, 자연수 a, b, c에 대하여 $a - b - c$의 값은?

① -3 ② -2 ③ 1

④ 3 ⑤ 5

05 출제율 90%

다음 중 $\square$ 안에 들어갈 수가 나머지 넷과 <u>다른</u> 하나는?

① $a^{\square} \times a = a^7$

② $\dfrac{x^{\square}}{x^9} = \dfrac{1}{x^3}$

③ $\left(-\dfrac{y^5}{x^{\square}}\right)^2 = \dfrac{y^{10}}{x^{12}}$

④ $(a^2 b^{\square})^3 = a^6 b^{12}$

⑤ $x^{\square} \times x^2 \div x^3 = x^5$

06

$3x^2 y \times (-xy)^3 \times (-2x)$를 계산하면?

① $-6x^6 y^4$ ② $-6x^2 y^3$ ③ $6x^2 y^3$

④ $6x^4 y^3$ ⑤ $6x^6 y^4$

07

다음 중 옳지 <u>않은</u> 것은?

① $2x^3 \times (-3x^2) = -6x^5$

② $(-2xy)^5 \times (-xy^2)^3 = -32x^8y^{11}$

③ $(4x^2)^2 \div 8x^5 = \dfrac{2}{x}$

④ $(-3x^2y^3)^2 \div \left(\dfrac{3y}{x}\right)^3 = \dfrac{1}{3}x^7y^3$

⑤ $6x^3y^2 \div \dfrac{1}{2x^2y} = 12x^5y^3$

08 출제율 80%

$(2x^2y^3)^3 \div 4xy^2 = ax^by^c$일 때, 자연수 a, b, c에 대하여 $a+b+c$의 값은?

① 13 ② 14 ③ 15

④ 16 ⑤ 17

09

$\dfrac{3}{4}xy \div \left(-\dfrac{3}{8}xy^2\right) \times 2x^2y$를 계산하면?

① $-4x^2$ ② $-2x^2y$ ③ $-\dfrac{x}{y}$

④ xy^2 ⑤ $4x$

10 실수 주의

다음 □ 안에 들어갈 알맞은 식은?

$$12x^4y^3 \times \boxed{} \div (-2x^2y)^2 = 6x^2y^2$$

① $2x$ ② $2xy$ ③ $2xy^2$

④ $2x^2y$ ⑤ $2x^2y^2$

11

오른쪽 그림과 같이 밑면은 가로의 길이가 $2x^2$, 세로의 길이가 $3xy$인 직사각형이고, 부피가 $14x^6y^3$인 사각뿔의 높이는?

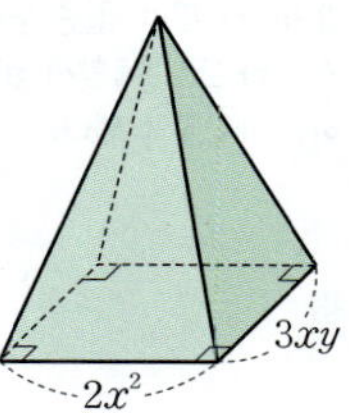

① $6x^2y^3$ ② $6x^3y^2$

③ $7x^3y^2$ ④ $7x^3y^3$

⑤ $7x^4y^2$

12 서술형

$90 \times 75 = 2^a \times 3^b \times 5^c$일 때, 자연수 a, b, c의 값을 각각 구하시오.

채점기준 1 90을 소인수분해 하기

채점기준 2 75를 소인수분해 하기

채점기준 3 지수법칙을 이용하여 a, b, c의 값을 각각 구하기

Ⅱ-2 다항식의 계산

개념 Q&A

Q. 여러 가지 괄호가 있는 경우에는 어떤 순서로 계산해야 할까?

A. ( ), { }, [ ]의 순서로 괄호를 푼다.

Q. 이차식의 덧셈과 뺄셈은 다항식의 덧셈과 뺄셈처럼 계산하면 될까?

A. 기본적인 계산 방법은 같으나, 동류항끼리 모을 때 문자의 차수에 유의해야 한다. 같은 문자여도 차수가 다르면 동류항이 아니므로 모아서 계산할 수 없다.

Q. 다항식과 단항식의 나눗셈에서 각 방법은 어떤 경우에 이용하는 것이 편리할까?

A. 나누는 식의 계수가 정수인 경우에는 [방법 1]을, 나누는 식의 계수가 분수인 경우에는 [방법 2]를 이용하는 것이 편리하다.

01 다항식의 덧셈과 뺄셈

(1) 다항식의 덧셈과 뺄셈

분배법칙을 이용하여 괄호를 풀고, 동류항끼리 모아서 계산한다.
이때 뺄셈은 빼는 식의 각 항의 부호를 바꾸어 더한다.

$$\rightarrow A-(B-C)=A-B+C$$

(2) 이차식 : 다항식의 각 항의 차수 중에서 가장 큰 차수가 2인 다항식

예 · $2x^2+x-3$ → x에 대한 이차식   · y^2-5 → y에 대한 이차식

(3) 이차식의 덧셈과 뺄셈

분배법칙을 이용하여 괄호를 풀고, 동류항끼리 모아서 계산한다.
이때 차수가 높은 항부터 낮은 항의 순서로 정리한다.

02 단항식과 다항식의 곱셈과 나눗셈

(1) 단항식과 다항식의 곱셈 : 분배법칙을 이용하여 단항식을 다항식의 각 항에 곱한다.

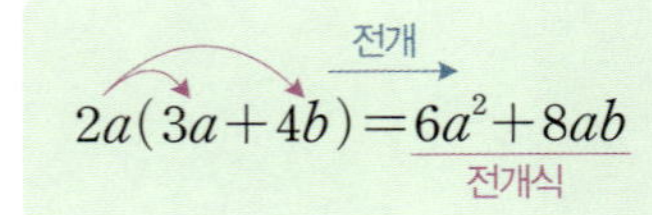

(2) 전개 : 단항식과 다항식의 곱을 분배법칙을 이용하여 하나의 다항식으로 나타내는 것

참고 전개식 : 전개하여 얻은 다항식

(3) 다항식과 단항식의 나눗셈

[방법 ❶] 분수 꼴로 바꾼 후, 다항식의 각 항을 단항식으로 나누어 계산한다.

$$\rightarrow (A+B)\div C=\frac{A+B}{C}=\frac{A}{C}+\frac{B}{C}$$

[방법 ❷] 역수를 이용하여 나눗셈을 곱셈으로 바꾼 후, 분배법칙을 이용하여 계산한다.

$$\rightarrow (A+B)\div C=(A+B)\times\frac{1}{C}=A\times\frac{1}{C}+B\times\frac{1}{C}=\frac{A}{C}+\frac{B}{C}$$

03 단항식과 다항식의 혼합 계산

❶ 거듭제곱이 있으면 지수법칙을 이용하여 거듭제곱을 먼저 계산한다.

❷ 괄호는 소괄호 ( ), 중괄호 { }, 대괄호 [ ]의 순서로 푼다.

❸ 분배법칙을 이용하여 곱셈, 나눗셈을 한다.

❹ 동류항끼리 덧셈, 뺄셈을 한다.

04 식의 대입

(1) 식의 대입 : 주어진 식의 문자에 그 문자를 나타내는 다른 식을 대신 넣는 것

(2) 어떤 식의 문자에 식을 대입하는 순서

❶ 주어진 식을 간단히 한 후, 대입하는 식을 괄호로 묶어 대입한다.

❷ 괄호를 풀고 동류항끼리 모아서 식을 간단히 정리한다.
└→ 식을 대입할 때는 반드시 괄호를 사용한다.

01 VISUAL 개념연산 다항식의 덧셈과 뺄셈

다항식의 덧셈

$$(3a+b)+(2a-3b)$$
$$=3a+b+2a-3b$$ 괄호 풀기
$$=3a+2a+b-3b$$ 동류항끼리 모으기
$$=5a-2b$$ 계산하기

참고 여러 가지 괄호가 있을 때는 ( ), { }, [ ]의 순서로 푼다.

$$\rightarrow 3x-\{x-(2x-y)\}=3x-(x-2x+y)=3x-(-x+y)=3x+x-y=4x-y$$

안쪽의 괄호부터 풀기

다항식의 뺄셈

$$(3a+b)-(2a-3b)$$
$$=3a+b-2a+3b$$ 빼는 식의 각 항의 부호를 바꾸어 괄호 풀기
$$=3a-2a+b+3b$$ 동류항끼리 모으기
$$=a+4b$$ 계산하기

실수 Check

$$+(A-B)=A-B$$
→ 부호를 그대로
$$-(A-B)=-A+B$$
→ 부호를 반대로

✱ **다음을 계산하시오.**

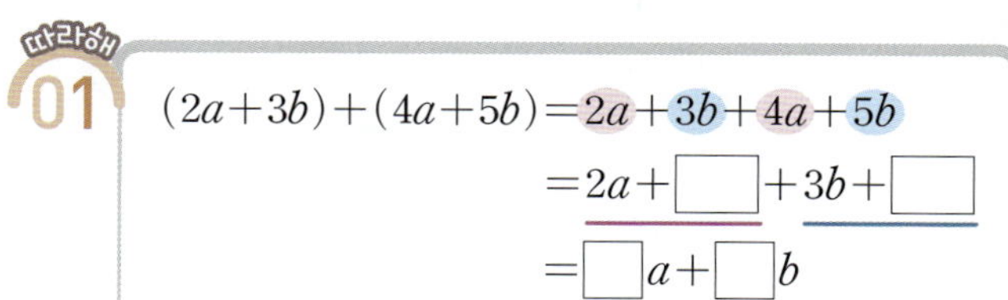

01
$$(2a+3b)+(4a+5b)=2a+3b+4a+5b$$
$$=2a+\boxed{}+3b+\boxed{}$$
$$=\boxed{}a+\boxed{}b$$

02 $(a+6b)+(a-4b)$ ___________

03 $(7x-5y)+(3x+y)$ ___________

04 $(2a-3b)+(-6a+b)$ ___________

05 $(x-4y+3)+(3x+2y-1)$ ___________

06 $3(2a+b)+(4a-7b)$ ___________

07 $(2x-5y)+2(3x+2y)$ ___________

✱ **다음을 계산하시오.**

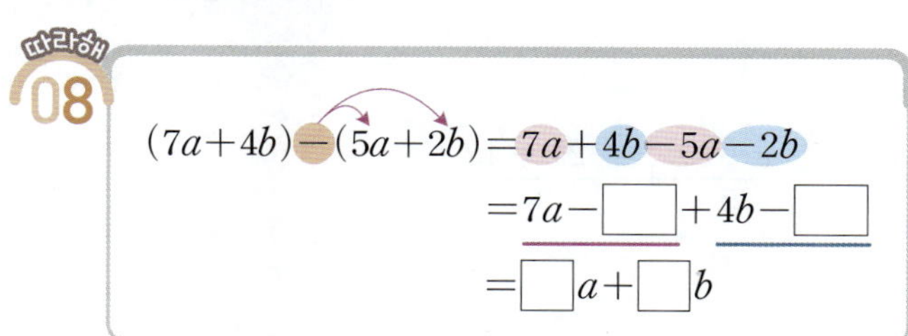

08
$$(7a+4b)-(5a+2b)=7a+4b-5a-2b$$
$$=7a-\boxed{}+4b-\boxed{}$$
$$=\boxed{}a+\boxed{}b$$

09 $(a+8b)-(2a-b)$ ___________

10 $(2x-7y)-(5x-3y)$ ___________

11 $(-3a+4b)-(-2a+b)$ ___________

12 $(x-2y-4)-(2x+2y-1)$ ___________

13 $(3a+2b)-2(a-4b)$ ___________

14 $4(x-3y)-3(2x-y)$ ___________

15

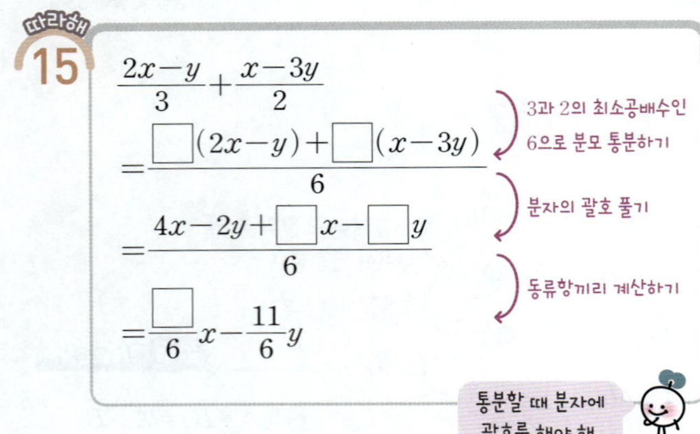

$$\dfrac{2x-y}{3}+\dfrac{x-3y}{2}$$
$$=\dfrac{\boxed{}(2x-y)+\boxed{}(x-3y)}{6}$$
$$=\dfrac{4x-2y+\boxed{}x-\boxed{}y}{6}$$
$$=\dfrac{\boxed{}}{6}x-\dfrac{11}{6}y$$

16 $\dfrac{a+2b}{4}+\dfrac{3a+b}{2}$

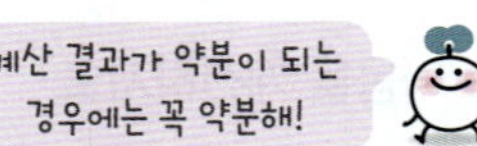

17 $\dfrac{x-2y}{5}+\dfrac{-2x+4y}{3}$

18

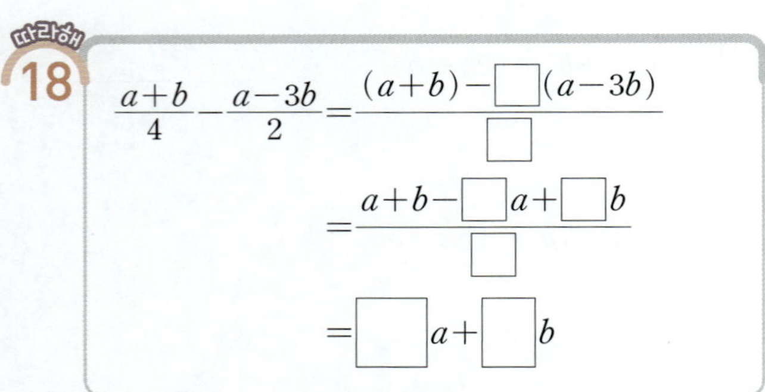

$$\dfrac{a+b}{4}-\dfrac{a-3b}{2}=\dfrac{(a+b)-\boxed{}(a-3b)}{\boxed{}}$$
$$=\dfrac{a+b-\boxed{}a+\boxed{}b}{\boxed{}}$$
$$=\boxed{}a+\boxed{}b$$

19 $\dfrac{2x-3y}{3}-\dfrac{x-y}{5}$

20 $\dfrac{-3a+2b}{4}-\dfrac{a-9b}{6}$

21

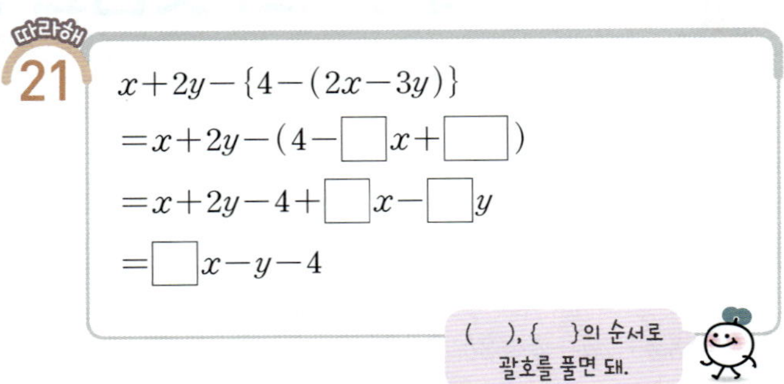

$$x+2y-\{4-(2x-3y)\}$$
$$=x+2y-(4-\boxed{}x+\boxed{})$$
$$=x+2y-4+\boxed{}x-\boxed{}y$$
$$=\boxed{}x-y-4$$

22 $3a-b-\{5a+b-2(b+1)\}$

23 $5y-\{6x+(3x-y)-2y\}$

24

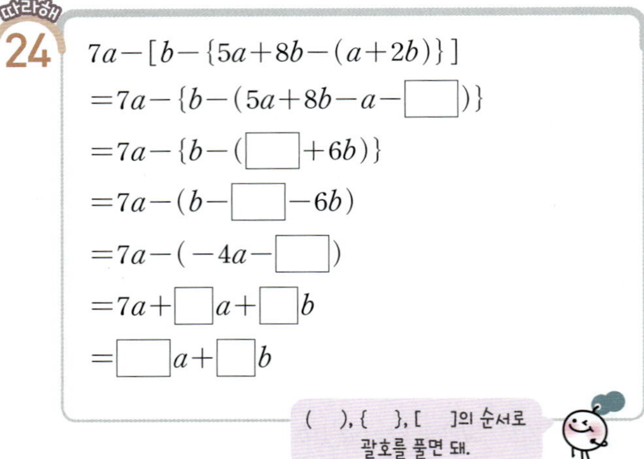

$$7a-[b-\{5a+8b-(a+2b)\}]$$
$$=7a-\{b-(5a+8b-a-\boxed{})\}$$
$$=7a-\{b-(\boxed{}+6b)\}$$
$$=7a-(b-\boxed{}-6b)$$
$$=7a-(-4a-\boxed{})$$
$$=7a+\boxed{}a+\boxed{}b$$
$$=\boxed{}a+\boxed{}b$$

25 $2x-[y-\{9x-(x-2y)\}]$

26 $5a-[a+4b-\{-2a+3b-(5a-2b)\}]$

이차식 : 다항식의 각 항의 차수 중에서 가장 큰 차수가 2인 다항식

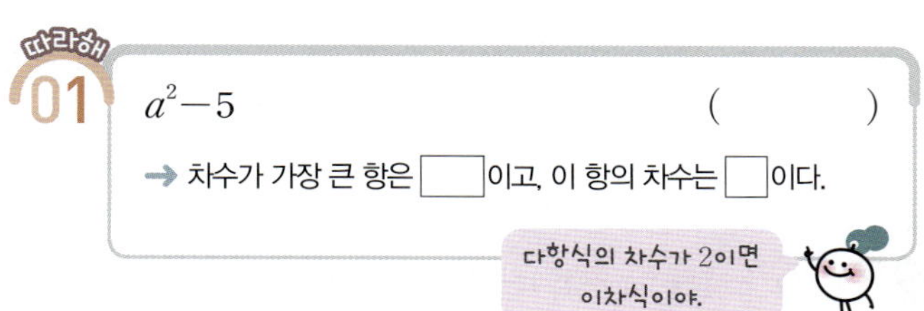

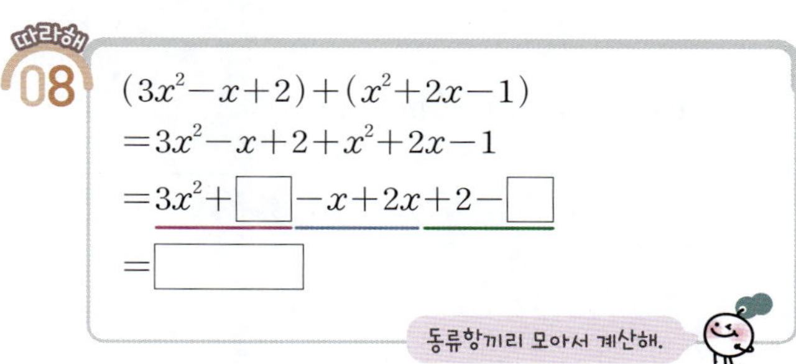

❋ 다음 중 이차식인 것에는 ○표, 이차식이 아닌 것에는 × 표를 하시오.

따라해 01 a^2-5 (　　　)

→ 차수가 가장 큰 항은 [　]이고, 이 항의 차수는 [　]이다.

02 $2x^2+x+1$ (　　　)

03 $-3y+8$ (　　　)

04 $a-5a^2$ (　　　)

05 $\dfrac{x^2}{2}-4$ (　　　)

06 $x+2y+1$ (　　　)

07 $x^3-2x^2-x^3+3$ (　　　)

❋ 다음을 계산하시오.

따라해 08
$(3x^2-x+2)+(x^2+2x-1)$
$=3x^2-x+2+x^2+2x-1$
$=3x^2+[\quad]-x+2x+2-[\quad]$
$=[\qquad]$

09 $(a^2+4)+(2a^2-3a)$ ＿＿＿＿＿

10 $(x^2-3x+1)+(3x^2+2x-2)$ ＿＿＿＿＿

11 $(-a^2+6a-2)+(2a^2-5a+4)$

＿＿＿＿＿

12 $(2x^2-4x+5)+2(x^2+2x-3)$

＿＿＿＿＿

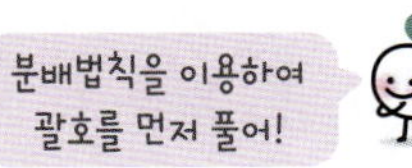

13 $3(-a^2+2a+1)+(8a^2-1)$ ＿＿＿＿＿

14 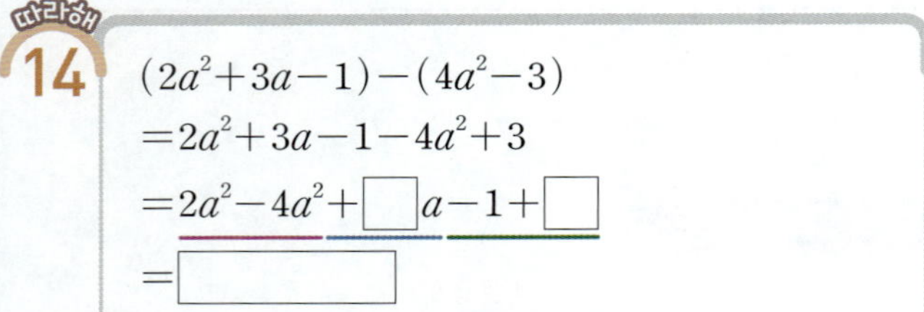

$$(2a^2+3a-1)-(4a^2-3)$$
$$=2a^2+3a-1-4a^2+3$$
$$=2a^2-4a^2+\boxed{}a-1+\boxed{}$$
$$=\boxed{}$$

15 $(5x^2+6)-(2x^2-5x-1)$

16 $(3a^2-7a+1)-(4a^2-a-5)$

17 $(-a^2+3a-4)-(2a^2-5a-8)$

18 $(x^2+2x+5)-(-x^2+2x+7)$

19 $2(3x^2-x+2)-(5x^2-3x+2)$

20 $(2a^2-6a-3)-4(a^2-2a+1)$

21 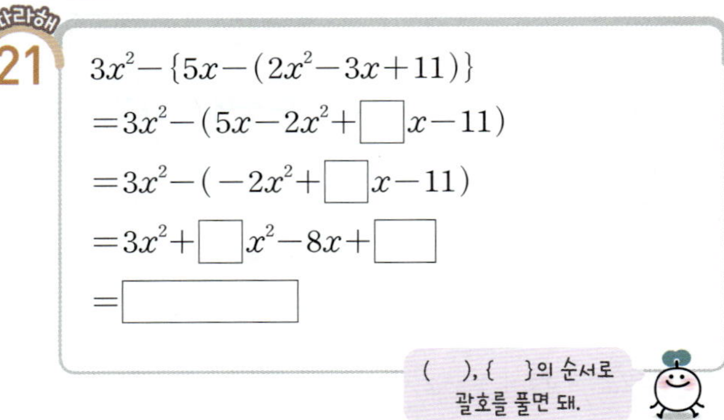

$$3x^2-\{5x-(2x^2-3x+11)\}$$
$$=3x^2-(5x-2x^2+\boxed{}x-11)$$
$$=3x^2-(-2x^2+\boxed{}x-11)$$
$$=3x^2+\boxed{}x^2-8x+\boxed{}$$
$$=\boxed{}$$

22 $-6a+2\{a-(a^2-3)+2a^2\}$

23 $x^2-\{-(4-x^2)-2(3-x)\}-5x$

24 $7a^2+[2a-\{5a^2+1-(4a^2+a)\}]$

25 $4x^2-[\{5x^2+3x-(8x+1)\}+x]$

26 $-a^2-[a-2a^2-\{2a-3a^2+(3a-4a^2)\}]$

03 이차식의 덧셈과 뺄셈의 응용

$$\boxed{}+A=B \rightarrow \boxed{}=B-A$$

$$(\boxed{})+(5x+y)=7x-4y$$

$$\rightarrow \boxed{}=(7x-4y)-(5x+y)$$
$$=7x-4y-5x-y=2x-5y$$

$$A-\boxed{}=B \rightarrow \boxed{}=A-B$$

$$(3x-y)-(\boxed{})=2x-5y$$

$$\rightarrow \boxed{}=(3x-y)-(2x-5y)$$
$$=3x-y-2x+5y=x+4y$$

✿ 다음 ☐ 안에 알맞은 식을 구하시오.

01

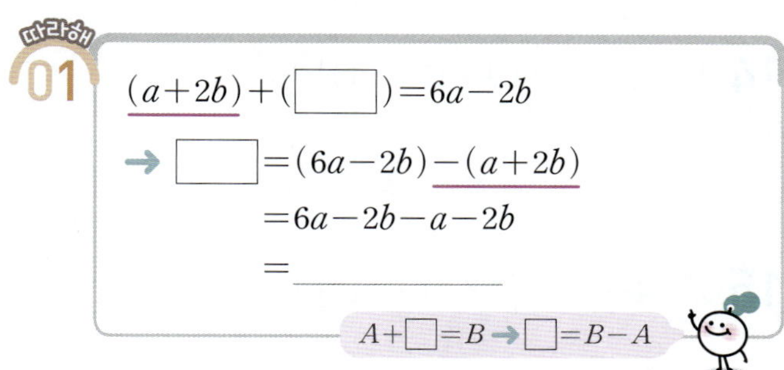

$$(a+2b)+(\boxed{})=6a-2b$$

$$\rightarrow \boxed{}=(6a-2b)-(a+2b)$$
$$=6a-2b-a-2b$$
$$=\underline{}$$

02 $\quad (\boxed{})+(-2x+y)=x+8y$

03 $\quad (\boxed{})-(-x+2y)=-2x-y$

04 $\quad (6a-4b)-(\boxed{})=7a-7b$

05 $\quad (-5a+b-7)+(\boxed{})=-2a-b-12$

06 $\quad (8x+2y-5)-(\boxed{})=4x+5y-8$

07 $\quad (\boxed{})+(5a^2+a)=7a^2-2a$

08 $\quad (\boxed{})-(-x^2+2x-1)=3x^2-8x+5$

09 $\quad (3a^2-2a-1)-(\boxed{})=-2a^2-5a+1$

10 $\quad 2(2x^2+x-3)+(\boxed{})=x^2+4x-9$

10분 연산 TEST 1회

[01~08] 다음을 계산하시오.

01 $(2x-5y)+(-x+2y)$

02 $(a-2b+3)+(3a+6b-5)$

03 $2(-x+3y)+3(2x-5y)$

04 $\dfrac{x+3y}{2}+\dfrac{2x-y}{3}$

05 $(2a-7b)-(3a+4b)$

06 $(8x-2y-5)-(2x-6y+1)$

07 $3(5a-4b)-(-2a+7b)$

08 $\dfrac{x-6y}{4}-\dfrac{4x+3y}{2}$

[09~12] 다음을 계산하시오.

09 $(a^2-3a+2)+(2a^2-a-1)$

10 $-(x^2+x+5)+2(x^2-3x+2)$

11 $(3a^2-4a-2)-(7a^2+2a-5)$

12 $3(-5x^2+2)-(-3x^2+x-8)$

[13~16] 다음을 계산하시오.

13 $3x+\{y-(x+2y)\}$

14 $4a-\{2a^2-a+1-(7a-1)\}+2$

15 $x^2-4+\{3x^2-5x+1-(x^2+x-2)\}$

16 $1-[a^2-\{a+2-(a^2-3)\}]-6a$

[17~20] 다음 □ 안에 알맞은 식을 구하시오.

17 $(4a-b)+(\boxed{})=7a+4b$

18 $(\boxed{})-(2x-3y+7)=-5x+7y-8$

19 $(\boxed{})+(4a^2+a-9)=5a^2-4a-3$

20 $(2x^2+x-4)-(\boxed{})=-3x^2+7x-7$

맞힌 개수 □ 개 / 20개

10분 연산 TEST 2회

[01~08] 다음을 계산하시오.

01 $(4a+5b)+(2a-4b)$

02 $(8x-4y-2)+(x-y+3)$

03 $4(x-y)+2(3x+2y)$

04 $\dfrac{-2x+5y}{3}+\dfrac{11x-19y}{6}$

05 $(3a+7b)-(a-4b)$

06 $(-x+4y+1)-(5x-3y-1)$

07 $2(-5x+2y)-3(2x-y)$

08 $\dfrac{3a+2b}{4}-\dfrac{a-b}{2}$

[09~12] 다음을 계산하시오.

09 $(x^2+5x+7)+(3x^2-3x+2)$

10 $2(x^2+x+6)+(4x^2-6x-10)$

11 $(-a^2-4a+1)-(2a^2-5a+4)$

12 $\dfrac{1}{2}(4x^2-6x+2)-3(x^2-x+1)$

[13~16] 다음을 계산하시오.

13 $8a+2b-\{4b-(2a-3b)\}$

14 $x^2-\{(3x^2+4x-1)-(x^2+x-3)\}$

15 $7a-a^2+[4a^2-\{3a+(5a^2-6)\}+2a]$

16 $x^2-[4x+3-\{2x^2-1-(5x^2+x)\}]+5x$

[17~20] 다음 □ 안에 알맞은 식을 구하시오.

17 $(2x+3y)+(\boxed{})=6x+8y$

18 $(\boxed{})-(2a-7b)=3a+10b$

19 $(\boxed{})+(-4x^2+9x-6)=-x^2+20x-13$

20 $(-2a^2+a-1)-(\boxed{})=3a^2-4$

맞힌 개수 ⬚ 개/20개

04 VISUAL 개념연산 단항식과 다항식의 곱셈

전개 : 단항식과 다항식의 곱을 분배법칙을 이용하여 하나의 다항식으로 나타내는 것

→ 전개하여 얻은 다항식을 전개식이라고 한다.

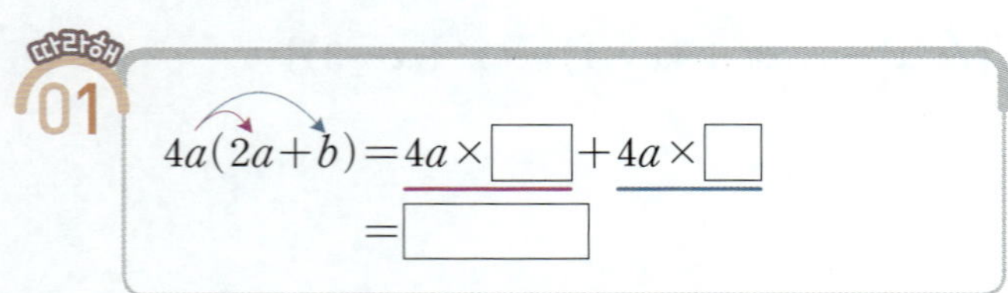

$$2a(a+3b) \xrightarrow{\text{전개}} 2a \times a + 2a \times 3b = 2a^2 + 6ab$$
전개식

$$(2a+b) \times (-3a) \xrightarrow{\text{전개}} 2a \times (-3a) + b \times (-3a) = -6a^2 - 3ab$$
전개식

실수 Check

곱하는 단항식에 음의 부호가 있는 경우에는 부호에 주의한다.

→ $-a(-b+c) = ab - ac$

❈ 다음을 계산하시오.

따라해 01

$$4a(2a+b) = 4a \times \boxed{} + 4a \times \boxed{}$$
$$= \boxed{}$$

02 $5x(4+3y)$ _________

03 $6a(a-2b)$ _________

04 $\dfrac{1}{2}x(4x+8)$ _________

05 $-4b(-2a+5b)$ _________

06 $3x(x-7y+2)$ _________

07 $-\dfrac{3}{5}a(-5a+10b+5)$ _________

따라해 08

$$(2x+5)x = \boxed{} \times x + \boxed{} \times x$$
$$= \boxed{} x^2 + \boxed{} x$$

09 $(a-4) \times 2a$ _________

10 $(-y+5x) \times (-3x)$ _________

11 $(-8a+12b) \times \dfrac{1}{4}b$ _________

12 $(x-2y+9) \times y$ _________

13 $(5x-3y+1) \times (-2x)$ _________

14 $(3a+15b-6) \times \left(-\dfrac{2}{3}a\right)$ _________

05 VISUAL 개념연산 다항식과 단항식의 나눗셈

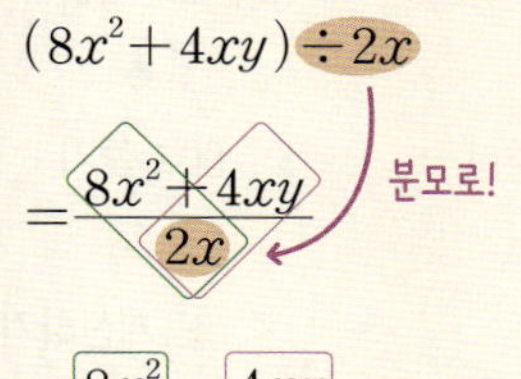

분수 꼴로 바꾸어 풀기

$$(8x^2+4xy)\div 2x$$

$$=\dfrac{8x^2+4xy}{2x}$$ 분모로!

$$=\dfrac{8x^2}{2x}+\dfrac{4xy}{2x}=4x+2y$$

역수의 곱셈으로 바꾸어 풀기

$$(8x^2+4xy)\div \dfrac{1}{2}x$$

역수의 곱셈으로!

$$=(8x^2+4xy)\times \dfrac{2}{x}$$

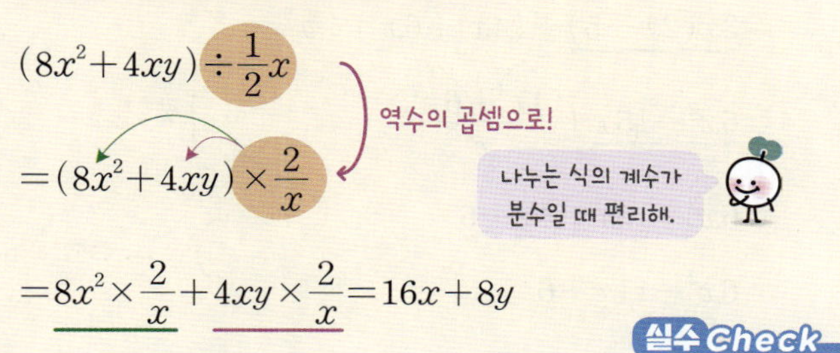

$$=8x^2\times \dfrac{2}{x}+4xy\times \dfrac{2}{x}=16x+8y$$

실수 Check

분자를 분모로 나눌 때는 분자의 각 항을 모두 나누어야 한다.

$$\rightarrow \dfrac{4x^2+2x}{2x}=2x+2x\ (\times),\ \dfrac{4x^2+2x}{2x}=2x+1\ (\bigcirc)$$

✿ 다음을 계산하시오.

따라해 01

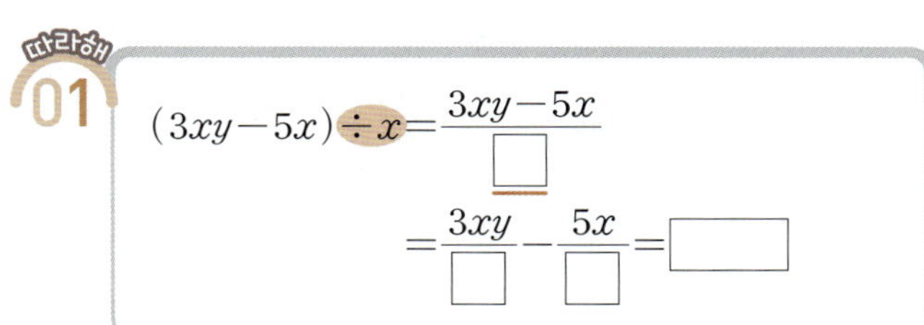

$$(3xy-5x)\div x=\dfrac{3xy-5x}{\Box}$$

$$=\dfrac{3xy}{\Box}-\dfrac{5x}{\Box}=\boxed{}$$

따라해 07

$$(x^2-3x)\div \dfrac{1}{5}x=(x^2-3x)\times \dfrac{\Box}{}$$

$$=x^2\times \Box -3x\times \Box$$

$$=\boxed{}$$

역수를 구할 때는 문자까지 포함해서 분모와
분자를 구분한 후 그 위치를 서로 바꿔!

02 $(8x^2-6x)\div 4x$

08 $(3x^2-x)\div \dfrac{1}{4}x$

03 $(-12a^2+3a)\div(-3a)$

09 $(ab-9a^2)\div\left(-\dfrac{1}{3}a\right)$

04 $(6a^2+10ab)\div 2a$

10 $(2x^2+6xy)\div\left(-\dfrac{2}{5}x\right)$

05 $(2xy^2-9xy)\div(-xy)$

11 $(-8x^2y-4x^2y^2)\div\left(-\dfrac{4}{3}xy\right)$

06 $(-20a^2b^2-15ab^2)\div(-5ab)$

12 $(6a^2b^4-10a^2b^2)\div \dfrac{1}{2}ab^2$

060 VISUAL 개념연산 단항식과 다항식의 혼합 계산

$$3x(2x-5)+(4x^3+6x^2)\div(-x)^2$$
$$=3x(2x-5)+(4x^3+6x^2)\div x^2$$
$$=6x^2-15x+\frac{4x^3+6x^2}{x^2}$$
$$=6x^2-15x+4x+6$$
$$=6x^2-11x+6$$

거듭제곱 계산하기

괄호를 풀고, $\times$, $\div$ 계산하기

$+$, $-$ 계산하기

개념 POINT

거듭제곱 계산하기
↓
괄호 풀기
↓
$\times$, $\div$ 계산하기
↓
$+$, $-$ 계산하기

❈ 다음을 계산하시오.

01 
$$4a(-a+2b)-3a(-2a+b)$$
$$=-4a^2+\boxed{}+6a^2-\boxed{}$$
$$=\boxed{}$$

02 $5x(x-2)+x(4x+7)$ ________

03 
$$(9a+6a^2)\div 3a+(16a^2-12a)\div(-2a)$$
$$=\frac{9a+6a^2}{\boxed{}}+\frac{16a^2-12a}{\boxed{}}$$
$$=\boxed{}+2a-8a+\boxed{}$$
$$=\boxed{}$$

04 $(6x^2-8xy)\div\frac{1}{2}x-(25y^2-10xy)\div(-5y)$ ________

05 $(12ab^2-4a^2b)\div(-4ab)+(6ab+3b^2)\div\frac{3}{7}b$ ________

06
$$(4x^4+8x^2)\div(-2x)^2+2x(3x-5)$$
$$=(4x^4+8x^2)\div\boxed{}+2x(3x-5)$$
$$=\frac{4x^4+8x^2}{\boxed{}}+6x^2-\boxed{}$$
$$=x^2+\boxed{}+6x^2-\boxed{}=\boxed{}$$

07 $-a(3a+1)+(10a^2-6ab)\div 2a$ ________

08 $\frac{6xy-12x^2y}{3y}-(6x-4)\times\frac{3}{2}x$ ________

09 $(-5y+7)\times xy+(12x^2-20x^3y)\div(-2x)^2$ ________

10 $(9a^3b^4-18a^2b^5)\div(-3ab)^2-\frac{1}{5}b(10ab+15b^2)$ ________

→ 정답 및 풀이 38쪽

$$A \times \square = B \rightarrow \square = B \div A$$

$$2x \times (\boxed{}) = 4xy - 8x$$
$$\rightarrow \boxed{} = (4xy - 8x) \div 2x$$
$$= \frac{4xy - 8x}{2x} = 2y - 4$$

$$\square \div A = B \rightarrow \square = B \times A$$

$$(\boxed{}) \div 2x = 2y - 4$$
$$\rightarrow \boxed{} = (2y - 4) \times 2x$$
$$= 4xy - 8x$$

✿ 다음 □ 안에 알맞은 식을 구하시오.

따라해 01

$$(\boxed{}) \times 3x = 3x^2y + 12x^2$$
$$\rightarrow \boxed{} = (3x^2y + 12x^2) \div 3x$$
$$= \frac{3x^2y + 12x^2}{3x}$$
$$= \underline{}$$

$$\square \times A = B \rightarrow \square = B \div A$$

02 $$(\boxed{}) \times \left(-\frac{1}{5}a\right) = -3a^2b + 4ab^2$$

03 $$2ab \times (\boxed{}) = 8a^3b^2 - 10ab$$

04 $$(\boxed{}) \times (-4y) = 4y^2 - 20xy - 12y$$

05 $$3x^2y \times (\boxed{}) = 6x^3y^3 - 9x^3y + 3x^2y^2$$

따라해 06

$$(\boxed{}) \div \left(-\frac{2}{5}x\right) = 15x^2 - 20xy$$
$$\rightarrow \boxed{} = (15x^2 - 20xy) \times \left(-\frac{2}{5}x\right)$$
$$= \underline{}$$

07 $$(\boxed{}) \div \frac{1}{4}y = 4xy^2 + \frac{2}{3}x^2y$$

08 $$(\boxed{}) \div 3ab = -2a + b$$

09 $$(\boxed{}) \div \left(-\frac{4}{3}xy\right) = 9x^2 + 6y$$

10 $$(\boxed{}) \div 5ab = \frac{1}{5}a^2b - 2b^3 + ab$$

✿ 다음 그림과 같은 도형의 넓이를 구하시오.

11 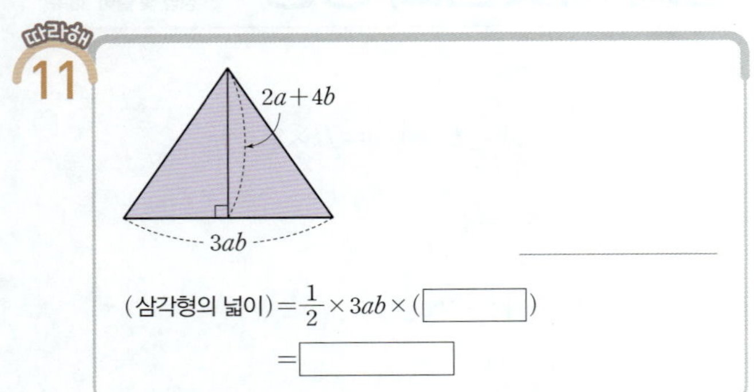

$$(\text{삼각형의 넓이}) = \frac{1}{2} \times 3ab \times (\boxed{\quad})$$
$$= \boxed{\quad}$$

12 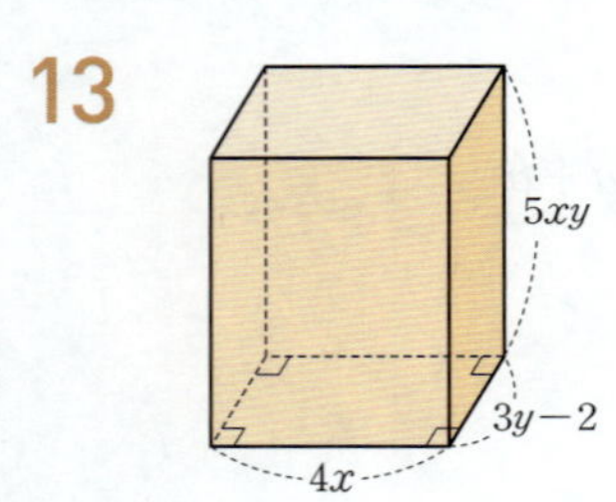

______

✿ 다음 그림과 같은 기둥의 부피를 구하시오.

13

______

14

______

✿ 아래 그림과 같은 도형에 대하여 다음을 구하시오.

15 넓이가 $4x^2+6xy$인 직사각형의 가로의 길이 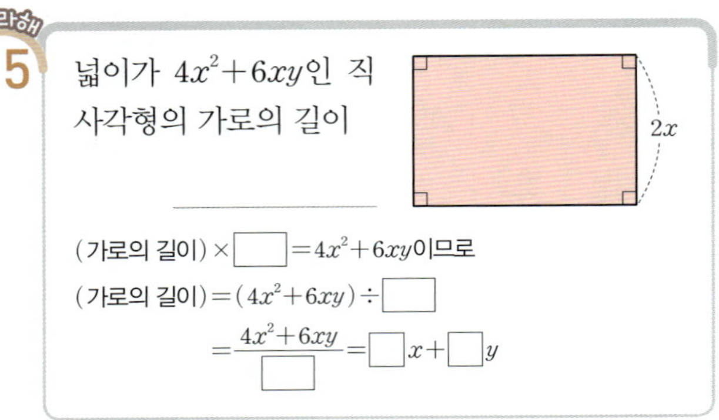

______

$(\text{가로의 길이}) \times \boxed{\quad} = 4x^2+6xy$이므로

$(\text{가로의 길이}) = (4x^2+6xy) \div \boxed{\quad}$

$$= \frac{4x^2+6xy}{\boxed{\quad}} = \boxed{\quad}x + \boxed{\quad}y$$

16 넓이가 $5ab^3+10a^3b^2$인 사다리꼴의 아랫변의 길이 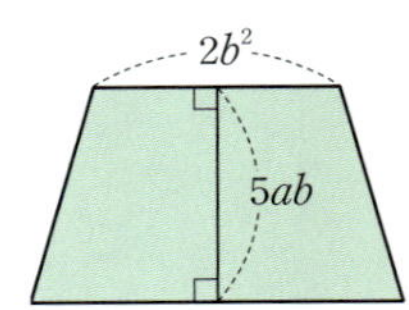

______

17 부피가 $12a^2b-6a^2b^2$인 직육면체의 높이 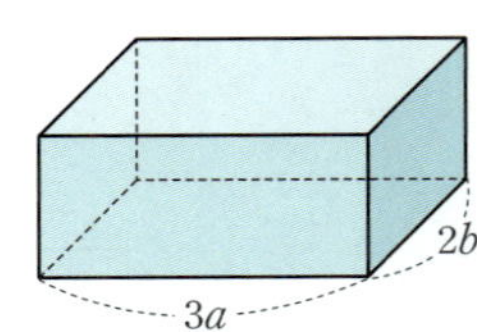

______

18 밑넓이가 $4\pi x^2$이고, 부피가 $\frac{2}{3}\pi x^3+4\pi x^2y$인 원뿔의 높이 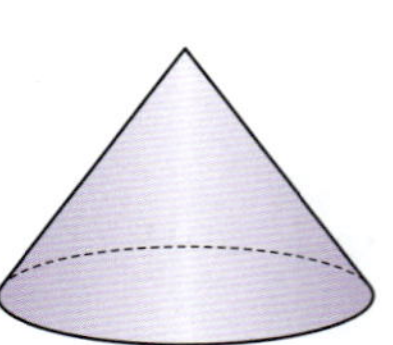

______

08 VISUAL 개념연산 식의 대입

식의 대입 : 주어진 식의 문자에 그 문자를 나타내는 다른 식을 대신 넣는 것

식의 값

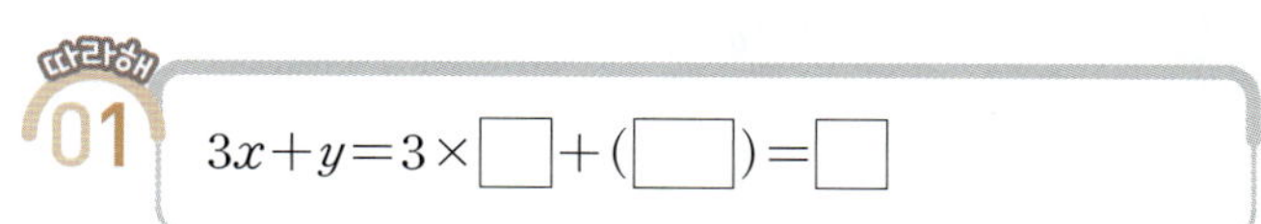

$x=2$, $y=-1$일 때, $(2x^2y-xy^2)\div(-xy)$의 값을 구해 보자.

$\to (2x^2y-xy^2)\div(-xy)$

$=\dfrac{2x^2y-xy^2}{-xy}=-2x+y$

주어진 식을 간단히 하기

$=-2\times2+(-1)=-5$

x 대신 2, y 대신 -1을 대입하기

식의 대입

$A=a+2b$, $B=3a-b$일 때, $2A-(A-B)$를 a, b에 대한 식으로 나타내 보자.

$\to 2A-(A-B)$

$=2A-A+B=A+B$

주어진 식을 간단히 하기

$=(a+2b)+(3a-b)$

A 대신 $a+2b$, B 대신 $3a-b$를 대입하기

$=4a+b$ $\quad a,\ b$에 대한 식

식을 정리하기

✿ $x=1$, $y=-2$일 때, 다음 식의 값을 구하시오.

01 (따라해)
$3x+y=3\times\boxed{}+(\boxed{})=\boxed{}$

02 $\quad -5x-\dfrac{1}{2}y$

03 $\quad (6x-4y)-(4x+y)$

04 $\quad (12x^2y-8xy^2)\div\dfrac{2}{3}xy$

✿ $x=y+1$일 때, 다음 식을 y에 대한 식으로 나타내시오.

05 (따라해)
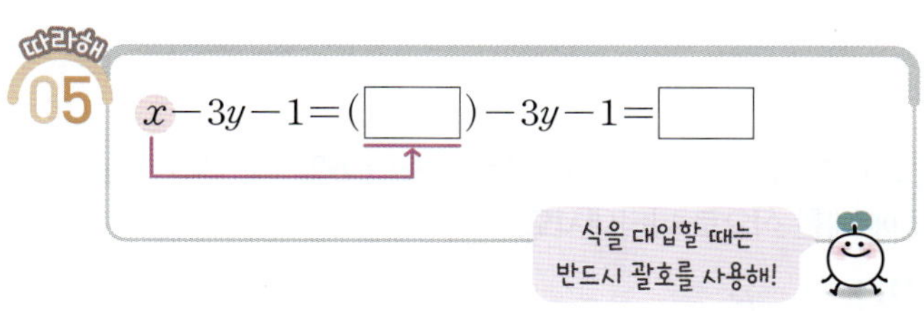
$x-3y-1=(\boxed{})-3y-1=\boxed{}$

06 $\quad -2x+5y+3$

07 $\quad 4x+xy$

✿ $y=2x-3$일 때, 다음 식을 x에 대한 식으로 나타내시오.

08 $\quad x-y+2$

09 $\quad 5x-3(y-1)$

✿ $A=2a+b$, $B=a-2b$일 때, 다음 식을 a, b에 대한 식으로 나타내시오.

10 (따라해)
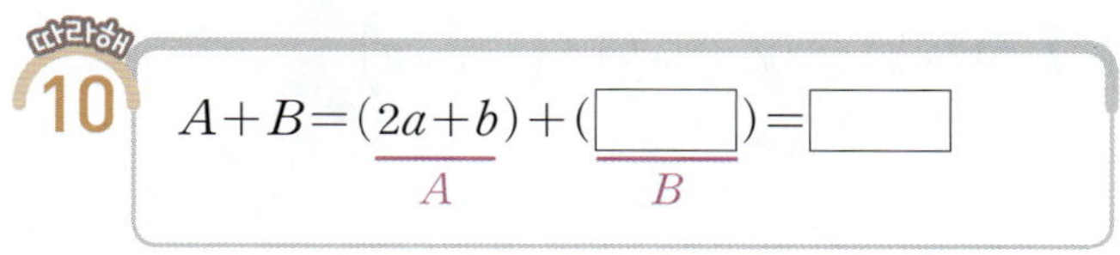
$A+B=\underset{A}{(2a+b)}+\underset{B}{(\boxed{})}=\boxed{}$

11 $\quad A-B$

12 $\quad A-2B$

13 $\quad -3A+B$

14 $\quad 4A-2(B-A)$

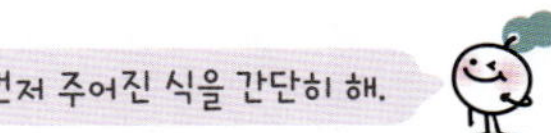

10분 연산 TEST 1회

[01~11] 다음을 계산하시오.

01 $6x(x+4y)$

02 $(2x^2-3x+1)\times(-2x)$

03 $(10a^2-5a-15)\times\dfrac{2}{5}a$

04 $(6a^3+12a)\div3a$

05 $\dfrac{14x^2y^3-21xy^2}{7xy^2}$

06 $(12a^2b^3-20ab^2)\div(-4ab)$

07 $(12x^2y-8xy^2-4xy)\div\left(-\dfrac{4}{7}xy\right)$

08 $2a(a-4b)+5a(2a-b)$

09 $(4x^2y-6xy^2)\div2xy+(6xy-3x^2)\div3x$

10 $3a(2b-1)+(2a^2b-4ab)\div(-2a)$

11 $(7a-4b+5)\times(-2b)+(a^2b-2ab^2)\div\dfrac{1}{4}a$

[12~13] 다음 □ 안에 알맞은 식을 구하시오.

12 $(\boxed{})\times(-xy)=-x^3y^2+x^2y^3$

13 $(\boxed{})\div3a=a-4$

[14~16] $x=2$, $y=1$일 때, 다음 식의 값을 구하시오.

14 $2x-7y$

15 $(24xy-12y^2)\div4y$

16 $(x^2y+2xy^2)\div(-xy)+x(1-5y)$

[17~19] $y=3x-2$일 때, 다음 식을 x에 대한 식으로 나타내시오.

17 $x+y+2$

18 $2x-y$

19 $x-3(y+4)$

[20~21] $A=5a-2b$, $B=-3a+b$일 때, 다음 식을 a, b에 대한 식으로 나타내시오.

20 $A+B$

21 $A-B$

맞힌 개수 □ 개 / 21개

10분 연산 TEST 2회

[01~11] 다음을 계산하시오.

01 $a(-5a+7)$

02 $(-2x+4y-8) \times \dfrac{3}{2}x$

03 $(-7x^2+2xy-5y) \times (-3x)$

04 $(12x^2y+2x) \div 2x$

05 $\dfrac{-4ab+6ab^2}{2b}$

06 $(6x^2y-4xy^3-8xy) \div \left(-\dfrac{2}{3}xy\right)$

07 $2a(a+6b)-3b(4a-b)$

08 $\dfrac{6x^2y-10xy^2}{2xy} - \dfrac{5y^2-4y}{-y}$

09 $-(2a-b)+(2ab-4b^2) \div (-2b)$

10 $\dfrac{5}{2}x(2x-4y)+(6x^2y+8xy) \div \dfrac{2}{3}x$

11 $(2x^2y-9x^3) \div \dfrac{1}{2}x+6x(2x+3y)$

[12~13] 다음 □ 안에 알맞은 식을 구하시오.

12 $(-5a) \times (\boxed{})=-5a^2+15ab$

13 $(\boxed{}) \div \dfrac{1}{2}xy=-2xy+4y$

[14~16] $x=1$, $y=-3$일 때, 다음 식의 값을 구하시오.

14 x^2-3y-5

15 $(x^2y+xy^2) \div xy$

16 $(4xy-2xy^2) \div 2y+x(3y+2)$

[17~19] $b=4a-3$일 때, 다음 식을 a에 대한 식으로 나타내시오.

17 $a+2b-1$

18 $8a-5b$

19 $ab-3b-2$

[20~21] $A=2x-y$, $B=x+2y$일 때, 다음 식을 x, y에 대한 식으로 나타내시오.

20 $2A+B$

21 $A-2B$

맞힌 개수 [ ]개 / 21개

스스로 개념 점검

2. 다항식의 계산

(1) 다항식의 덧셈과 뺄셈은 분배법칙을 이용하여 괄호를 풀고, ⬚ 끼리 모아서 계산한다. 이때 뺄셈은 빼는 식의 각 항의 부호를 바꾸어 더한다.

(2) ⬚ : 다항식의 각 항의 차수 중에서 가장 큰 차수가 2인 다항식

(3) 단항식과 다항식의 곱셈은 분배법칙을 이용하여 단항식을 다항식의 각 항에 곱한다. 이때 단항식과 다항식의 곱을 하나의 다항식으로 나타내는 것을 ⬚ 라 한다.

(4) 다항식과 단항식의 나눗셈은 분수 꼴로 바꾸거나 ⬚ 를 이용하여 나눗셈을 곱셈으로 바꾸어 계산한다.

01

$\dfrac{3x-y}{2}-\dfrac{4x+2y}{3}$ 를 계산하면?

① $-\dfrac{1}{2}x-\dfrac{7}{6}y$ ② $-\dfrac{1}{3}x+\dfrac{1}{6}y$ ③ $\dfrac{1}{6}x-\dfrac{7}{6}y$

④ $\dfrac{1}{6}x-\dfrac{1}{6}y$ ⑤ $\dfrac{1}{6}x-\dfrac{1}{3}y$

02

$2x+[6x-\{x-2y+(3x-5y)\}]=ax+by$일 때, 상수 a, b에 대하여 ab의 값은?

① -28 ② -20 ③ 12
④ 20 ⑤ 28

03 출제율 80%

다음 중 x에 대한 이차식이 <u>아닌</u> 것은?

① $\dfrac{1}{2}x^2$ ② x^2+3

③ $x-x^2+(x^2-4x)$ ④ $\dfrac{3-2x+x^2}{5}$

⑤ $x^3+1-(-2x^2+x^3)$

04

$2(x^2-2x+1)-3(x^2+x-6)$을 계산하였을 때, x의 계수는?

① -7 ② -5 ③ -1
④ 1 ⑤ 4

05

다음 도형의 둘레의 길이는?

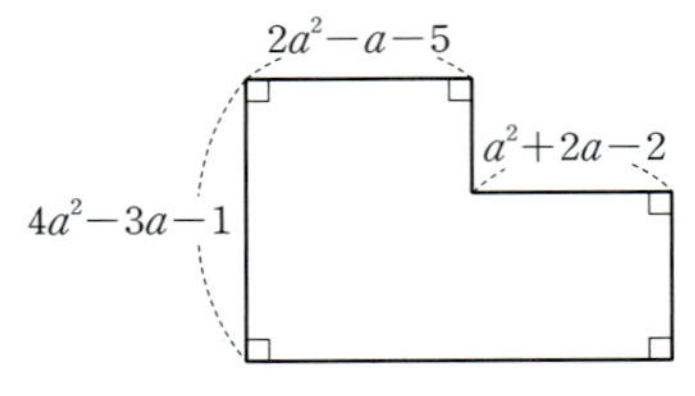

① $10a^2-4a-8$ ② $10a^2-a-16$
③ $12a^2+a-16$ ④ $14a^2-4a-16$
⑤ $14a^2-a-8$

06

$3(\boxed{})-2(-x+y-1)=8x-5y+11$일 때, 다음 중 ⬚ 안에 알맞은 식은?

① $x+y+3$ ② $2x-y+3$ ③ $2x-2y+1$
④ $3x-y+2$ ⑤ $3x-2y+1$

07

다항식 $3x-2y+1$에서 어떤 다항식을 빼어야 할 것을 잘못하여 더하였더니 $-x+y-2$가 되었다. 바르게 계산한 식은?

① $-4x+3y-3$ ② $-x-y+4$

③ $2x-y-1$ ④ $4x-5y-1$

⑤ $7x-5y+4$

08 출제율 85%

다음 중 옳지 <u>않은</u> 것은?

① $5b(-a+4b)=-5ab+20b^2$

② $(5x-y+3)\times(-4y)=-20xy+4y^2-12y$

③ $(3x^2y+9y)\div(-3y)=-x^2-3$

④ $(5ab^2-2b)\div\dfrac{1}{4}b=20ab-8$

⑤ $(-6x^2y+12xy-18y^2)\div\dfrac{3}{4}y=-8x^2+9x-24y$

09

$A=(6x^2-3xy)\div(-3x)$, $B=(8xy-4y^2)\div 2y$일 때, $2A-B$를 x, y에 대한 식으로 나타내면?

① $-8x$ ② $4y$

③ $-8x-4y$ ④ $-8x+4y$

⑤ $8x-4y$

10 실수 주의

오른쪽 그림과 같이 밑면의 반지름의 길이가 x^2y인 원기둥의 부피가 $4\pi x^5y^2-6\pi x^4y^4$일 때, 이 원기둥의 높이는?

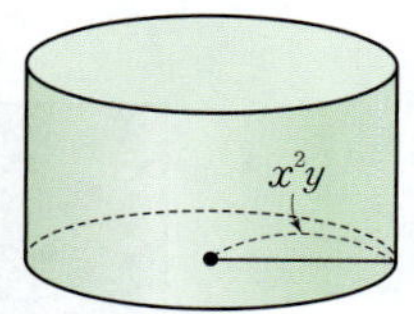

① $-4x+6y$ ② $4x-6y^2$ ③ $4x^2+2y^2$

④ $4x^3-6xy$ ⑤ $4x^2y-6xy$

11

$a=-1$, $b=2$일 때, 다음 식의 값은?

$$\dfrac{12a^2b+8ab^2}{4b}-\dfrac{30ab^2-12ab}{6b}$$

① -5 ② -1 ③ 3

④ 4 ⑤ 7

12 서술형

$-2x(2x^2-3x+4)+(8x^3-24x^2+10x)\div(-2x)$를 계산하였을 때, x^2의 계수를 a, x의 계수를 b라 하자. 이때 $a-b$의 값을 구하시오.

채점기준 1 주어진 식을 계산하기

채점기준 2 a, b의 값을 각각 구하기

채점기준 3 $a-b$의 값 구하기

숨은 그림 찾기

자, 컴퍼스, 실타래, 컵, 털모자, 종이학, 배드민턴공, 커피포트, 음표, 밤, 성냥, 포크

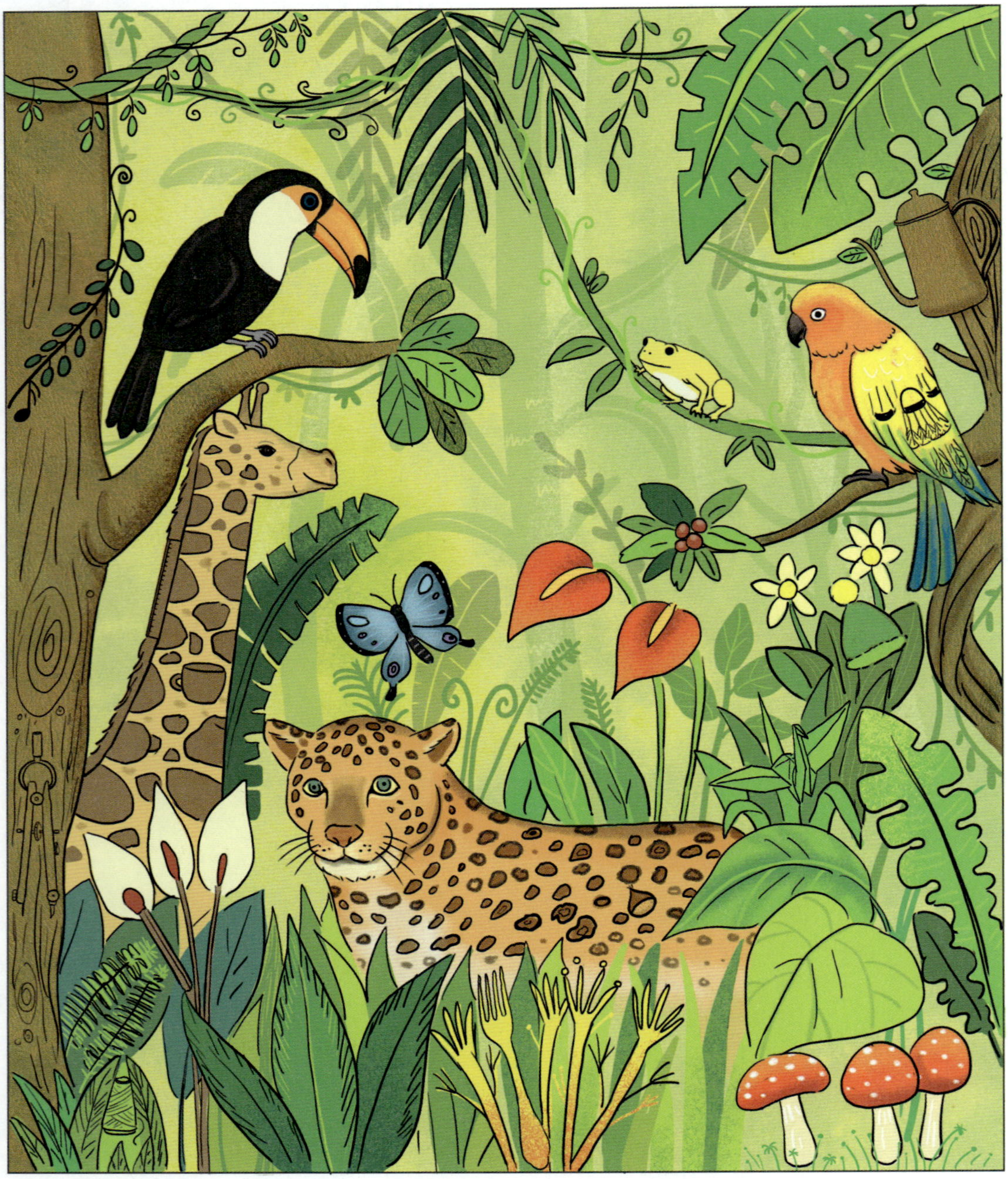

정답

Ⅲ 부등식과 연립방정식

부등식과 연립방정식은 왜 배우나요?

부등식과 방정식은 문자를 사용하여
양 사이의 관계를 나타낸 것으로, 적절한 절차에
따라 이를 만족시키는 해를 구할 수 있어요.
부등식과 방정식은 실생활 문제를 해결하는
중요한 도구가 돼요.

Ⅲ-1 일차부등식

개념 Q&A

Q. 등식과 부등식은 어떻게 다를까?

A. 등식은 등호를 사용하여 두 수 또는 두 식이 같음을 나타내고, 부등식은 부등호를 사용하여 두 수 또는 두 식의 대소 관계를 나타낸다.

Q. 부등식의 성질을 이용할 때 주의할 점은 무엇일까?

A. 부등식의 양변에 음수를 곱하거나 양변을 음수로 나눌 때만 부등호의 방향이 바뀌고, 그 외에는 부등호의 방향이 바뀌지 않음을 주의한다.

Q. 일차부등식에서 이항할 때, 바뀌는 것과 바뀌지 않는 것은?

A. 이항하는 항의 부호는 바뀌지만 부등호의 방향은 바뀌지 않는다.

01 부등식

(1) **부등식** : 부등호 $>$, $<$, $\geq$, $\leq$를 사용하여 수 또는 식의 대소 관계를 나타낸 식

(2) **부등식의 표현**

$a>b$	$a<b$	$a \geq b$	$a \leq b$
• a는 b보다 크다. • a는 b 초과이다.	• a는 b보다 작다. • a는 b 미만이다.	• a는 b보다 크거나 같다. • a는 b보다 작지 않다. • a는 b 이상이다.	• a는 b보다 작거나 같다. • a는 b보다 크지 않다. • a는 b 이하이다.

(3) **부등식의 해** : 부등식을 참이 되게 하는 미지수의 값

(4) **부등식을 푼다** : 부등식의 해를 모두 구하는 것

02 부등식의 성질

(1) 부등식의 양변에 같은 수를 더하거나 양변에서 같은 수를 빼어도 부등호의 방향은 바뀌지 않는다. $\rightarrow a<b$이면 $a+c<b+c$, $a-c<b-c$

(2) 부등식의 양변에 같은 양수를 곱하거나 양변을 같은 양수로 나누어도 부등호의 방향은 바뀌지 않는다. $\rightarrow a<b$, $c>0$이면 $ac<bc$, $\dfrac{a}{c}<\dfrac{b}{c}$

(3) 부등식의 양변에 같은 음수를 곱하거나 양변을 같은 음수로 나누면 부등호의 방향은 바뀐다.
$\rightarrow a<b$, $c<0$이면 $ac>bc$, $\dfrac{a}{c}>\dfrac{b}{c}$

03 일차부등식과 그 해

(1) **일차부등식** : 부등식에서 우변에 있는 모든 항을 좌변으로 이항하여 정리한 식이 (일차식)>0, (일차식)<0, (일차식)≥0, (일차식)≤0 중 어느 하나의 꼴로 나타나는 부등식

이항할 때, 부등호의 방향은 바뀌지 않는다.

(2) **일차부등식의 풀이**
❶ 미지수 x를 포함한 항은 좌변으로, 상수항은 우변으로 이항한다.
❷ 양변을 정리하여 $ax>b$, $ax<b$, $ax\geq b$, $ax\leq b$ $(a\neq0)$ 중 어느 하나의 꼴로 고친다.
❸ 양변을 x의 계수 a로 나눈다.
$\rightarrow a<0$이면 부등호의 방향이 바뀐다.

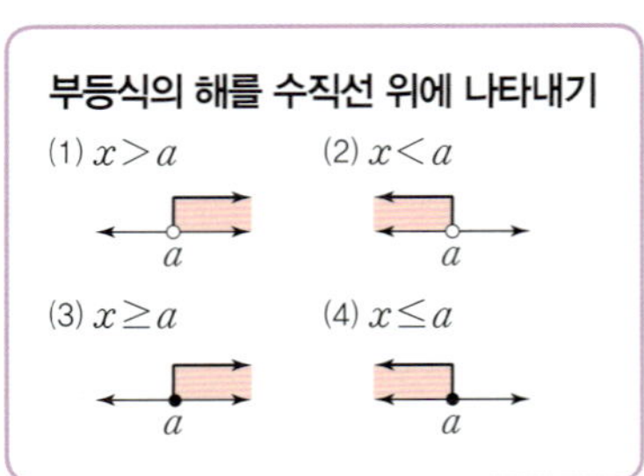

04 복잡한 일차부등식의 풀이

(1) **괄호가 있는 경우** : 분배법칙을 이용하여 괄호를 풀고, 동류항끼리 정리하여 푼다.

(2) **계수가 소수인 경우** : 양변에 10의 거듭제곱 중 적당한 수를 곱하여 계수를 정수로 바꾸어 푼다.

(3) **계수가 분수인 경우** : 양변에 분모의 최소공배수를 곱하여 계수를 정수로 바꾸어 푼다.

01 VISUAL 개념연산 부등식

↪ 정답 및 풀이 42쪽

부등식 : 부등호 $>$, $<$, $\geq$, $\leq$를 사용하여 수 또는 식의 대소 관계를 나타낸 식

$a>b$	$a<b$	$a\geq b$	$a\leq b$
• a는 b보다 크다. • a는 b 초과이다.	• a는 b보다 작다. • a는 b 미만이다.	• a는 b보다 크거나 같다. • a는 b보다 작지 않다. • a는 b 이상이다.	• a는 b보다 작거나 같다. • a는 b보다 크지 않다. • a는 b 이하이다.

개념 POINT

부등호
$$8 \underset{\text{양변}}{\underset{\text{좌변} \quad \text{우변}}{<} 2x+3}$$

✿ 다음 중 부등식인 것에는 ○표, 부등식이 아닌 것에는 ×표를 하시오.

01 $7\geq -4$ ( )

02 $5x+1=5$ ( )

03 $4a+3$ ( )

04 $2x-9<0$ ( )

05 $x-3y$ ( )

06 $b-1=b$ ( )

07 $8-2a\leq 3$ ( )

08 $y=-x+2$ ( )

✿ 다음 문장을 부등식으로 나타낼 때, ☐ 안에 알맞은 부등호를 써넣으시오.

09 x는 -5보다 크다. ➡ $x \;\square\; -5$

10 x는 3 미만이다. ➡ $x \;\square\; 3$

11 x는 8보다 크거나 같다. ➡ $x \;\square\; 8$

12 x는 -4보다 크지 않다. ➡ $x \;\square\; -4$
　　 └ 작거나 같다.

✿ 다음 문장을 부등식으로 나타내시오.

13 어떤 수 x의 3배에서 5를 뺀 값은 / 7보다 작다.

____

14 한 권에 1000원인 공책 x권의 가격은 / 8000원 이상이다.

____

15 길이가 x m인 줄을 끝에서 1 m만큼 잘라내면 남은 줄의 길이는 / 2 m보다 길지 않다.

____

16 무게가 200 g인 상자에 500 g짜리 물건을 x개 넣으면 전체 무게는 / 3000 g을 초과한다.

____

02 VISUAL 개념연산 부등식의 해

x의 값이 -1, 0, 1, 2일 때, 부등식 $2x-1 \geq 1$을 풀어 보자. → 부등식의 해를 모두 구해 보자.

($\geq$: $>$이거나 $=$)

x의 값	좌변	부등호	우변	참, 거짓
-1	$2 \times (-1) -1 = -3$	$<$	1	거짓
0	$2 \times 0 - 1 = -1$	$<$	1	거짓
1	$2 \times 1 - 1 = 1$	$=$	1	참
2	$2 \times 2 - 1 = 3$	$>$	1	참

↳ 부등식을 참이 되게 하는 x의 값

→ 부등식 $2x-1 \geq 1$의 해는 1, 2이다.

개념 POINT

$x = a$를 부등식에 대입하였을 때,
부등식이 참 → a는 부등식의 해이다.
부등식이 거짓 → a는 부등식의 해가 아니다.

✽ 다음 중 [ ] 안의 수가 주어진 부등식의 해이면 ○표, 부등식의 해가 아니면 ×표를 하시오.

따라해 01

대입

$x - 2 > 3$　[4]　　　　(　　　)

$x = 4$를 $x - 2 > 3$에 대입하면

$\boxed{} - 2 = \boxed{} > 3$ (거짓)

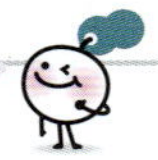

02 $3x - 2 \geq -5$　[1]　　　　(　　　)

03 $5x + 1 < 3$　$\left[\dfrac{1}{2}\right]$　　　　(　　　)

04 $7 - 2x > -2$　[3]　　　　(　　　)

05 $4x < x - 6$　[-2]　　　　(　　　)

06 $-2x + 1 \leq 3x + 7$　[-1]　　　　(　　　)

07 $\dfrac{1}{3}x - 5 \geq 1 + 2x$　[6]　　　　(　　　)

✽ x의 값이 -2, -1, 0, 1, 2일 때, 다음 부등식을 푸시오.

따라해 08

$2x + 3 < 5$

x의 값	좌변	부등호	우변	참, 거짓
-2	$2 \times (-2) + 3 = -1$	$<$	5	참
-1	$2 \times (-1) + 3 = 1$	$<$	5	참
0	$2 \times 0 + 3 = 3$	$<$	5	참
1	$2 \times 1 + 3 = 5$	$=$	5	거짓
2	$2 \times 2 + 3 = 7$	$>$	5	거짓

____

09 $4x > -4$ ________________

10 $3x - 2 \geq 1$ ________________

11 $4 \leq 3 - 2x$ ________________

12 $5x - 3 < 3x$ ________________

13 $8 - 3x \leq x + 2$ ________________

03 VISUAL 개념연산 부등식의 성질

2<4에서 부등식의 성질을 알아보자.

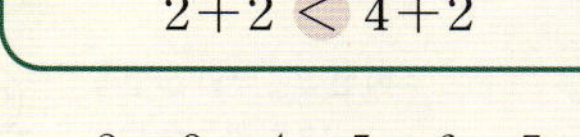

$2+2 < 4+2$

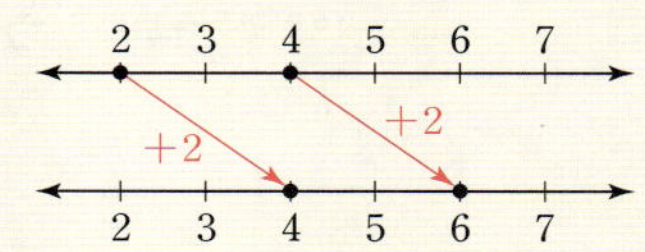

$2-2 < 4-2$

$2 \times 2 < 4 \times 2$

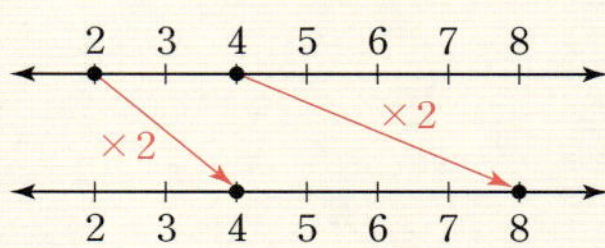

$2 \div 2 < 4 \div 2$

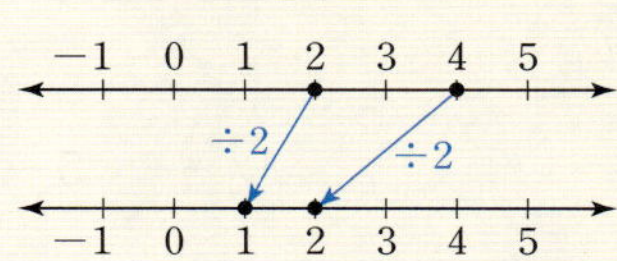

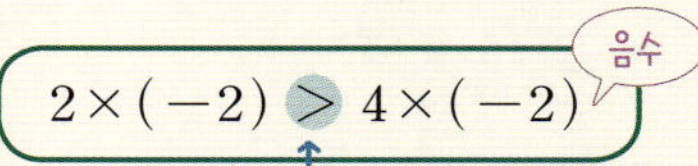

$2 \times (-2) > 4 \times (-2)$ 음수

부등호의 방향이 바뀐다.

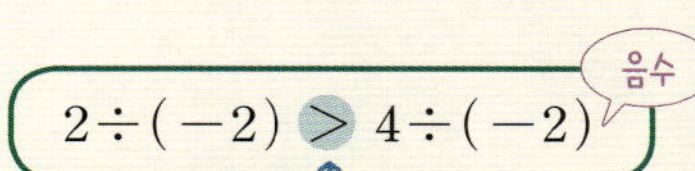

$2 \div (-2) > 4 \div (-2)$ 음수

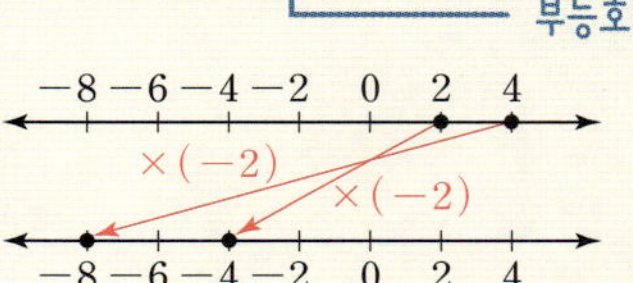

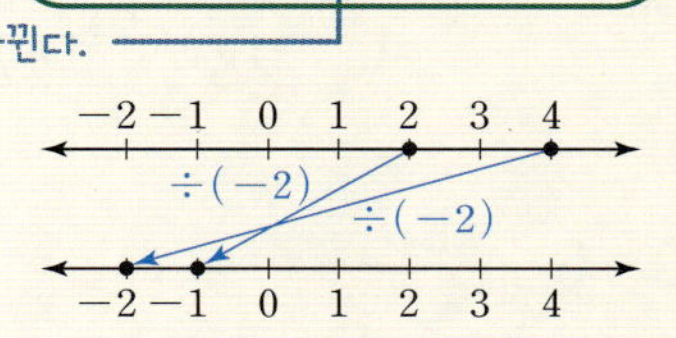

개념 POINT

$a < b$일 때

(1) $a+c < b+c$, $a-c < b-c$

(2) $c > 0$이면 $ac < bc$, $\dfrac{a}{c} < \dfrac{b}{c}$

(3) $c < 0$이면 $ac > bc$, $\dfrac{a}{c} > \dfrac{b}{c}$

음수   부등호의 방향이 바뀐다.

실수 Check

부등식의 양변에 같은 음수를 곱하거나 양변을 같은 음수로 나눌 때는 부등호의 방향이 바뀐다.

✱ $a > b$일 때, 다음 ☐ 안에 알맞은 부등호를 써넣으시오.

01 $a+1 \;\square\; b+1$
양변에 1을 더한다.

02 $a-4 \;\square\; b-4$

03 $a+(-7) \;\square\; b+(-7)$

04 $a-(-9) \;\square\; b-(-9)$

05 $8a \;\square\; 8b$

06 $-\dfrac{a}{3} \;\square\; -\dfrac{b}{3}$

✱ $a \leq b$일 때, 다음 ☐ 안에 알맞은 부등호를 써넣으시오.

따라해 07

$3a+1 \;\square\; 3b+1$

$a \leq b$의 양변에 3을 곱하면 $3a \;\square\; 3b$

$3a \;\square\; 3b$의 양변에 1을 더하면 $3a+1 \;\square\; 3b+1$

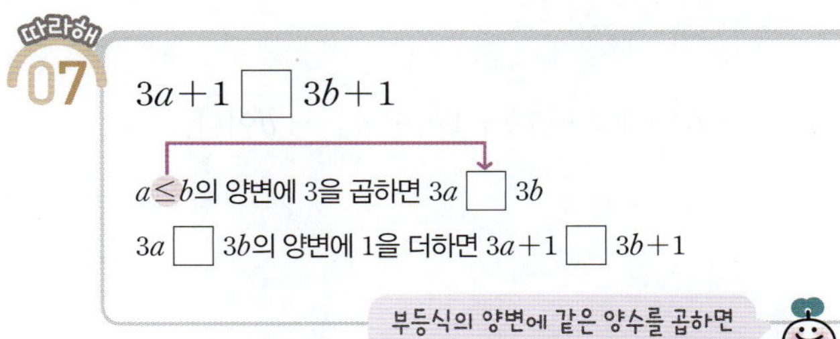

08 $\dfrac{a}{2}-3 \;\square\; \dfrac{b}{2}-3$

09 $-a+8 \;\square\; -b+8$

10 $4-5a \;\square\; 4-5b$

11 $7a+\dfrac{2}{5} \;\square\; 7b+\dfrac{2}{5}$

12 $\dfrac{3-a}{2} \;\square\; \dfrac{3-b}{2}$

✿ 다음 □ 안에 알맞은 부등호를 써넣으시오.

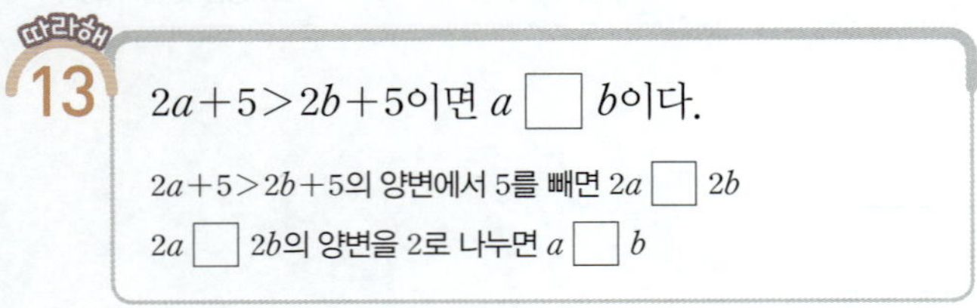

13 $2a+5>2b+5$이면 a □ b이다.

$2a+5>2b+5$의 양변에서 5를 빼면 $2a$ □ $2b$

$2a$ □ $2b$의 양변을 2로 나누면 a □ b

14 $a+3\leq b+3$이면 a □ b이다.

15 $a-\dfrac{1}{2}\geq b-\dfrac{1}{2}$이면 a □ b이다.

16 $-4a<-4b$이면 a □ b이다.

17 $-7a+1>-7b+1$이면 a □ b이다.

18 $-\dfrac{a}{9}-4\leq-\dfrac{b}{9}-4$이면 a □ b이다.

19 $2-\dfrac{2}{3}a\geq 2-\dfrac{2}{3}b$이면 a □ b이다.

20 $\dfrac{a+5}{6}<\dfrac{b+5}{6}$이면 a □ b이다.

✿ $x>1$일 때, 다음 식의 값의 범위를 구하시오.

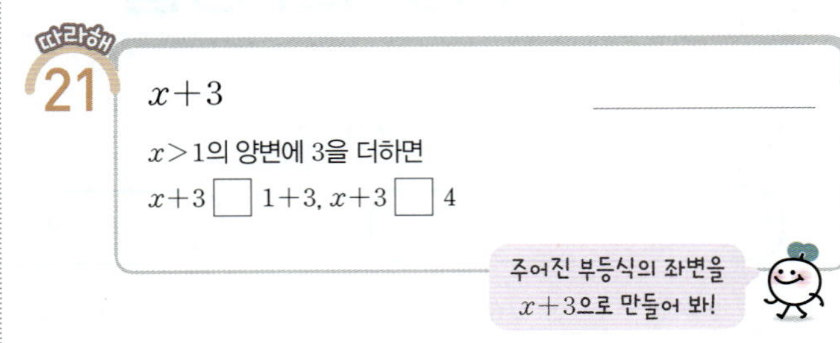

21 $x+3$ _______________

$x>1$의 양변에 3을 더하면

$x+3$ □ $1+3$, $x+3$ □ 4

22 $2x$ _______________

23 $5-x$ _______________

24 $-2x+1$ _______________

✿ 다음과 같이 x의 값의 범위가 주어졌을 때, 식의 값의 범위를 구하시오.

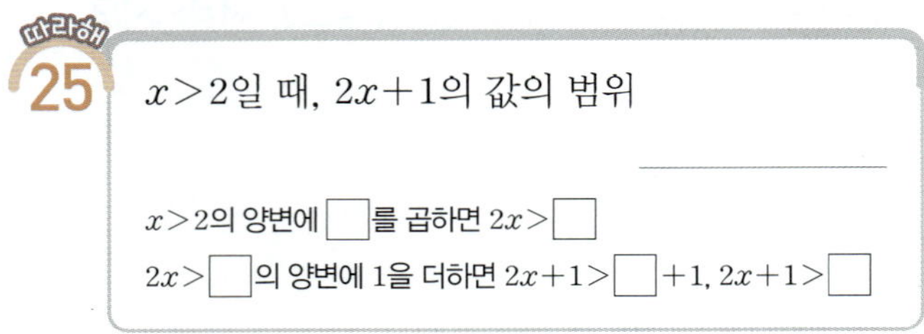

25 $x>2$일 때, $2x+1$의 값의 범위

____

$x>2$의 양변에 □를 곱하면 $2x>$ □

$2x>$ □의 양변에 1을 더하면 $2x+1>$ □ $+1$, $2x+1>$ □

26 $x\leq-1$일 때, $3x-2$의 값의 범위

____

27 $x\geq 4$일 때, $5-\dfrac{x}{2}$의 값의 범위

____

28 $x<-6$일 때, $-\dfrac{x}{3}+8$의 값의 범위

____

[01~04] 다음 중 부등식인 것에는 ○표, 부등식이 아닌 것에는 ×표를 하시오.

01 $x+2 \geq 5$　　　　　（　　　）

02 $x-1=2x$　　　　　（　　　）

03 $3x-4y$　　　　　（　　　）

04 $2-5<0$　　　　　（　　　）

[05~07] 다음 문장을 부등식으로 나타내시오.

05 x와 3의 합은 10 이하이다.

06 x km의 거리를 시속 3 km로 걸어가면 5시간 이상 걸린다.

07 가로의 길이가 x cm이고 세로의 길이가 8 cm인 직사각형의 둘레의 길이는 25 cm보다 길지 않다.

[08~11] 다음 중 $x=2$가 주어진 부등식의 해이면 ○표, 부등식의 해가 아니면 ×표를 하시오.

08 $x \geq -4$　　　　　（　　　）

09 $x+5<3$　　　　　（　　　）

10 $6-2x \leq 8$　　　　　（　　　）

11 $5x-2>3x+4$　　　　　（　　　）

[12~14] x의 값이 -2, -1, 0, 1일 때, 다음 부등식을 푸시오.

12 $3x+1>-2$

13 $7 \geq 1-5x$

14 $2x-3 \leq x-2$

[15~18] $a<b$일 때, 다음 □ 안에 알맞은 부등호를 써넣으시오.

15 $a-8$ □ $b-8$

16 $2a-1$ □ $2b-1$

17 $\dfrac{5-a}{2}$ □ $\dfrac{5-b}{2}$

18 $7-3a$ □ $7-3b$

[19~21] $x<2$일 때, 다음 식의 값의 범위를 구하시오.

19 $x+4$

20 $-\dfrac{1}{2}x$

21 $-5x+1$

맞힌 개수　□ 개／21개

10분 연산 TEST 2회

맞힌 개수   개/21개

[01~04] 다음 중 부등식인 것에는 ○표, 부등식이 아닌 것에는 ×표를 하시오.

01 $2x-8$ (   )

02 $x-5<1$ (   )

03 $2x-1\geq x$ (   )

04 $4x-3=2x$ (   )

[05~07] 다음 문장을 부등식으로 나타내시오.

05 20에서 x를 빼면 7보다 작거나 같다.

06 한 권에 x원인 책 5권의 값은 40000원보다 비싸다.

07 무게가 2 kg인 물건 x개를 0.3 kg인 상자에 담았더니 그 무게가 10 kg보다 가볍지 않았다.

[08~11] 다음 중 $x=-2$가 주어진 부등식의 해이면 ○표, 부등식의 해가 아니면 ×표를 하시오.

08 $2x\geq 3x$ (   )

09 $x-5>-6$ (   )

10 $7\leq x+4$ (   )

11 $x+1<1-2x$ (   )

[12~14] x의 값이 -1, 0, 1, 2일 때, 다음 부등식을 푸시오.

12 $2x-1\leq 3$

13 $6-x>5$

14 $5x-4<x+3$

[15~18] $a>b$일 때, 다음 □ 안에 알맞은 부등호를 써넣으시오.

15 $a+3 \ \square \ b+3$

16 $10-a \ \square \ 10-b$

17 $-2a+5 \ \square \ -2b+5$

18 $\dfrac{1+3a}{4} \ \square \ \dfrac{1+3b}{4}$

[19~21] $x\geq -1$일 때, 다음 식의 값의 범위를 구하시오.

19 $2x$

20 $-x+2$

21 $5-3x$

04 VISUAL 개념연산 일차부등식

→ 부등식의 한 변에 있는 항을 부호를 바꾸어 다른 변으로 옮기는 것

일차부등식 : 부등식에서 우변에 있는 모든 항을 좌변으로 이항하여 정리한 식이

(일차식)>0, (일차식)<0, (일차식)≥ 0, (일차식)≤ 0

중 어느 하나의 꼴로 나타나는 부등식

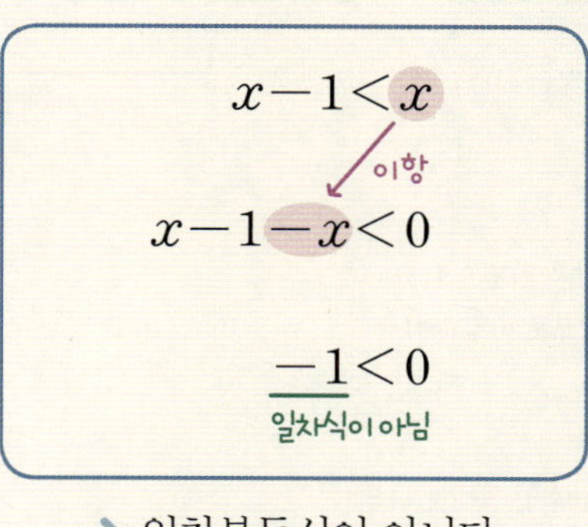

$x-1<1$
이항
$x-1-1<0$
$\underline{x-2<0}$
일차식

→ 일차부등식이다.

$x-1<x$
이항
$x-1-x<0$
$\underline{-1<0}$
일차식이아님

→ 일차부등식이 아니다.

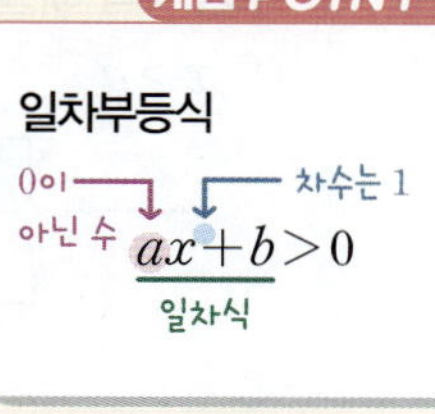

개념 POINT

일차부등식

0이 아닌 수 → ← 차수는 1
$ax+b>0$
일차식

실수 check

이항하면 부호가 바뀜에 주의한다.

→ $+a$ —이항→ $-a$
$-a$ —이항→ $+a$

❋ 다음 부등식에서 밑줄 친 항을 이항하시오.

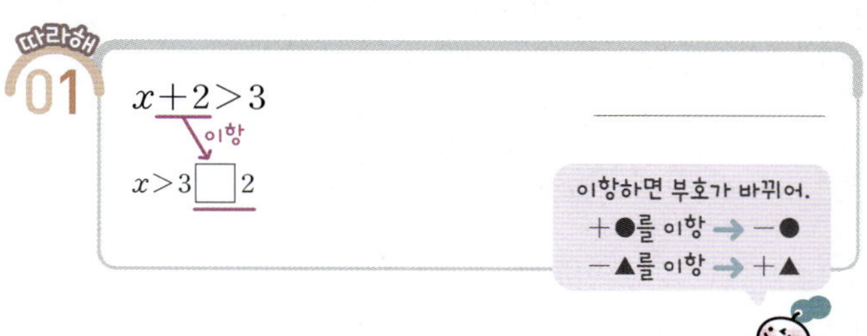

01 $x+2>3$
이항
$x>3\;\square\;2$

이항하면 부호가 바뀌어.
$+●$를 이항 → $-●$
$-▲$를 이항 → $+▲$

02 $3x\underline{-5}\leq -2$ ___________

03 $\underline{4}-\dfrac{1}{2}x<10$ ___________

04 $-2x\geq \underline{7x}+1$ ___________

05 $-6x\underline{+1}\leq \underline{8x}+3$ ___________

06 $\underline{5}-x>2\underline{-4x}$ ___________

❋ 다음 중 일차부등식인 것에는 ○표, 일차부등식이 아닌 것에는 ×표를 하시오.

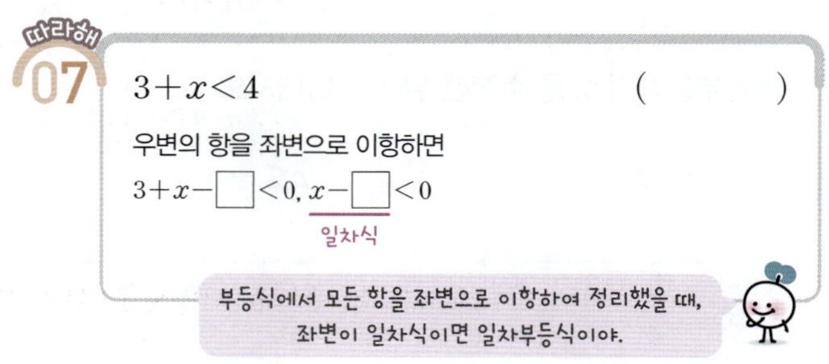

07 $3+x<4$ ( )

우변의 항을 좌변으로 이항하면
$3+x-\square<0,\; x-\square<0$
일차식

부등식에서 모든 항을 좌변으로 이항하여 정리했을 때, 좌변이 일차식이면 일차부등식이야.

08 $-x+8\geq 3$ ( )

09 $2x+5>2x$ ( )

10 $5-6x<10+6x$ ( )

11 $2x-4>2(x-1)$ ( )

12 $x^2+2\geq x^2+3x-2$ ( )

05 VISUAL 개념연산 일차부등식의 해와 수직선

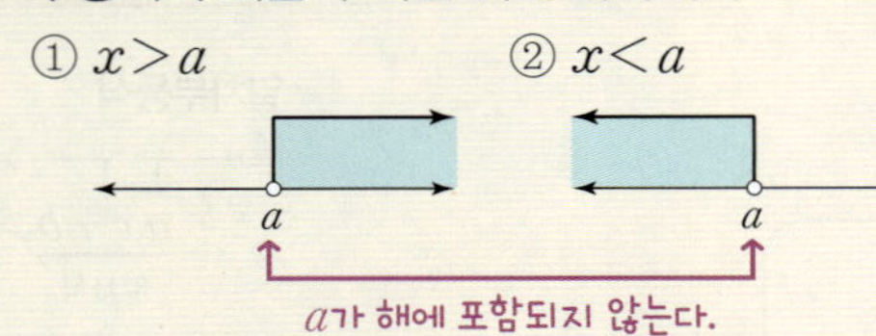

(1) 부등식의 해를 수직선 위에 나타내기

① $x>a$　② $x<a$　③ $x\geq a$　④ $x\leq a$

a가 해에 포함되지 않는다.　　a가 해에 포함된다.

'●'에 대응하는 수는 부등식의 해에 포함되고, '○'에 대응하는 수는 부등식의 해에 포함되지 않아!

(2) 일차부등식의 풀이

$$3x-5<5x+1$$

x를 포함한 항은 좌변으로, 상수항은 우변으로 이항하기

$$3x-5x<1+5$$

양변을 정리하기

$$-2x<6$$

양변을 x의 계수인 -2로 나누기

$$\therefore x>-3$$

음수로 나누면 부등호의 방향이 바뀐다.

→ $x>-3$을 수직선 위에 나타내면

개념 POINT

❶ 미지수 x를 포함한 항은 좌변으로, 상수항은 우변으로 이항한다.
❷ 양변을 정리하여
$$ax>b,\ ax<b,\ ax\geq b,\ ax\leq b\ (a\neq 0)$$
　　중 어느 하나의 꼴로 고친다.
❸ 양변을 x의 계수 a로 나눈다.

✽ 다음 부등식의 해를 수직선 위에 나타내시오.

01 $x>2$

02 $x\leq -5$

03 $x<-1$

04 $x\geq 3$

✽ 다음 일차부등식을 푸시오.

05 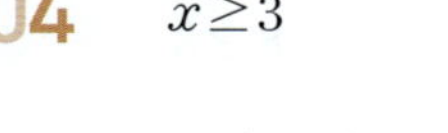

$$4x+1\geq x+16$$

x를 포함한 항은 좌변으로, 상수항은 우변으로 이항하기

$$4x-\boxed{\ }\geq 16-\boxed{\ }$$

양변을 정리하기

$$\boxed{\ }x\geq \boxed{\ }$$

양변을 x의 계수로 나누기

$$\therefore x\geq \boxed{\ }$$

06 $x-6<1$

07 $-2x\geq 12$

08 $3x-2\leq 7$

09 $x+5>2x$

10 $6x-3<4x-11$

✽ 다음 일차부등식을 풀고, 그 해를 수직선 위에 나타내시오.

11 $x+3\leq 4$　해 : ________,

12 $-3x+8\geq x$　해 : ________,

13 $8x-5>2x+7$

해 : ________,

06 · VISUAL 개념연산 · 괄호가 있는 일차부등식의 풀이

$$2(x-3) \geq 4x-2$$

분배법칙을 이용하여 괄호 풀기

$$2x-6 \geq 4x-2$$

x를 포함한 항은 좌변으로, 상수항은 우변으로 이항하기

$$2x-4x \geq -2+6$$

양변을 정리하기

$$-2x \geq 4$$

양변을 x의 계수인 -2로 나누기

$$\therefore x \leq -2$$

개념 POINT

분배법칙
$$a(b+c)=ab+ac$$
$$(a+b)c=ac+bc$$

✿ **다음 일차부등식을 푸시오.**

따라해 01

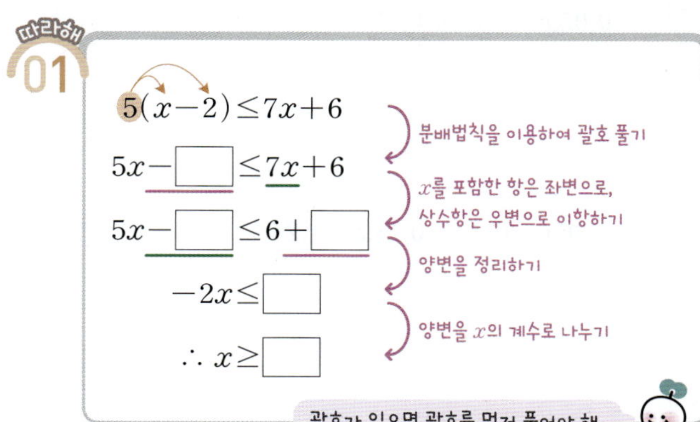

$$5(x-2) \leq 7x+6$$

분배법칙을 이용하여 괄호 풀기

$$5x-\boxed{} \leq 7x+6$$

x를 포함한 항은 좌변으로, 상수항은 우변으로 이항하기

$$5x-\boxed{} \leq 6+\boxed{}$$

양변을 정리하기

$$-2x \leq \boxed{}$$

양변을 x의 계수로 나누기

$$\therefore x \geq \boxed{}$$

02 $\quad 3(x+4) > -3$ ____________

03 $\quad -2(2x-5) \geq 2x$ ____________

04 $\quad 5(x-2) < x+6$ ____________

05 $\quad 4x+5 \leq -2(x-1)$ ____________

06 $\quad 5x-2(x-3) > 9$ ____________

07 $\quad 2(x+5) > -(x-1)$ ____________

08 $\quad -(x+2) \leq 4(x-3)$ ____________

09 $\quad 2(x-6) \geq 3(x-7)$ ____________

10 $\quad -(5-2x) > 5(x+2)$ ____________

11 $\quad 3(2x+3) < -2(x+4)+1$ ____________

12 $\quad 5-2(2x+1) \geq 3(x-6)$ ____________

13 $\quad 2(x-3)+1 < -2(x+5)-3$ ____________

계수가 소수인 일차부등식의 풀이

→ 정답 및 풀이 46쪽

부등식의 양변에 10, 100, 1000, …을 곱하여 계수를 정수로 고친다.

$$0.4x+2 < 0.2x+5$$

양변에 10 곱하기

$$4x+20 < 2x+50$$

x를 포함한 항은 좌변으로, 상수항은 우변으로 이항하기

$$4x-2x < 50-20$$

양변을 정리하기

$$2x < 30$$

양변을 x의 계수인 2로 나누기

$$\therefore x < 15$$

실수 Check

일차부등식의 양변에 10의 거듭제곱을 곱할 때는 모든 항에 똑같이 곱해야 한다.

→ $0.4x+1 < 0.2$
- ✕ $4x+1 < 2$
- ○ $4x+10 < 2$

✿ 다음 일차부등식을 푸시오.

01

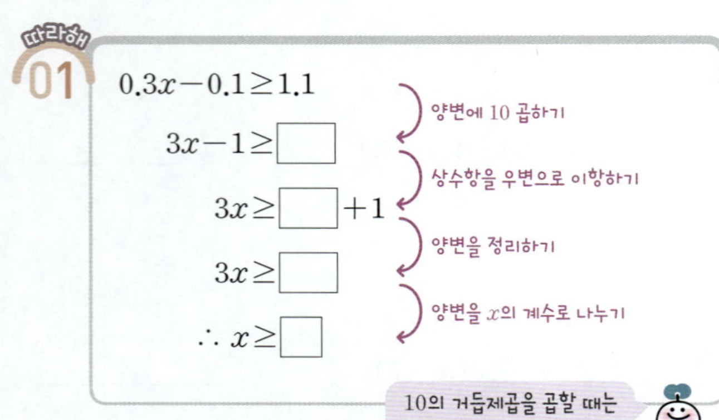

$$0.3x-0.1 \geq 1.1$$

양변에 10 곱하기

$$3x-1 \geq \boxed{}$$

상수항을 우변으로 이항하기

$$3x \geq \boxed{} +1$$

양변을 정리하기

$$3x \geq \boxed{}$$

양변을 x의 계수로 나누기

$$\therefore x \geq \boxed{}$$

02 $0.5x+0.2 > 0.7$

03 $0.8x-0.3 \leq 0.3x+1.2$

04 $1.3+0.3x > -0.1x-0.3$

05 $1.2x-2 \leq 0.8x+0.4$

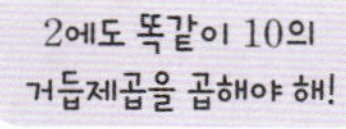

06 $0.03x+1.2 < 1.5$

07 $0.05x < 0.1x+0.25$

08 $0.36x-0.38 \geq 0.18x+1.24$

09 $-0.21x-0.2 < 1-0.13x$

10 $-0.3(x+3) \leq -1.2$

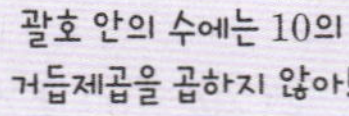
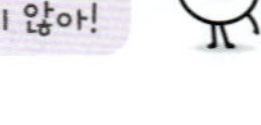

11 $1.4 < 0.2(x+5)$

12 $0.4x-0.9 \geq 0.3(x-7)$

13 $0.04(2-5x) > 0.3x-0.17$

08 VISUAL 개념연산 계수가 분수인 일차부등식의 풀이

부등식의 양변에 분모의 최소공배수를 곱하여 계수를 정수로 고친다.

$$\frac{1}{2}x-1\leq\frac{1}{3}x+1$$

양변에 분모의 최소공배수인 6 곱하기

$$3x-6\leq2x+6$$

x를 포함한 항은 좌변으로, 상수항은 우변으로 이항하기

$$3x-2x\leq6+6$$

양변을 정리하기

$$\therefore x\leq12$$

실수 Check

일차부등식의 양변에 분모의 최소공배수를 곱할 때는 모든 항에 똑같이 곱해야 한다.

$$\rightarrow \frac{1}{2}x+1\leq\frac{1}{3}x$$

× $3x+1\leq2x$
○ $3x+6\leq2x$

❈ 다음 일차부등식을 푸시오.

따라해 01

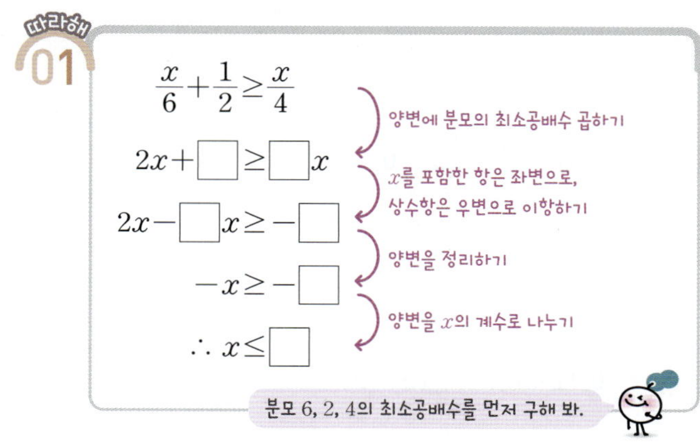

$$\frac{x}{6}+\frac{1}{2}\geq\frac{x}{4}$$

양변에 분모의 최소공배수 곱하기

$$2x+\square\geq\square x$$

x를 포함한 항은 좌변으로, 상수항은 우변으로 이항하기

$$2x-\square x\geq-\square$$

양변을 정리하기

$$-x\geq-\square$$

양변을 x의 계수로 나누기

$$\therefore x\leq\square$$

분모 6, 2, 4의 최소공배수를 먼저 구해 봐.

따라해 07

$$\frac{x-1}{2}<\frac{x+1}{3}$$

양변에 분모의 최소공배수 곱하기

$$3(x-1)<\square(x+1)$$

분배법칙을 이용하여 괄호 풀기

$$3x-3<2x+\square$$

x를 포함한 항은 좌변으로, 상수항은 우변으로 이항하기

$$3x-\square<\square+3$$

양변을 정리하기

$$\therefore x<\square$$

분자에 항이 여러 개 있을 때는 꼭 괄호를 사용해.

02 $\quad\dfrac{5}{2}+\dfrac{1}{4}x<\dfrac{1}{2}x$

03 $\quad\dfrac{x}{5}-\dfrac{3}{2}\leq-x$

－x에도 똑같이 분모의 최소공배수를 곱해야 해!

04 $\quad\dfrac{2}{3}x>\dfrac{3}{4}x+\dfrac{1}{2}$

05 $\quad\dfrac{1}{5}x+\dfrac{2}{3}<\dfrac{1}{3}x+2$

06 $\quad-\dfrac{3}{4}x+2\leq\dfrac{1}{2}x-\dfrac{4}{3}$

08 $\quad\dfrac{2x-1}{4}\leq\dfrac{x+2}{3}$

09 $\quad\dfrac{x}{3}-2\geq\dfrac{x-4}{5}$

10 $\quad\dfrac{x-2}{2}\leq\dfrac{4-x}{6}-1$

11 $\quad\dfrac{3}{4}x+1<\dfrac{1}{2}(2x-1)$

12 $\quad\dfrac{4}{5}(5-x)>\dfrac{1}{2}x-9$

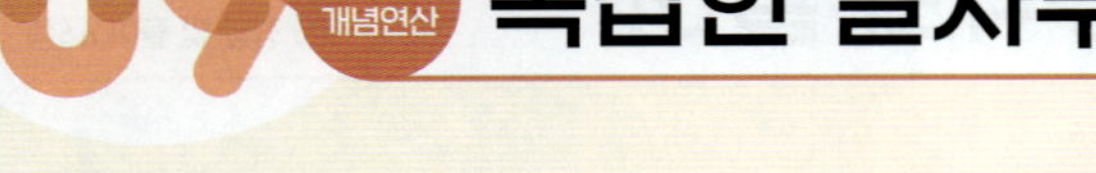

⟳ 정답 및 풀이 47쪽

소수를 기약분수로 바꾼 후 부등식의 양변에 분모의 최소공배수를 곱한다.

$$0.2x+0.1>\frac{1}{2}x+1$$

소수를 기약분수로 바꾸기

$$\frac{1}{5}x+\frac{1}{10}>\frac{1}{2}x+1$$

양변에 분모의 최소공배수인 10 곱하기

$$2x+1>5x+10$$

x를 포함한 항은 좌변으로, 상수항은 우변으로 이항하기

$$2x-5x>10-1$$

양변을 정리하기

$$-3x>9$$

양변을 x의 계수인 -3으로 나누기

$$\therefore\ x<-3$$

✿ 다음 일차부등식을 푸시오.

따라해 01

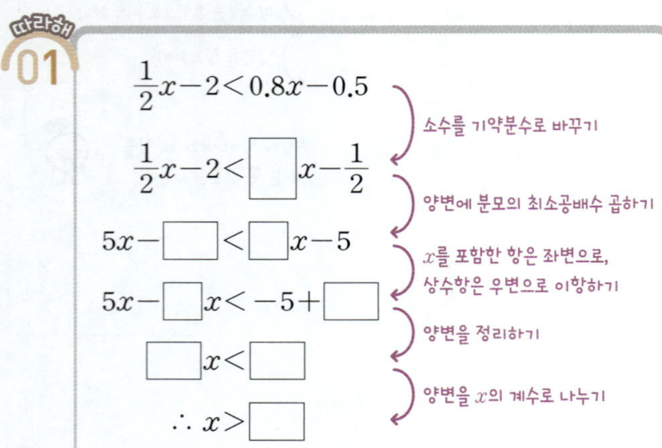

$$\frac{1}{2}x-2<0.8x-0.5$$

소수를 기약분수로 바꾸기

$$\frac{1}{2}x-2<\boxed{}x-\frac{1}{2}$$

양변에 분모의 최소공배수 곱하기

$$5x-\boxed{}<\boxed{}x-5$$

x를 포함한 항은 좌변으로, 상수항은 우변으로 이항하기

$$5x-\boxed{}x<-5+\boxed{}$$

양변을 정리하기

$$\boxed{}x<\boxed{}$$

양변을 x의 계수로 나누기

$$\therefore\ x>\boxed{}$$

02 $\dfrac{1}{3}x>0.6x+\dfrac{4}{5}$

03 $\dfrac{3}{2}x+5\geq0.5x-3$

04 $0.4x-0.1>\dfrac{1}{4}x+2$

05 $0.3x-\dfrac{5}{2}\leq\dfrac{1}{5}x-0.4$

06 $0.4x+0.7<\dfrac{1}{2}(x-2)$

07 $\dfrac{6}{5}x+0.2(x+5)\leq-1.8$

08 $0.7(2x-1)\geq2-\dfrac{x+1}{5}$

09 $\dfrac{x-3}{4}>0.2(3x+5)$

10 $1.6(5-x)\leq\dfrac{10+2x}{5}$

10 VISUAL 개념연산 문자가 있는 일차부등식

x의 계수가 문자인 경우

$ax>b$에서

- $a>0$ 부등호의 방향이 바뀌지 않으므로 → $x>\dfrac{b}{a}$
- $a<0$ 부등호의 방향이 바뀌므로 → $x<\dfrac{b}{a}$

↑ x의 계수가 음수

일차부등식의 해가 주어진 경우

일차부등식 $ax>b$의 해가

- $x>k$ → $a>0$이고, $x>\dfrac{b}{a}$이므로 $\dfrac{b}{a}=k$
- $x<k$ → $a<0$이고, $x<\dfrac{b}{a}$이므로 $\dfrac{b}{a}=k$

부등호의 방향이 바뀌었으므로 x의 계수는 음수이다.

✤ $a>0$일 때, x에 대한 다음 일차부등식을 푸시오.

따라해 01

$ax-2<1$ ____________

$ax-2<1$에서 $ax<\boxed{}$이므로 양변을 a로 나눈다.
이때 a는 (양수, 음수)이므로 부등호의 방향은
(바뀐다, 바뀌지 않는다).
∴ $x \bigcirc \dfrac{3}{a}$

02 $ax<a$ ____________

03 $ax+a\geq0$ ____________

04 $2-ax\leq5$ ____________

✤ $a<0$일 때, x에 대한 다음 일차부등식을 푸시오.

따라해 05

$ax+1>3$ ____________

$ax+1>3$에서 $ax>\boxed{}$이므로 양변을 a로 나눈다.
이때 a는 (양수, 음수)이므로 부등호의 방향은
(바뀐다, 바뀌지 않는다).
∴ $x \bigcirc \dfrac{2}{a}$

06 $ax\geq a$ ____________

07 $ax-2a\leq0$ ____________

08 $ax-1<3$ ____________

✤ 다음을 만족시키는 상수 a의 값을 구하시오.

따라해 09

$2x+3<a$의 해가 $x<-2$이다. ____________

$2x+3<a$에서 $x<\dfrac{a-\boxed{}}{2}$
이 부등식의 해가 $x<-2$이므로
$\dfrac{a-3}{2}=\boxed{}$ ∴ $a=\boxed{}$

10 $-3x+a\geq4$의 해가 $x\leq1$이다. ____________

따라해 11

$ax+1<2$의 해가 $x<1$이다. ____________

$ax+1<2$에서 $ax<\boxed{}$
이 부등식의 해가 $x<1$이므로
a는 (양수, 음수)이고, 해는 $x<\dfrac{\boxed{}}{a}$
따라서 $\dfrac{\boxed{}}{a}=1$이므로 $a=\boxed{}$

12 $ax\geq2$의 해가 $x\geq1$이다. ____________

13 $2+ax<1$의 해가 $x>1$이다. ____________

10분 연산 TEST 1회

맞힌 개수 ⬚개/20개

[01~05] 다음 중 일차부등식인 것에는 ○표, 일차부등식이 아닌 것에는 ×표를 하시오.

01 $4-2x\leq 5-3x$ ( )

02 $x-7>4+x$ ( )

03 $x(x-1)\geq 3x+2$ ( )

04 $\dfrac{x}{2}+3<\dfrac{x}{3}-1$ ( )

05 $x^2+x>x^2-x$ ( )

[06~09] 다음 일차부등식을 풀고, 그 해를 수직선 위에 나타내시오.

06 $x-4>-3$

07 $-4x+3\geq 7$

08 $2x-8\leq 4x+2$

09 $-7x-2>-5x-8$

[10~17] 다음 일차부등식을 푸시오.

10 $x+6\geq 2x$

11 $2x+4\leq -5x+18$

12 $2(3x-1)-3<7x+4$

13 $1.1x-0.7\geq 0.5x-1$

14 $0.1+0.24x\leq 0.36x-0.14$

15 $\dfrac{3}{5}x-2<\dfrac{x-4}{2}$

16 $0.5x-\dfrac{4}{3}<-\dfrac{1}{6}x$

17 $\dfrac{x+3}{2}\leq 0.2(x+6)$

[18~20] $a>0$일 때, x에 대한 다음 일차부등식을 푸시오.

18 $ax<2$

19 $ax\geq 3a$

20 $ax-a<0$

10분 연산 TEST 2회

맞힌 개수 개/20개

[01~05] 다음 중 일차부등식인 것에는 ○표, 일차부등식이 아닌 것에는 ×표를 하시오.

01 $10 < 5+7$　　　　　　(　　　)

02 $x-2 > 3+2x$　　　　　(　　　)

03 $4x \leq 4(x+1)$　　　　(　　　)

04 $x(x-5) \geq x^2$　　　　(　　　)

05 $x^2-x+4 < 3x-x^2$　　(　　　)

[06~09] 다음 일차부등식을 풀고, 그 해를 수직선 위에 나타내시오.

06 $x+2 < -3$

07 $6x-5 \geq 7$

08 $5x \leq 2x-9$

09 $-3x+7 < 2x-3$

[10~17] 다음 일차부등식을 푸시오.

10 $-x > 2x+3$

11 $9-3x \geq -1+2x$

12 $2x-(5x-4) < -5$

13 $0.7x > 0.4x-1.2$

14 $\dfrac{x}{2} \geq \dfrac{x}{6}+1$

15 $\dfrac{x+3}{6} < \dfrac{x+6}{4}$

16 $\dfrac{2}{5}x-1.2 \leq \dfrac{3}{10}x+0.8$

17 $0.3(x-6) \geq 0.4+\dfrac{1}{2}x$

[18~20] $a<0$일 때, x에 대한 다음 일차부등식을 푸시오.

18 $ax+1 > 0$

19 $ax < -4a$

20 $-ax+5a \leq 0$

→ 구하려는 값을 미지수로 놓기

어떤 정수의 3배에서 10을 뺀 수는 26보다 크다고 한다. 이와 같은 정수 중에서 가장 작은 수를 구해 보자.

❶ 어떤 정수를 x라 하면

❷ $3x-10>26$

❸ $3x-10>26$에서 $3x>36$, $x>12$ ➡ 구하는 가장 작은 정수는 13

❹ $x=12$를 $3x-10>26$에 대입하면 $3\times12-10=26=26$

$x=13$을 $3x-10>26$에 대입하면 $3\times13-10=29>26$

따라서 가장 작은 정수 13은 문제 상황에 적합하다.

개념 POINT

❶ 미지수 정하기
❷ 일차부등식 세우기
❸ 일차부등식 풀기
❹ 문제 상황에 적합한지 확인하기

따라해 01

어떤 정수의 5배에 3을 더한 수는 23보다 크지 않다고 한다. 이와 같은 정수 중에서 가장 큰 수를 구하려고 할 때, 다음 물음에 답하시오.

(1) 어떤 정수를 x라 할 때, 일차부등식을 세우시오.

어떤 정수의 5배에 3을 더한 수는 ☐
이 수가 23보다 크지 않으므로
일차부등식을 세우면 ☐ ≤23

(2) (1)에서 세운 일차부등식을 푸시오.

(3) 어떤 정수 중 가장 큰 수를 구하시오.

02

어떤 자연수의 2배에서 5를 뺀 수는 처음 수에 5를 더한 수보다 크다고 한다. 이와 같은 자연수 중에서 가장 작은 수를 구하려고 할 때, 다음 물음에 답하시오.

(1) 어떤 자연수를 x라 할 때, 일차부등식을 세우시오.

(2) (1)에서 세운 일차부등식을 푸시오.

(3) 어떤 자연수 중 가장 작은 수를 구하시오.

따라해 03

연속하는 세 자연수의 합이 30보다 작다고 한다. 이와 같은 자연수 중에서 가장 큰 세 수를 구하려고 할 때, 다음 물음에 답하시오.

(1) 연속하는 세 자연수 중 가운데 수를 x라 할 때, 일차부등식을 세우시오.

연속하는 세 자연수는 ☐, x, ☐
세 자연수의 합이 30보다 작으므로
일차부등식을 세우면
$(☐)+x+(☐)<30$

(2) (1)에서 세운 일차부등식을 푸시오.

(3) 연속하는 세 자연수 중 가장 큰 세 수를 구하시오.

04

연속하는 두 홀수 중 작은 수의 3배에 10을 더한 수는 큰 수의 4배 이하라고 한다. 이와 같은 수 중에서 가장 작은 두 홀수를 구하려고 할 때, 다음 물음에 답하시오.

(1) 연속하는 두 홀수 중 작은 수를 x라 할 때, 일차부등식을 세우시오.

(2) (1)에서 세운 일차부등식을 푸시오.

(3) 연속하는 두 홀수 중 가장 작은 두 수를 구하시오.

한 개에 500원인 초콜릿을 2000원짜리 상자에 담아 전체 가격이 4000원 미만이 되도록 사려고 한다. 초콜릿은 최대 몇 개까지 살 수 있는지 구하려고 할 때, 다음 물음에 답하시오.

(1) 초콜릿을 x개 산다고 할 때, 일차부등식을 세우시오.

> 초콜릿 x개의 가격은 ☐ 원이므로
> 일차부등식을 세우면
> (초콜릿 x개의 가격) + (상자의 가격)
> ☐ 4000
> 에서 ☐ + 2000 ☐ 4000

(2) (1)에서 세운 일차부등식을 푸시오.

(3) 초콜릿은 최대 몇 개까지 살 수 있는지 구하시오.

06

한 다발에 3500원인 안개꽃 한 다발과 한 송이에 1500원인 장미를 섞어서 전체 가격이 <u>20000원을 넘지 않도록</u> 사려고 한다. 장미는 최대 몇 송이까지 살 수 있는지 구하려고 할 때, 다음 물음에 답하시오.

<u>20000원보다 적거나 같게</u>

(1) 장미를 x송이 산다고 할 때, 일차부등식을 세우시오.

(2) (1)에서 세운 일차부등식을 푸시오.

(3) 장미는 최대 몇 송이까지 살 수 있는지 구하시오.

07

한 개에 1000원인 빵과 한 개에 800원인 우유를 합하여 10개를 사려고 한다. 전체 가격이 9000원 이하가 되도록 하려면 빵은 최대 몇 개까지 살 수 있는지 구하려고 할 때, 다음 물음에 답하시오.

(1) 빵을 x개 산다고 할 때, 표를 완성하시오.

(전체 개수) − (빵의 개수)

	빵	우유
개수(개)		
금액(원)		

(2) 일차부등식을 세우시오.

(3) (2)에서 세운 일차부등식을 푸시오.

(4) 빵은 최대 몇 개까지 살 수 있는지 구하시오.

08

한 개에 2000원인 참외와 한 개에 1800원인 사과를 합하여 20개를 사려고 한다. 전체 가격을 38000원보다 적게 하려면 참외는 최대 몇 개까지 살 수 있는지 구하려고 할 때, 다음 물음에 답하시오.

(1) 참외를 x개 산다고 할 때, 일차부등식을 세우시오.

(2) (1)에서 세운 일차부등식을 푸시오.

(3) 참외는 최대 몇 개까지 살 수 있는지 구하시오.

현재 동생의 예금액은 5000원, 누나의 예금액은 25000원이다. 다음 달부터 매달 동생은 5000원씩, 누나는 4000원씩 예금하려고 할 때, 동생의 예금액이 누나의 예금액보다 많아지는 것은 몇 개월 후부터인지 구하려고 한다. 다음 물음에 답하시오. (단, 이자는 생각하지 않는다.)

(1) x개월 후부터 동생의 예금액이 누나의 예금액보다 많아진다고 할 때, 표를 완성하시오.

	동생	누나
현재 예금액(원)	5000	
매달 예금액(원)	5000	
x개월 후의 예금액(원)	$5000+5000x$	

(2) 일차부등식을 세우시오.

(3) (2)에서 세운 일차부등식을 푸시오.

(4) 동생의 예금액이 누나의 예금액보다 많아지는 것은 몇 개월 후부터인지 구하시오.

10 현재 준우의 예금액은 10000원, 서현이의 예금액은 20000원이다. 다음 달부터 매달 준우는 3000원씩, 서현이는 2000원씩 예금하려고 할 때, 준우의 예금액이 서현이의 예금액보다 많아지는 것은 몇 개월 후부터인지 구하려고 한다. 다음 물음에 답하시오. (단, 이자는 생각하지 않는다.)

(1) x개월 후부터 준우의 예금액이 서현이의 예금액보다 많아진다고 할 때, 일차부등식을 세우시오.

(2) (1)에서 세운 일차부등식을 푸시오.

(3) 준우의 예금액이 서현이의 예금액보다 많아지는 것은 몇 개월 후부터인지 구하시오.

현재 정화의 저금통에는 5000원, 혜정이의 저금통에는 7000원이 들어 있다. 다음 주부터 매주 정화는 1500원씩, 혜정이는 600원씩 저금통에 넣는다고 하면 정화의 저금액이 혜정이의 저금액의 2배보다 많아지는 것은 몇 주 후부터인지 구하려고 한다. 다음 물음에 답하시오.

(1) x주 후부터 정화의 저금액이 혜정이의 저금액의 2배보다 많아진다고 할 때, 일차부등식을 세우시오.

> x주 후의 정화의 저금액은
> (____________)원
> x주 후의 혜정이의 저금액은
> (____________)원
> 따라서 일차부등식을 세우면
> ____________ $> 2($ ____________ $)$

(2) (1)에서 세운 일차부등식을 푸시오.

(3) 정화의 저금액이 혜정이의 저금액의 2배보다 많아지는 것은 몇 주 후부터인지 구하시오.

12 현재 형의 예금액은 60000원, 동생의 예금액은 10000원이다. 다음 달부터 매달 형은 4000원씩, 동생은 3000원씩 예금하려고 할 때, 형의 예금액이 동생의 예금액의 3배보다 적어지는 것은 몇 개월 후부터인지 구하려고 한다. 다음 물음에 답하시오. (단, 이자는 생각하지 않는다.)

(1) x개월 후부터 형의 예금액이 동생의 예금액의 3배보다 적어진다고 할 때, 일차부등식을 세우시오.

(2) (1)에서 세운 일차부등식을 푸시오.

(3) 형의 예금액이 동생의 예금액의 3배보다 적어지는 것은 몇 개월 후부터인지 구하시오.

동네 문구점에서 한 자루에 800원인 볼펜이 할인점에서는 500원이라고 한다. 할인점에 다녀오는 데 왕복 교통비가 2100원이 들 때, 볼펜을 몇 자루 이상 살 경우에 할인점에서 사는 것이 유리한지 구하려고 한다. 다음 물음에 답하시오.

→ 할인점에서 사는 것이 더 싸다.

(1) 볼펜을 x자루 산다고 할 때, 표를 완성하시오.

	동네 문구점	할인점
볼펜 x자루 가격(원)	$800x$	
교통비(원)	0	
총금액(원)	$800x$	

(2) 일차부등식을 세우시오.

(3) (2)에서 세운 일차부등식을 푸시오.

(4) 볼펜을 몇 자루 이상 살 경우에 할인점에서 사는 것이 유리한지 구하시오.

14

동네 꽃가게에서 한 송이에 1200원인 튤립이 도매 시장에서는 900원이라고 한다. 도매 시장에 다녀오는 데 왕복 교통비가 3000원이 들 때, 튤립을 몇 송이 이상 살 경우에 도매 시장에서 사는 것이 유리한지 구하려고 한다. 다음 물음에 답하시오.

(1) 튤립을 x송이 산다고 할 때, 일차부등식을 세우시오.

(2) (1)에서 세운 일차부등식을 푸시오.

(3) 튤립을 몇 송이 이상 살 경우에 도매 시장에서 사는 것이 유리한지 구하시오.

밑변의 길이가 10 cm인 삼각형의 넓이가 30 cm² 이하가 되도록 하려면 삼각형의 높이는 몇 cm 이하이어야 하는지 구하려고 한다. 다음 물음에 답하시오.

(1) 삼각형의 높이를 x cm라 할 때, 일차부등식을 세우시오.

삼각형의 넓이가 30 cm² 이하이므로
$\dfrac{1}{2} \times \boxed{} \times x \;\boxed{}\; 30$

(2) (1)에서 세운 일차부등식을 푸시오.

(3) 삼각형의 넓이가 30 cm² 이하가 되도록 하려면 삼각형의 높이는 몇 cm 이하이어야 하는지 구하시오.

16

가로의 길이가 12 cm인 직사각형의 둘레의 길이가 52 cm 이상이 되도록 하려면 직사각형의 세로의 길이는 몇 cm 이상이어야 하는지 구하려고 한다. 다음 물음에 답하시오.

(1) 직사각형의 세로의 길이를 x cm라 할 때, 일차부등식을 세우시오.

(2) (1)에서 세운 일차부등식을 푸시오.

(3) 직사각형의 둘레의 길이가 52 cm 이상이 되도록 하려면 직사각형의 세로의 길이는 몇 cm 이상이어야 하는지 구하시오.

12 VISUAL 개념연산 일차부등식의 활용 (2)

산책을 하는데 갈 때는 시속 $2\,\mathrm{km}$로 걷고, 올 때는 같은 길을 시속 $4\,\mathrm{km}$로 걸어서 총 1시간 이내에 산책을 마치려고 한다. 최대 몇 km 떨어진 지점까지 갔다 올 수 있는지 구해 보자. (└ 같거나 적게)

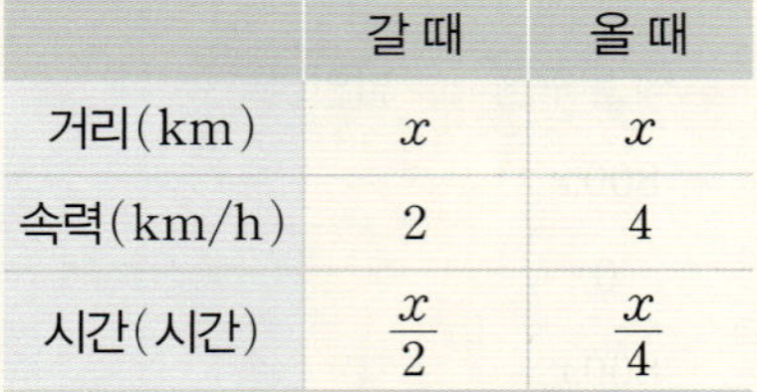

❶ $x\,\mathrm{km}$ 떨어진 지점까지 갔다 온다고 하면

❷ (갈 때 걸린 시간)+(올 때 걸린 시간)≤ 1

이어야 하므로 $\dfrac{x}{2}+\dfrac{x}{4}\leq 1$

❸ $\dfrac{x}{2}+\dfrac{x}{4}\leq 1$에서 $2x+x\leq 4$, $x\leq\dfrac{4}{3}$

→ 최대 $\dfrac{4}{3}\,\mathrm{km}$ 떨어진 지점까지 갔다 올 수 있다.

❹ $x=\dfrac{4}{3}$를 $\dfrac{x}{2}+\dfrac{x}{4}\leq 1$에 대입하면 $\dfrac{4}{3}\times\dfrac{1}{2}+\dfrac{4}{3}\times\dfrac{1}{4}\leq 1$이므로 문제 상황에 적합하다.

	갈 때	올 때
거리(km)	x	x
속력(km/h)	2	4
시간(시간)	$\dfrac{x}{2}$	$\dfrac{x}{4}$

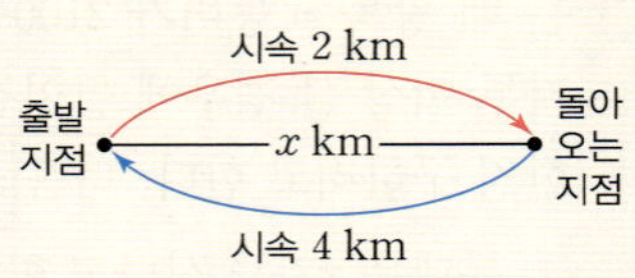

개념 POINT

$(\text{거리})=(\text{속력})\times(\text{시간})$

$(\text{속력})=\dfrac{(\text{거리})}{(\text{시간})}$

$(\text{시간})=\dfrac{(\text{거리})}{(\text{속력})}$

따라해 01

등산을 하는데 올라갈 때는 시속 $2\,\mathrm{km}$로, 내려올 때는 같은 길을 시속 $3\,\mathrm{km}$로 걸어서 총 3시간 이내에 등산을 마치려고 한다. 최대 몇 km까지 올라갔다 내려올 수 있는지 구하려고 할 때, 다음 물음에 답하시오.

(1) $x\,\mathrm{km}$까지 올라갔다 내려온다고 할 때, 표를 완성하고, 일차부등식을 세우시오.

	올라갈 때	내려올 때
거리(km)	x	
속력(km/h)	2	
시간(시간)	$\dfrac{x}{2}$	

(2) (1)에서 세운 일차부등식을 푸시오.

(3) 최대 몇 km까지 올라갔다 내려올 수 있는지 구하시오.

02

등산을 하는데 올라갈 때는 시속 $2\,\mathrm{km}$로, 내려올 때는 같은 길을 시속 $4\,\mathrm{km}$로 걸어서 총 2시간 이내에 등산을 마치려고 한다. 최대 몇 km까지 올라갔다 내려올 수 있는지 구하시오.

따라해 03

지민이가 집에서 $8\,\mathrm{km}$ 떨어진 공원까지 가는데 처음에는 시속 $3\,\mathrm{km}$로 걷다가 도중에 시속 $6\,\mathrm{km}$로 뛰어서 2시간 이내에 도착하려고 한다. 시속 $3\,\mathrm{km}$로 걸어간 거리는 최대 몇 km인지 구하려고 할 때, 다음 물음에 답하시오.

(1) 시속 $3\,\mathrm{km}$로 걸어간 거리를 $x\,\mathrm{km}$라 할 때, 표를 완성하고, 일차부등식을 세우시오.

	걸어갈 때	뛰어갈 때
거리(km)	x	
속력(km/h)	3	
시간(시간)	$\dfrac{x}{3}$	

(2) (1)에서 세운 일차부등식을 푸시오.

(3) 시속 $3\,\mathrm{km}$로 걸어간 거리는 최대 몇 km인지 구하시오.

04

집에서 $3000\,\mathrm{m}$ 떨어진 기차역까지 가는데 처음에는 분속 $50\,\mathrm{m}$로 걷다가 도중에 분속 $150\,\mathrm{m}$로 뛰어서 40분 이내에 도착하려고 한다. 분속 $50\,\mathrm{m}$로 걸어간 거리는 최대 몇 m인지 구하시오.

10분 연산 TEST 1회

01 연속하는 세 자연수의 합이 45보다 크다고 한다. 이와 같은 자연수 중에서 가장 작은 세 수를 구하려고 할 때, 다음 물음에 답하시오.

(1) 연속하는 세 자연수 중 가운데 수를 x라 할 때, 일차부등식을 세우시오.

(2) 연속하는 세 자연수 중 가장 작은 세 수를 구하시오.

02 현재 준수는 사탕 15개를 가지고 있고, 경준이는 사탕 12개를 가지고 있다. 준수가 가진 사탕 개수가 경준이가 가진 사탕 개수의 2배보다 많으려면 경준이가 준수에게 사탕을 최소 몇 개 이상 주어야 하는지 구하려고 할 때, 다음 물음에 답하시오.

(1) 경준이가 준수에게 사탕 x개를 준다고 할 때, 일차부등식을 세우시오.

(2) 준수가 가진 사탕 개수가 경준이가 가진 사탕 개수의 2배보다 많으려면 경준이가 준수에게 사탕을 최소 몇 개 이상 주어야 하는지 구하시오.

03 어느 전시관의 1인당 입장료가 어른은 4000원, 어린이는 2500원이라고 한다. 어른과 어린이를 합하여 10명이 입장하는 데 드는 전체 금액이 32500원을 넘지 않게 하려면 어른은 최대 몇 명까지 입장할 수 있는지 구하려고 할 때, 다음 물음에 답하시오.

(1) 어른이 x명 입장한다고 할 때, 일차부등식을 세우시오.

(2) 어른은 최대 몇 명까지 입장할 수 있는지 구하시오.

04 현재 가연이의 예금액은 15000원, 재철이의 예금액은 18000원이다. 다음 달부터 매달 가연이는 3000원씩, 재철이는 2500원씩 예금하려고 할 때, 가연이의 예금액이 재철이의 예금액보다 많아지는 것은 몇 개월 후부터인지 구하려고 한다. 다음 물음에 답하시오. (단, 이자는 생각하지 않는다.)

(1) x개월 후부터 가연이의 예금액이 재철이의 예금액보다 많아진다고 할 때, 일차부등식을 세우시오.

(2) 가연이의 예금액이 재철이의 예금액보다 많아지는 것은 몇 개월 후부터인지 구하시오.

05 집 앞 마트에서 한 개에 1200원인 과자가 할인점에서는 800원이라고 한다. 할인점에 다녀오는 데 왕복 교통비가 2000원이 들 때, 과자를 몇 개 이상 살 경우에 할인점에서 사는 것이 유리한지 구하려고 한다. 다음 물음에 답하시오.

(1) 과자를 x개 산다고 할 때, 일차부등식을 세우시오.

(2) 과자를 몇 개 이상 살 경우에 할인점에서 사는 것이 유리한지 구하시오.

06 등산을 하는데 올라갈 때는 시속 3 km로, 내려올 때는 같은 길을 시속 5 km로 걸어서 총 4시간 이내에 등산을 마치려고 한다. 최대 몇 km까지 올라갔다 내려올 수 있는지 구하려고 할 때, 다음 물음에 답하시오.

(1) x km까지 올라갔다 내려온다고 할 때, 일차부등식을 세우시오.

(2) 최대 몇 km까지 올라갔다 내려올 수 있는지 구하시오.

맞힌 개수 개 / 6개

10분 연산 TEST 2회

01 연속하는 세 짝수의 합이 66보다 작다고 한다. 이와 같은 짝수 중에서 가장 큰 세 수를 구하려고 할 때, 다음 물음에 답하시오.

(1) 연속하는 세 짝수 중 가장 작은 수를 x라 할 때, 일차부등식을 세우시오.

(2) 연속하는 세 짝수 중 가장 큰 세 수를 구하시오.

02 한 자루에 600원인 연필과 한 자루에 800원인 볼펜을 합하여 12자루를 사려고 한다. 전체 가격이 9000원 이하가 되도록 하려면 볼펜은 최대 몇 자루까지 살 수 있는지 구하려고 할 때, 다음 물음에 답하시오.

(1) 볼펜을 x자루 산다고 할 때, 일차부등식을 세우시오.

(2) 볼펜은 최대 몇 자루까지 살 수 있는지 구하시오.

03 현재 승주의 예금액은 30000원, 민아의 예금액은 25000원이다. 다음 달부터 매달 승주는 4000원씩, 민아는 1500원씩 예금하려고 할 때, 승주의 예금액이 민아의 예금액의 2배보다 많아지는 것은 몇 개월 후부터인지 구하려고 한다. 다음 물음에 답하시오. (단, 이자는 생각하지 않는다.)

(1) x개월 후부터 승주의 예금액이 민아의 예금액의 2배보다 많아진다고 할 때, 일차부등식을 세우시오.

(2) 승주의 예금액이 민아의 예금액의 2배보다 많아지는 것은 몇 개월 후부터인지 구하시오.

04 집 근처 매장에서 한 캔에 1000원인 음료수가 인터넷 쇼핑몰에서는 750원이라고 한다. 인터넷 쇼핑몰에서 사면 2500원의 배송료가 들 때, 음료수를 몇 캔 이상 살 경우에 인터넷 쇼핑몰에서 사는 것이 유리한지 구하려고 한다. 다음 물음에 답하시오.

(1) 음료수를 x캔 산다고 할 때, 일차부등식을 세우시오.

(2) 음료수를 몇 캔 이상 살 경우에 인터넷 쇼핑몰에서 사는 것이 유리한지 구하시오.

05 연서가 두 번의 수학 시험에서 각각 85점과 92점을 받았다. 세 번째 수학 시험에서 몇 점 이상을 받아야 총 세 번의 수학 시험의 평균 점수가 88점 이상이 되는지 구하려고 할 때, 다음 물음에 답하시오.

(1) 세 번째 수학 시험에서 x점을 받는다고 할 때, 일차부등식을 세우시오.

(2) 세 번째 수학 시험에서 몇 점 이상을 받아야 총 세 번의 수학 시험의 평균 점수가 88점 이상이 되는지 구하시오.

06 집에서 5 km 떨어진 도서관에 가는데 처음에는 시속 3 km로 걷다가 도중에 시속 6 km로 뛰어서 1시간 30분 이내에 도착하려고 한다. 시속 3 km로 걸어간 거리는 최대 몇 km인지 구하려고 할 때, 다음 물음에 답하시오.

(1) 시속 3 km로 걸어간 거리를 x km라 할 때, 일차부등식을 세우시오.

(2) 시속 3 km로 걸어간 거리는 최대 몇 km인지 구하시오.

맞힌 개수 　개 / 6개

학교 시험 PREVIEW

스스로 개념 점검

1. 일차부등식

(1) ☐ : 부등호 $>$, $<$, $\geq$, $\leq$를 사용하여 수 또는 식의 대소 관계를 나타낸 식

(2) 부등식의 성질

$a<b$일 때

① $a+c$ ☐ $b+c$, $a-c$ ☐ $b-c$

② $c>0$이면 ac ☐ bc, $\dfrac{a}{c}$ ☐ $\dfrac{b}{c}$

 $c<0$이면 ac ☐ bc, $\dfrac{a}{c}$ ☐ $\dfrac{b}{c}$

(3) ☐ : 부등식에서 우변에 있는 모든 항을 좌변으로 이항하여 정리한 식이

(일차식)>0, (일차식)<0, (일차식)≥0, (일차식)≤0

중 어느 하나의 꼴로 나타나는 부등식

(4) 일차부등식의 풀이

❶ 미지수 x를 포함한 항은 ☐ 으로, 상수항은 ☐ 으로 이항한다.

❷ 양변을 정리하여 $ax>b$, $ax<b$, $ax\geq b$, $ax\leq b$ $(a\neq0)$ 중 어느 하나의 꼴로 고친다.

❸ 양변을 x의 계수 ☐ 로 나눈다.

01

다음 중 문장을 부등식으로 나타낸 것으로 옳지 <u>않은</u> 것은?

① x의 2배에 5를 더한 수는 x의 3배보다 크지 않다.

→ $2x+5\leq3x$

② 25에서 x의 2배를 뺀 수는 4 미만이다.

→ $25-2x<4$

③ 한 자루에 500원인 볼펜 x자루와 한 권에 1000원인 공책 y권의 가격의 합은 3000원보다 비싸다.

→ $500x+1000y>3000$

④ 현재 x세인 정아의 5년 후의 나이는 현재 나이의 2배보다 많다. → $x+5<2x$

⑤ 시속 80 km로 x km를 달리면 3시간보다 적게 걸린다.

→ $\dfrac{x}{80}<3$

02

x가 3 이상의 자연수일 때, 부등식 $3x-5<14$의 해의 개수는?

① 1   ② 2   ③ 3

④ 4   ⑤ 5

03

다음 중 $x=2$일 때, 부등식이 성립하는 것은?

① $2x+3\geq8$ ② $-x+1>1$

③ $2x-1>3x$ ④ $4-2x\geq3x$

⑤ $x+1\geq3$

04

$a>b$일 때, 다음 중 옳지 <u>않은</u> 것은?

① $-2a<-2b$ ② $7a-3>7b-3$

③ $2-a>2-b$ ④ $\dfrac{a}{5}>\dfrac{b}{5}$

⑤ $-\dfrac{a}{4}+1<-\dfrac{b}{4}+1$

05 출제율 85%

다음 중 옳은 것은?

① $6a > 6b$이면 $a < b$이다.
② $-4a > -4b$이면 $a > b$이다.
③ $\dfrac{a}{3} < \dfrac{b}{3}$이면 $a > b$이다.
④ $-3a+2 > -3b+2$이면 $a < b$이다.
⑤ $\dfrac{a}{4}-5 < \dfrac{b}{4}-5$이면 $a > b$이다.

06

다음 중 일차부등식이 <u>아닌</u> 것은?

① $x < -5$
② $5-x > x+2$
③ $2x-1 < 5+2x$
④ $3(x-1) > 0$
⑤ $2x^2+3 < 2x^2+2x+1$

07

다음 일차부등식 중 해가 나머지 넷과 <u>다른</u> 하나는?

① $x-2 < 0$
② $-x+1 > -1$
③ $2x < 4$
④ $-3x-1 > -7$
⑤ $x+2 > 2x+4$

08

다음 일차부등식 중 해를 수직선 위에 나타내었을 때, 오른쪽 그림과 같은 것을 모두 고르면? (정답 2개)

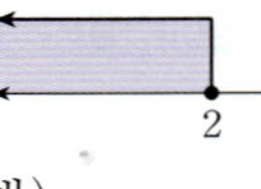

① $3x-x < 4$
② $5+4x \leq -3$
③ $7x-6 \leq 4x$
④ $4-2x \geq 2-x$
⑤ $-3x+5 \leq x-3$

09 출제율 80%

일차부등식 $\dfrac{x-3}{4} \geq \dfrac{1-x}{2}+1$을 풀면?

① $x \leq -3$
② $x \leq -1$
③ $x \geq 1$
④ $x \geq 3$
⑤ $x \geq 5$

10

일차부등식 $0.2(x+4) < 0.3(-2x+1)-3.5$를 만족시키는 x의 값 중 가장 큰 정수는?

① -8
② -7
③ -6
④ -5
⑤ -4

11

$a<0$일 때, x에 대한 일차부등식 $1-ax<2$를 풀면?

① $x<-\dfrac{1}{a}$ ② $x>-\dfrac{1}{a}$ ③ $x<\dfrac{1}{a}$

④ $x>\dfrac{1}{a}$ ⑤ $x>\dfrac{2}{a}$

12 실수 주의

일차부등식 $2x-5<3a$의 해가 $x<10$일 때, 상수 a의 값은?

① -2 ② -1 ③ 1

④ 3 ⑤ 5

13

두 일차부등식 $2x+1<-3$, $x+3>3x-a$의 해가 서로 같을 때, 상수 a의 값은?

① -7 ② -4 ③ -1

④ 3 ⑤ 7

14

윗변의 길이가 8 cm, 높이가 6 cm인 사다리꼴의 넓이가 60 cm^2 이상이 되도록 하려면 사다리꼴의 아랫변의 길이는 몇 cm 이상이어야 하는가?

① 10 cm ② 12 cm ③ 14 cm

④ 16 cm ⑤ 18 cm

15

현재 주희의 나이는 15세이고, 엄마의 나이는 55세이다. 엄마의 나이가 주희의 나이의 3배보다 적어지는 것은 몇 년 후부터인가?

① 2년 후 ② 3년 후 ③ 4년 후

④ 5년 후 ⑤ 6년 후

16

서경이가 집에서 10 km 떨어진 공원에 가는데 처음에는 자전거를 타고 시속 9 km로 가다가 도중에 자전거가 고장나서 그 지점에서부터 시속 3 km로 걸어갔더니 2시간 이내에 도착하였다. 자전거가 고장난 곳은 집에서 최소 몇 km 이상 떨어진 곳인가?

① 4 km ② 5 km ③ 6 km

④ 7 km ⑤ 8 km

17 서술형

$x\geq-3$일 때, $2x-1$의 값의 범위를 구하시오.

채점기준 1 $2x$의 값의 범위 구하기

채점기준 2 $2x-1$의 값의 범위 구하기

연립일차방정식

개념 Q&A

Q. 미지수가 2개인 일차방정식은 어떻게 찾을까?

A. ① 등식인지 확인한다.
② 모든 항을 좌변으로 이항하여 정리했을 때, 미지수가 2개인지 확인한다.
③ 미지수의 차수가 모두 1인지 확인한다.

---

01 미지수가 2개인 연립방정식

(1) **미지수가 2개인 일차방정식** : 미지수가 2개이고, 그 차수가 모두 1인 방정식
→ $ax+by+c=0$ (a, b, c는 상수, $a\neq0$, $b\neq0$)
└→ 미지수가 x, y의 2개

(2) **미지수가 2개인 일차방정식의 해(근)** : 미지수가 x, y의 2개인 일차방정식을 참이 되게 하는 x, y의 값 또는 그 순서쌍 (x, y)

(3) **미지수가 2개인 일차방정식을 푼다** : 일차방정식의 해를 모두 구하는 것

(4) **미지수가 2개인 연립일차방정식(연립방정식)** : 미지수가 2개인 두 일차방정식을 한 쌍으로 묶어 나타낸 것

예 $\begin{cases} y=x-4 \\ x+y=3 \end{cases}$, $\begin{cases} 2x+y=8 \\ x+y=10 \end{cases}$

(5) **연립방정식의 해(근)** : 연립방정식에서 두 일차방정식을 동시에 참이 되게 하는 x, y의 값 또는 그 순서쌍 (x, y)

(6) **연립방정식을 푼다** : 연립방정식의 해를 구하는 것

---

02 연립방정식의 풀이

Q. 대입법과 가감법은 각각 언제 이용하는 것이 편리할까?

A. 연립방정식에서 한 일차방정식을 $x=(y$에 대한 식$)$ 또는 $y=(x$에 대한 식$)$으로 나타내기 쉬운 경우 대입법을 이용하는 것이 편리하고, 그 외에는 가감법을 이용하는 것이 편리하다.

(1) **대입법을 이용한 연립방정식의 풀이** → 한 방정식의 x 또는 y의 계수가 1 또는 -1일 때 이용하면 편리하다.
❶ 두 일차방정식 중 한 일차방정식을 한 미지수에 대한 식으로 나타낸다.
❷ ❶의 식을 다른 일차방정식에 대입하여 방정식을 푼다.
❸ ❷에서 구한 해를 ❶의 식에 대입하여 다른 미지수의 값을 구한다.

(2) **가감법을 이용한 연립방정식의 풀이**
❶ 각 방정식의 양변에 적당한 수를 곱하여 없애려는 미지수의 계수의 절댓값을 같게 만든다.
❷ ❶의 두 식을 변끼리 더하거나 빼어서 한 미지수를 없앤 후, 방정식을 푼다.
❸ ❷에서 구한 해를 한 일차방정식에 대입하여 다른 미지수의 값을 구한다.

---

03 복잡한 연립방정식의 풀이

Q. 계수에 소수와 분수가 혼합된 연립방정식은 어떻게 풀까?

A. 각 방정식의 계수가 모두 정수가 되도록 양변에 적당한 수를 곱한다. 양변에 같은 수를 곱할 때는 모든 항에 빠짐없이 곱해야 함에 주의한다.

(1) **괄호가 있는 경우** : 분배법칙을 이용하여 괄호를 풀고, 동류항끼리 정리하여 푼다.

(2) **계수가 소수인 경우** : 양변에 10의 거듭제곱 중 적당한 수를 곱하여 계수를 정수로 바꾸어 푼다.

(3) **계수가 분수인 경우** : 양변에 분모의 최소공배수를 곱하여 계수를 정수로 바꾸어 푼다.

(1) **일차방정식** : 방정식의 우변에 있는 모든 항을 좌변으로 이항하여 정리한 식이 (x에 대한 일차식)$=0$ 꼴이 되는 방정식을 x에 대한 일차방정식이라 한다.

• $2x-1=3+x$에서
 $2x-1-3-x=0$, $x-4=0$ → (x에 대한 일차식)$=0$ 꼴
 → 일차방정식이다.

• $x+3=x+1$에서   → (x에 대한 일차식)$=0$ 꼴이 아님
 $x+3-x-1=0$, $2=0$
 → 일차방정식이 아니다.

(2) **일차방정식의 풀이**

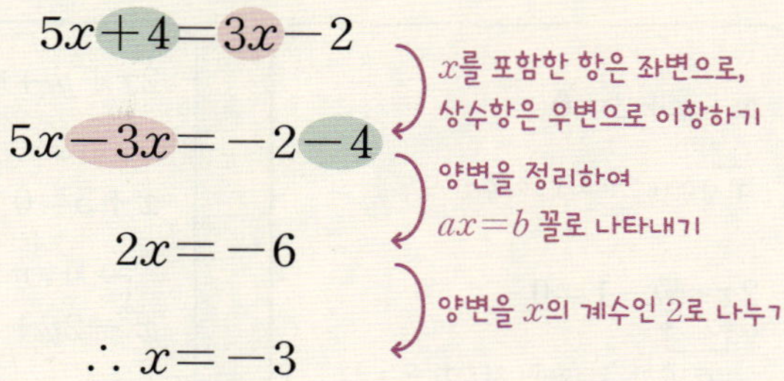

$$5x+4=3x-2$$
$$5x-3x=-2-4$$
$$2x=-6$$
$$\therefore\ x=-3$$

✿ 다음 중 일차방정식인 것에는 ○표, 일차방정식이 아닌 것에는 ×표를 하시오.

01 $6x-9$ (   )

02 $x+8=7$ (   )

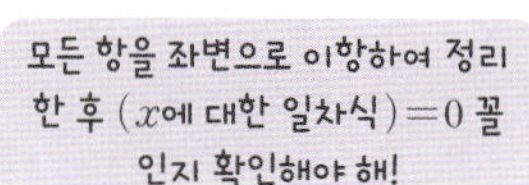

03 $2x+6=3x-4$ (   )

04 $4x=10x$ (   )

05 $-x-3=3-x$ (   )

06 $x^2+3x-1=x^2+x+4$ (   )

07 $2(x-3)=2x^2-6$ (   )

✿ 다음 일차방정식을 푸시오.

08   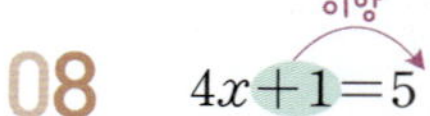 $4x+1=5$ __________

09 $10=-7x+3$ __________

10 $-3x+12=3x$ __________

11 $2x+1=-x+7$ __________

12 $-5x+8=x+14$ __________

13 $6(x-2)=3x+6$ __________

14 $2(2x-3)=-2(x+4)$ __________

02 VISUAL 개념연산 미지수가 2개인 일차방정식

미지수가 2개인 일차방정식 : 미지수가 2개이고, 그 차수가 모두 1인 방정식

$x+y+2=0$

미지수가 2개이고, 차수가 모두 1

$2x-y-1=0$

미지수가 2개이고, 차수가 모두 1

→ 미지수가 2개인 일차방정식

$2x+y$ → 방정식이 아님

미지수가 1개

$x+5=0$

차수가 2

$x^2-2y+1=0$

미지수가 2개

→ 미지수가 2개인 일차방정식이 아니다.

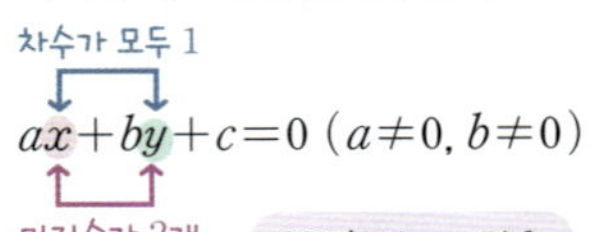

❋ 다음 중 미지수가 2개인 일차방정식인 것에는 ○표, 미지수가 2개인 일차방정식이 아닌 것에는 ×표를 하시오.

01 $2x-3y$ (　　)

02 $4x+5=0$ (　　)

03 $x-3y+2=0$ (　　)

04 $\dfrac{7}{x}+y-1=0$ (　　)

05 $6x-2=4y+8$ (　　)

06 $x+2y+3=x-9$ (　　)

07 $x^2-2y=x-5$ (　　)

08 $x(y-3)=xy-2y$ (　　)

❋ 다음 문장을 미지수가 2개인 일차방정식으로 나타내시오.

09 x의 3배와 y의 4배의 합은 36이다.

____

10 선호의 나이 x세와 아빠의 나이 y세의 합은 54세이다.

____

11 500원짜리 과자 x개와 700원짜리 과자 y개를 샀더니 4500원이었다.

____

12 병아리 x마리와 강아지 y마리의 다리는 모두 28개이다.

____

13 가로의 길이가 x cm, 세로의 길이가 y cm인 직사각형의 둘레의 길이는 40 cm이다.

____

14 농구 시합에서 한 선수가 2점 슛을 x골, 3점 슛을 y골 성공시켜 총 24점을 득점하였다.

____

→ 정답 및 풀이 55쪽

미지수가 2개인 일차방정식의 해(근) : 미지수가 x, y의 2개인 일차방정식을 참이 되게 하는 x, y의 값 또는 그 순서쌍 (x, y)

x, y가 자연수일 때, 일차방정식 $2x+y=8$을 풀어 보자.

↳ 방정식의 해를 모두 구해 보자.

x	1	2	3	4	...
y	6	4	2	0	...

→ y의 값이 자연수가 아니므로 해가 아니다.

→ $2x+y=8$의 해를 순서쌍 (x, y)로 나타내면 $(1, 6)$, $(2, 4)$, $(3, 2)$
$x=1$, $y=6$으로 쓰기도 한다.

실수 Check
미지수가 1개인 일차방정식의 해는 1개이지만 미지수가 2개인 일차방정식의 해는 여러 개일 수 있다.

✿ 다음 일차방정식에 대하여 표를 완성하고, x, y가 자연수일 때, 일차방정식의 해를 모두 순서쌍으로 나타내시오.

01 $x+y=5$ ___________

x	1	2	3	4	5	...
y	4					...

→ x, y가 자연수이므로 $x+y=5$의 해는
$(1, 4)$, $(2, \boxed{})$, $(3, \boxed{})$, $(4, \boxed{})$

02 $2x+y=9$ ___________

x	1	2	3	4	5	...
y						...

03 $x+2y=8$ ___________

x					...
y	1	2	3	4	...

04 $x+3y=11$ ___________

x					...
y	1	2	3	4	...

05 $2x+3y=15$ ___________

x						...
y	1	2	3	4	5	...

✿ 다음 순서쌍 중 일차방정식 $2x-y=5$의 해인 것에는 ○표, 해가 아닌 것에는 ×표를 하시오.

06 $(1, 3)$ ( )

$x=1$, $y=3$을 $2x-y=5$에 대입하면
$2 \times \boxed{} - \boxed{} = 5$
등호가 (참, 거짓)이므로 순서쌍 $(1, 3)$은 $2x-y=5$의 (해이다, 해가 아니다).

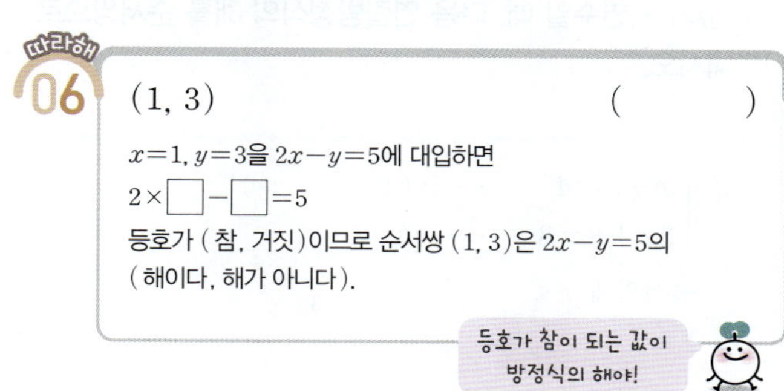

07 $(2, -1)$ ( )

08 $(-4, 3)$ ( )

09 $(-1, -7)$ ( )

✿ 다음 중 주어진 순서쌍이 일차방정식의 해인 것에는 ○표, 해가 아닌 것에는 ×표를 하시오.

10 $x-2y+6=0$ $(1, 2)$ ( )

$x=1$, $y=2$를 주어진 일차방정식에 대입해 보자.

11 $3x-y=7$ $(-2, 1)$ ( )

12 $2x+3y=-9$ $(3, -5)$ ( )

04 미지수가 2개인 연립일차방정식(연립방정식)

정답 및 풀이 55쪽

(1) 미지수가 2개인 연립일차방정식 : 미지수가 2개인 두 일차방정식을 한 쌍으로 묶어 나타낸 것

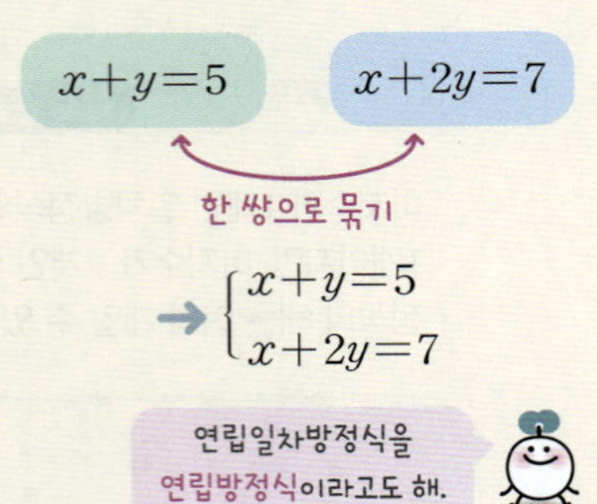

(2) 연립방정식의 해 : 연립방정식에서 두 일차방정식을 동시에 참이 되게 하는 x, y의 값 또는 그 순서쌍 (x, y)

x, y가 자연수일 때

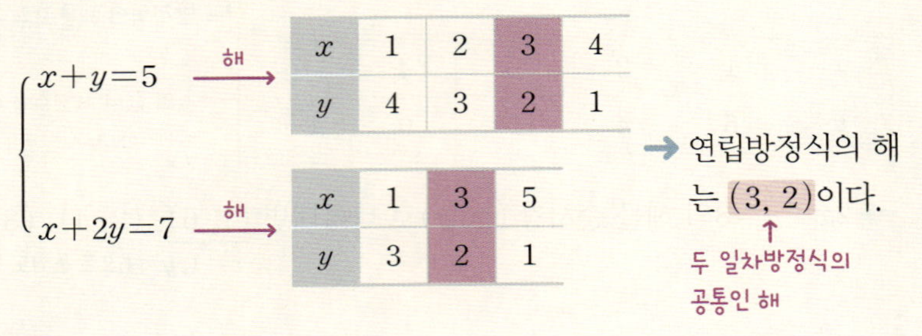

❋ x, y가 자연수일 때, 다음 연립방정식의 해를 순서쌍으로 나타내시오.

01 $\begin{cases} x+y=4 & \cdots\cdots \text{㉠} \\ 3x+y=8 & \cdots\cdots \text{㉡} \end{cases}$

→ ㉠의 해 :

x	1	2	3
y			

→ ㉡의 해 :

x	1	2
y		

→ ㉠, ㉡을 모두 만족시키는 순서쌍 (x, y)는 $(\boxed{}, \boxed{})$

02 $\begin{cases} x+y=6 \\ 2x-y=6 \end{cases}$ ___________

03 $\begin{cases} 2x+y=11 \\ x+2y=10 \end{cases}$ ___________

❋ 다음 연립방정식 중 순서쌍 $(-1, 3)$을 해로 갖는 것에는 ○표, 해로 갖지 않는 것에는 ×표를 하시오.

04 $\begin{cases} x+y=2 \\ 2x+y=5 \end{cases}$ ( )

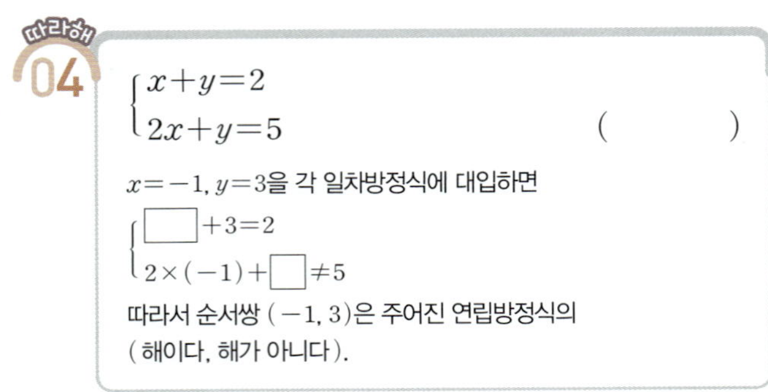

$x=-1$, $y=3$을 각 일차방정식에 대입하면

$\begin{cases} \boxed{}+3=2 \\ 2\times(-1)+\boxed{}\neq5 \end{cases}$

따라서 순서쌍 $(-1, 3)$은 주어진 연립방정식의 (해이다, 해가 아니다).

05 $\begin{cases} x-y=-4 \\ x+y=2 \end{cases}$ ( )

06 $\begin{cases} 2x+y=1 \\ x-y=4 \end{cases}$ ( )

07 $\begin{cases} x+2y=2 \\ 2x+3y=7 \end{cases}$ ( )

08 $\begin{cases} 3x-y=-6 \\ x+2y=5 \end{cases}$ ( )

일차방정식의 해가 주어진 경우

$x+ay=3$의 한 해가 $(-1, 2)$일 때,

상수 a의 값을 구해 보자.

→ $x=-1$, $y=2$를 $x+ay=3$에 대입하면
$-1+a\times2=3$, $2a=4$ $\therefore a=2$

연립방정식의 해가 주어진 경우

연립방정식 $\begin{cases} x+ay=5 \\ 2x+y=b \end{cases}$의 해가 $(1, -1)$일 때,

상수 a, b의 값을 각각 구해 보자.

→ $x=1$, $y=-1$을 $x+ay=5$에 대입하면
$1+a\times(-1)=5$, $-a=4$ $\therefore a=-4$
$x=1$, $y=-1$을 $2x+y=b$에 대입하면
$2\times1+(-1)=b$ $\therefore b=1$

개념 POINT

해가 $(\bullet, \blacktriangle)$인 연립방정식
→ 각 일차방정식에 $x=\bullet$, $y=\blacktriangle$를 대입하면 등식이 성립

✱ 다음 일차방정식의 한 해가 $(2, 3)$일 때, 상수 a의 값을 구하시오.

따라해 01

$2x-ay=-2$

$x=2$, $y=3$을 $2x-ay=-2$에 대입하면
$2\times\boxed{}-a\times\boxed{}=-2$, $\boxed{}\,a=\boxed{}$ $\therefore a=\boxed{}$

02 $3x+y=a$

03 $x-ay=5$

04 $3x-ay=-3$

05 $ax+2y=4$

06 $ax-5y=-7$

✱ 다음 연립방정식의 해가 $(-2, 1)$일 때, 상수 a, b의 값을 각각 구하시오.

따라해 07

$\begin{cases} 2x+y=a \\ bx+2y=8 \end{cases}$

$x=-2$, $y=1$을 $2x+y=a$에 대입하면
$2\times(\boxed{})+\boxed{}=a$ $\therefore a=\boxed{}$
$x=-2$, $y=1$을 $bx+2y=8$에 대입하면
$b\times(\boxed{})+2\times\boxed{}=8$, $\boxed{}\,b=\boxed{}$ $\therefore b=\boxed{}$

08 $\begin{cases} 3x+ay=2 \\ bx-y=1 \end{cases}$

09 $\begin{cases} ax-2y=4 \\ 2x-y=b \end{cases}$

10 $\begin{cases} ax+y=-3 \\ x-by=2 \end{cases}$

11 $\begin{cases} 3x-ay=-5 \\ 2x+by=2 \end{cases}$

맞힌 개수

[01~03] 다음 중 미지수가 2개인 일차방정식인 것에는 ○표, 미지수가 2개인 일차방정식이 아닌 것에는 ×표를 하시오.

01 $\dfrac{x}{3}-\dfrac{y}{2}=1$　　　　　（　　）

02 $x+y^2-1=y+2$　　　　（　　）

03 $x(x-1)=x^2+y+4$　　　（　　）

[04~06] 다음 문장을 미지수가 2개인 일차방정식으로 나타내시오.

04 x의 2배와 y의 3배의 합은 23이다.

05 우리 반 학생 35명은 호수에서 3인용 보트 x대와 4인용 보트 y대에 빈자리가 없도록 모두 탔다.

06 토끼 x마리와 오리 y마리의 다리는 모두 48개이다.

[07~08] x, y가 자연수일 때, 다음 일차방정식의 해를 모두 순서쌍으로 나타내시오.

07 $x+y=7$

08 $3x+y=11$

[09~10] 다음 일차방정식 중 순서쌍 $(2, -1)$을 해로 갖는 것에는 ○표, 해로 갖지 않는 것에는 ×표를 하시오.

09 $x+y=1$　　　　　　　（　　）

10 $3x-2y=4$　　　　　　（　　）

[11~12] x, y가 자연수일 때, 다음 연립방정식의 해를 순서쌍으로 나타내시오.

11 $\begin{cases} x+y=5 \\ 2x+y=7 \end{cases}$

12 $\begin{cases} x-y=3 \\ x+3y=11 \end{cases}$

[13~14] 다음의 각 경우에 대하여 상수 a의 값을 구하시오.

13 일차방정식 $3x-ay=2$의 해가 $(1, -1)$인 경우

14 일차방정식 $ax-y=-1$의 해가 $(2, 3)$인 경우

[15~16] 다음의 각 경우에 대하여 상수 a, b의 값을 각각 구하시오.

15 연립방정식 $\begin{cases} 2x+y=a \\ bx-2y=-8 \end{cases}$의 해가 $(-2, 1)$인 경우

16 연립방정식 $\begin{cases} x+ay=-7 \\ bx+y=14 \end{cases}$의 해가 $(3, 5)$인 경우

맞힌 개수 　개／16개

10분 연산 TEST 2회

[01~03] 다음 중 미지수가 2개인 일차방정식인 것에는 ○표, 미지수가 2개인 일차방정식이 아닌 것에는 ×표를 하시오.

01 $2x = \dfrac{3}{y} + 5$ (   )

02 $x^2 - x = x^2 + y$ (   )

03 $7x - 3y + 1 = 2(x + y - 1)$ (   )

[04~06] 다음 문장을 미지수가 2개인 일차방정식으로 나타내시오.

04 x에서 10을 뺀 값은 y의 2배와 같다.

05 4점짜리 문항 x개와 5점짜리 문항 y개를 맞혀서 80점을 맞았다.

06 1000원짜리 과자 x봉지와 500원짜리 사탕 y개를 사고 4500원을 지불하였다.

[07~08] x, y가 자연수일 때, 다음 일차방정식의 해를 모두 순서쌍으로 나타내시오.

07 $x + 5y = 10$

08 $3x + 2y = 18$

[09~10] 다음 일차방정식 중 순서쌍 $(1, 2)$를 해로 갖는 것에는 ○표, 해로 갖지 않는 것에는 ×표를 하시오.

09 $2x - y = 1$ (   )

10 $3x + \dfrac{3}{2}y = 6$ (   )

[11~12] x, y가 자연수일 때, 다음 연립방정식의 해를 순서쌍으로 나타내시오.

11 $\begin{cases} x + y = 8 \\ x - y = 4 \end{cases}$

12 $\begin{cases} 4x - y = 1 \\ x + 2y = 7 \end{cases}$

[13~14] 다음의 각 경우에 대하여 상수 a의 값을 구하시오.

13 일차방정식 $2x + ay = 10$의 해가 $(-1, 2)$인 경우

14 일차방정식 $ax - 3y = 5$의 해가 $(2, 1)$인 경우

[15~16] 다음의 각 경우에 대하여 상수 a, b의 값을 각각 구하시오.

15 연립방정식 $\begin{cases} x + ay = 3 \\ 2x - y = b \end{cases}$의 해가 $(2, 1)$인 경우

16 연립방정식 $\begin{cases} x + 2y = a \\ bx - y = 6 \end{cases}$의 해가 $(1, -3)$인 경우

맞힌 개수 　개 / 16개

060 VISUAL 개념연산 연립방정식의 풀이 - 대입법

연립방정식 $\begin{cases} x-y=1 & \cdots\cdots ㉠ \\ x+2y=4 & \cdots\cdots ㉡ \end{cases}$ 를 대입법을 이용하여 풀어 보자.

┗ 한 일차방정식을 하나의 미지수에 대하여 정리하고 이를 다른 일차방정식에 대입하는 방법

❶ 한 일차방정식을 한 미지수에 대한 식으로 나타내기

㉠에서 x를 y에 대한 식으로 나타내면
$x=y+1$ $\cdots\cdots ㉢$

❷ 다른 일차방정식에 대입하여 방정식 풀기

㉢을 ㉡에 대입하면
$(y+1)+2y=4$
$3y=3$ $\quad \therefore y=1$

❸ 다른 미지수의 값을 구하여 연립방정식의 해 구하기

$y=1$을 ㉢에 대입하면
$x=1+1=2$
따라서 연립방정식의 해는
$x=2,\ y=1$

✿ 다음 연립방정식을 대입법을 이용하여 푸시오.

따라해 01 $\begin{cases} x=2y-8 & \cdots\cdots ㉠ \\ 3\underline{x}+4y=6 & \cdots\cdots ㉡ \end{cases}$ ___________

㉠을 ㉡에 대입하면 $3(\boxed{})+4y=6$

$\boxed{}y-\boxed{}=6$ $\quad \therefore y=\boxed{}$

$y=\boxed{}$을 ㉠에 대입하면 $x=2\times\boxed{}-8=\boxed{}$

따라서 연립방정식의 해는 $x=\boxed{},\ y=\boxed{}$

02 $\begin{cases} y=3x & \cdots\cdots ㉠ \\ 2x-y=5 & \cdots\cdots ㉡ \end{cases}$ ___________

03 $\begin{cases} x=5y & \cdots\cdots ㉠ \\ x+4y=18 & \cdots\cdots ㉡ \end{cases}$ ___________

04 $\begin{cases} x+3y=5 & \cdots\cdots ㉠ \\ x=y-3 & \cdots\cdots ㉡ \end{cases}$ ___________

05 $\begin{cases} 3x-y=11 & \cdots\cdots ㉠ \\ y=x-7 & \cdots\cdots ㉡ \end{cases}$ ___________

06 $\begin{cases} x=2y-3 & \cdots\cdots ㉠ \\ 2x+y=-1 & \cdots\cdots ㉡ \end{cases}$ ___________

07 $\begin{cases} y=3x+7 & \cdots\cdots ㉠ \\ 2x+3y=-1 & \cdots\cdots ㉡ \end{cases}$ ___________

08 $\begin{cases} 3x+2y=5 & \cdots\cdots ㉠ \\ x=3-6y & \cdots\cdots ㉡ \end{cases}$ ___________

09 $\begin{cases} -x+6y=2 & \cdots\cdots ㉠ \\ 3y=7-x & \cdots\cdots ㉡ \end{cases}$ ___________

10 $\begin{cases} x=3y+1 & \cdots\cdots ㉠ \\ x=2y-5 & \cdots\cdots ㉡ \end{cases}$ ___________

11 $\begin{cases} y=5x+2 & \cdots\cdots ㉠ \\ y=-4x-7 & \cdots\cdots ㉡ \end{cases}$ ___________

12

$$\begin{cases} x+y=7 & \cdots\cdots \text{㉠} \\ 2x-y=5 & \cdots\cdots \text{㉡} \end{cases}$$

㉠에서 y를 x에 대한 식으로 나타내면

$y=\boxed{}$ $\cdots\cdots$ ㉢

㉢을 ㉡에 대입하면

$2x-(\boxed{})=5,\ 3x=\boxed{}\quad \therefore x=\boxed{}$

$x=\boxed{}$를 ㉢에 대입하여 풀면 $y=\boxed{}$

따라서 연립방정식의 해는 $x=\boxed{},\ y=\boxed{}$

13
$$\begin{cases} x+y=3 & \cdots\cdots \text{㉠} \\ 3x+y=-1 & \cdots\cdots \text{㉡} \end{cases}$$

14
$$\begin{cases} x-2y=8 & \cdots\cdots \text{㉠} \\ x+3y=3 & \cdots\cdots \text{㉡} \end{cases}$$

15
$$\begin{cases} x-y=-3 & \cdots\cdots \text{㉠} \\ 3x-y=5 & \cdots\cdots \text{㉡} \end{cases}$$

16
$$\begin{cases} 2x+y=5 & \cdots\cdots \text{㉠} \\ 3x+y=8 & \cdots\cdots \text{㉡} \end{cases}$$

17
$$\begin{cases} x+2y=4 & \cdots\cdots \text{㉠} \\ 2x-3y=-13 & \cdots\cdots \text{㉡} \end{cases}$$

18
$$\begin{cases} x+5y=10 & \cdots\cdots \text{㉠} \\ 4x+3y=-11 & \cdots\cdots \text{㉡} \end{cases}$$

19
$$\begin{cases} 3x-y=5 & \cdots\cdots \text{㉠} \\ 7x-2y=13 & \cdots\cdots \text{㉡} \end{cases}$$

20
$$\begin{cases} 2x-3y=-10 & \cdots\cdots \text{㉠} \\ 3x-y=-8 & \cdots\cdots \text{㉡} \end{cases}$$

21
$$\begin{cases} 2x+y=-1 & \cdots\cdots \text{㉠} \\ 5x+4y=2 & \cdots\cdots \text{㉡} \end{cases}$$

22
$$\begin{cases} 2x-3y=9 & \cdots\cdots \text{㉠} \\ -3x-y=-8 & \cdots\cdots \text{㉡} \end{cases}$$

23
$$\begin{cases} 4x-y=-5 & \cdots\cdots \text{㉠} \\ -x+2y=-4 & \cdots\cdots \text{㉡} \end{cases}$$

24
$$\begin{cases} -2x+y=-1 & \cdots\cdots \text{㉠} \\ -3x+2y=1 & \cdots\cdots \text{㉡} \end{cases}$$

연립방정식의 풀이 - 가감법

↪ 정답 및 풀이 59쪽

연립방정식 $\begin{cases} 2x+y=13 & \cdots\cdots ㉠ \\ 3x-2y=2 & \cdots\cdots ㉡ \end{cases}$ 를 가감법을 이용하여 풀어 보자.

> └→ 두 일차방정식을 변끼리 더하거나 빼어서 한 미지수를 없애는 방법

❶ 없애려는 미지수의 계수의 절댓값을 같게 만들기

㉠의 양변에 2를 곱하면
$$\begin{cases} 4x+2y=26 \\ 3x-2y=2 \end{cases}$$

❷ 한 미지수를 없앤 후 방정식 풀기

두 식을 변끼리 더하면
$$4x+2y=26$$
$$+\underline{)\ 3x-2y=\ 2}$$
$$7x\quad\ =28$$
$$\therefore\ x=\ 4$$

계수의 부호가 다르면 $+$, 같으면 $-$

❸ 다른 미지수의 값을 구하여 연립방정식의 해 구하기

$x=4$를 ㉠에 대입하면
$2\times4+y=13 \quad \therefore\ y=5$
따라서 연립방정식의 해는
$x=4,\ y=5$

✹ 다음 연립방정식에서 한 미지수를 없애기 위해 필요한 식을 ㉠, ㉡을 사용하여 나타내려고 한다. □ 안에 알맞은 부호 또는 자연수를 써넣으시오.

01 
$\begin{cases} x+y=5 & \cdots\cdots ㉠ \\ 2x-y=1 & \cdots\cdots ㉡ \end{cases}$ ㉠ □ ㉡

y의 계수의 절댓값이 같으므로 ㉠ □ ㉡을 하면 y가 없어진다.

> 두 방정식에서 한 미지수의 계수의 절댓값이 같을 때는 가감법을 이용하는 것이 편리해.

02 $\begin{cases} 2x+3y=11 & \cdots\cdots ㉠ \\ 2x-y=3 & \cdots\cdots ㉡ \end{cases}$ ㉠ □ ㉡

03 $\begin{cases} -4x+2y=5 & \cdots\cdots ㉠ \\ 3x+y=5 & \cdots\cdots ㉡ \end{cases}$ ㉠$-$㉡$\times$□

04 $\begin{cases} x-y=5 & \cdots\cdots ㉠ \\ 5x+3y=9 & \cdots\cdots ㉡ \end{cases}$ ㉠$\times$□$+$㉡

05 $\begin{cases} 2x+3y=-4 & \cdots\cdots ㉠ \\ -3x+4y=2 & \cdots\cdots ㉡ \end{cases}$ ㉠$\times3+$㉡$\times$□

✹ 다음 연립방정식을 가감법을 이용하여 푸시오.

06 
$\begin{cases} 2x+3y=4 & \cdots\cdots ㉠ \\ 4x-3y=-10 & \cdots\cdots ㉡ \end{cases}$ ________

㉠$+$㉡을 하면 $6x=$ □ $\quad \therefore\ x=$ □
$x=$ □ 을 ㉠에 대입하면
$2\times(□)+3y=4,\ 3y=$ □ $\quad \therefore\ y=$ □
따라서 연립방정식의 해는 $x=$ □ , $y=$ □

07 $\begin{cases} x+2y=8 & \cdots\cdots ㉠ \\ x-y=-1 & \cdots\cdots ㉡ \end{cases}$ ________

08 $\begin{cases} x-5y=2 & \cdots\cdots ㉠ \\ -x+3y=4 & \cdots\cdots ㉡ \end{cases}$ ________

09 $\begin{cases} x+y=-1 & \cdots\cdots ㉠ \\ x-y=7 & \cdots\cdots ㉡ \end{cases}$ ________

10 $\begin{cases} 2x+y=3 & \cdots\cdots ㉠ \\ 2x-y=5 & \cdots\cdots ㉡ \end{cases}$ ________

11
$$\begin{cases} x+2y=4 & \cdots\cdots\ \text{㉠} \\ 2x+y=2 & \cdots\cdots\ \text{㉡} \end{cases}$$

____

㉠×$\boxed{}$−㉡을 하면
$$\boxed{}x+4y=\boxed{}$$
$$-)\ \ \underline{2x+\ y=2}$$
$$3y=\boxed{} \qquad \therefore y=\boxed{}$$
$y=\boxed{}$를 ㉠에 대입하여 풀면 $x=\boxed{}$
따라서 연립방정식의 해는 $x=\boxed{}$, $y=\boxed{}$

17
$$\begin{cases} 2x+3y=-7 & \cdots\cdots\ \text{㉠} \\ 3x-2y=9 & \cdots\cdots\ \text{㉡} \end{cases}$$

____

㉠×$\boxed{}$−㉡×2를 하면
$$6x+\boxed{}y=\boxed{}$$
$$-)\ \ \underline{6x-\ \ 4y=18}$$
$$13y=\boxed{} \qquad \therefore y=\boxed{}$$
$y=\boxed{}$을 ㉠에 대입하여 풀면 $x=\boxed{}$
따라서 연립방정식의 해는 $x=\boxed{}$, $y=\boxed{}$

12
$$\begin{cases} x-2y=3 & \cdots\cdots\ \text{㉠} \\ 2x+3y=-1 & \cdots\cdots\ \text{㉡} \end{cases}$$
____

18
$$\begin{cases} 3x+2y=-8 & \cdots\cdots\ \text{㉠} \\ 5x-3y=-7 & \cdots\cdots\ \text{㉡} \end{cases}$$
____

13
$$\begin{cases} 2x+y=3 & \cdots\cdots\ \text{㉠} \\ 3x-4y=10 & \cdots\cdots\ \text{㉡} \end{cases}$$
____

19
$$\begin{cases} 2x-7y=9 & \cdots\cdots\ \text{㉠} \\ 9x-5y=14 & \cdots\cdots\ \text{㉡} \end{cases}$$
____

14
$$\begin{cases} 3x+y=9 & \cdots\cdots\ \text{㉠} \\ 2x-3y=6 & \cdots\cdots\ \text{㉡} \end{cases}$$
____

20
$$\begin{cases} 4x+9y=17 & \cdots\cdots\ \text{㉠} \\ -3x+4y=-2 & \cdots\cdots\ \text{㉡} \end{cases}$$
____

15
$$\begin{cases} 5x-2y=-3 & \cdots\cdots\ \text{㉠} \\ 3x-4y=1 & \cdots\cdots\ \text{㉡} \end{cases}$$
____

21
$$\begin{cases} -4x+5y=-1 & \cdots\cdots\ \text{㉠} \\ 7x-2y=22 & \cdots\cdots\ \text{㉡} \end{cases}$$
____

16
$$\begin{cases} -3x+y=9 & \cdots\cdots\ \text{㉠} \\ x-2y=-8 & \cdots\cdots\ \text{㉡} \end{cases}$$
____

22
$$\begin{cases} 3x+5y=2 & \cdots\cdots\ \text{㉠} \\ -2x+3y=5 & \cdots\cdots\ \text{㉡} \end{cases}$$
____

08 VISUAL 개념연산 괄호가 있는 연립방정식의 풀이

분배법칙을 이용하여 괄호를 먼저 푼다.

$$\begin{cases} 2x-(x+y)=3 \\ x+4(x-y)=17 \end{cases} \xrightarrow[\text{풀기}]{\text{괄호}} \begin{cases} 2x-x-y=3 \\ x+4x-4y=17 \end{cases} \xrightarrow[\text{정리하기}]{\text{동류항끼리}} \begin{cases} x-y=3 \\ 5x-4y=17 \end{cases} \xrightarrow{\text{해}} x=5,\ y=2$$

❋ 다음 연립방정식을 푸시오.

따라해 01

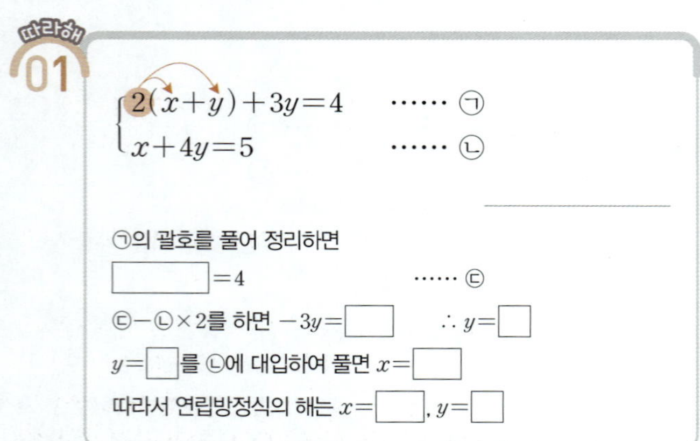

$$\begin{cases} 2(x+y)+3y=4 & \cdots\cdots \ \text{㉠} \\ x+4y=5 & \cdots\cdots \ \text{㉡} \end{cases}$$

㉠의 괄호를 풀어 정리하면

$$\boxed{}=4 \qquad \cdots\cdots \ \text{㉢}$$

㉢$-$㉡$\times2$를 하면 $-3y=\boxed{}$ $\quad\therefore y=\boxed{}$

$y=\boxed{}$를 ㉡에 대입하여 풀면 $x=\boxed{}$

따라서 연립방정식의 해는 $x=\boxed{}$, $y=\boxed{}$

02
$$\begin{cases} x+4y=6 & \cdots\cdots \ \text{㉠} \\ 2(x-2y)+y=1 & \cdots\cdots \ \text{㉡} \end{cases}$$

03
$$\begin{cases} 3(2x+1)+2y=1 & \cdots\cdots \ \text{㉠} \\ 5x-2y=-9 & \cdots\cdots \ \text{㉡} \end{cases}$$

04
$$\begin{cases} 4x+y=-7 & \cdots\cdots \ \text{㉠} \\ 3x-2(x+y)=5 & \cdots\cdots \ \text{㉡} \end{cases}$$

05
$$\begin{cases} 2x-3(2x+y)=4 & \cdots\cdots \ \text{㉠} \\ x-5y=22 & \cdots\cdots \ \text{㉡} \end{cases}$$

따라해 06

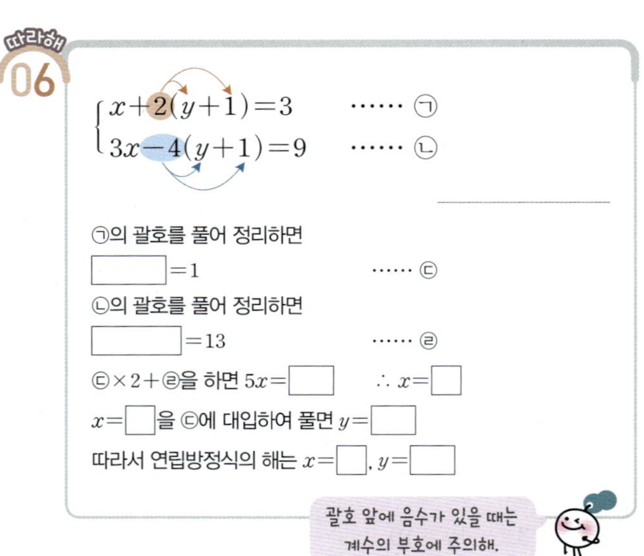

$$\begin{cases} x+2(y+1)=3 & \cdots\cdots \ \text{㉠} \\ 3x-4(y+1)=9 & \cdots\cdots \ \text{㉡} \end{cases}$$

㉠의 괄호를 풀어 정리하면

$$\boxed{}=1 \qquad \cdots\cdots \ \text{㉢}$$

㉡의 괄호를 풀어 정리하면

$$\boxed{}=13 \qquad \cdots\cdots \ \text{㉣}$$

㉢$\times2+$㉣을 하면 $5x=\boxed{}$ $\quad\therefore x=\boxed{}$

$x=\boxed{}$을 ㉢에 대입하여 풀면 $y=\boxed{}$

따라서 연립방정식의 해는 $x=\boxed{}$, $y=\boxed{}$

07
$$\begin{cases} 5(2x-1)+y=2 & \cdots\cdots \ \text{㉠} \\ 2(x+2)-y=9 & \cdots\cdots \ \text{㉡} \end{cases}$$

08
$$\begin{cases} 2(x-y)+3y=1 & \cdots\cdots \ \text{㉠} \\ x-(2y-3)=6 & \cdots\cdots \ \text{㉡} \end{cases}$$

09
$$\begin{cases} -x+2(x-2y)=-3 & \cdots\cdots \ \text{㉠} \\ 5y-3(x+y)=-11 & \cdots\cdots \ \text{㉡} \end{cases}$$

10
$$\begin{cases} 4x-3=5(y+2) & \cdots\cdots \ \text{㉠} \\ 3(2x-y)+2y=13 & \cdots\cdots \ \text{㉡} \end{cases}$$

계수가 소수인 연립방정식의 풀이

정답 및 풀이 61쪽

양변에 10, 100, 1000, …을 곱하여 계수를 정수로 고친다.

$$\begin{cases} 1.3x - y = -0.7 \\ 0.03x - 0.1y = -0.17 \end{cases} \xrightarrow{\times 10} \begin{cases} 13x - 10y = -7 \\ 3x - 10y = -17 \end{cases}$$

정수인 항에도 곱해야 해!

$\xrightarrow{\text{해}}\ x=1,\ y=2$

실수 Check

방정식의 양변에 10의 거듭제곱을 곱할 때는 모든 항에 똑같이 곱해야 한다.

$\rightarrow\ 1.3x - y = -0.7$
$\overset{\times}{}\ 13x - y = -7$
$\overset{\bigcirc}{}\ 13x - 10y = -7$

❀ 다음 연립방정식을 푸시오.

01
$$\begin{cases} 0.2x + 0.5y = -0.2 & \cdots\cdots\ \bigcirc \\ 0.2x - 0.3y = 1.4 & \cdots\cdots\ \bigcirc \end{cases}$$

$\bigcirc \times 10$을 하면 $\boxed{}x + 5y = -2\ \ \cdots\cdots\ \bigcirc$

$\bigcirc \times 10$을 하면 $2x - \boxed{}y = 14\ \ \cdots\cdots\ \bigcirc$

$\bigcirc - \bigcirc$을 하면 $\boxed{}y = -16\ \ \therefore\ y = \boxed{}$

$y = \boxed{}$를 $\bigcirc$에 대입하여 풀면 $x = \boxed{}$

따라서 연립방정식의 해는 $x = \boxed{},\ y = \boxed{}$

02
$$\begin{cases} x - 2y = -3 & \cdots\cdots\ \bigcirc \\ 0.1x - 0.3y = -0.6 & \cdots\cdots\ \bigcirc \end{cases}$$

03
$$\begin{cases} 0.3x + 0.5y = 0.2 & \cdots\cdots\ \bigcirc \\ 0.2x - 0.1y = -0.3 & \cdots\cdots\ \bigcirc \end{cases}$$

04
$$\begin{cases} 0.2x + 0.1y = 0.6 & \cdots\cdots\ \bigcirc \\ 1.2x + 0.7y = 3.8 & \cdots\cdots\ \bigcirc \end{cases}$$

05
$$\begin{cases} 0.3x - 0.1y = 0.1 & \cdots\cdots\ \bigcirc \\ 0.01x + 0.02y = 0.05 & \cdots\cdots\ \bigcirc \end{cases}$$

06
$$\begin{cases} 0.2x - 0.3y = 2.6 & \cdots\cdots\ \bigcirc \\ -0.01x + 0.05y = -0.34 & \cdots\cdots\ \bigcirc \end{cases}$$

정수인 항에도 똑같이 곱해야 해.

07
$$\begin{cases} 0.1x - 0.2y = 1 & \cdots\cdots\ \bigcirc \\ 0.03x + 0.04y = 0.6 & \cdots\cdots\ \bigcirc \end{cases}$$

08
$$\begin{cases} 0.12x - 0.05y = -0.34 & \cdots\cdots\ \bigcirc \\ 0.6x + 0.11y = -0.98 & \cdots\cdots\ \bigcirc \end{cases}$$

09
$$\begin{cases} 1.15x + 0.3y = -0.85 & \cdots\cdots\ \bigcirc \\ 0.15x + 0.4y = 0.25 & \cdots\cdots\ \bigcirc \end{cases}$$

10 VISUAL 개념연산 계수가 분수인 연립방정식의 풀이

양변에 분모의 최소공배수를 곱하여 계수를 정수로 고친다.

$$\begin{cases} \dfrac{x}{2}-\dfrac{y}{3}=2 \\ \dfrac{x}{4}+\dfrac{y}{6}=3 \end{cases} \xrightarrow[\times 12]{\times 6} \begin{cases} 3x-2y=12 \\ 3x+2y=36 \end{cases} \xrightarrow{\text{해}} x=8,\ y=6$$

최소공배수 : 6
최소공배수 : 12

실수 Check

방정식의 양변에 분모의 최소공배수를 곱할 때는 모든 항에 똑같이 곱해야 한다.

$$\to \dfrac{x}{2}-\dfrac{y}{3}=2 \begin{array}{l} \times\ 3x-2y=2 \\ \bigcirc\ 3x-2y=12 \end{array}$$

✿ 다음 연립방정식을 푸시오.

따라해 01

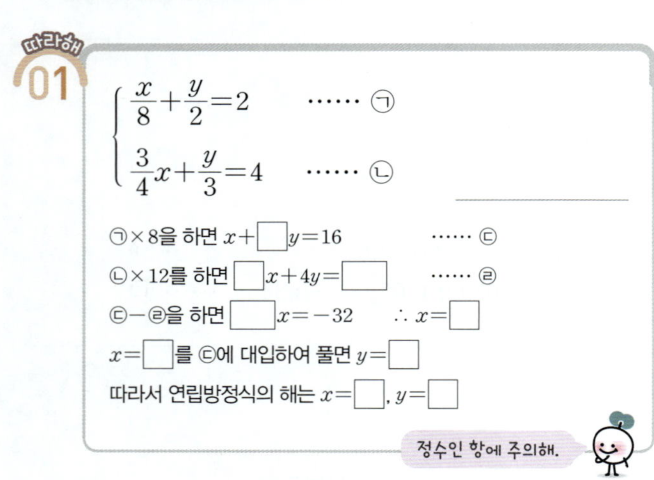

$$\begin{cases} \dfrac{x}{8}+\dfrac{y}{2}=2 & \cdots\cdots ㉠ \\ \dfrac{3}{4}x+\dfrac{y}{3}=4 & \cdots\cdots ㉡ \end{cases}$$

㉠×8을 하면 $x+\boxed{}\,y=16$　　　 $\cdots\cdots ㉢$

㉡×12를 하면 $\boxed{}\,x+4y=\boxed{}$　 $\cdots\cdots ㉣$

㉢－㉣을 하면 $\boxed{}\,x=-32$ 　 $\therefore\ x=\boxed{}$

$x=\boxed{}$ 를 ㉢에 대입하여 풀면 $y=\boxed{}$

따라서 연립방정식의 해는 $x=\boxed{},\ y=\boxed{}$

02
$$\begin{cases} 3x+2y=5 & \cdots\cdots ㉠ \\ \dfrac{x}{3}-\dfrac{y}{2}=2 & \cdots\cdots ㉡ \end{cases}$$

03
$$\begin{cases} \dfrac{x}{5}+\dfrac{y}{2}=3 & \cdots\cdots ㉠ \\ -2x+y=-6 & \cdots\cdots ㉡ \end{cases}$$

04
$$\begin{cases} \dfrac{2}{3}x-\dfrac{1}{4}y=-\dfrac{5}{2} & \cdots\cdots ㉠ \\ \dfrac{1}{2}x+\dfrac{2}{3}y=-\dfrac{1}{6} & \cdots\cdots ㉡ \end{cases}$$

05
$$\begin{cases} \dfrac{3}{4}x+\dfrac{1}{2}y=-1 & \cdots\cdots ㉠ \\ \dfrac{2}{3}x+\dfrac{5}{6}y=-\dfrac{1}{2} & \cdots\cdots ㉡ \end{cases}$$

06
$$\begin{cases} \dfrac{1}{5}x+\dfrac{3}{4}y=-\dfrac{1}{4} & \cdots\cdots ㉠ \\ -\dfrac{2}{3}x+\dfrac{1}{9}y=-7 & \cdots\cdots ㉡ \end{cases}$$

07
$$\begin{cases} \dfrac{3}{2}x+\dfrac{1}{8}y=-5 & \cdots\cdots ㉠ \\ \dfrac{x-4}{4}+y=6 & \cdots\cdots ㉡ \end{cases}$$

08
$$\begin{cases} \dfrac{x+3}{3}-\dfrac{1}{2}y=\dfrac{5}{2} & \cdots\cdots ㉠ \\ \dfrac{5}{12}x+\dfrac{1}{4}y=1 & \cdots\cdots ㉡ \end{cases}$$

09
$$\begin{cases} \dfrac{1}{3}x+\dfrac{1}{2}y=\dfrac{7}{6} & \cdots\cdots ㉠ \\ x-\dfrac{y-5}{6}=\dfrac{8}{3} & \cdots\cdots ㉡ \end{cases}$$

11 복잡한 연립방정식의 풀이

VISUAL 개념연산

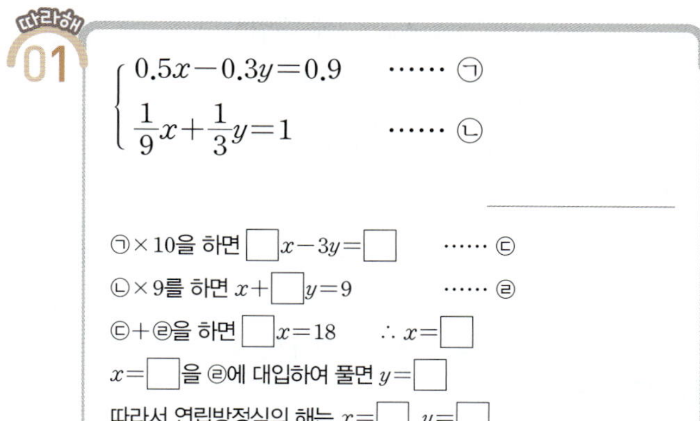

✿ 다음 연립방정식을 푸시오.

따라해 01

$\begin{cases} 0.5x-0.3y=0.9 & \cdots\cdots\ \text{㉠} \\ \dfrac{1}{9}x+\dfrac{1}{3}y=1 & \cdots\cdots\ \text{㉡} \end{cases}$

㉠×10을 하면 $\square x-3y=\square$ $\cdots\cdots$ ㉢
㉡×9를 하면 $x+\square y=9$ $\cdots\cdots$ ㉣
㉢+㉣을 하면 $\square x=18$ ∴ $x=\square$
$x=\square$ 을 ㉣에 대입하여 풀면 $y=\square$
따라서 연립방정식의 해는 $x=\square,\ y=\square$

02

$\begin{cases} 0.2x-0.7y=-1.3 & \cdots\cdots\ \text{㉠} \\ \dfrac{1}{2}x-y=-1 & \cdots\cdots\ \text{㉡} \end{cases}$

03

$\begin{cases} \dfrac{2}{5}x+\dfrac{4}{3}y=-2 & \cdots\cdots\ \text{㉠} \\ 0.3x-0.8y=3.9 & \cdots\cdots\ \text{㉡} \end{cases}$

04

$\begin{cases} 0.2x+y=0.8 & \cdots\cdots\ \text{㉠} \\ -\dfrac{1}{3}x+\dfrac{1}{2}y=3 & \cdots\cdots\ \text{㉡} \end{cases}$

05

$\begin{cases} x-\dfrac{2}{3}y=\dfrac{11}{6} & \cdots\cdots\ \text{㉠} \\ 0.6x-0.2y=0.1 & \cdots\cdots\ \text{㉡} \end{cases}$

06

$\begin{cases} \dfrac{x}{2}+\dfrac{y}{3}=2 & \cdots\cdots\ \text{㉠} \\ 0.01x+0.02y=0.14 & \cdots\cdots\ \text{㉡} \end{cases}$

07

$\begin{cases} \dfrac{x}{3}+\dfrac{2+y}{4}=\dfrac{1}{3} & \cdots\cdots\ \text{㉠} \\ 0.4x-0.1y=0.2 & \cdots\cdots\ \text{㉡} \end{cases}$

08

$\begin{cases} 0.1x-0.9y=1.4 & \cdots\cdots\ \text{㉠} \\ \dfrac{2x-3y}{4}=-\dfrac{1}{2} & \cdots\cdots\ \text{㉡} \end{cases}$

09

$\begin{cases} 0.3(2x+y)-0.2y=1 & \cdots\cdots\ \text{㉠} \\ \dfrac{3}{4}(x-y)=3 & \cdots\cdots\ \text{㉡} \end{cases}$

12 VISUAL 개념연산 미지수가 있는 연립방정식

해의 조건이 주어진 경우

연립방정식 $\begin{cases} x+y=1 \\ ax+2y=5 \end{cases}$ 의 해가 일차방정식 $x-y=-3$을 만족시킬 때, 상수 a의 값을 구해 보자.

❶ 미지수가 없는 방정식끼리 묶기 : $\begin{cases} x+y=1 \\ x-y=-3 \end{cases}$

❷ 연립방정식 $\begin{cases} x+y=1 \\ x-y=-3 \end{cases}$ 풀기 : $x=-1,\ y=2$

❸ $x=-1,\ y=2$를 $ax+2y=5$에 대입하면
$$a\times(-1)+2\times2=5 \qquad \therefore a=-1$$

해가 서로 같은 두 연립방정식이 주어진 경우

연립방정식 $\begin{cases} x+y=1 \\ ax-y=2 \end{cases}$, $\begin{cases} x-y=3 \\ 2x+by=1 \end{cases}$ 의 해가 서로 같을 때, 상수 $a,\ b$의 값을 각각 구해 보자.

❶ 미지수가 없는 방정식끼리 묶기 : $\begin{cases} x+y=1 \\ x-y=3 \end{cases}$

❷ 연립방정식 $\begin{cases} x+y=1 \\ x-y=3 \end{cases}$ 풀기 : $x=2,\ y=-1$

❸ $x=2,\ y=-1$을 $ax-y=2$에 대입하면
$$a\times2-(-1)=2 \qquad \therefore a=\frac{1}{2}$$
$x=2,\ y=-1$을 $2x+by=1$에 대입하면
$$2\times2+b\times(-1)=1 \qquad \therefore b=3$$

✽ 다음 연립방정식의 해가 [　] 안의 일차방정식을 만족시킬 때, 상수 a의 값을 구하시오.

따라해 01 $\begin{cases} x-y=5 \\ ax+2y=2 \end{cases}$ $[x+y=3]$ ____________

주어진 연립방정식의 해는 세 방정식을 모두 만족시키므로

연립방정식 $\begin{cases} x-y=5 \\ x+y=3 \end{cases}$ 의 해와 같다.

$\begin{cases} x-y=5 \\ x+y=3 \end{cases}$ 을 풀면 $x=\boxed{},\ y=\boxed{}$

따라서 $x=\boxed{},\ y=\boxed{}$ 을 $ax+2y=2$에 대입하여 풀면

$a=\boxed{}$

02 $\begin{cases} x+2y=5 \\ x+ay=-3 \end{cases}$ $[x-y=-1]$ ____________

03 $\begin{cases} 2x-y=-8 \\ ax+2y=-5 \end{cases}$ $[y=x+5]$ ____________

✽ 다음 두 연립방정식의 해가 서로 같을 때, 상수 $a,\ b$의 값을 각각 구하시오.

따라해 04 $\begin{cases} x+y=-1 \\ 3x+2y=a \end{cases}$, $\begin{cases} 4x+by=-6 \\ 5x-2y=9 \end{cases}$ ____________

두 연립방정식의 해가 서로 같으므로 그 해는

연립방정식 $\begin{cases} x+y=-1 \\ 5x-2y=9 \end{cases}$ 의 해와 같다.

$\begin{cases} x+y=-1 \\ 5x-2y=9 \end{cases}$ 를 풀면 $x=\boxed{},\ y=\boxed{}$

따라서 $x=\boxed{},\ y=\boxed{}$ 를 $3x+2y=a$에 대입하여 풀면

$a=\boxed{}$

$x=\boxed{},\ y=\boxed{}$ 를 $4x+by=-6$에 대입하여 풀면 $b=\boxed{}$

05 $\begin{cases} x+y=5 \\ x+ay=11 \end{cases}$, $\begin{cases} 2x-y=b \\ -3x+5y=9 \end{cases}$ ____________

06 $\begin{cases} 4x-y=a \\ 5x+y=6 \end{cases}$, $\begin{cases} 3x-4y=-1 \\ bx+5y=-2 \end{cases}$ ____________

13 VISUAL 개념연산 $A=B=C$ 꼴의 방정식의 풀이

➲ 정답 및 풀이 64쪽

방정식 $x+y=3x-2y=5$는 다음 세 연립방정식 중 하나로 고쳐서 푼다.

① $\begin{cases} x+y=3x-2y \\ x+y=5 \end{cases}$
② $\begin{cases} x+y=3x-2y \\ 3x-2y=5 \end{cases}$
③ $\begin{cases} x+y=5 \\ 3x-2y=5 \end{cases}$

이때 해가 모두 같으므로 가장 간단한 식을 선택해.

개념 POINT

$A=B=C$ 꼴의 방정식
→ $\begin{cases} A=B \\ A=C \end{cases}$, $\begin{cases} A=B \\ B=C \end{cases}$, $\begin{cases} A=C \\ B=C \end{cases}$
중 하나의 연립방정식으로 고쳐서 푼다.

✿ **다음 방정식을 푸시오.**

따라해 01

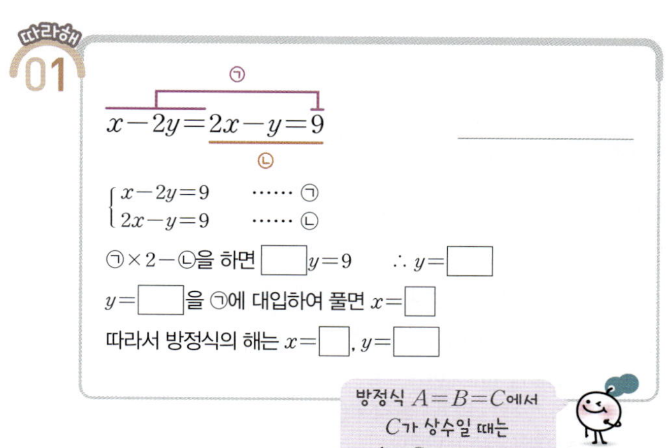

$\underset{\text{ⓒ}}{\overset{\text{ⓐ}}{x-2y=2x-y=9}}$

$\begin{cases} x-2y=9 & \cdots\cdots\ \text{ⓐ} \\ 2x-y=9 & \cdots\cdots\ \text{ⓒ} \end{cases}$

ⓐ$\times 2-$ⓒ을 하면 $\boxed{}\,y=9$ $\quad\therefore\ y=\boxed{}$

$y=\boxed{}$을 ⓐ에 대입하여 풀면 $x=\boxed{}$

따라서 방정식의 해는 $x=\boxed{}$, $y=\boxed{}$

02 $\underset{\text{ⓒ}}{\overset{\text{ⓐ}}{2x+y=x-y=6}}$

03 $2x+3y=3x+4y=1$

04 $x+3y=x+y-2=5$

05 $4x+2y-1=2x-3y+5=3$

06 $3x-y=y-8=5x+3$

07 $y-5=-1-2x=2x-3y+1$

08 $x+3y=y+4=2x-y+2$

09 $3x-2y+1=x-5y+5=-4y-3$

14 · VISUAL 개념연산 · 해가 특수한 연립방정식의 풀이

$$\begin{cases} x+2y=1 & \cdots \ \bigcirc \\ 2x+4y=2 & \cdots \ \bigcirc \end{cases} \text{에서} \begin{cases} 2x+4y=2 & \cdots \ \bigcirc \\ 2x+4y=2 & \cdots \ \bigcirc \end{cases}$$

계수가 같아지도록 ㉠×2

→ x의 계수, y의 계수, 상수항이 각각 같다.

→ 연립방정식의 해가 무수히 많다. **두 방정식이 같다!**

연립방정식 $\begin{cases} ax+by=c \\ a'x+b'y=c' \end{cases}$에서

$\dfrac{a}{a'}=\dfrac{b}{b'}=\dfrac{c}{c'}$ 일 때 → 해가 무수히 많다.

$$\begin{cases} x+2y=1 & \cdots \ \bigcirc \\ 2x+4y=4 & \cdots \ \bigcirc \end{cases} \text{에서} \begin{cases} 2x+4y=2 & \cdots \ \bigcirc \\ 2x+4y=4 & \cdots \ \bigcirc \end{cases}$$

계수가 같아지도록 ㉠×2

다르다!

→ x의 계수, y의 계수는 각각 같고, 상수항은 다르다.

→ 연립방정식의 해가 없다.

연립방정식 $\begin{cases} ax+by=c \\ a'x+b'y=c' \end{cases}$에서

$\dfrac{a}{a'}=\dfrac{b}{b'}\neq\dfrac{c}{c'}$ 일 때 → 해가 없다.

✿ 다음 연립방정식을 푸시오.

따라해 01

$$\begin{cases} x+2y=5 & \cdots\cdots \ \bigcirc \\ 3x+6y=15 & \cdots\cdots \ \bigcirc \end{cases} \underline{\hspace{3cm}}$$

㉠×3을 하면 $3x+\boxed{}\,y=\boxed{}$ ······ ㉢

따라서 ㉢ $\boxed{}$ ㉡이다.

계수가 같아지도록 ㉠의 양변에 적당한 수를 곱해 보자.

따라해 05

$$\begin{cases} x-3y=3 & \cdots\cdots \ \bigcirc \\ 2x-6y=-1 & \cdots\cdots \ \bigcirc \end{cases} \underline{\hspace{3cm}}$$

㉠×2를 하면 $2x-\boxed{}\,y=\boxed{}$ ······ ㉢

㉢과 ㉡을 비교하면
x의 계수와 y의 계수는 각각 (같고, 다르고),
상수항은 (같다, 다르다).

02 $\begin{cases} 2x-y=1 \\ 4x-2y=2 \end{cases}$ $\underline{\hspace{3cm}}$

06 $\begin{cases} x+y=4 \\ 5x+5y=4 \end{cases}$ $\underline{\hspace{3cm}}$

03 $\begin{cases} 5x-2y=3 \\ -15x+6y=-9 \end{cases}$ $\underline{\hspace{3cm}}$

07 $\begin{cases} 2x+3y=1 \\ -4x-6y=2 \end{cases}$ $\underline{\hspace{3cm}}$

04 $\begin{cases} \dfrac{x}{2}+\dfrac{y}{3}=1 \\ 3x+2y=6 \end{cases}$ $\underline{\hspace{3cm}}$

08 $\begin{cases} 3x-2y=5 \\ \dfrac{x}{4}-\dfrac{y}{6}=\dfrac{5}{6} \end{cases}$ $\underline{\hspace{3cm}}$

10분 연산 TEST 1회

맞힌 개수   /16개

[01~03] 다음 연립방정식을 대입법을 이용하여 푸시오.

01 $\begin{cases} y = 3x - 2 \\ 2x + y = 8 \end{cases}$

02 $\begin{cases} -6x - y = 2 \\ x = y - 5 \end{cases}$

03 $\begin{cases} 3y = 2x - 8 \\ 3y = -7x + 1 \end{cases}$

[04~06] 다음 연립방정식을 가감법을 이용하여 푸시오.

04 $\begin{cases} x + y = 9 \\ x - y = 5 \end{cases}$

05 $\begin{cases} -3x + 2y = 11 \\ x + 4y = 1 \end{cases}$

06 $\begin{cases} 5x + 3y = 7 \\ 2x + y = 3 \end{cases}$

[07~12] 다음 연립방정식을 푸시오.

07 $\begin{cases} 2(x - y) + 3y = 1 \\ x + 3(x - 2y) = 10 \end{cases}$

08 $\begin{cases} 0.3x - 0.2y = 0.8 \\ 0.4x + y = -0.2 \end{cases}$

09 $\begin{cases} \dfrac{1}{3}x - \dfrac{1}{2}y = \dfrac{4}{3} \\ \dfrac{1}{2}x + \dfrac{1}{8}y = \dfrac{1}{4} \end{cases}$

10 $\begin{cases} 0.3x - 0.5y = 1.9 \\ \dfrac{x}{2} + \dfrac{y}{3} = \dfrac{5}{6} \end{cases}$

11 $\begin{cases} x + 3y = -4 \\ 3x + 9y = -12 \end{cases}$

12 $\begin{cases} -x + 2y = 7 \\ x - 2y = -3 \end{cases}$

13 연립방정식 $\begin{cases} ax - y = -3 \\ x + 5y = 4 \end{cases}$의 해가 일차방정식 $x + 2y = 1$을 만족시킬 때, 상수 a의 값을 구하시오.

14 두 연립방정식 $\begin{cases} 3x + y = -2 \\ 4x - ay = 9 \end{cases}$, $\begin{cases} 5x + 2y = b \\ 2x - y = 7 \end{cases}$의 해가 서로 같을 때, 상수 a, b의 값을 각각 구하시오.

[15~16] 다음 방정식을 푸시오.

15 $2x - 3y = 5x - y = 13$

16 $x + 2y + 7 = 4x = 3x + y$

10분 연산 TEST 2회

[01~03] 다음 연립방정식을 대입법을 이용하여 푸시오.

01 $\begin{cases} y=x+2 \\ 3x-y=6 \end{cases}$

02 $\begin{cases} x=3y \\ x+5y=16 \end{cases}$

03 $\begin{cases} 2x-y=-1 \\ 3x+2y=9 \end{cases}$

[04~06] 다음 연립방정식을 가감법을 이용하여 푸시오.

04 $\begin{cases} x+y=5 \\ 4x-y=15 \end{cases}$

05 $\begin{cases} 2x-3y=-13 \\ x-3y=-11 \end{cases}$

06 $\begin{cases} 2x-3y=4 \\ 3x+2y=-7 \end{cases}$

[07~12] 다음 연립방정식을 푸시오.

07 $\begin{cases} 5x-2(3x+y)=0 \\ 12+x=3(6-y) \end{cases}$

08 $\begin{cases} 0.1x+0.2y=0.2 \\ 0.04x+0.06y=0.07 \end{cases}$

09 $\begin{cases} \dfrac{1}{2}x+\dfrac{1}{3}y=1 \\ \dfrac{1}{5}x-\dfrac{1}{4}y=5 \end{cases}$

10 $\begin{cases} \dfrac{1}{2}x-\dfrac{1}{3}(x-y)=1 \\ 0.3(x+y)-0.2y=0.8 \end{cases}$

11 $\begin{cases} -2x+4y=6 \\ x-2y=-3 \end{cases}$

12 $\begin{cases} x+2y=2 \\ \dfrac{1}{2}x+y=3 \end{cases}$

13 연립방정식 $\begin{cases} x+3y=-1 \\ x+ay=4 \end{cases}$의 해가 일차방정식 $x-y=3$을 만족시킬 때, 상수 a의 값을 구하시오.

14 두 연립방정식 $\begin{cases} ax+y=7 \\ 2x-9y=-3 \end{cases}, \begin{cases} -4x+5y=-7 \\ x-by=5 \end{cases}$의 해가 서로 같을 때, 상수 a, b의 값을 각각 구하시오.

[15~16] 다음 방정식을 푸시오.

15 $4x-3y=x-5y+1=24$

16 $2x-y=9x+5y-2=5x+2y$

맞힌 개수 □개 / 16개

15 VISUAL 개념연산 연립방정식의 활용 (1)

➡ 정답 및 풀이 68쪽

어떤 두 자연수의 합은 37이고, 큰 수는 작은 수의 3배보다 5만큼 클 때, 두 자연수를 구해 보자.

❶ 큰 수를 x, 작은 수를 y라 하면

❷ $\begin{cases} x+y=37 & \cdots\cdots \ \textcircled{\scriptsize ㄱ} \\ x=3y+5 & \cdots\cdots \ \textcircled{\scriptsize ㄴ} \end{cases}$

❸ $\textcircled{\scriptsize ㄴ}$을 $\textcircled{\scriptsize ㄱ}$에 대입하면 $(3y+5)+y=37$, $4y=32$ $\quad \therefore y=8$

$y=8$을 $\textcircled{\scriptsize ㄱ}$에 대입하면 $x+8=37$ $\quad \therefore x=29$

따라서 작은 수는 8, 큰 수는 29이다.

❹ $8+29=37$, $29=8\times3+5$이므로 구한 해가 문제 상황에 적합하다.

개념 POINT

❶ 미지수 x, y 정하기
❷ 연립방정식 세우기
❸ 연립방정식 풀기
❹ 문제 상황에 적합한지 확인하기

따라해 01

어떤 두 자연수의 차가 4이고, 큰 수는 작은 수의 2배보다 9만큼 작다고 한다. 이와 같은 두 자연수 중에서 큰 수를 구하려고 할 때, 다음 물음에 답하시오.

(1) 두 자연수 중 큰 수를 x, 작은 수를 y라 할 때, 연립방정식을 세우시오.

두 수의 차가 4이므로 $\boxed{}=4$

큰 수는 작은 수의 2배보다 9만큼 작으므로 $x=\boxed{}$

(2) (1)에서 세운 연립방정식을 푸시오.

(3) 두 자연수 중 큰 수를 구하시오.

따라해 03

두 자리의 자연수가 있다. 각 자리의 숫자의 합은 9이고, 십의 자리의 숫자와 일의 자리의 숫자를 바꾼 수는 처음 수보다 9만큼 크다고 한다. 처음 수를 구하려고 할 때, 다음 물음에 답하시오.

(1) 처음 수의 십의 자리의 숫자를 x, 일의 자리의 숫자를 y라 할 때, 연립방정식을 세우시오.

각 자리의 숫자의 합은 9이므로 $\boxed{}=9$

처음 수는 $10x+y$이고 각 자리의 숫자를 바꾼 수는 $\boxed{}$이므로 $\boxed{}=(10x+y)+9$

(2) (1)에서 세운 연립방정식을 푸시오.

(3) 처음 수를 구하시오.

02

어떤 두 자연수의 합이 32이고, 차가 10일 때, 이와 같은 두 자연수 중에서 작은 수를 구하려고 한다. 다음 물음에 답하시오.

(1) 두 자연수 중 큰 수를 x, 작은 수를 y라 할 때, 연립방정식을 세우시오.

(2) (1)에서 세운 연립방정식을 푸시오.

(3) 두 자연수 중 작은 수를 구하시오.

04

두 자리의 자연수가 있다. 각 자리의 숫자의 합은 10이고, 십의 자리의 숫자와 일의 자리의 숫자를 바꾼 수는 처음 수의 2배보다 1만큼 작다고 한다. 처음 수를 구하려고 할 때, 다음 물음에 답하시오.

(1) 처음 수의 십의 자리의 숫자를 x, 일의 자리의 숫자를 y라 할 때, 연립방정식을 세우시오.

(2) (1)에서 세운 연립방정식을 푸시오.

(3) 처음 수를 구하시오.

 **05**

한 개에 700원인 음료수와 한 개에 1000원인 아이스크림을 합하여 9개 사고 7500원을 지불하였다. 음료수는 몇 개 샀는지 구하려고 할 때, 다음 물음에 답하시오.

(1) 음료수를 x개, 아이스크림을 y개 샀다고 할 때, 표를 완성하시오.

	음료수	아이스크림	합계
개수(개)	x	y	9
금액(원)	$700x$		

(2) 연립방정식을 세우시오.

(3) (2)에서 세운 연립방정식을 푸시오.

(4) 음료수는 몇 개 샀는지 구하시오.

06

한 송이에 1000원인 장미와 한 송이에 1500원인 백합을 합하여 20송이 사고 24000원을 지불하였다. 장미는 몇 송이 샀는지 구하려고 할 때, 다음 물음에 답하시오.

(1) 장미를 x송이, 백합을 y송이 샀다고 할 때, 연립방정식을 세우시오.

(2) (1)에서 세운 연립방정식을 푸시오.

(3) 장미는 몇 송이 샀는지 구하시오.

 **07**

어느 농장에서 오리와 토끼를 합하여 25마리를 기르고 있다. 오리와 토끼의 다리가 모두 64개일 때, 오리는 몇 마리인지 구하려고 한다. 다음 물음에 답하시오.

(1) 오리를 x마리, 토끼를 y마리라 할 때, 표를 완성하시오.

	오리	토끼	합계
동물 수(마리)	x	y	
다리 수(개)	$2x$		

(2) 연립방정식을 세우시오.

(3) (2)에서 세운 연립방정식을 푸시오.

(4) 오리는 몇 마리인지 구하시오.

08

도원이는 수학 시험에서 3점짜리 문제와 4점짜리 문제를 합하여 21개 맞히고 80점을 얻었다. 도원이가 맞힌 4점짜리 문제는 몇 개인지 구하려고 할 때, 다음 물음에 답하시오.

(1) 3점짜리 문제를 x개, 4점짜리 문제를 y개라 할 때, 연립방정식을 세우시오.

(2) (1)에서 세운 연립방정식을 푸시오.

(3) 도원이가 맞힌 4점짜리 문제는 몇 개인지 구하시오.

현재 아버지와 아들의 나이의 차는 30세이고, 15년 후에는 아버지의 나이가 아들의 나이의 2배가 된다고 한다. 현재 아버지의 나이를 구하려고 할 때, 다음 물음에 답하시오.

(1) 현재 아버지의 나이를 x세, 아들의 나이를 y세라 할 때, 표를 완성하시오.

	아버지	아들
현재 나이(세)	x	y
15년 후의 나이(세)	$x+15$	

(2) 연립방정식을 세우시오.

(3) (2)에서 세운 연립방정식을 푸시오.

(4) 현재 아버지의 나이를 구하시오.

10 현재 선아와 선아 동생의 나이의 합은 23세이고, 10년 후에는 선아의 나이가 동생의 나이의 2배보다 11세 적어진다고 한다. 현재 동생의 나이를 구하려고 할 때, 다음 물음에 답하시오.

(1) 현재 선아의 나이를 x세, 동생의 나이를 y세라 할 때, 연립방정식을 세우시오.

(2) (1)에서 세운 연립방정식을 푸시오.

(3) 현재 동생의 나이를 구하시오.

가로의 길이가 세로의 길이보다 8 cm 더 긴 직사각형의 둘레의 길이가 100 cm일 때, 직사각형의 가로의 길이를 구하려고 한다. 다음 물음에 답하시오.

(1) 직사각형의 가로의 길이를 x cm, 세로의 길이를 y cm라 할 때, 연립방정식을 세우시오.

가로의 길이가 세로의 길이보다 8 cm 더 길므로

$x=\boxed{}$

둘레의 길이가 100 cm이므로

$2\times(x+\boxed{})=100$

(2) (1)에서 세운 연립방정식을 푸시오.

(3) 직사각형의 가로의 길이를 구하시오.

12 길이가 60 cm인 끈을 두 개로 나누었다. 짧은 끈의 길이가 긴 끈의 길이보다 16 cm만큼 짧을 때, 긴 끈의 길이를 구하려고 한다. 다음 물음에 답하시오.

(1) 짧은 끈의 길이를 x cm, 긴 끈의 길이를 y cm라 할 때, 연립방정식을 세우시오.

(2) (1)에서 세운 연립방정식을 푸시오.

(3) 긴 끈의 길이를 구하시오.

16 VISUAL 개념연산 연립방정식의 활용 (2)

영준이가 집에서 5 km 떨어진 공원에 가는데 자전거를 타고 시속 8 km로 가다가 도중에 자전거가 고장 나서 남은 거리를 시속 2 km로 걸었더니 1시간 만에 도착하였다. 자전거를 타고 간 거리는 몇 km인지 구해 보자.

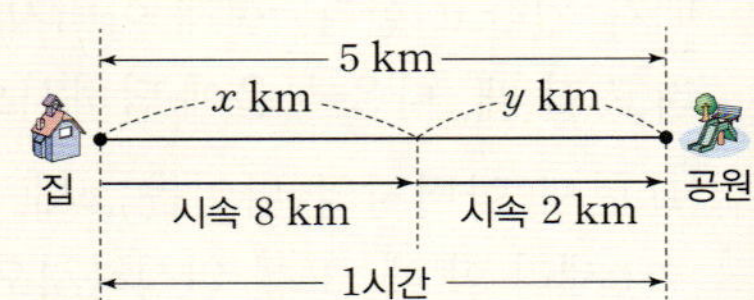

❶ 자전거를 타고 간 거리를 x km, 걸어간 거리를 y km라 하면

❷ $\begin{cases} (\text{자전거를 타고 간 거리}) + (\text{걸어간 거리}) = 5(\text{km}) \\ (\text{자전거를 타고 간 시간}) + (\text{걸어간 시간}) = 1(\text{시간}) \end{cases}$ 이므로

$$\begin{cases} x + y = 5 & \cdots\cdots ㉠ \\ \dfrac{x}{8} + \dfrac{y}{2} = 1 & \cdots\cdots ㉡ \end{cases}$$

	자전거를 탈 때	걸어갈 때
거리(km)	x	y
속력(km/h)	8	2
시간(시간)	$\dfrac{x}{8}$	$\dfrac{y}{2}$

❸ ㉠$-$㉡$\times 8$을 하면 $-3y = -3$ $\therefore y = 1$

$y = 1$을 ㉠에 대입하면 $x + 1 = 5$ $\therefore x = 4$

따라서 자전거를 타고 간 거리는 4 km이다.

❹ $4 + 1 = 5$, $\dfrac{4}{8} + \dfrac{1}{2} = 1$이므로 구한 해가 문제 상황에 적합하다.

따라해 01 

수혁이가 집에서 4.5 km 떨어진 박물관을 가는데 시속 4 km로 걷다가 도중에 시속 6 km로 뛰었더니 1시간 만에 박물관에 도착하였다. 걸어간 거리는 몇 km인지 구하려고 할 때, 다음 물음에 답하시오.

(1) 걸어간 거리를 x km, 뛰어간 거리를 y km라 할 때, 표를 완성하고, 연립방정식을 세우시오.

	걸어갈 때	뛰어갈 때
거리(km)	x	
속력(km/h)	4	
시간(시간)	$\dfrac{x}{4}$	

(2) (1)에서 세운 연립방정식을 푸시오.

(3) 걸어간 거리는 몇 km인지 구하시오.

02

미진이가 집에서 3 km 떨어진 학교에 가는데 시속 5 km로 걷다가 도중에 시속 10 km로 뛰었더니 30분 만에 학교에 도착하였다. 미진이가 뛰어간 거리는 몇 km인지 구하시오.

따라해 03

등산을 하는데 올라갈 때는 시속 3 km로 걷고, 내려올 때는 올라갈 때보다 1 km 더 가까운 길을 시속 5 km로 걸어서 모두 3시간이 걸렸다. 내려온 거리는 몇 km인지 구하려고 할 때, 다음 물음에 답하시오.

(1) 올라간 거리를 x km, 내려온 거리를 y km라 할 때, 표를 완성하고, 연립방정식을 세우시오.

	올라갈 때	내려올 때
거리(km)	x	
속력(km/h)	3	
시간(시간)	$\dfrac{x}{3}$	

(2) (1)에서 세운 연립방정식을 푸시오.

(3) 내려온 거리는 몇 km인지 구하시오.

04

의예가 산책을 갔다 오는데 갈 때는 시속 2 km로 걷고, 돌아올 때는 갈 때보다 500 m 더 먼 길을 시속 3 km로 걸어서 모두 1시간이 걸렸다. 시속 2 km로 걸은 거리는 몇 km인지 구하시오.

10분 연산 TEST 1회

01 어떤 두 자연수의 합은 36이고, 큰 수는 작은 수의 2배보다 9만큼 작다고 한다. 이와 같은 두 자연수 중에서 큰 수를 구하려고 할 때, 다음 물음에 답하시오.

(1) 두 자연수 중 큰 수를 x, 작은 수를 y라 할 때, 연립방정식을 세우시오.

(2) 두 자연수 중 큰 수를 구하시오.

02 어느 미술관의 입장료는 성인이 1100원, 청소년이 800원이다. 정하네 가족 5명의 입장료의 합계가 4600원이었을 때, 정하네 가족 중 청소년은 몇 명인지 구하려고 한다. 다음 물음에 답하시오.
(단, 정하네 가족은 성인과 청소년으로 이루어져 있다.)

(1) 성인이 x명, 청소년이 y명이라 할 때, 연립방정식을 세우시오.

(2) 정하네 가족 중 청소년은 몇 명인지 구하시오.

03 과자 6봉지와 아이스크림 5개의 가격은 8300원이고, 과자 3봉지와 아이스크림 6개의 가격은 6600원이다. 과자 1봉지의 가격을 구하려고 할 때, 다음 물음에 답하시오.

(1) 과자 1봉지의 가격을 x원, 아이스크림 1개의 가격을 y원이라 할 때, 연립방정식을 세우시오.

(2) 과자 1봉지의 가격을 구하시오.

04 현재 어머니의 나이는 성욱이의 나이보다 27세 많고, 어머니와 성욱이의 나이의 합은 55세라고 한다. 현재 어머니의 나이를 구하려고 할 때, 다음 물음에 답하시오.

(1) 현재 어머니의 나이를 x세, 성욱이의 나이를 y세라 할 때, 연립방정식을 세우시오.

(2) 현재 어머니의 나이를 구하시오.

05 가로의 길이가 세로의 길이보다 3 cm 더 짧은 직사각형의 둘레의 길이가 26 cm일 때, 직사각형의 세로의 길이를 구하려고 한다. 다음 물음에 답하시오.

(1) 직사각형의 가로의 길이를 x cm, 세로의 길이를 y cm라 할 때, 연립방정식을 세우시오.

(2) 직사각형의 세로의 길이를 구하시오.

06 진우가 집에서 7 km 떨어진 할머니 댁에 가는데 시속 4 km로 걷다가 도중에 시속 3 km로 걸었더니 2시간 만에 도착하였다. 시속 4 km로 걸은 거리는 몇 km인지 구하려고 할 때, 다음 물음에 답하시오.

(1) 시속 4 km로 걸은 거리를 x km, 시속 3 km로 걸은 거리를 y km라 할 때, 연립방정식을 세우시오.

(2) 시속 4 km로 걸은 거리는 몇 km인지 구하시오.

맞힌 개수 ⬚ 개 / 6개

10분 연산 TEST 2회

01 두 자리의 자연수가 있다. 각 자리의 숫자의 합은 9이고, 십의 자리의 숫자와 일의 자리의 숫자를 바꾼 수는 처음 수의 2배보다 18만큼 크다고 한다. 처음 수를 구하려고 할 때, 다음 물음에 답하시오.

(1) 처음 수의 십의 자리의 숫자를 x, 일의 자리의 숫자를 y라 할 때, 연립방정식을 세우시오.

(2) 처음 수를 구하시오.

02 주아는 양궁 게임에서 7점짜리 과녁과 9점짜리 과녁을 모두 합하여 5번 맞히고, 총 41점을 얻었다. 주아가 7점짜리 과녁을 몇 번 맞혔는지 구하려고 할 때, 다음 물음에 답하시오. (단, 주아는 7점짜리와 9점짜리 과녁만 맞혔다.)

(1) 7점짜리 과녁을 x번, 9점짜리 과녁을 y번 맞혔다고 할 때, 연립방정식을 세우시오.

(2) 7점짜리 과녁을 몇 번 맞혔는지 구하시오.

03 어느 문구점에서 지우개 5개와 연필 4자루의 가격은 6000원이고, 지우개 4개와 연필 5자루의 가격은 6600원이다. 지우개 1개의 가격을 구하려고 할 때, 다음 물음에 답하시오.

(1) 지우개 1개의 가격을 x원, 연필 1자루의 가격을 y원이라 할 때, 연립방정식을 세우시오.

(2) 지우개 1개의 가격을 구하시오.

04 현재 현서와 현서 이모의 나이의 차는 24세이고, 5년 후에는 이모의 나이가 현서의 나이의 2배보다 3세 많아진다고 한다. 현재 현서의 나이를 구하려고 할 때, 다음 물음에 답하시오.

(1) 현재 이모의 나이를 x세, 현서의 나이를 y세라 할 때, 연립방정식을 세우시오.

(2) 현재 현서의 나이를 구하시오.

05 아랫변의 길이가 윗변의 길이보다 2 cm 더 긴 사다리꼴의 높이가 4 cm이고, 넓이가 28 cm^{2}일 때, 사다리꼴의 윗변의 길이를 구하려고 한다. 다음 물음에 답하시오.

(1) 사다리꼴의 아랫변의 길이를 x cm, 윗변의 길이를 y cm라 할 때, 연립방정식을 세우시오.

(2) 사다리꼴의 윗변의 길이를 구하시오.

06 경하가 서점을 갔다 오는데 갈 때는 시속 5 km로 걷고, 돌아올 때는 갈 때보다 3 km 더 가까운 길을 시속 4 km로 걸어서 모두 1시간 30분이 걸렸다. 시속 5 km로 걸은 거리는 몇 km인지 구하려고 할 때, 다음 물음에 답하시오.

(1) 시속 5 km로 걸은 거리를 x km, 시속 4 km로 걸은 거리를 y km라 할 때, 연립방정식을 세우시오.

(2) 시속 5 km로 걸은 거리는 몇 km인지 구하시오.

맞힌 개수 　　개／6개

학교 시험 PREVIEW

스스로 개념 점검

2. 연립일차방정식

(1) 미지수가 2개인 일차방정식 : 미지수가 ☐개이고, 그 차수가 모두 ☐인 방정식

(2) 미지수가 2개인 일차방정식의 ☐(근) : 미지수가 x, y의 2개인 일차방정식을 참이 되게 하는 x, y의 값 또는 그 순서쌍 (x, y)

(3) 미지수가 2개인 두 일차방정식을 한 쌍으로 묶어 나타낸 것을 미지수가 2개인 ☐☐☐☐☐ 또는 ☐☐☐☐☐이라 한다.

(4) 연립방정식의 ☐(근) : 연립방정식에서 두 일차방정식을 동시에 참이 되게 하는 x, y의 값 또는 그 순서쌍 (x, y)

(5) 연립방정식의 풀이

① 대입법을 이용한 연립방정식의 풀이
두 일차방정식 중 한 일차방정식을 한 미지수에 대한 식으로 나타낸 후, 이를 다른 일차방정식에 ☐☐하여 연립방정식을 푼다.

② 가감법을 이용한 연립방정식의 풀이
각 방정식의 양변에 적당한 수를 곱하여 없애려는 미지수의 ☐☐의 절댓값을 같게 만든 후, 두 식을 더하거나 빼어서 연립방정식을 푼다.

01

다음 중 미지수가 2개인 일차방정식인 것을 모두 고르면? (정답 2개)

① $4x - 5$

② $3y - 2 = 3x$

③ $xy + y = xy + x$

④ $\dfrac{1}{x} + \dfrac{1}{y} = 1$

⑤ $2(x+y) - 1 = 2x + y$

02 출제율 80%

다음 중 일차방정식 $3x - y = 2$의 해가 <u>아닌</u> 것은?

① $(-2, -8)$ ② $(-1, -5)$ ③ $(0, 3)$

④ $(1, 1)$ ⑤ $(2, 4)$

03

일차방정식 $2x + ay = 5$의 한 해가 $(2, -1)$일 때, 상수 a의 값은?

① -2 ② -1 ③ 1

④ 2 ⑤ 3

04

다음 문장을 연립방정식으로 바르게 나타낸 것은?

> x의 2배와 y의 합은 15이고, y는 x의 3배와 같다.

① $\begin{cases} x + 2y = 15 \\ y = 3x \end{cases}$ ② $\begin{cases} x + 2y = 15 \\ y = x + 3 \end{cases}$

③ $\begin{cases} 2x + y = 15 \\ y = 3x \end{cases}$ ④ $\begin{cases} 2x + y = 15 \\ x = 3y \end{cases}$

⑤ $\begin{cases} 2x + y = 15 \\ y = x + 3 \end{cases}$

05

x, y가 자연수일 때, 연립방정식 $\begin{cases} x + 2y = 7 \\ 2x + y = 8 \end{cases}$의 해는?

① $(1, 3)$ ② $(1, 6)$ ③ $(2, 4)$

④ $(3, 2)$ ⑤ $(5, 1)$

06

연립방정식 $\begin{cases} x=y+1 & \cdots\cdots \ \text{㉠} \\ x-2y=-1 & \cdots\cdots \ \text{㉡} \end{cases}$ 에서 ㉠을 ㉡에

대입하여 x를 없앴더니 $ky=-2$가 되었을 때, 상수 k의 값은?

① -5 ② -3 ③ -1
④ 1 ⑤ 4

07 ⚠️ 실수 주의

연립방정식 $\begin{cases} 3x+2y=14 & \cdots\cdots \ \text{㉠} \\ 4x-3y=-4 & \cdots\cdots \ \text{㉡} \end{cases}$ 를 가감법을 이용

하여 풀 때, x를 없애기 위해 필요한 식은?

① ㉠$\times 4+$㉡$\times 3$ ② ㉠$\times 4-$㉡$\times 3$
③ ㉠$\times 3+$㉡$\times 2$ ④ ㉠$\times 3-$㉡$\times 2$
⑤ ㉠$\times 2-$㉡$\times 3$

08

연립방정식 $\begin{cases} 5x-6y=3 \\ 2x+3y=12 \end{cases}$ 의 해가 $x=a$, $y=b$일 때,

$a+b$의 값은?

① -3 ② -1 ③ 0
④ 3 ⑤ 5

09

연립방정식 $\begin{cases} 0.3x+0.4y=1.7 \\ \dfrac{2}{3}x+\dfrac{1}{2}y=3 \end{cases}$ 을 풀면?

① $x=-3,\ y=-2$ ② $x=-3,\ y=2$
③ $x=-1,\ y=3$ ④ $x=2,\ y=-1$
⑤ $x=3,\ y=2$

10 출제율 85%

연립방정식 $\begin{cases} x+by=3 \\ 3x-2y=a \end{cases}$ 의 해가 $(1,\ 2)$일 때, 상수 a, b에 대하여 $a+b$의 값은?

① -2 ② $-\dfrac{1}{2}$ ③ 0
④ 1 ⑤ $\dfrac{3}{2}$

11

연립방정식 $\begin{cases} x-4y=3 \\ ax-4y=-13 \end{cases}$ 의 해가 일차방정식

$2y-x=-1$을 만족시킬 때, 상수 a의 값은?

① 7 ② 9 ③ 13
④ 15 ⑤ 17

12

다음 연립방정식 중 해가 무수히 많은 것은?

① $\begin{cases} 2x+y=-2 \\ x+y=9 \end{cases}$ ② $\begin{cases} x+y=0 \\ 3x-y=0 \end{cases}$

③ $\begin{cases} 3x+y=5 \\ x-3y=10 \end{cases}$ ④ $\begin{cases} 2x-3y=5 \\ 4x-6y=10 \end{cases}$

⑤ $\begin{cases} x-2y=-1 \\ 2x-4y=1 \end{cases}$

13

두 자연수가 있다. 큰 수에서 작은 수를 빼면 5이고, 작은 수의 2배는 큰 수보다 9만큼 클 때, 큰 수는?

① 16 ② 19 ③ 21

④ 23 ⑤ 26

14

한 개에 500원인 사탕과 한 개에 1000원인 초콜릿을 합하여 9개를 사고, 7000원을 지불하였다. 구입한 초콜릿은 몇 개인가?

① 2개 ② 3개 ③ 4개

④ 5개 ⑤ 6개

15

어느 농장에서 기르는 닭과 토끼의 머리는 모두 180개이고, 다리는 모두 600개라 한다. 이 농장에서 기르는 닭은 몇 마리인가?

① 30마리 ② 40마리 ③ 50마리

④ 60마리 ⑤ 70마리

16

명진이네 집에서 기차역까지의 거리는 5 km이다. 명진이가 처음에는 시속 4 km로 걷다가 약속 시간에 늦을 것 같아 도중에 시속 6 km로 뛰어서 1시간 만에 기차역에 도착하였다. 명진이가 시속 6 km로 뛰어간 거리는 몇 km인가?

① 1 km ② 1.5 km ③ 2 km

④ 2.5 km ⑤ 3 km

17 📋 서술형

방정식 $\dfrac{2+x}{3} = \dfrac{4y-1}{2} = x-y$의 해가 $x=a$, $y=b$일 때, $a+b$의 값을 구하시오.

채점기준 1   연립방정식으로 나타내기

채점기준 2 a, b의 값을 각각 구하기

채점기준 3 $a+b$의 값 구하기

쉬어 가기 개수 맞히기

같은 그림이 몇 개나 있을까?

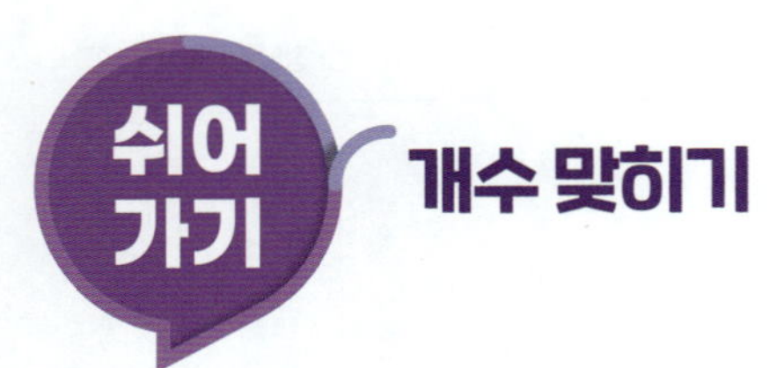

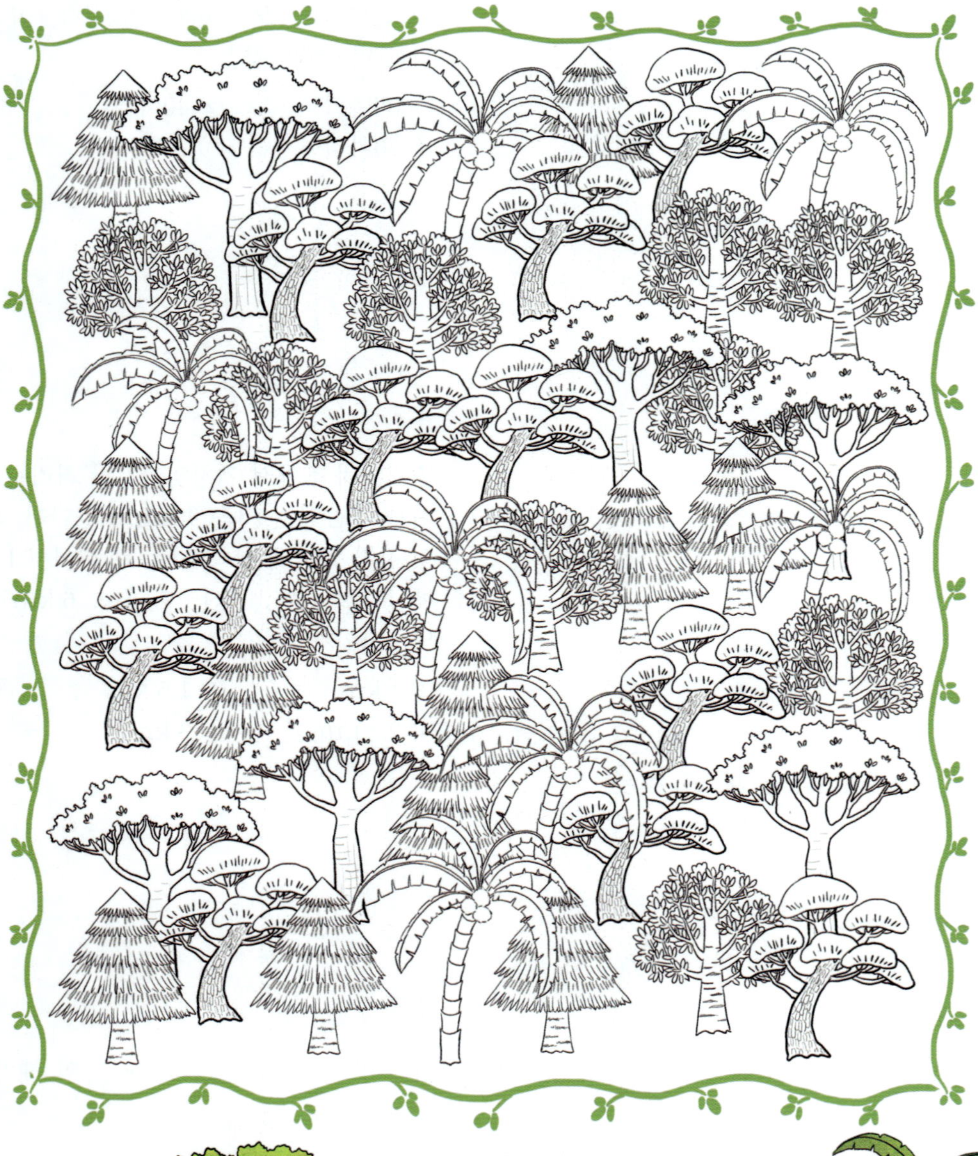

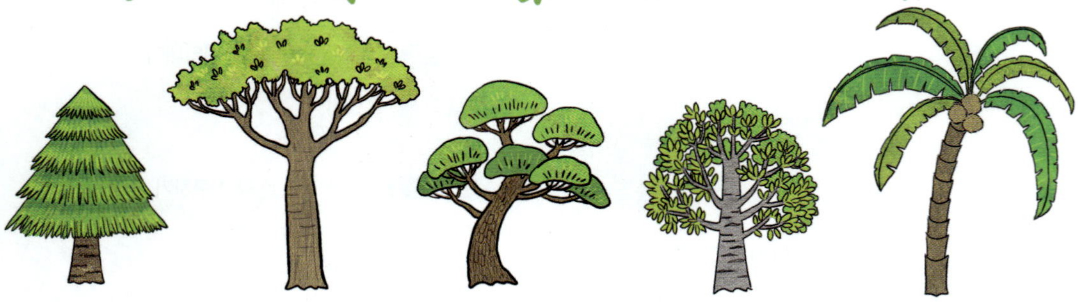

개	개	개	개	개

정답

개수는 차례대로 11, 6, 11, 10, 7

IV

일차함수와 그래프

 **일차함수와 그래프는 왜 배우나요?**

함수는 변화하는 양 사이의 관계를 나타내며,
그래프는 함수를 시각적으로 표현하는 도구예요.
함수는 다양한 변화 현상 속의
수학적 관계를 이해하고 표현함으로써
실생활 문제를 해결하는 데 도움이 돼요.

일차함수와 그 그래프 (1)

Q. 변수와 상수의 차이점은 무엇일까?

A. 변수는 변하는 값을 나타내는 문자이고, 상수는 일정한 값을 나타내는 수나 문자이다.

01 함수와 함숫값

(1) **함수** : 두 변수 x, y에 대하여 x의 값이 변함에 따라 y의 값이 하나씩 정해지는 대응 관계가 있을 때, y를 x의 함수라 한다. **[기호]** $y=f(x)$

(2) **대표적인 함수의 예**

① y가 x에 정비례할 때, 즉 $y=ax$ $(a\neq0)$이면 y는 x의 함수이다.

x	1	2	3	4	$\cdots$	
y	2	4	6	8	$\cdots$	$y=2x$

② y가 x에 반비례할 때, 즉 $y=\dfrac{a}{x}$ $(a\neq0)$이면 y는 x의 함수이다.

x	1	2	3	4	$\cdots$	
y	12	6	4	3	$\cdots$	$y=\dfrac{12}{x}$

$12 \quad 12 \quad 12 \quad 12 \quad \rightarrow$ 12로 일정

③ $y=(x$에 대한 일차식$)$이면 y는 x의 함수이다.

(3) **함숫값** : 함수 $y=f(x)$에서 x의 값이 정해질 때 그에 따라 정해지는 y의 값 **[기호]** $f(x)$

[예] 함수 $f(x)=2x$에서 $x=1$일 때의 함숫값은 $f(1)=2\times1=2$

[참고] 함수 $y=f(x)$에서 $f(a)$의 값 → $x=a$일 때의 함숫값
→ $x=a$일 때, y의 값
→ $f(x)$에 x 대신 a를 대입하여 얻은 값

Q. $y=f(x)$와 $f(x)$의 차이점은 무엇일까?

A. $y=f(x)$는 x와 y 사이의 관계를 나타내는 것으로 y가 x의 함수임을 의미하고, $f(x)$는 함숫값, 즉 x의 값에 따라 정해지는 y의 값을 의미한다.

02 일차함수의 뜻

함수 $y=f(x)$에서 y가 x에 대한 일차식 $y=ax+b$ $(a, b$는 상수, $a\neq0)$와 같이 나타날 때, 이 함수를 x에 대한 **일차함수**라 한다.

[예] $y=3x$, $y=\dfrac{1}{2}x$, $y=-4x+3$은 일차함수이다.

$y=-1$, $y=\dfrac{2}{x}$, $y=-3x^2+7$은 일차함수가 아니다.

03 일차함수 $y=ax+b$의 그래프

(1) **함수의 그래프** : 함수 $y=f(x)$에서 x의 값에 따라 정해지는 y의 값의 순서쌍 (x, y)를 좌표로 하는 점을 좌표평면 위에 모두 나타낸 것

(2) **평행이동** : 한 도형을 일정한 방향으로 일정한 거리만큼 옮기는 것

Q. 일차함수의 그래프를 y축의 방향으로 평행이동하면 그래프의 모양도 변할까?

A. 일차함수의 그래프를 y축의 방향으로 평행이동하면 그래프가 위아래로 움직이지만, 그 모양은 변하지 않는다.

(3) **일차함수 $y=ax+b$의 그래프** : 일차함수 $y=ax$의 그래프를 y축의 방향으로 b만큼 평행이동한 직선

$$y=ax \xrightarrow[b\text{만큼 평행이동}]{y\text{축의 방향으로}} y=ax+b$$

[예] $$y=3x \xrightarrow[2\text{만큼 평행이동}]{y\text{축의 방향으로}} y=3x+2$$

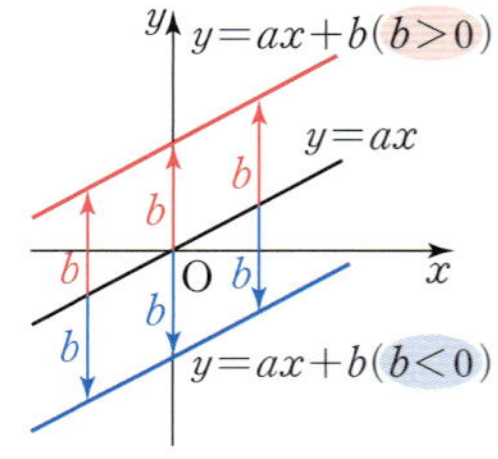

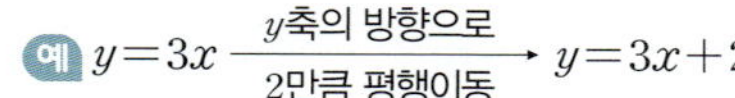

04 일차함수의 그래프의 x절편과 y절편

(1) x**절편** : 일차함수의 그래프가 x축과 만나는 점의 x좌표

    ➡ $y=0$일 때, x의 값

(2) y**절편** : 일차함수의 그래프가 y축과 만나는 점의 y좌표

    ➡ $x=0$일 때, y의 값

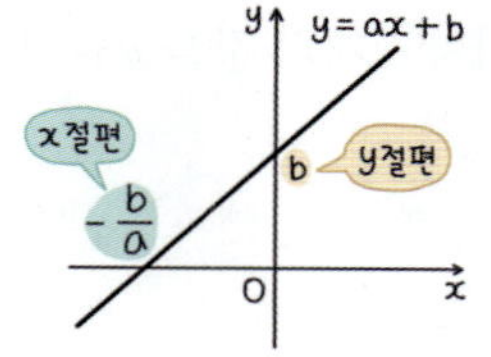

(3) 일차함수 $y=ax+b$ $(a\neq0)$의 그래프에서 x절편은 $-\dfrac{b}{a}$, y절편은 b이다.
                                                        ↳$y=ax+b$의 상수항

(4) x**절편과** y**절편을 이용하여 일차함수의 그래프 그리기**

❶ x절편과 y절편을 각각 구한다.

❷ 두 점 $(x$절편$, 0)$, $(0, y$절편$)$을 좌표평면 위에 나타낸 후, 두 점을 직선으로 연결한다.

  예 일차함수 $y=-x+2$에서

    $y=0$일 때, $0=-x+2$ ∴ $x=2$

    $x=0$일 때, $y=0+2$ ∴ $y=2$

    따라서 x절편은 2, y절편은 2이므로 일차함수 $y=-x+2$의 그래프는

    두 점 $(2, 0)$, $(0, 2)$를 지나는 직선이다.

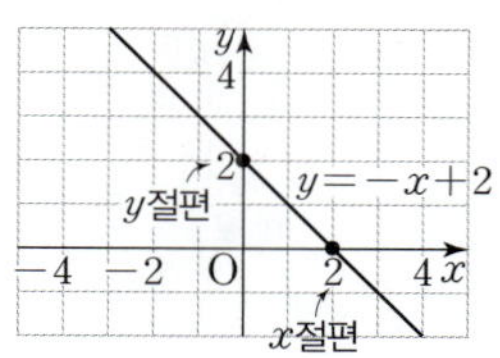

05 일차함수의 그래프의 기울기

(1) 일차함수 $y=ax+b$에서 x의 값의 증가량에 대한 y의 값의 증가량의 비율은 항상 일정하며, 그 비율은 x의 계수 a와 같다. 이 증가량의 비율 a를 일차함수 $y=ax+b$의 그래프의 **기울기**라 한다.

$$(\text{기울기})=\frac{(y의\ 값의\ 증가량)}{(x의\ 값의\ 증가량)}=a$$
                                          ↳x의 계수

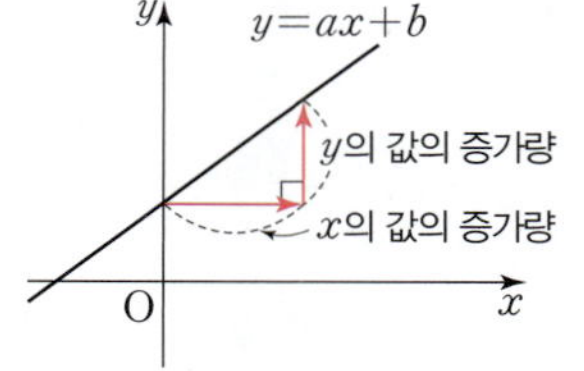

(2) **기울기와** y**절편을 이용하여 일차함수의 그래프 그리기**

❶ 점 $(0, y$절편$)$을 좌표평면 위에 나타낸다.

❷ 기울기를 이용하여 그래프가 지나는 다른 한 점을 찾아 좌표평면 위에 나타낸 후, 두 점을 직선으로 연결한다.

  예 일차함수 $y=2x+6$의 그래프에서

    y절편이 6 ➡ 점 $(0, 6)$을 지난다.

    기울기가 2 ➡ 점 $(0, 6)$에서 x축의 방향으로 1만큼, y축의 방향으로 2만큼 이동

                한 점 $(1, 8)$을 지난다.

    즉, 일차함수 $y=2x+6$의 그래프는 두 점 $(0, 6)$, $(1, 8)$을 지나는 직선이다.

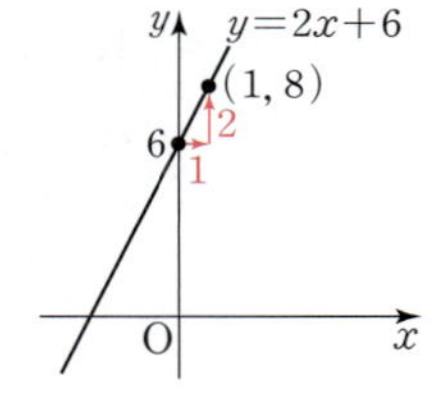

(1) **정비례 관계** : 두 변수 x, y에 대하여 x의 값이 2배, 3배, 4배, …로 변함에 따라 y의 값도 2배, 3배, 4배, …로 변할 때, y는 x에 정비례한다고 한다.

한 개에 500원인 사탕 x개의 값을 y원이라 하면

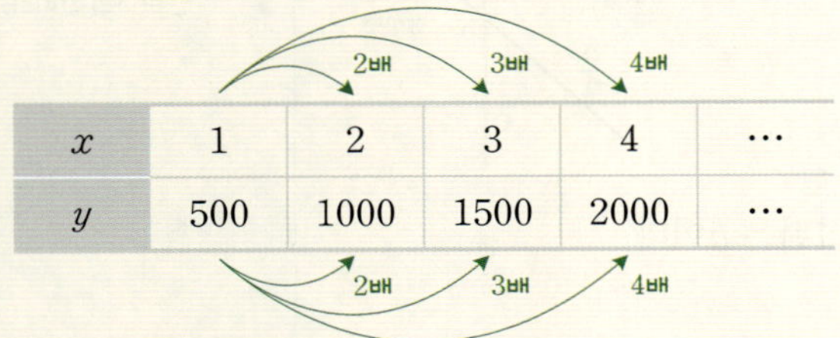

x	1	2	3	4	…
y	500	1000	1500	2000	…

→ y는 x에 정비례 → $y = 500x$

(2) **반비례 관계** : 두 변수 x, y에 대하여 x의 값이 2배, 3배, 4배, …로 변함에 따라 y의 값은 $\frac{1}{2}$배, $\frac{1}{3}$배, $\frac{1}{4}$배, …로 변할 때, y는 x에 반비례한다고 한다.

사탕 60개를 x명의 학생에게 똑같이 나누어 줄 때, 한 학생이 갖는 사탕의 개수를 y라 하면

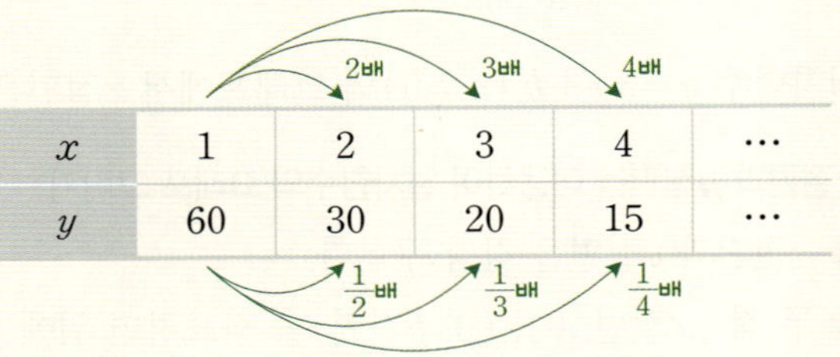

x	1	2	3	4	…
y	60	30	20	15	…

→ y는 x에 반비례 → $y = \dfrac{60}{x}$

❋ 다음 표를 완성하고, y가 x에 정비례하는 것에는 ○표, 정비례하지 않는 것에는 ×표를 하시오.

따라해 01 가로의 길이가 $3\,\mathrm{cm}$, 세로의 길이가 $x\,\mathrm{cm}$인 직사각형의 넓이 $y\,\mathrm{cm}^2$ 　　　(　　　　)

x	1	2	3	4	…
y	3		9		…

→ x와 y 사이의 관계를 식으로 나타내면 $y = \boxed{}$이므로
y는 x에 정비례 (한다, 하지 않는다).

02 한 개에 $50\,\mathrm{g}$인 달걀 x개의 무게 $y\,\mathrm{g}$ 　(　　　　)

x	1	2	3	4	…
y					…

03 시속 $x\,\mathrm{km}$로 y시간 동안 걸은 거리 $4\,\mathrm{km}$ 　(　　　　)

x	1	2	3	4	…
y					…

❋ 다음 표를 완성하고, y가 x에 반비례하는 것에는 ○표, 반비례하지 않는 것에는 ×표를 하시오.

따라해 04 길이가 $48\,\mathrm{cm}$인 끈을 x등분하여 자를 때, 잘린 끈 한 개의 길이 $y\,\mathrm{cm}$ 　　　(　　　　)

x	1	2	3	4	…
y	48		16		…

→ x와 y 사이의 관계를 식으로 나타내면 $y = \boxed{}$이므로
y는 x에 반비례 (한다, 하지 않는다).

05 밑변의 길이가 $x\,\mathrm{cm}$, 높이가 $10\,\mathrm{cm}$인 삼각형의 넓이 $y\,\mathrm{cm}^2$ 　　　(　　　　)

x	1	2	3	4	…
y					…

06 $24\,\mathrm{L}$ 용량의 물통에 매분 $x\,\mathrm{L}$씩 물을 넣을 때, 물통이 가득 찰 때까지 걸리는 시간 y분 　　　(　　　　)

x	1	2	3	4	…
y					…

02  함수

두 변수 x, y에 대하여 x의 값이 변함에 따라 y의 값이 하나씩 정해지는 대응 관계가 있을 때, y를 x의 **함수**라 한다.

자연수 x보다 작은 자연수의 개수 y

x	1	2	3	4	⋯
y	0	1	2	3	⋯

➜ x의 값이 변함에 따라 y의 값이 하나씩 정해지므로 y는 x의 함수이다.

자연수 x의 약수 y

x	1	2	3	4	⋯
y	1	1, 2	1, 3	1, 2, 4	⋯

y의 값이 여러 개

➜ x의 값이 변함에 따라 y의 값이 하나씩 정해지지 않으므로 y는 x의 함수가 아니다.

주의 x의 값이 변함에 따라 y의 값이 정해지지 않거나 2개 이상 정해지면 y는 x의 함수가 아니다.

✿ 다음 표를 완성하고, y가 x의 함수인 것에는 ○표, 함수가 아닌 것에는 ×표를 하시오.

01 
한 개에 800원인 초콜릿 x개의 값 y원 　　　(　　　)

x	1	2	3	4	⋯
y	800		2400		⋯

➜ x의 값이 변함에 따라 y의 값이 하나씩 정해지므로 y는 x의 (함수이다, 함수가 아니다).

02 한 변의 길이가 x cm인 정삼각형의 둘레의 길이 y cm 　　　(　　　)

x	1	2	3	4	⋯
y					⋯

03 자연수 x보다 작은 소수 y 　　　(　　　)

x	1	2	3	4	⋯
y	없다.		2		⋯

➜ x의 값이 변함에 따라 y의 값이 하나씩 정해지지 않으므로 y는 x의 (함수이다, 함수가 아니다).

04 자연수 x의 약수의 개수 y 　　　(　　　)

x	1	2	3	4	⋯
y					⋯

05 시속 x km로 120 km를 달릴 때 걸리는 시간 y시간 　　　(　　　)

x	1	2	3	4	⋯
y					⋯

06 절댓값이 x인 수 y 　　　(　　　)

x	1	2	3	4	⋯
y					⋯

07 100쪽짜리 책 한 권을 읽을 때, 읽은 쪽수 x쪽과 남은 쪽수 y쪽 　　　(　　　)

x	1	2	3	4	⋯
y					⋯

08 50 L 용량의 물통에 가득 찬 물이 1분에 5 L씩 x분 동안 빠져나가고 남은 물의 양 y L 　　　(　　　)

x	1	2	3	4	⋯
y					⋯

03  함숫값

(1) 두 변수 x, y에서 y가 x의 함수일 때, 기호로 $y=f(x)$와 같이 나타낸다.
(2) 함수 $y=f(x)$에서 x의 값이 정해질 때 그에 따라 정해지는 y의 값, 즉 $f(x)$의 값을 x에서의 **함숫값**이라 한다.

함수 $f(x)=2x$에서 $f(1)$ → x의 값이 1일 때의 함숫값
$$→ f(1)=2×1=2$$

x 대신 1을 대입

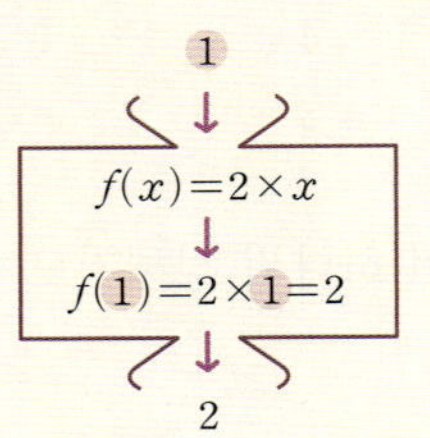

개념 POINT

함수 $y=f(x)$에서
$f(a)$의 값 → $x=a$일 때의 함숫값
→ $x=a$일 때, y의 값
→ $f(x)$에 x 대신 a를
대입하여 얻은 값

❋ 함수 $f(x)=3x$에 대하여 다음을 구하시오.

01

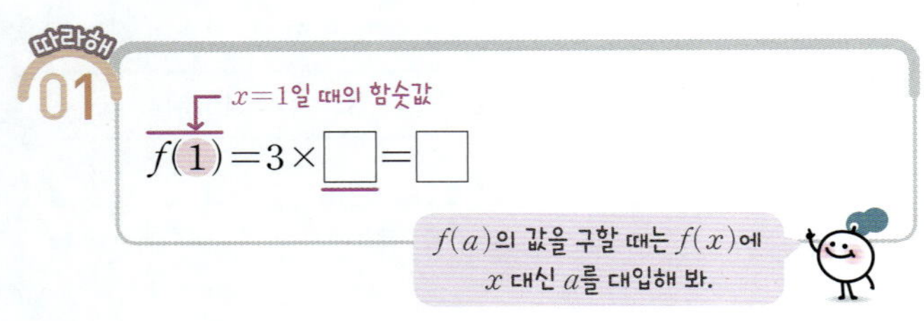

$x=1$일 때의 함숫값
$$f(1)=3×\boxed{}=\boxed{}$$

02 $x=0$일 때의 함숫값

03 $x=4$일 때의 함숫값

04 $f(-3)$의 값

05 $f\left(\dfrac{1}{3}\right)$의 값

06 $f(-1)+f(2)$의 값

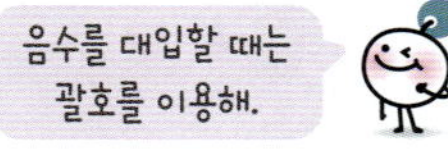

❋ 함수 $f(x)=\dfrac{12}{x}$에 대하여 다음을 구하시오.

07 $x=1$일 때의 함숫값

08 $x=-2$일 때의 함숫값

09 $f(6)$의 값

10 $f(-4)$의 값

11 $f\left(\dfrac{1}{3}\right)$의 값

12 $f(2)+f(-3)$의 값

함숫값이 주어질 때 미지수의 값 구하기

➜ 정답 및 풀이 73쪽

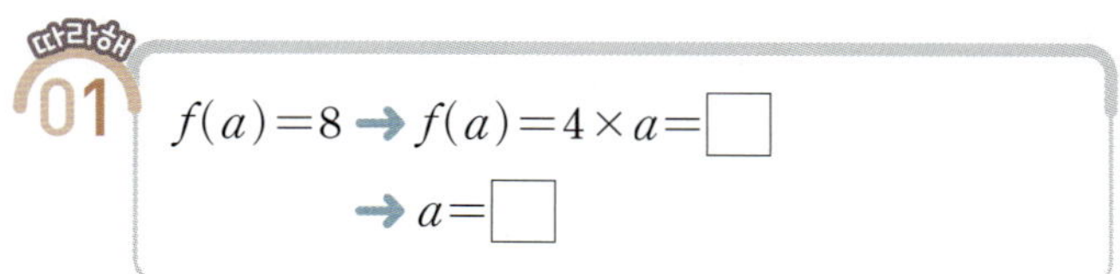

함수 $f(x)=2x$에 대하여 $f(a)=2$일 때, a의 값
$f(x)$에 x 대신 a를 대입하여 얻은 값이 2
$\rightarrow f(a)=2\times a=2$이므로 $a=1$

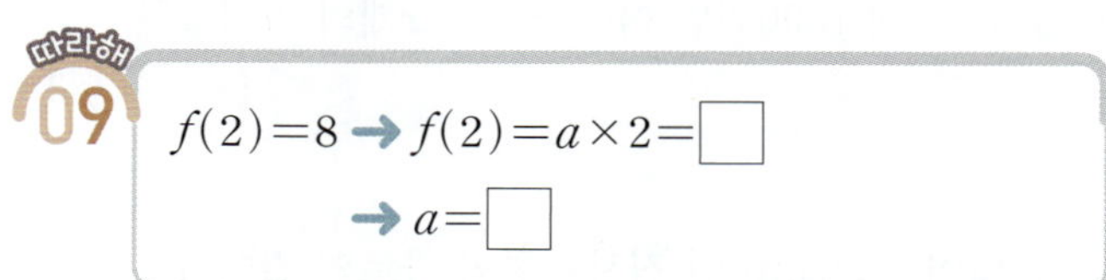

함수 $f(x)=ax$에 대하여 $f(1)=5$일 때, 상수 a의 값
$f(x)$에 x 대신 1을 대입하여 얻은 값이 5
$\rightarrow f(1)=a\times 1=5$이므로 $a=5$

❋ 함수 $f(x)=4x$에 대하여 다음을 만족시키는 a의 값을 구하시오.

01 $f(a)=8 \rightarrow f(a)=4\times a=\boxed{}$
$\rightarrow a=\boxed{}$

02 $f(a)=12$ ________

03 $f(a)=-4$ ________

04 $f(a)=2$ ________

❋ 함수 $f(x)=\dfrac{10}{x}$에 대하여 다음을 만족시키는 a의 값을 구하시오.

05 $f(a)=2 \rightarrow f(a)=\dfrac{10}{a}=\boxed{}$
$\rightarrow a=\boxed{}$

06 $f(a)=10$ ________

07 $f(a)=-5$ ________

08 $f(a)=4$ ________

❋ 함수 $f(x)=ax$에 대하여 다음을 만족시키는 상수 a의 값을 구하시오.

09 $f(2)=8 \rightarrow f(2)=a\times 2=\boxed{}$
$\rightarrow a=\boxed{}$

10 $f(-1)=3$ ________

11 $f(-2)=-6$ ________

12 $f\left(\dfrac{1}{2}\right)=4$ ________

❋ 함수 $f(x)=\dfrac{a}{x}$에 대하여 다음을 만족시키는 상수 a의 값을 구하시오.

13 $f(3)=1 \rightarrow f(3)=\dfrac{a}{3}=\boxed{}$
$\rightarrow a=\boxed{}$

14 $f(2)=3$ ________

15 $f(-1)=5$ ________

16 $f\left(\dfrac{1}{3}\right)=6$ ________

$f(k)=\dfrac{a}{k}=a\div k$

10분 연산 TEST 1회

[01~04] 다음 중 y가 x의 함수인 것에는 ○표, 함수가 아닌 것에는 ×표를 하시오.

01 자연수 x를 5로 나눈 나머지 y　　　(　　　)

02 자연수 x보다 큰 자연수 y　　　(　　　)

03 한 개에 1500원인 아이스크림 x개의 가격 y원　　　(　　　)

04 넓이가 $32\ \text{cm}^2$인 직사각형의 가로의 길이가 $x\ \text{cm}$일 때, 세로의 길이 $y\ \text{cm}$　　　(　　　)

[05~08] 함수 $f(x)=-3x$에 대하여 다음을 구하시오.

05 $f(0)$의 값

06 $f(-2)$의 값

07 $f\left(\dfrac{1}{3}\right)$의 값

08 $f(1)+f\left(-\dfrac{2}{3}\right)$의 값

[09~12] 함수 $f(x)=\dfrac{15}{x}$에 대하여 다음을 구하시오.

09 $f(-1)$의 값

10 $f(5)$의 값

11 $f\left(\dfrac{1}{2}\right)$의 값

12 $f(3)+f\left(-\dfrac{1}{3}\right)$의 값

[13~16] 함수 $y=f(x)$가 다음과 같을 때, $f(-2)$의 값을 구하시오.

13 $f(x)=-6x$

14 $f(x)=\dfrac{1}{2}x$

15 $f(x)=-\dfrac{8}{x}$

16 $f(x)=\dfrac{10}{x}$

[17~20] 다음을 구하시오.

17 함수 $f(x)=-2x$에 대하여 $f(a)=2$일 때, a의 값

18 함수 $f(x)=\dfrac{20}{x}$에 대하여 $f(a)=4$일 때, a의 값

19 함수 $f(x)=ax$에 대하여 $f(-3)=6$일 때, 상수 a의 값

20 함수 $f(x)=\dfrac{a}{x}$에 대하여 $f(8)=\dfrac{1}{2}$일 때, 상수 a의 값

맞힌 개수 　　개 / 20개

10분 연산 TEST 2회

[01~04] 다음 중 y가 x의 함수인 것에는 ○표, 함수가 아닌 것에는 ×표를 하시오.

01 x의 약수 y　　　　　　　　(　　　)

02 합이 10이 되는 두 자연수 x와 y　　(　　　)

03 십의 자리의 숫자가 3이고, 일의 자리의 숫자가 x인 두 자리의 자연수 y　　　(　　　)

04 시속 60 km로 x시간 동안 달린 자동차가 이동한 거리 y km　　　　　　(　　　)

[05~08] 함수 $f(x)=-4x$에 대하여 다음을 구하시오.

05 $f(1)$의 값

06 $f(-2)$의 값

07 $f\left(\dfrac{1}{2}\right)$의 값

08 $f(0)+f\left(-\dfrac{3}{4}\right)$의 값

[09~12] 함수 $f(x)=-\dfrac{16}{x}$에 대하여 다음을 구하시오.

09 $f(2)$의 값

10 $f(-4)$의 값

11 $f\left(\dfrac{1}{2}\right)$의 값

12 $f(-1)+f\left(-\dfrac{2}{3}\right)$의 값

[13~16] 함수 $y=f(x)$가 다음과 같을 때, $f(-3)$의 값을 구하시오.

13 $f(x)=-2x$

14 $f(x)=\dfrac{5}{6}x$

15 $f(x)=\dfrac{15}{x}$

16 $f(x)=-\dfrac{12}{x}$

[17~20] 다음을 구하시오.

17 함수 $f(x)=-3x$에 대하여 $f(a)=-9$일 때, a의 값

18 함수 $f(x)=-\dfrac{8}{x}$에 대하여 $f(a)=-2$일 때, a의 값

19 함수 $f(x)=ax$에 대하여 $f(2)=-6$일 때, 상수 a의 값

20 함수 $f(x)=\dfrac{a}{x}$에 대하여 $f\left(\dfrac{1}{4}\right)=2$일 때, 상수 a의 값

맞힌 개수 　　개／20개

함수 $y=f(x)$에서 y가 x에 대한 일차식 $y=ax+b$ (a, b는 상수, $a\neq0$)와 같이 나타날 때, 이 함수를 x에 대한 **일차함수**라 한다.

일차함수인 것

$$y=2x,\quad y=-x+5,\quad y=\frac{1}{3}x-1$$
└▶ $y=(x$에 대한 일차식$)$ 꼴

일차함수가 아닌 것

$$y=\underline{3x^2},\quad y=\underline{7},\quad y=\underline{\frac{1}{x}}$$
이차식　　　상수　　　x가 분모에 있음

개념 POINT

일차함수
➜ $y=(x$에 대한 일차식$)$ 꼴
➜ $y=ax+b$ ($a\neq0$)

b는 0이어도 돼.

❋ **다음 중 y가 x에 대한 일차함수인 것에는 ○표, 일차함수가 아닌 것에는 ×표를 하시오.**

01　$y=x$　　　　　　　　　（　　　）
　➜ $y=(x$에 대한 일차식$)$

02　$y=\dfrac{1}{2}x+6$　　　　　（　　　）

03　$y=\dfrac{3}{x}+1$　　　　　（　　　）

04　$y=-5$　　　　　　　　（　　　）

05　$y=2-x$　　　　　　　（　　　）

06　$y=x(x-2)$　　　　　（　　　）

괄호를 풀고 전개해!

07　$y=3x^2-x(3x+1)$　（　　　）

08　$y+x=-x+1$　　　　（　　　）

❋ **다음에서 y를 x에 대한 식으로 나타내고, y가 x에 대한 일차함수인지 아닌지 구하시오.**

09　한 변의 길이가 x cm인 정사각형의 둘레의 길이 y cm

10　10000원으로 한 개에 500원인 사탕 x개를 사고 남은 돈 y원

11　한 송이에 1000원인 장미꽃 x송이와 한 개에 5000원인 바구니 1개를 구입한 총금액 y원

12　가로의 길이가 x cm, 세로의 길이가 $(x+1)$ cm인 직사각형의 넓이 y cm^2

13　반지름의 길이가 x cm인 원의 넓이 y cm^2

14　시속 x km로 y시간 동안 걸은 거리 10 km

↪ 정답 및 풀이 75쪽

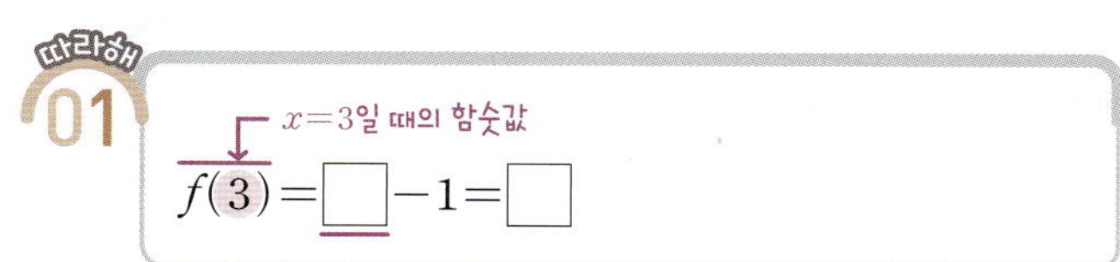

일차함수 $f(x)=x+1$에 대하여
$x=2$일 때의 함숫값 → x 대신 2를 대입
→ $f(2)=2+1=3$

$x=-\dfrac{1}{2}$일 때의 함숫값 → x 대신 $-\dfrac{1}{2}$을 대입
→ $f\left(-\dfrac{1}{2}\right)=-\dfrac{1}{2}+1=\dfrac{1}{2}$

✽ 일차함수 $f(x)=x-1$에 대하여 다음을 구하시오.

01 (따라해)
$x=3$일 때의 함숫값
$f(3)=\boxed{}-1=\boxed{}$

02 $x=-1$일 때의 함숫값 ____

03 $f(-5)$의 값 ____

04 $f\left(\dfrac{1}{2}\right)$의 값 ____

05 $f(4)-f(0)$의 값 ____

✽ 일차함수 $f(x)=-3x+2$에 대하여 다음을 구하시오.

06 $x=0$일 때의 함숫값 ____

07 $f(2)$의 값 ____

08 $f(-6)$의 값 ____

09 $f\left(-\dfrac{2}{3}\right)$의 값 ____

10 $f(3)+f(-2)$의 값 ____

✽ 일차함수 $f(x)=2x+3$에 대하여 다음을 만족시키는 a의 값을 구하시오.

11 (따라해)
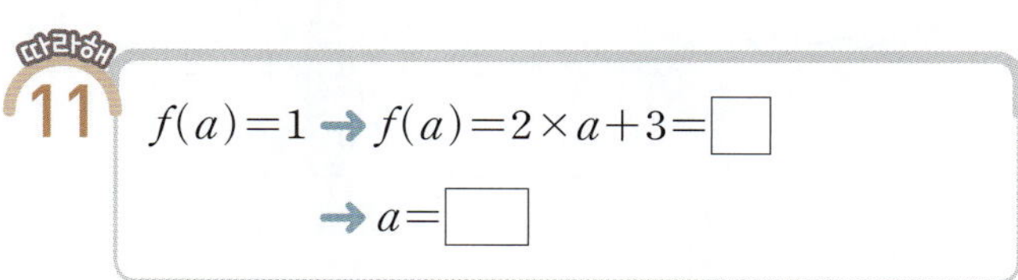
$f(a)=1 \rightarrow f(a)=2\times a+3=\boxed{}$
$\rightarrow a=\boxed{}$

12 $f(a)=-1$ ____

13 $f(a)=9$ ____

✽ 일차함수 $f(x)=ax-5$에 대하여 다음을 만족시키는 상수 a의 값을 구하시오.

14 (따라해)
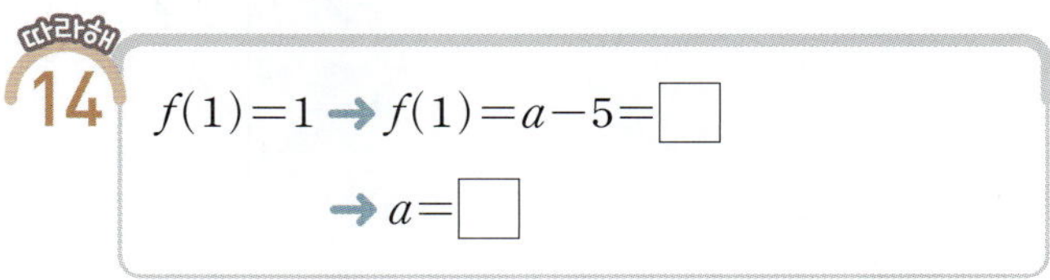
$f(1)=1 \rightarrow f(1)=a-5=\boxed{}$
$\rightarrow a=\boxed{}$

15 $f(-2)=-1$ ____

16 $f\left(\dfrac{1}{2}\right)=-3$ ____

07 VISUAL 개념연산 일차함수 $y=ax$의 그래프

일차함수 $y=2x$에 대하여
→ 정비례 관계는 일차함수이다.

x	$\cdots$	-2	-1	0	1	2	$\cdots$
y	$\cdots$	-4	-2	0	2	4	$\cdots$

→ x의 값의 범위가 수 전체일 때, 일차함수 $y=2x$의 그래프는 오른쪽 그림과 같이 원점을 지나는 직선이다.

함수 $y=2x$에서 x의 값에 대한 함숫값 y의 순서쌍 (x,y)를 좌표로 하는 점을 좌표평면 위에 모두 나타낸 것

참고 일차함수 $y=ax\,(a\neq0)$의 그래프는 원점 $(0,0)$과 점 $(1,a)$를 지난다.

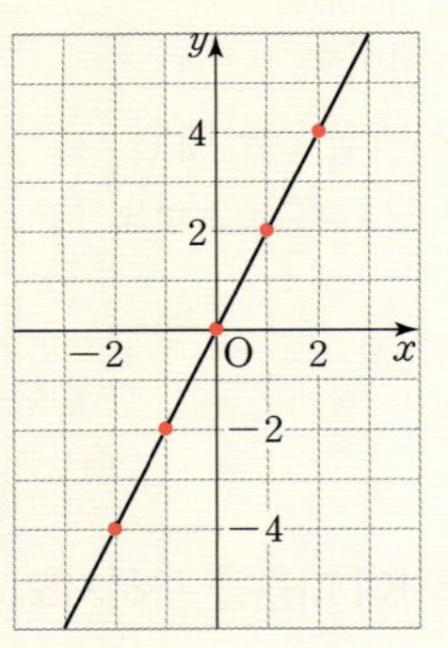

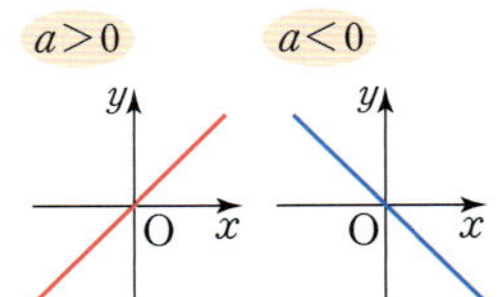
개념 POINT

일차함수 $y=ax\,(a\neq0)$의 그래프는 원점을 지나는 직선이다.

$a>0$ 　　 $a<0$

✿ x의 값의 범위가 수 전체일 때, 다음 일차함수의 그래프를 그리시오.

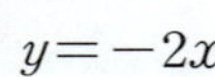
01 $y=-2x$

x	$\cdots$	-2	-1	0	1	2	$\cdots$
y	$\cdots$			0			$\cdots$

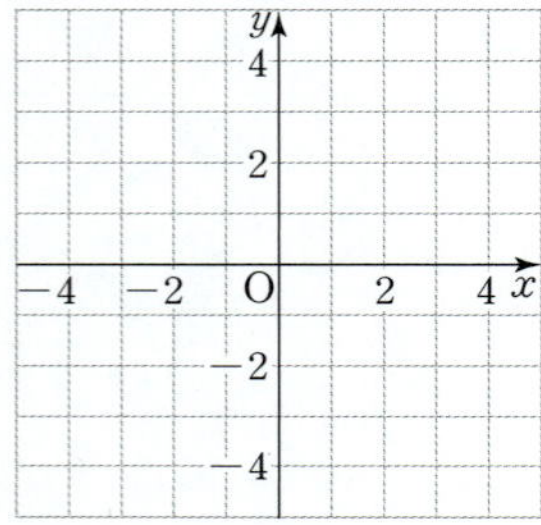

02 $y=3x$

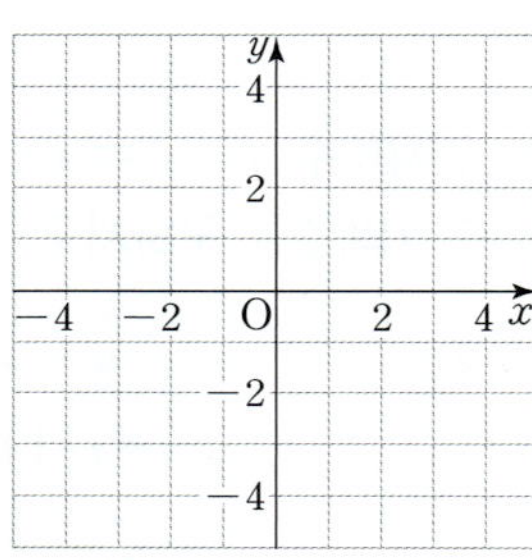

03 $y=-4x$

04 $y=\dfrac{1}{2}x$

05 $y=-\dfrac{3}{2}x$

06 $y=\dfrac{2}{3}x$

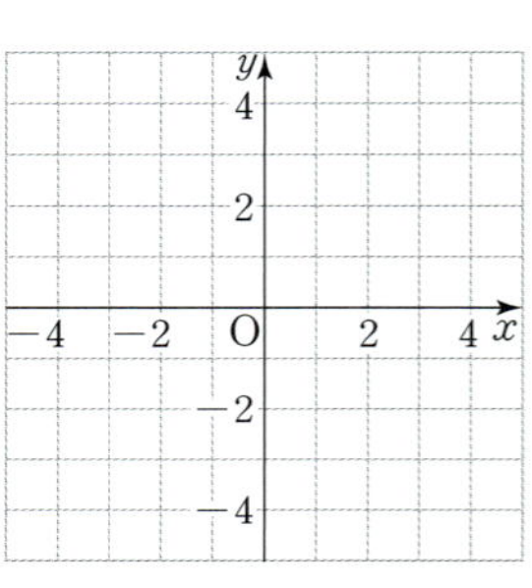
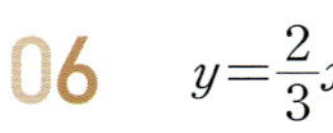

080 일차함수 $y=ax+b$의 그래프

→ 정답 및 풀이 76쪽

평행이동 : 한 도형을 일정한 방향으로 일정한 거리만큼 옮기는 것

일차함수 $y=2x$의 그래프 —(y축의 방향으로 3만큼 평행이동)→ 일차함수 $y=2x+3$의 그래프

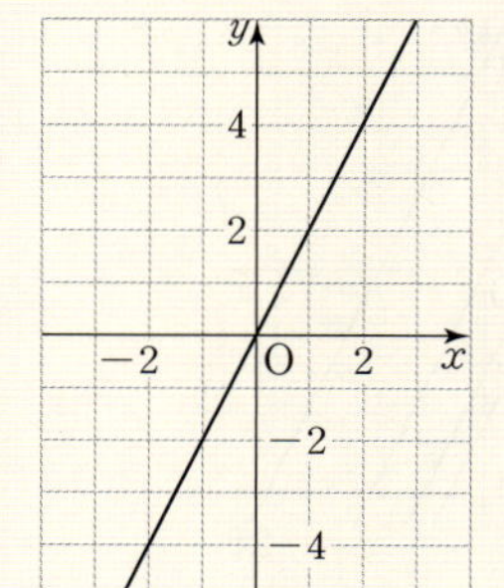

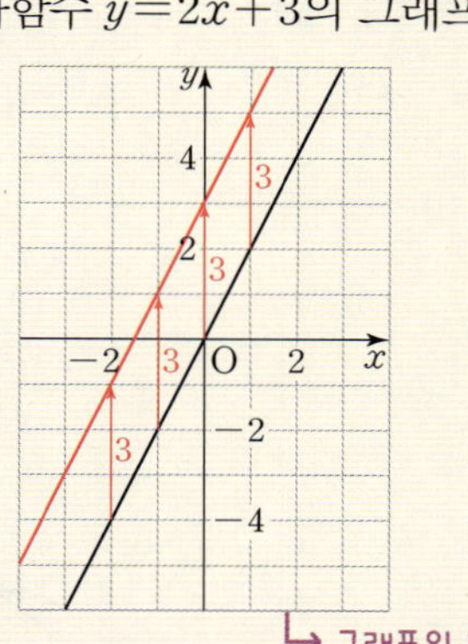

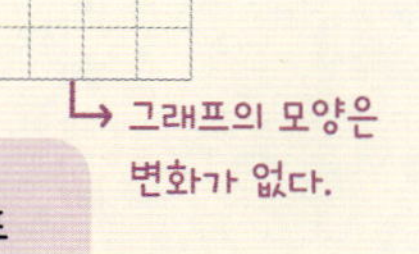

→ 그래프의 모양은 변화가 없다.

개념 POINT

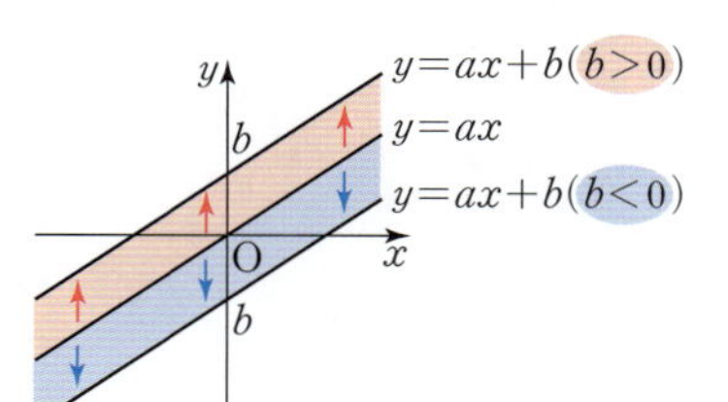

❋ 아래 표를 완성하고, x, y의 값의 범위가 수 전체일 때, 다음 일차함수의 그래프를 각각 그리시오.

따라해 01

x	$\cdots$	-2	-1	0	1	2	$\cdots$
$y=2x$	$\cdots$	-4		0		4	$\cdots$
$y=2x-3$	$\cdots$						$\cdots$

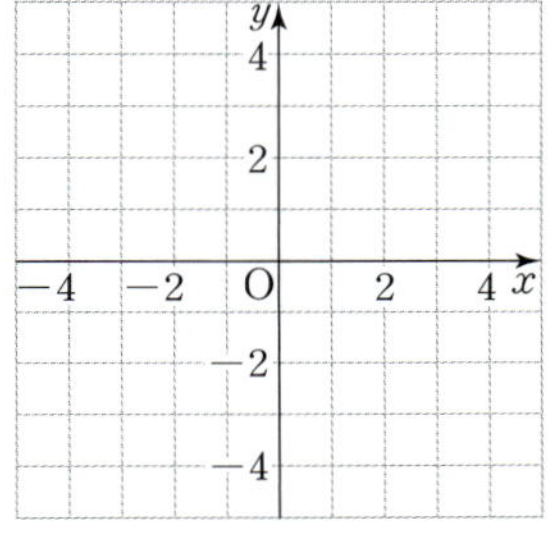

02

x	$\cdots$	-2	-1	0	1	2	$\cdots$
$y=-x$	$\cdots$			0			$\cdots$
$y=-x+2$	$\cdots$						$\cdots$

❋ 주어진 함수의 그래프를 이용하여 다음 일차함수의 그래프를 그리시오.

따라해 03

$y=3x-2$

→ $y=3x$의 그래프를 y축의 방향으로 ☐만큼 평행이동한 그래프

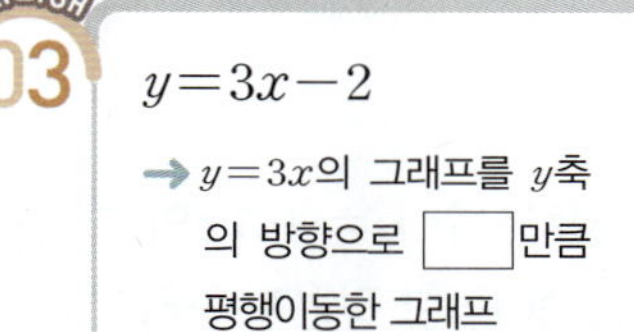

04 $y=\dfrac{2}{3}x+3$

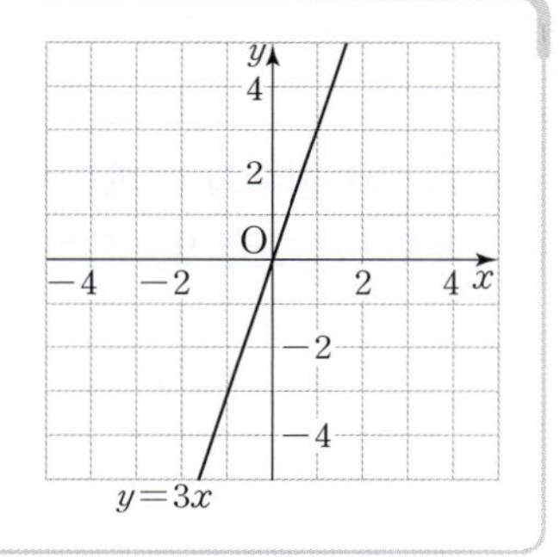

05 $y=-\dfrac{1}{2}x-1$

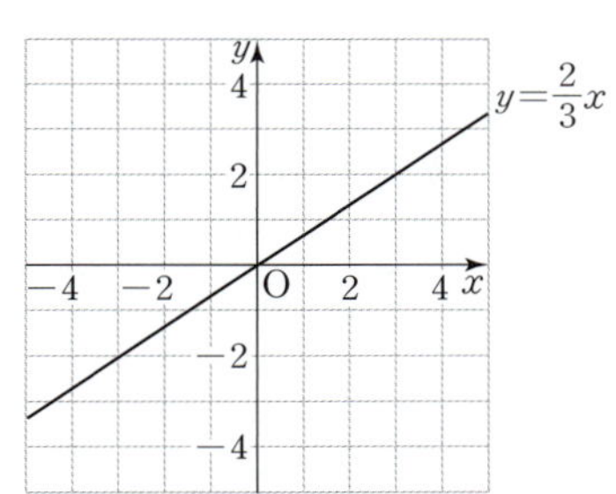

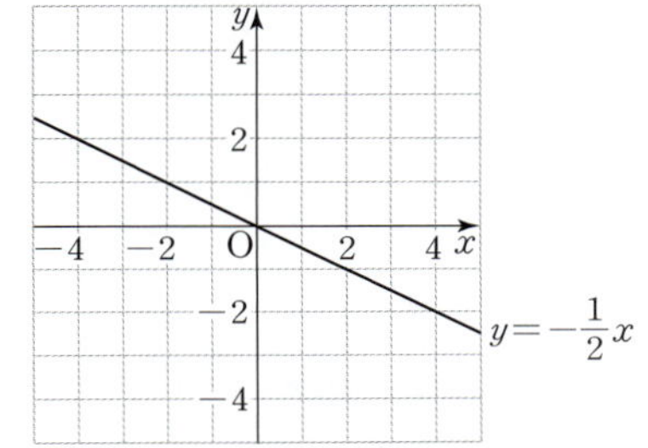

✽ 다음 일차함수의 그래프는 일차함수 $y=3x$의 그래프를 y축의 방향으로 얼마만큼 평행이동한 것인지 구하시오.

06 $y=3x+2$ ______________

07 $y=3x-\dfrac{1}{2}$ ______________

08 $y=3x-5$ ______________

09 $y=3(x+1)$ ______________

✽ 다음 일차함수의 그래프는 일차함수 $y=-5x$의 그래프를 y축의 방향으로 얼마만큼 평행이동한 것인지 구하시오.

10 $y=-5x-1$ ______________

11 $y=-5x+\dfrac{1}{4}$ ______________

12 $y=-5x-\dfrac{2}{3}$ ______________

13 $y=-5\left(x-\dfrac{1}{5}\right)$ ______________

✽ 다음 좌표평면 위의 일차함수의 그래프 ㉠~㉢은 일차함수 $y=-2x$의 그래프를 평행이동하여 그린 것이다. 각각의 그래프는 일차함수 $y=-2x$의 그래프를 y축의 방향으로 얼마만큼 평행이동한 것인지 구하고, 각각의 그래프가 나타내는 일차함수의 식을 구하시오.

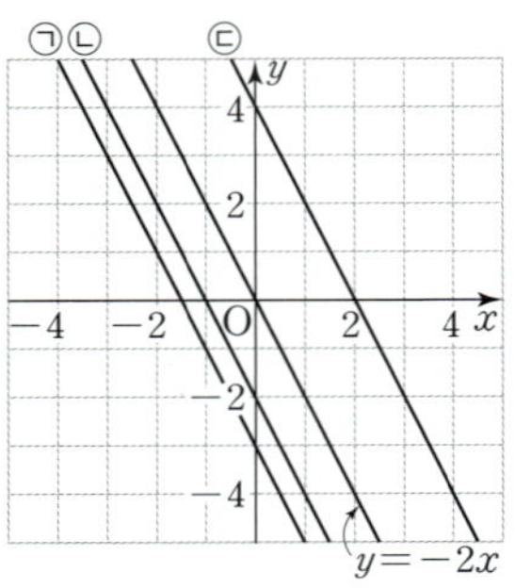

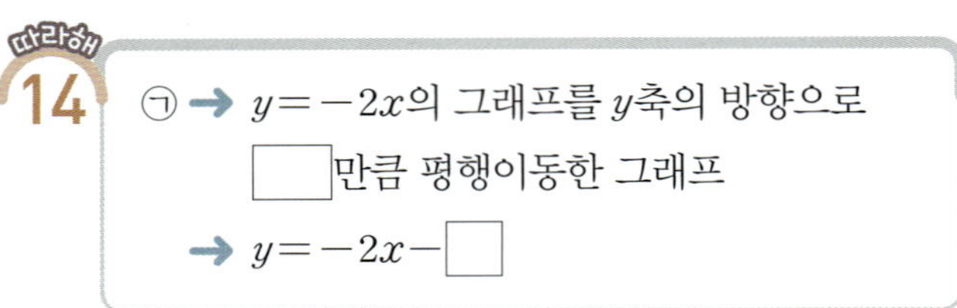

15 ㉡ ______________

16 ㉢ ______________

✽ 다음 일차함수의 그래프를 y축의 방향으로 [ ] 안의 수만큼 평행이동한 그래프가 나타내는 일차함수의 식을 구하시오.

17 $y=\dfrac{1}{2}x$ $[-2]$ ______________

18 $y=-4x$ $[3]$ ______________

19 $y=5x+1$ $[2]$ ______________

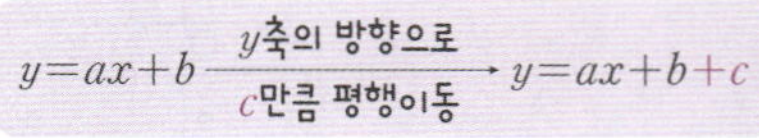

20 $y=-3x+2$ $[-1]$ ______________

일차함수의 그래프 위의 점

→ 정답 및 풀이 76쪽

(1) $y=3x-1$에 $x=1$, $y=2$를 대입 〈x에 x좌표 y에 y좌표〉

→ $2=3\times1-1$ → 등식이 성립한다.

→ 점 $(1, 2)$는 일차함수 $y=3x-1$의 그래프 위의 점이다.

(2) $y=3x-1$에 $x=2$, $y=3$을 대입 〈x에 x좌표 y에 y좌표〉

→ $3\neq3\times2-1$ → 등식이 성립하지 않는다.

→ 점 $(2, 3)$은 일차함수 $y=3x-1$의 그래프 위의 점이 아니다.

개념 POINT

점 $(\bullet, \blacksquare)$가 일차함수 $y=ax+b$의 그래프 위의 점이다.

→ $y=ax+b$에 $x=\bullet$, $y=\blacksquare$를 대입하면 등식이 성립한다.

→ $\blacksquare=a\times\bullet+b$

❋ 다음 중 일차함수 $y=-2x+1$의 그래프 위의 점인 것에는 ○표, 그래프 위의 점이 아닌 것에는 ×표를 하시오.

따라해 01
$(1, -1)$　　　　　　　(　　)

$y=-2x+1$에 $x=1$, $y=\boxed{}$을 대입하면

$\boxed{}=-2\times1+1$

즉, 등식이 성립하므로 점 $(1, -1)$은 일차함수 $y=-2x+1$의 그래프 위의 점이다.

02 $(2, 3)$　　　　　　　(　　)

03 $(-1, 3)$　　　　　　(　　)

❋ 다음 일차함수의 그래프가 주어진 점을 지날 때, 상수 a의 값을 구하시오.

따라해 04
$y=-x+3$　$(a, 5)$　＿＿＿＿＿

$y=-x+3$에 $x=a$, $y=\boxed{}$를 대입하면

$\boxed{}=-a+3$　∴ $a=\boxed{}$

05 $y=4x-5$　$(2, a)$　＿＿＿＿＿

06 $y=-\dfrac{1}{3}x+a$　$(6, 3)$　＿＿＿＿＿

07 $y=ax-8$　$(2, -4)$　＿＿＿＿＿

❋ 다음 일차함수의 그래프를 y축의 방향으로 [ ] 안의 수만큼 평행이동한 그래프가 주어진 점을 지날 때, a의 값을 구하시오.

따라해 08
$y=2x$　$[-5]$, $(1, a)$　＿＿＿＿＿

❶ 평행이동한 그래프의 식 → ＿＿＿＿＿

❷ ❶의 식에 $x=\boxed{}$, $y=\boxed{}$를 대입 → $a=\boxed{}-5=\boxed{}$

09 $y=3x$　$[1]$, $(a, -2)$　＿＿＿＿＿

10 $y=\dfrac{1}{3}x$　$[-2]$, $(6, a)$　＿＿＿＿＿

11 $y=-\dfrac{3}{4}x$　$\left[\dfrac{1}{2}\right]$, $(a, -1)$　＿＿＿＿＿

12 $y=4x+1$　$[a]$, $(-1, 0)$　＿＿＿＿＿

13 $y=-5x-2$　$[a]$, $(2, -7)$　＿＿＿＿＿

10분 연산 TEST 1회

[01~04] 다음 중 y가 x에 대한 일차함수인 것에는 ○표, 일차함수가 아닌 것에는 ×표를 하시오.

01 $y=\dfrac{1}{2}x-5$ (　　) **02** $y=\dfrac{8}{x}$ 　　(　　)

03 $x+y=4$ (　　) **04** $y=2(x-1)$ (　　)

[05~08] 다음에서 y를 x에 대한 식으로 나타내고, y가 x에 대한 일차함수인지 아닌지 구하시오.

05 올해 15세인 은서의 x년 후의 나이 y세

06 40 km를 시속 x km로 달렸을 때 걸린 시간 y시간

07 50개의 초콜릿을 하루에 2개씩 x일 동안 먹고 남은 개수 y

08 1분에 3개씩 물건을 만드는 기계가 x분 동안 만든 물건의 개수 y

[09~11] 일차함수 $y=f(x)$가 다음과 같을 때, $f(-2)$의 값을 구하시오.

09 $f(x)=2x+1$

10 $f(x)=-5x-2$

11 $f(x)=\dfrac{3}{2}x+3$

[12~13] 일차함수 $y=-3x$의 그래프를 이용하여 다음 일차함수의 그래프를 그리시오.

12 $y=-3x-2$

13 $y=-3x+4$

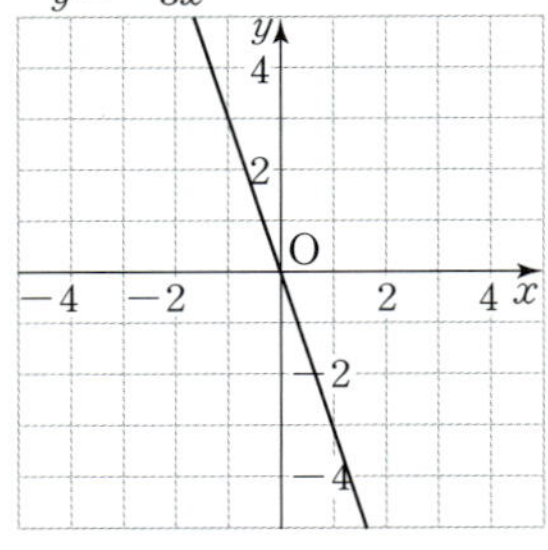

[14~17] 다음 그래프를 나타내는 일차함수의 식을 구하시오.

14 일차함수 $y=2x$의 그래프를 y축의 방향으로 1만큼 평행이동한 그래프

15 일차함수 $y=-x$의 그래프를 y축의 방향으로 $-\dfrac{1}{2}$만큼 평행이동한 그래프

16 일차함수 $y=\dfrac{1}{3}x$의 그래프를 y축의 방향으로 3만큼 평행이동한 그래프

17 일차함수 $y=-4x+1$의 그래프를 y축의 방향으로 -5만큼 평행이동한 그래프

[18~20] 다음 주어진 점이 일차함수 $y=-2x+4$의 그래프 위의 점일 때, a, b, c의 값을 각각 구하시오.

18 $(1,\ a)$

19 $\left(\dfrac{1}{2},\ b\right)$

20 $(c,\ -4)$

맞힌 개수 　개／20개

10분 연산 TEST 2회

[01~04] 다음 중 y가 x에 대한 일차함수인 것에는 ○표, 일차함수가 아닌 것에는 ×표를 하시오.

01 $y=-x+7$ (　　　)　**02** $y=x+y$ (　　　)

03 $\dfrac{x}{2}+\dfrac{y}{3}=1$ (　　　)　**04** $y=3(x+1)-3x$ (　　　)

[05~08] 다음에서 y를 x에 대한 식으로 나타내고, y가 x에 대한 일차함수인지 아닌지 구하시오.

05 한 개에 x원인 과일 y개의 가격 10000원

06 길이가 30 cm인 테이프를 x cm 사용하고 남은 길이 y cm

07 한 변의 길이가 x cm인 정사각형의 넓이 y cm²

08 전체 쪽수가 300쪽인 책을 하루에 15쪽씩 x일 동안 읽었을 때, 남은 분량 y쪽

[09~11] 일차함수 $y=f(x)$가 다음과 같을 때, $f(3)$의 값을 구하시오.

09 $f(x)=-x+4$

10 $f(x)=3x-11$

11 $f(x)=\dfrac{5}{6}x-\dfrac{1}{2}$

[12~13] 일차함수 $y=-\dfrac{1}{2}x$의 그래프를 이용하여 다음 일차함수의 그래프를 그리시오.

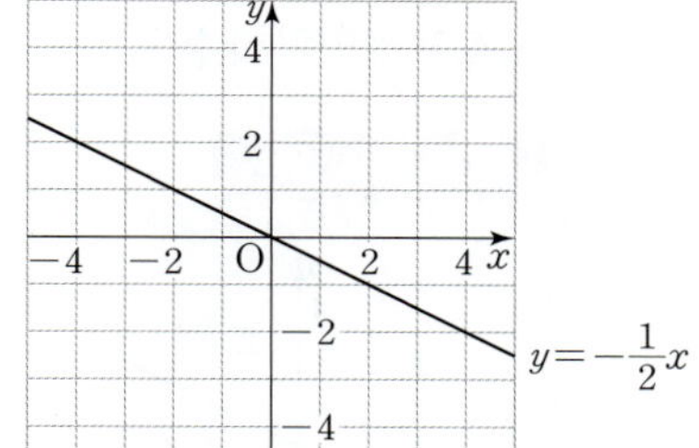

12 $y=-\dfrac{1}{2}x-3$

13 $y=-\dfrac{1}{2}x+2$

[14~17] 다음 그래프를 나타내는 일차함수의 식을 구하시오.

14 일차함수 $y=-4x$의 그래프를 y축의 방향으로 2만큼 평행이동한 그래프

15 일차함수 $y=\dfrac{1}{2}x$의 그래프를 y축의 방향으로 -6만큼 평행이동한 그래프

16 일차함수 $y=2x+3$의 그래프를 y축의 방향으로 -5만큼 평행이동한 그래프

17 일차함수 $y=-\dfrac{1}{3}x-2$의 그래프를 y축의 방향으로 3만큼 평행이동한 그래프

[18~20] 다음 주어진 점이 일차함수 $y=-3x+2$의 그래프 위의 점일 때, a, b, c의 값을 각각 구하시오.

18 $(1, a)$

19 $(-2, b)$

20 $(c, 5)$

맞힌 개수 　개／20개

10 VISUAL 개념연산 일차함수의 그래프의 절편

(1) x절편 : 일차함수의 그래프가 x축과 만나는 점의 x좌표 → $y=0$일 때, x의 값
(2) y절편 : 일차함수의 그래프가 y축과 만나는 점의 y좌표 → $x=0$일 때, y의 값

개념 POINT

그래프 이용

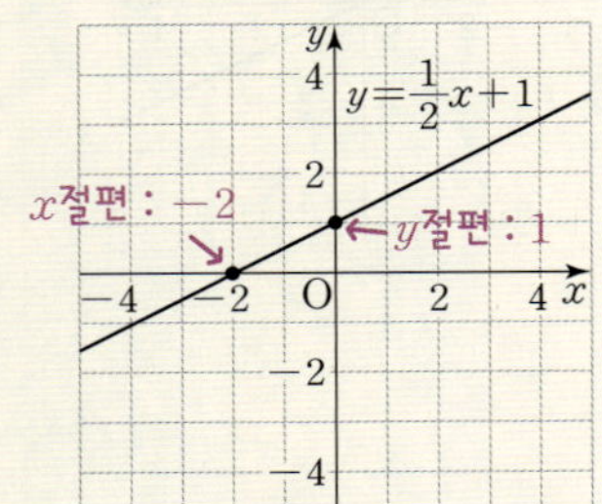

일차함수의 그래프에서
x절편 : x축과 만나는 점의 x좌표
y절편 : y축과 만나는 점의 y좌표

식 이용

$y=\dfrac{1}{2}x+1$에

$y=0$을 대입 → $0=\dfrac{1}{2}x+1$ ∴ $x=-2$

→ x절편 : -2

$x=0$을 대입 → $y=\dfrac{1}{2}\times0+1=1$

→ y절편 : 1

일차함수의 식에서
x절편 : $y=0$일 때, x의 값
y절편 : $x=0$일 때, y의 값

실수 Check

x절편과 y절편은 순서쌍이 아닌 수이다.
→ 일차함수의 그래프가 x축과 만나는 점의 좌표가 $(a, 0)$이면 x절편은 a이다.
→ 일차함수의 그래프가 y축과 만나는 점의 좌표가 $(0, b)$이면 y절편은 b이다.

❋ 다음 일차함수의 그래프의 x절편과 y절편을 각각 구하시오.

01 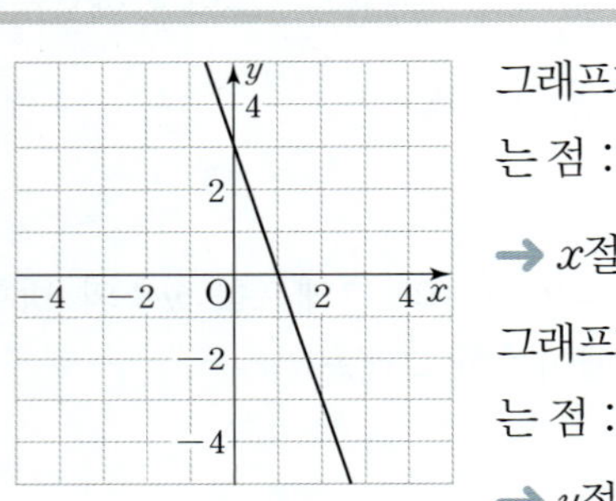

그래프가 x축과 만나는 점 : $(\boxed{}, 0)$
→ x절편 : $\boxed{}$
그래프가 y축과 만나는 점 : $(0, \boxed{})$
→ y절편 : $\boxed{}$

02 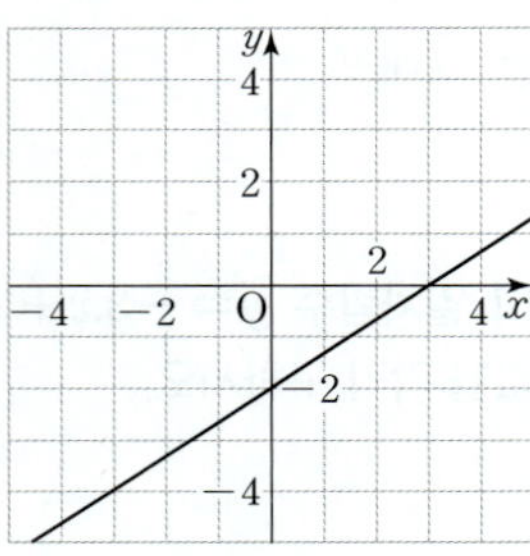

→ x절편 : _____
y절편 : _____

03 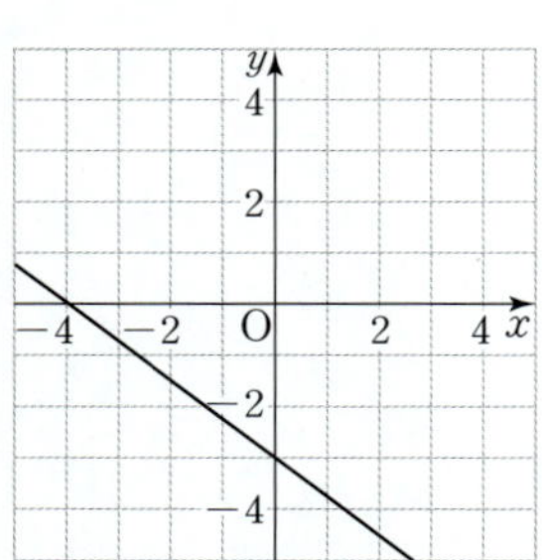

→ x절편 : _____
y절편 : _____

❋ 다음 일차함수의 그래프의 x절편과 y절편을 각각 구하시오.

04 $y=x-2$

→ $y=0$일 때, $\boxed{}=x-2$ ∴ $x=\boxed{}$
따라서 x절편은 $\boxed{}$이다.
→ $x=0$일 때, $y=\boxed{}-2$ ∴ $y=\boxed{}$
따라서 y절편은 $\boxed{}$이다.

05 $y=3x+6$ x절편 : _____, y절편 : _____

06 $y=-4x+8$ x절편 : _____, y절편 : _____

07 $y=-2x-5$ x절편 : _____, y절편 : _____

08 $y=\dfrac{2}{3}x+4$ x절편 : _____, y절편 : _____

09 $y=\dfrac{1}{4}x-3$ x절편 : _____, y절편 : _____

11 x절편, y절편을 이용하여 그래프 그리기

➡ 정답 및 풀이 78쪽

❶ x절편과 y절편을 각각 구하기 　❷ 두 점 $(x$절편, $0)$, $(0, y$절편$)$ 을 좌표평면 위에 나타내기 　❸ 두 점을 직선으로 연결하기

$y=-3x+3$에서
$y=0$일 때, $0=-3x+3$
　　　　∴ $x=1$
$x=0$일 때, $y=-3×0+3$
　　　　　　　$=3$
➡ x절편 : 1, y절편 : 3

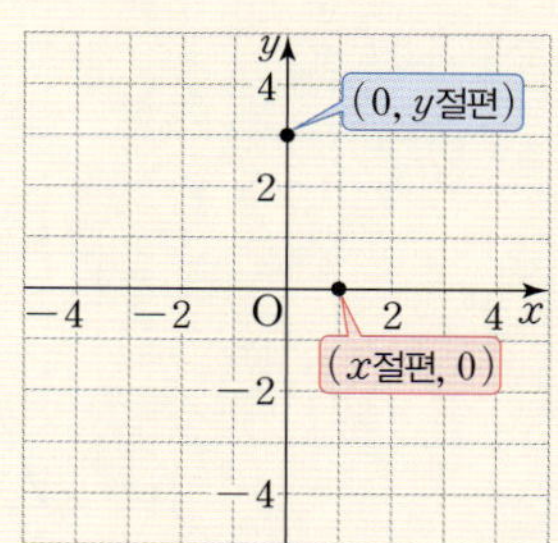

$→$

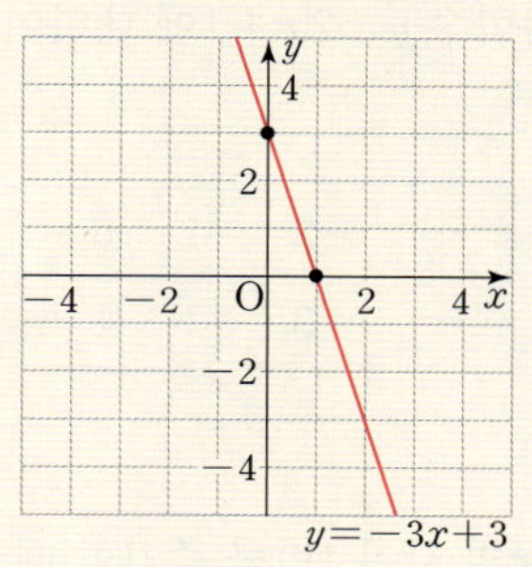

✵ 일차함수의 그래프의 x절편과 y절편이 다음과 같을 때, 그 그래프를 그리시오.

01 x절편 : 3
　　 y절편 : 2

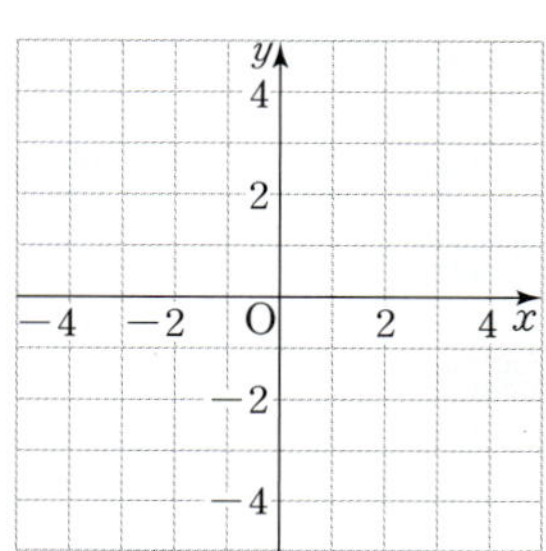

02 x절편 : 2
　　 y절편 : -4

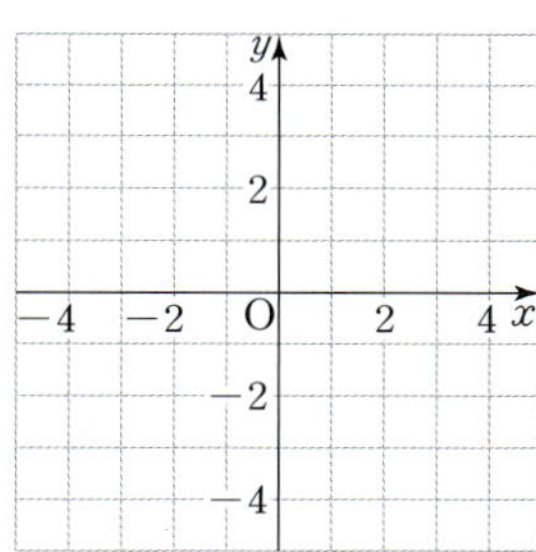

03 x절편 : -1
　　 y절편 : -3

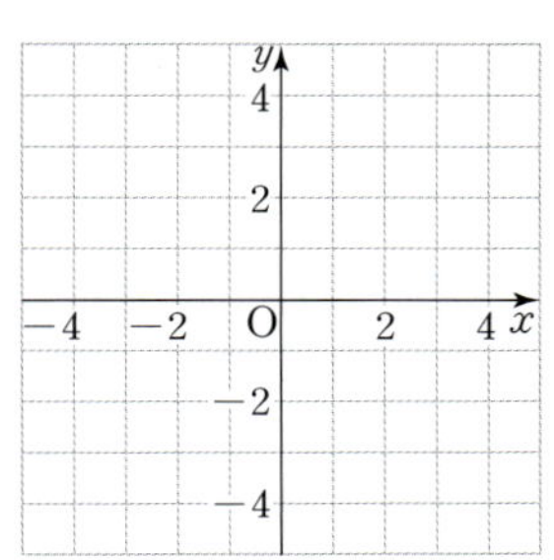

✵ 다음 일차함수의 그래프의 x절편과 y절편을 각각 구하고, 이를 이용하여 그 그래프를 그리시오.

따라해 04 $y=-x+3$
　➡ x절편은 $\boxed{}$이므로 점 $(\boxed{}, 0)$을 지난다.
　➡ y절편은 $\boxed{}$이므로 점 $(0, \boxed{})$을 지난다.

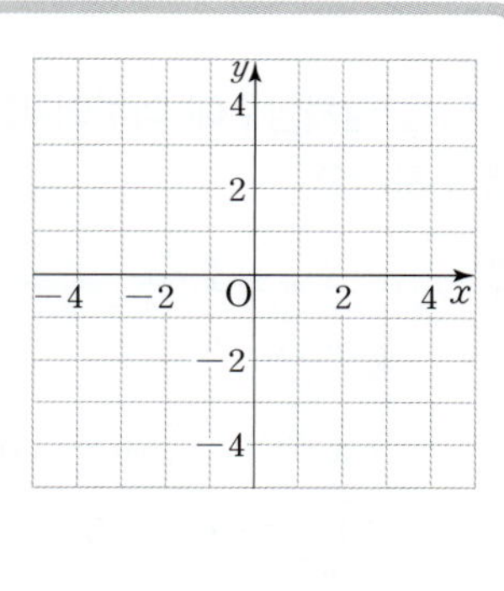

05 $y=3x-3$

x절편 : _____
y절편 : _____

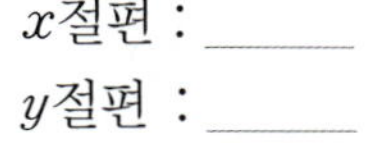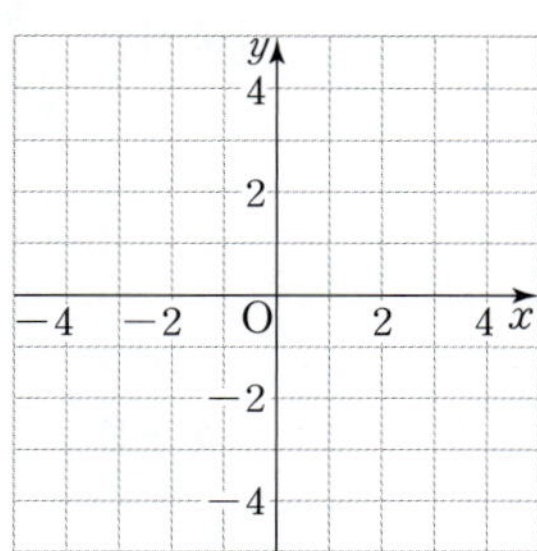

06 $y=-\dfrac{1}{4}x-1$

x절편 : _____
y절편 : _____

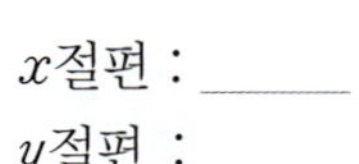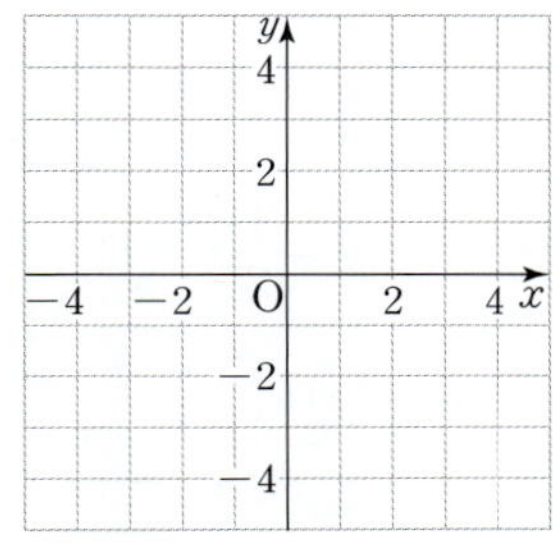

12 일차함수의 그래프의 기울기

→ 정답 및 풀이 78쪽

일차함수 $y=ax+b$에서 x의 값의 증가량에 대한 y의 값의 증가량의 비율을 일차함수 $y=ax+b$의 그래프의 **기울기**라 한다.

일차함수 $y=2x+1$에 대하여

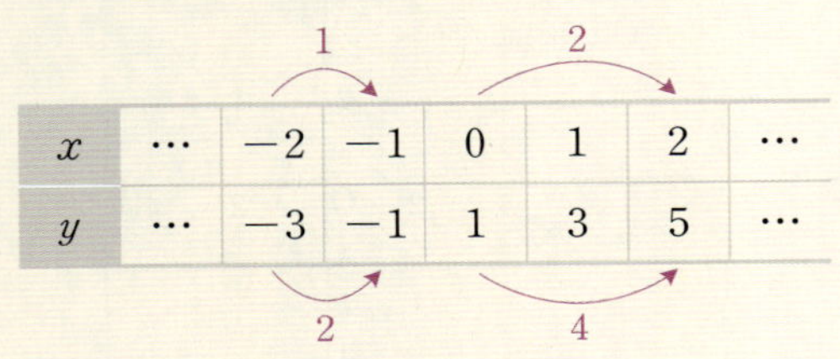

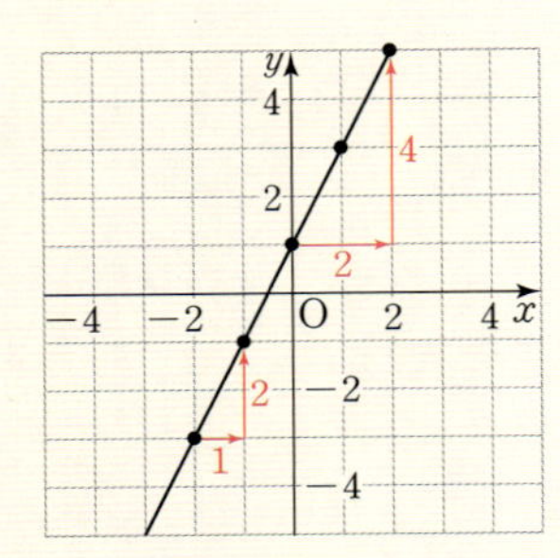

개념 POINT

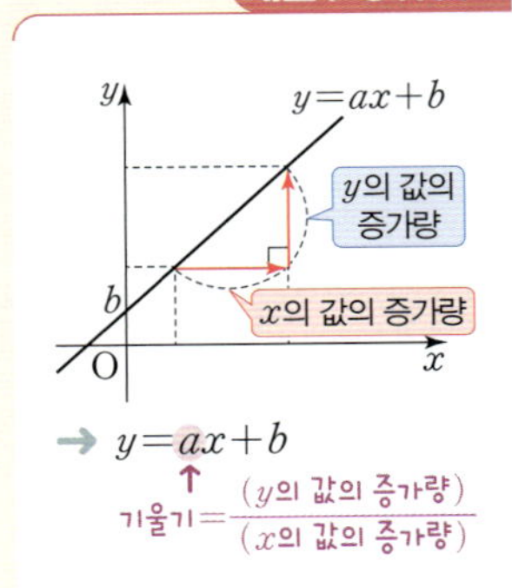

$$y=ax+b$$

$$기울기=\frac{(y의\ 값의\ 증가량)}{(x의\ 값의\ 증가량)}$$

→ x의 값이 1만큼 증가할 때 y의 값은 2만큼 증가하고, x의 값이 2만큼 증가할 때 y의 값은 4만큼 증가한다.

→ $(기울기)=\dfrac{(y의\ 값의\ 증가량)}{(x의\ 값의\ 증가량)}=\dfrac{2}{1}=\dfrac{4}{2}=\cdots=2$ → x의 계수 2와 같다.

참고 서로 다른 두 점 $(a,\,b)$, $(c,\,d)$를 지나는 일차함수의 그래프의 기울기는 $\dfrac{(y의\ 값의\ 증가량)}{(x의\ 값의\ 증가량)}=\dfrac{d-b}{c-a}=\dfrac{b-d}{a-c}$

✿ 다음 일차함수에 대하여 표를 완성하고, 그래프의 기울기를 구하시오.

01 $y=3x-2$

x	$\cdots$	-1	0	1	2	3	$\cdots$
y	$\cdots$	-5	-2			7	$\cdots$

→ x의 값이 1만큼 증가할 때, y의 값은 $\boxed{}$만큼 증가하므로

$(기울기)=\dfrac{(y의\ 값의\ 증가량)}{(x의\ 값의\ 증가량)}=\dfrac{\boxed{}}{1}=\boxed{}$

02 $y=-x+3$

x	$\cdots$	-1	0	1	2	$\cdots$
y	$\cdots$					$\cdots$

03 $y=\dfrac{1}{2}x-1$

x	$\cdots$	-1	0	1	2	$\cdots$
y	$\cdots$					$\cdots$

✿ 다음 □ 안에 알맞은 수를 써넣고, 일차함수의 그래프의 기울기를 구하시오.

04

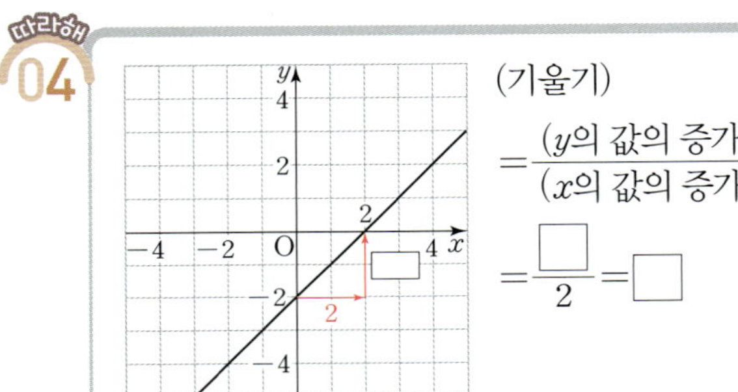

$(기울기)$

$=\dfrac{(y의\ 값의\ 증가량)}{(x의\ 값의\ 증가량)}$

$=\dfrac{\boxed{}}{2}=\boxed{}$

05

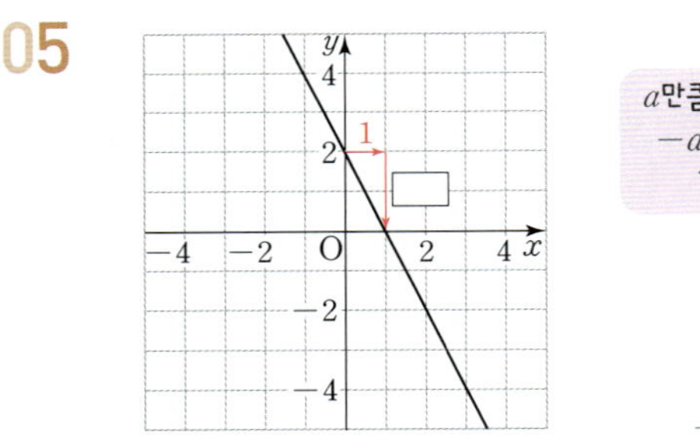

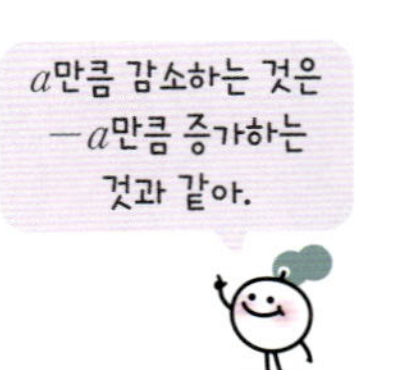

06

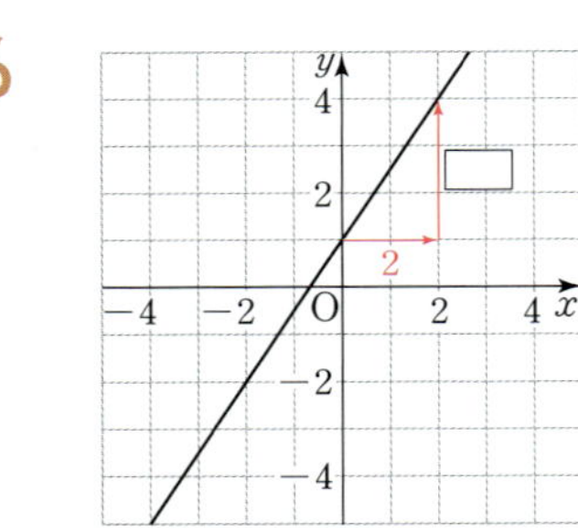

07 $y=x+5$

08 $y=-2x+3$

09 $y=\dfrac{2}{3}x-1$

10 $y=-\dfrac{1}{5}x-2$

❋ 다음 두 점을 지나는 일차함수의 그래프의 기울기를 구하시오.

11 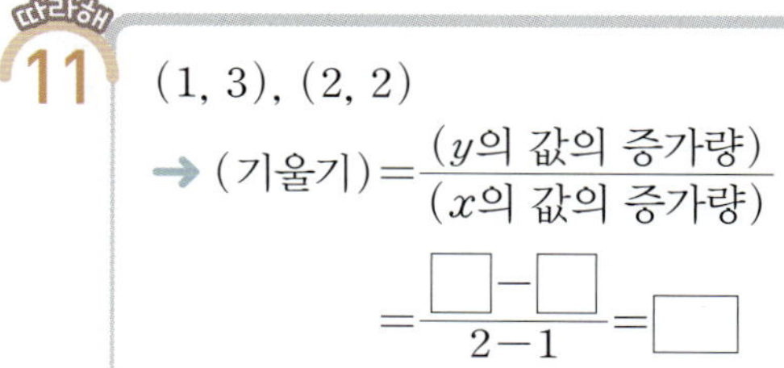

$(1, 3),\ (2, 2)$

$\rightarrow\ (기울기)=\dfrac{(y의\ 값의\ 증가량)}{(x의\ 값의\ 증가량)}$

$=\dfrac{\square-\square}{2-1}=\square$

12 $(3, 0),\ (5, 6)$

13 $(-1, 1),\ (2, 4)$

14 $(-2, 4),\ (-1, 2)$

15 $(-1, -5),\ (1, -1)$

❋ 다음을 구하시오.

16 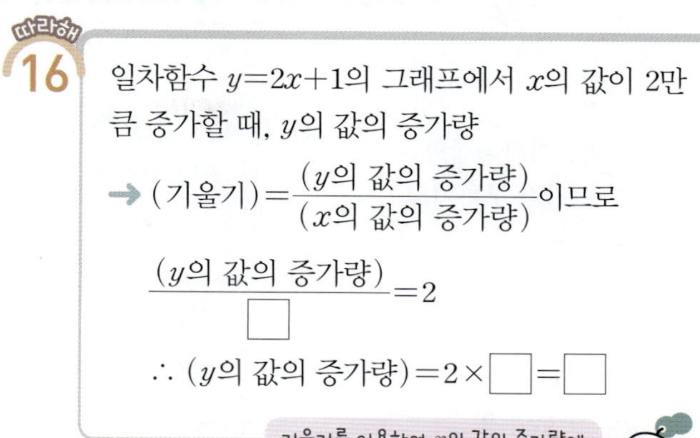

일차함수 $y=2x+1$의 그래프에서 x의 값이 2만큼 증가할 때, y의 값의 증가량

$\rightarrow\ (기울기)=\dfrac{(y의\ 값의\ 증가량)}{(x의\ 값의\ 증가량)}$이므로

$\dfrac{(y의\ 값의\ 증가량)}{\square}=2$

$\therefore\ (y의\ 값의\ 증가량)=2\times\square=\square$

17 일차함수 $y=-3x+2$의 그래프에서 x의 값이 3만큼 증가할 때, y의 값의 증가량

18 일차함수 $y=4x-1$의 그래프에서 x의 값이 1에서 3까지 증가할 때, y의 값의 증가량

$\llcorner\ $ x의 값의 증가량 : $3-1=2$

19 일차함수 $y=-\dfrac{2}{3}x+1$의 그래프에서 x의 값이 3에서 9까지 증가할 때, y의 값의 증가량

❋ 그래프가 다음을 만족시키는 일차함수를 보기에서 고르시오.

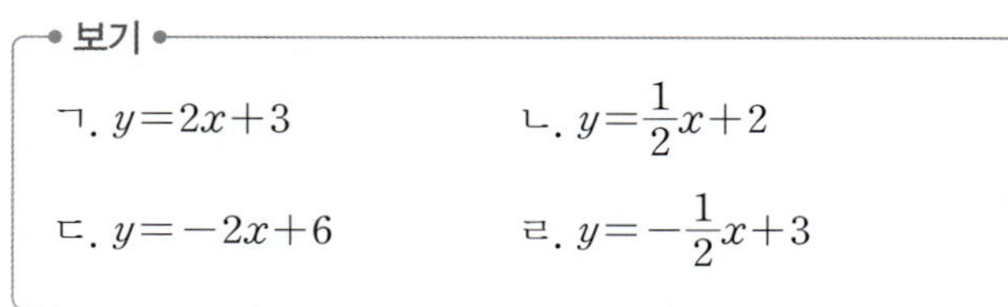

━ 보기 ━

ㄱ. $y=2x+3$ ㄴ. $y=\dfrac{1}{2}x+2$

ㄷ. $y=-2x+6$ ㄹ. $y=-\dfrac{1}{2}x+3$

20 x의 값이 3만큼 증가할 때, y의 값은 6만큼 증가한다.

21 x의 값이 4만큼 증가할 때, y의 값은 2만큼 감소한다.

$\ulcorner\ $ ─2만큼 증가

13 기울기와 y절편을 이용하여 그래프 그리기

→ 정답 및 풀이 79쪽

❶ 기울기와 y절편을 각각 구하기

❷ 점 $(0, y$절편$)$을 좌표평면 위에 나타내기

❸ 기울기를 이용하여 그래프가 지나는 다른 한 점 나타내기

❹ 두 점을 직선으로 연결하기

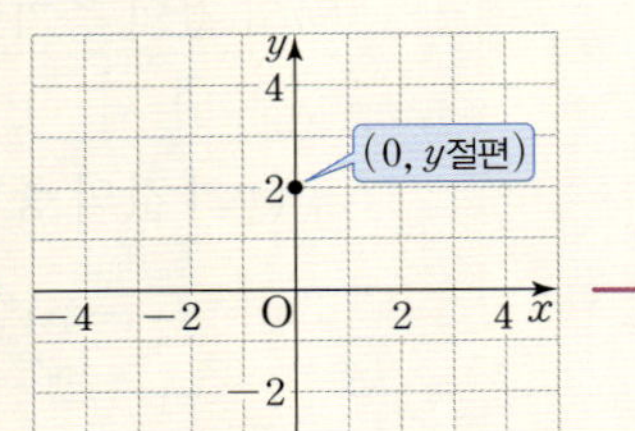

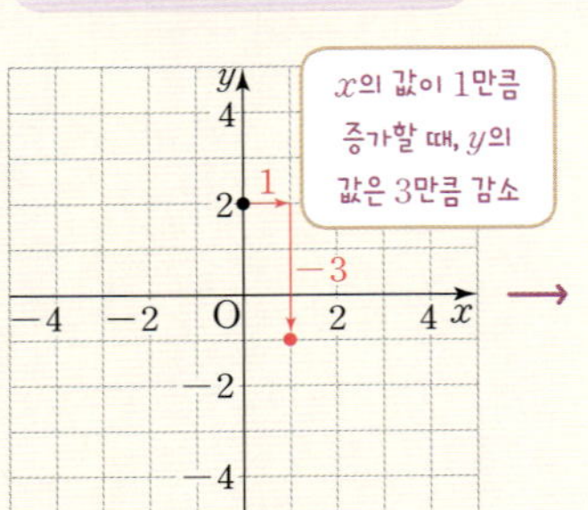

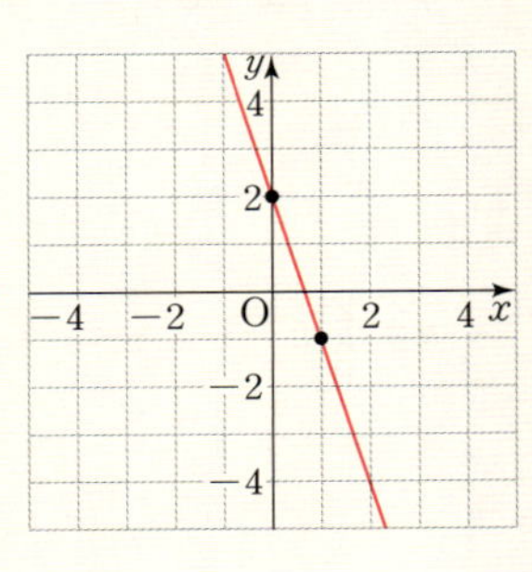

✱ 일차함수의 그래프의 기울기와 y절편이 다음과 같을 때, 그 그래프를 그리시오.

01 기울기 : $\dfrac{2}{3}$,

y절편 : -2

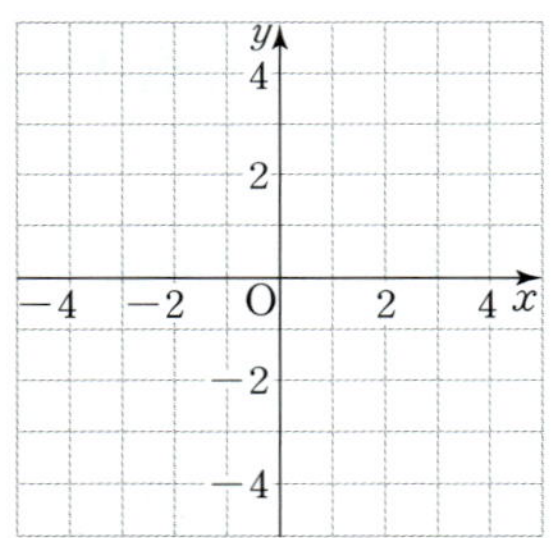

y절편이 -2이므로 점 $\left(0,\ \boxed{}\right)$를 지난다.

또, 기울기가 $\dfrac{2}{3}$이므로

점 $(0, -2)$에서 x축의 방향으로 3만큼, y축의 방향으로 $\boxed{}$만큼 이동한 점 $\left(\boxed{},\ \boxed{}\right)$을 지난다.

02 기울기 : 2, y절편 : 1

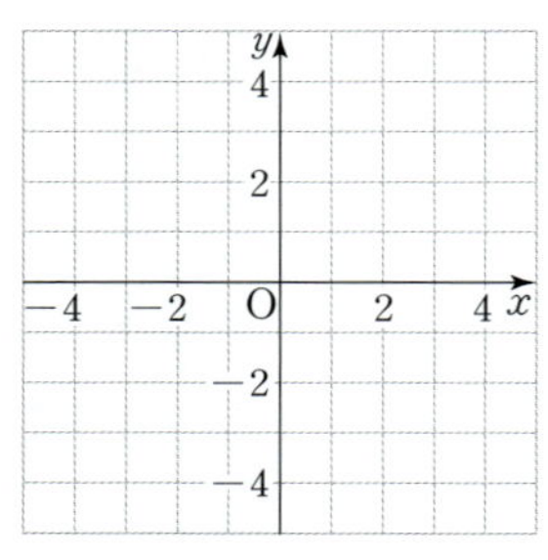

03 기울기 : -1, y절편 : 3

✱ 다음 일차함수의 그래프의 기울기와 y절편을 각각 구하고, 이를 이용하여 그 그래프를 그리시오.

04 $y = 2x - 1$

기울기 : ______

y절편 : ______

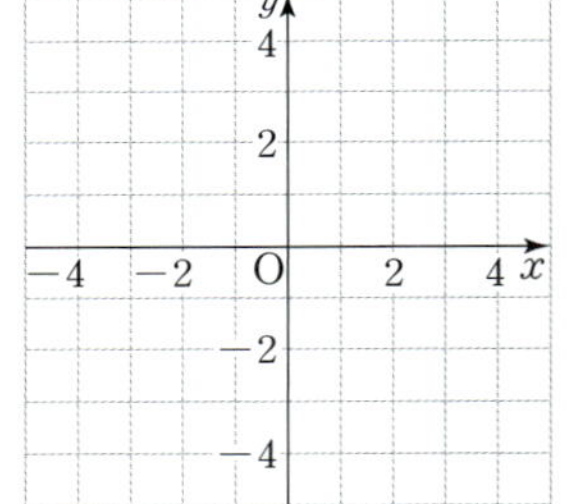

y절편이 $\boxed{}$이므로 점 $\left(0,\ \boxed{}\right)$을 지난다.

또, 기울기가 2이므로 점 $(0, -1)$에서 x축의 방향으로 1만큼, y축의 방향으로 $\boxed{}$만큼 이동한 점 $\left(\boxed{},\ \boxed{}\right)$을 지난다.

05 $y = -3x + 5$

기울기 : ______

y절편 : ______

06 $y = \dfrac{1}{2}x + 3$

기울기 : ______

y절편 : ______

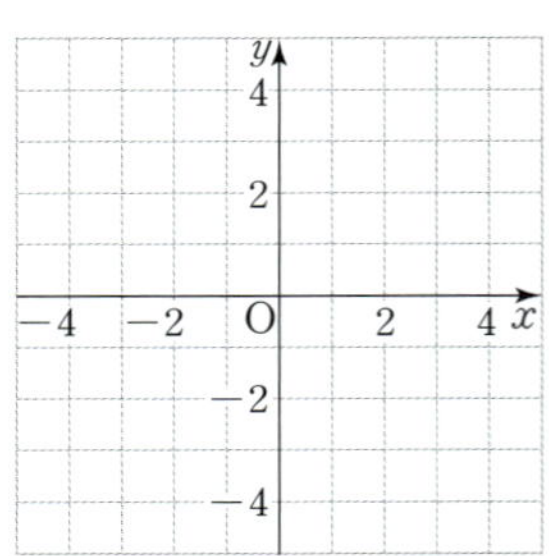

10분 연산 TEST 1회

[01~03] 다음 일차함수의 그래프의 x절편, y절편, 기울기를 각각 구하시오.

01 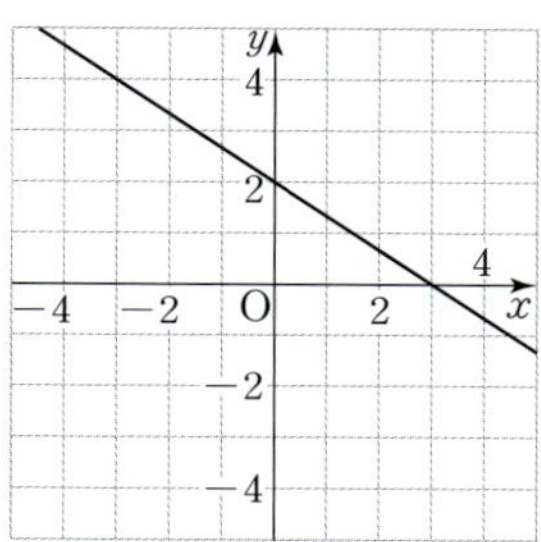

02 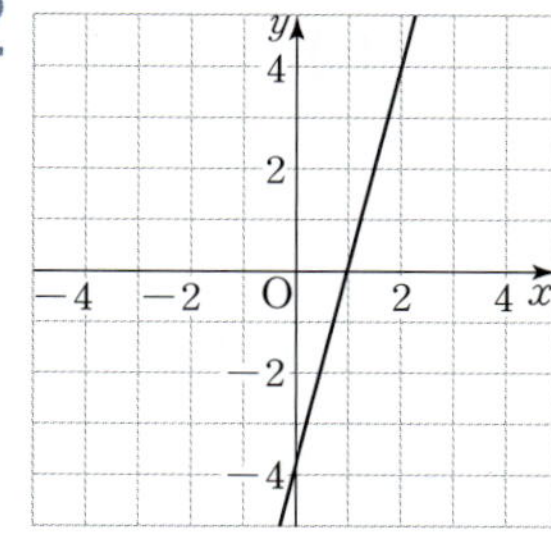

03 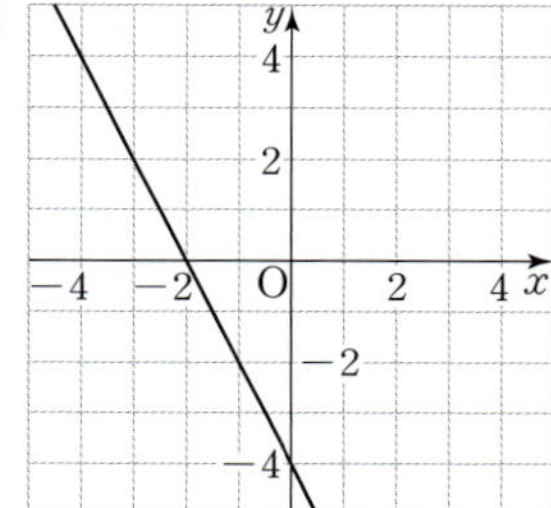

[04~06] 다음 일차함수의 그래프의 x절편, y절편, 기울기를 각각 구하시오.

04 $y=x-3$

05 $y=-3x+6$

06 $y=-\dfrac{1}{3}x-1$

[07~10] 다음 두 점을 지나는 일차함수의 그래프의 기울기를 구하시오.

07 $(2, 0), (4, 6)$

08 $(-1, 3), (2, 5)$

09 $(1, 1), (2, -1)$

10 $(3, -1), (1, -3)$

[11~12] 다음을 구하시오.

11 일차함수 $y=-5x+2$의 그래프에서 x의 값이 2만큼 증가할 때, y의 값의 증가량

12 일차함수 $y=\dfrac{1}{2}x+1$의 그래프에서 x의 값이 -1에서 3까지 증가할 때, y의 값의 증가량

[13~14] x절편과 y절편을 이용하여 다음 일차함수의 그래프를 그리시오.

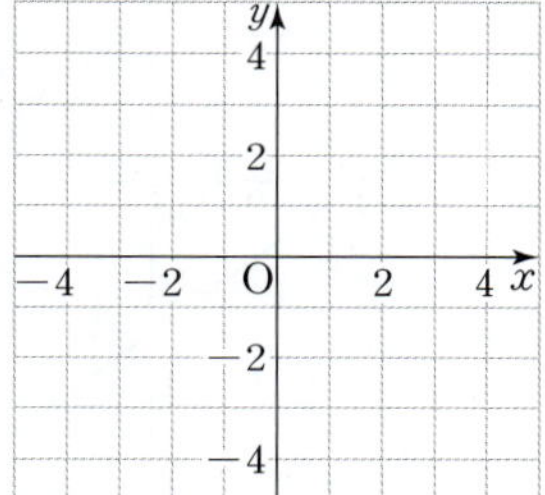

13 $y=x-3$

14 $y=-\dfrac{1}{2}x+2$

[15~16] 기울기와 y절편을 이용하여 다음 일차함수의 그래프를 그리시오.

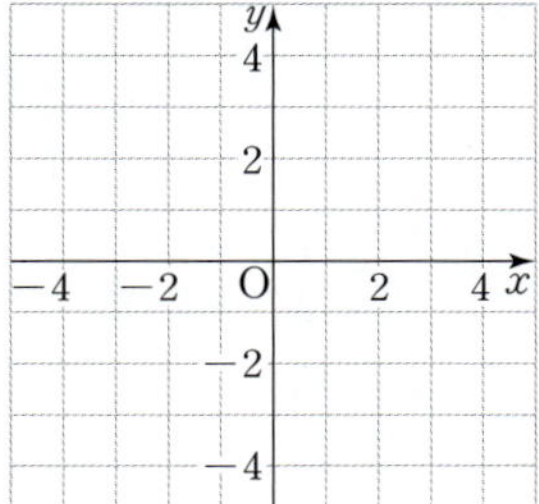

15 $y=x+1$

16 $y=-\dfrac{2}{3}x-2$

맞힌 개수 개 / 16개

10분 연산 TEST 2회

[01~03] 다음 일차함수의 그래프의 x절편, y절편, 기울기를 각각 구하시오.

01 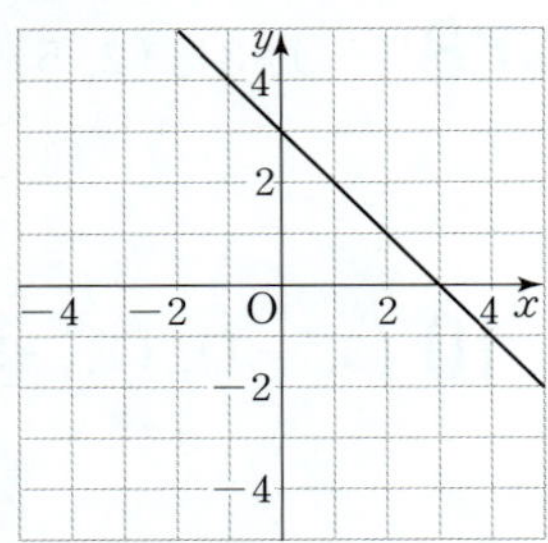

02 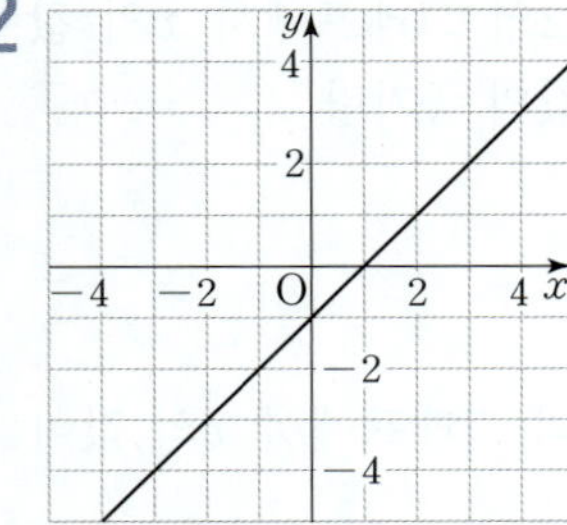

03 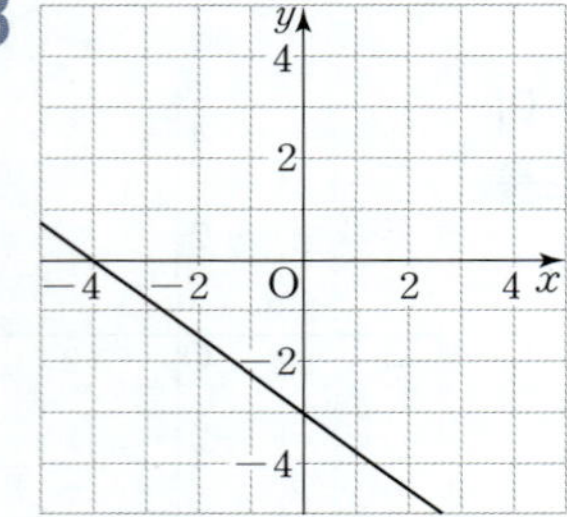

[04~06] 다음 일차함수의 그래프의 x절편, y절편, 기울기를 각각 구하시오.

04 $y=2x+4$

05 $y=\dfrac{1}{2}x-3$

06 $y=-\dfrac{2}{3}x+2$

[07~10] 다음 두 점을 지나는 일차함수의 그래프의 기울기를 구하시오.

07 $(2,\,4),\,(4,\,8)$

08 $(3,\,-2),\,(2,\,5)$

09 $(3,\,4),\,(1,\,0)$

10 $(-3,\,3),\,(3,\,-1)$

[11~12] 다음을 구하시오.

11 일차함수 $y=2x+5$의 그래프에서 x의 값이 -4만큼 증가할 때, y의 값의 증가량

12 일차함수 $y=-\dfrac{1}{3}x+3$의 그래프에서 x의 값이 -11에서 -2까지 증가할 때, y의 값의 증가량

[13~14] x절편과 y절편을 이용하여 다음 일차함수의 그래프를 그리시오.

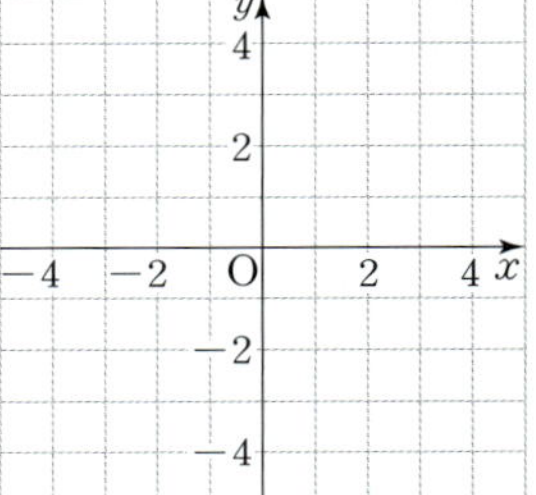

13 $y=\dfrac{1}{2}x+2$

14 $y=-\dfrac{3}{4}x+3$

[15~16] 기울기와 y절편을 이용하여 다음 일차함수의 그래프를 그리시오.

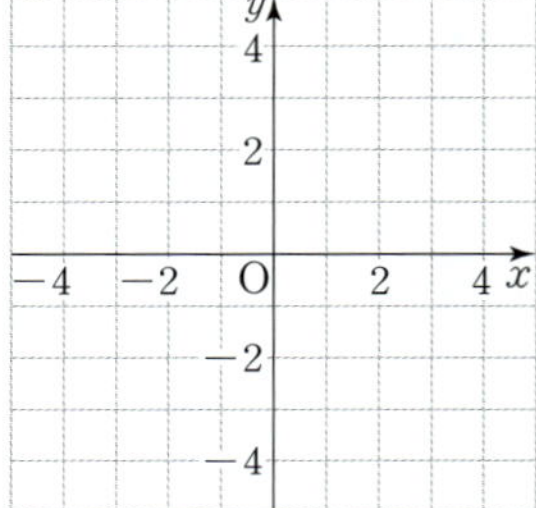

15 $y=2x-3$

16 $y=-\dfrac{2}{3}x-1$

맞힌 개수 　개／16개

학교 시험 PREVIEW

스스로 개념 점검

1. 일차함수와 그 그래프 (1)

(1) 두 변수 x, y에 대하여 x의 값이 변함에 따라 y의 값이 하나씩 정해지는 대응 관계가 있을 때, y를 x의 ☐ 라 한다.

(2) 두 변수 x, y에서 y가 x의 함수일 때, 기호로 ☐ 와 같이 나타낸다.

(3) ☐ : 함수 $y=f(x)$에서 x의 값이 정해질 때 그에 따라 정해지는 y의 값

(4) 함수 $y=f(x)$에서 y가 x에 대한 일차식 $y=ax+b$ (a, b는 상수, $a \neq 0$)와 같이 나타날 때, 이 함수를 x에 대한 ☐ 라 한다.

(5) ☐ : 한 도형을 일정한 방향으로 일정한 거리만큼 옮기는 것

(6) 일차함수의 그래프가 x축과 만나는 점의 x좌표를 이 그래프의 ☐, y축과 만나는 점의 y좌표를 이 그래프의 ☐ 이라 한다.

(7) ☐ : 일차함수 $y=ax+b$에서 x의 값의 증가량에 대한 y의 값의 증가량의 비율 a

01

다음 중 y가 x의 함수가 <u>아닌</u> 것은?

① x개의 의자에 2명씩 앉은 학생 수 y

② 자연수 x의 배수 y

③ 넓이가 8 cm^2인 직각삼각형의 밑변의 길이 $x \text{ cm}$와 높이 $y \text{ cm}$

④ 두께가 0.7 cm인 공책 x권을 쌓았을 때의 높이 $y \text{ cm}$

⑤ 자연수 x를 3으로 나눈 나머지 y

02

함수 $f(x)=3x-5$에 대하여 다음 중 옳지 <u>않은</u> 것은?

① $f(-2)=-11$ ② $f(0)=-5$

③ $f(1)=-2$ ④ $f\left(\dfrac{2}{3}\right)=-4$

⑤ $f(3)=4$

03

함수 $f(x)=5x+1$에 대하여 $f(a)=-9$일 때, a의 값은?

① -2 ② -1 ③ 1

④ 2 ⑤ 3

04 출제율 85%

함수 $f(x)=\dfrac{a}{x}$에 대하여 $f(-5)=2$일 때, 상수 a의 값은?

① -10 ② -7 ③ -3

④ 7 ⑤ 10

05

다음 중 y가 x에 대한 일차함수인 것은?

① $y=-x^2$ ② $y=\dfrac{-x+3}{2}$

③ $y=\dfrac{2}{x}$ ④ $y=x+(1-x)$

⑤ $y=x(x+5)$

06

일차함수 $y=3x-5$의 그래프를 y축의 방향으로 9만큼 평행이동한 그래프가 나타내는 일차함수의 식은?

① $y=-3x+4$ ② $y=3x-14$

③ $y=3x$ ④ $y=3x+4$

⑤ $y=9x-5$

07 출제율 80%

다음 중 일차함수 $y=-3x+2$의 그래프 위의 점이 <u>아닌</u> 것은?

① $(-2, 8)$ ② $(-1, 5)$ ③ $(1, -1)$

④ $(2, 4)$ ⑤ $(3, -7)$

08 실수 주의

다음 일차함수의 그래프 중 x절편이 나머지 넷과 <u>다른</u> 하나는?

① $y=x+3$ ② $y=-x-3$

③ $y=3x+6$ ④ $y=3x+9$

⑤ $y=4x+12$

09

다음 중 일차함수 $y=-\dfrac{3}{2}x+3$의 그래프는?

① 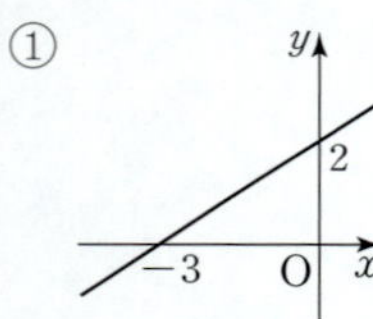   ② 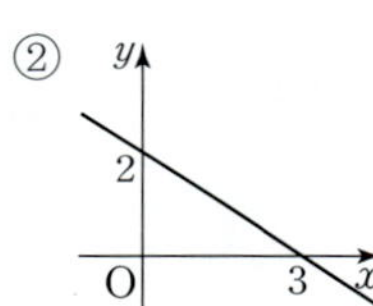

③ 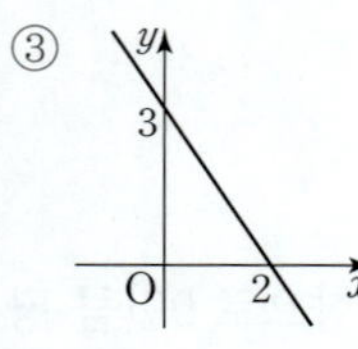   ④ 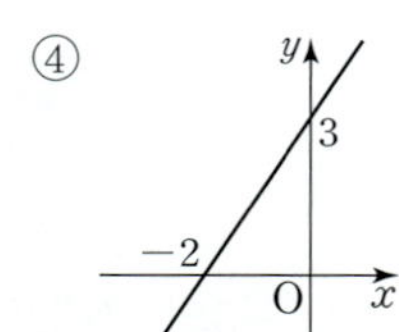

⑤ 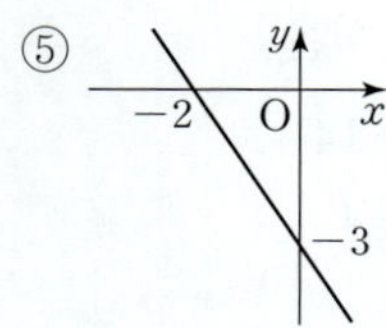

10

두 점 $(-1, 6)$, $(3, -2)$를 지나는 일차함수의 그래프의 기울기는?

① -2 ② $-\dfrac{1}{2}$ ③ $\dfrac{1}{2}$

④ 1 ⑤ $\dfrac{4}{3}$

11

다음 일차함수의 그래프 중에서 x의 값이 2만큼 증가할 때, y의 값은 3만큼 감소하는 것은?

① $y=-\dfrac{3}{2}x-1$ ② $y=-\dfrac{2}{3}x+2$

③ $y=\dfrac{2}{3}x+3$ ④ $y=2x-3$

⑤ $y=3x-2$

12 서술형

x절편, y절편을 이용하여 일차함수 $y=-\dfrac{2}{3}x+3$의 그래프를 그리시오.

채점기준 1 x절편 구하기

채점기준 2 y절편 구하기

채점기준 3 x절편, y절편을 이용하여 그래프 그리기

일차함수와 그 그래프 (2)

개념 Q&A

Q. 기울기 a의 값이 클수록 그래프는 y축에 가까울까?

A. $a>0$이면 a의 값이 클수록 그래프가 y축에 가깝고, $a<0$이면 a의 값이 작을수록 그래프가 y축에 가깝다.

Q. 기울기가 다른 두 일차함수의 그래프의 위치 관계는?

A. 기울기가 다른 두 일차함수의 그래프는 한 점에서 만난다.

Q. 서로 다른 두 점의 좌표를 알 때, 일차함수의 식을 구하는 다른 방법이 있을까?

A. 일차함수의 식을 $y=ax+b$로 놓고, 두 점의 좌표를 각각 대입하여 연립방정식을 이용하면 된다.

Q. x절편과 y절편을 알 때, 일차함수의 식을 구하는 다른 방법이 있을까?

A. y절편을 이용하여 일차함수의 식을 $y=ax+b$로 놓고, 점 (x절편, 0)의 좌표를 대입하여 a의 값을 구한다.

01 일차함수 $y=ax+b$의 그래프의 성질

(1) **기울기 a의 부호** : 그래프의 방향을 결정한다.

  ① $a>0$이면 x의 값이 증가할 때 y의 값도 증가한다.

  → 오른쪽 위로 향하는 직선이다.

  ② $a<0$이면 x의 값이 증가할 때 y의 값은 감소한다.

  → 오른쪽 아래로 향하는 직선이다.

(2) **y절편 b의 부호** : 그래프가 y축과 만나는 부분을 결정한다.

  ① $b>0$이면 y절편이 양수이다. → y축과 양의 부분에서 만난다.

  ② $b<0$이면 y절편이 음수이다. → y축과 음의 부분에서 만난다.

02 일차함수의 그래프의 평행과 일치

(1) 기울기가 같은 두 일차함수의 그래프는 서로 평행하거나 일치한다.

  ① 기울기가 같고 y절편이 다르면 두 그래프는 서로 평행하다.

  ② 기울기가 같고 y절편도 같으면 두 그래프는 일치한다.

(2) 서로 평행한 두 일차함수의 그래프의 기울기는 서로 같다.

03 일차함수의 식 구하기

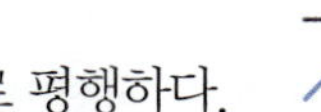

(1) 기울기가 a이고, y절편이 b인 직선을 그래프로 하는 일차함수의 식은 $y=ax+b$이다.

(2) 기울기가 a이고, 점 $(x_1,\ y_1)$을 지나는 직선을 그래프로 하는 일차함수의 식을 구하는 방법은 다음과 같다.

❶ 일차함수의 식을 $y=ax+b$로 놓는다.

❷ $y=ax+b$에 $x=x_1$, $y=y_1$을 대입하여 b의 값을 구한다.

(3) 서로 다른 두 점 $(x_1,\ y_1)$, $(x_2,\ y_2)$를 지나는 직선을 그래프로 하는 일차함수의 식을 구하는 방법은 다음과 같다.

❶ 기울기 a를 구한다. → $a=\dfrac{y_2-y_1}{x_2-x_1}=\dfrac{y_1-y_2}{x_1-x_2}$ (단, $x_1\neq x_2$)

❷ 일차함수의 식을 $y=ax+b$로 놓고, 한 점의 좌표를 대입하여 b의 값을 구한다.

(4) x절편이 m, y절편이 n인 직선을 그래프로 하는 일차함수의 식을 구하는 방법은 다음과 같다.

❶ 두 점 $(m,\ 0)$, $(0,\ n)$을 지나는 직선의 기울기 a를 구한다. → $a=\dfrac{n-0}{0-m}=-\dfrac{n}{m}$

❷ y절편이 n이므로 일차함수의 식은 $y=-\dfrac{n}{m}x+n$이다.

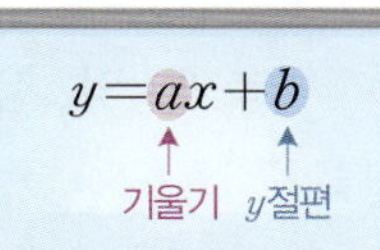

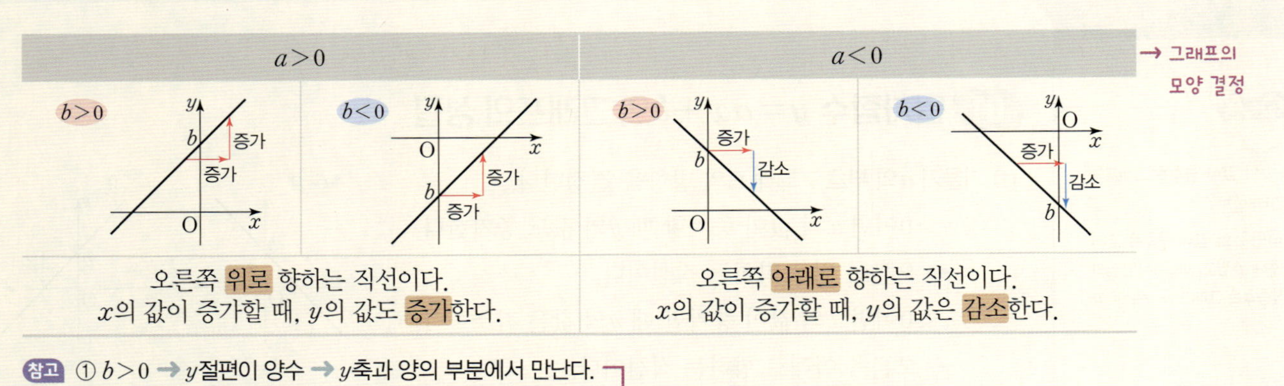

참고 ① $b>0$ → y절편이 양수 → y축과 양의 부분에서 만난다.
② $b<0$ → y절편이 음수 → y축과 음의 부분에서 만난다.
③ $b=0$ → y절편이 0 → 원점을 지난다.

그래프가 y축과 만나는 부분 결정

❋ 일차함수 $y=2x-1$의 그래프에 대하여 옳은 것에 ○표를 하시오.

01 기울기가 (양수, 음수)이다.

02 오른쪽 (위, 아래)로 향하는 직선이다.

03 x의 값이 증가할 때, y의 값은 (증가, 감소)한다.

04 y절편이 (양수, 음수)이다.

05 y축과 (양, 음)의 부분에서 만난다.

❋ 일차함수 $y=-2x+1$의 그래프에 대하여 옳은 것에 ○표를 하시오.

06 기울기가 (양수, 음수)이다.

07 오른쪽 (위, 아래)로 향하는 직선이다.

08 x의 값이 증가할 때, y의 값은 (증가, 감소)한다.

09 y절편이 (양수, 음수)이다.

10 y축과 (양, 음)의 부분에서 만난다.

❋ 다음 조건을 만족시키는 일차함수의 그래프를 보기에서 모두 고르시오.

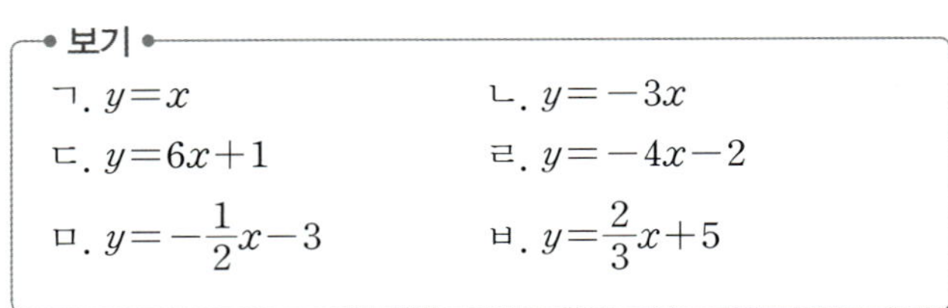

• 보기 •
ㄱ. $y=x$　　　　ㄴ. $y=-3x$
ㄷ. $y=6x+1$　　ㄹ. $y=-4x-2$
ㅁ. $y=-\dfrac{1}{2}x-3$　　ㅂ. $y=\dfrac{2}{3}x+5$

11 x의 값이 증가할 때, y의 값도 증가하는 직선

12 x의 값이 증가할 때, y의 값은 감소하는 직선

13 오른쪽 위로 향하는 직선

14 오른쪽 아래로 향하는 직선

15 원점을 지나는 직선

16 y축과 양의 부분에서 만나는 직선

17 y절편이 음수인 직선

✽ 상수 a, b의 부호가 다음과 같을 때, 일차함수 $y=ax+b$
의 그래프를 그리시오.

18 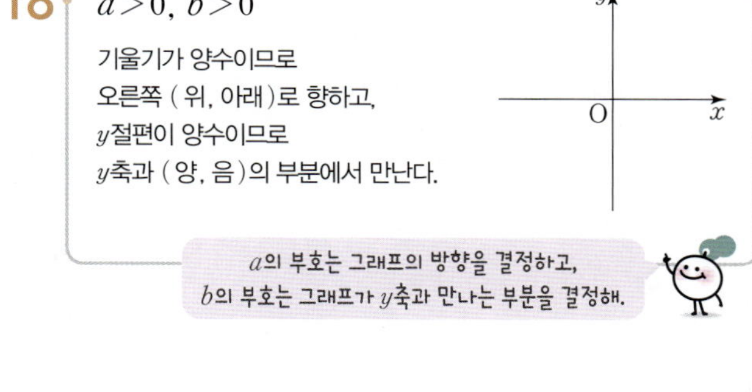

$a>0$, $b>0$

기울기가 양수이므로
오른쪽 (위, 아래)로 향하고,
y절편이 양수이므로
y축과 (양, 음)의 부분에서 만난다.

19 $a>0$, $b<0$

20 $a<0$, $b>0$

21 $a<0$, $b<0$

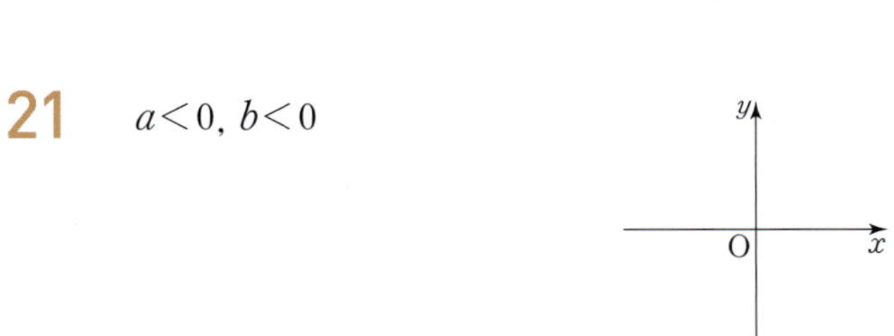

✽ 일차함수와 그 그래프가 다음과 같을 때, 상수 a, b의 부
호를 정하시오.

22 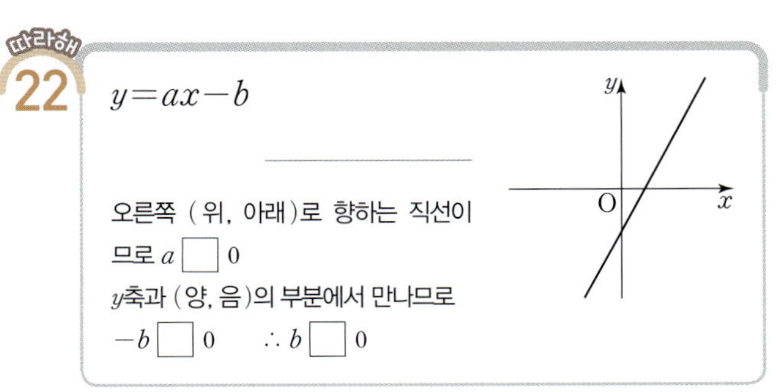

$y=ax-b$

오른쪽 (위, 아래)로 향하는 직선이
므로 $a\ \square\ 0$
y축과 (양, 음)의 부분에서 만나므로
$-b\ \square\ 0$ ∴ $b\ \square\ 0$

23 $y=ax-b$

24 $y=-ax+b$

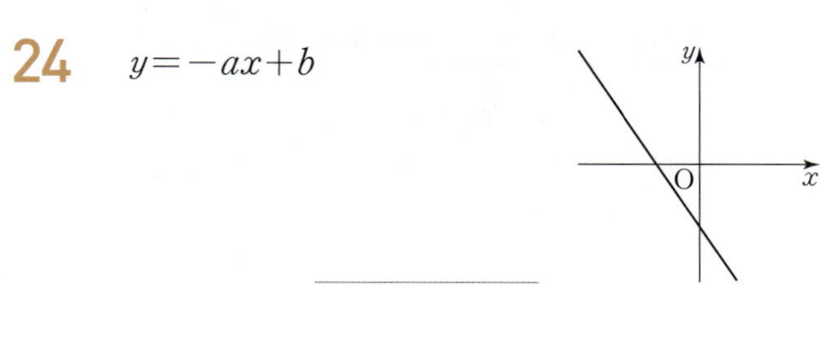

25 $y=-ax+b$

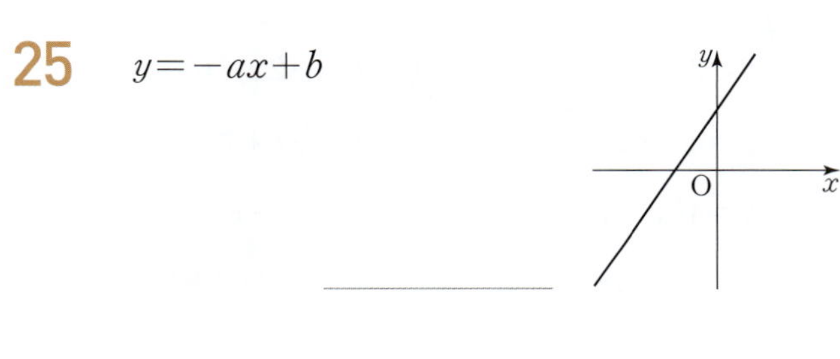

26 $y=-ax-b$

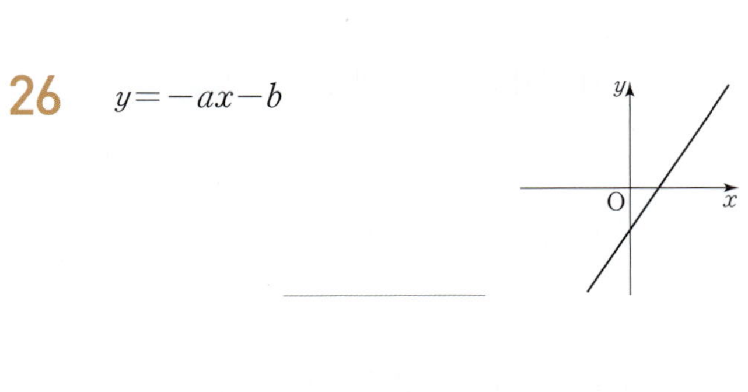

27 $y=-ax-b$

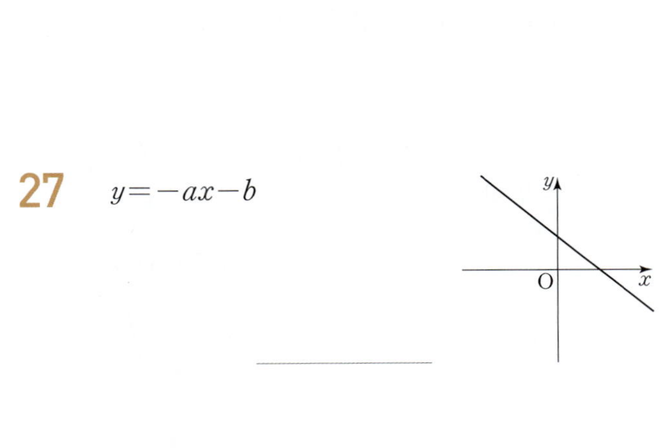

02 VISUAL 개념연산 일차함수의 그래프의 평행과 일치

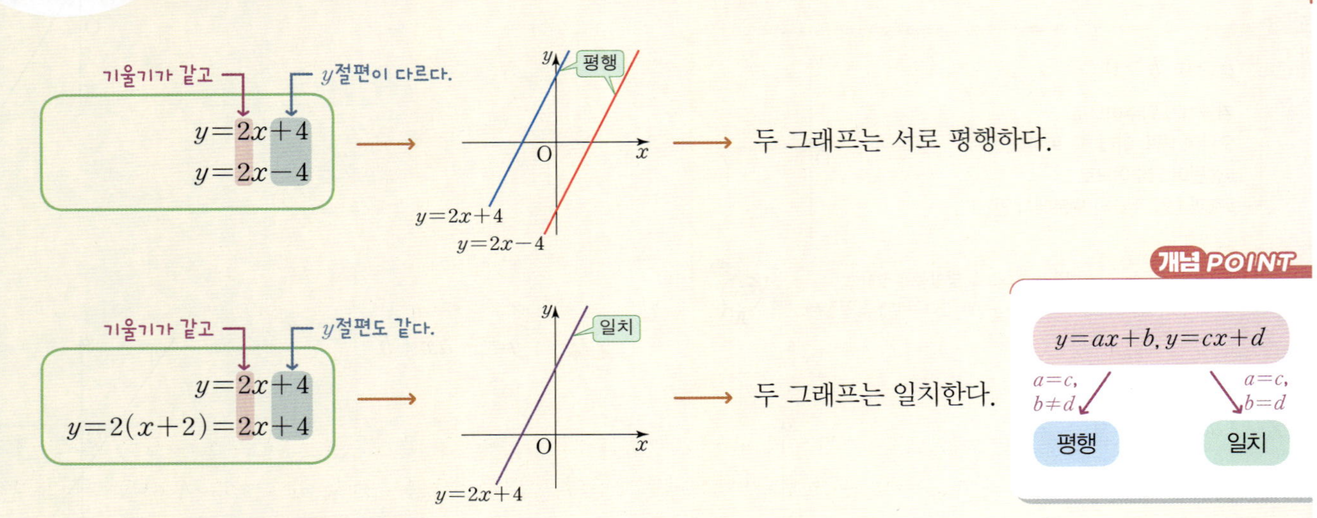

❋ 다음 보기의 일차함수의 그래프에 대하여 물음에 답하시오.

• 보기 •

ㄱ. $y=3x$ ㄴ. $y=-2x-6$

ㄷ. $y=4x+1$ ㄹ. $y=\dfrac{1}{2}x+2$

ㅁ. $y=4(x-1)$ ㅂ. $y=3x-1$

ㅅ. $y=-2(x+3)$ ㅇ. $y=\dfrac{1}{4}(2x+8)$

01 ㄱ과 평행한 것을 찾으시오. ______

02 ㄴ과 일치하는 것을 찾으시오. ______

03 ㄷ과 평행한 것을 찾으시오. ______

04 ㄹ과 일치하는 것을 찾으시오. ______

05 오른쪽 그래프와 평행한 것을 찾으시오.

______

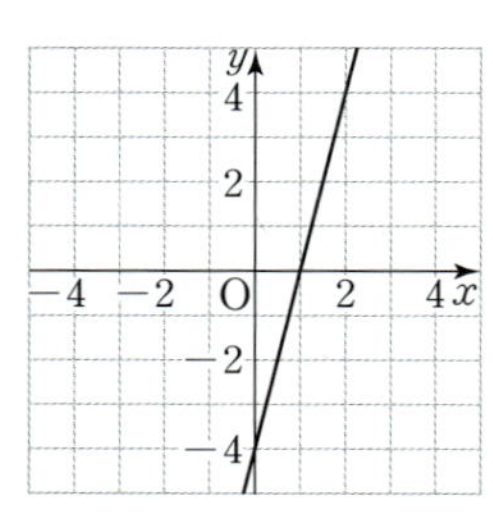

❋ 다음 두 일차함수의 그래프가 서로 평행할 때, 상수 a의 값을 구하시오.

06 $y=4x-7, y=ax+1$ ______

07 $y=ax+2, y=-x-3$ ______

08 $y=(2a-5)x+2, y=-2x+3$ ______

❋ 다음 두 일차함수의 그래프가 일치할 때, 상수 a, b의 값을 각각 구하시오.

09 $y=ax+3, y=-2x+b$ ______

10 $y=ax+5, y=4x+b$ ______

11 $y=2ax-1, y=-2x-b$ ______

10분 연산 TEST 1회

[01~04] 다음 조건을 만족시키는 일차함수의 그래프를 보기에서 모두 고르시오.

• 보기 •

ㄱ. $y=\dfrac{1}{2}x+5$ 　　ㄴ. $y=-2x$

ㄷ. $y=-x-1$ 　　ㄹ. $y=-\dfrac{1}{3}x+2$

ㅁ. $y=\dfrac{6}{5}x-2$ 　　ㅂ. $y=3x+1$

01 x의 값이 증가할 때, y의 값도 증가하는 직선

02 오른쪽 아래로 향하는 직선

03 y절편이 양수인 직선

04 y축과 음의 부분에서 만나는 직선

[05~08] 상수 a, b의 부호가 다음과 같을 때, 일차함수 $y=-ax+b$의 그래프를 고르시오.

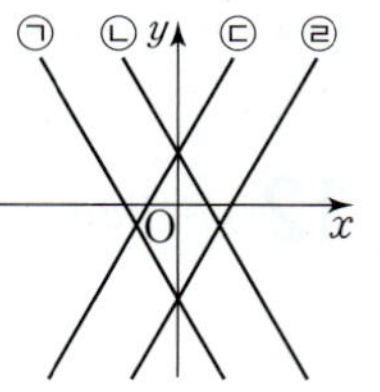

05 $a>0$, $b>0$

06 $a>0$, $b<0$

07 $a<0$, $b>0$

08 $a<0$, $b<0$

[09~10] 다음 보기의 일차함수의 그래프에 대하여 물음에 답하시오.

• 보기 •

ㄱ. $y=3x+1$ 　　ㄴ. $y=\dfrac{1}{2}x+1$

ㄷ. $y=-2x-8$ 　　ㄹ. $y=3x-8$

ㅁ. $y=\dfrac{1}{2}(x+2)$ 　　ㅂ. $y=-\dfrac{1}{2}x+1$

09 서로 평행한 것끼리 짝 지으시오.

10 일치하는 것끼리 짝 지으시오.

[11~12] 다음 두 일차함수의 그래프가 서로 평행할 때, 상수 a의 값을 구하시오.

11 $y=ax+2,\ y=x-1$

12 $y=-x+3,\ y=\dfrac{1}{2}ax+5$

[13~14] 다음 두 일차함수의 그래프가 일치할 때, 상수 a, b의 값을 각각 구하시오.

13 $y=ax-1,\ y=-2x+b$

14 $y=\left(-\dfrac{1}{2}a+1\right)x+\dfrac{1}{2},\ y=-3x+b$

맞힌 개수 　개／14개

10분 연산 TEST 2회

[01~04] 다음 조건을 만족시키는 일차함수의 그래프를 보기에서 모두 고르시오.

• 보기 •
ㄱ. $y=-x+2$　　　ㄴ. $y=3x-1$
ㄷ. $y=-5x-\dfrac{1}{2}$　　　ㄹ. $y=\dfrac{1}{2}x+4$
ㅁ. $y=x-1$　　　ㅂ. $y=\dfrac{1}{3}x$

01 x의 값이 증가할 때, y의 값은 감소하는 직선

02 오른쪽 위로 향하는 직선

03 y절편이 음수인 직선

04 y축과 양의 부분에서 만나는 직선

[05~08] 상수 a, b의 부호가 다음과 같을 때, 일차함수 $y=-ax-b$의 그래프를 고르시오.

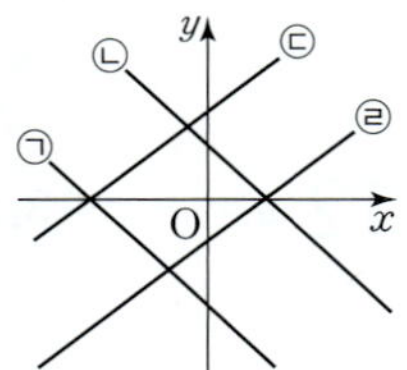

05 $a>0$, $b>0$

06 $a>0$, $b<0$

07 $a<0$, $b>0$

08 $a<0$, $b<0$

[09~10] 다음 보기의 일차함수의 그래프에 대하여 물음에 답하시오.

• 보기 •
ㄱ. $y=\dfrac{1}{4}x-1$　　　ㄴ. $y=2x-3$
ㄷ. $y=5x-3$　　　ㄹ. $y=2x+1$
ㅁ. $y=\dfrac{1}{5}x+1$　　　ㅂ. $y=\dfrac{1}{4}(x-4)$

09 서로 평행한 것끼리 짝 지으시오.

10 일치하는 것끼리 짝 지으시오.

[11~12] 다음 두 일차함수의 그래프가 서로 평행할 때, 상수 a의 값을 구하시오.

11 $y=-3x+\dfrac{1}{3}$, $y=ax+5$

12 $y=2ax-1$, $y=\dfrac{1}{4}x+\dfrac{1}{2}$

[13~14] 다음 두 일차함수의 그래프가 일치할 때, 상수 a, b의 값을 각각 구하시오.

13 $y=-5x+a-2$, $y=\dfrac{1}{2}bx+3$

14 $y=(2a-1)x+3$, $y=ax+(2b-1)$

맞힌 개수 　개／14개

 **VISUAL 개념연산** **일차함수의 식 구하기 ⑴ - 기울기와 y절편을 알 때**

➡ 정답 및 풀이 84쪽

기울기가 **3**이고, y절편이 **2**인 직선을 그래프로 하는 일차함수의 식을 구해 보자!

일차함수의 식을 $y=ax+b$로 놓기	→	기울기가 3이므로 $y=3x+b$	→	y절편이 2이므로 $y=3x+2$

✱ **다음 직선을 그래프로 하는 일차함수의 식을 구하시오.**

01 기울기가 2이고, y절편이 3인 직선

일차함수의 식을 $y=ax+b$라 하면 $a=\boxed{}$, $b=\boxed{}$

따라서 구하는 일차함수의 식은 $y=\boxed{}$

02 기울기가 -4이고, y절편이 1인 직선

03 기울기가 $\dfrac{1}{5}$이고, y절편이 -5인 직선

04 기울기가 1이고, 점 $(0, 3)$을 지나는 직선

05 기울기가 -3이고, 점 $(0, -2)$를 지나는 직선

06 기울기가 $\dfrac{2}{3}$이고, 점 $\left(0, \dfrac{1}{2}\right)$을 지나는 직선

---

07 x의 값이 2만큼 증가할 때 y의 값은 6만큼 증가하고, y절편이 -1인 직선

$(기울기) = \dfrac{\boxed{}}{2} = \boxed{}$ 이고, y절편이 -1이므로

구하는 일차함수의 식은 $y=\boxed{}$

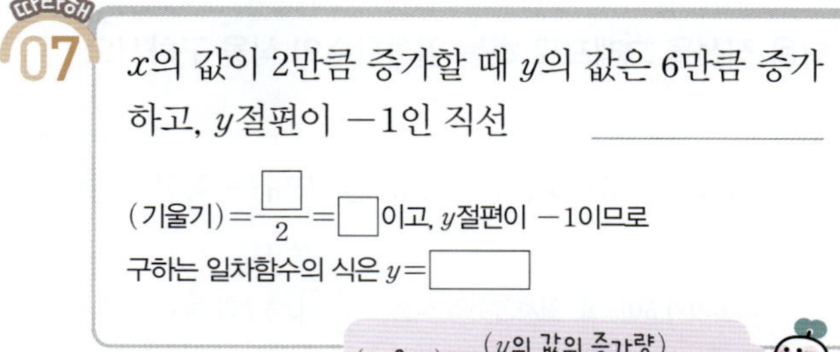

08 x의 값이 4만큼 증가할 때 y의 값은 2만큼 증가하고, y절편이 2인 직선

09 x의 값이 3만큼 증가할 때 y의 값은 12만큼 감소하고, 점 $(0, 1)$을 지나는 직선

10 일차함수 $y=-2x+5$의 그래프와 평행하고, y절편이 -3인 직선

11 일차함수 $y=x-3$의 그래프와 평행하고, 점 $(0, 5)$를 지나는 직선

12 일차함수 $y=\dfrac{1}{3}x+2$의 그래프와 평행하고, 점 $(0, -1)$을 지나는 직선

 **04** VISUAL 개념연산 **일차함수의 식 구하기 (2) - 기울기와 한 점의 좌표를 알 때**

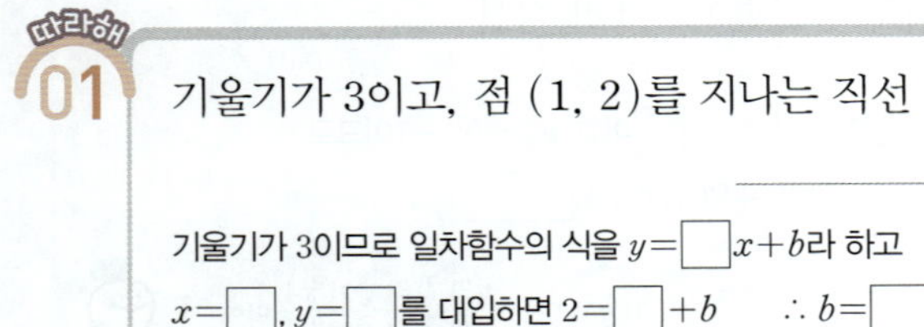

❋ **다음 직선을 그래프로 하는 일차함수의 식을 구하시오.**

01 기울기가 3이고, 점 $(1, 2)$를 지나는 직선

기울기가 3이므로 일차함수의 식을 $y=\boxed{}x+b$라 하고
$x=\boxed{}$, $y=\boxed{}$를 대입하면 $2=\boxed{}+b$ ∴ $b=\boxed{}$
따라서 구하는 일차함수의 식은 $y=\boxed{}$

02 기울기가 -1이고, 점 $(-3, 6)$을 지나는 직선

03 기울기가 $\dfrac{1}{2}$이고, 점 $(-4, -2)$를 지나는 직선

04 기울기가 2이고, x절편이 1인 직선

05 기울기가 -4이고, x절편이 $\dfrac{1}{4}$인 직선

06 기울기가 $-\dfrac{1}{2}$이고, x절편이 -8인 직선

07 x의 값이 1만큼 증가할 때 y의 값은 4만큼 증가하고, 점 $(-1, 4)$를 지나는 직선

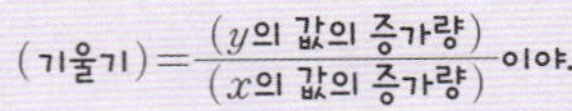

08 x의 값이 3만큼 증가할 때 y의 값은 9만큼 감소하고, 점 $(-1, 2)$를 지나는 직선

09 x의 값이 3만큼 증가할 때 y의 값은 1만큼 감소하고, x절편이 6인 직선

10 일차함수 $y=2x+3$의 그래프와 평행하고, 점 $(1, 1)$을 지나는 직선

11 일차함수 $y=-2x-4$의 그래프와 평행하고, 점 $(2, -1)$을 지나는 직선

12 일차함수 $y=\dfrac{1}{3}x+3$의 그래프와 평행하고, x절편이 9인 직선

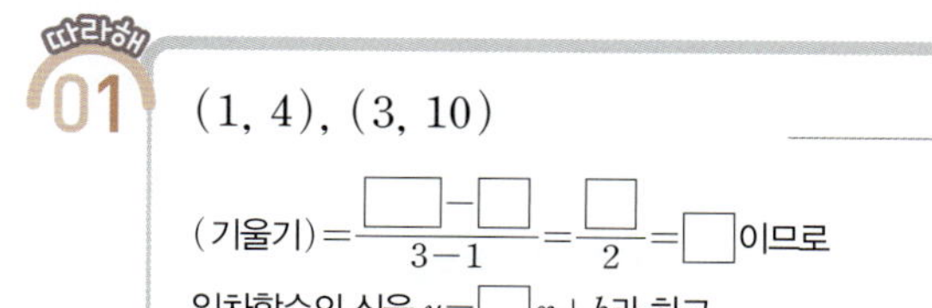

→ 두 점의 좌표 중 더 간단한 것을 대입하면 편리해!

일차함수의 식을 $y=ax+b$로 놓기 → 기울기는 $\dfrac{5-3}{2-1}=2$이므로 $y=2x+b$ → 점 $(1, 3)$을 지나므로 $x=1, y=3$을 대입하면 $3=2\times1+b, b=1$ → $y=2x+1$

참고 $y=ax+b$에 두 점의 좌표를 각각 대입하여 a, b에 대한 연립방정식으로 풀어서 구할 수도 있다.

❋ 다음 두 점을 지나는 직선을 그래프로 하는 일차함수의 식을 구하시오.

01 $(1, 4)$, $(3, 10)$

(기울기) $=\dfrac{\boxed{}-\boxed{}}{3-1}=\dfrac{\boxed{}}{2}=\boxed{}$ 이므로

일차함수의 식을 $y=\boxed{}x+b$라 하고

$x=1, y=\boxed{}$ 를 대입하면 $4=\boxed{}+b$ $\therefore b=\boxed{}$

따라서 구하는 일차함수의 식은 $y=\boxed{}$

02 $(2, 1)$, $(4, -1)$

03 $(-1, 7)$, $(1, -3)$

04 $(4, -2)$, $(6, 0)$

05 $(-3, -3)$, $(-1, 5)$

06 $(-2, -4)$, $(-4, -1)$

❋ 다음 그림과 같은 직선을 그래프로 하는 일차함수의 식을 구하시오.

07

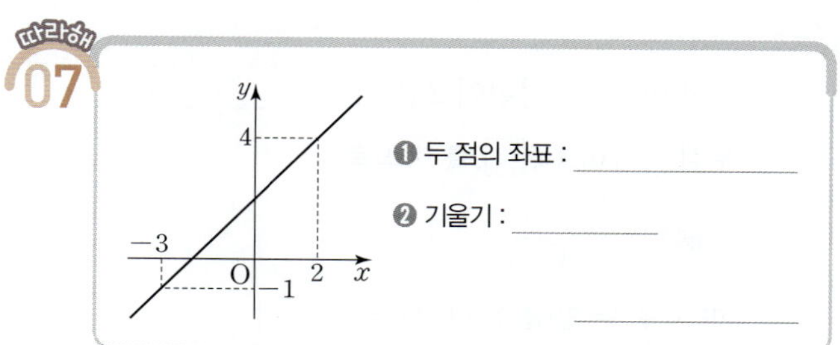

❶ 두 점의 좌표 : ________

❷ 기울기 : ________

08

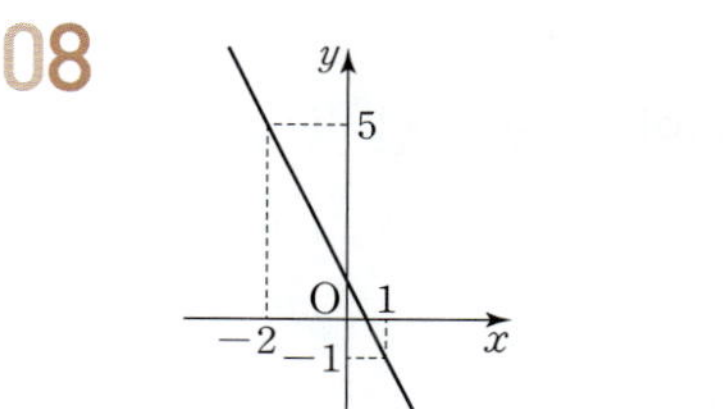

09

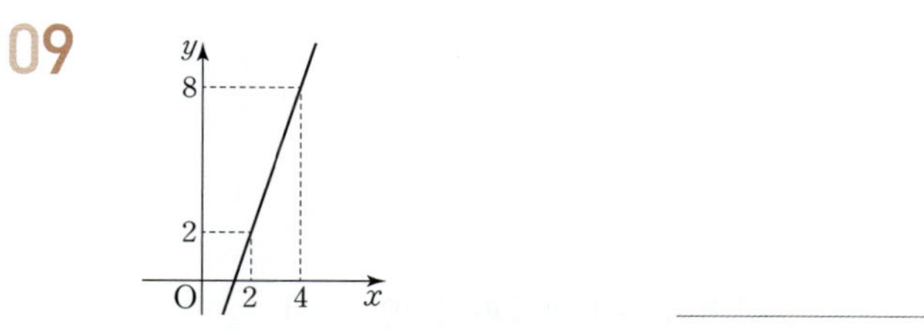

10

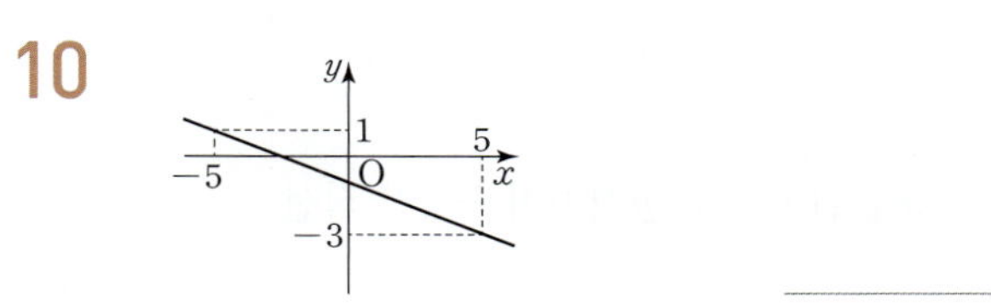

일차함수의 식 구하기 (4) - x절편과 y절편을 알 때

→ 정답 및 풀이 86쪽

x절편이 2, y절편이 1인 직선을 그래프로 하는 일차함수의 식을 구해 보자!

일차함수의 식을 $y=ax+b$로 놓기 → x절편이 $2 \rightarrow (2, 0)$ y절편이 $1 \rightarrow (0, 1)$ → 기울기는 $\dfrac{1-0}{0-2}=-\dfrac{1}{2}$ 이므로 $y=-\dfrac{1}{2}x+b$ → y절편이 1이므로 $y=-\dfrac{1}{2}x+1$

참고 $\underset{(m,\,0)}{x절편이\ m}$, $\underset{(0,\,n)}{y절편이\ n}$이면 $(기울기)=\dfrac{n-0}{0-m}=-\dfrac{n}{m}$이므로 구하는 일차함수의 식은 $y=-\dfrac{n}{m}x+n$이다.

❋ 다음 직선을 그래프로 하는 일차함수의 식을 구하시오.

01 x절편이 2, y절편이 2인 직선 _________

두 점 ($\boxed{}$, 0), (0, $\boxed{}$)를 지나므로

$(기울기)=\dfrac{\boxed{}-0}{0-\boxed{}}=\boxed{}$

따라서 구하는 일차함수의 식은 $y=\boxed{}$

02 x절편이 1, y절편이 -3인 직선

____

03 x절편이 2, y절편이 6인 직선

____

04 x절편이 -4, y절편이 3인 직선

____

05 x절편이 -2, y절편이 -1인 직선

____

❋ 다음 그림과 같은 직선을 그래프로 하는 일차함수의 식을 구하시오.

06

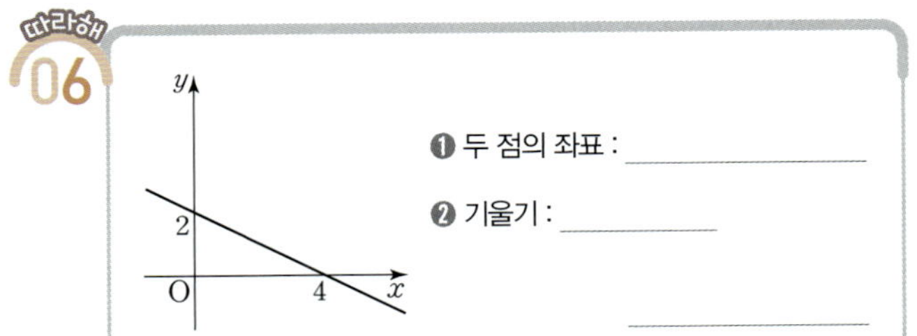

❶ 두 점의 좌표 : _________

❷ 기울기 : _________

____

07

____

08

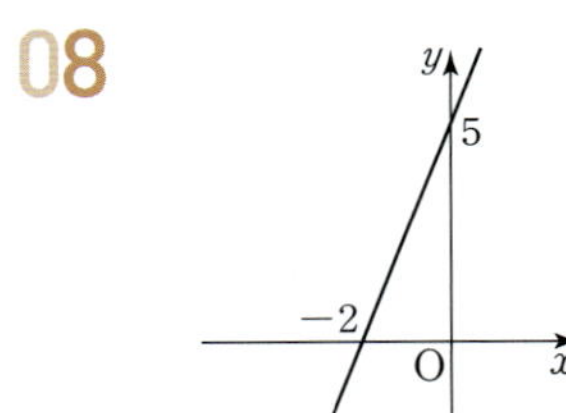

____

09

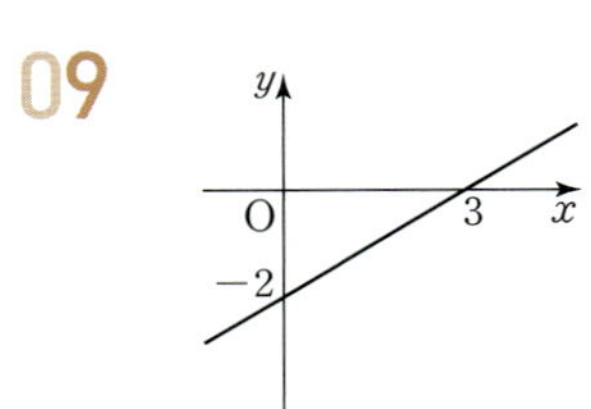

____

10분 연산 TEST 1회

[01~10] 다음 직선을 그래프로 하는 일차함수의 식을 구하시오.

01 기울기가 2, y절편이 -1인 직선

02 일차함수 $y=\dfrac{1}{3}x-4$의 그래프와 평행하고, 점 $(0,\ -2)$를 지나는 직선

03 기울기가 -1이고, 점 $(1,\ -2)$를 지나는 직선

04 기울기가 -2이고, x절편이 3인 직선

05 일차함수 $y=3x-1$의 그래프와 평행하고, 점 $(-1,\ -6)$을 지나는 직선

06 x의 값이 2만큼 증가할 때 y의 값은 4만큼 감소하고, 점 $(-2,\ 1)$을 지나는 직선

07 두 점 $(2,\ 0),\ (-4,\ 3)$을 지나는 직선

08 두 점 $(-1,\ -2),\ (2,\ -8)$을 지나는 직선

09 x절편이 1, y절편이 -4인 직선

10 x절편이 -3, y절편이 6인 직선

[11~15] 다음 그림과 같은 직선을 그래프로 하는 일차함수의 식을 구하시오.

11
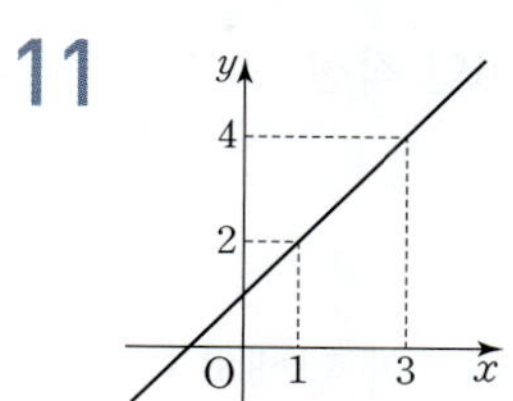

12
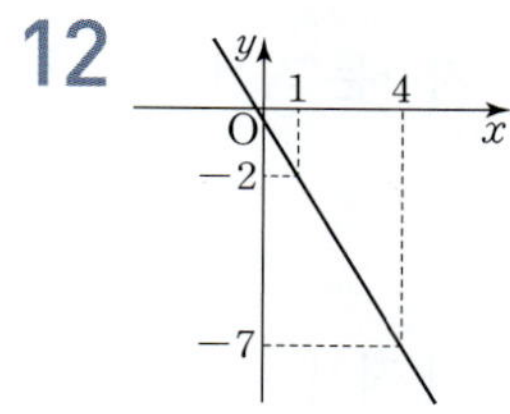

13
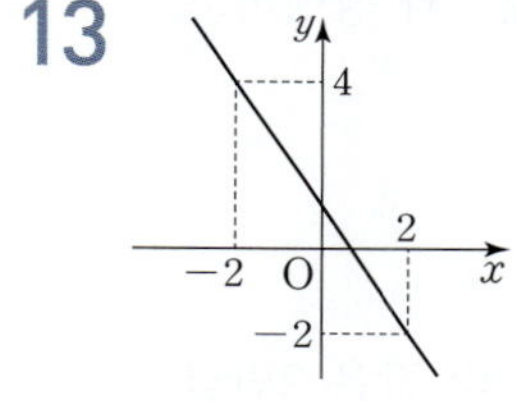

14
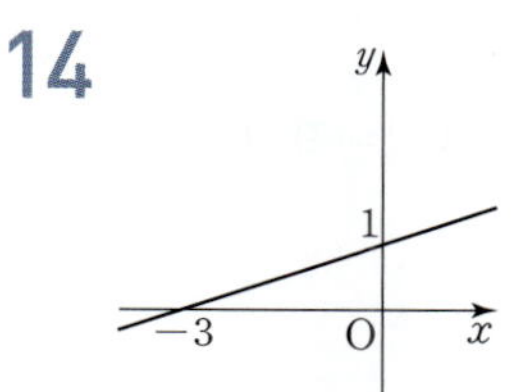

15
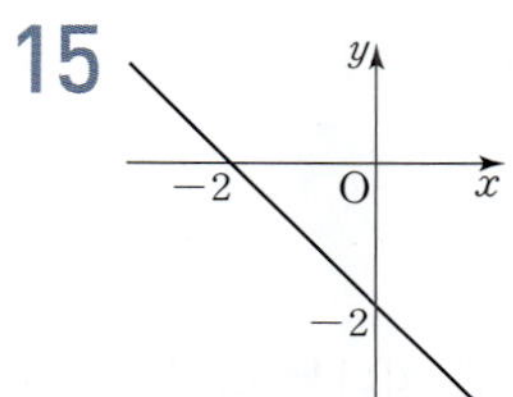

맞힌 개수 ☐개 /15개

10분 연산 TEST 2회

[01~10] 다음 직선을 그래프로 하는 일차함수의 식을 구하시오.

01 기울기가 -1이고, y절편이 6인 직선

02 일차함수 $y=-4x+3$의 그래프와 평행하고, 점 $(0, -5)$를 지나는 직선

03 기울기가 1이고, 점 $(3, 1)$을 지나는 직선

04 기울기가 3이고, x절편이 -1인 직선

05 일차함수 $y=-x+3$의 그래프와 평행하고, 점 $(2, 0)$을 지나는 직선

06 x의 값이 2만큼 증가할 때 y의 값은 2만큼 증가하고, 점 $(-1, 3)$을 지나는 직선

07 두 점 $(-1, 4)$, $(3, 10)$을 지나는 직선

08 두 점 $(1, -3)$, $(3, 3)$을 지나는 직선

09 x절편이 2, y절편이 8인 직선

10 x절편이 -3이고, 점 $(0, 5)$를 지나는 직선

[11~15] 다음 그림과 같은 직선을 그래프로 하는 일차함수의 식을 구하시오.

11 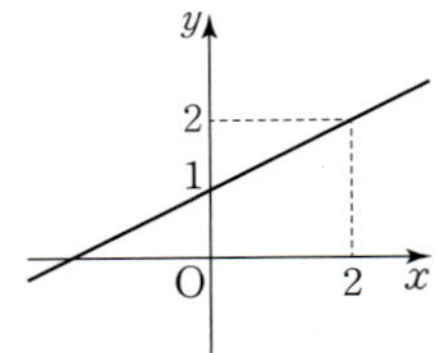

12 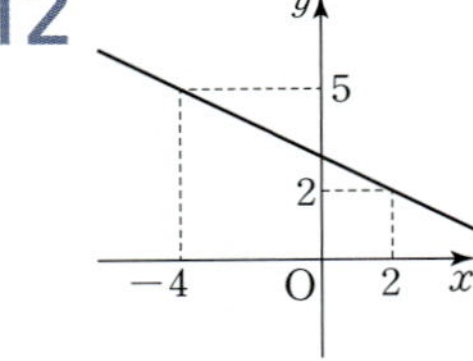

13 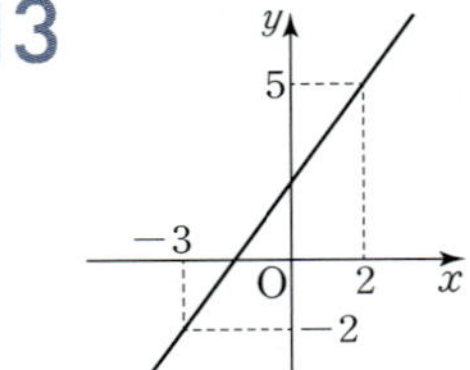

14 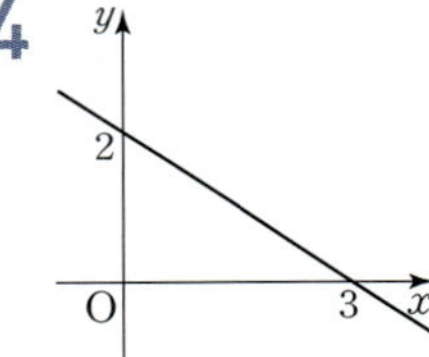

15 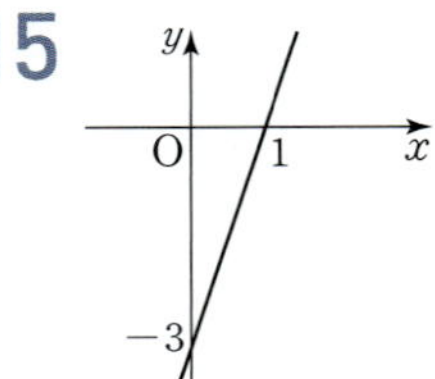

맞힌 개수 ☐ 개 / 15개

07  일차함수의 활용

온도가 30 ℃인 물을 가열하면 물의 온도가 1분에 5 ℃씩 일정하게 올라간다고 한다. 가열한 지 10분 후의 물의 온도를 구해 보자.

❶ 가열한 지 x분 후의 물의 온도를 y ℃라 하자.
❷ 1분마다 물의 온도가 5 ℃씩 올라가므로 $y=5x+30$
❸ $x=10$을 $y=5x+30$에 대입하면 $y=5\times10+30=80$
  따라서 가열한 지 10분 후의 물의 온도는 80 ℃이다.
❹ $x=10$, $y=80$을 $y=5x+30$에 대입하면 $80=5\times10+30$
  이므로 구한 값은 문제 상황에 적합하다.

❶ 변수 정하기
❷ 일차함수의 식 구하기
❸ 함숫값 구하기
❹ 확인하기

---

01 지면으로부터 10 km까지는 높이가 1 km 높아질 때마다 기온이 6 ℃씩 일정하게 내려간다고 한다. 지면에서의 기온이 24 ℃일 때, 다음 물음에 답하시오.

(1) 지면으로부터의 높이가 x km인 곳의 기온을 y ℃라 할 때, x와 y 사이의 관계를 식으로 나타내시오.

> 1 km 높아질 때마다 기온이 ☐ ℃씩 내려가므로 $y=24-$☐x

(2) 지면으로부터의 높이가 2 km인 곳의 기온은 몇 ℃인지 구하시오. ________

(3) 기온이 -6 ℃인 곳의 지면으로부터의 높이는 몇 km인지 구하시오. ________

02 온도가 60 ℃인 물을 가열하면 물의 온도가 3분에 1 ℃씩 일정하게 올라간다고 할 때, 다음 물음에 답하시오. ↳ 1분에 $\frac{1}{3}$ ℃씩 올라간다.

(1) 가열한 지 x분 후의 물의 온도를 y ℃라 할 때, x와 y 사이의 관계를 식으로 나타내시오. ________

(2) 가열한 지 15분 후의 물의 온도는 몇 ℃인지 구하시오. ________

(3) 가열한 지 몇 분 후에 물의 온도가 70 ℃가 되는지 구하시오. ________

03 길이가 15 cm인 용수철에 10 g의 추를 매달 때마다 용수철의 길이가 4 cm씩 일정하게 늘어난다고 할 때, 다음 물음에 답하시오.

(1) 이 용수철에 x g의 추를 매달았을 때의 용수철의 길이를 y cm라 할 때, x와 y 사이의 관계를 식으로 나타내시오.

> 1 g의 추를 매달 때마다 용수철의 길이가 ☐ cm씩 늘어나므로 $y=$☐$x+15$

(2) 4 g의 추를 매달았을 때의 용수철의 길이는 몇 cm인지 구하시오. ________

(3) 용수철의 길이가 35 cm가 되는 것은 몇 g의 추를 매달았을 때인지 구하시오. ________

04 길이가 20 cm인 양초에 불을 붙이면 양초의 길이가 1분에 2 cm씩 일정하게 짧아진다고 할 때, 다음 물음에 답하시오.

(1) 불을 붙인 지 x분 후에 남은 양초의 길이를 y cm라 할 때, x와 y 사이의 관계를 식으로 나타내시오. ________

(2) 불을 붙인 지 5분 후에 남은 양초의 길이는 몇 cm인지 구하시오. ________

(3) 양초가 완전히 타는 데 걸리는 시간은 몇 분인지 구하시오. ________

05 30 L의 물이 들어 있는 물탱크에 1분에 3 L씩 일정한 속력으로 물을 넣을 때, 다음 물음에 답하시오.

(1) 물을 넣기 시작한 지 x분 후에 물탱크에 들어 있는 물의 양을 y L라 할 때, x와 y 사이의 관계를 식으로 나타내시오.

> 1분에 ◻ L씩 물을 넣으므로
>
> $y = $ ◻ $x + 30$

(2) 물을 넣기 시작한 지 8분 후의 물탱크에 들어 있는 물의 양은 몇 L인지 구하시오.

(3) 물탱크에 들어 있는 물의 양이 120 L가 되는 것은 물을 넣기 시작한 지 몇 분 후인지 구하시오.

06 1 km를 달리는 데 0.1 L의 휘발유가 소모되는 자동차에 36 L의 휘발유가 있을 때, 다음 물음에 답하시오.

(1) x km를 달린 후에 자동차에 남은 휘발유의 양을 y L라 할 때, x와 y 사이의 관계를 식으로 나타내시오.

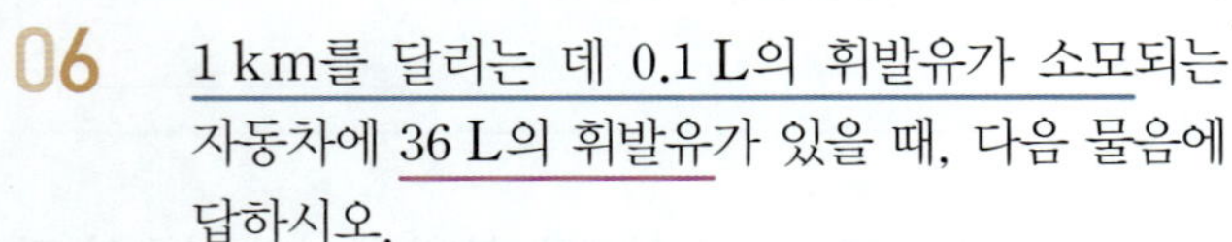

(2) 자동차가 60 km를 달린 후에 자동차에 남은 휘발유의 양을 구하시오.

(3) 휘발유를 모두 사용할 때까지 자동차가 달릴 수 있는 거리는 몇 km인지 구하시오.

07 집에서 학교까지의 거리는 800 m이다. 집에서 출발하여 학교를 향해 분속 25 m의 일정한 속력으로 걸어갈 때, 다음 물음에 답하시오.

(1) 집에서 출발한 지 x분 후에 학교까지 남은 거리를 y m라 할 때, ◻ 안에 알맞은 것을 써넣고, x와 y 사이의 관계를 식으로 나타내시오.

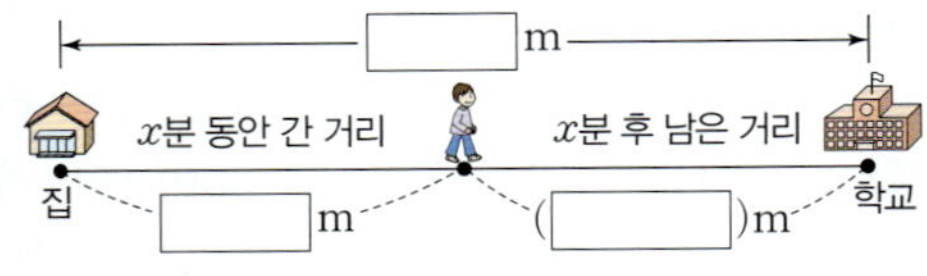

→ x분 후 남은 거리가 ( ) m이므로

$y = $

(2) 집에서 출발한 지 10분 후 학교까지 남은 거리를 구하시오.

(3) 집에서 학교까지 가는 데 몇 분이 걸리는지 구하시오.

08 초속 3 m의 일정한 속력으로 내려오는 어떤 엘리베이터가 지상으로부터 60 m의 높이에서 출발하여 멈추지 않고 내려올 때, 다음 물음에 답하시오.

(1) 이 엘리베이터가 출발한 지 x초 후의 지상으로부터 엘리베이터의 높이를 y m라 할 때, x와 y 사이의 관계를 식으로 나타내시오.

(2) 엘리베이터가 출발한 지 12초 후의 지상으로부터 엘리베이터의 높이는 몇 m인지 구하시오.

(3) 엘리베이터가 지상에 도착하는 것은 출발한 지 몇 초 후인지 구하시오.

오른쪽 그림과 같은 직사각형 ABCD에서 점 P가 점 B를 출발하여 변 BC를 따라 1초에 $\frac{1}{2}$ cm씩 움직이고 있을 때, 다음 물음에 답하시오.

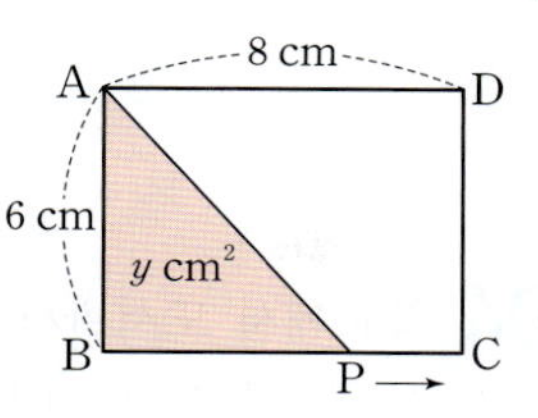

(1) x초 후의 삼각형 ABP의 넓이를 y cm²라 할 때, x와 y 사이의 관계를 식으로 나타내시오.

> x초 후 $\overline{BP}=\boxed{}$ cm이므로
>
> $y=\dfrac{1}{2}\times\overline{BP}\times\overline{AB}$
>
> $\quad=\dfrac{1}{2}\times\boxed{}\times\boxed{}=\boxed{}$

(2) 10초 후의 삼각형 ABP의 넓이를 구하시오.

(3) 삼각형 ABP의 넓이가 21 cm²가 되는 것은 몇 초 후인지 구하시오.

10

오른쪽 그림과 같은 직사각형 ABCD에서 점 P가 점 B를 출발하여 변 BC를 따라 1초에 2 cm씩 움직이고 있을 때, 다음 물음에 답하시오.

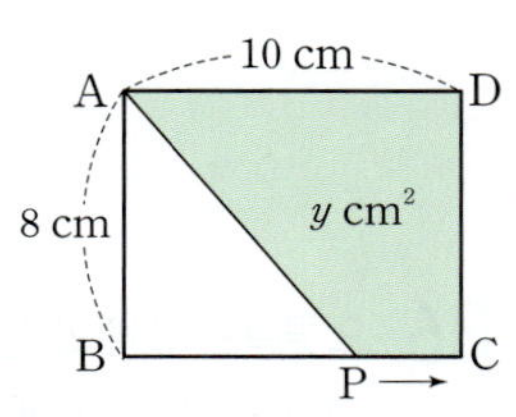

(1) x초 후의 삼각형 ABP의 넓이를 x를 사용한 식으로 나타내시오.

(2) x초 후의 사각형 APCD의 넓이를 y cm²라 할 때, x와 y 사이의 관계를 식으로 나타내시오.

(3) 사각형 APCD의 넓이가 56 cm²가 되는 것은 몇 초 후인지 구하시오.

11

오른쪽 그래프는 200 L의 물이 들어 있는 물통에서 물이 흘러 나온 지 x시간 후에 남아 있는 물의 양을 y L라 할 때, x와 y 사이의 관계를 나타낸 것이다. 다음 물음에 답하시오.

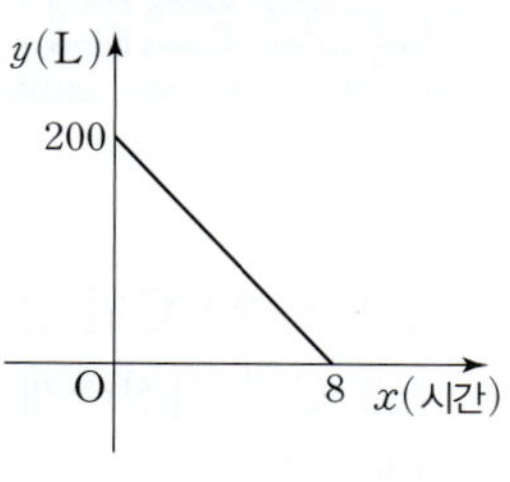

(1) x와 y 사이의 관계를 식으로 나타내시오.

> 그래프가 두 점 $(0,\ \boxed{})$, $(\boxed{},\ 0)$을 지나므로
>
> (기울기) $=\dfrac{0-\boxed{}}{\boxed{}-0}=\boxed{}$
>
> 이때 y절편이 $\boxed{}$이므로
>
> $y=\boxed{}$

(2) 물이 흘러 나온 지 5시간 후에 물통에 남아 있는 물의 양은 몇 L인지 구하시오.

(3) 물이 흘러 나온 지 몇 시간 후에 물통에 남아 있는 물의 양이 50 L가 되는지 구하시오.

12

오른쪽 그래프는 석유가 18 L 들어 있는 난로에 불을 붙인 지 x시간 후에 남아 있는 석유의 양이 y L일 때, x와 y 사이의 관계를 나타낸 것이다. 다음 물음에 답하시오.

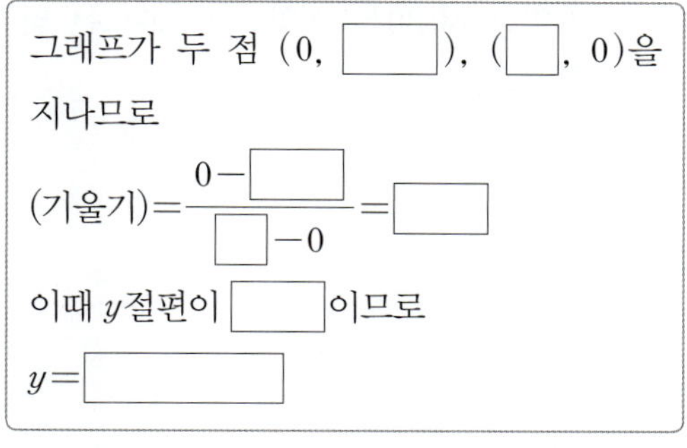

(1) x와 y 사이의 관계를 식으로 나타내시오.

(2) 난로에 불을 붙인 지 10시간 후에 남아 있는 석유의 양은 몇 L인지 구하시오.

(3) 석유를 모두 사용하기까지 걸린 시간을 구하시오.

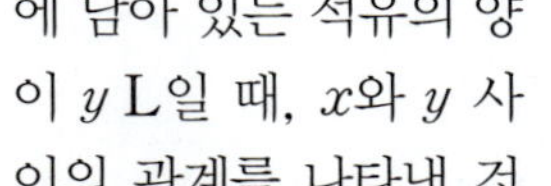

10분 연산 TEST 1회

01 온도가 20 °C인 물을 가열하면 물의 온도가 1분에 0.5 °C씩 일정하게 올라간다고 할 때, 다음 물음에 답하시오.

(1) 가열한 지 x분 후의 물의 온도를 y °C라 할 때, x와 y 사이의 관계를 식으로 나타내시오.

(2) 가열한 지 30분 후의 물의 온도는 몇 °C인지 구하시오.

02 길이가 10 cm인 용수철에 무게가 20 g인 물체를 매달 때마다 용수철의 길이가 6 cm씩 일정하게 늘어난다고 할 때, 다음 물음에 답하시오.

(1) 이 용수철에 x g의 물체를 매달았을 때의 용수철의 길이를 y cm라 할 때, x와 y 사이의 관계를 식으로 나타내시오.

(2) 용수철의 길이가 25 cm가 되는 것은 몇 g의 물체를 매달았을 때인지 구하시오.

03 500 mL짜리 링거 주사를 어떤 환자가 2분에 10 mL씩 일정한 속력으로 맞는다고 할 때, 다음 물음에 답하시오.

(1) 링거 주사를 맞기 시작한 지 x분 후에 남아 있는 링거액의 양을 y mL라 할 때, x와 y 사이의 관계를 식으로 나타내시오.

(2) 40분 후에 남아 있는 링거액의 양은 몇 mL인지 구하시오.

04 학교에서 도서관까지의 거리는 3 km이고, 학교에서 출발하여 도서관을 향해 분속 200 m의 일정한 속력으로 자전거를 타고 갈 때, 다음 물음에 답하시오.

(1) 학교에서 출발한 지 x분 후에 도서관까지 남은 거리를 y m라 할 때, x와 y 사이의 관계를 식으로 나타내시오.

(2) 학교에서 도서관까지 가는 데 몇 분이 걸리는지 구하시오.

05 오른쪽 그림과 같은 직사각형 ABCD에서 점 P가 점 A를 출발하여 변 AB를 따라 1초에 1 cm씩 움직이고 있을 때, 다음 물음에 답하시오.

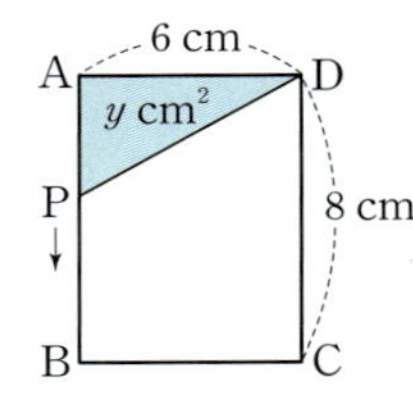

(1) x초 후의 삼각형 APD의 넓이를 y cm²라 할 때, x와 y 사이의 관계를 식으로 나타내시오.

(2) 삼각형 APD의 넓이가 12 cm²가 되는 것은 몇 초 후인지 구하시오.

06 오른쪽 그래프는 길이가 30 cm인 양초에 불을 붙인 지 x분 후에 남은 양초의 길이를 y cm라 할 때, x와 y 사이의 관계를 나타낸 것이다. 다음 물음에 답하시오.

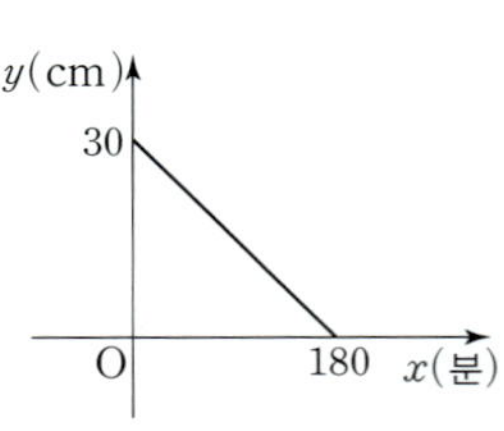

(1) x와 y 사이의 관계를 식으로 나타내시오.

(2) 불을 붙인 지 1시간 30분 후의 남은 양초의 길이는 몇 cm인지 구하시오.

맞힌 개수   개 / 6개

10분 연산 TEST 2회

01 공기 중에서 소리의 속력은 기온이 0 °C일 때, 초속 331 m이고, 기온이 1 °C 올라갈 때마다 초속 0.6 m씩 일정하게 증가한다고 한다. 다음 물음에 답하시오.

(1) 기온이 x °C인 곳에서의 소리의 속력을 초속 y m라 할 때, x와 y 사이의 관계를 식으로 나타내시오.

(2) 기온이 25 °C일 때, 소리의 속력은 초속 몇 m인지 구하시오.

02 길이가 30 cm인 양초에 불을 붙이면 양초의 길이가 10분에 2 cm씩 일정하게 짧아진다고 할 때, 다음 물음에 답하시오.

(1) 불을 붙인 지 x분 후에 남은 양초의 길이를 y cm라 할 때, x와 y 사이의 관계를 식으로 나타내시오.

(2) 양초가 완전히 타는 데 걸리는 시간은 몇 분인지 구하시오.

03 10 L의 물이 들어 있는 물탱크에 매분 2 L씩 일정한 속력으로 물을 넣을 때, 다음 물음에 답하시오.

(1) 물을 넣기 시작한 지 x분 후에 물탱크에 들어 있는 물의 양을 y L라 할 때, x와 y 사이의 관계를 식으로 나타내시오.

(2) 물을 넣기 시작한 지 30분 후의 물탱크에 들어 있는 물의 양은 몇 L인지 구하시오.

04 350 km 떨어진 목적지를 향해 자동차가 시속 70 km의 일정한 속력으로 달린다고 할 때, 다음 물음에 답하시오.

(1) 출발한 지 x시간 후에 목적지까지 남은 거리를 y km라 할 때, x와 y 사이의 관계를 식으로 나타내시오.

(2) 목적지까지 가는 데 몇 시간이 걸리는지 구하시오.

05 오른쪽 그림과 같은 직사각형 ABCD에서 점 P가 점 B를 출발하여 변 BC를 따라 1초에 4 cm씩 움직이고 있을 때, 다음 물음에 답하시오.

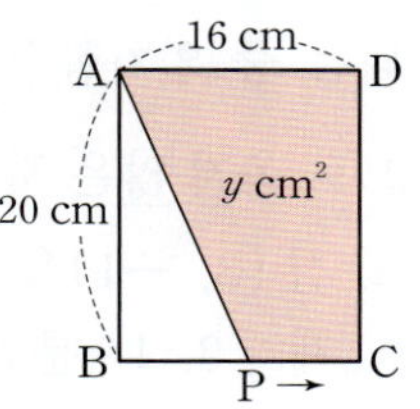

(1) x초 후의 사각형 APCD의 넓이를 y cm²라 할 때, x와 y 사이의 관계를 식으로 나타내시오.

(2) 3초 후의 사각형 APCD의 넓이를 구하시오.

06 오른쪽 그래프는 어느 택배 회사에서 무게가 x kg인 물건의 배송비를 y천 원이라 할 때, x와 y 사이의 관계를 나타낸 것이다. 다음 물음에 답하시오.

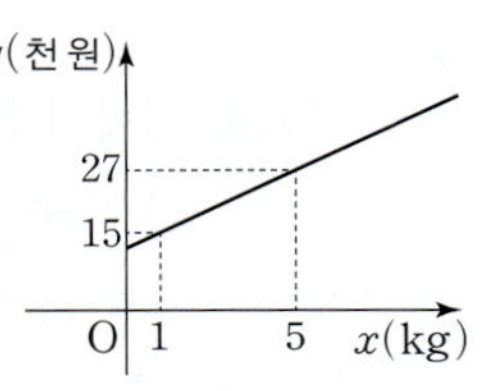

(1) x와 y 사이의 관계를 식으로 나타내시오.

(2) 배송비가 33000원인 물건의 무게는 몇 kg인지 구하시오.

맞힌 개수 ☐ 개 / 6개

스스로 개념 점검

2. 일차함수와 그 그래프 (2)

(1) 일차함수 $y=ax+b$의 그래프에서

① 기울기 a의 부호는 그래프의 [   ]을 결정한다.

② y절편 b의 부호는 그래프가 [   ] 축과 만나는 부분을 결정한다.

(2) 기울기가 같은 두 일차함수의 그래프는 서로 [   ]하거나 [   ]한다.

(3) 서로 평행한 두 일차함수의 그래프의 기울기는 서로 [   ].

01 출제율 85%

다음 중 일차함수 $y=-\dfrac{2}{3}x+1$의 그래프에 대한 설명으로 옳지 <u>않은</u> 것은?

① 점 $(3, -1)$을 지난다.

② 제2, 3, 4사분면을 지난다.

③ 오른쪽 아래로 향하는 직선이다.

④ x절편은 $\dfrac{3}{2}$이다.

⑤ x의 값이 3만큼 증가할 때 y의 값은 2만큼 감소한다.

02

다음 **보기**의 일차함수 중 그 그래프가 오른쪽 위로 향하는 직선인 것은 모두 몇 개인가?

┌ 보기 ┐

ㄱ. $y=5x-4$ ㄴ. $y=-6x+7$

ㄷ. $y=\dfrac{3}{4}x-6$ ㄹ. $y=-\dfrac{4}{5}x+3$

ㅁ. $y=x$ ㅂ. $y=4x+9$

① 1개   ② 2개   ③ 3개

④ 4개   ⑤ 5개

03

오른쪽 그림은 일차함수 $y=ax+b$의 그래프이다. 상수 a, b의 부호로 옳은 것은?

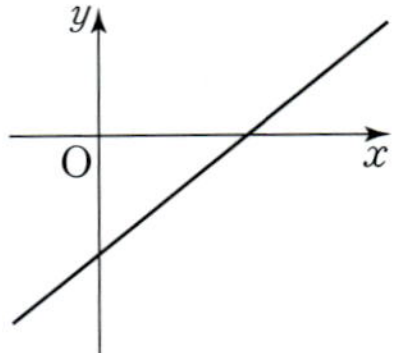

① $a>0$, $b>0$ ② $a>0$, $b<0$

③ $a<0$, $b>0$ ④ $a<0$, $b<0$

⑤ $a<0$, $b=0$

04 실수 주의

$a<0$, $b<0$일 때, 다음 중 일차함수 $y=ax-b$의 그래프로 알맞은 것은? (단, a, b는 상수)

①
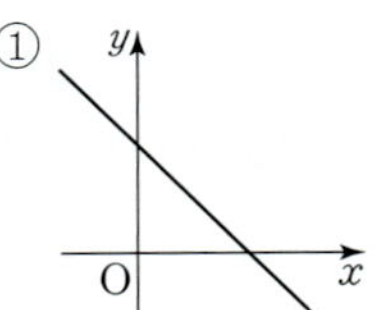
②
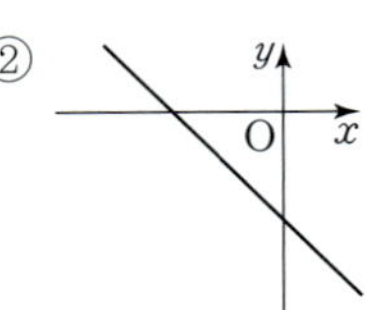

③
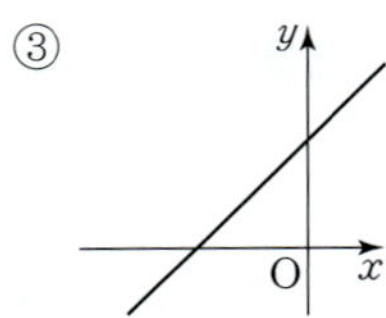
④
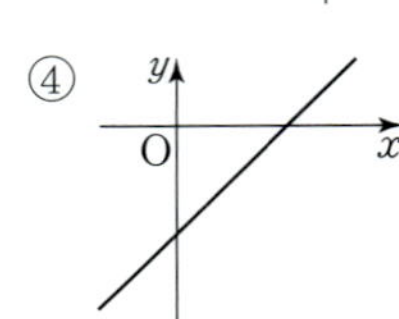

⑤
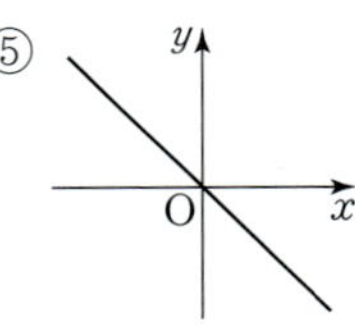

05

다음 일차함수의 그래프 중 일차함수 $y=4x-8$의 그래프와 평행한 것은?

① $y=-4x-8$ ② $y=-4x+8$

③ $y=x-8$ ④ $y=4x-3$

⑤ $y=8x-4$

06

두 일차함수 $y=2ax-5$, $y=-4x+b$의 그래프에 대하여 두 그래프가 일치하기 위한 상수 a, b의 조건은?

① $a=-2$, $b=-5$ ② $a=-2$, $b\neq-5$

③ $a=1$, $b=-5$ ④ $a=2$, $b=-5$

⑤ $a=2$, $b\neq-5$

07

x의 값이 2에서 5까지 증가할 때 y의 값은 6만큼 증가하고, y절편이 3인 직선을 그래프로 하는 일차함수의 식은?

① $y=-2x+1$ ② $y=-2x+3$

③ $y=2x-1$ ④ $y=2x+3$

⑤ $y=2x+6$

08 출제율 80%

일차함수 $y=-3x+5$의 그래프와 평행하고 점 $(0, -2)$를 지나는 직선을 그래프로 하는 일차함수의 식은?

① $y=-3x-3$ ② $y=-3x-2$

③ $y=-3x+3$ ④ $y=3x-2$

⑤ $y=3x+7$

09

x절편이 2, y절편이 3인 직선을 그래프로 하는 일차함수의 식을 $y=ax+b$라 할 때, $\dfrac{a}{b}$의 값은? (단, a, b는 상수)

① $-\dfrac{3}{2}$ ② $-\dfrac{1}{2}$ ③ $\dfrac{1}{2}$

④ $\dfrac{2}{3}$ ⑤ $\dfrac{3}{2}$

10

200쪽 분량의 소설책을 하루에 8쪽씩 x일 동안 읽으면 y쪽이 남는다고 한다. 이 소설책을 다 읽는 데 며칠이 걸리는가?

① 21일 ② 23일 ③ 25일

④ 28일 ⑤ 30일

11 ⚠ 실수 주의

해수면에서 공기가 누르는 압력은 1기압이고, 해수면에서 물속으로 10 m 내려갈 때마다 압력이 1기압씩 일정하게 높아진다고 한다. 수심이 450 m인 지점의 압력은 몇 기압인가?

① 44기압 ② 45기압 ③ 46기압

④ 47기압 ⑤ 48기압

12 📋 서술형

오른쪽 그림과 같은 직선을 그래프로 하는 일차함수의 식을 $y=ax+b$라 할 때, $a-b$의 값을 구하시오.

(단, a, b는 상수)

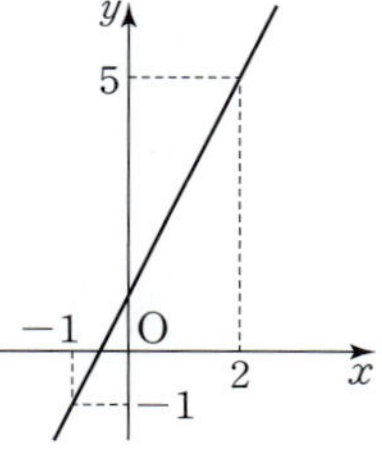

채점기준 1 그래프가 지나는 두 점을 이용하여 a의 값 구하기

채점기준 2 b의 값 구하기

채점기준 3 $a-b$의 값 구하기

일차함수와 일차방정식의 관계

01 일차함수와 일차방정식

(1) **미지수가 2개인 일차방정식의 그래프** : 미지수가 2개인 일차방정식의 해의 순서쌍 (x, y)를 좌표로 하는 모든 점을 좌표평면 위에 나타낸 것

(2) **직선의 방정식** : x, y의 값의 범위가 수 전체일 때, 일차방정식

$$ax+by+c=0 \ (a, b, c는 상수, a \neq 0 \ 또는 \ b \neq 0)$$

을 직선의 방정식이라 한다.

(3) **일차방정식과 일차함수의 그래프** : 일차방정식 $ax+by+c=0$ $(a, b, c는 상수, a \neq 0, b \neq 0)$의

그래프는 일차함수 $y = -\dfrac{a}{b}x - \dfrac{c}{b}$의 그래프와 같다.

$\rightarrow a \neq 0$이고, $b \neq 0$

02 일차방정식 $x=p$, $y=q$의 그래프

(1) **방정식 $x=p$ $(p \neq 0)$의 그래프** : 점 $(p, 0)$을 지나고, y축에 평행한 직선

$\rightarrow p$는 상수

(2) **방정식 $y=q$ $(q \neq 0)$의 그래프** : 점 $(0, q)$를 지나고, x축에 평행한 직선

$\rightarrow q$는 상수 $\rightarrow x$축에 수직 $\rightarrow y$축에 수직

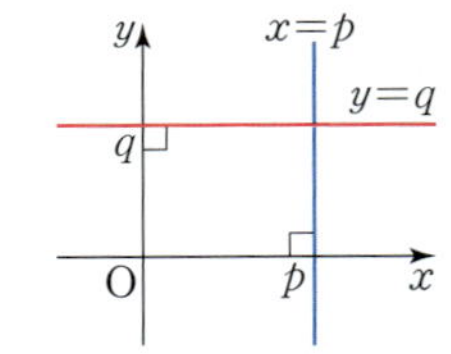

03 연립방정식의 해와 일차함수의 그래프

(1) **연립방정식의 해와 일차함수의 그래프**

연립방정식 $\begin{cases} ax+by+c=0 \\ a'x+b'y+c'=0 \end{cases}$ 의 해는 두 일차방정식

$ax+by+c=0$, $a'x+b'y+c'=0$의 그래프, 즉 두 일차함수

$y = -\dfrac{a}{b}x - \dfrac{c}{b}$, $y = -\dfrac{a'}{b'}x - \dfrac{c'}{b'}$의 그래프의 교점의 좌표와 같다.

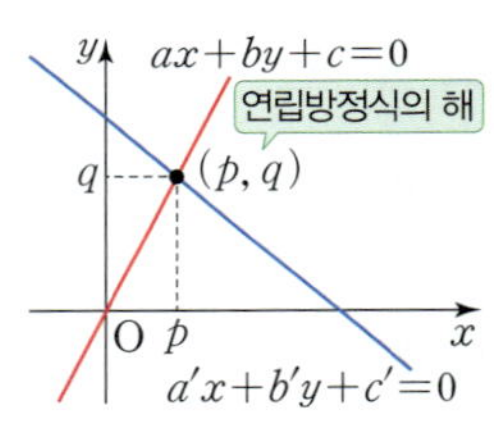

연립방정식의 해 $x=p$, $y=q$ $\longleftrightarrow$ 두 그래프의 교점의 좌표 (p, q)

(2) **연립방정식의 해의 개수와 두 그래프의 위치 관계**

연립방정식 $\begin{cases} ax+by+c=0 \\ a'x+b'y+c'=0 \end{cases}$ 의 해의 개수는 두 일차방정식 $ax+by+c=0$,

$a'x+b'y+c'=0$의 그래프의 교점의 개수와 같다.

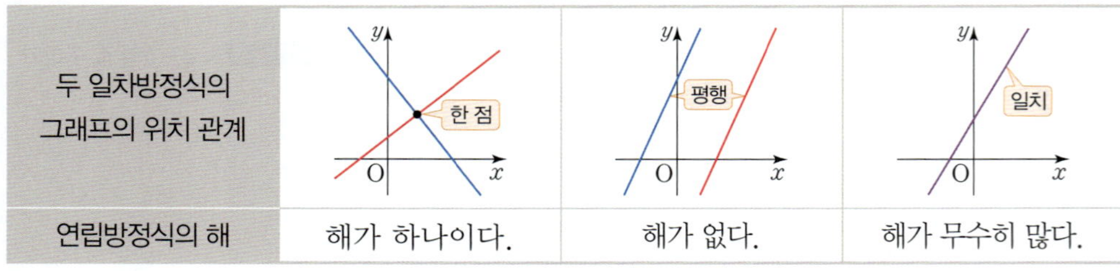

두 일차방정식의 그래프의 위치 관계	한 점	평행	일치
연립방정식의 해	해가 하나이다.	해가 없다.	해가 무수히 많다.

일차함수와 일차방정식의 관계

➡ 정답 및 풀이 92쪽

일차방정식 $x+y-4=0$의 해 (x, y)를 좌표로 하는 점을 좌표평면 위에 나타내 보자.

x, y의 값이 정수일 때

일차방정식 $x+y-4=0$의 해를 순서쌍으로 나타내면
$\cdots$, $(-2, 6)$, $(-1, 5)$, $(0, 4)$, $(1, 3)$, $(2, 2)$, $\cdots$

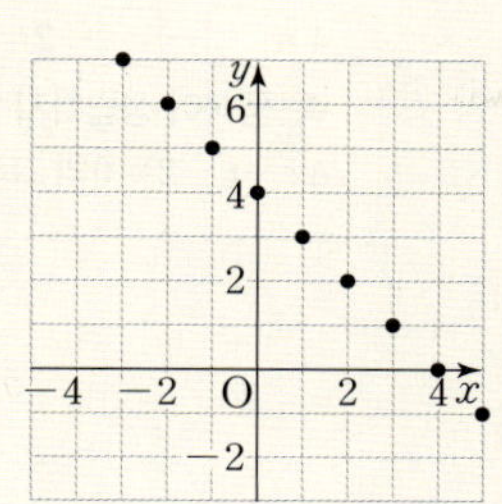

x, y의 값의 범위가 수 전체일 때

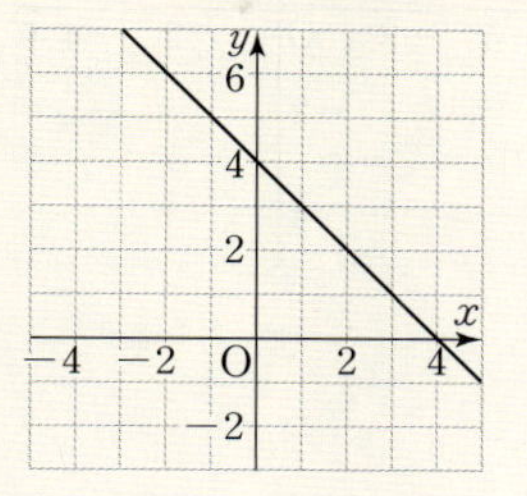

직선 위의 모든 점의 좌표는 일차방정식 $x+y-4=0$의 해가 되고, 이 일차방정식을 **직선의 방정식**이라 해.

| 일차방정식 $x+y-4=0$ | 그래프 / 직선의 방정식 | 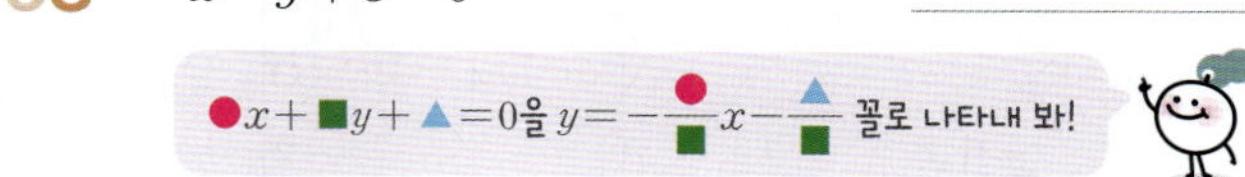 | 그래프 / 일차함수의 식 | 일차함수 $y=-x+4$ |

y를 x에 대한 식으로 나타낸다.

✽ 다음 표를 완성하고, 일차방정식의 그래프를 그리시오.

01 $x+2y-4=0$

x	$\cdots$	-4	-2	0	2	4	$\cdots$
y	$\cdots$						$\cdots$

[x, y의 값이 정수]   [x, y의 값의 범위가 수 전체]

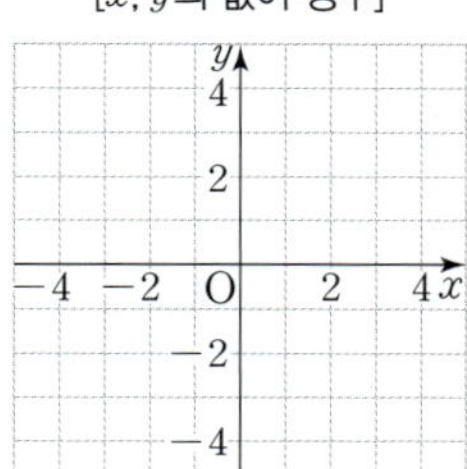 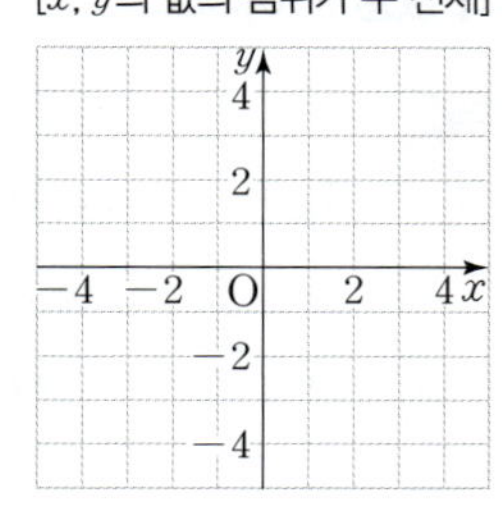

02 $2x-y+3=0$

x	$\cdots$	-4	-3	-2	-1	0	1	$\cdots$
y	$\cdots$							$\cdots$

[x, y의 값이 정수]   [x, y의 값의 범위가 수 전체]

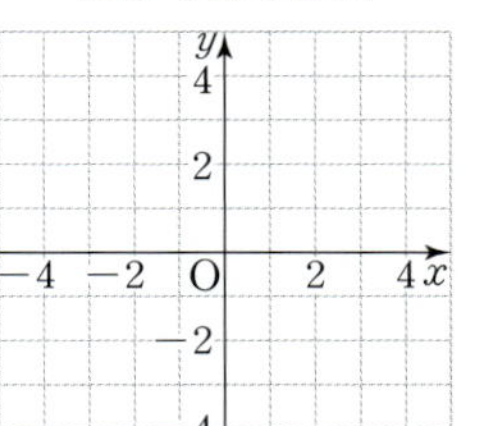 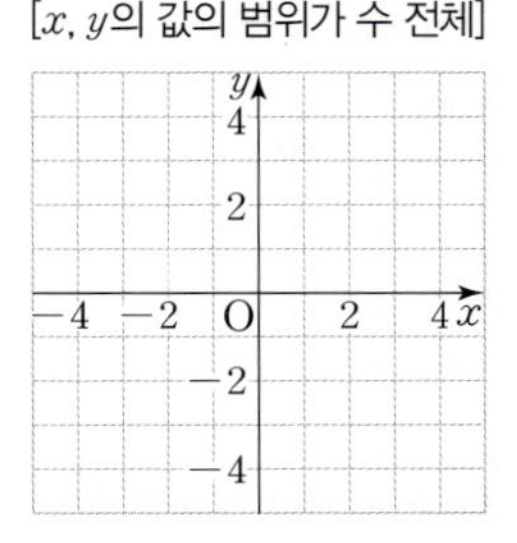

✽ 다음 일차방정식을 일차함수 $y=ax+b$ 꼴로 나타내시오.

03 $x-y+3=0$ __________

04 $-2x+y+7=0$ __________

05 $4x+2y-1=0$ __________

06 $x-3y-2=0$ __________

07 $x+2y+6=0$ __________

08 $5x-3y-2=0$ __________

✿ 다음 일차방정식을 일차함수 $y=ax+b$ 꼴로 나타내고, x절편과 y절편을 각각 구하여 그 그래프를 그리시오.

09 $x-y+4=0$

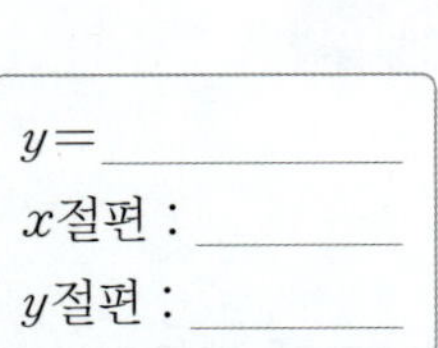

y=__________
x절편 : __________
y절편 : __________

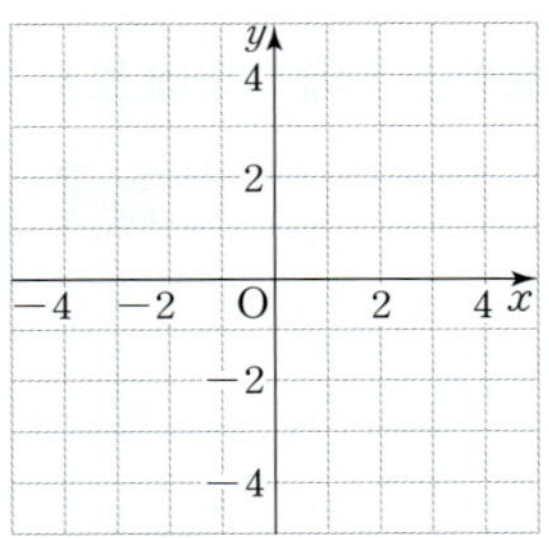

10 $2x-y-2=0$

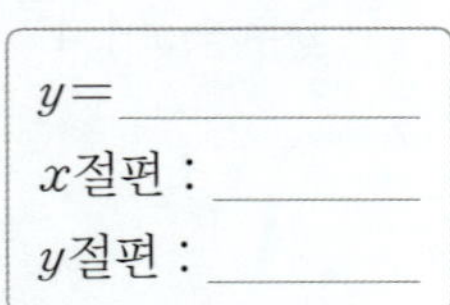

y=__________
x절편 : __________
y절편 : __________

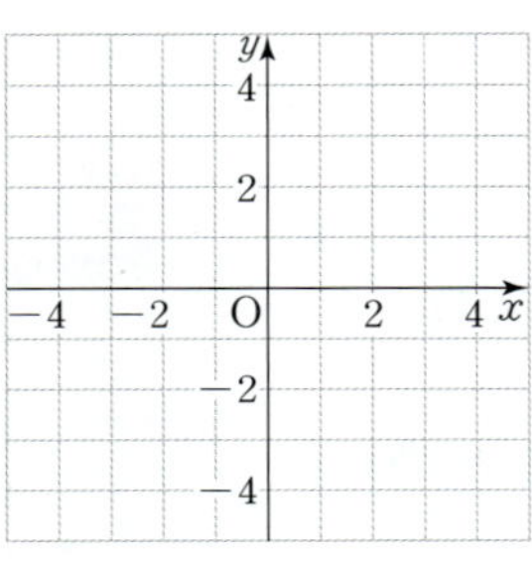

11 $-2x-3y+6=0$

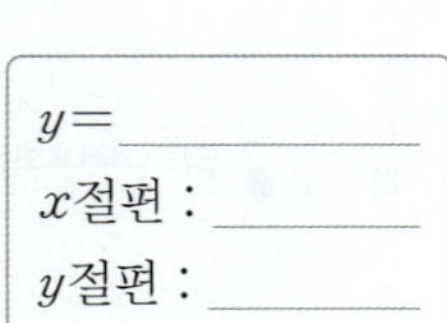

y=__________
x절편 : __________
y절편 : __________

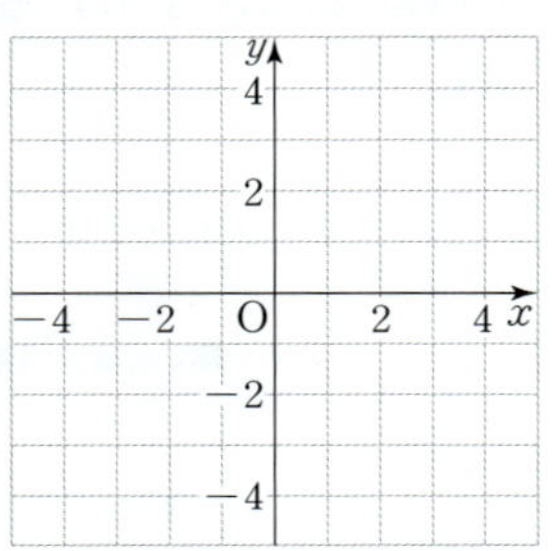

✿ 다음 중 일차방정식 $2x+y-4=0$의 그래프에 대한 설명으로 옳은 것에는 ○표, 옳지 않은 것에는 ×표를 하시오.

12 x절편은 -2이다. ( )

13 y절편은 4이다. ( )

14 일차함수 $y=2x-1$의 그래프와 평행하다. ( )

15 제1, 2, 4사분면을 지난다. ( )

✿ 다음 중 일차방정식 $4x-y-2=0$의 그래프 위의 점인 것에는 ○표, 그래프 위의 점이 아닌 것에는 ×표를 하시오.

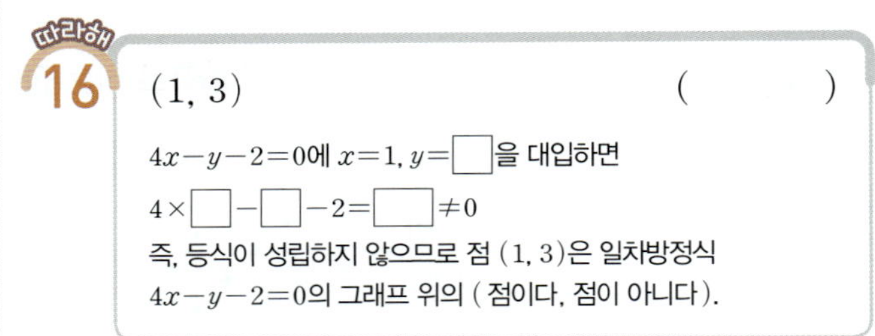

16 $(1, 3)$ ( )

$4x-y-2=0$에 $x=1, y=\boxed{}$을 대입하면
$4\times\boxed{}-\boxed{}-2=\boxed{}\neq0$
즉, 등식이 성립하지 않으므로 점 $(1, 3)$은 일차방정식
$4x-y-2=0$의 그래프 위의 (점이다, 점이 아니다).

17 $(0, -2)$ ( )

18 $(-2, 6)$ ( )

19 $\left(-\dfrac{1}{2}, -4\right)$ ( )

✿ 다음 일차방정식의 그래프가 주어진 점을 지날 때, 상수 a의 값을 구하시오.

20 $6x+5y-7=0, (a, -1)$ __________

$6x+5y-7=0$에 $x=\boxed{}, y=\boxed{}$을 대입하면
$6a-\boxed{}-7=0, 6a=\boxed{}$ ∴ $a=\boxed{}$

21 $-2x+3y+12=0, (3, a)$ __________

22 $2x-y+a=0, (-1, 1)$ __________

23 $ax-y-12=0, (2, -2)$ __________

02 VISUAL 개념연산 일차방정식 $x=p$, $y=q$의 그래프

정답 및 풀이 93쪽

일차방정식 $x=p$ ($p\neq0$)의 그래프

일차방정식 $x=3$의 그래프
→ $x=3$에서 x의 값은 항상 3이다.
→ 점 (3, 0)을 지난다.
→ y축에 평행한 직선
x축에 수직인 직선

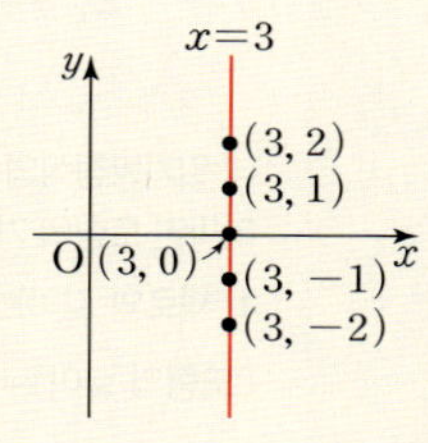

일차방정식 $y=q$ ($q\neq0$)의 그래프

일차방정식 $y=2$의 그래프
→ $y=2$에서 y의 값은 항상 2이다.
→ 점 (0, 2)를 지난다.
→ x축에 평행한 직선
y축에 수직인 직선

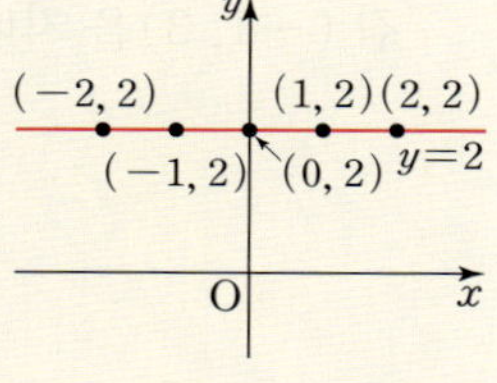

참고 일차방정식 $x=0$의 그래프는 y축을 나타내고, 일차방정식 $y=0$의 그래프는 x축을 나타낸다.

✽ 다음 일차방정식의 그래프를 좌표평면 위에 그리시오.

01 $x=4$

x의 값이 항상 4

02 $y=-3$

y의 값이 항상 −3

03 $4x=-8$

$x=p$ 또는 $y=q$ 꼴로 먼저 고쳐 봐.

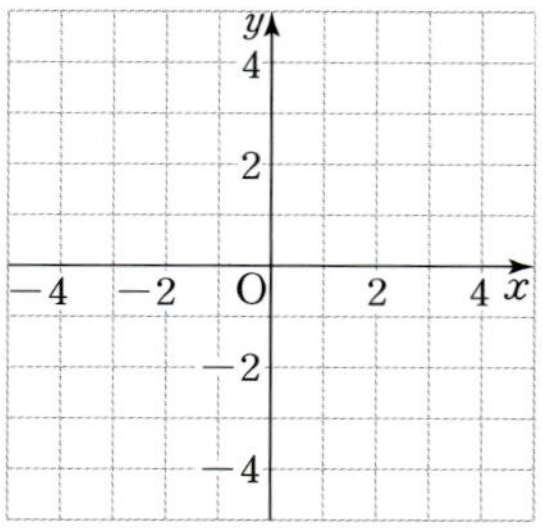

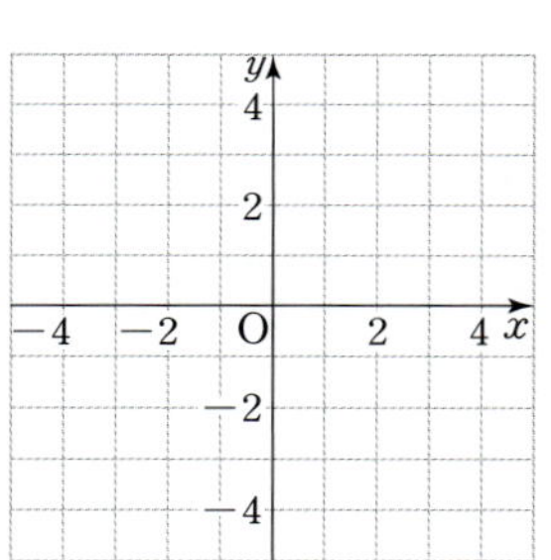

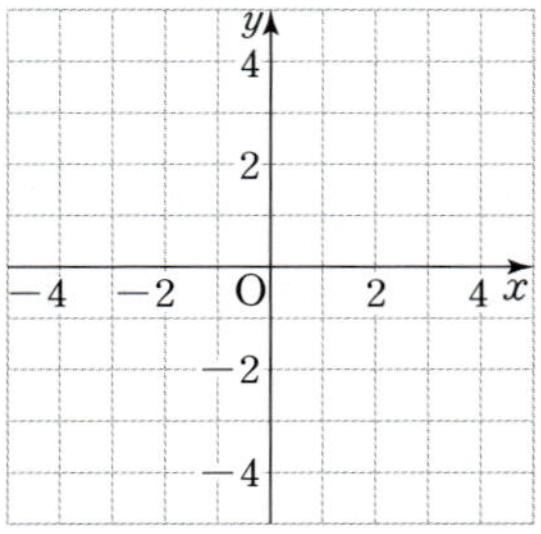

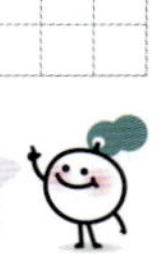

04 $-3y+12=0$

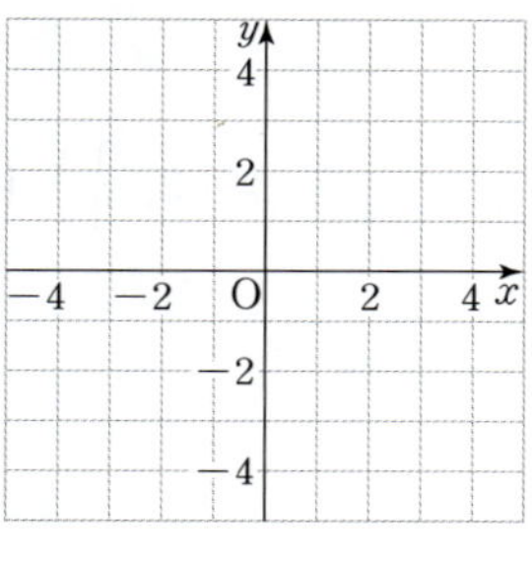

05 오른쪽 좌표평면 위의 그래프 (1), (2)가 나타내는 직선의 방정식을 각각 구하시오.

(1) ____________

(2) ____________

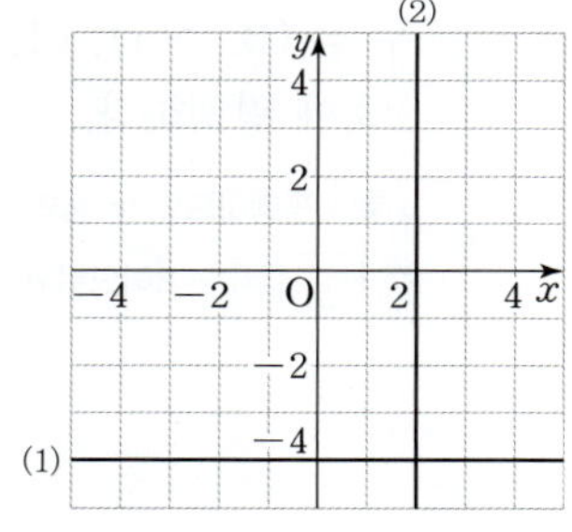

✽ 다음 직선의 방정식을 구하시오.

따라해 **06** 점 (3, 1)을 지나고, x축에 평행한 직선

____

x축에 평행하므로 직선 위의 모든 점의 y좌표는 ☐이다.
따라서 구하는 직선의 방정식은 ☐이다.

07 점 (−2, −5)를 지나고, y축에 평행한 직선

____

08 점 $(4, -2)$를 지나고, x축에 수직인 직선

09 점 $(-1, 3)$을 지나고, y축에 수직인 직선

10 두 점 $(2, -1)$, $\left(2, \dfrac{1}{5}\right)$을 지나는 직선

11 두 점 $\left(3, \dfrac{1}{2}\right)$, $\left(-7, \dfrac{1}{2}\right)$을 지나는 직선

※ 다음을 만족시키는 a의 값을 구하시오.

12 두 점 $(3, -5)$, $(1, a-2)$를 지나는 직선이 x축에 평행하다.

x축에 평행하므로 두 점의 $\boxed{}$좌표가 같다.

즉, $\boxed{}=a-2$이므로 $a=\boxed{}$

13 두 점 $(a+1, 3)$, $(1, 9)$를 지나는 직선이 y축에 평행하다.

14 두 점 $(6, -1)$, $(2a, 4)$를 지나는 직선이 x축에 수직이다.

15 두 점 $\left(-\dfrac{2}{3}, 5a+1\right)$, $(8, -9)$를 지나는 직선이 y축에 수직이다.

※ 다음 네 일차방정식의 그래프를 각각 그리고, 그 그래프로 둘러싸인 도형의 넓이를 구하시오.

16 $x=-3$, $x=1$, $y=-2$, $y=3$

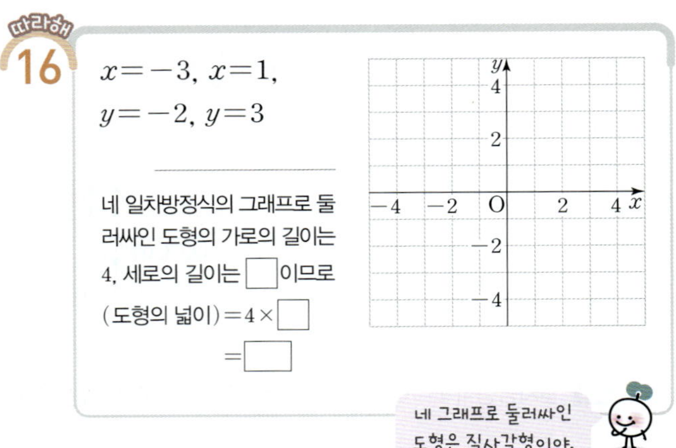

네 일차방정식의 그래프로 둘러싸인 도형의 가로의 길이는 4, 세로의 길이는 $\boxed{}$이므로

(도형의 넓이)$=4 \times \boxed{}$

$\qquad\qquad\quad =\boxed{}$

17 $x=0$, $x=2$, $y=0$, $y=5$

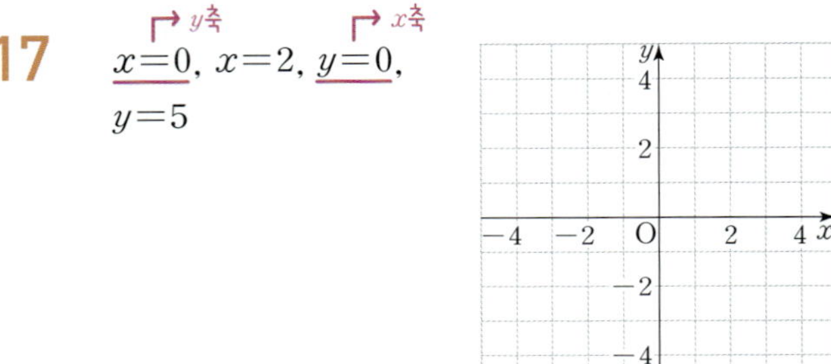

18 $x=1$, $x=3$, $y=1$, $y=4$

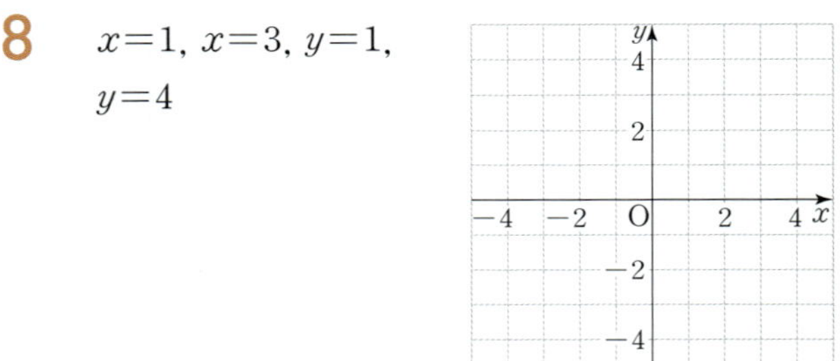

19 $x=-2$, $x=2$, $y=-3$, $y=1$

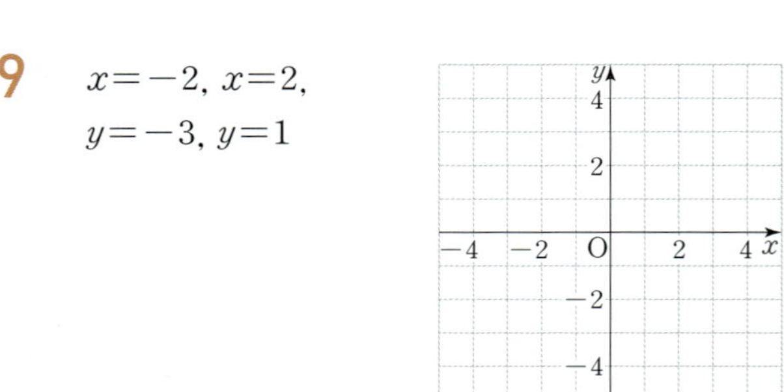

10분 연산 TEST 1회

[01~03] 다음 일차방정식을 일차함수 $y=ax+b$ 꼴로 나타내고, 기울기, x절편, y절편을 각각 구한 후 그 그래프를 그리시오.

01 $2x+y+2=0$

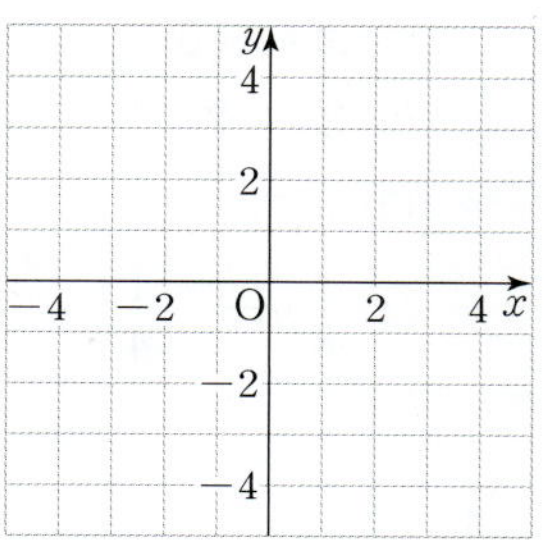

02 $5x-3y-15=0$

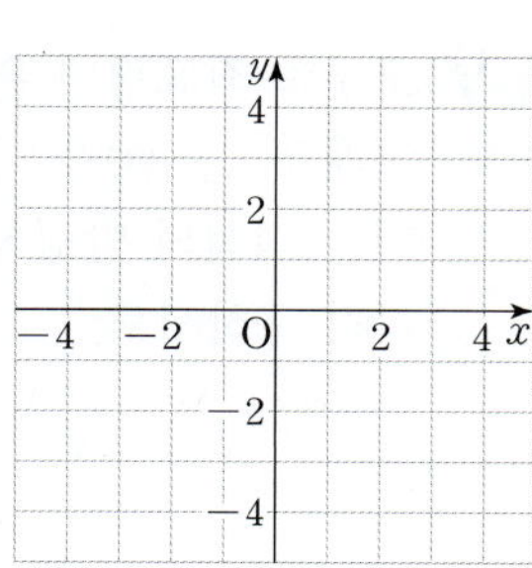

03 $4x+3y-12=0$

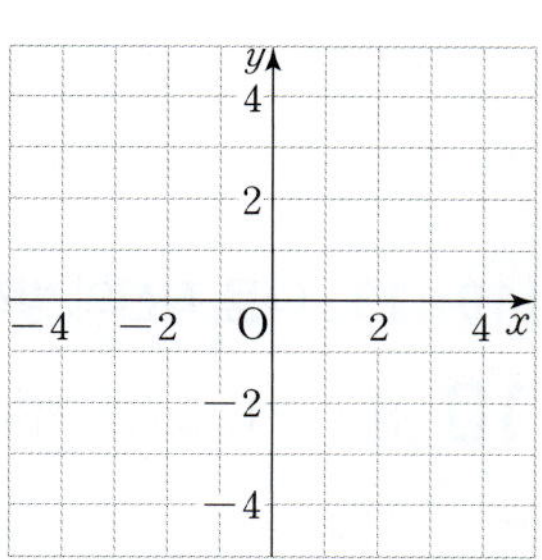

[04~07] 다음 일차방정식의 그래프가 점 $(2, -1)$을 지나는 것에는 ○표, 지나지 않는 것에는 ×표를 하시오.

04 $-x+5y=-7$ (   )

05 $2x-y=3$ (   )

06 $3x+4y=-2$ (   )

07 $-2x-7y=3$ (   )

08 다음 일차방정식의 그래프를 오른쪽 좌표평면 위에 그리시오.

(1) $x=-1$

(2) $4x=12$

(3) $y=0$

(4) $\dfrac{1}{2}y=-2$

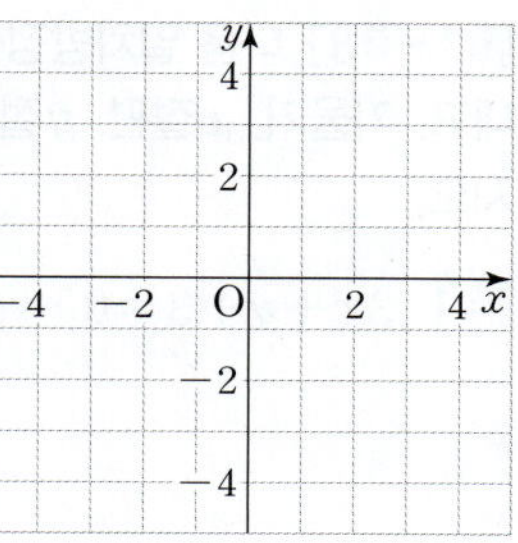

09 오른쪽 좌표평면 위의 그래프 (1)~(4)가 나타내는 직선의 방정식을 각각 구하시오.

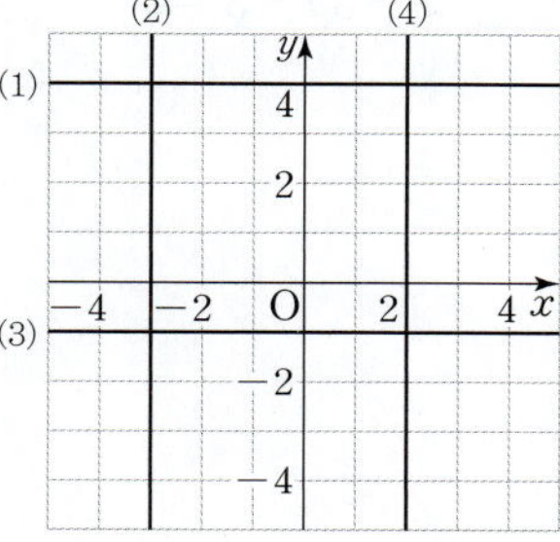

[10~13] 다음 직선의 방정식을 구하시오.

10 점 $(2, -3)$을 지나고, x축에 평행한 직선

11 점 $(1, -9)$를 지나고, y축에 평행한 직선

12 점 $(-1, 5)$를 지나고, x축에 수직인 직선

13 점 $(-3, -2)$를 지나고, y축에 수직인 직선

맞힌 개수   개 /13개

10분 연산 TEST 2회

[01~03] 다음 일차방정식을 일차함수 $y=ax+b$ 꼴로 나타내고, 기울기, x절편, y절편을 각각 구한 후 그 그래프를 그리시오.

01 $3x+y+3=0$

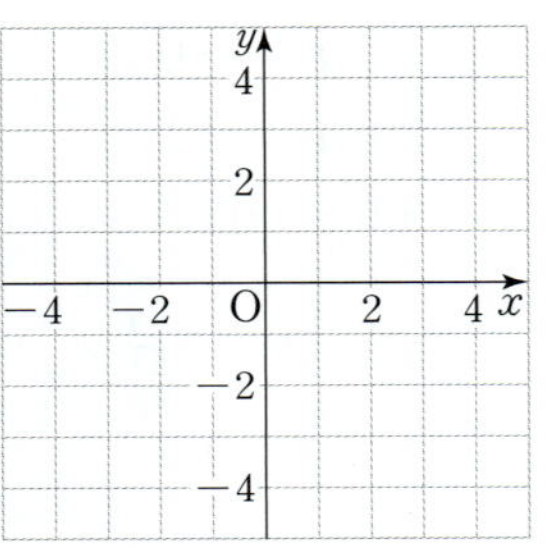

02 $x-3y-3=0$

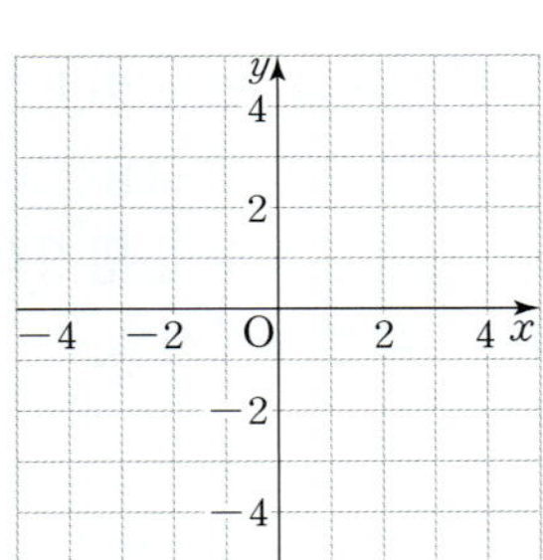

03 $5x+3y-15=0$

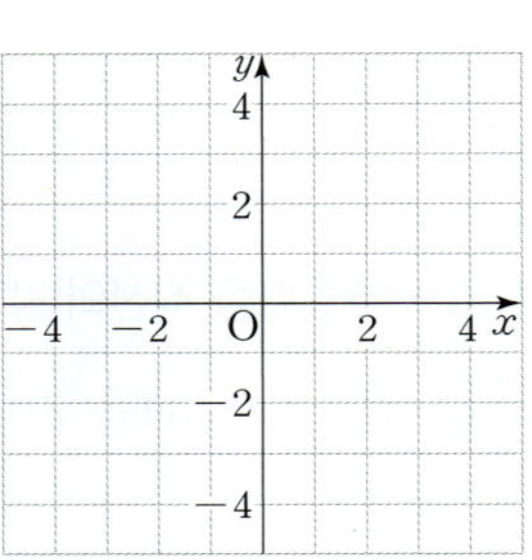

[04~07] 다음 일차방정식의 그래프가 점 $(-3, 2)$를 지나는 것에는 ○표, 지나지 않는 것에는 ×표를 하시오.

04 $x+3y=3$ $(\qquad)$

05 $-x+3y=-12$ $(\qquad)$

06 $-2x-y=4$ $(\qquad)$

07 $5x-4y=7$ $(\qquad)$

08 다음 일차방정식의 그래프를 오른쪽 좌표평면 위에 그리시오.

(1) $x=-5$

(2) $3x=3$

(3) $y=3$

(4) $\dfrac{1}{8}y=-\dfrac{1}{4}$

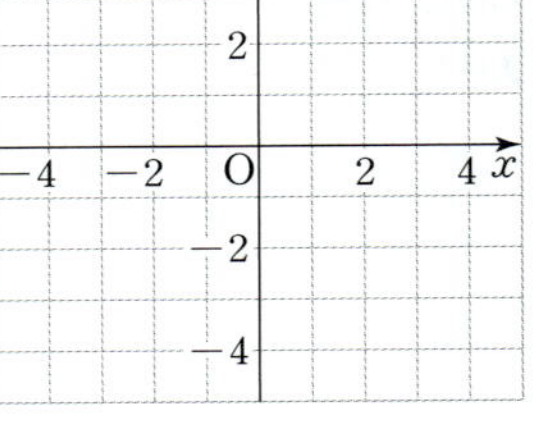

09 오른쪽 좌표평면 위의 그래프 (1)~(4)가 나타내는 직선의 방정식을 각각 구하시오.

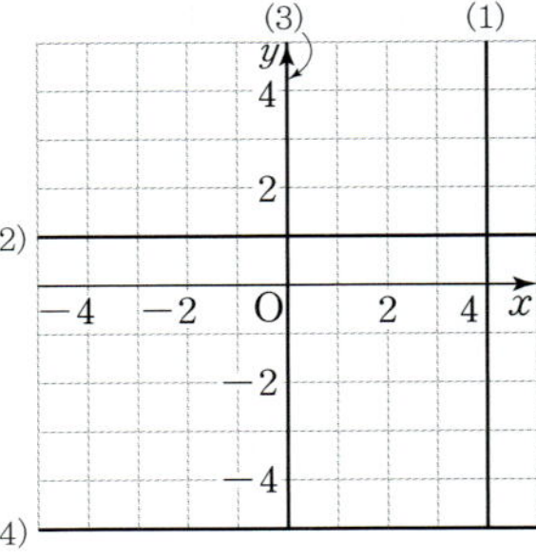

[10~13] 다음 직선의 방정식을 구하시오.

10 점 $(-1, 5)$를 지나고, x축에 평행한 직선

11 점 $(-4, 9)$를 지나고, y축에 평행한 직선

12 점 $(3, -5)$를 지나고, x축에 수직인 직선

13 점 $(1, -1)$을 지나고, y축에 수직인 직선

맞힌 개수 ___개 / 13개

03 VISUAL 개념연산 연립방정식의 해와 그래프

연립방정식 $\begin{cases} x+y=3 \\ 2x-y=3 \end{cases}$ 의 해가 $x=2$, $y=1$이므로 점 $(2, 1)$은 두 일차함수 $y=-x+3$, $y=2x-3$의 그래프의 교점의 좌표와 같다.

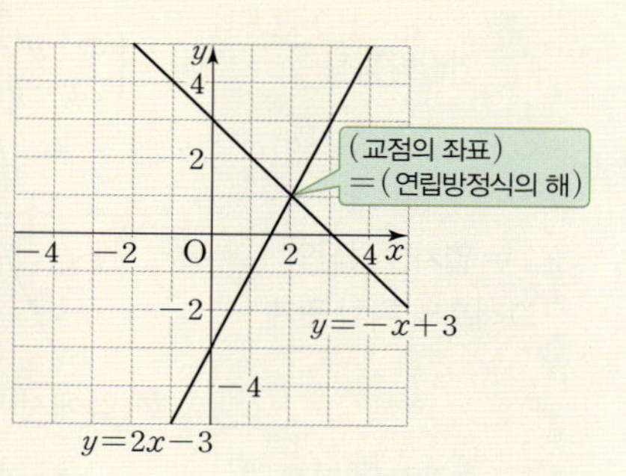

연립방정식 $\begin{cases} x+y=3 \\ 2x-y=3 \end{cases}$ 의 해
$x=2$, $y=1$
$\longleftrightarrow$
두 일차함수
$y=-x+3$, $y=2x-3$
의 그래프의 교점의 좌표
$(2, 1)$

❋ 주어진 그래프를 이용하여 연립방정식을 푸시오.

따라해 01
$\begin{cases} x-y=0 \\ x+4y=5 \end{cases}$

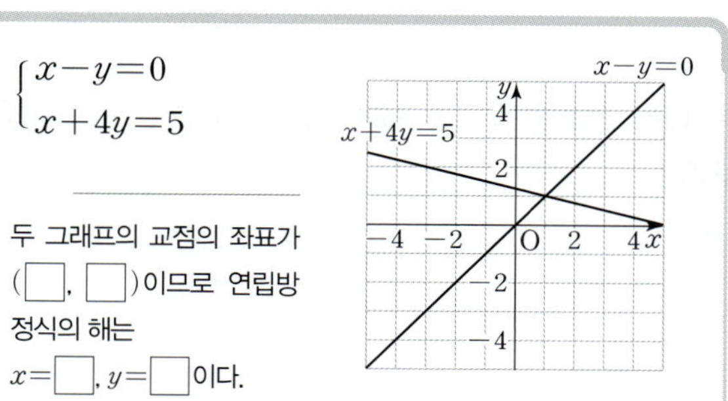

두 그래프의 교점의 좌표가
$(\boxed{}, \boxed{})$이므로 연립방정식의 해는
$x=\boxed{}$, $y=\boxed{}$이다.

02
$\begin{cases} x-3y=-2 \\ 2x+y=-4 \end{cases}$

❋ 두 일차방정식의 그래프를 좌표평면 위에 그려 주어진 연립방정식을 푸시오.

따라해 03
$\begin{cases} 2x-y=-1 \\ 3x+y=6 \end{cases}$

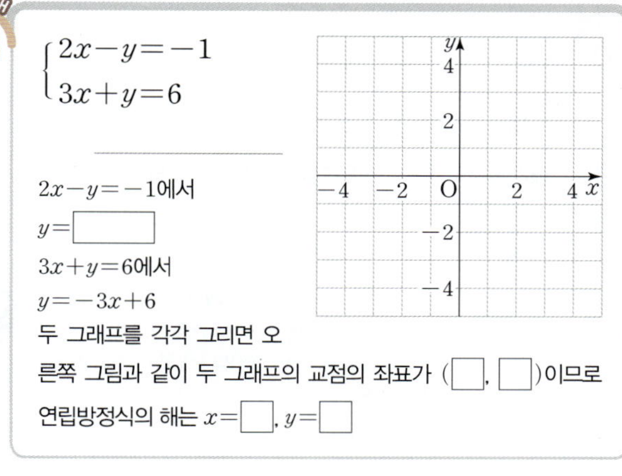

$2x-y=-1$에서
$y=\boxed{}$
$3x+y=6$에서
$y=-3x+6$
두 그래프를 각각 그리면 오른쪽 그림과 같이 두 그래프의 교점의 좌표가 $(\boxed{}, \boxed{})$이므로
연립방정식의 해는 $x=\boxed{}$, $y=\boxed{}$

04
$\begin{cases} 2x+5y=8 \\ -x+y=3 \end{cases}$

❋ 다음 연립방정식에서 두 일차방정식의 그래프가 주어진 그림과 같을 때, 상수 a, b의 값을 각각 구하시오.

따라해 05
$\begin{cases} ax-y=3 \\ x+by=4 \end{cases}$

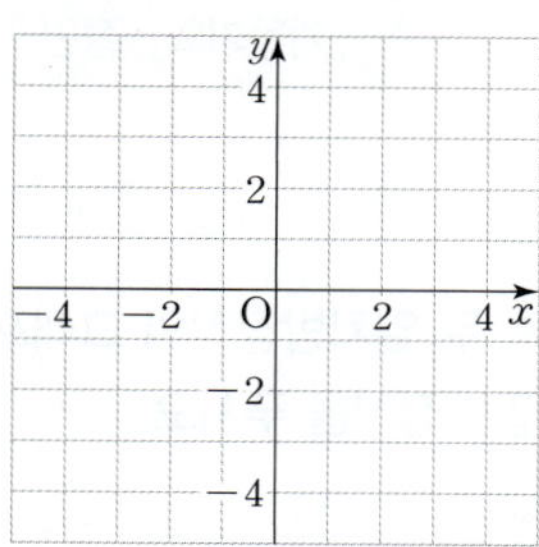

두 그래프의 교점의 좌표가
$(2, \boxed{})$이므로 연립방정식의 해는 $x=\boxed{}$, $y=\boxed{}$이다.
$ax-y=3$에 $x=\boxed{}$, $y=\boxed{}$을 대입하면
$2a+\boxed{}=3$ $\therefore a=\boxed{}$
$x+by=4$에 $x=\boxed{}$, $y=\boxed{}$을 대입하면
$\boxed{}-b=4$ $\therefore b=\boxed{}$

06
$\begin{cases} 2x+3y=a \\ x-by=-4 \end{cases}$

04 연립방정식의 해의 개수와 그래프

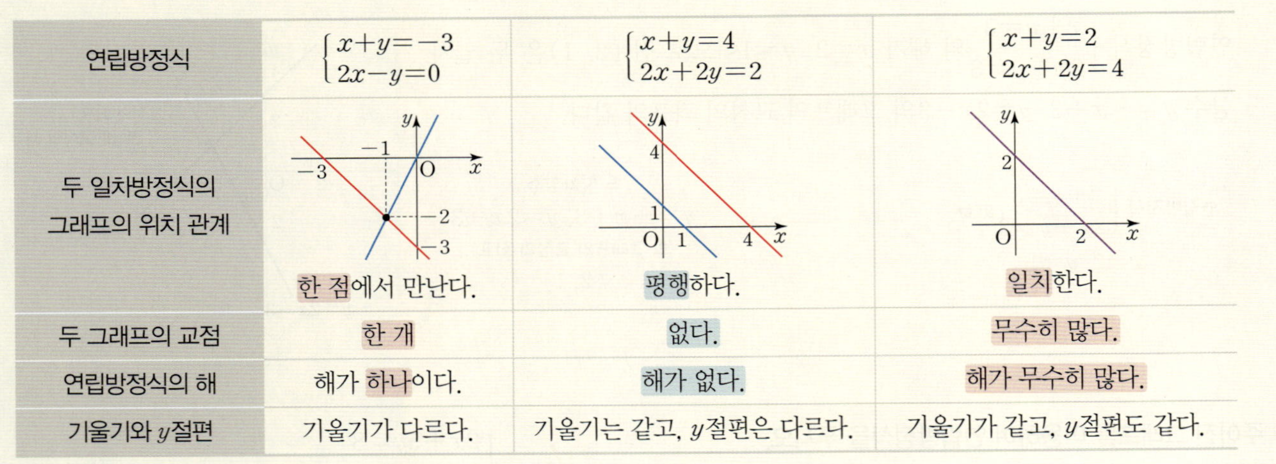

연립방정식	$\begin{cases} x+y=-3 \\ 2x-y=0 \end{cases}$	$\begin{cases} x+y=4 \\ 2x+2y=2 \end{cases}$	$\begin{cases} x+y=2 \\ 2x+2y=4 \end{cases}$
두 일차방정식의 그래프의 위치 관계	한 점에서 만난다.	평행하다.	일치한다.
두 그래프의 교점	한 개	없다.	무수히 많다.
연립방정식의 해	해가 하나이다.	해가 없다.	해가 무수히 많다.
기울기와 y절편	기울기가 다르다.	기울기는 같고, y절편은 다르다.	기울기가 같고, y절편도 같다.

❋ 두 일차방정식의 그래프를 좌표평면 위에 그려 주어진 연립방정식을 푸시오.

01
$\begin{cases} 4x+2y=-8 \\ 2x+y=-4 \end{cases}$

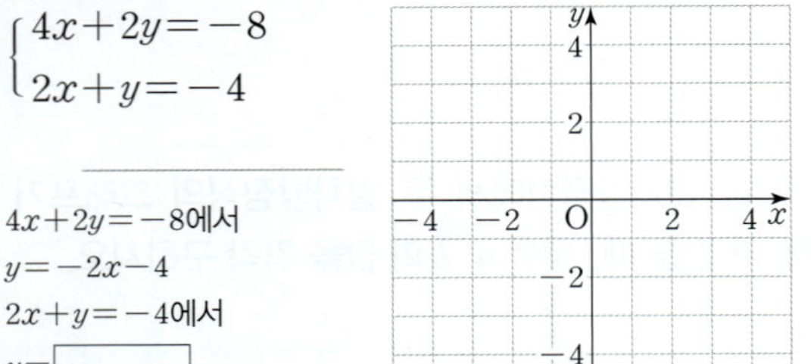

$4x+2y=-8$에서
$y=-2x-4$
$2x+y=-4$에서
$y=\boxed{}$
두 그래프를 각각 그리면 오른쪽 그림과 같다. 즉, 두 그래프는 (평행, 일치)하므로 연립방정식의 해가 (없다, 무수히 많다).

02
$\begin{cases} x+2y=-3 \\ 2x+y=3 \end{cases}$

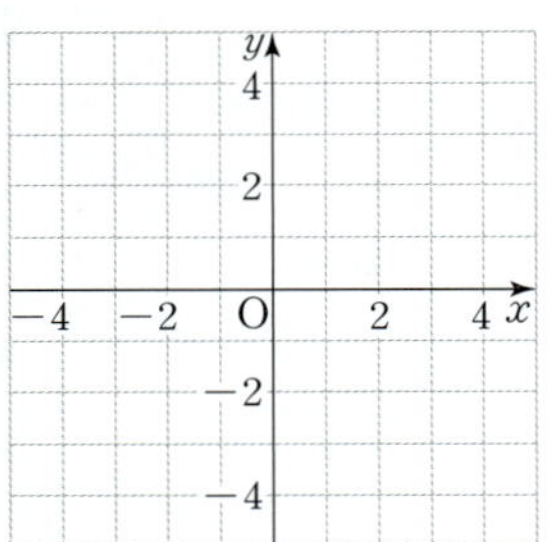

03
$\begin{cases} 3x+y=2 \\ 6x+2y=-4 \end{cases}$

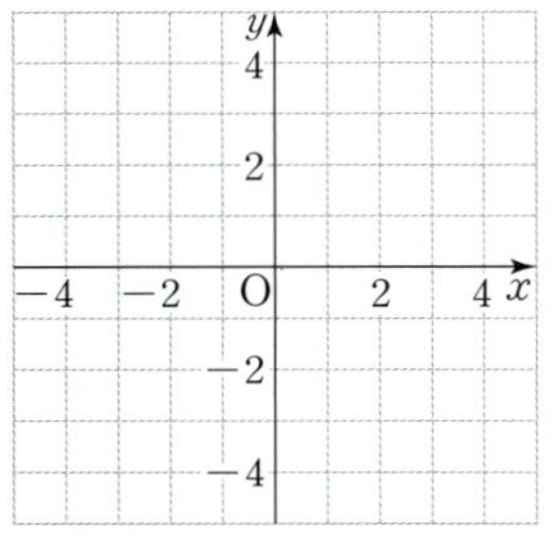

❋ 다음 연립방정식의 해가 없을 때, 상수 a의 값을 구하시오.

04
$\begin{cases} ax-3y=-1 \ \rightarrow \ y=\boxed{} \\ 8x-6y=2 \ \rightarrow \ y=\boxed{} \end{cases}$

해가 없으려면 두 그래프가 평행해야 하므로
$\dfrac{\boxed{}}{3}=\dfrac{\boxed{}}{3}$ $\therefore a=\boxed{}$

05
$\begin{cases} 2x-y=5 \\ ax+2y=2 \end{cases}$

❋ 다음 연립방정식의 해가 무수히 많을 때, 상수 a, b의 값을 각각 구하시오.

06
$\begin{cases} ax-4y=8 \ \rightarrow \ y=\boxed{} \\ 4x-2y=b \ \rightarrow \ y=\boxed{} \end{cases}$

해가 무수히 많으려면 두 그래프가 일치해야 하므로
$\dfrac{a}{\boxed{}}=\boxed{}$, $-2=-\dfrac{b}{\boxed{}}$ $\therefore a=\boxed{}$, $b=\boxed{}$

07
$\begin{cases} -x+3y=b \\ ax-9y=-18 \end{cases}$

10분 연산 TEST 1회

[01~03] 두 일차방정식의 그래프를 좌표평면 위에 그려 주어진 연립방정식을 푸시오.

01 $\begin{cases} x+y=3 \\ 2x-3y=1 \end{cases}$

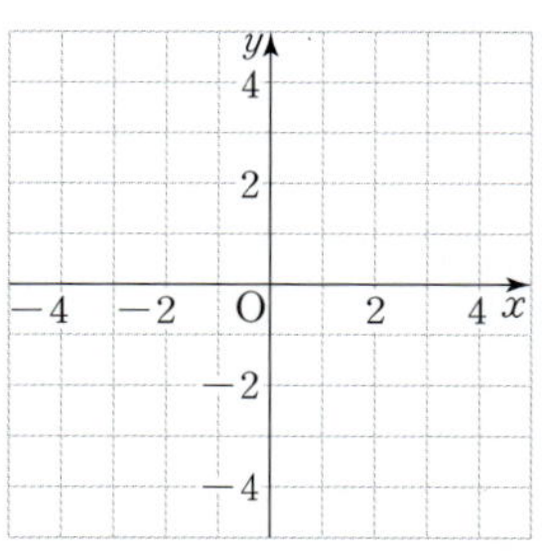

02 $\begin{cases} x+3y=7 \\ x-2y=2 \end{cases}$

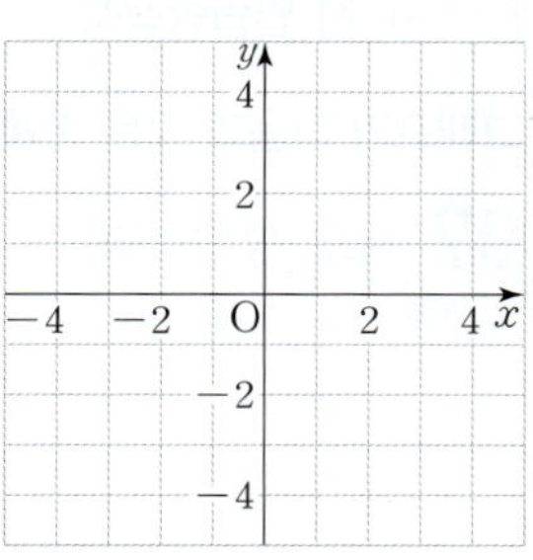

03 $\begin{cases} x-y=-4 \\ x+2y=5 \end{cases}$

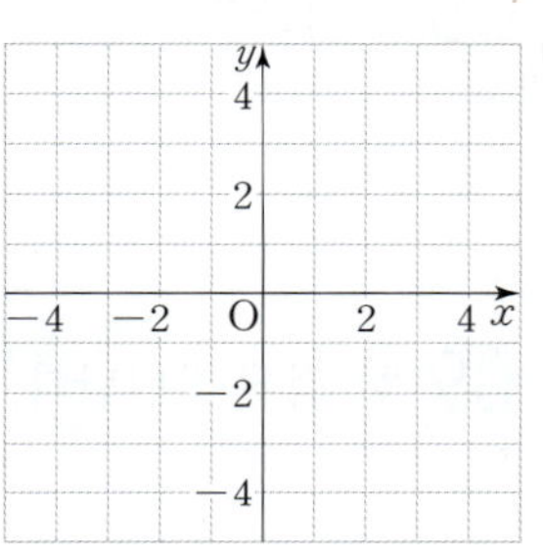

[04~06] 다음 연립방정식에서 두 일차방정식의 그래프가 주어진 그림과 같을 때, 상수 a, b의 값을 각각 구하시오.

04 $\begin{cases} ax+y=7 \\ 2x-y=b \end{cases}$

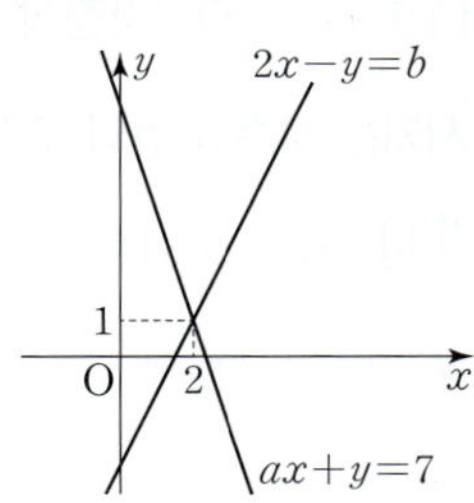

05 $\begin{cases} x+y=a \\ bx-2y=5 \end{cases}$

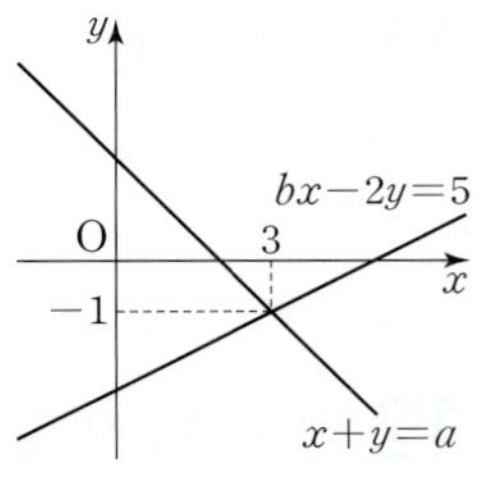

06 $\begin{cases} ax+3y=4 \\ -2x+y=b \end{cases}$

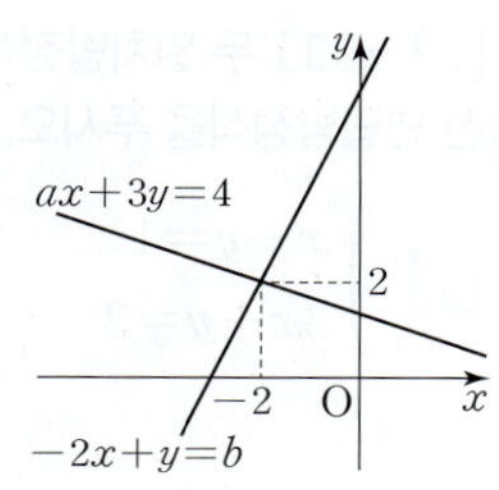

[07~09] 연립방정식 $\begin{cases} x-ay=-2 \\ 3x-y=b \end{cases}$ 에서 두 일차방정식의 그래프가 다음과 같은 관계일 때, 상수 a, b의 조건을 구하시오.

07 서로 평행하다.

08 일치한다.

09 한 점에서 만난다.

[10~12] 연립방정식 $\begin{cases} ax+6y=3 \\ 2x-3y=b \end{cases}$ 에 대하여 다음을 만족시키는 상수 a, b의 조건을 구하시오.

10 해가 하나이다.

11 해가 없다.

12 해가 무수히 많다.

맞힌 개수 　개 / 12개

10분 연산 TEST 2회

[01~03] 두 일차방정식의 그래프를 좌표평면 위에 그려 주어진 연립방정식을 푸시오.

01 $\begin{cases} x-y=1 \\ 3x+y=3 \end{cases}$

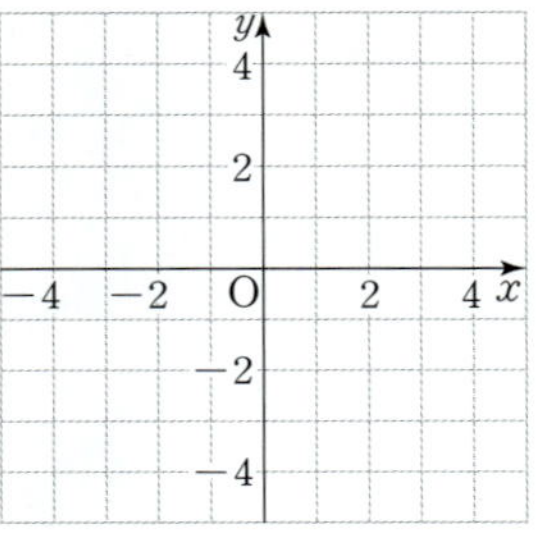

02 $\begin{cases} 2x-3y=4 \\ x+y=-3 \end{cases}$

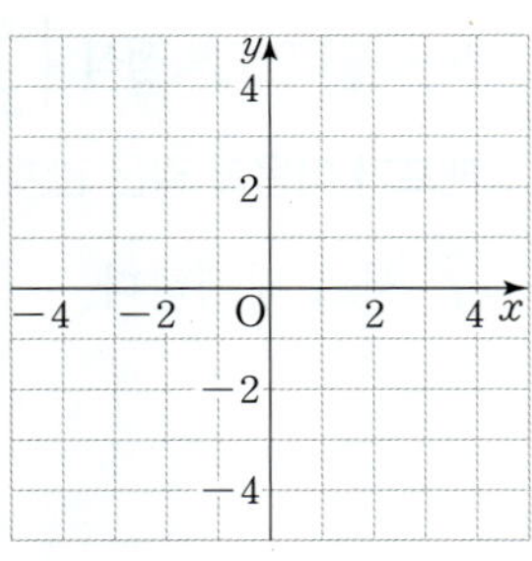

03 $\begin{cases} x-y=-4 \\ x-3y=-6 \end{cases}$

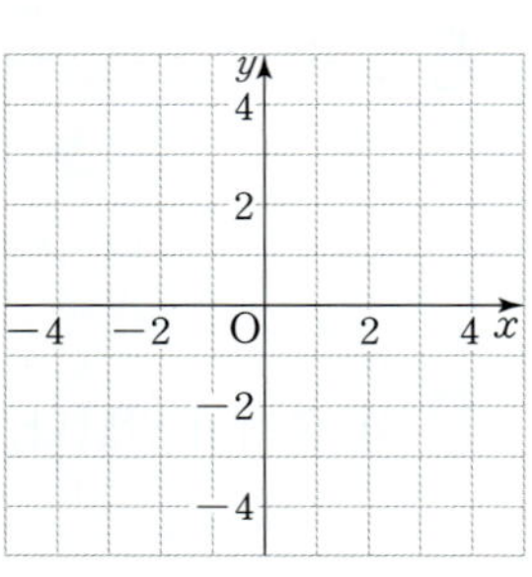

[04~06] 다음 연립방정식에서 두 일차방정식의 그래프가 주어진 그림과 같을 때, 상수 a, b의 값을 각각 구하시오.

04 $\begin{cases} ax-y=3 \\ x+y=b \end{cases}$

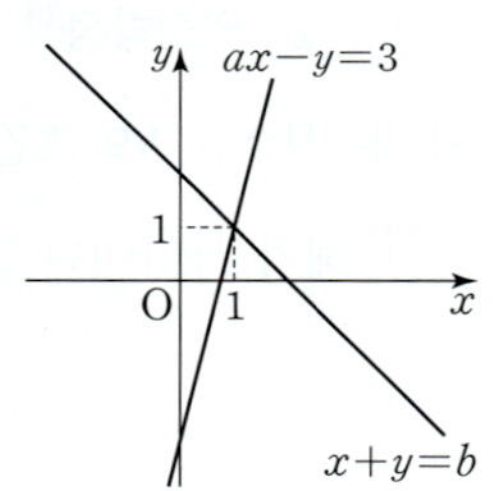

05 $\begin{cases} x+ay=4 \\ bx-4y=-4 \end{cases}$

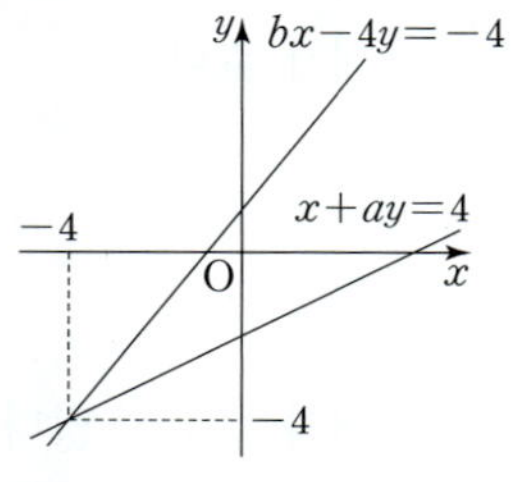

06 $\begin{cases} ax-2y=-4 \\ x+by=-3 \end{cases}$

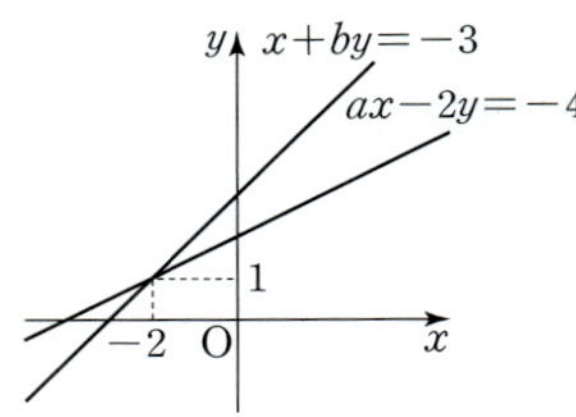

[07~09] 연립방정식 $\begin{cases} ax+y=2 \\ -6x-2y=b \end{cases}$ 에서 두 일차방정식의 그래프가 다음과 같은 관계일 때, 상수 a, b의 조건을 구하시오.

07 서로 평행하다.

08 일치한다.

09 한 점에서 만난다.

[10~12] 연립방정식 $\begin{cases} 2x+ay=3 \\ 4x-2y=b \end{cases}$ 에 대하여 다음을 만족시키는 상수 a, b의 조건을 구하시오.

10 해가 하나이다.

11 해가 없다.

12 해가 무수히 많다.

맞힌 개수 　개／12개

학교 시험 PREVIEW

스스로 개념 점검

3. 일차함수와 일차방정식의 관계

(1) x, y의 값의 범위가 수 전체일 때, 일차방정식 $ax+by+c=0$ (a, b, c는 상수, $a\neq0$ 또는 $b\neq0$)을 □□□□ 이라 한다.

(2) ① 방정식 $x=p$ (p는 상수, $p\neq0$)의 그래프
: 점 (□, 0)을 지나고, □축에 평행한 직선
② 방정식 $y=q$ (q는 상수, $q\neq0$)의 그래프
: 점 (0, □)를 지나고, □축에 평행한 직선

(3) 연립방정식에서 두 일차방정식을 각각 그래프로 나타내었을 때 두 직선이
① 한 점에서 만나면 해가 □□ 이다.
② 서로 평행하면 해가 □□ .
③ 일치하면 해가 □□□□□ .

01

일차방정식 $2x+3y=12$를 일차함수 $y=ax+b$ 꼴로 나타낼 때, 상수 a, b에 대하여 ab의 값은?

① -5 ② -3 ③ $-\dfrac{8}{3}$

④ $\dfrac{7}{3}$ ⑤ $\dfrac{10}{3}$

02

다음 일차방정식의 그래프 중 기울기가 나머지 넷과 <u>다른</u> 하나는?

① $-2x+y+3=0$ ② $4x=2y-6$
③ $2x-3-y=0$ ④ $6x-2y=2$
⑤ $6x-3y=3$

03

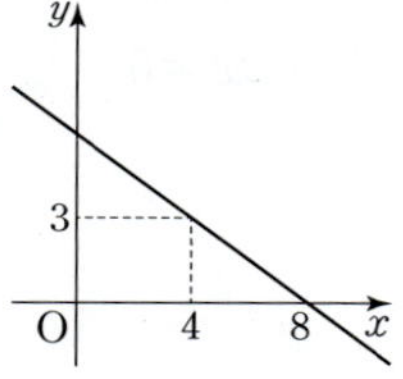

일차방정식 $ax+by-24=0$의 그래프가 오른쪽 그림과 같을 때, 상수 a, b에 대하여 $a+b$의 값은?

① -5 ② -1
③ 0 ④ 2
⑤ 7

04 출제율 85%

다음 중 일차방정식 $5x-2y-20=0$의 그래프에 대한 설명으로 옳지 <u>않은</u> 것은?

① 직선이다.
② x절편은 4이다.
③ y절편은 -20이다.
④ 점 $(2, -5)$를 지난다.
⑤ 일차함수 $y=\dfrac{5}{2}x$의 그래프와 평행하다.

05

다음 중 일차방정식 $2x-6=0$의 그래프는?

① 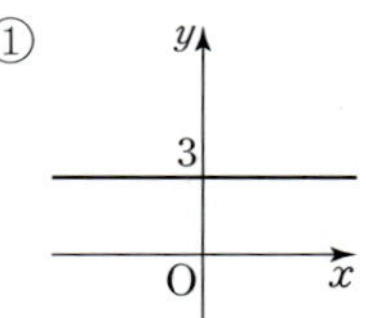 ② 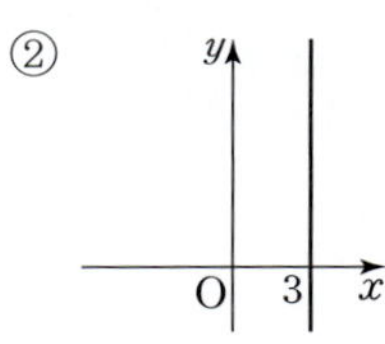

③ 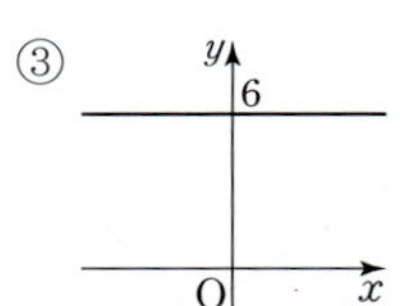 ④ 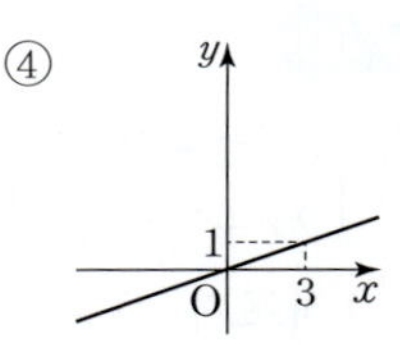

⑤ 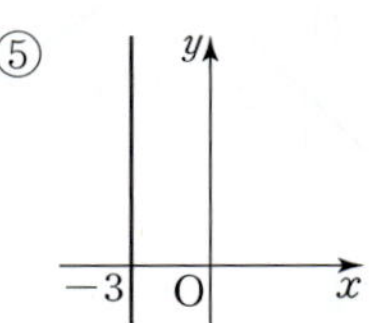

06

점 $(-2, 6)$을 지나고, y축에 수직인 직선의 방정식은?

① $y=6$ ② $x=-2$ ③ $y=-3$
④ $-2x=6$ ⑤ $3y=-6$

07

두 점 $(-5, -k-6)$, $(1, 3k+2)$를 지나는 직선이 x축과 평행할 때, k의 값은?

① -3 ② -2 ③ -1
④ 2 ⑤ 3

08

오른쪽 그림에서 연립방정식 $\begin{cases} x+y=-1 \\ -3x+9y=3 \end{cases}$ 의 해를 나타내는 점은?

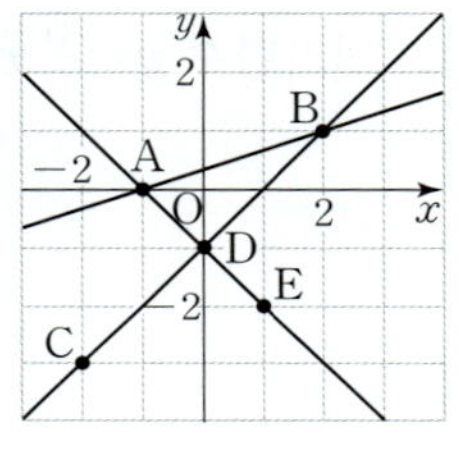

① 점 A ② 점 B
③ 점 C ④ 점 D
⑤ 점 E

09 출제율 80%

연립방정식 $\begin{cases} x-y=2 \\ 2x+3y=k \end{cases}$ 의 각 일차 방정식의 그래프가 오른쪽 그림과 같을 때, 상수 k의 값은?

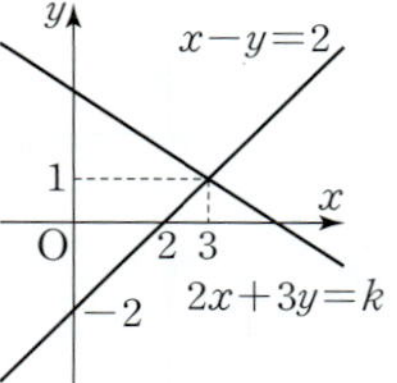

① 5 ② 6
③ 7 ④ 8
⑤ 9

10 실수 주의

다음 연립방정식 중 해가 없는 것은?

① $\begin{cases} x-2y=3 \\ 2x-y=3 \end{cases}$ ② $\begin{cases} x-y=2 \\ x+y=1 \end{cases}$

③ $\begin{cases} x-y=2 \\ 2x-y=4 \end{cases}$ ④ $\begin{cases} 3x-2y=1 \\ 6x-4y=1 \end{cases}$

⑤ $\begin{cases} -x+y=3 \\ x-y=-3 \end{cases}$

11

연립방정식 $\begin{cases} ax+4y=4 \\ 3x+by=2 \end{cases}$ 의 해가 무수히 많을 때, 상수 a, b에 대하여 $a-b$의 값은?

① 2 ② 3 ③ 4
④ 5 ⑤ 6

12 서술형

연립방정식 $\begin{cases} 2x+y=-1 \\ -x+y=5 \end{cases}$ 를 그래프를 이용하여 푸시오.

채점기준 1 두 일차방정식을 $y=ax+b$ 꼴로 변형하기

채점기준 2 두 일차함수의 그래프 그리기

채점기준 3 그래프를 이용하여 연립방정식 풀기

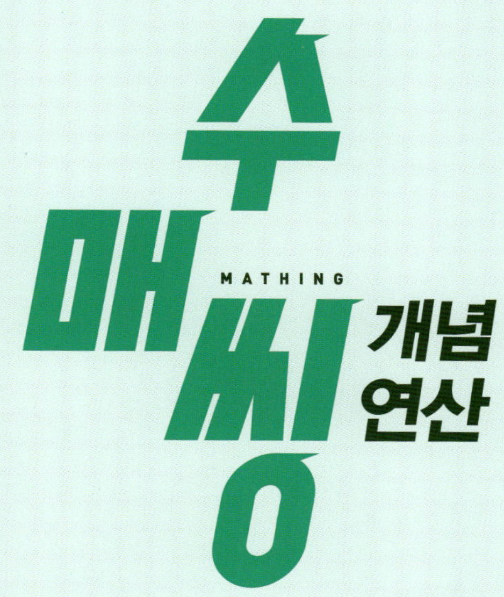

수
매씽
MATHING
개념
연산

내신을 위한 강력한 한 권!

2022 개정
교육과정
2026년 중2부터 적용

모바일 빠른 정답

수
매씽
MATHING

개념
연산

중학 수학
2·1

정답 및 풀이

동아출판

모바일 빠른 정답
QR 코드를 찍으면 정답 및 풀이를
쉽고 빠르게 확인할 수 있습니다.

빠른 정답

I. 유리수와 순환소수

1. 유리수와 순환소수

01 유리수   8쪽

01 ㄴ   02 ㄴ, ㄷ, ㅅ   03 ㄱ, ㄹ, ㅁ, ㅂ, ㅇ
04 ㄴ, ㅁ, ㅂ, ㅇ   05 ㄱ, ㄹ, ㅅ   06 ㄱ, ㄴ, ㄷ, ㄹ, ㅁ, ㅂ, ㅅ, ㅇ
07 ㄱ, ㄷ   08 ㄱ, ㄷ, ㅂ, ㅇ   09 ㄴ, ㄹ, ㅁ, ㅅ
10 ㄱ, ㄷ, ㄹ, ㅁ, ㅅ   11 ㄴ, ㅂ, ㅇ
12 ㄱ, ㄴ, ㄷ, ㄹ, ㅁ, ㅂ, ㅅ, ㅇ

02 유한소수와 무한소수   9쪽

01 무 / 무한, 무한   02 유   03 무
04 유   05 유   06 무   07 무
08 0.75, 유   09 $-0.666\cdots$, 무   10 $0.777\cdots$, 무
11 1.875, 유   12 $0.272727\cdots$, 무
13 $0.857142\cdots$, 무   14 -0.32, 유

03 유한소수를 분수로 나타내기   10쪽

01 8, 4, 5   02 $\dfrac{2}{25}$ 03 $\dfrac{13}{50}$ 04 $\dfrac{31}{25}$
05 $\dfrac{11}{8}$ 06 $\dfrac{57}{40}$ 07 4, 2, 5, 5   08 $\dfrac{1}{4}$, 2
09 $\dfrac{9}{50}$, 2, 5   10 $\dfrac{46}{25}$, 5   11 $\dfrac{11}{40}$, 2, 5   12 $\dfrac{13}{8}$, 2

04 10의 거듭제곱을 이용하여 분수를 소수로 나타내기   11쪽

01 5, 25, 2.5   02 2^2, 12, 0.12   03 2, 2, 18, 0.18
04 5^2, 5^2, 175, 0.175   05 5, 5, 55, 0.055
06 0.6   07 0.25   08 0.16   09 0.525
10 0.036

05 유한소수로 나타낼 수 있는 분수   12쪽~13쪽

01 $\dfrac{2}{5}$, 5, 있다   02 $\dfrac{7}{2^2\times3}$, 2, 3, 없다
03 $\dfrac{3}{20}$, $\dfrac{3}{2^2\times5}$, 2, 5, 있다   04 $\dfrac{5}{14}$, $\dfrac{5}{2\times7}$, 2, 7, 없다
05 ○   06 ○   07 ×   08 ○
09 ×   10 ×   11 ○   12 ×
13 ○   14 ×   15 ×   16 ○
17 3 / 2, 5, 3, 3, 3   18 9   19 7
20 9   21 11   22 21

10분 연산 TEST 1회   14쪽

01 유   02 무   03 무   04 유
05 유   06 1.25, 유   07 $-0.111\cdots$, 무
08 $0.5333\cdots$, 무   09 0.375, 유   10 $-0.148148148\cdots$, 무
11 5^3, 5^3, 625, 0.625   12 5, 5, 95, 0.95
13 25, 2^2, 2^2, 8, 0.08   14 ×   15 ○
16 ○   17 ×   18 7   19 3

10분 연산 TEST 2회   15쪽

01 유   02 유   03 무   04 유
05 무   06 -1.2, 유   07 $0.181818\cdots$, 무
08 $-0.41666\cdots$, 무   09 0.52, 유   10 0.425, 유
11 5, 5, 5, 0.05   12 2, 2, 6, 0.06   13 5, 5, 45, 0.045
14 ○   15 ×   16 ×   17 ○
18 21   19 9

06 순환소수   16쪽~17쪽

01 ○ / 첫, 3, 순환   02 ○   03 ×
04 ○   05 ○   06 ×   07 5
08 23   09 7   10 61   11 789
12 28   13 $0.\dot{6}$ / 6, $0.\dot{6}$ 14 $0.\dot{2}\dot{8}$ 15 $0.\dot{3}2\dot{5}$
16 $0.7\dot{1}$ 17 $1.\dot{3}4\dot{1}$ 18 $3.0\dot{9}\dot{6}$ 19 $2.71\dot{8}0\dot{5}$
20 1 / 2, 2, 1   21 2   22 2 / 2, 2, 1, 1, 2
23 7   24 0

07 순환소수로 나타낼 수 있는 분수   18쪽

01 18, 18, $0.222\cdots$, 2, $0.\dot{2}$ 02 $0.8333\cdots$, $0.8\dot{3}$
03 $0.636363\cdots$, $0.\dot{6}\dot{3}$ 04 $0.216216216\cdots$, $0.\dot{2}1\dot{6}$
05 ○ / 7, 있다   06 ○   07 ×   08 ×
09 ○   10 ○

08 10의 거듭제곱을 이용하여 순환소수를 분수로 나타내기 (1)   19쪽~20쪽

01 10, 9, 7, $\dfrac{7}{9}$ 02 100, 99, 111, 111, $\dfrac{37}{33}$
03 1000, 810, 999, 810, 810, $\dfrac{30}{37}$ 04 $\dfrac{4}{9}$ 05 $\dfrac{5}{3}$
06 $\dfrac{32}{9}$ 07 $\dfrac{3}{11}$ 08 $\dfrac{76}{99}$ 09 $\dfrac{131}{99}$
10 $\dfrac{17}{11}$ 11 $\dfrac{115}{333}$ 12 $\dfrac{40}{37}$ 13 $\dfrac{137}{111}$
14 ㄱ   15 ㄷ   16 ㄴ   17 ㄴ
18 ㄱ   19 ㄷ

09 10의 거듭제곱을 이용하여 순환소수를 분수로 나타내기 (2) 21쪽~22쪽

01 10, 100, 90, 47, $\dfrac{47}{90}$

02 10, 1000, 1000, 10, 990, 235, 235, $\dfrac{47}{198}$

03 100, 1000, 1000, 100, 900, 932, 932, $\dfrac{233}{225}$

04 $\dfrac{1}{30}$　**05** $\dfrac{26}{45}$　**06** $\dfrac{329}{90}$　**07** $\dfrac{16}{495}$

08 $\dfrac{89}{330}$　**09** $\dfrac{129}{55}$　**10** $\dfrac{463}{900}$　**11** $\dfrac{41}{12}$

12 ㄱ　**13** ㄴ　**14** ㄷ　**15** ㄷ

16 ㄱ　**17** ㄴ

10 공식을 이용하여 순환소수를 분수로 나타내기 (1) 23쪽

01 9, $\dfrac{1}{3}$　**02** $\dfrac{5}{9}$　**03** $\dfrac{8}{33}$　**04** $\dfrac{169}{333}$

05 $\dfrac{127}{333}$　**06** 15, 1, $\dfrac{14}{9}$　**07** $\dfrac{31}{9}$　**08** $\dfrac{34}{3}$

09 $\dfrac{199}{99}$　**10** $\dfrac{475}{333}$

11 공식을 이용하여 순환소수를 분수로 나타내기 (2) 24쪽

01 23, 2, 21, $\dfrac{7}{30}$　**02** $\dfrac{1}{18}$　**03** $\dfrac{56}{45}$

04 257, 2, 255, $\dfrac{17}{66}$　**05** $\dfrac{13}{495}$　**06** $\dfrac{116}{495}$

07 $\dfrac{827}{165}$　**08** 351, 35, 316, $\dfrac{79}{225}$　**09** $\dfrac{7}{180}$

10 $\dfrac{101}{75}$

12 유리수와 소수의 관계 25쪽

01 ○ / 순환　**02** ○　**03** ×　**04** ○

05 ○　**06** ×　**07** × / 없다　**08** ○

09 ○　**10** ×　**11** ×　**12** ×

01 6, 2.$\dot6$　**02** 57, 0.0$\dot5\dot7$　**03** 41, 3.$\dot4\dot1$　**04** 213, 0.$\dot2$1$\dot3$

05 9　**06** 2　**07** 2.222⋯, 2.$\dot2$

08 0.727272⋯, 0.$\dot7\dot2$　**09** 0.108108108⋯, 0.$\dot1$0$\dot8$

10 0.2444⋯, 0.2$\dot4$　**11** 순　**12** 유

13 순　**14** 유　**15** $\dfrac{73}{99}$　**16** $\dfrac{49}{333}$

17 $\dfrac{139}{90}$　**18** $\dfrac{29}{198}$　**19** ○　**20** ×

21 ○

01 7, 1.0$\dot7$　**02** 39, 2.$\dot3\dot9$　**03** 42, 5.3$\dot4\dot2$　**04** 753, 2.5$\dot7\dot5\dot3$

05 8　**06** 1　**07** 0.58333⋯, 0.58$\dot3$

08 0.5333⋯, 0.5$\dot3$　**09** 0.060606⋯, 0.$\dot0\dot6$

10 1.481481481⋯, 1.$\dot4$8$\dot1$　**11** 순　**12** 유

13 유　**14** 순　**15** $\dfrac{4}{3}$　**16** $\dfrac{5}{11}$

17 $\dfrac{5}{12}$　**18** $\dfrac{1354}{495}$　**19** ×　**20** ○

21 ×

소수로 개념 점검

(1) 유한소수　(2) 무한소수　(3) 순환소수　(4) 순환마디

(5) 2, 5

01 ④　**02** ④　**03** ②　**04** ⑤

05 ③　**06** ⑤　**07** ①　**08** ③

09 ③　**10** ③　**11** ④　**12** 3

Ⅱ. 식의 계산

1. 단항식의 계산

01 거듭제곱　34쪽

01 3, 5　**02** $\dfrac{1}{4}$, 3　**03** x, 8　**04** 11, a

05 3　**06** 7^5　**07** $\left(\dfrac{1}{3}\right)^3$　**08** x^4

09 3, 2　**10** $3^3 \times 7^4$　**11** $\left(\dfrac{1}{5}\right)^3 \times \left(\dfrac{2}{11}\right)^2$

12 $\dfrac{1}{2^2 \times 7^2 \times 13}$　**13** $a^3 b^4$　**14** $x^3 y^2$

02 지수법칙 (1) - 지수의 합　35쪽

01 5, 7　**02** 2^6　**03** x^9　**04** y^{17}

05 b^9　**06** 2, 3, 6　**07** 2^7　**08** b^{10}

09 x^{21}　**10** a^{11}　**11** b^{10}　**12** 2, 3, 4, 4

13 $2^4 \times 3^5$　**14** $a^3 b^7$　**15** 4, 2, 7, 2　**16** $a^8 b^6$

17 $x^7 y^{11}$

03 지수법칙 (2) - 지수의 곱　36쪽

01 2, 6　**02** 3^{12}　**03** x^8　**04** y^{30}

05 2, 2, 6, 4, 10　**06** 2^{13}　**07** a^{10}　**08** b^{14}

09 x^{20}　**10** 2, 2, 4, 6, 9, 6　**11** $x^{16} y^8$　**12** $a^{12} b^9$

13 2, 3, 4, 6, 8, 12, 14, 12　**14** $a^{17} b^{15}$　**15** $a^{24} b^{12}$

04 지수법칙 (3) - 지수의 차　　37쪽~38쪽

01 $3, 3, 1, 2, 2$　02 3^2　03 1　04 $\dfrac{1}{2^3}$

05 x^5　06 1　07 $\dfrac{1}{x^5}$　08 $2, 4, 4, 2$

09 $\dfrac{1}{a}$　10 1　11 $\dfrac{1}{x^6}$　12 1

13 x^2　14 $1, 2, 5, 2, 3$　15 4　16 x^5

17 $\dfrac{1}{b^6}$　18 a^3　19 x^2　20 $\dfrac{1}{a^2}$

21 1　22 $\dfrac{1}{x^4}$　23 1　24 a^2

25 $\dfrac{1}{y^{12}}$　26 b^3　27 1

05 지수법칙 (4) - 지수의 분배　　39쪽

01 $2, 2, 2, 2, 4, 2$　02 a^4b^4　03 x^3y^6　04 a^4b^6

05 $3, 3, 8, 6$　06 $9a^6$　07 $-x^5y^5$　08 $16a^8b^4$

09 $2, 2, 4, 2$　10 $\dfrac{b^3}{a^3}$　11 $\dfrac{x^4}{y^8}$　12 $\dfrac{a^6}{b^9}$

13 $3, 3, 3, 8, 6, 3$　14 $\dfrac{a^8}{25}$　15 $\dfrac{16y^4}{x^{12}}$　16 $-\dfrac{a^6}{27b^3}$

06 지수법칙을 이용하여 □ 안에 알맞은 수 구하기　　40쪽

01 4　02 5　03 4　04 7

05 3　06 5　07 3　08 4

09 6　10 4　11 8　12 5

13 3　14 4　15 5　16 2

10분 연산 TEST 1회　　41쪽

01 5^7　02 a^{17}　03 x^8　04 a^6b^4

05 2^{18}　06 x^{16}　07 a^8b^9　08 x^9y^6

09 a^5　10 $\dfrac{1}{y^7}$　11 x^2　12 1

13 $49x^4$　14 a^6b^{12}　15 $\dfrac{x^{10}}{32}$　16 $\dfrac{81x^4}{y^{12}}$

17 7　18 1　19 $a=2, b=16$　20 $a=3, b=2$

10분 연산 TEST 2회　　42쪽

01 2^7　02 x^{10}　03 a^6　04 x^7y^3

05 3^{15}　06 a^{12}　07 x^9　08 $a^{14}b^{12}$

09 $\dfrac{1}{x^4}$　10 a^3　11 1　12 $\dfrac{1}{b^{15}}$

13 x^4y^8　14 $16a^6b^2$　15 $\dfrac{x^{15}}{y^{10}}$　16 $-\dfrac{27a^9}{8b^3}$

17 3　18 5　19 $a=4, b=3$　20 $a=2, b=4$

07 단항식의 곱셈　　43쪽~44쪽

01 $2, 6, 2, 6, 12ab$　02 $20xy$　03 $21ab$

04 $-24ab$　05 $10xy$　06 $-16ab^2$　07 $-2x^2y$

08 $2, 4, 2, 4, 8x^4$　09 $-15a^5$　10 $-2b^5$

11 $3, 2, 3, 2, 6x^2y^3$　12 $-28a^3b^3$　13 $\dfrac{1}{3}x^3y^2$

14 $-10a^4b^3$　15 $-12a^3b^5$　16 $\dfrac{1}{2}x^3y^5$

17 $2, 3, 2, 3, 6x^5y^4$　18 $60a^5b^3$　19 $-12x^3y^4$

20 $24x^4y^4$　21 $2, 2, 4, 2, 4a^5b^2$　22 $7a^9$

23 $48xy^4$　24 $-45x^4y$　25 $-4x^6y$　26 $-27a^4b^4$

27 $8x^8y^5$　28 $-8a^7b^8$　29 $12x^9y^3$　30 $-50a^6b^3$

31 $6x^8y^6$　32 $-40x^{10}y^{10}$　33 $64a^2b^{10}$

08 단항식의 나눗셈　　45쪽~46쪽

01 $6a^2, 6, a^2, 2a$　02 $-3a^2$　03 $-5x^2$　04 $\dfrac{y}{2x^2}$

05 $2a^3b$　06 $-\dfrac{x}{4y}$　07 $-\dfrac{4a}{b}$　08 $\dfrac{1}{3y}$

09 $2, 5x, \dfrac{2}{5}, x, 4x$　10 $8a^2$　11 $-5x$

12 $8a$　13 $-6y^2$　14 $-10a$　15 $-\dfrac{12x}{y}$

16 x^4y　17 $9x^3, x$　18 $\dfrac{24}{a^3}$　19 x^2

20 $-2a^3b$　21 $-\dfrac{3b^2}{a^3}$　22 $\dfrac{32a^7}{b^4}$　23 $\dfrac{2}{5}x^2$

24 $-2x^8y$　25 $-32ab^3$　26 $xy^2, 3x, 3, xy^2, 3y$

27 -2　28 $-\dfrac{3}{x}$　29 $-\dfrac{b^2}{a^2}$　30 $2x^2y^3$

31 -24　32 $\dfrac{1}{30}y$　33 $\dfrac{27b^4}{a}$

09 단항식의 곱셈과 나눗셈의 혼합 계산　　47쪽

01 $\dfrac{1}{8x^2}, \dfrac{1}{8}, \dfrac{1}{x^2}, x^2y$　02 $-35xy$　03 $3y^2$

04 $\dfrac{1}{3xy}, \dfrac{1}{3}, \dfrac{1}{xy}, \dfrac{4y^2}{x}$　05 $\dfrac{5}{2}a$　06 $-\dfrac{15b^3}{a^2}$

07 $-\dfrac{12}{xy^4}$　08 $-2a^5$　09 $-\dfrac{8}{7}ab^2$　10 $\dfrac{30}{xy^3}$

11 $\dfrac{27}{2}x^5y^3$　12 $3ab^3$　13 $-10x^5y^8$　14 $-96a^3b$

15 $12a^7b^8$

10 단항식의 곱셈과 나눗셈의 응용   48쪽~49쪽

01 $5b^3$ 02 $-4x^2y$ 03 $2x^3y^2$ 04 $-3a^6b^5$

05 $12x^4y^5$ 06 $2a^3b^4$ 07 $-3a^4b^3$ 08 $\dfrac{y^3}{3}$

09 $\dfrac{1}{3}x$ 10 $-4b^5$ 11 $-\dfrac{1}{2}xy$ 12 $-24a^3b^7$

13 $24x^3y^5 \,/\, 4xy^3,\ 4,\ x,\ y^3,\ 24x^3y^5$ 14 $3a^4b^3$ 15 $20a^4b^3$

16 πx^3y^5 17 $12x^3y \,/\, 2x^2y^3,\ 2x^2y^3,\ 12x^3y$ 18 $5ab^4$

19 $3b$ 20 $2b^5$

10분 연산 TEST 1회   50쪽

01 $15a^2b$ 02 $12x^5y$ 03 $-6a^5b^4$ 04 $12x^3y^5$

05 $-8a^4b^7$ 06 $4a^{10}b^6$ 07 $\dfrac{a}{4}$ 08 $3x^2$

09 $-4a^3$ 10 $-\dfrac{y^{10}}{18x}$ 11 $-3a$ 12 $2x^2y^3$

13 $4x^2$ 14 $17x^3y$ 15 $\dfrac{1}{3}x^3y^7$ 16 $-\dfrac{12y^5}{x^2}$

17 $54a^3b^8$ 18 $3xy^2$ 19 $4y^3$ 20 $-\dfrac{1}{3b^3}$

10분 연산 TEST 2회   51쪽

01 $-21xy^3$ 02 $10a^3b^7$ 03 $16x^3y$ 04 $6x^7y^2$

05 $-15a^3b^6$ 06 $72a^5b^7$ 07 xy^2 08 $3ab$

09 $-\dfrac{8x}{y}$ 10 $-\dfrac{3}{4}b$ 11 $\dfrac{y^2}{4x^2}$ 12 $-6xy$

13 $2a^2$ 14 $14xy$ 15 $18a$ 16 $18x^3y^2$

17 $-\dfrac{1}{5}x^2y$ 18 $8y^6$ 19 $5a^2b$ 20 $3x$

학교 시험 PREVIEW   52쪽~53쪽

스스로 개념 점검

(1) $m+n,\ mn$ (2) ① $m-n$ ② 1 ③ $n-m$ (3) $a^mb^m,\ \dfrac{a^m}{b^m}$

(4) 계수, 문자   (5) 역수

01 ②   02 ④   03 ④   04 ②

05 ④   06 ⑤   07 ②   08 ②

09 ①   10 ④   11 ③

12 $a=1,\ b=3,\ c=3$

2. 다항식의 계산

01 다항식의 덧셈과 뺄셈   55쪽~56쪽

01 $4a,\ 5b,\ 6,\ 8$ 02 $2a+2b$ 03 $10x-4y$ 04 $-4a-2b$

05 $4x-2y+2$ 06 $10a-4b$ 07 $8x-y$ 08 $5a,\ 2b,\ 2,\ 2$

09 $-a+9b$ 10 $-3x-4y$ 11 $-a+3b$ 12 $-x-4y-3$

13 $a+10b$ 14 $-2x-9y$ 15 $2,\ 3,\ 3,\ 9,\ 7$ 16 $\dfrac{7}{4}a+b$

17 $-\dfrac{7}{15}x+\dfrac{14}{15}y$ 18 $2,\ 4,\ 2,\ 6,\ 4,\ -\dfrac{1}{4},\ \dfrac{7}{4}$

19 $\dfrac{7}{15}x-\dfrac{4}{5}y$ 20 $-\dfrac{11}{12}a+2b$ 21 $2,\ 3y,\ 2,\ 3,\ 3$ 22 $-2a+2$

23 $-9x+8y$ 24 $2b,\ 4a,\ 4a,\ 5b,\ 4,\ 5,\ 11,\ 5$ 25 $10x+y$

26 $-3a+b$

02 이차식의 덧셈과 뺄셈   57쪽~58쪽

01 ○ / $a^2,\ 2$ 02 ○   03 ×   04 ○

05 ○   06 ×   07 ○

08 $x^2,\ 1,\ 4x^2+x+1$ 09 $3a^2-3a+4$ 10 $4x^2-x-1$

11 a^2+a+2 12 $4x^2-1$ 13 $5a^2+6a+2$

14 $3,\ 3,\ -2a^2+3a+2$ 15 $3x^2+5x+7$

16 $-a^2-6a+6$ 17 $-3a^2+8a+4$ 18 $2x^2-2$

19 x^2+x+2 20 $-2a^2+2a-7$

21 $3,\ 8,\ 2,\ 11,\ 5x^2-8x+11$ 22 $2a^2-4a+6$ 23 $-7x+10$

24 $6a^2+3a-1$ 25 $-x^2+4x+1$ 26 $-6a^2+4a$

03 이차식의 덧셈과 뺄셈의 응용   59쪽

01 $5a-4b$ 02 $3x+7y$ 03 $-3x+y$ 04 $-a+3b$

05 $3a-2b-5$ 06 $4x-3y+3$ 07 $2a^2-3a$ 08 $2x^2-6x+4$

09 $5a^2+3a-2$ 10 $-3x^2+2x-3$

10분 연산 TEST 1회   60쪽

01 $x-3y$ 02 $4a+4b-2$ 03 $4x-9y$ 04 $\dfrac{7}{6}x+\dfrac{7}{6}y$

05 $-a-11b$ 06 $6x+4y-6$ 07 $17a-19b$ 08 $-\dfrac{7}{4}x-3y$

09 $3a^2-4a+1$ 10 x^2-7x-1 11 $-4a^2-6a+3$

12 $-12x^2-x+14$ 13 $2x-y$ 14 $-2a^2+12a$

15 $3x^2-6x-1$ 16 $-2a^2-5a+6$ 17 $3a+5b$

18 $-3x+4y-1$ 19 a^2-5a+6 20 $5x^2-6x+3$

01 $6a+b$ **02** $9x-5y+1$ **03** $10x$ **04** $\dfrac{7}{6}x-\dfrac{3}{2}y$

05 $2a+11b$ **06** $-6x+7y+2$ **07** $-16x+7y$

08 $\dfrac{1}{4}a+b$ **09** $4x^2+2x+9$ **10** $6x^2-4x+2$ **11** $-3a^2+a-3$

12 $-x^2-2$ **13** $10a-5b$ **14** $-x^2-3x-2$

15 $-2a^2+6a+6$ **16** $-2x^2-4$ **17** $4x+5y$

18 $5a+3b$ **19** $3x^2+11x-7$ **20** $-5a^2+a+3$

04 단항식과 다항식의 곱셈   62쪽

01 $2a,\ b,\ 8a^2+4ab$ **02** $20x+15xy$ **03** $6a^2-12ab$

04 $2x^2+4x$ **05** $8ab-20b^2$ **06** $3x^2-21xy+6x$

07 $3a^2-6ab-3a$ **08** $2x,\ 5,\ 2,\ 5$ **09** $2a^2-8a$

10 $3xy-15x^2$ **11** $-2ab+3b^2$ **12** $xy-2y^2+9y$

13 $-10x^2+6xy-2x$ **14** $-2a^2-10ab+4a$

05 다항식과 단항식의 나눗셈   63쪽

01 $x,\ x,\ x,\ 3y-5$ **02** $2x-\dfrac{3}{2}$ **03** $4a-1$

04 $3a+5b$ **05** $-2y+9$ **06** $4ab+3b$

07 $\dfrac{5}{x},\ \dfrac{5}{x},\ \dfrac{5}{x},\ 5x-15$ **08** $12x-4$ **09** $-3b+27a$

10 $-5x-15y$ **11** $6x+3xy$ **12** $12ab^2-20a$

06 단항식과 다항식의 혼합 계산   64쪽

01 $8ab,\ 3ab,\ 2a^2+5ab$ **02** $9x^2-3x$

03 $3a,\ -2a,\ 3,\ 6,\ -6a+9$ **04** $10x-11y$ **05** $15a+4b$

06 $4x^2,\ 4x^2,\ 10x,\ 2,\ 10x,\ 7x^2-10x+2$

07 $-3a^2+4a-3b$ **08** $-13x^2+8x$

09 $-5xy^2+2xy+3$ **10** $-ab^2-5b^3$

07 단항식과 다항식의 곱셈과 나눗셈의 응용   65쪽~66쪽

01 $xy+4x$ **02** $15ab-20b^2$ **03** $4a^2b-5$ **04** $-y+5x+3$

05 $2xy^2-3x+y$ **06** $-6x^3+8x^2y$ **07** $xy^3+\dfrac{1}{6}x^2y^2$ **08** $-6a^2b+3ab^2$

09 $-12x^3y-8xy^2$ **10** $a^3b^2-10ab^4+5a^2b^2$

11 $3a^2b+6ab^2\ /\ 2a+4b,\ 3a^2b+6ab^2$ **12** $8x^2y^2+8xy$

13 $60x^2y^2-40x^2y$ **14** $4\pi a^4b+4\pi a^2b$

15 $2x+3y\ /\ 2x,\ 2x,\ 2x,\ 2,\ 3$ **16** $4a^2b$ **17** $2a-ab$

18 $\dfrac{1}{2}x+3y$

08 식의 대입   67쪽

01 $1,\ -2,\ 1$ **02** -4 **03** 12 **04** 42

05 $y+1,\ -2y$ **06** $3y+1$ **07** y^2+5y+4 **08** $-x+5$

09 $-x+12$ **10** $a-2b,\ 3a-b$ **11** $a+3b$

12 $5b$ **13** $-5a-5b$ **14** $10a+10b$

01 $6x^2+24xy$ **02** $-4x^3+6x^2-2x$

03 $4a^3-2a^2-6a$ **04** $2a^2+4$ **05** $2xy-3$

06 $-3ab^2+5b$ **07** $-21x+14y+7$ **08** $12a^2-13ab$

09 $x-y$ **10** $5ab-3a+2b$

11 $-10ab-10b$ **12** x^2y-xy^2 **13** $3a^2-12a$

14 -3 **15** 9 **16** -12 **17** $4x$

18 $-x+2$ **19** $-8x-6$ **20** $2a-b$ **21** $8a-3b$

01 $-5a^2+7a$ **02** $-3x^2+6xy-12x$

03 $21x^3-6x^2y+15xy$ **04** $6xy+1$ **05** $-2a+3ab$

06 $-9x+6y^2+12$ **07** $2a^2+3b^2$ **08** $3x-4$

09 $-3a+3b$ **10** $5x^2-xy+12y$ **11** $22xy-6x^2$

12 $a-3b$ **13** $-x^2y^2+2xy^2$ **14** 5 **15** -2

16 -2 **17** $9a-7$ **18** $-12a+15$ **19** $4a^2-15a+7$

20 $5x$ **21** $-5y$

학교 시험 PREVIEW   70쪽~71쪽

스스로 개념 점검

(1) 동류항   (2) 이차식   (3) 전개   (4) 역수

01 ③   **02** ⑤   **03** ③   **04** ①

05 ④   **06** ②   **07** ⑤   **08** ⑤

09 ④   **10** ②   **11** ⑤   **12** -2

Ⅲ. 부등식과 연립방정식

1. 일차부등식

01 부등식   75쪽

01 ○	02 ×	03 ×	04 ○
05 ×	06 ×	07 ○	08 ×
09 >	10 <	11 ≥	12 ≤

13 $3x-5<7$ 14 $1000x \geq 8000$ 15 $x-1 \leq 2$

16 $200+500x>3000$

02 부등식의 해   76쪽

01 × / 4, 2	02 ○	03 ×	04 ○
05 ×	06 ○	07 ×	08 $-2, -1, 0$
09 0, 1, 2	10 1, 2	11 $-2, -1$	12 $-2, -1, 0, 1$

13 2

03 부등식의 성질   77쪽~78쪽

01 >	02 >	03 >	04 >
05 >	06 <	07 ≤ / ≤, ≤, ≤	
08 ≤	09 ≥	10 ≥	11 ≤
12 ≥	13 > / >, >, >		14 ≤
15 ≥	16 >	17 <	18 ≥
19 ≤	20 <	21 $x+3>4$ / >, >	
22 $2x>2$	23 $5-x<4$	24 $-2x+1<-1$	

25 $2x+1>5$ / 2, 4, 4, 4, 5   26 $3x-2 \leq -5$ 27 $5-\dfrac{x}{2} \leq 3$

28 $-\dfrac{x}{3}+8>10$

10분 연산 TEST 1회   79쪽

01 ○	02 ×	03 ×	04 ○

05 $x+3 \leq 10$ 06 $\dfrac{x}{3} \geq 5$ 07 $2(x+8) \leq 25$

08 ○	09 ×	10 ○	11 ×
12 0, 1	13 $-1, 0, 1$	14 $-2, -1, 0, 1$	15 <
16 <	17 >	18 >	19 $x+4<6$

20 $-\dfrac{1}{2}x>-1$ 21 $-5x+1>-9$

10분 연산 TEST 2회   80쪽

01 ×	02 ○	03 ○	04 ×

05 $20-x \leq 7$ 06 $5x>40000$ 07 $2x+0.3 \geq 10$ 08 ○

09 ×	10 ×	11 ○	12 $-1, 0, 1, 2$
13 $-1, 0$	14 $-1, 0, 1$	15 >	16 <
17 <	18 >	19 $2x \geq -2$	20 $-x+2 \leq 3$

21 $5-3x \leq 8$

04 일차부등식   81쪽

01 $x>3-2$ / $-$ 02 $3x \leq -2+5$ 03 $-\dfrac{1}{2}x<10-4$

04 $-2x-7x \geq 1$ 05 $-6x-8x \leq 3-1$

06 $-x+4x>2-5$ 07 ○ / 4, 1   08 ○

09 ×	10 ○	11 ×	12 ○

05 일차부등식의 해와 수직선   82쪽

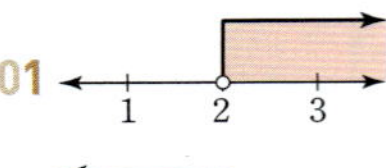

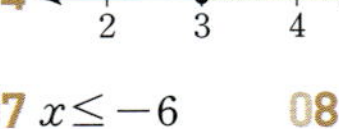

05 x, 1, 3, 15, 5   06 $x<7$ 07 $x \leq -6$ 08 $x \leq 3$

09 $x<5$ 10 $x<-4$ 11 $x \leq 1$,

12 $x \leq 2$,   13 $x>2$,

06 괄호가 있는 일차부등식의 풀이   83쪽

01 10, $7x$, 10, 16, -8 02 $x>-5$ 03 $x \leq \dfrac{5}{3}$

04 $x<4$ 05 $x \leq -\dfrac{1}{2}$ 06 $x>1$ 07 $x>-3$

08 $x \geq 2$ 09 $x \leq 9$ 10 $x<-5$ 11 $x<-2$

12 $x \leq 3$ 13 $x<-2$

07 계수가 소수인 일차부등식의 풀이   84쪽

01 11, 11, 12, 4   02 $x>1$ 03 $x \leq 3$ 04 $x>-4$

05 $x \leq 6$ 06 $x<10$ 07 $x>-5$ 08 $x \geq 9$

09 $x>-15$ 10 $x \geq 1$ 11 $x>2$ 12 $x \geq -12$

13 $x<\dfrac{1}{2}$

08 계수가 분수인 일차부등식의 풀이   85쪽

01 6, 3, 3, 6, 6, 6   02 $x>10$ 03 $x \leq \dfrac{5}{4}$ 04 $x<-6$

05 $x>-10$ 06 $x \geq \dfrac{8}{3}$ 07 2, 2, $2x$, 2, 5   08 $x \leq \dfrac{11}{2}$

09 $x \geq 9$ 10 $x \leq 1$ 11 $x>6$ 12 $x<10$

09 복잡한 일차부등식의 풀이   86쪽

01 $\dfrac{4}{5}$, 20, 8, 8, 20, -3, 15, -5 02 $x<-3$ 03 $x \geq -8$

04 $x>14$ 05 $x \leq 21$ 06 $x>17$ 07 $x \leq -2$

08 $x \geq \dfrac{25}{16}$ 09 $x<-5$ 10 $x \geq 3$

🔟 문자가 있는 일차부등식 87쪽

01 $x<\dfrac{3}{a}$ / 3, 양수, 바뀌지 않는다, $<$ **02** $x<1$

03 $x\geq-1$ **04** $x\geq-\dfrac{3}{a}$ **05** $x<\dfrac{2}{a}$ / 2, 음수, 바뀐다, $<$

06 $x\leq1$ **07** $x\geq2$ **08** $x>\dfrac{4}{a}$

09 -1 / 3, -2, -1 **10** 7

11 1 / 1, 양수, 1, 1, 1   **12** 2   **13** -1

10분 연산 TEST 1회 88쪽

01 ○   **02** ×   **03** ×   **04** ○

05 ○   **06** $x>1$, 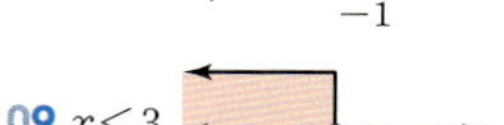

07 $x\leq-1$,   **08** $x\geq-5$,

09 $x<3$,   **10** $x\leq6$ **11** $x\leq2$

12 $x>-9$ **13** $x\geq-\dfrac{1}{2}$ **14** $x\geq2$ **15** $x<0$

16 $x<2$ **17** $x\leq-1$ **18** $x<\dfrac{2}{a}$ **19** $x\geq3$

20 $x<1$

10분 연산 TEST 2회 89쪽

01 ×   **02** ○   **03** ×   **04** ○

05 ×   **06** $x<-5$, 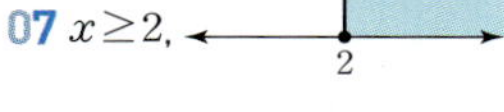

07 $x\geq2$,   **08** $x\leq-3$,

09 $x>2$,   **10** $x<-1$ **11** $x\leq2$

12 $x>3$ **13** $x>-4$ **14** $x\geq3$ **15** $x>-12$

16 $x\leq20$ **17** $x\leq-11$ **18** $x<-\dfrac{1}{a}$ **19** $x>-4$

20 $x\leq5$

1️⃣1️⃣ 일차부등식의 활용 (1) 90쪽~93쪽

01 (1) $5x+3$, $5x+3$ (2) $x\leq4$ (3) 4

02 (1) $2x-5>x+5$ (2) $x>10$ (3) 11

03 (1) $x-1$, $x+1$, $x-1$, $x+1$ (2) $x<10$ (3) 8, 9, 10

04 (1) $3x+10\leq4(x+2)$ (2) $x\geq2$ (3) 3, 5

05 (1) $500x$, $<$, $500x$, $<$ (2) $x<4$ (3) 3개

06 (1) $1500x+3500\leq20000$ (2) $x\leq11$ (3) 11송이

07 (1) x, $10-x$, $1000x$, $800(10-x)$

　(2) $1000x+800(10-x)\leq9000$ (3) $x\leq5$ (4) 5개

08 (1) $2000x+1800(20-x)<38000$ (2) $x<10$ (3) 9개

09 (1) 25000, 4000, $25000+4000x$

　(2) $5000+5000x>25000+4000x$ (3) $x>20$ (4) 21개월 후

10 (1) $10000+3000x>20000+2000x$ (2) $x>10$ (3) 11개월 후

11 (1) $5000+1500x$, $7000+600x$, $5000+1500x$, $7000+600x$

　(2) $x>30$ (3) 31주 후

12 (1) $60000+4000x<3(10000+3000x)$ (2) $x>6$ (3) 7개월 후

13 (1) $500x$, 2100, $500x+2100$ (2) $800x>500x+2100$

　(3) $x>7$ (4) 8자루

14 (1) $1200x>900x+3000$ (2) $x>10$ (3) 11송이

15 (1) 10, $\leq$ (2) $x\leq6$ (3) 6 cm

16 (1) $2(12+x)\geq52$ (2) $x\geq14$ (3) 14 cm

1️⃣2️⃣ 일차부등식의 활용 (2) 94쪽

01 (1) x, 3, $\dfrac{x}{3}$, $\dfrac{x}{2}+\dfrac{x}{3}\leq3$ (2) $x\leq\dfrac{18}{5}$ (3) $\dfrac{18}{5}$ km

02 $\dfrac{8}{3}$ km

03 (1) $8-x$, 6, $\dfrac{8-x}{6}$, $\dfrac{x}{3}+\dfrac{8-x}{6}\leq2$ (2) $x\leq4$ (3) 4 km

04 1500 m

10분 연산 TEST 1회 95쪽

01 (1) $(x-1)+x+(x+1)>45$ (2) 15, 16, 17

02 (1) $15+x>2(12-x)$ (2) 4개

03 (1) $4000x+2500(10-x)\leq32500$ (2) 5명

04 (1) $15000+3000x>18000+2500x$ (2) 7개월 후

05 (1) $1200x>800x+2000$ (2) 6개

06 (1) $\dfrac{x}{3}+\dfrac{x}{5}\leq4$ (2) $\dfrac{15}{2}$ km

10분 연산 TEST 2회 96쪽

01 (1) $x+(x+2)+(x+4)<66$ (2) 18, 20, 22

02 (1) $600(12-x)+800x\leq9000$ (2) 9자루

03 (1) $30000+4000x>2(25000+1500x)$ (2) 21개월 후

04 (1) $1000x>750x+2500$ (2) 11캔

05 (1) $\dfrac{85+92+x}{3}\geq88$ (2) 87점

06 (1) $\dfrac{x}{3}+\dfrac{5-x}{6}\leq\dfrac{3}{2}$ (2) 4 km

학교 시험 PREVIEW 97쪽~99쪽

스스로 개념 점검

(1) 부등식   (2) ① $<$, $<$ ② $<$, $<$, $>$, $>$ (3) 일차부등식

(4) ❶ 좌변, 우변   ❸ a

01 ④   **02** ④   **03** ⑤   **04** ③

05 ④   **06** ③   **07** ⑤   **08** ③, ④

09 ④   **10** ③   **11** ①   **12** ⑤

13 ①   **14** ②   **15** ⑤   **16** ③

17 $2x-1\geq-7$

2. 연립일차방정식

01 일차방정식   101쪽

01 ×   **02** ○   **03** ○   **04** ○

05 ×   **06** ○   **07** ×   **08** $x=1$

09 $x=-1$ **10** $x=2$ **11** $x=2$ **12** $x=-1$

13 $x=6$ **14** $x=-\dfrac{1}{3}$

02 미지수가 2개인 일차방정식   102쪽

01 ×   **02** ×   **03** ○   **04** ×

05 ○   **06** ×   **07** ×   **08** ○

09 $3x+4y=36$ **10** $x+y=54$ **11** $500x+700y=4500$

12 $2x+4y=28$ **13** $2(x+y)=40$ **14** $2x+3y=24$

03 미지수가 2개인 일차방정식의 해   103쪽

01 $(1, 4), (2, 3), (3, 2), (4, 1), 3, 2, 1, 0 / 3, 2, 1$

02 $(1, 7), (2, 5), (3, 3), (4, 1), 7, 5, 3, 1, -1$

03 $(2, 3), (4, 2), (6, 1), 6, 4, 2, 0$

04 $(2, 3), (5, 2), (8, 1), 8, 5, 2, -1$

05 $(3, 3), (6, 1), 6, \dfrac{9}{2}, 3, \dfrac{3}{2}, 0$

06 × / 1, 3, 거짓, 해가 아니다   **07** ○   **08** ×

09 ○   **10** ×   **11** ×   **12** ○

04 미지수가 2개인 연립일차방정식(연립방정식)   104쪽

01 $(2, 2) / 3, 2, 1, 5, 2, 2, 2$ **02** $(4, 2)$ **03** $(4, 3)$

04 × / $-1, 3$, 해가 아니다   **05** ○   **06** ×

07 ×   **08** ○

05 방정식의 해가 주어진 경우, 미지수 구하기   105쪽

01 $2 / 2, 3, -3, -6, 2$ **02** 9   **03** -1

04 3   **05** -1 **06** 4

07 $a=-3, b=-3 / -2, 1, -3, -2, 1, -2, 6, -3$

08 $a=8, b=-1$ **09** $a=-3, b=-5$

10 $a=2, b=-4$ **11** $a=-1, b=6$

10분 연산 TEST 1회   106쪽

01 ○   **02** ×   **03** ○   **04** $2x+3y=23$

05 $3x+4y=35$ **06** $4x+2y=48$

07 $(1, 6), (2, 5), (3, 4), (4, 3), (5, 2), (6, 1)$

08 $(1, 8), (2, 5), (3, 2)$ **09** ○   **10** ×

11 $(2, 3)$ **12** $(5, 2)$ **13** -1 **14** 1

15 $a=-3, b=3$ **16** $a=-2, b=3$

10분 연산 TEST 2회   107쪽

01 ×   **02** ○   **03** ○   **04** $x-10=2y$

05 $4x+5y=80$ **06** $1000x+500y=4500$ **07** $(5, 1)$

08 $(2, 6), (4, 3)$ **09** ×   **10** ○   **11** $(6, 2)$

12 $(1, 3)$ **13** 6   **14** 4   **15** $a=1, b=3$

16 $a=-5, b=3$

06 연립방정식의 풀이 - 대입법   108쪽~109쪽

01 $x=-2, y=3 / 2y-8, 10, 24, 3, 3, 3, -2, -2, 3$

02 $x=-5, y=-15$ **03** $x=10, y=2$

04 $x=-1, y=2$ **05** $x=2, y=-5$

06 $x=-1, y=1$ **07** $x=-2, y=1$

08 $x=\dfrac{3}{2}, y=\dfrac{1}{4}$ **09** $x=4, y=1$

10 $x=-17, y=-6$ **11** $x=-1, y=-3$

12 $x=4, y=3 / -x+7, -x+7, 12, 4, 4, 3, 4, 3$

13 $x=-2, y=5$ **14** $x=6, y=-1$

15 $x=4, y=7$ **16** $x=3, y=-1$

17 $x=-2, y=3$ **18** $x=-5, y=3$

19 $x=3, y=4$ **20** $x=-2, y=2$

21 $x=-2, y=3$ **22** $x=3, y=-1$

23 $x=-2, y=-3$ **24** $x=3, y=5$

07 연립방정식의 풀이 - 가감법   110쪽~111쪽

01 $+ / +$ **02** $-$ **03** 2   **04** 3

05 2   **06** $x=-1, y=2 / -6, -1, -1, -1, 6, 2, -1, 2$

07 $x=2, y=3$ **08** $x=-13, y=-3$

09 $x=3, y=-4$ **10** $x=2, y=-1$

11 $x=0, y=2 / 2, 2, 8, 6, 2, 2, 0, 0, 2$

12 $x=1, y=-1$ **13** $x=2, y=-1$

14 $x=3, y=0$ **15** $x=-1, y=-1$

16 $x=-2, y=3$

17 $x=1, y=-3 / 3, 9, -21, -39, -3, -3, 1, 1, -3$

18 $x=-2, y=-1$ **19** $x=1, y=-1$

20 $x=2, y=1$ **21** $x=4, y=3$ **22** $x=-1, y=1$

08 괄호가 있는 연립방정식의 풀이   112쪽

01 $x=-3, y=2 / 2x+5y, -6, 2, 2, -3, -3, 2$

02 $x=2, y=1$ **03** $x=-1, y=2$

04 $x=-1, y=-3$ **05** $x=2, y=-4$

06 $x=3, y=-1 / x+2y, 3x-4y, 15, 3, 3, -1, 3, -1$

07 $x=1, y=-3$ **08** $x=1, y=-1$

09 $x=5, y=2$ **10** $x=2, y=-1$

16 연립방정식의 활용 (2) 124쪽

01 (1) y, 6, $\dfrac{y}{6}$, $\begin{cases} x+y=4.5 \\ \dfrac{x}{4}+\dfrac{y}{6}=1 \end{cases}$ (2) $x=3$, $y=1.5$ (3) 3 km

02 1 km

03 (1) y, 5, $\dfrac{y}{5}$, $\begin{cases} y=x-1 \\ \dfrac{x}{3}+\dfrac{y}{5}=3 \end{cases}$ (2) $x=6$, $y=5$ (3) 5 km

04 1 km

10분 연산 TEST 1회 125쪽

01 (1) $\begin{cases} x+y=36 \\ x=2y-9 \end{cases}$ (2) 21

02 (1) $\begin{cases} x+y=5 \\ 1100x+800y=4600 \end{cases}$ (2) 3명

03 (1) $\begin{cases} 6x+5y=8300 \\ 3x+6y=6600 \end{cases}$ (2) 800원 **04** (1) $\begin{cases} x=y+27 \\ x+y=55 \end{cases}$ (2) 41세

05 (1) $\begin{cases} x=y-3 \\ 2(x+y)=26 \end{cases}$ (2) 8 cm **06** (1) $\begin{cases} x+y=7 \\ \dfrac{x}{4}+\dfrac{y}{3}=2 \end{cases}$ (2) 4 km

10분 연산 TEST 2회 126쪽

01 (1) $\begin{cases} x+y=9 \\ 10y+x=2(10x+y)+18 \end{cases}$ (2) 27

02 (1) $\begin{cases} x+y=5 \\ 7x+9y=41 \end{cases}$ (2) 2번 **03** (1) $\begin{cases} 5x+4y=6000 \\ 4x+5y=6600 \end{cases}$ (2) 400원

04 (1) $\begin{cases} x-y=24 \\ x+5=2(y+5)+3 \end{cases}$ (2) 16세

05 (1) $\begin{cases} x=y+2 \\ \dfrac{1}{2}\times(x+y)\times4=28 \end{cases}$ (2) 6 cm

06 (1) $\begin{cases} y=x-3 \\ \dfrac{x}{5}+\dfrac{y}{4}=\dfrac{3}{2} \end{cases}$ (2) 5 km

학교 시험 PREVIEW 127쪽~129쪽

스스로 개념 점검

(1) 2, 1　　(2) 해　　(3) 연립일차방정식, 연립방정식
(4) 해　　(5) ① 대입　② 계수

01 ②, ③	**02** ③	**03** ②	**04** ③
05 ④	**06** ③	**07** ②	**08** ⑤
09 ⑤	**10** ③	**11** ⑤	**12** ④
13 ②	**14** ④	**15** ④	**16** ⑤

17 $\dfrac{7}{2}$

Ⅳ. 일차함수와 그래프

1. 일차함수와 그 그래프 (1)

01 정비례 관계, 반비례 관계 134쪽

01 ○, / $3x$, 한다

x	1	2	3	4	…
y	3	6	9	12	…

02 ○,

x	1	2	3	4	…
y	50	100	150	200	…

03 ×,

x	1	2	3	4	…
y	4	2	$\dfrac{4}{3}$	1	…

04 ○, / $\dfrac{48}{x}$, 한다

x	1	2	3	4	…
y	48	24	16	12	…

05 ×,

x	1	2	3	4	…
y	5	10	15	20	…

06 ○,

x	1	2	3	4	…
y	24	12	8	6	…

02 함수 135쪽

01 ○, / 함수이다

x	1	2	3	4	…
y	800	1600	2400	3200	…

02 ○,

x	1	2	3	4	…
y	3	6	9	12	…

03 ×, / 함수가 아니다

x	1	2	3	4	…
y	없다.	없다.	2	2, 3	…

04 ○,

x	1	2	3	4	…
y	1	2	2	3	…

05 ○,

x	1	2	3	4	…
y	120	60	40	30	…

06 ×,

x	1	2	3	4	…
y	-1, 1	-2, 2	-3, 3	-4, 4	…

07 ○,

x	1	2	3	4	…
y	99	98	97	96	…

08 ○,

x	1	2	3	4	…
y	45	40	35	30	…

03 함숫값
136쪽

01 1, 3	**02** 0	**03** 12	**04** −9
05 1	**06** 3	**07** 12	**08** −6
09 2	**10** −3	**11** 36	**12** 2

04 함숫값이 주어질 때 미지수의 값 구하기
137쪽

01 8, 2	**02** 3	**03** −1	**04** $\frac{1}{2}$
05 2, 5	**06** 1	**07** −2	**08** $\frac{5}{2}$
09 8, 4	**10** −3	**11** 3	**12** 8
13 1, 3	**14** 6	**15** −5	**16** 2

10분 연산 TEST 1회
138쪽

01 ○	**02** ×	**03** ○	**04** ○
05 0	**06** 6	**07** −1	**08** −1
09 −15	**10** 3	**11** 30	**12** −40
13 12	**14** −1	**15** 4	**16** −5
17 −1	**18** 5	**19** −2	**20** 4

10분 연산 TEST 2회
139쪽

01 ×	**02** ○	**03** ○	**04** ○
05 −4	**06** 8	**07** −2	**08** 3
09 −8	**10** 4	**11** −32	**12** 40
13 6	**14** $-\frac{5}{2}$	**15** −5	**16** 4
17 3	**18** 4	**19** −3	**20** $\frac{1}{2}$

05 일차함수
140쪽

01 ○	**02** ○	**03** ×	**04** ×
05 ○	**06** ×	**07** ○	**08** ○

09 $y=4x$, 일차함수이다.

10 $y=10000-500x$, 일차함수이다.

11 $y=1000x+5000$, 일차함수이다.

12 $y=x^2+x$, 일차함수가 아니다.　**13** $y=\pi x^2$, 일차함수가 아니다.

14 $y=\dfrac{10}{x}$, 일차함수가 아니다.

06 일차함수의 함숫값
141쪽

01 3, 2	**02** −2	**03** −6	**04** $-\frac{1}{2}$
05 4	**06** 2	**07** −4	**08** 20
09 4	**10** 1	**11** 1, −1	**12** −2
13 3	**14** 1, 6	**15** −2	**16** 4

07 일차함수 $y=ax$의 그래프
142쪽

01 4, 2, −2, −4,

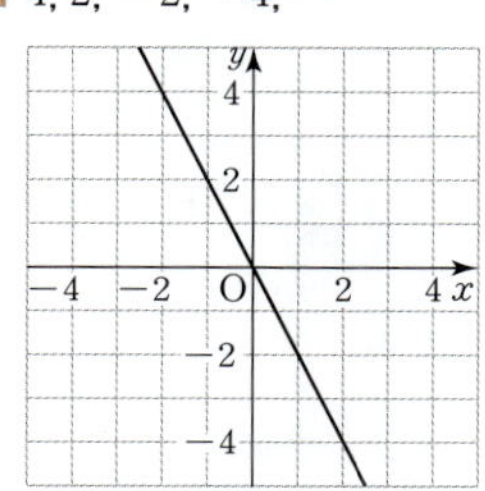 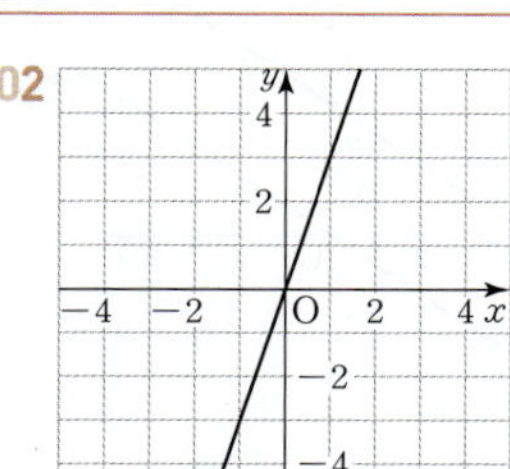

02

03 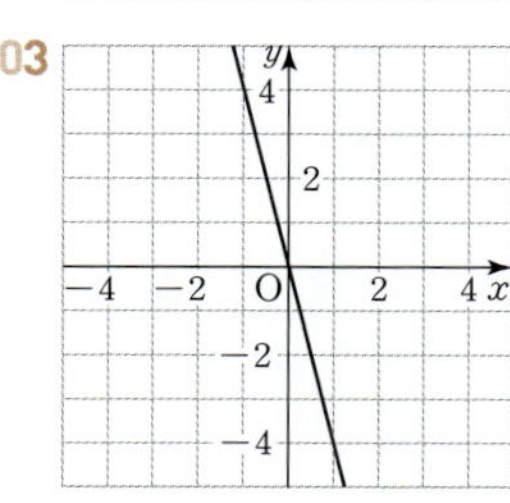 **04** 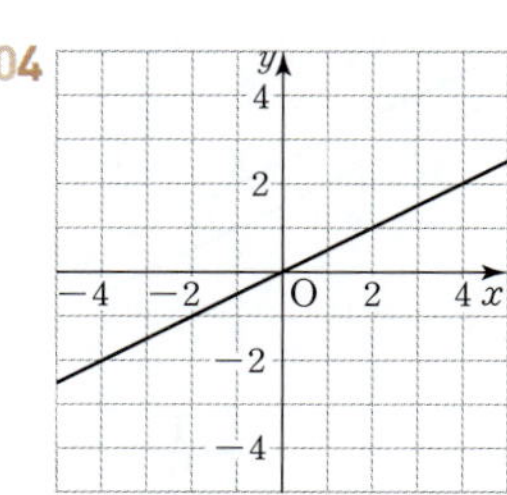

05 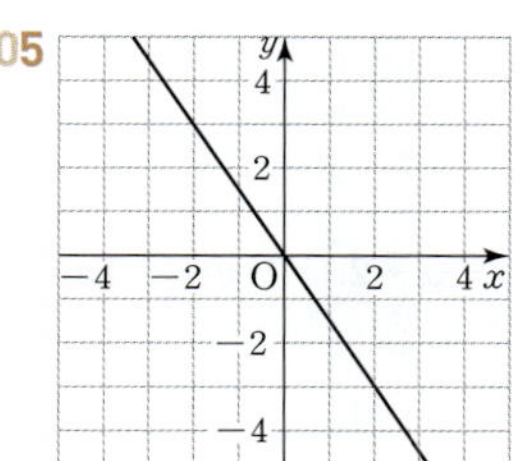 **06** 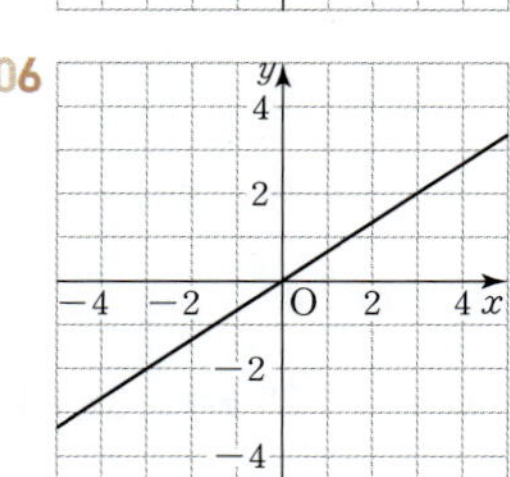

08 일차함수 $y=ax+b$의 그래프
143쪽~144쪽

01 −2, 2, −7, −5, −3, −1, 1,

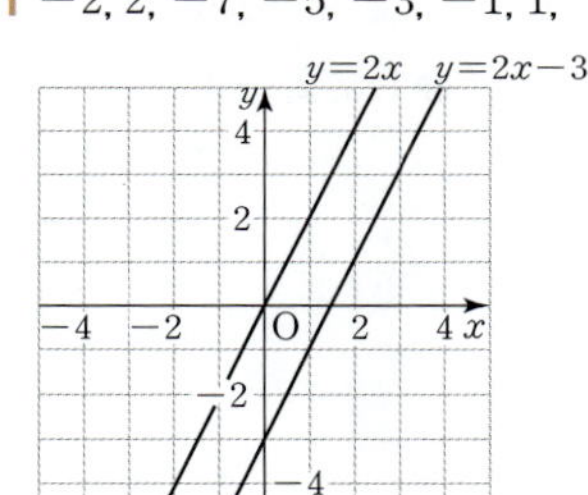

02 2, 1, −1, −2, 4, 3, 2, 1, 0,

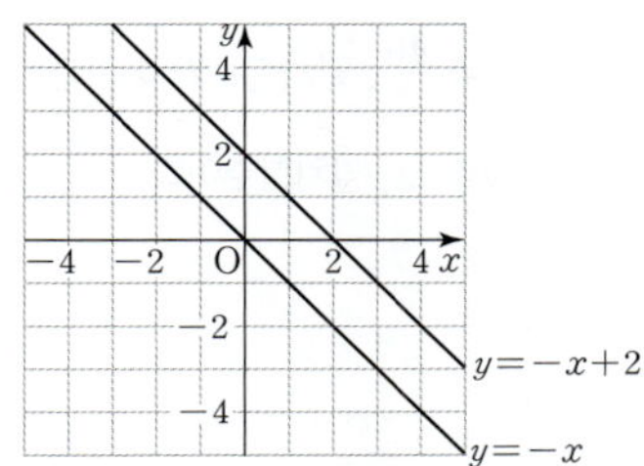

03 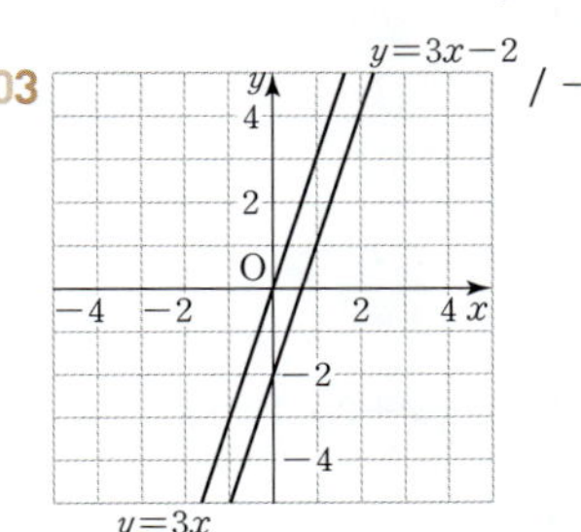

04

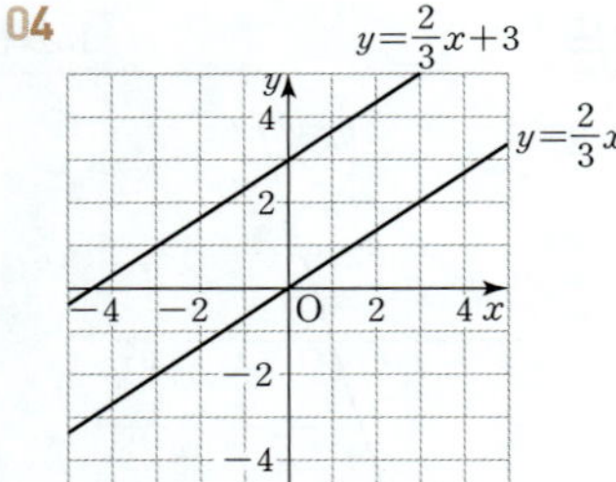

05

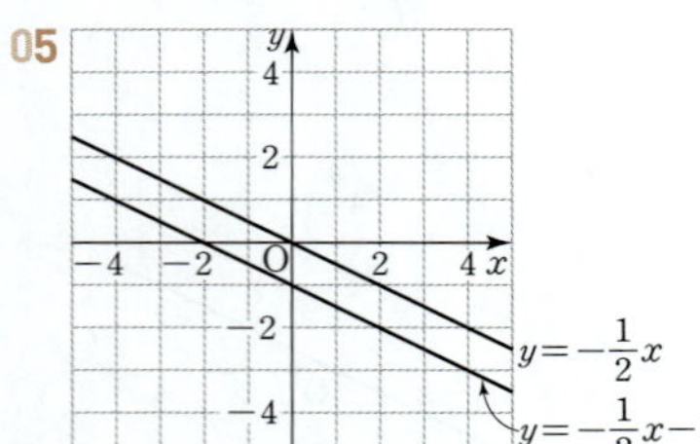

06 2   **07** $-\dfrac{1}{2}$ **08** -5 **09** 3

10 -1 **11** $\dfrac{1}{4}$ **12** $-\dfrac{2}{3}$ **13** 1

14 $-3,\ 3$ **15** $-2,\ y=-2x-2$

16 $4,\ y=-2x+4$ **17** $y=\dfrac{1}{2}x-2$ **18** $y=-4x+3$

19 $y=5x+3$ **20** $y=-3x+1$

---

09 일차함수의 그래프 위의 점   145쪽

01 ○ / $-1,\ -1$ **02** ×   **03** ○

04 -2 / $5,\ 5,\ -2$ **05** 3   **06** 5

07 2   **08** -3 / ❶ $y=2x-5$ ❷ $1,\ a,\ 2,\ -3$

09 -1 **10** 0   **11** 2   **12** 3

13 5

10분 연산 TEST 1회   146쪽

01 ○   **02** ×   **03** ○   **04** ○

05 $y=x+15$, 일차함수이다.   **06** $y=\dfrac{40}{x}$, 일차함수가 아니다.

07 $y=50-2x$, 일차함수이다.   **08** $y=3x$, 일차함수이다.

09 -3 **10** 8   **11** 0

12~13

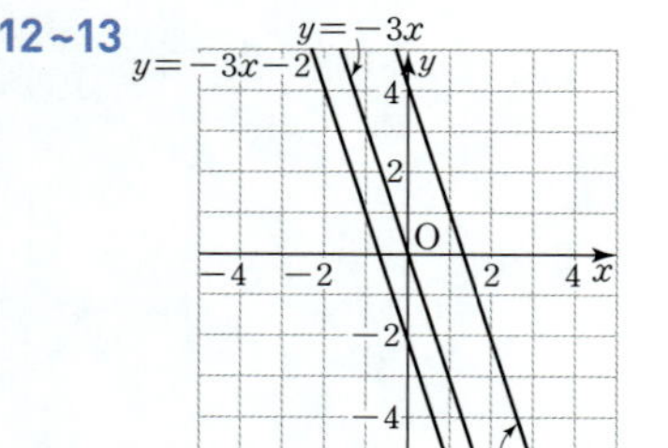

14 $y=2x+1$ **15** $y=-x-\dfrac{1}{2}$ **16** $y=\dfrac{1}{3}x+3$ **17** $y=-4x-4$

18 2   **19** 3   **20** 4

10분 연산 TEST 2회   147쪽

01 ○   **02** ×   **03** ○   **04** ×

05 $y=\dfrac{10000}{x}$, 일차함수가 아니다.   **06** $y=30-x$, 일차함수이다.

07 $y=x^2$, 일차함수가 아니다.   **08** $y=300-15x$, 일차함수이다.

09 1   **10** -2 **11** 2

12~13

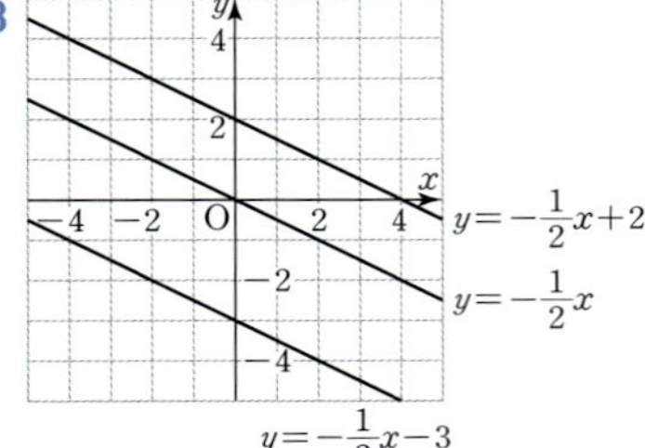

14 $y=-4x+2$ **15** $y=\dfrac{1}{2}x-6$ **16** $y=2x-2$ **17** $y=-\dfrac{1}{3}x+1$

18 -1 **19** 8   **20** -1

---

10 일차함수의 그래프의 절편   148쪽

01 $1,\ 1,\ 3,\ 3$ **02** $3,\ -2$ **03** $-4,\ -3$

04 $0,\ 2,\ 2,\ 0,\ -2,\ -2$ **05** $-2,\ 6$ **06** $2,\ 8$

07 $-\dfrac{5}{2},\ -5$ **08** $-6,\ 4$ **09** $12,\ -3$

---

11 x절편, y절편을 이용하여 그래프 그리기   149쪽

01

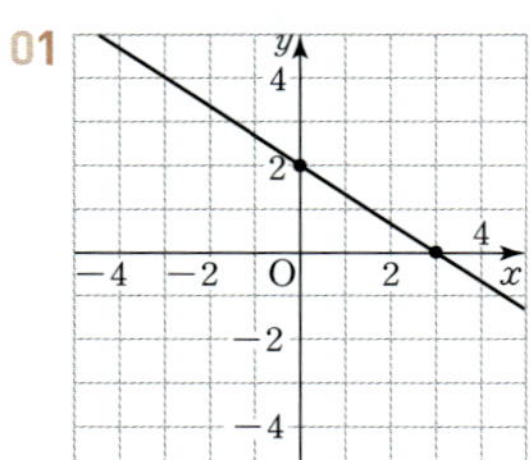

02

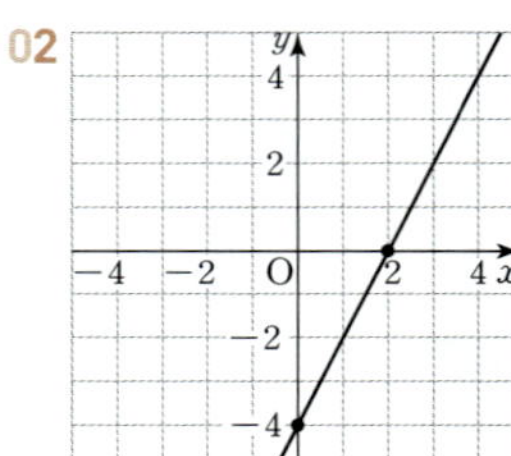

03

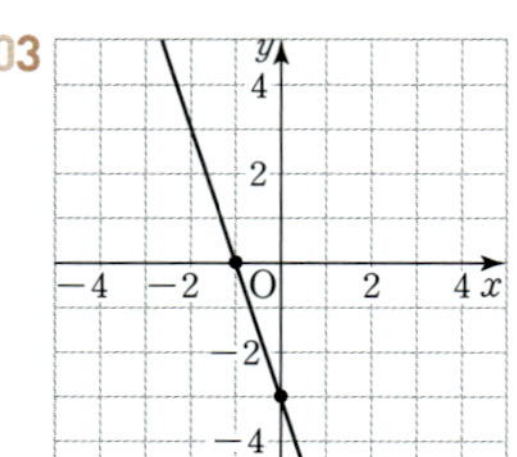

04 $3,\ 3,\ 3,\ 3,$

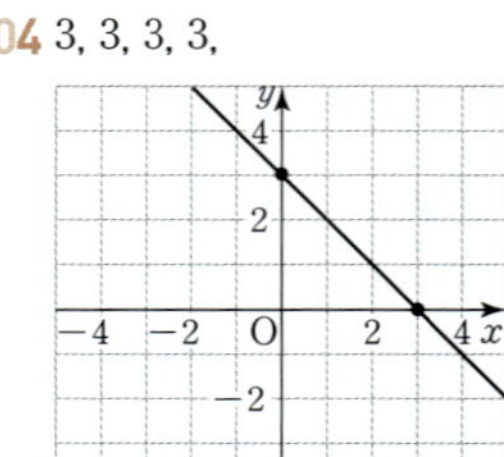

05 $1,\ -3,$

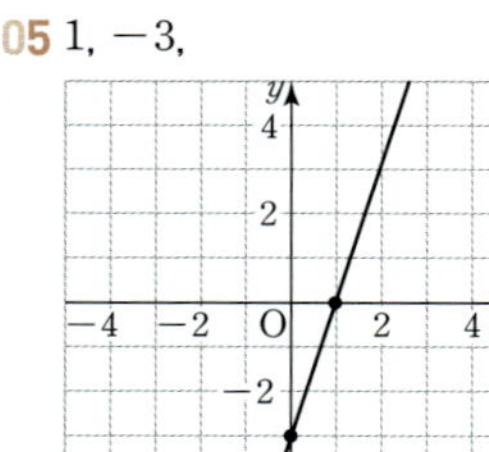

06 $-4,\ -1,$

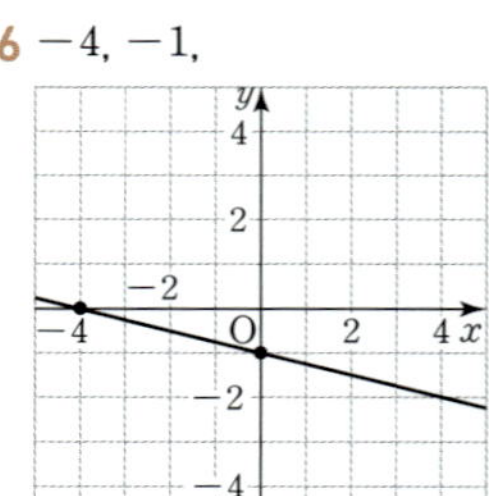

12 일차함수의 그래프의 기울기 150쪽~151쪽

01 1, 4, 3, 3, 3 **02** -1, 4, 3, 2, 1 **03** $\dfrac{1}{2}$, $-\dfrac{3}{2}$, -1, $-\dfrac{1}{2}$, 0

04 2, 2, 1 **05** -2, -2 **06** 3, $\dfrac{3}{2}$ **07** 1

08 -2 **09** $\dfrac{2}{3}$ **10** $-\dfrac{1}{5}$ **11** 2, 3, -1

12 3 **13** 1 **14** -2 **15** 2

16 2, 2, 4 **17** -9 **18** 8 **19** -4

20 ㄱ **21** ㄹ

13 기울기와 y절편을 이용하여 그래프 그리기 152쪽

01 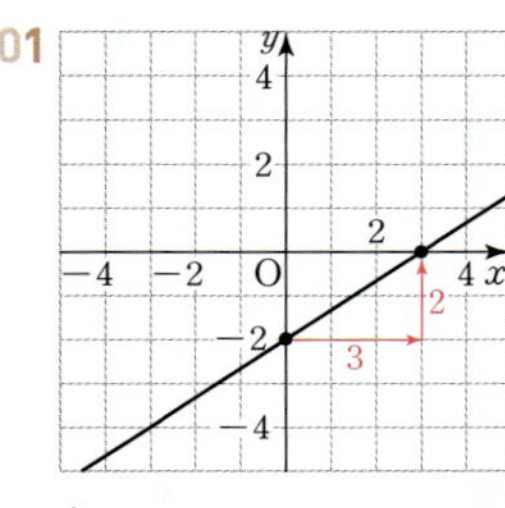 **02** 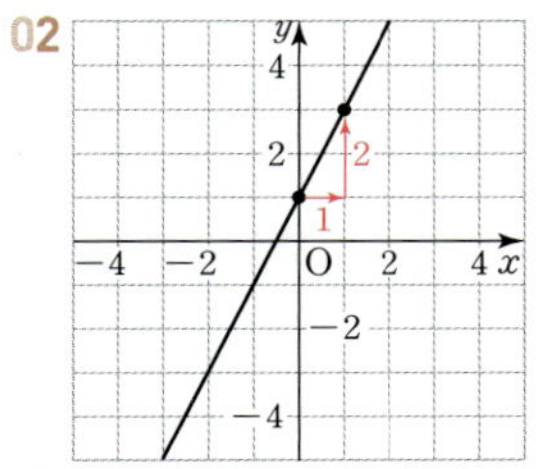

$/$ -2, 2, 3, 0

03 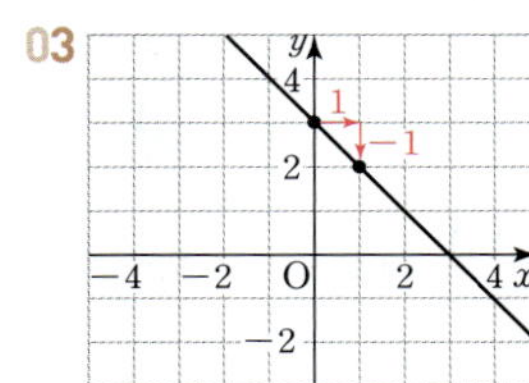 **04** 2, -1, 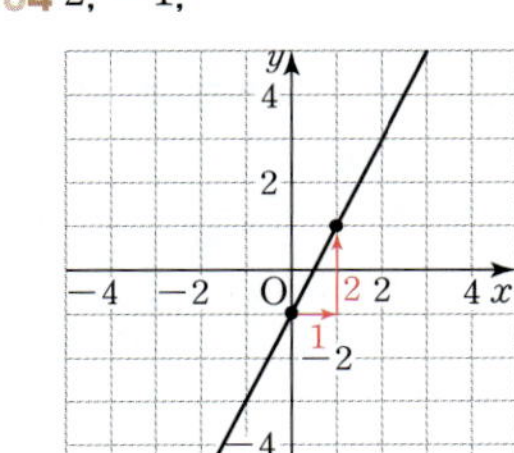

$/$ -1, -1, 2, 1, 1

05 -3, 5, 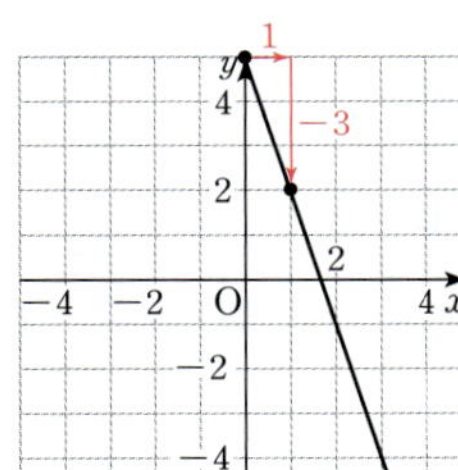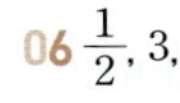 **06** $\dfrac{1}{2}$, 3, 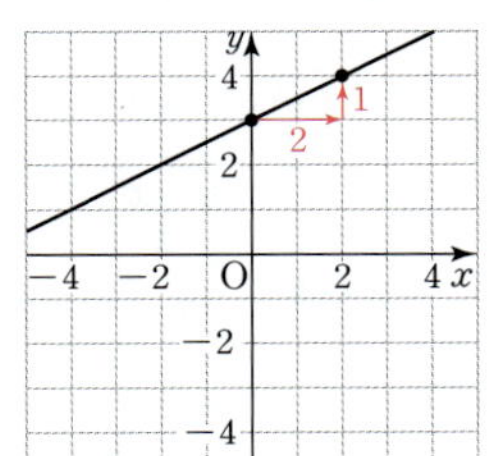

  153쪽

01 x절편 : 3, y절편 : 2, 기울기 : $-\dfrac{2}{3}$

02 x절편 : 1, y절편 : -4, 기울기 : 4

03 x절편 : -2, y절편 : -4, 기울기 : -2

04 x절편 : 3, y절편 : -3, 기울기 : 1

05 x절편 : 2, y절편 : 6, 기울기 : -3

06 x절편 : -3, y절편 : -1, 기울기 : $-\dfrac{1}{3}$

07 3 **08** $\dfrac{2}{3}$ **09** -2 **10** 1

11 -10 **12** 2

13~14 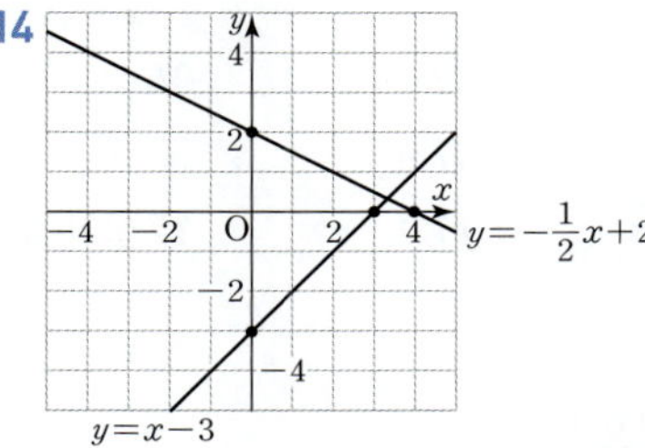

$y=-\dfrac{1}{2}x+2$

$y=x-3$

15~16 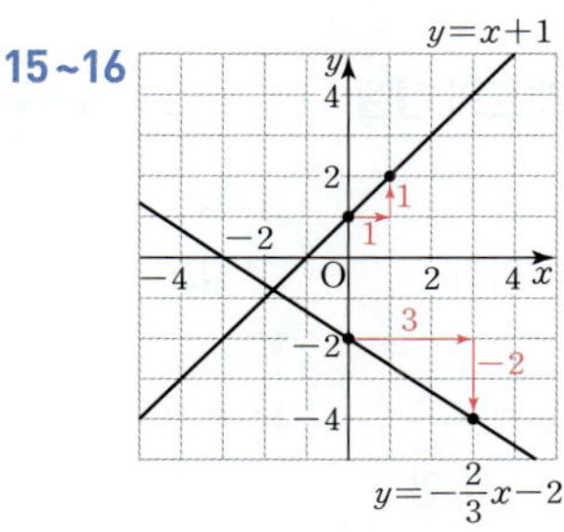

$y=x+1$

$y=-\dfrac{2}{3}x-2$

  154쪽

01 x절편 : 3, y절편 : 3, 기울기 : -1

02 x절편 : 1, y절편 : -1, 기울기 : 1

03 x절편 : -4, y절편 : -3, 기울기 : $-\dfrac{3}{4}$

04 x절편 : -2, y절편 : 4, 기울기 : 2

05 x절편 : 6, y절편 : -3, 기울기 : $\dfrac{1}{2}$

06 x절편 : 3, y절편 : 2, 기울기 : $-\dfrac{2}{3}$

07 2 **08** -7 **09** 2 **10** $-\dfrac{2}{3}$

11 -8 **12** -3

13~14 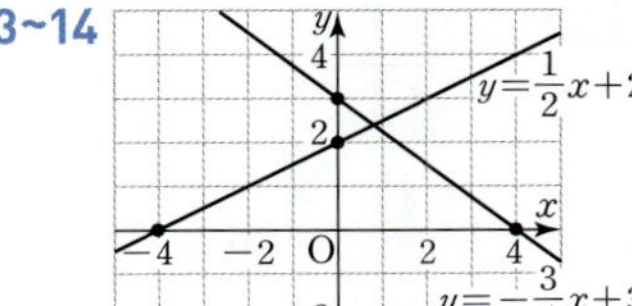

$y=\dfrac{1}{2}x+2$

$y=-\dfrac{3}{4}x+3$

15~16 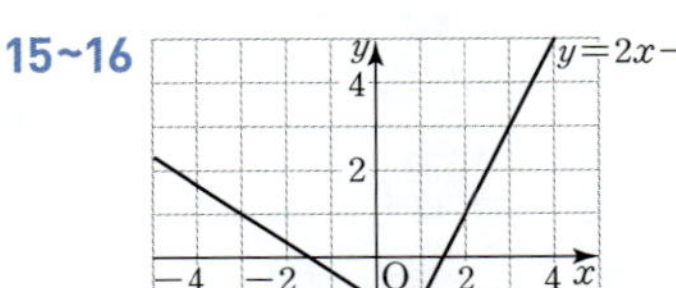

$y=2x-3$

$y=-\dfrac{2}{3}x-1$

<table>
<tr><td>

학교 시험 PREVIEW   155쪽~156쪽

스스로 개념 점검

(1) 함수   (2) $y=f(x)$ (3) 함숫값   (4) 일차함수
(5) 평행이동   (6) x절편, y절편   (7) 기울기

01 ②	**02** ④	**03** ①	**04** ①
05 ②	**06** ④	**07** ④	**08** ③
09 ③	**10** ①	**11** ①	**12** 풀이 참조

</td></tr>
</table>

2. 일차함수와 그 그래프 (2)

01 일차함수 $y=ax+b$의 그래프의 성질   158쪽~159쪽

01 양수	**02** 위	**03** 증가	**04** 음수
05 음	**06** 음수	**07** 아래	**08** 감소
09 양수	**10** 양	**11** ㄱ, ㄷ, ㅂ	**12** ㄴ, ㄹ, ㅁ
13 ㄱ, ㄷ, ㅂ	**14** ㄴ, ㄹ, ㅁ	**15** ㄱ, ㄴ	**16** ㄷ, ㅂ
17 ㄹ, ㅁ	**18** / 위, 양		

18 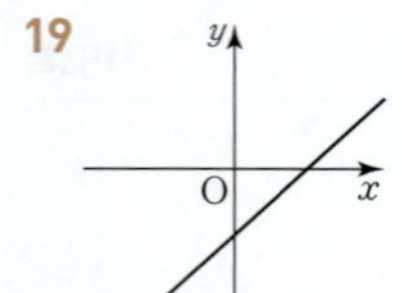

19 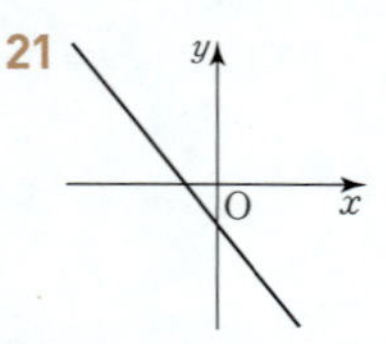   **20** 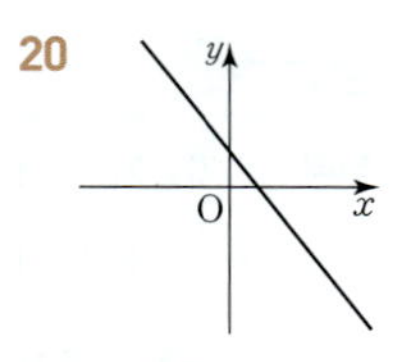

21

22 $a>0, b>0$ / 위, $>$, 음, $<$, $>$

23 $a<0, b<0$ **24** $a>0, b<0$ **25** $a<0, b>0$ **26** $a<0, b>0$
27 $a>0, b<0$

02 일차함수의 그래프의 평행과 일치   160쪽

01 ㅂ	**02** ㅅ	**03** ㅁ	**04** ㅇ
05 ㄷ	**06** 4	**07** -1	**08** $\frac{3}{2}$

09 $a=-2, b=3$ **10** $a=4, b=5$ **11** $a=-1, b=1$

10분 연산 TEST 1회   161쪽

01 ㄱ, ㅁ, ㅂ	**02** ㄴ, ㄷ, ㄹ	**03** ㄱ, ㄹ, ㅂ	**04** ㄷ, ㅁ
05 ⓒ	**06** ⓐ	**07** ⓒ	**08** ⓓ
09 ㄱ과 ㄹ	**10** ㄴ과 ㅁ	**11** 1	**12** -2

13 $a=-2, b=-1$ **14** $a=8, b=\frac{1}{2}$

10분 연산 TEST 2회   162쪽

01 ㄱ, ㄷ	**02** ㄴ, ㄹ, ㅁ, ㅂ	**03** ㄴ, ㄷ, ㅁ	**04** ㄱ, ㄹ
05 ⓐ	**06** ⓑ	**07** ⓓ	**08** ⓒ
09 ㄴ과 ㄹ	**10** ㄱ과 ㅂ	**11** -3	**12** $\frac{1}{8}$

13 $a=5, b=-10$ **14** $a=1, b=2$

03 일차함수의 식 구하기 (1) - 기울기와 y절편을 알 때   163쪽

01 $y=2x+3$ / 2, 3, $2x+3$ **02** $y=-4x+1$

03 $y=\frac{1}{5}x-5$ **04** $y=x+3$ **05** $y=-3x-2$ **06** $y=\frac{2}{3}x+\frac{1}{2}$

07 $y=3x-1$ / 6, 3, $3x-1$ **08** $y=\frac{1}{2}x+2$ **09** $y=-4x+1$

10 $y=-2x-3$ **11** $y=x+5$ **12** $y=\frac{1}{3}x-1$

04 일차함수의 식 구하기 (2) - 기울기와 한 점의 좌표를 알 때   164쪽

01 $y=3x-1$ / 3, 1, 2, 3, -1, $3x-1$ **02** $y=-x+3$

03 $y=\frac{1}{2}x$ **04** $y=2x-2$ **05** $y=-4x+1$ **06** $y=-\frac{1}{2}x-4$

07 $y=4x+8$ **08** $y=-3x-1$ **09** $y=-\frac{1}{3}x+2$ **10** $y=2x-1$

11 $y=-2x+3$ **12** $y=\frac{1}{3}x-3$

05 일차함수의 식 구하기 (3) - 두 점의 좌표를 알 때   165쪽

01 $y=3x+1$ / 10, 4, 6, 3, 3, 4, 3, 1, $3x+1$ **02** $y=-x+3$

03 $y=-5x+2$ **04** $y=x-6$ **05** $y=4x+9$ **06** $y=-\frac{3}{2}x-7$

07 $y=x+2$ / ❶ $(-3, -1), (2, 4)$ ❷ 1   **08** $y=-2x+1$

09 $y=3x-4$ **10** $y=-\frac{2}{5}x-1$

06 일차함수의 식 구하기 (4) - x절편과 y절편을 알 때   166쪽

01 $y=-x+2$ / 2, 2, 2, 2, -1, $-x+2$ **02** $y=3x-3$

03 $y=-3x+6$ **04** $y=\frac{3}{4}x+3$ **05** $y=-\frac{1}{2}x-1$

06 $y=-\frac{1}{2}x+2$ / ❶ $(4, 0), (0, 2)$ ❷ $-\frac{1}{2}$ **07** $y=-2x-6$

08 $y=\frac{5}{2}x+5$ **09** $y=\frac{2}{3}x-2$

01 $y=2x-1$ **02** $y=\dfrac{1}{3}x-2$ **03** $y=-x-1$ **04** $y=-2x+6$

05 $y=3x-3$ **06** $y=-2x-3$ **07** $y=-\dfrac{1}{2}x+1$

08 $y=-2x-4$ **09** $y=4x-4$ **10** $y=2x+6$ **11** $y=x+1$

12 $y=-\dfrac{5}{3}x-\dfrac{1}{3}$ **13** $y=-\dfrac{3}{2}x+1$

14 $y=\dfrac{1}{3}x+1$ **15** $y=-x-2$

01 $y=-x+6$ **02** $y=-4x-5$ **03** $y=x-2$ **04** $y=3x+3$

05 $y=-x+2$ **06** $y=x+4$ **07** $y=\dfrac{3}{2}x+\dfrac{11}{2}$

08 $y=3x-6$ **09** $y=-4x+8$ **10** $y=\dfrac{5}{3}x+5$ **11** $y=\dfrac{1}{2}x+1$

12 $y=-\dfrac{1}{2}x+3$ **13** $y=\dfrac{7}{5}x+\dfrac{11}{5}$ **14** $y=-\dfrac{2}{3}x+2$

15 $y=3x-3$

07 일차함수의 활용   169쪽～171쪽

01 (1) 6, 6   (2) 12 ℃   (3) 5 km

02 (1) $y=\dfrac{1}{3}x+60$ (2) 65 ℃   (3) 30분 후

03 (1) $\dfrac{2}{5}$, $\dfrac{2}{5}$ (2) $\dfrac{83}{5}$ cm   (3) 50 g

04 (1) $y=20-2x$ (2) 10 cm   (3) 10분

05 (1) 3, 3   (2) 54 L   (3) 30분 후

06 (1) $y=36-0.1x$ (2) 30 L   (3) 360 km

07 (1) (위에서부터) 800, $25x$, $800-25x$, $800-25x$, $800-25x$

     (2) 550 m   (3) 32분

08 (1) $y=60-3x$ (2) 24 m   (3) 20초 후

09 (1) $\dfrac{1}{2}x$, $\dfrac{1}{2}x$, 6, $\dfrac{3}{2}x$ (2) 15 cm²   (3) 14초 후

10 (1) $8x$ cm²   (2) $y=80-8x$ (3) 3초 후

11 (1) 200, 8, 200, 8, -25, 200, $-25x+200$ (2) 75 L   (3) 6시간 후

12 (1) $y=-\dfrac{3}{5}x+18$ (2) 12 L   (3) 30시간

01 (1) $y=0.5x+20$ (2) 35 ℃   **02** (1) $y=\dfrac{3}{10}x+10$ (2) 50 g

03 (1) $y=500-5x$ (2) 300 mL   **04** (1) $y=3000-200x$ (2) 15분

05 (1) $y=3x$ (2) 4초 후   **06** (1) $y=-\dfrac{1}{6}x+30$ (2) 15 cm

01 (1) $y=0.6x+331$ (2) 초속 346 m

02 (1) $y=30-\dfrac{1}{5}x$ (2) 150분   **03** (1) $y=2x+10$ (2) 70 L

04 (1) $y=350-70x$ (2) 5시간   **05** (1) $y=320-40x$ (2) 200 cm²

06 (1) $y=3x+12$ (2) 7 kg

학교 시험 PREVIEW   174쪽～175쪽

✦스스로 개념 점검✦

(1) ① 방향   ② y (2) 평행, 일치   (3) 같다

01 ②	**02** ④	**03** ②	**04** ①
05 ④	**06** ①	**07** ④	**08** ②
09 ②	**10** ③	**11** ③	**12** 1

3. 일차함수와 일차방정식의 관계

01 일차함수와 일차방정식의 관계   177쪽～178쪽

01

x	$\cdots$	-4	-2	0	2	4	$\cdots$
y	$\cdots$	4	3	2	1	0	$\cdots$

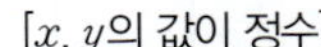

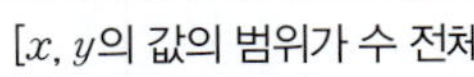

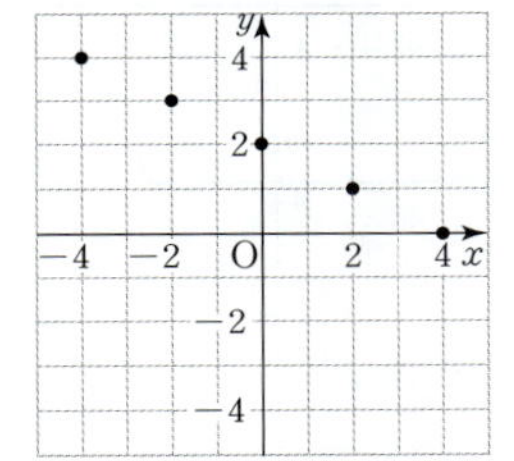

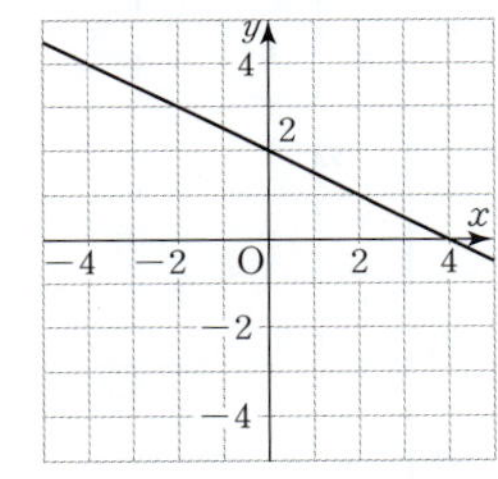

02

x	$\cdots$	-4	-3	-2	-1	0	1	$\cdots$
y	$\cdots$	-5	-3	-1	1	3	5	$\cdots$

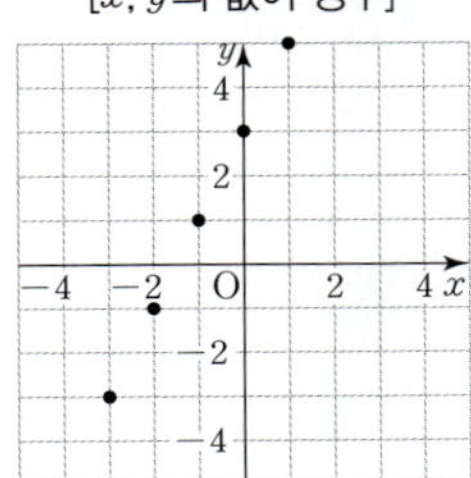

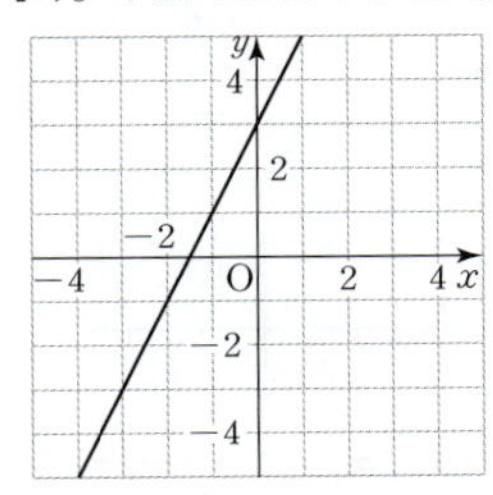

03 $y=x+3$ **04** $y=2x-7$ **05** $y=-2x+\dfrac{1}{2}$

06 $y=\dfrac{1}{3}x-\dfrac{2}{3}$ **07** $y=-\dfrac{1}{2}x-3$ **08** $y=\dfrac{5}{3}x-\dfrac{2}{3}$

09 $x+4$, -4, 4,

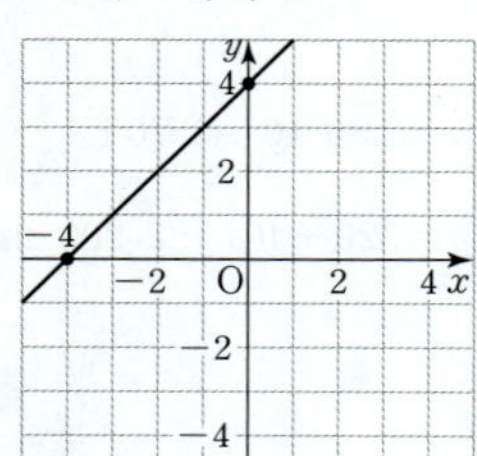

10 $2x-2$, 1, -2,

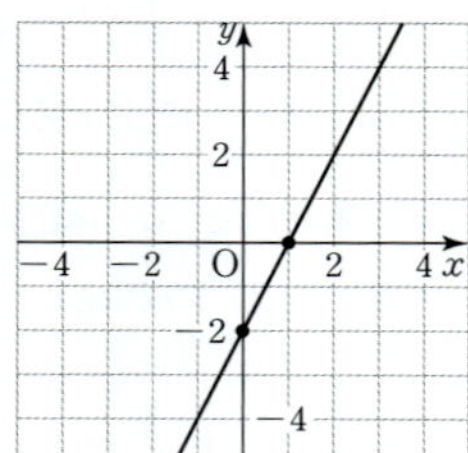

11 $-\dfrac{2}{3}x+2$, 3, 2,

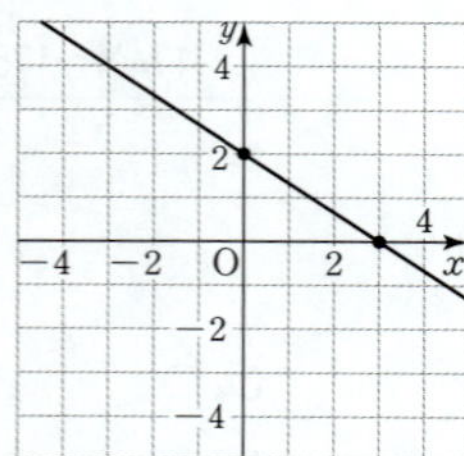

12 $\times$	**13** $\bigcirc$	**14** $\times$	**15** $\bigcirc$
16 $\times$ / 3, 1, 3, -1, 점이 아니다	**17** $\bigcirc$		**18** $\times$
19 $\bigcirc$	**20** 2 / a, -1, 5, 12, 2		**21** -2
22 3	**23** 5		

02 일차방정식 $x=p$, $y=q$의 그래프   179쪽~180쪽

01 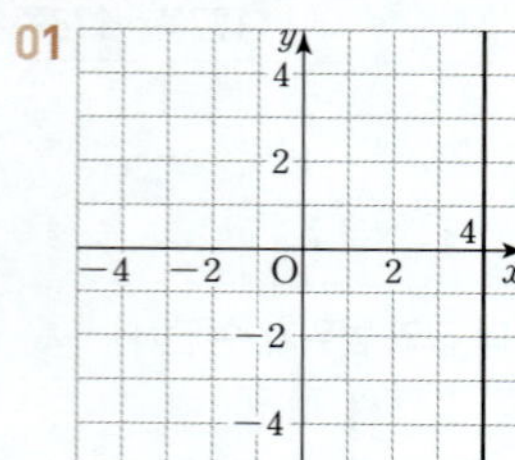

02 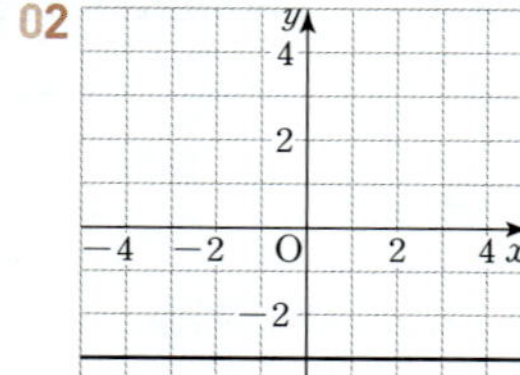

03 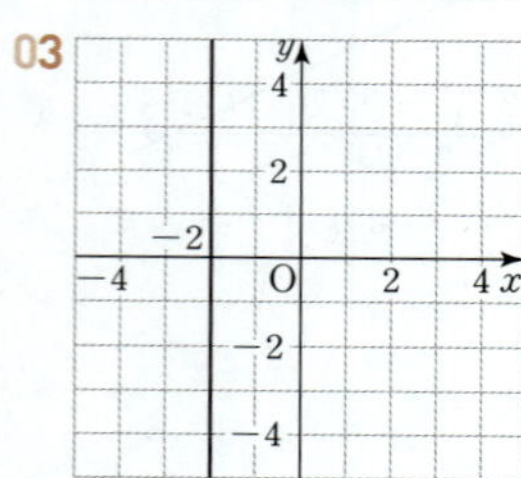

04 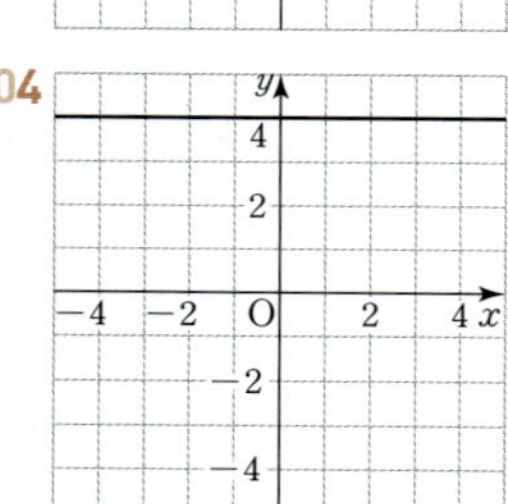

05 (1) $y=-4$ (2) $x=2$ **06** $y=1$ / 1, $y=1$

07 $x=-2$ **08** $x=4$ **09** $y=3$ **10** $x=2$

11 $y=\dfrac{1}{2}$ **12** -3 / y, -5, -3 **13** 0

14 3 **15** -2

16 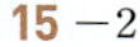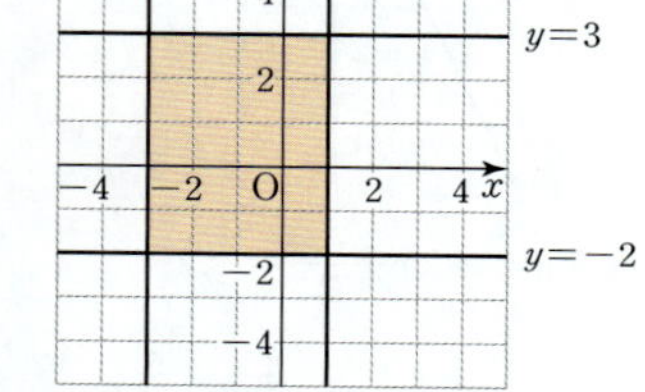   , 20 / 5, 5, 20

17 $y=5$, 10

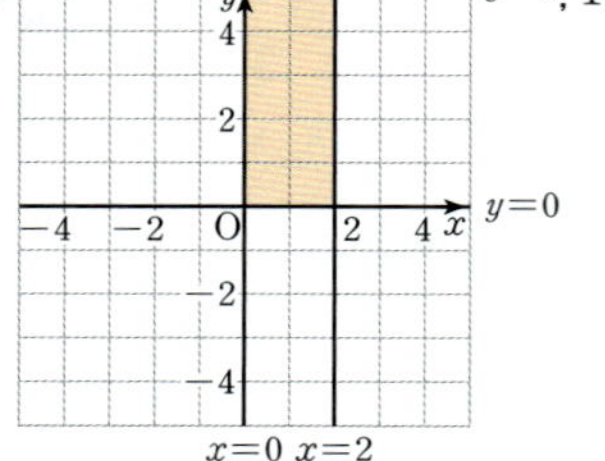

18 $y=4$, 6

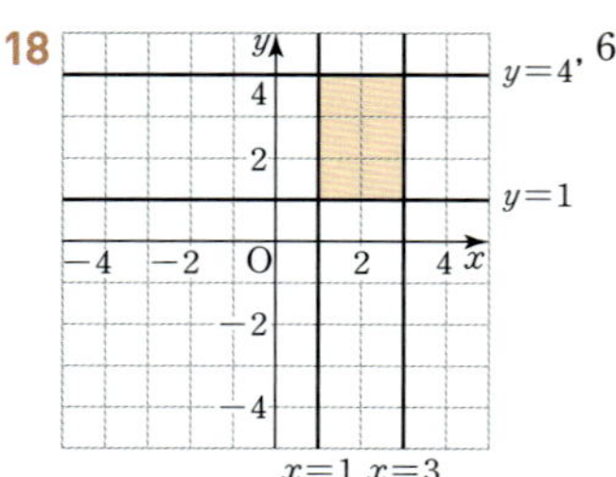

19   , 16

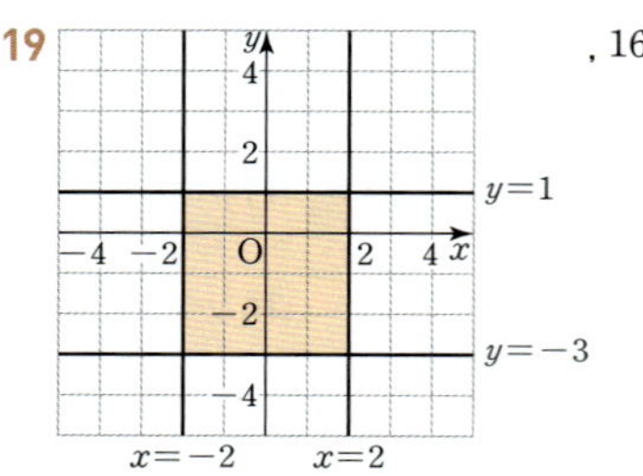

10분 연산 TEST 1회   181쪽

01 $y=-2x-2$

기울기 : -2

x절편 : -1

y절편 : -2

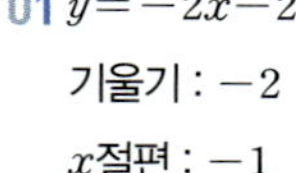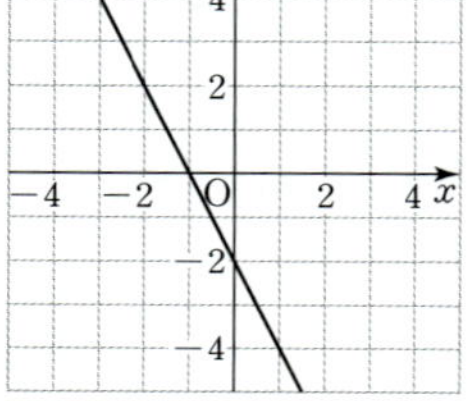

02 $y=\dfrac{5}{3}x-5$

기울기 : $\dfrac{5}{3}$

x절편 : 3

y절편 : -5

03 $y=-\dfrac{4}{3}x+4$

기울기 : $-\dfrac{4}{3}$

x절편 : 3

y절편 : 4

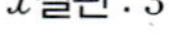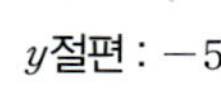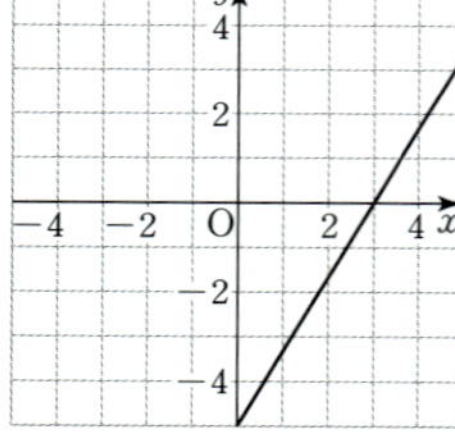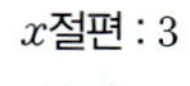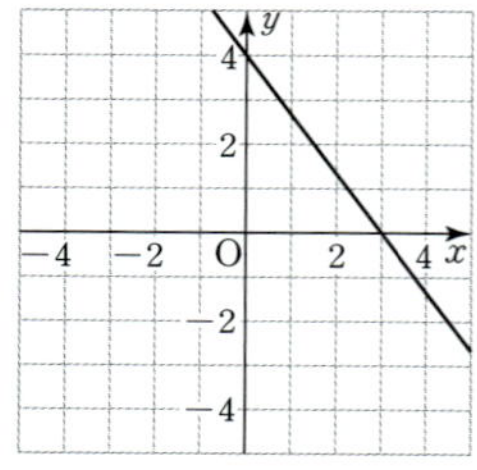

04 $\bigcirc$ **05** $\times$ **06** $\times$ **07** $\bigcirc$

08 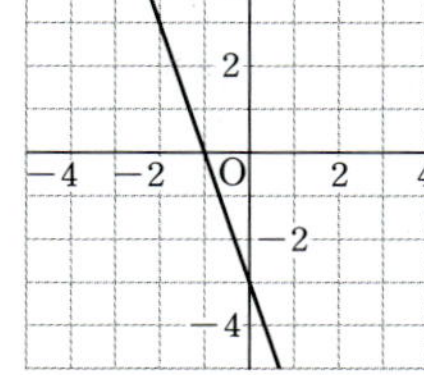

09 (1) $y=4$ (2) $x=-3$ (3) $y=-1$ (4) $x=2$

10 $y=-3$ **11** $x=1$ **12** $x=-1$ **13** $y=-2$

---

01 $x=1, y=1 / 1, 1, 1, 1$ **02** $x=-2, y=0$

03 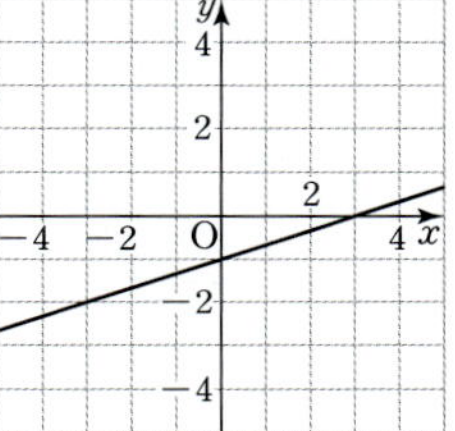 $2x-y=-1, x=1, y=3 / 2x+1, 1, 3, 1, 3$

04 $2x+5y=8$ $-x+y=3$, $x=-1, y=2$

05 $a=1, b=-2 / -1, 2, -1, 2, -1, 1, 1, 2, -1, 2, -2$

06 $a=4, b=\dfrac{3}{2}$

---

01 $y=-3x-3$

기울기 : -3

x절편 : -1

y절편 : -3

02 $y=\dfrac{1}{3}x-1$

기울기 : $\dfrac{1}{3}$

x절편 : 3

y절편 : -1

03 $y=-\dfrac{5}{3}x+5$

기울기 : $-\dfrac{5}{3}$

x절편 : 3

y절편 : 5

04 ○   **05** ×   **06** ○   **07** ×

08 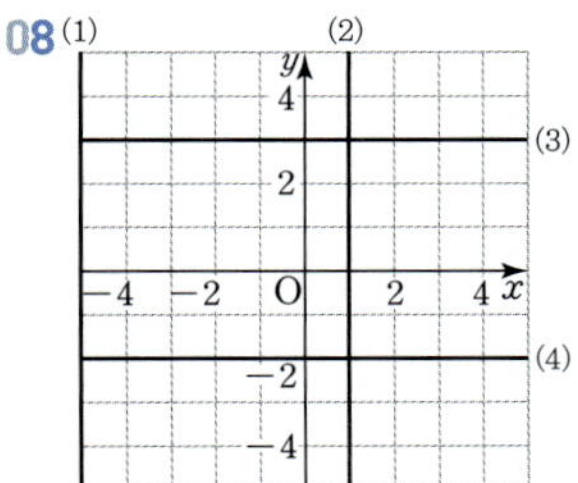

09 (1) $x=4$ (2) $y=1$ (3) $x=0$ (4) $y=-5$ **10** $y=5$

11 $x=-4$ **12** $x=3$ **13** $y=-1$

---

01 , 해가 무수히 많다.

$4x+2y=-8$
$2x+y=-4$

$/ -2x-4$, 일치, 무수히 많다

02 $2x+y=3$, $x=3, y=-3$

$x+2y=-3$

03 $6x+2y=-4$, 해가 없다.

$3x+y=2$

04 $\dfrac{a}{3}x+\dfrac{1}{3}, \dfrac{4}{3}x-\dfrac{1}{3}, 4 / a, 4, 4$ **05** -4

06 $\dfrac{a}{4}x-2, 2x-\dfrac{b}{2}, a=8, b=4 / 4, 2, 2, 8, 4$ **07** $a=3, b=6$

10분 연산 TEST 1회 185쪽

01 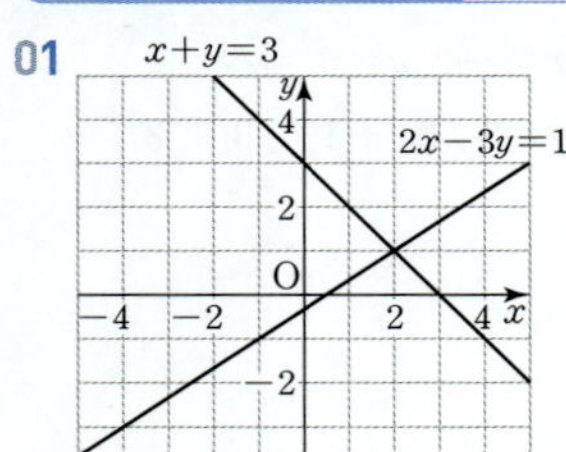 $, x=2, y=1$

02 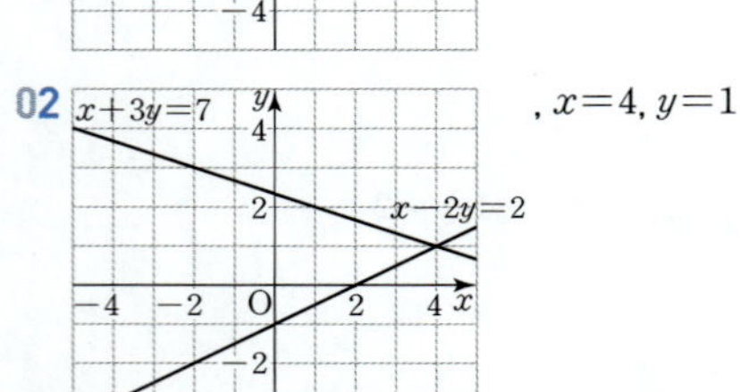 $, x=4, y=1$

03 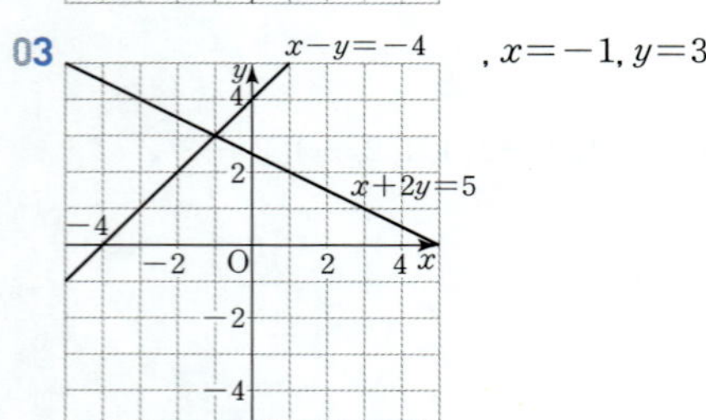 $, x=-1, y=3$

04 $a=3, b=3$　05 $a=2, b=1$　06 $a=1, b=6$

07 $a=\dfrac{1}{3}, b\neq-6$　　08 $a=\dfrac{1}{3}, b=-6$

09 $a\neq\dfrac{1}{3}$　　10 $a\neq-4$　　11 $a=-4, b\neq-\dfrac{3}{2}$

12 $a=-4, b=-\dfrac{3}{2}$

10분 연산 TEST 2회 186쪽

01 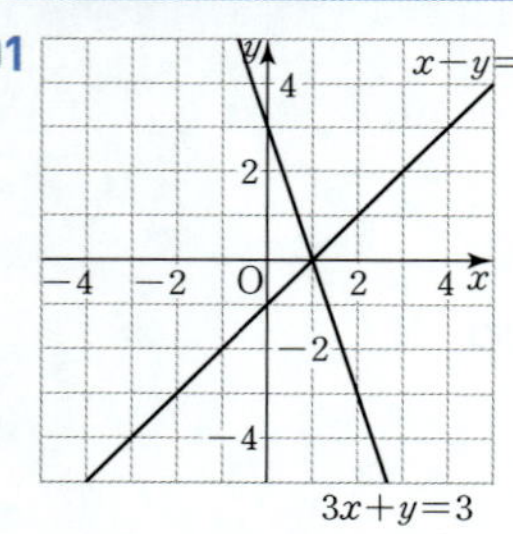 $, x=1, y=0$

02 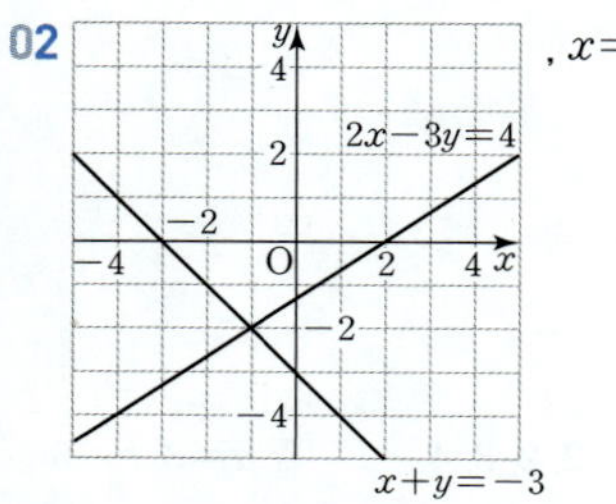 $, x=-1, y=-2$

03 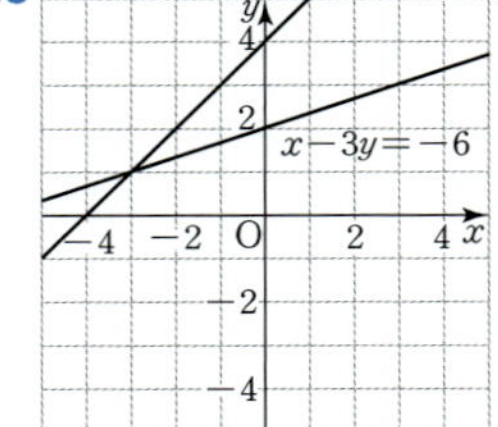 $, x=-3, y=1$

04 $a=4, b=2$　05 $a=-2, b=5$　　06 $a=1, b=-1$

07 $a=3, b\neq-4$　　08 $a=3, b=-4$

09 $a\neq3$　　10 $a\neq-1$　　11 $a=-1, b\neq6$

12 $a=-1, b=6$

학교 시험 PREVIEW 187쪽~188쪽

스스로 개념 점검

(1) 직선의 방정식　(2) ① p, y　② q, x

(3) ① 하나　② 없다　③ 무수히 많다

01 ③　　02 ④　　03 ⑤　　04 ③

05 ②　　06 ①　　07 ②　　08 ①

09 ⑤　　10 ④　　11 ③

12 $x=-2, y=3$

I. 유리수와 순환소수

1 유리수와 순환소수

01 유리수

8쪽

01 ㄴ 02 ㄴ, ㄷ, ㅅ 03 ㄱ, ㄹ, ㅁ, ㅂ, ㅇ
04 ㄴ, ㅁ, ㅂ, ㅇ 05 ㄱ, ㄹ, ㅅ
06 ㄱ, ㄴ, ㄷ, ㄹ, ㅁ, ㅂ, ㅅ, ㅇ 07 ㄱ, ㄷ
08 ㄱ, ㄷ, ㅂ, ㅇ 09 ㄴ, ㄹ, ㅁ, ㅅ
10 ㄱ, ㄷ, ㄹ, ㅁ, ㅅ 11 ㄴ, ㅂ, ㅇ
12 ㄱ, ㄴ, ㄷ, ㄹ, ㅁ, ㅂ, ㅅ, ㅇ

02 유한소수와 무한소수

9쪽

01 무 / 무한, 무한 02 유 03 무 04 유
05 유 06 무 07 무 08 0.75, 유
09 $-0.666\cdots$, 무 10 $0.777\cdots$, 무 11 1.875, 유
12 $0.272727\cdots$, 무 13 $0.857142\cdots$, 무 14 -0.32, 유

03 유한소수를 분수로 나타내기

10쪽

01 8, 4, 5 02 $\dfrac{2}{25}$ 03 $\dfrac{13}{50}$ 04 $\dfrac{31}{25}$ 05 $\dfrac{11}{8}$
06 $\dfrac{57}{40}$ 07 4, 2, 5, 5 08 $\dfrac{1}{4}$, 2 09 $\dfrac{9}{50}$, 2, 5
10 $\dfrac{46}{25}$, 5 11 $\dfrac{11}{40}$, 2, 5 12 $\dfrac{13}{8}$, 2

02 $0.08=\dfrac{8}{100}=\dfrac{2}{25}$

03 $0.26=\dfrac{26}{100}=\dfrac{13}{50}$

04 $1.24=\dfrac{124}{100}=\dfrac{31}{25}$

05 $1.375=\dfrac{1375}{1000}=\dfrac{11}{8}$

06 $1.425=\dfrac{1425}{1000}=\dfrac{57}{40}$

08 $0.25=\dfrac{25}{100}=\dfrac{1}{4}=\dfrac{1}{2^2}$

09 $0.18=\dfrac{18}{100}=\dfrac{9}{50}=\dfrac{9}{2\times5^2}$

10 $1.84=\dfrac{184}{100}=\dfrac{46}{25}=\dfrac{46}{5^2}$

11 $0.275=\dfrac{275}{1000}=\dfrac{11}{40}=\dfrac{11}{2^3\times5}$

12 $1.625=\dfrac{1625}{1000}=\dfrac{13}{8}=\dfrac{13}{2^3}$

04 10의 거듭제곱을 이용하여 분수를 소수로 나타내기

11쪽

01 5, 25, 2.5 02 2^2, 12, 0.12
03 2, 2, 18, 0.18 04 5^2, 5^2, 175, 0.175
05 5, 5, 55, 0.055 06 0.6 07 0.25 08 0.16
09 0.525 10 0.036

06 $\dfrac{3}{5}=\dfrac{3\times2}{5\times2}=\dfrac{6}{10}=0.6$

07 $\dfrac{7}{28}=\dfrac{1}{4}=\dfrac{1}{2^2}=\dfrac{1\times5^2}{2^2\times5^2}=\dfrac{25}{100}=0.25$

08 $\dfrac{12}{75}=\dfrac{4}{25}=\dfrac{4}{5^2}=\dfrac{4\times2^2}{5^2\times2^2}=\dfrac{16}{100}=0.16$

09 $\dfrac{21}{40}=\dfrac{21}{2^3\times5}=\dfrac{21\times5^2}{2^3\times5\times5^2}=\dfrac{525}{1000}=0.525$

10 $\dfrac{9}{250}=\dfrac{9}{2\times5^3}=\dfrac{9\times2^2}{2\times5^3\times2^2}=\dfrac{36}{1000}=0.036$

05 유한소수로 나타낼 수 있는 분수

12쪽~13쪽

01 $\dfrac{2}{5}$, 5, 있다 02 $\dfrac{7}{2^2\times3}$, 2, 3, 없다
03 $\dfrac{3}{20}$, $\dfrac{3}{2^2\times5}$, 2, 5, 있다 04 $\dfrac{5}{14}$, $\dfrac{5}{2\times7}$, 2, 7, 없다
05 ○ 06 ○ 07 × 08 ○ 09 ×
10 × 11 ○ 12 × 13 ○ 14 ×
15 × 16 ○ 17 3 / 2, 5, 3, 3, 3 18 9
19 7 20 9 21 11 22 21

05 분모의 소인수가 2뿐이므로 유한소수로 나타낼 수 있다.

06 분모의 소인수가 2 또는 5뿐이므로 유한소수로 나타낼 수 있다.

07 $\dfrac{2^3}{2^2\times3\times5}=\dfrac{2}{3\times5}$에서 분모에 2 또는 5 이외의 소인수 3
이 있으므로 유한소수로 나타낼 수 없다.

08 $\dfrac{3\times7}{3\times5^2}=\dfrac{7}{5^2}$에서 분모의 소인수가 5뿐이므로 유한소수로
나타낼 수 있다.

09 $\dfrac{9}{3^2\times5\times7^2}=\dfrac{1}{5\times7^2}$에서 분모에 2 또는 5 이외의 소인수 7
이 있으므로 유한소수로 나타낼 수 없다.

10 $\dfrac{2}{15}=\dfrac{2}{3\times5}$에서 분모에 2 또는 5 이외의 소인수 3이 있으
므로 유한소수로 나타낼 수 없다.

11 $\dfrac{12}{40}=\dfrac{3}{10}=\dfrac{3}{2\times5}$에서 분모의 소인수가 2 또는 5뿐이므로
유한소수로 나타낼 수 있다.

12 $\dfrac{6}{56}=\dfrac{3}{28}=\dfrac{3}{2^2\times7}$에서 분모에 2 또는 5 이외의 소인수 7
이 있으므로 유한소수로 나타낼 수 없다.

13 $\dfrac{9}{75}=\dfrac{3}{25}=\dfrac{3}{5^2}$에서 분모의 소인수가 5뿐이므로 유한소수
로 나타낼 수 있다.

14 $\dfrac{33}{90}=\dfrac{11}{30}=\dfrac{11}{2\times3\times5}$에서 분모에 2 또는 5 이외의 소인수
3이 있으므로 유한소수로 나타낼 수 없다.

15 $\dfrac{12}{108}=\dfrac{1}{9}=\dfrac{1}{3^2}$에서 분모에 2 또는 5 이외의 소인수 3이 있
으므로 유한소수로 나타낼 수 없다.

16 $\dfrac{21}{120}=\dfrac{7}{40}=\dfrac{7}{2^3\times5}$에서 분모의 소인수가 2 또는 5뿐이므
로 유한소수로 나타낼 수 있다.

18 유한소수가 되려면 분모의 소인수가 2 또는 5뿐이어야 하
므로 $\dfrac{2}{3^2\times5}$에 3^2, 즉 9의 배수를 곱해야 한다.
따라서 구하는 가장 작은 자연수는 9이다.

19 유한소수가 되려면 분모의 소인수가 2 또는 5뿐이어야 하
므로 $\dfrac{14}{2\times5^2\times7^2}=\dfrac{1}{5^2\times7}$에 7의 배수를 곱해야 한다.
따라서 구하는 가장 작은 자연수는 7이다.

20 유한소수가 되려면 분모의 소인수가 2 또는 5뿐이어야 하
므로 $\dfrac{7}{18}=\dfrac{7}{2\times3^2}$에 3^2, 즉 9의 배수를 곱해야 한다.
따라서 구하는 가장 작은 자연수는 9이다.

21 유한소수가 되려면 분모의 소인수가 2 또는 5뿐이어야 하
므로 $\dfrac{9}{66}=\dfrac{3}{22}=\dfrac{3}{2\times11}$에 11의 배수를 곱해야 한다.
따라서 구하는 가장 작은 자연수는 11이다.

22 유한소수가 되려면 분모의 소인수가 2 또는 5뿐이어야 하
므로 $\dfrac{25}{210}=\dfrac{5}{42}=\dfrac{5}{2\times3\times7}$에 3×7, 즉 21의 배수를 곱해
야 한다.
따라서 구하는 가장 작은 자연수는 21이다.

10분 연산 TEST 1회
14쪽

01 유	**02** 무	**03** 무	**04** 유	**05** 유
06 1.25, 유	**07** $-0.111\cdots$, 무		**08** $0.5333\cdots$, 무	
09 0.375, 유		**10** $-0.148148148\cdots$, 무		
11 5^3, 5^3, 625, 0.625		**12** 5, 5, 95, 0.95		
13 25, 2^2, 2^2, 8, 0.08	**14** ×	**15** ○	**16** ○	
17 ×	**18** 7	**19** 3		

14 분모에 2 또는 5 이외의 소인수 7이 있으므로 유한소수로
나타낼 수 없다.

15 $\dfrac{3^2}{2\times3\times5}=\dfrac{3}{2\times5}$에서 분모의 소인수가 2 또는 5뿐이므로
유한소수로 나타낼 수 있다.

16 $\dfrac{44}{80}=\dfrac{11}{20}=\dfrac{11}{2^2\times5}$에서 분모의 소인수가 2 또는 5뿐이므로
유한소수로 나타낼 수 있다.

17 $\dfrac{10}{96}=\dfrac{5}{48}=\dfrac{5}{2^4\times3}$에서 분모에 2 또는 5 이외의 소인수 3이
있으므로 유한소수로 나타낼 수 없다.

18 유한소수가 되려면 분모의 소인수가 2 또는 5뿐이어야 하
므로 $\dfrac{13}{2^2\times7}$에 7의 배수를 곱해야 한다.
따라서 구하는 가장 작은 자연수는 7이다.

19 유한소수가 되려면 분모의 소인수가 2 또는 5뿐이어야 하
므로 $\dfrac{21}{45}=\dfrac{7}{15}=\dfrac{7}{3\times5}$에 3의 배수를 곱해야 한다.
따라서 구하는 가장 작은 자연수는 3이다.

01 유   **02** 유   **03** 무   **04** 유   **05** 무

06 -1.2, 유   **07** $0.181818\cdots$, 무

08 $-0.41666\cdots$, 무   **09** 0.52, 유   **10** 0.425, 유

11 $5, 5, 5, 0.05$ **12** $2, 2, 6, 0.06$

13 $5, 5, 45, 0.045$ **14** ○   **15** ×   **16** ×

17 ○   **18** 21 **19** 9

14 분모의 소인수가 2 또는 5뿐이므로 유한소수로 나타낼 수 있다.

15 $\dfrac{2^2 \times 3}{2^2 \times 3^2 \times 5} = \dfrac{1}{3 \times 5}$에서 분모에 2 또는 5 이외의 소인수 3 이 있으므로 유한소수로 나타낼 수 없다.

16 $\dfrac{32}{75} = \dfrac{32}{3 \times 5^2}$에서 분모에 2 또는 5 이외의 소인수 3이 있으므로 유한소수로 나타낼 수 없다.

17 $\dfrac{9}{60} = \dfrac{3}{20} = \dfrac{3}{2^2 \times 5}$에서 분모의 소인수가 2 또는 5뿐이므로 유한소수로 나타낼 수 있다.

18 유한소수가 되려면 분모의 소인수가 2 또는 5뿐이어야 하므로 $\dfrac{40}{3 \times 5^2 \times 7} = \dfrac{8}{3 \times 5 \times 7}$에 3×7, 즉 21의 배수를 곱해야 한다.
따라서 구하는 가장 작은 자연수는 21이다.

19 유한소수가 되려면 분모의 소인수가 2 또는 5뿐이어야 하므로 $\dfrac{5}{36} = \dfrac{5}{2^2 \times 3^2}$에 3^2, 즉 9의 배수를 곱해야 한다.
따라서 구하는 가장 작은 자연수는 9이다.

06 순환소수

16쪽~17쪽

01 ○ / 첫, 3, 순환   **02** ○   **03** ×   **04** ○

05 ○   **06** ×   **07** 5 **08** 23 **09** 7

10 61 **11** 789 **12** 28 **13** $0.\dot{6}$ / $6, 0.\dot{6}$

14 $0.2\dot{8}$ **15** $0.3\dot{2}\dot{5}$ **16** $0.7\dot{1}$ **17** $1.3\dot{4}\dot{1}$ **18** $3.0\dot{9}\dot{6}$

19 $2.71\dot{8}0\dot{5}$ **20** 1 / $2, 2, 1$ **21** 2

22 2 / $2, 2, 1, 1, 2$ **23** 7 **24** 0

21 $0.\dot{4}3\dot{2}$의 순환마디를 이루는 숫자는 4, 3, 2의 3개이고, $33 = 3 \times 11$이므로 소수점 아래 33번째 자리의 숫자는 순환마디의 3번째 숫자인 2이다.

23 $0.7\dot{3}\dot{1}$의 순환마디를 이루는 숫자는 7, 3, 1의 3개이고, $16 = 3 \times 5 + 1$이므로 소수점 아래 16번째 자리의 숫자는 순환마디의 1번째 숫자인 7이다.

24 $0.\dot{5}02\dot{6}$의 순환마디를 이루는 숫자는 5, 0, 2, 6의 4개이고, $22 = 4 \times 5 + 2$이므로 소수점 아래 22번째 자리의 숫자는 순환마디의 2번째 숫자인 0이다.

07 순환소수로 나타낼 수 있는 분수

18쪽

01 $18, 18, 0.222\cdots, 2, 0.\dot{2}$ **02** $0.8333\cdots, 0.8\dot{3}$

03 $0.636363\cdots, 0.\dot{6}\dot{3}$ **04** $0.216216216\cdots, 0.\dot{2}1\dot{6}$

05 ○ / 7, 있다   **06** ○   **07** ×   **08** ×

09 ○   **10** ○

06 분모에 2 또는 5 이외의 소인수 3이 있으므로 순환소수로 나타낼 수 있다.

07 $\dfrac{7}{25} = \dfrac{7}{5^2}$에서 분모의 소인수가 5뿐이므로 순환소수로 나타낼 수 없다.

08 $\dfrac{3^2}{2 \times 3 \times 5^2} = \dfrac{3}{2 \times 5^2}$에서 분모의 소인수가 2 또는 5뿐이므로 순환소수로 나타낼 수 없다.

09 $\dfrac{14}{44} = \dfrac{7}{22} = \dfrac{7}{2 \times 11}$에서 분모에 2 또는 5 이외의 소인수 11 이 있으므로 순환소수로 나타낼 수 있다.

10 $\dfrac{20}{135} = \dfrac{4}{27} = \dfrac{4}{3^3}$에서 분모에 2 또는 5 이외의 소인수 3이 있으므로 순환소수로 나타낼 수 있다.

08 10의 거듭제곱을 이용하여 순환소수를 분수로 나타내기 (1)

19쪽~20쪽

01 $10, 9, 7, \dfrac{7}{9}$ **02** $100, 99, 111, 111, \dfrac{37}{33}$

03 $1000, 810, 999, 810, 810, \dfrac{30}{37}$ **04** $\dfrac{4}{9}$ **05** $\dfrac{5}{3}$

06 $\dfrac{32}{9}$ **07** $\dfrac{3}{11}$ **08** $\dfrac{76}{99}$ **09** $\dfrac{131}{99}$ **10** $\dfrac{17}{11}$

11 $\dfrac{115}{333}$ **12** $\dfrac{40}{37}$ **13** $\dfrac{137}{111}$ **14** ㄱ   **15** ㄷ

16 ㄴ   **17** ㄴ   **18** ㄱ   **19** ㄷ

04 $x=0.\dot{4}$라 하면 $x=0.444\cdots$이므로

$10x=4.444\cdots$

$-)\quad x=0.444\cdots$

$\overline{\quad 9x=4 \quad}\qquad \therefore x=\dfrac{4}{9}$

05 $x=1.\dot{6}$이라 하면 $x=1.666\cdots$이므로

$10x=16.666\cdots$

$-)\quad x=1.666\cdots$

$\overline{\quad 9x=15 \quad}\qquad \therefore x=\dfrac{15}{9}=\dfrac{5}{3}$

06 $x=3.\dot{5}$라 하면 $x=3.555\cdots$이므로

$10x=35.555\cdots$

$-)\quad x=3.555\cdots$

$\overline{\quad 9x=32 \quad}\qquad \therefore x=\dfrac{32}{9}$

07 $x=0.\dot{2}\dot{7}$이라 하면 $x=0.272727\cdots$이므로

$100x=27.272727\cdots$

$-)\quadx=0.272727\cdots$

$\overline{\quad 99x=27 \quad}\qquad\qquad \therefore x=\dfrac{27}{99}=\dfrac{3}{11}$

08 $x=0.\dot{7}\dot{6}$이라 하면 $x=0.767676\cdots$이므로

$100x=76.767676\cdots$

$-)\quadx=0.767676\cdots$

$\overline{\quad 99x=76 \quad}\qquad\qquad \therefore x=\dfrac{76}{99}$

09 $x=1.\dot{3}\dot{2}$라 하면 $x=1.323232\cdots$이므로

$100x=132.323232\cdots$

$-)\quadx=1.323232\cdots$

$\overline{\quad 99x=131 \quad}\qquad\qquad \therefore x=\dfrac{131}{99}$

10 $x=1.\dot{5}\dot{4}$라 하면 $x=1.545454\cdots$이므로

$100x=154.545454\cdots$

$-)\quadx=1.545454\cdots$

$\overline{\quad 99x=153 \quad}\qquad\qquad \therefore x=\dfrac{153}{99}=\dfrac{17}{11}$

11 $x=0.\dot{3}4\dot{5}$라 하면 $x=0.345345345\cdots$이므로

$1000x=345.345345345\cdots$

$-)\quadx=0.345345345\cdots$

$\overline{\quad 999x=345 \quad}\qquad\qquad \therefore x=\dfrac{345}{999}=\dfrac{115}{333}$

12 $x=1.\dot{0}8\dot{1}$이라 하면 $x=1.081081081\cdots$이므로

$1000x=1081.081081081\cdots$

$-)\quadx=1.081081081\cdots$

$\overline{\quad 999x=1080 \quad}\qquad\qquad \therefore x=\dfrac{1080}{999}=\dfrac{40}{37}$

13 $x=1.\dot{2}3\dot{4}$라 하면 $x=1.234234234\cdots$이므로

$1000x=1234.234234234\cdots$

$-)\quadx=1.234234234\cdots$

$\overline{\quad 999x=1233 \quad}\qquad\qquad \therefore x=\dfrac{1233}{999}=\dfrac{137}{111}$

---

09 10의 거듭제곱을 이용하여 순환소수를 분수로 나타내기 (2)

21쪽~22쪽

01 $10,\ 100,\ 90,\ 47,\ \dfrac{47}{90}$

02 $10,\ 1000,\ 1000,\ 10,\ 990,\ 235,\ 235,\ \dfrac{47}{198}$

03 $100,\ 1000,\ 1000,\ 100,\ 900,\ 932,\ 932,\ \dfrac{233}{225}$

04 $\dfrac{1}{30}$ **05** $\dfrac{26}{45}$ **06** $\dfrac{329}{90}$ **07** $\dfrac{16}{495}$ **08** $\dfrac{89}{330}$

09 $\dfrac{129}{55}$ **10** $\dfrac{463}{900}$ **11** $\dfrac{41}{12}$ **12** ㄱ **13** ㄴ

14 ㄷ **15** ㄷ **16** ㄱ **17** ㄴ

04 $x=0.0\dot{3}$이라 하면 $x=0.0333\cdots$이므로

$10x=0.333\cdots,\ 100x=3.333\cdots$이므로

$100x=3.333\cdots$

$-)\quad 10x=0.333\cdots$

$\overline{\quad 90x=3 \quad}\qquad\qquad \therefore x=\dfrac{3}{90}=\dfrac{1}{30}$

05 $x=0.5\dot{7}$이라 하면 $x=0.5777\cdots$이므로

$10x=5.777\cdots,\ 100x=57.777\cdots$이므로

$100x=57.777\cdots$

$-)\quad 10x=5.777\cdots$

$\overline{\quad 90x=52 \quad}\qquad\qquad \therefore x=\dfrac{52}{90}=\dfrac{26}{45}$

06 $x=3.6\dot{5}$라 하면 $x=3.6555\cdots$이므로

$10x=36.555\cdots,\ 100x=365.555\cdots$이므로

$100x=365.555\cdots$

$-)\quad 10x=36.555\cdots$

$\overline{\quad 90x=329 \quad}\qquad\qquad \therefore x=\dfrac{329}{90}$

07 $x=0.0\dot{3}\dot{2}$라 하면 $x=0.0323232\cdots$이므로

$10x=0.323232\cdots,\ 1000x=32.323232\cdots$이므로

$1000x=32.323232\cdots$

$-)\quad10x=0.323232\cdots$

$\overline{\quad 990x=32 \quad}\qquad\qquad \therefore x=\dfrac{32}{990}=\dfrac{16}{495}$

08 $x=0.2\dot{6}\dot{9}$라 하면 $x=0.2696969\cdots$이므로

$10x=2.696969\cdots,\ 1000x=269.696969\cdots$이므로

$1000x=269.696969\cdots$

$-)\quad10x=2.696969\cdots$

$\overline{\quad 990x=267 \quad}\qquad\qquad \therefore x=\dfrac{267}{990}=\dfrac{89}{330}$

09 $x=2.3\dot{4}\dot{5}$라 하면 $x=2.3454545\cdots$이므로

$10x=23.454545\cdots,\ 1000x=2345.454545\cdots$이므로

$1000x=2345.454545\cdots$

$-)\quad10x=23.454545\cdots$

$\overline{\quad 990x=2322 \quad}\qquad\qquad \therefore x=\dfrac{2322}{990}=\dfrac{129}{55}$

10 $x=0.51\dot{4}$라 하면 $x=0.51444\cdots$
$100x=51.444\cdots,\ 1000x=514.444\cdots$이므로

$$\begin{array}{r}1000x=514.444\cdots\\-)\quad 100x=\ 51.444\cdots\\\hline 900x=463\end{array}\qquad \therefore\ x=\dfrac{463}{900}$$

11 $x=3.41\dot{6}$이라 하면 $x=3.41666\cdots$
$100x=341.666\cdots,\ 1000x=3416.666\cdots$이므로

$$\begin{array}{r}1000x=3416.666\cdots\\-)\quad 100x=\ 341.666\cdots\\\hline 900x=3075\end{array}\qquad \therefore\ x=\dfrac{3075}{900}=\dfrac{41}{12}$$

10 공식을 이용하여 순환소수를 분수로 나타내기 (1)
23쪽

01 $9,\ \dfrac{1}{3}$ **02** $\dfrac{5}{9}$ **03** $\dfrac{8}{33}$ **04** $\dfrac{169}{333}$ **05** $\dfrac{127}{333}$

06 $15,\ 1,\ \dfrac{14}{9}$ **07** $\dfrac{31}{9}$ **08** $\dfrac{34}{3}$ **09** $\dfrac{199}{99}$

10 $\dfrac{475}{333}$

03 $0.\dot{2}\dot{4}=\dfrac{24}{99}=\dfrac{8}{33}$ **04** $0.\dot{5}0\dot{7}=\dfrac{507}{999}=\dfrac{169}{333}$

05 $0.\dot{3}8\dot{1}=\dfrac{381}{999}=\dfrac{127}{333}$ **07** $3.\dot{4}=\dfrac{34-3}{9}=\dfrac{31}{9}$

08 $11.\dot{3}=\dfrac{113-11}{9}=\dfrac{102}{9}=\dfrac{34}{3}$

09 $2.\dot{0}\dot{1}=\dfrac{201-2}{99}=\dfrac{199}{99}$

10 $1.\dot{4}2\dot{6}=\dfrac{1426-1}{999}=\dfrac{1425}{999}=\dfrac{475}{333}$

11 공식을 이용하여 순환소수를 분수로 나타내기 (2)
24쪽

01 $23,\ 2,\ 21,\ \dfrac{7}{30}$ **02** $\dfrac{1}{18}$ **03** $\dfrac{56}{45}$

04 $257,\ 2,\ 255,\ \dfrac{17}{66}$ **05** $\dfrac{13}{495}$ **06** $\dfrac{116}{495}$ **07** $\dfrac{827}{165}$

08 $351,\ 35,\ 316,\ \dfrac{79}{225}$ **09** $\dfrac{7}{180}$ **10** $\dfrac{101}{75}$

02 $0.0\dot{5}=\dfrac{5}{90}=\dfrac{1}{18}$

03 $1.2\dot{4}=\dfrac{124-12}{90}=\dfrac{112}{90}=\dfrac{56}{45}$

05 $0.02\dot{6}=\dfrac{26}{990}=\dfrac{13}{495}$

06 $0.2\dot{3}\dot{4}=\dfrac{234-2}{990}=\dfrac{232}{990}=\dfrac{116}{495}$

07 $5.0\dot{1}\dot{2}=\dfrac{5012-50}{990}=\dfrac{4962}{990}=\dfrac{827}{165}$

09 $0.03\dot{8}=\dfrac{38-3}{900}=\dfrac{35}{900}=\dfrac{7}{180}$

10 $1.34\dot{6}=\dfrac{1346-134}{900}=\dfrac{1212}{900}=\dfrac{101}{75}$

12 유리수와 소수의 관계
25쪽

01 ○ / 순환 **02** ○ **03** × **04** ○ **05** ○

06 × **07** × / 없다 **08** ○ **09** ○

10 × **11** × **12** ×

10 $\dfrac{1}{3}=0.333\cdots$에서 $\dfrac{1}{3}$은 유리수이지만 무한소수이다.

11 $\pi=3.141592\cdots$는 무한소수이지만 순환소수가 아니다.

12 순환소수가 아닌 무한소수는 유리수가 아니다.

10분 연산 TEST 1회
26쪽

01 $6,\ 2.\dot{6}$ **02** $57,\ 0.0\dot{5}\dot{7}$ **03** $41,\ 3.\dot{4}\dot{1}$

04 $213,\ 0.\dot{2}1\dot{3}$ **05** 9 **06** 2

07 $2.222\cdots,\ 2.\dot{2}$ **08** $0.727272\cdots,\ 0.\dot{7}\dot{2}$

09 $0.108108108\cdots,\ 0.\dot{1}0\dot{8}$ **10** $0.2444\cdots,\ 0.2\dot{4}$

11 순 **12** 유 **13** 순 **14** 유 **15** $\dfrac{73}{99}$

16 $\dfrac{49}{333}$ **17** $\dfrac{139}{90}$ **18** $\dfrac{29}{198}$ **19** ○ **20** ×

21 ○

05 $0.\dot{4}\dot{9}$의 순환마디를 이루는 숫자는 4, 9의 2개이고,
$20=2\times10$이므로 소수점 아래 20번째 자리의 숫자는 순환
마디의 2번째 숫자인 9이다.

06 $0.\dot{3}2\dot{1}$의 순환마디를 이루는 숫자는 3, 2, 1의 3개이고,
$20=3\times6+2$이므로 소수점 아래 20번째 자리의 숫자는
순환마디의 2번째 숫자인 2이다.

11 분모에 2 또는 5 이외의 소인수 3이 있으므로 순환소수로 나타낼 수 있다.

12 $\dfrac{42}{7\times5^2}=\dfrac{6}{5^2}$에서 분모의 소인수가 5뿐이므로 유한소수로 나타낼 수 있다.

13 $\dfrac{29}{30}=\dfrac{29}{2\times3\times5}$에서 분모에 2 또는 5 이외의 소인수 3이 있으므로 순환소수로 나타낼 수 있다.

14 $\dfrac{21}{105}=\dfrac{1}{5}$에서 분모의 소인수가 5뿐이므로 유한소수로 나타낼 수 있다.

16 $0.\dot{1}4\dot{7}=\dfrac{147}{999}=\dfrac{49}{333}$

17 $1.5\dot{4}=\dfrac{154-15}{90}=\dfrac{139}{90}$

18 $0.1\dot{4}\dot{6}=\dfrac{146-1}{990}=\dfrac{145}{990}=\dfrac{29}{198}$

20 순환소수는 모두 유리수이다.

10분 연산 TEST 2회

27쪽

01 $7,\ 1.0\dot{7}$　**02** $39,\ 2.\dot{3}\dot{9}$　**03** $42,\ 5.3\dot{4}\dot{2}$

04 $753,\ 2.5\dot{7}5\dot{3}$　　**05** 8　　**06** 1

07 $0.58333\cdots,\ 0.58\dot{3}$　**08** $0.5333\cdots,\ 0.5\dot{3}$

09 $0.060606\cdots,\ 0.\dot{0}\dot{6}$　**10** $1.481481481\cdots,\ 1.\dot{4}8\dot{1}$

11 순　**12** 유　**13** 유　**14** 순　**15** $\dfrac{4}{3}$

16 $\dfrac{5}{11}$　**17** $\dfrac{5}{12}$　**18** $\dfrac{1354}{495}$　**19** $\times$　**20** $\bigcirc$

21 $\times$

---

05 $0.4\dot{8}$의 순환마디를 이루는 숫자는 4, 8의 2개이고, $40=2\times20$이므로 소수점 아래 40번째 자리의 숫자는 순환마디의 2번째 숫자인 8이다.

06 $1.\dot{1}7\dot{2}$의 순환마디를 이루는 숫자는 1, 7, 2의 3개이고, $40=3\times13+1$이므로 소수점 아래 40번째 자리의 숫자는 순환마디의 1번째 숫자인 1이다.

11 분모에 2 또는 5 이외의 소인수 7이 있으므로 순환소수로 나타낼 수 있다.

---

12 $\dfrac{9}{2\times3\times5}=\dfrac{3}{2\times5}$에서 분모의 소인수가 2 또는 5뿐이므로 유한소수로 나타낼 수 있다.

13 $\dfrac{2\times3^2}{3^2\times5^2\times8}=\dfrac{1}{2^2\times5^2}$에서 분모의 소인수가 2 또는 5뿐이므로 유한소수로 나타낼 수 있다.

14 $\dfrac{14}{48}=\dfrac{7}{24}=\dfrac{7}{2^3\times3}$에서 분모에 2 또는 5 이외의 소인수 3이 있으므로 순환소수로 나타낼 수 있다.

15 $1.\dot{3}=\dfrac{13-1}{9}=\dfrac{12}{9}=\dfrac{4}{3}$

16 $0.\dot{4}\dot{5}=\dfrac{45}{99}=\dfrac{5}{11}$

17 $0.41\dot{6}=\dfrac{416-41}{900}=\dfrac{375}{900}=\dfrac{5}{12}$

18 $2.7\dot{3}\dot{5}=\dfrac{2735-27}{990}=\dfrac{2708}{990}=\dfrac{1354}{495}$

19 순환소수가 아닌 무한소수는 유리수가 아니다.

21 무한소수 중 순환소수는 유리수이다.

학교 시험 PREVIEW

28쪽~29쪽

스스로 개념 점검

(1) 유한소수　(2) 무한소수　(3) 순환소수　(4) 순환마디

(5) 2, 5

01 ④　**02** ④　**03** ②　**04** ⑤　**05** ③

06 ⑤　**07** ①　**08** ③　**09** ③　**10** ③

11 ④　**12** 3

---

01 유리수는 $0,\ 0.48,\ -\dfrac{1}{3},\ 1,\ \dfrac{32}{8}$의 5개이다.

02 $\dfrac{13}{40}=\dfrac{13\times5^2}{2^3\times5\times5^2}=\dfrac{325}{10^3}=0.325$

따라서 $\square$ 안에 알맞은 수로 옳지 않은 것은 ④이다.

03 ① $\dfrac{1}{30}=\dfrac{1}{2\times3\times5}$　　② $\dfrac{7}{56}=\dfrac{1}{8}=\dfrac{1}{2^3}$

③ $\dfrac{12}{2\times3\times7}=\dfrac{2}{7}$ ④ $\dfrac{5}{120}=\dfrac{1}{24}=\dfrac{1}{2^3\times3}$

⑤ $\dfrac{35}{2^2\times3\times5^2}=\dfrac{7}{2^2\times3\times5}$

따라서 유한소수로 나타낼 수 있는 것은 분모의 소인수가 2 또는 5뿐인 ②이다.

04 유한소수가 되려면 분모의 소인수가 2 또는 5뿐이어야 하므로 $\dfrac{91}{3\times5\times7^2}=\dfrac{13}{3\times5\times7}$에 3×7, 즉 21의 배수를 곱해야 한다.

따라서 구하는 가장 작은 자연수는 21이다.

05 유한소수가 되려면 분모의 소인수가 2 또는 5뿐이어야 하므로 $\dfrac{A}{72}=\dfrac{1}{2^3\times3^2}\times A$에서 A는 3^2, 즉 9의 배수이어야 한다.

따라서 A의 값이 될 수 없는 것은 ③이다.

06 ① $0.\dot{3}$　② $1.3\dot{2}\dot{1}$　③ $0.9\dot{6}\dot{3}$　④ $0.5\dot{2}$

따라서 옳은 것은 ⑤이다.

07 $2.\dot{3}4\dot{5}\dot{1}$의 순환마디를 이루는 숫자는 3, 4, 5, 1의 4개이고, $80=4\times20$이므로 소수점 아래 80번째 자리의 숫자는 순환마디의 4번째 숫자인 1이다.

08 ③ $x=1.3\dot{0}\dot{4}$ → $1000x-x$

09 ① $1.\dot{2}=\dfrac{12-1}{9}=\dfrac{11}{9}$

② $1.\dot{4}\dot{5}=\dfrac{145-1}{99}=\dfrac{144}{99}=\dfrac{16}{11}$

③ $0.7\dot{2}=\dfrac{72-7}{90}=\dfrac{65}{90}=\dfrac{13}{18}$

④ $2.5\dot{1}=\dfrac{251-25}{90}=\dfrac{226}{90}=\dfrac{113}{45}$

⑤ $0.1\dot{2}\dot{3}=\dfrac{123-1}{990}=\dfrac{122}{990}=\dfrac{61}{495}$

따라서 옳은 것은 ③이다.

10 ③ 순환마디는 03이다.

11 ④ 정수가 아닌 유리수를 소수로 나타내면 유한소수 또는 순환소수이다.

12 📋 **서술형**

$4\div11=0.363636\cdots=0.\dot{3}\dot{6}$ ……❶

순환마디가 36이므로 순환마디를 이루는 숫자는 3, 6의 2개이다. ……❷

$99=2\times49+1$이므로 소수점 아래 99번째 자리의 숫자는 순환마디의 1번째 숫자인 3이다. ……❸

채점 기준	비율
❶ 분수를 소수로 나타내기	20 %
❷ 순환마디를 이루는 숫자의 개수 구하기	20 %
❸ 소수점 아래 99번째 자리의 숫자 구하기	60 %

Ⅱ. 식의 계산

1 단항식의 계산

01 거듭제곱

34쪽

01 3, 5　　**02** $\dfrac{1}{4}$, 3　　**03** x, 8　　**04** 11, a　　**05** 3

06 7^5　　**07** $\left(\dfrac{1}{3}\right)^3$　　**08** x^4　　**09** 3, 2

10 $3^3\times7^4$　　**11** $\left(\dfrac{1}{5}\right)^3\times\left(\dfrac{2}{11}\right)^2$　　**12** $\dfrac{1}{2^2\times7^2\times13}$

13 a^3b^4　　**14** x^3y^2

02 지수법칙 (1) - 지수의 합

35쪽

01 5, 7　　**02** 2^6　　**03** x^9　　**04** y^{17}　　**05** b^9

06 2, 3, 6　　**07** 2^7　　**08** b^{10}　　**09** x^{21}　　**10** a^{11}

11 b^{10}　　**12** 2, 3, 4, 4　　**13** $2^4\times3^5$　　**14** a^3b^7　　**15** 4, 2, 7, 2

16 a^8b^6　　**17** x^7y^{11}

13 $2^3\times2\times3^3\times3^2=2^{3+1}\times3^{3+2}=2^4\times3^5$

14 $a\times a^2\times b^2\times b^5=a^{1+2}\times b^{2+5}=a^3b^7$

16 $a^3\times b^4\times a^5\times b^2=a^3\times a^5\times b^4\times b^2=a^{3+5}\times b^{4+2}=a^8b^6$

17 $x^5\times y^5\times y^6\times x^2=x^5\times x^2\times y^5\times y^6=x^{5+2}\times y^{5+6}=x^7y^{11}$

03 지수법칙 (2) - 지수의 곱

36쪽

01 2, 6　　**02** 3^{12}　　**03** x^8　　**04** y^{30}

05 2, 2, 6, 4, 10　　**06** 2^{13}　　**07** a^{10}　　**08** b^{14}

09 x^{20}　　**10** 2, 2, 4, 6, 9, 6　　**11** $x^{16}y^8$　　**12** $a^{12}b^9$

13 2, 3, 4, 6, 8, 12, 14, 12　　**14** $a^{17}b^{15}$　　**15** $a^{24}b^{12}$

06 $(2^5)^2\times2^3=2^{5\times2}\times2^3=2^{10}\times2^3=2^{13}$

07 $a\times(a^3)^3=a\times a^{3\times3}=a\times a^9=a^{10}$

08 $(b^4)^3\times b^2=b^{4\times3}\times b^2=b^{12}\times b^2=b^{14}$

09 $(x^2)^6\times(x^4)^2=x^{2\times6}\times x^{4\times2}=x^{12}\times x^8=x^{20}$

11 $x^4 \times (x^3)^4 \times y^8 = x^4 \times x^{3\times4} \times y^8 = x^{4+12} \times y^8 = x^{16}y^8$

12 $(a^6)^2 \times b^3 \times (b^2)^3 = a^{6\times2} \times b^3 \times b^{2\times3} = a^{12} \times b^{3+6} = a^{12}b^9$

14 $(a^2)^5 \times (b^3)^5 \times a^7 = a^{2\times5} \times b^{3\times5} \times a^7 = a^{10} \times a^7 \times b^{15} = a^{17}b^{15}$

15 $(b^2)^2 \times (a^8)^3 \times (b^4)^2 = b^{2\times2} \times a^{8\times3} \times b^{4\times2}$
$ = a^{24} \times b^4 \times b^8 = a^{24}b^{12}$

04 지수법칙 (3) - 지수의 차

37쪽~38쪽

01 3, 3, 1, 2, 2	**02** 3^2	**03** 1	**04** $\dfrac{1}{2^3}$
05 x^5	**06** 1	**07** $\dfrac{1}{x^5}$	**08** 2, 4, 4, 2
09 $\dfrac{1}{a}$	**10** 1	**11** $\dfrac{1}{x^6}$	**12** 1 **13** x^2
14 1, 2, 5, 2, 3	**15** 4	**16** x^5	**17** $\dfrac{1}{b^6}$
18 a^3	**19** x^2	**20** $\dfrac{1}{a^2}$	**21** 1 **22** $\dfrac{1}{x^4}$
23 1	**24** a^2	**25** $\dfrac{1}{y^{12}}$	**26** b^3 **27** 1

09 $(a^3)^3 \div a^{10} = a^{3\times3} \div a^{10} = a^9 \div a^{10} = \dfrac{1}{a^{10-9}} = \dfrac{1}{a}$

10 $b^{12} \div (b^4)^3 = b^{12} \div b^{4\times3} = b^{12} \div b^{12} = 1$

11 $(x^2)^3 \div (x^6)^2 = x^{2\times3} \div x^{6\times2} = x^6 \div x^{12} = \dfrac{1}{x^{12-6}} = \dfrac{1}{x^6}$

12 $(y^3)^6 \div (y^9)^2 = y^{3\times6} \div y^{9\times2} = y^{18} \div y^{18} = 1$

13 $(x^5)^2 \div (x^2)^4 = x^{5\times2} \div x^{2\times4} = x^{10} \div x^8 = x^{10-8} = x^2$

15 $4^5 \div 4 \div 4^3 = 4^{5-1} \div 4^3 = 4^4 \div 4^3 = 4^{4-3} = 4$

16 $x^{10} \div x^3 \div x^2 = x^{10-3} \div x^2 = x^7 \div x^2 = x^{7-2} = x^5$

17 $b^4 \div b^2 \div b^8 = b^{4-2} \div b^8 = b^2 \div b^8 = \dfrac{1}{b^{8-2}} = \dfrac{1}{b^6}$

18 $a^7 \div (a^6 \div a^2) = a^7 \div a^{6-2} = a^7 \div a^4 = a^{7-4} = a^3$

19 $(x^2)^4 \div x^5 \div x = x^{2\times4} \div x^5 \div x = x^8 \div x^5 \div x$
$ = x^{8-5} \div x = x^3 \div x = x^{3-1} = x^2$

20 $a^{15} \div (a^3)^3 \div a^8 = a^{15} \div a^{3\times3} \div a^8 = a^{15} \div a^9 \div a^8$
$\phantom{a^{15} \div (a^3)^3} = a^{15-9} \div a^8 = a^6 \div a^8 = \dfrac{1}{a^{8-6}} = \dfrac{1}{a^2}$

21 $b^{16} \div b^6 \div (b^2)^5 = b^{16} \div b^6 \div b^{2\times5}$
$\phantom{b^{16} \div b^6} = b^{16-6} \div b^{10} = b^{10} \div b^{10} = 1$

22 $(x^4)^3 \div x^{10} \div (x^3)^2 = x^{4\times3} \div x^{10} \div x^{3\times2}$
$\phantom{(x^4)^3 \div x^{10}} = x^{12} \div x^{10} \div x^6$
$\phantom{(x^4)^3 \div x^{10}} = x^{12-10} \div x^6 = x^2 \div x^6 = \dfrac{1}{x^{6-2}} = \dfrac{1}{x^4}$

23 $(x^7)^2 \div (x^4)^2 \div x^6 = x^{7\times2} \div x^{4\times2} \div x^6$
$ = x^{14} \div x^8 \div x^6$
$ = x^{14-8} \div x^6 = x^6 \div x^6 = 1$

24 $a^{20} \div (a^6)^2 \div (a^2)^3 = a^{20} \div a^{6\times2} \div a^{2\times3}$
$\phantom{a^{20} \div (a^6)^2} = a^{20} \div a^{12} \div a^6$
$\phantom{a^{20} \div (a^6)^2} = a^{20-12} \div a^6 = a^8 \div a^6$
$\phantom{a^{20} \div (a^6)^2} = a^{8-6} = a^2$

25 $(y^8)^3 \div (y^4)^4 \div (y^5)^4 = y^{8\times3} \div y^{4\times4} \div y^{5\times4}$
$ = y^{24} \div y^{16} \div y^{20}$
$ = y^{24-16} \div y^{20} = y^8 \div y^{20}$
$ = \dfrac{1}{y^{20-8}} = \dfrac{1}{y^{12}}$

26 $(b^4)^7 \div (b^2)^8 \div (b^3)^3 = b^{4\times7} \div b^{2\times8} \div b^{3\times3}$
$ = b^{28} \div b^{16} \div b^9$
$ = b^{28-16} \div b^9 = b^{12} \div b^9$
$ = b^{12-9} = b^3$

27 $(a^9)^3 \div (a^3)^5 \div (a^2)^6 = a^{9\times3} \div a^{3\times5} \div a^{2\times6}$
$ = a^{27} \div a^{15} \div a^{12}$
$ = a^{27-15} \div a^{12} = a^{12} \div a^{12} = 1$

05 지수법칙 (4) - 지수의 분배

39쪽

01 2, 2, 2, 2, 4, 2	**02** a^4b^4	**03** x^3y^6	**04** a^4b^6
05 3, 3, 8, 6	**06** $9a^6$	**07** $-x^5y^5$	**08** $16a^8b^4$
09 2, 2, 4, 2	**10** $\dfrac{b^3}{a^3}$	**11** $\dfrac{x^4}{y^8}$	**12** $\dfrac{a^6}{b^9}$
13 3, 3, 3, 8, 6, 3	**14** $\dfrac{a^8}{25}$	**15** $\dfrac{16y^4}{x^{12}}$	**16** $-\dfrac{a^6}{27b^3}$

06 $(3a^3)^2 = 3^2 a^{3\times2} = 9a^6$

07 $(-xy)^5=(-1)^5x^5y^5=-x^5y^5$

08 $(-4a^4b^2)^2=(-4)^2a^{4\times2}b^{2\times2}=16a^8b^4$

14 $\left(\dfrac{a^4}{5}\right)^2=\dfrac{a^{4\times2}}{5^2}=\dfrac{a^8}{25}$

15 $\left(\dfrac{2y}{x^3}\right)^4=\dfrac{2^4y^4}{x^{3\times4}}=\dfrac{16y^4}{x^{12}}$

16 $\left(-\dfrac{a^2}{3b}\right)^3=(-1)^3\dfrac{a^{2\times3}}{3^3b^3}=-\dfrac{a^6}{27b^3}$

06 지수법칙을 이용하여 □ 안에 알맞은 수 구하기
40쪽

01 4	**02** 5	**03** 4	**04** 7	**05** 3
06 5	**07** 3	**08** 4	**09** 6	**10** 4
11 8	**12** 5	**13** 3	**14** 4	**15** 5
16 2				

02 $2^{\square+5}=2^{10}$에서 $\square+5=10$ $\quad\therefore \square=5$

03 $a^{4+\square}=a^8$에서 $4+\square=8$ $\quad\therefore \square=4$

04 $b^{1+\square+2}=b^{10}$에서 $1+\square+2=10$ $\quad\therefore \square=7$

06 $3^{\square\times3}=3^{15}$에서 $\square\times3=15$ $\quad\therefore \square=5$

07 $x^{4\times\square}=x^{12}$에서 $4\times\square=12$ $\quad\therefore \square=3$

08 $b^{2+\square\times2}=b^{10}$에서 $2+\square\times2=10$ $\quad\therefore \square=4$

11 $a^{\square-5}=a^3$에서 $\square-5=3$ $\quad\therefore \square=8$

12 $\dfrac{1}{b^{\square-3}}=\dfrac{1}{b^2}$에서 $\square-3=2$ $\quad\therefore \square=5$

14 $2^\square a^{3\times\square}=16a^{12}$에서 $3\times\square=12$ $\quad\therefore \square=4$

$2^\square a^{3\times\square}=16a^{12}$에서 $2^\square=16=2^4$ $\quad\therefore \square=4$

16 $\dfrac{b^{\square\times5}}{a^{3\times5}}=\dfrac{b^{10}}{a^{15}}$에서 $\square\times5=10$ $\quad\therefore \square=2$

10분 연산 TEST 1회
41쪽

01 5^7	**02** a^{17}	**03** x^8	**04** a^6b^4	**05** 2^{18}
06 x^{16}	**07** a^8b^9	**08** x^9y^6	**09** a^5	**10** $\dfrac{1}{y^7}$
11 x^2	**12** 1	**13** $49x^4$	**14** a^6b^{12}	**15** $\dfrac{x^{10}}{32}$
16 $\dfrac{81x^4}{y^{12}}$	**17** 7	**18** 1	**19** $a=2, b=16$	
20 $a=3, b=2$				

04 $a^2\times b\times b^3\times a^4=a^2\times a^4\times b\times b^3=a^{2+4}\times b^{1+3}=a^6b^4$

07 $(a^2)^4\times(b^3)^3=a^{2\times4}\times b^{3\times3}=a^8b^9$

08 $x^3\times(y^3)^2\times(x^2)^3=x^3\times y^{3\times2}\times x^{2\times3}$
$\qquad\qquad\qquad\qquad\quad =x^3\times x^6\times y^6=x^9y^6$

10 $(y^2)^4\div(y^5)^3=y^{2\times4}\div y^{5\times3}$
$\qquad\qquad\qquad =y^8\div y^{15}=\dfrac{1}{y^{15-8}}=\dfrac{1}{y^7}$

11 $x^{10}\div x^5\div x^3=x^{10-5}\div x^3=x^5\div x^3=x^{5-3}=x^2$

12 $(b^2)^6\div b^2\div(b^5)^2=b^{2\times6}\div b^2\div b^{5\times2}$
$\qquad\qquad\qquad\quad =b^{12}\div b^2\div b^{10}$
$\qquad\qquad\qquad\quad =b^{12-2}\div b^{10}=b^{10}\div b^{10}=1$

13 $(-7x^2)^2=(-7)^2x^{2\times2}=49x^4$

15 $\left(\dfrac{x^2}{2}\right)^5=\dfrac{x^{2\times5}}{2^5}=\dfrac{x^{10}}{32}$

16 $\left(-\dfrac{3x}{y^3}\right)^4=(-1)^4\dfrac{3^4x^4}{y^{3\times4}}=\dfrac{81x^4}{y^{12}}$

17 $x^{2+a}=x^9$에서 $2+a=9$ $\quad\therefore a=7$

18 $\dfrac{1}{y^{2-a}}=\dfrac{1}{y}$에서 $2-a=1$ $\quad\therefore a=1$

19 $2^4x^4y^{a\times4}=bx^4y^8$이므로
$\quad y^{a\times4}=y^8$에서 $a\times4=8$ $\quad\therefore a=2$
$\quad 2^4=b$에서 $b=16$

20 $(-1)^2\dfrac{y^{a\times2}}{3^2x^2}=\dfrac{y^6}{9x^b}$이므로
$\quad y^{a\times2}=y^6$에서 $a\times2=6$ $\quad\therefore a=3$
$\quad x^2=x^b$에서 $b=2$

10분 연산 TEST 2회

42쪽

01 2^7 **02** x^{10} **03** a^6 **04** x^7y^3 **05** 3^{15}

06 a^{12} **07** x^9 **08** $a^{14}b^{12}$ **09** $\dfrac{1}{x^4}$ **10** a^3

11 1 **12** $\dfrac{1}{b^{15}}$ **13** x^4y^8 **14** $16a^6b^2$ **15** $\dfrac{x^{15}}{y^{10}}$

16 $-\dfrac{27a^9}{8b^3}$ **17** 3 **18** 5 **19** $a=4,\ b=3$

20 $a=2,\ b=4$

04 $x^3 \times y^2 \times x^4 \times y = x^3 \times x^4 \times y^2 \times y$
$= x^{3+4} \times y^{2+1} = x^7y^3$

07 $(x^2)^3 \times x^3 = x^{2\times3} \times x^3 = x^6 \times x^3 = x^9$

08 $(a^3)^2 \times (b^4)^3 \times (a^2)^4 = a^{3\times2} \times b^{4\times3} \times a^{2\times4}$
$= a^6 \times a^8 \times b^{12} = a^{14}b^{12}$

10 $(a^3)^3 \div a^6 = a^{3\times3} \div a^6 = a^9 \div a^6 = a^{9-6} = a^3$

11 $x^8 \div x \div x^7 = x^{8-1} \div x^7 = x^7 \div x^7 = 1$

12 $(b^2)^4 \div b^3 \div (b^5)^4 = b^{2\times4} \div b^3 \div b^{5\times4}$
$= b^8 \div b^3 \div b^{20}$
$= b^{8-3} \div b^{20} = b^5 \div b^{20}$
$= \dfrac{1}{b^{20-5}} = \dfrac{1}{b^{15}}$

14 $(-4a^3b)^2 = (-4)^2 a^{3\times2} b^2 = 16a^6b^2$

16 $\left(-\dfrac{3a^3}{2b}\right)^3 = (-1)^3 \dfrac{3^3 a^{3\times3}}{2^3 b^3} = -\dfrac{27a^9}{8b^3}$

17 $x^{a+4} = x^7$에서 $a+4=7$ $\therefore a=3$

18 $y^{8-a-1} = y^2$에서 $8-a-1=2$ $\therefore a=5$

19 $x^{a\times3}y^3 = x^{12}y^b$이므로
$x^{a\times3} = x^{12}$에서 $a\times3=12$ $\therefore a=4$
$y^3 = y^b$에서 $b=3$

20 $(-1)^4 \dfrac{a^4 x^{2\times4}}{y^4} = \dfrac{16x^8}{y^b}$이므로
$a^4 = 16 = 2^4$에서 $a=2$
$y^4 = y^b$에서 $b=4$

07 단항식의 곱셈

43쪽~44쪽

01 $2, 6, 2, 6, 12ab$ **02** $20xy$ **03** $21ab$ **04** $-24ab$

05 $10xy$ **06** $-16ab^2$ **07** $-2x^2y$ **08** $2, 4, 2, 4, 8x^4$

09 $-15a^5$ **10** $-2b^5$ **11** $3, 2, 3, 2, 6x^2y^3$ **12** $-28a^3b^3$

13 $\dfrac{1}{3}x^3y^2$ **14** $-10a^4b^3$ **15** $-12a^3b^5$

16 $\dfrac{1}{2}x^3y^5$ **17** $2, 3, 2, 3, 6x^5y^4$ **18** $60a^5b^3$ **19** $-12x^3y^4$

20 $24x^4y^4$ **21** $2, 2, 4, 2, 4a^5b^2$ **22** $7a^9$ **23** $48xy^4$

24 $-45x^4y$ **25** $-4x^6y$ **26** $-27a^4b^4$ **27** $8x^8y^5$

28 $-8a^7b^8$ **29** $12x^9y^3$ **30** $-50a^6b^3$ **31** $6x^8y^6$

32 $-40x^{10}y^{10}$ **33** $64a^2b^{10}$

22 $(-a)^3 \times (-7a^6) = (-a^3) \times (-7a^6) = 7a^9$

23 $3x \times (-2y)^4 = 3x \times 16y^4 = 48xy^4$

24 $(-3x^2)^2 \times (-5y) = 9x^4 \times (-5y) = -45x^4y$

25 $(-x)^5 \times 4xy = (-x^5) \times 4xy = -4x^6y$

26 $(3ab)^3 \times (-ab) = 27a^3b^3 \times (-ab) = -27a^4b^4$

27 $(4x^3y^2)^2 \times \dfrac{1}{2}x^2y = 16x^6y^4 \times \dfrac{1}{2}x^2y = 8x^8y^5$

28 $(-2ab^2)^3 \times (-a^2b)^2 = (-8a^3b^6) \times a^4b^2 = -8a^7b^8$

29 $(-x)^4 \times 3xy \times (2x^2y)^2 = x^4 \times 3xy \times 4x^4y^2$
$= 12x^9y^3$

30 $2a^3b \times (-a)^3 \times (-5b)^2 = 2a^3b \times (-a^3) \times 25b^2$
$= -50a^6b^3$

31 $(-x^2y)^3 \times 8x^2y \times \left(-\dfrac{3}{4}y^2\right) = (-x^6y^3) \times 8x^2y \times \left(-\dfrac{3}{4}y^2\right)$
$= 6x^8y^6$

32 $(2xy^2)^3 \times 5xy \times (-x^2y)^3 = 8x^3y^6 \times 5xy \times (-x^6y^3)$
$= -40x^{10}y^{10}$

33 $(-2ab)^4 \times \left(-\dfrac{b}{3a^2}\right)^2 \times (6ab^2)^2$
$= 16a^4b^4 \times \dfrac{b^2}{9a^4} \times 36a^2b^4 = 64a^2b^{10}$

01 $6a^2$, 6, a^2, $2a$ **02** $-3a^2$ **03** $-5x^2$ **04** $\dfrac{y}{2x^2}$

05 $2a^3b$ **06** $-\dfrac{x}{4y}$ **07** $-\dfrac{4a}{b}$ **08** $\dfrac{1}{3y}$

09 2, $5x$, $\dfrac{2}{5}$, x, $4x$ **10** $8a^2$ **11** $-5x$ **12** $8a$

13 $-6y^2$ **14** $-10a$ **15** $-\dfrac{12x}{y}$ **16** x^4y **17** $9x^3$, x

18 $\dfrac{24}{a^3}$ **19** x^2 **20** $-2a^3b$ **21** $-\dfrac{3b^2}{a^3}$ **22** $\dfrac{32a^7}{b^4}$

23 $\dfrac{2}{5}x^2$ **24** $-2x^8y$ **25** $-32ab^3$ **26** xy^2, $3x$, 3, xy^2, $3y$

27 -2 **28** $-\dfrac{3}{x}$ **29** $-\dfrac{b^2}{a^2}$ **30** $2x^2y^3$ **31** -24

32 $\dfrac{1}{30}y$ **33** $\dfrac{27b^4}{a}$

02 $12a^3 \div (-4a) = \dfrac{12a^3}{-4a} = -3a^2$

03 $(-15x^4) \div 3x^2 = \dfrac{-15x^4}{3x^2} = -5x^2$

04 $5xy \div 10x^3 = \dfrac{5xy}{10x^3} = \dfrac{y}{2x^2}$

05 $6a^8b^4 \div 3a^5b^3 = \dfrac{6a^8b^4}{3a^5b^3} = 2a^3b$

06 $(-2x^3y) \div 8x^2y^2 = \dfrac{-2x^3y}{8x^2y^2} = -\dfrac{x}{4y}$

07 $20a^2b \div (-5ab^2) = \dfrac{20a^2b}{-5ab^2} = -\dfrac{4a}{b}$

08 $(-3xy^2) \div (-9xy^3) = \dfrac{-3xy^2}{-9xy^3} = \dfrac{1}{3y}$

10 $6a^4 \div \dfrac{3}{4}a^2 = 6a^4 \times \dfrac{4}{3a^2} = 8a^2$

11 $x^2 \div \left(-\dfrac{1}{5}x\right) = x^2 \times \left(-\dfrac{5}{x}\right) = -5x$

12 $4ab \div \dfrac{1}{2}b = 4ab \times \dfrac{2}{b} = 8a$

13 $(-2xy) \div \dfrac{x}{3y} = (-2xy) \times \dfrac{3y}{x} = -6y^2$

14 $12a^2b \div \left(-\dfrac{6}{5}ab\right) = 12a^2b \times \left(-\dfrac{5}{6ab}\right) = -10a$

15 $(-8x^2y) \div \dfrac{2}{3}xy^2 = (-8x^2y) \times \dfrac{3}{2xy^2} = -\dfrac{12x}{y}$

16 $\left(-\dfrac{1}{2}x^3y^2\right) \div \left(-\dfrac{y}{2x}\right) = \left(-\dfrac{1}{2}x^3y^2\right) \times \left(-\dfrac{2x}{y}\right) = x^4y$

18 $(-6a)^2 \div \dfrac{3}{2}a^5 = 36a^2 \div \dfrac{3}{2}a^5 = 36a^2 \times \dfrac{2}{3a^5} = \dfrac{24}{a^3}$

19 $8x^2y^3 \div (2y)^3 = 8x^2y^3 \div 8y^3 = \dfrac{8x^2y^3}{8y^3} = x^2$

20 $(-2a^2b)^3 \div 4a^3b^2 = (-8a^6b^3) \div 4a^3b^2$
$$= \dfrac{-8a^6b^3}{4a^3b^2} = -2a^3b$$

21 $(ab^2)^2 \div \left(-\dfrac{1}{3}a^5b^2\right) = a^2b^4 \div \left(-\dfrac{1}{3}a^5b^2\right)$
$$= a^2b^4 \times \left(-\dfrac{3}{a^5b^2}\right) = -\dfrac{3b^2}{a^3}$$

22 $(2a^2b)^5 \div (ab^3)^3 = 32a^{10}b^5 \div a^3b^9 = \dfrac{32a^{10}b^5}{a^3b^9} = \dfrac{32a^7}{b^4}$

23 $\left(-\dfrac{1}{5}x^2y\right)^2 \div \dfrac{1}{10}x^2y^2 = \dfrac{1}{25}x^4y^2 \div \dfrac{1}{10}x^2y^2$
$$= \dfrac{1}{25}x^4y^2 \times \dfrac{10}{x^2y^2} = \dfrac{2}{5}x^2$$

24 $\left(\dfrac{2x^3}{y}\right)^4 \div \left(-\dfrac{8x^4}{y^5}\right) = \dfrac{16x^{12}}{y^4} \div \left(-\dfrac{8x^4}{y^5}\right)$
$$= \dfrac{16x^{12}}{y^4} \times \left(-\dfrac{y^5}{8x^4}\right) = -2x^8y$$

25 $(-2a^2b^3)^2 \div \left(-\dfrac{1}{2}ab\right)^3 = 4a^4b^6 \div \left(-\dfrac{1}{8}a^3b^3\right)$
$$= 4a^4b^6 \times \left(-\dfrac{8}{a^3b^3}\right) = -32ab^3$$

27 $(-8a^2) \div 4a \div a = (-8a^2) \times \dfrac{1}{4a} \times \dfrac{1}{a} = -2$

28 $12x^2 \div \dfrac{1}{2}x \div (-8x^2) = 12x^2 \times \dfrac{2}{x} \times \left(-\dfrac{1}{8x^2}\right) = -\dfrac{3}{x}$

29 $6ab^3 \div (-2a^2b) \div 3a = 6ab^3 \times \left(-\dfrac{1}{2a^2b}\right) \times \dfrac{1}{3a} = -\dfrac{b^2}{a^2}$

30 $(-20x^4y^6) \div 5xy^2 \div (-2xy)$
$$= (-20x^4y^6) \times \dfrac{1}{5xy^2} \times \left(-\dfrac{1}{2xy}\right) = 2x^2y^3$$

31 $4x^2y \div \dfrac{1}{3}xy^2 \div \left(-\dfrac{x}{2y}\right) = 4x^2y \times \dfrac{3}{xy^2} \times \left(-\dfrac{2y}{x}\right) = -24$

32 $(-xy^2)^3 \div 5x^2y \div (-6xy^4)$
$$= (-x^3y^6) \times \frac{1}{5x^2y} \times \left(-\frac{1}{6xy^4}\right) = \frac{1}{30}y$$

33 $(3ab^3)^2 \div \frac{3}{4}a \div \left(-\frac{2}{3}ab\right)^2 = 9a^2b^6 \div \frac{3}{4}a \div \frac{4}{9}a^2b^2$
$$= 9a^2b^6 \times \frac{4}{3a} \times \frac{9}{4a^2b^2}$$
$$= \frac{27b^4}{a}$$

09 단항식의 곱셈과 나눗셈의 혼합 계산
47쪽

01 $\frac{1}{8x^2}$, $\frac{1}{8}$, $\frac{1}{x^2}$, x^2y **02** $-35xy$ **03** $3y^2$

04 $\frac{1}{3xy}$, $\frac{1}{3}$, $\frac{1}{xy}$, $\frac{4y^2}{x}$ **05** $\frac{5}{2}a$ **06** $-\frac{15b^3}{a^2}$ **07** $-\frac{12}{xy^4}$

08 $-2a^5$ **09** $-\frac{8}{7}ab^2$ **10** $\frac{30}{xy^3}$ **11** $\frac{27}{2}x^5y^3$ **12** $3ab^3$

13 $-10x^5y^8$ **14** $-96a^3b$ **15** $12a^7b^8$

02 $7x^2 \times 5y \div (-x) = 7x^2 \times 5y \times \left(-\frac{1}{x}\right) = -35xy$

03 $(-x^2y) \times 6y \div (-2x^2) = (-x^2y) \times 6y \times \left(-\frac{1}{2x^2}\right) = 3y^2$

05 $5a \div 4ab \times 2ab = 5a \times \frac{1}{4ab} \times 2ab = \frac{5}{2}a$

06 $9ab^3 \div 3a^3b^2 \times (-5b^2) = 9ab^3 \times \frac{1}{3a^3b^2} \times (-5b^2) = -\frac{15b^3}{a^2}$

07 $6x^2y \div (-2x^5y^6) \times 4x^2y = 6x^2y \times \left(-\frac{1}{2x^5y^6}\right) \times 4x^2y$
$$= -\frac{12}{xy^4}$$

08 $10a^3 \times (-a^2)^3 \div 5a^4 = 10a^3 \times (-a^6) \div 5a^4$
$$= 10a^3 \times (-a^6) \times \frac{1}{5a^4} = -2a^5$$

09 $28a^2b \times (-2ab^3) \div (-7ab)^2$
$$= 28a^2b \times (-2ab^3) \div 49a^2b^2$$
$$= 28a^2b \times (-2ab^3) \times \frac{1}{49a^2b^2} = -\frac{8}{7}ab^2$$

10 $15xy^2 \times \left(-\frac{2}{y}\right)^4 \div 8x^2y = 15xy^2 \times \frac{16}{y^4} \div 8x^2y$
$$= 15xy^2 \times \frac{16}{y^4} \times \frac{1}{8x^2y} = \frac{30}{xy^3}$$

11 $(3x^2y)^2 \times \frac{4}{7}x^2y^3 \div \frac{8}{21}xy^2 = 9x^4y^2 \times \frac{4}{7}x^2y^3 \div \frac{8}{21}xy^2$
$$= 9x^4y^2 \times \frac{4}{7}x^2y^3 \times \frac{21}{8xy^2}$$
$$= \frac{27}{2}x^5y^3$$

12 $9a^4b \div 3a^3 \times (-b)^2 = 9a^4b \div 3a^3 \times b^2$
$$= 9a^4b \times \frac{1}{3a^3} \times b^2$$
$$= 3ab^3$$

13 $(2x^2y^3)^3 \div \frac{4}{5}xy^2 \times (-y) = 8x^6y^9 \div \frac{4}{5}xy^2 \times (-y)$
$$= 8x^6y^9 \times \frac{5}{4xy^2} \times (-y)$$
$$= -10x^5y^8$$

14 $12a^2b \div (-ab^3)^2 \times (-2ab^2)^3$
$$= 12a^2b \div a^2b^6 \times (-8a^3b^6)$$
$$= 12a^2b \times \frac{1}{a^2b^6} \times (-8a^3b^6) = -96a^3b$$

15 $3ab^2 \div \left(-\frac{1}{2}ab^3\right)^2 \times (-a^2b^3)^4$
$$= 3ab^2 \div \frac{1}{4}a^2b^6 \times a^8b^{12}$$
$$= 3ab^2 \times \frac{4}{a^2b^6} \times a^8b^{12} = 12a^7b^8$$

10 단항식의 곱셈과 나눗셈의 응용
48쪽~49쪽

01 $5b^3$ **02** $-4x^2y$ **03** $2x^3y^2$ **04** $-3a^6b^5$ **05** $12x^4y^5$

06 $2a^3b^4$ **07** $-3a^4b^3$ **08** $\frac{y^3}{3}$ **09** $\frac{1}{3}x$ **10** $-4b^5$

11 $-\frac{1}{2}xy$ **12** $-24a^3b^7$ **13** $24x^3y^5$ / $4xy^3$, 4, x, y^3, $24x^3y^5$

14 $3a^4b^3$ **15** $20a^4b^3$ **16** πx^3y^5

17 $12x^3y$ / $2x^2y^3$, $2x^2y^3$, $12x^3y$ **18** $5ab^4$ **19** $3b$

20 $2b^5$

02 $\square = (-12x^3y^2) \div 3xy = \frac{-12x^3y^2}{3xy} = -4x^2y$

03 $\square = 8x^5y^3 \div 4x^2y = \frac{8x^5y^3}{4x^2y} = 2x^3y^2$

04 $\square = 9a^7b^7 \div (-3ab^2) = \frac{9a^7b^7}{-3ab^2} = -3a^6b^5$

06 $\boxed{}=\dfrac{1}{5}ab^3\times10a^2b=2a^3b^4$

07 $\boxed{}=6a^4b^5\div(-2b^2)=\dfrac{6a^4b^5}{-2b^2}=-3a^4b^3$

08 $\boxed{}=8x^2y^5\div24x^2y^2=\dfrac{8x^2y^5}{24x^2y^2}=\dfrac{y^3}{3}$

10 $3a^3b\times\boxed{}\div(-ab^5)=12a^2b$에서

$\qquad 3a^3b\times\boxed{}\times\left(-\dfrac{1}{ab^5}\right)=12a^2b$

$\qquad \therefore \boxed{}=12a^2b\div3a^3b\times(-ab^5)$

$\qquad\qquad =12a^2b\times\dfrac{1}{3a^3b}\times(-ab^5)=-4b^5$

11 $10x^2y^2\div\boxed{}\times\dfrac{2}{5}y=-8xy^2$에서

$\qquad 10x^2y^2\times\dfrac{1}{\boxed{}}\times\dfrac{2}{5}y=-8xy^2$

$\qquad \therefore \boxed{}=10x^2y^2\times\dfrac{2}{5}y\div(-8xy^2)$

$\qquad\qquad =10x^2y^2\times\dfrac{2}{5}y\times\left(-\dfrac{1}{8xy^2}\right)=-\dfrac{1}{2}xy$

12 $(-2a^4b^6)\div\boxed{}\times4a^2b^3=\dfrac{1}{3}a^3b^2$에서

$\qquad (-2a^4b^6)\times\dfrac{1}{\boxed{}}\times4a^2b^3=\dfrac{1}{3}a^3b^2$

$\qquad \therefore \boxed{}=(-2a^4b^6)\times4a^2b^3\div\dfrac{1}{3}a^3b^2$

$\qquad\qquad =(-2a^4b^6)\times4a^2b^3\times\dfrac{3}{a^3b^2}=-24a^3b^7$

14 $(\text{삼각형의 넓이})=\dfrac{1}{2}\times3ab\times2a^3b^2=3a^4b^3$

15 $(\text{삼각기둥의 부피})=\left(\dfrac{1}{2}\times4ab\times2a^2b\right)\times5ab=20a^4b^3$

16 $(\text{원뿔의 부피})=\dfrac{1}{3}\times\{\pi\times(xy^2)^2\}\times3xy=\pi x^3y^5$

18 $(\text{가로의 길이})\times3a^3b=15a^4b^5$이므로

$\qquad (\text{가로의 길이})=15a^4b^5\div3a^3b=\dfrac{15a^4b^5}{3a^3b}=5ab^4$

19 $3a\times2b\times(\text{높이})=18ab^2$이므로

$\qquad (\text{높이})=18ab^2\div6ab=\dfrac{18ab^2}{6ab}=3b$

20 $\{\pi\times(5a^2)^2\}\times(\text{높이})=50\pi a^4b^5$이므로

$\qquad 25\pi a^4\times(\text{높이})=50\pi a^4b^5$

$\qquad \therefore (\text{높이})=50\pi a^4b^5\div25\pi a^4=\dfrac{50\pi a^4b^5}{25\pi a^4}=2b^5$

→50쪽←

01 $15a^2b$	**02** $12x^5y$	**03** $-6a^5b^4$	**04** $12x^3y^5$	**05** $-8a^4b^7$
06 $4a^{10}b^6$	**07** $\dfrac{a}{4}$	**08** $3x^2$	**09** $-4a^3$	**10** $-\dfrac{y^{10}}{18x}$
11 $-3a$	**12** $2x^2y^3$	**13** $4x^2$	**14** $17x^3y$	**15** $\dfrac{1}{3}x^3y^7$
16 $-\dfrac{12y^5}{x^2}$	**17** $54a^3b^8$	**18** $3xy^2$	**19** $4y^3$	**20** $-\dfrac{1}{3b^3}$

06 $\left(-\dfrac{1}{2}a^2b\right)^2\times(-4a^3b^2)^2=\dfrac{1}{4}a^4b^2\times16a^6b^4=4a^{10}b^6$

10 $\left(\dfrac{2}{3}xy^2\right)^2\div\left(-\dfrac{2x}{y^2}\right)^3=\dfrac{4}{9}x^2y^4\div\left(-\dfrac{8x^3}{y^6}\right)$

$\qquad\qquad =\dfrac{4}{9}x^2y^4\times\left(-\dfrac{y^6}{8x^3}\right)=-\dfrac{y^{10}}{18x}$

11 $(-15a^4)\div5a\div a^2=(-15a^4)\times\dfrac{1}{5a}\times\dfrac{1}{a^2}=-3a$

12 $20x^4y^6\div2xy^2\div5xy=20x^4y^6\times\dfrac{1}{2xy^2}\times\dfrac{1}{5xy}=2x^2y^3$

13 $8x^4y^2\div2x^2y^5\times y^3=8x^4y^2\times\dfrac{1}{2x^2y^5}\times y^3=4x^2$

14 $(-17x^3y^3)\times2xy\div(-2xy^3)$

$\qquad =(-17x^3y^3)\times2xy\times\left(-\dfrac{1}{2xy^3}\right)=17x^3y$

15 $(x^2)^3\times(-y^2)^4\div3x^3y=x^6\times y^8\div3x^3y$

$\qquad\qquad =x^6\times y^8\times\dfrac{1}{3x^3y}=\dfrac{1}{3}x^3y^7$

16 $12x^2y^5\div8x^4y^3\times(-2y)^3=12x^2y^5\div8x^4y^3\times(-8y^3)$

$\qquad\qquad =12x^2y^5\times\dfrac{1}{8x^4y^3}\times(-8y^3)$

$\qquad\qquad =-\dfrac{12y^5}{x^2}$

17 $2ab^2\times(-3a^2b^3)^2\div\dfrac{1}{3}a^2=2ab^2\times9a^4b^6\div\dfrac{1}{3}a^2$

$\qquad\qquad =2ab^2\times9a^4b^6\times\dfrac{3}{a^2}=54a^3b^8$

18 $\boxed{}=12x^2y^3\div4xy=\dfrac{12x^2y^3}{4xy}=3xy^2$

19 $\boxed{}=28xy^5\div7xy^2=\dfrac{28xy^5}{7xy^2}=4y^3$

20 $9a^4b^6 \times \boxed{} \div 6a^3b = -\dfrac{1}{2}ab^2$ 에서

$9a^46^6 \times \boxed{} \times \dfrac{1}{6a^3b} = -\dfrac{1}{2}ab^2$

$\therefore \boxed{} = \left(-\dfrac{1}{2}ab^2\right) \div 9a^4b^6 \times 6a^3b$

$\qquad = \left(-\dfrac{1}{2}ab^2\right) \times \dfrac{1}{9a^4b^6} \times 6a^3b = -\dfrac{1}{3b^3}$

10분 연산 TEST 2회
             51쪽

01 $-21xy^3$	**02** $10a^3b^7$	**03** $16x^3y$	**04** $6x^7y^2$	**05** $-15a^3b^6$
06 $72a^5b^7$	**07** xy^2	**08** $3ab$	**09** $-\dfrac{8x}{y}$	**10** $-\dfrac{3}{4}b$
11 $\dfrac{y^2}{4x^2}$	**12** $-6xy$	**13** $2a^2$	**14** $14xy$	**15** $18a$
16 $18x^3y^2$	**17** $-\dfrac{1}{5}x^2y$	**18** $8y^6$	**19** $5a^2b$	**20** $3x$

03 $4xy \times (-2x)^2 = 4xy \times 4x^2 = 16x^3y$

06 $(3ab^2)^2 \times (2ab)^3 = 9a^2b^4 \times 8a^3b^3 = 72a^5b^7$

09 $(-4x^2)^3 \div 8x^5y = (-64x^6) \div 8x^5y = \dfrac{-64x^6}{8x^5y} = -\dfrac{8x}{y}$

10 $(-12a^4b^5) \div (-2ab)^4 = (-12a^4b^5) \div 16a^4b^4$

$\qquad = \dfrac{-12a^4b^5}{16a^4b^4} = -\dfrac{3}{4}b$

11 $\left(\dfrac{1}{5}xy^2\right)^2 \div \left(\dfrac{2}{5}x^2y\right)^2 = \dfrac{1}{25}x^2y^4 \div \dfrac{4}{25}x^4y^2$

$\qquad = \dfrac{1}{25}x^2y^4 \times \dfrac{25}{4x^4y^2} = \dfrac{y^2}{4x^2}$

12 $4xy^4 \div \left(-\dfrac{1}{3}xy^2\right) \div \dfrac{2y}{x} = 4xy^4 \times \left(-\dfrac{3}{xy^2}\right) \times \dfrac{x}{2y} = -6xy$

13 $3ab \times 8a \div 12b = 3ab \times 8a \times \dfrac{1}{12b} = 2a^2$

14 $2x^2y \div xy \times 7y = 2x^2y \times \dfrac{1}{xy} \times 7y = 14xy$

15 $(-3a)^2 \times 4a \div 2a^2 = 9a^2 \times 4a \div 2a^2$

$\qquad = 9a^2 \times 4a \times \dfrac{1}{2a^2} = 18a$

---

16 $4xy \div (-6xy^2) \times (-3xy)^3$

$\qquad = 4xy \div (-6xy^2) \times (-27x^3y^3)$

$\qquad = 4xy \times \left(-\dfrac{1}{6xy^2}\right) \times (-27x^3y^3) = 18x^3y^2$

17 $\left(-\dfrac{2}{3}xy^2\right) \times \left(-\dfrac{1}{2}x\right)^2 \div \dfrac{5}{6}xy = \left(-\dfrac{2}{3}xy^2\right) \times \dfrac{1}{4}x^2 \div \dfrac{5}{6}xy$

$\qquad\qquad = \left(-\dfrac{2}{3}xy^2\right) \times \dfrac{1}{4}x^2 \times \dfrac{6}{5xy}$

$\qquad\qquad = -\dfrac{1}{5}x^2y$

18 $\boxed{} = (-8xy^7) \div (-xy) = \dfrac{-8xy^7}{-xy} = 8y^6$

19 $\boxed{} = 15a^4b^2 \div 3a^2b = \dfrac{15a^4b^2}{3a^2b} = 5a^2b$

20 $8xy^2 \div 2x^2y \times \boxed{} = 12y$ 에서 $8xy^2 \times \dfrac{1}{2x^2y} \times \boxed{} = 12y$

$\therefore \boxed{} = 12y \div 8xy^2 \times 2x^2y = 12y \times \dfrac{1}{8xy^2} \times 2x^2y = 3x$

학교 시험 PREVIEW

소스로 개념 점검
         52쪽~53쪽

(1) $m+n$, mn (2) ① $m-n$ ② 1 ③ $n-m$ (3) a^mb^m, $\dfrac{a^m}{b^m}$

(4) 계수, 문자   (5) 역수

01 ②	**02** ④	**03** ④	**04** ②	**05** ④
06 ⑤	**07** ②	**08** ②	**09** ①	**10** ④
11 ③	**12** $a=1,\ b=3,\ c=3$			

01 $(x^2)^3 \times y^4 \times x \times (y^5)^2 = x^6 \times y^4 \times x \times y^{10}$

$\qquad = x^6 \times x \times y^4 \times y^{10} = x^7y^{14}$

02 ① $x^6 \div x^3 = x^{6-3} = x^3$

② $a^8 \div a^4 \div a^7 = a^{8-4} \div a^7 = a^4 \div a^7 = \dfrac{1}{a^{7-4}} = \dfrac{1}{a^3}$

③ $(2^3)^2 \div 2^6 = 2^6 \div 2^6 = 1$

⑤ $(b^2)^3 \div (b^5)^2 = b^6 \div b^{10} = \dfrac{1}{b^{10-6}} = \dfrac{1}{b^4}$

따라서 옳은 것은 ④이다.

03 ④ $(4a^2b^3)^2 = 4^2a^{2\times2}b^{3\times2} = 16a^4b^6$

04 $\left(\dfrac{3x^a}{y}\right)^b = \dfrac{3^bx^{ab}}{y^b} = \dfrac{27x^{12}}{y^c}$ 이므로

$3^b = 27 = 3^3$ 에서 $b=3$ $\therefore c=b=3$

$ab=12$ 에서 $3a=12$ $\therefore a=4$

$\therefore a-b-c = 4-3-3 = -2$

05 ① $a^{\square+1}=a^7$에서 $\square+1=7$ $\quad\therefore\;\square=6$

② $\dfrac{1}{x^{9-\square}}=\dfrac{1}{x^3}$에서 $9-\square=3$ $\quad\therefore\;\square=6$

③ $\dfrac{y^{5\times2}}{x^{\square\times2}}=\dfrac{y^{10}}{x^{12}}$에서 $\square\times2=12$ $\quad\therefore\;\square=6$

④ $a^{2\times3}b^{\square\times3}=a^6b^{12}$에서 $\square\times3=12$ $\quad\therefore\;\square=4$

⑤ $x^{\square+2-3}=x^5$에서 $\square+2-3=5$ $\quad\therefore\;\square=6$

따라서 $\square$ 안에 들어갈 수가 나머지 넷과 다른 것은 ④이다.

06 $3x^2y\times(-xy)^3\times(-2x)=3x^2y\times(-x^3y^3)\times(-2x)$
$\qquad\qquad\qquad\qquad\qquad\qquad\quad=6x^6y^4$

07 ② $(-2xy)^5\times(-xy^2)^3=(-32x^5y^5)\times(-x^3y^6)=32x^8y^{11}$

08 $(2x^2y^3)^3\div4xy^2=8x^6y^9\times\dfrac{1}{4xy^2}=2x^5y^7$

즉, $2x^5y^7=ax^by^c$이므로 $a=2$, $b=5$, $c=7$
$\therefore\;a+b+c=2+5+7=14$

09 $\dfrac{3}{4}xy\div\left(-\dfrac{3}{8}xy^2\right)\times2x^2y=\dfrac{3}{4}xy\times\left(-\dfrac{8}{3xy^2}\right)\times2x^2y$
$\qquad\qquad\qquad\qquad\qquad\qquad\qquad=-4x^2$

10 $12x^4y^3\times\square\div(-2x^2y)^2=6x^2y^2$에서

$12x^4y^3\times\square\div4x^4y^2=6x^2y^2$

$12x^4y^3\times\square\times\dfrac{1}{4x^4y^2}=6x^2y^2$

$\therefore\;\square=6x^2y^2\div12x^4y^3\times4x^4y^2$
$\qquad\quad=6x^2y^2\times\dfrac{1}{12x^4y^3}\times4x^4y^2=2x^2y$

11 사각뿔의 높이를 h라 하면
$\dfrac{1}{3}\times(2x^2\times3xy)\times h=14x^6y^3$, $2x^3yh=14x^6y^3$

$\therefore\;h=\dfrac{14x^6y^3}{2x^3y}=7x^3y^2$

따라서 사각뿔의 높이는 $7x^3y^2$이다.

12

$90=2\times3^2\times5$ $\qquad\qquad\qquad\qquad\cdots\cdots$ ❶
$75=3\times5^2$ $\qquad\qquad\qquad\qquad\qquad\cdots\cdots$ ❷
$90\times75=(2\times3^2\times5)\times(3\times5^2)=2\times3^2\times3\times5\times5^2$
$\qquad\qquad\quad=2\times3^3\times5^3$

즉, $2\times3^3\times5^3=2^a\times3^b\times5^c$이므로
$a=1$, $b=3$, $c=3$ $\qquad\qquad\qquad\qquad\cdots\cdots$ ❸

채점 기준	비율
❶ 90을 소인수분해 하기	20 %
❷ 75를 소인수분해 하기	20 %
❸ 지수법칙을 이용하여 a, b, c의 값을 각각 구하기	60 %

2 다항식의 계산

01 다항식의 덧셈과 뺄셈

55쪽~56쪽

01 $4a$, $5b$, 6, 8	02 $2a+2b$ $\quad$ 03 $10x-4y$
04 $-4a-2b$	05 $4x-2y+2$
06 $10a-4b$	07 $8x-y$ $\quad$ 08 $5a$, $2b$, 2, 2
09 $-a+9b$	10 $-3x-4y$ $\qquad$ 11 $-a+3b$
12 $-x-4y-3$	13 $a+10b$ $\quad$ 14 $-2x-9y$
15 2, 3, 3, 9, 7	16 $\dfrac{7}{4}a+b$ $\quad$ 17 $-\dfrac{7}{15}x+\dfrac{14}{15}y$
18 2, 4, 2, 6, 4, $-\dfrac{1}{4}$, $\dfrac{7}{4}$	19 $\dfrac{7}{15}x-\dfrac{4}{5}y$
20 $-\dfrac{11}{12}a+2b$	21 2, $3y$, 2, 3, 3 $\qquad$ 22 $-2a+2$
23 $-9x+8y$	24 $2b$, $4a$, $4a$, $5b$, 4, 5, 11, 5
25 $10x+y$ $\quad$ 26 $-3a+b$	

06 $3(2a+b)+(4a-7b)=6a+3b+4a-7b=10a-4b$

07 $(2x-5y)+2(3x+2y)=2x-5y+6x+4y=8x-y$

09 $(a+8b)-(2a-b)=a+8b-2a+b=-a+9b$

10 $(2x-7y)-(5x-3y)=2x-7y-5x+3y=-3x-4y$

11 $(-3a+4b)-(-2a+b)=-3a+4b+2a-b$
$\qquad\qquad\qquad\qquad\qquad\quad=-a+3b$

12 $(x-2y-4)-(2x+2y-1)$
$\quad=x-2y-4-2x-2y+1=-x-4y-3$

13 $(3a+2b)-2(a-4b)=3a+2b-2a+8b=a+10b$

14 $4(x-3y)-3(2x-y)=4x-12y-6x+3y=-2x-9y$

16 $\dfrac{a+2b}{4}+\dfrac{3a+b}{2}=\dfrac{(a+2b)+2(3a+b)}{4}$
$\qquad\qquad\qquad\qquad=\dfrac{a+2b+6a+2b}{4}=\dfrac{7}{4}a+b$

17 $\dfrac{x-2y}{5}+\dfrac{-2x+4y}{3}=\dfrac{3(x-2y)+5(-2x+4y)}{15}$
$\qquad\qquad\qquad\qquad\quad=\dfrac{3x-6y-10x+20y}{15}$
$\qquad\qquad\qquad\qquad\quad=-\dfrac{7}{15}x+\dfrac{14}{15}y$

19 $\dfrac{2x-3y}{3}-\dfrac{x-y}{5}=\dfrac{5(2x-3y)-3(x-y)}{15}$
$\qquad\qquad\qquad\quad=\dfrac{10x-15y-3x+3y}{15}$
$\qquad\qquad\qquad\quad=\dfrac{7}{15}x-\dfrac{4}{5}y$

20 $\dfrac{-3a+2b}{4}-\dfrac{a-9b}{6}=\dfrac{3(-3a+2b)-2(a-9b)}{12}$
$\qquad\qquad\qquad\qquad=\dfrac{-9a+6b-2a+18b}{12}$
$\qquad\qquad\qquad\qquad=-\dfrac{11}{12}a+2b$

22 $3a-b-\{5a+b-2(b+1)\}$
$\quad=3a-b-(5a+b-2b-2)$
$\quad=3a-b-(5a-b-2)$
$\quad=3a-b-5a+b+2=-2a+2$

23 $5y-\{6x+(3x-y)-2y\}=5y-(6x+3x-y-2y)$
$\qquad\qquad\qquad\qquad\quad=5y-(9x-3y)$
$\qquad\qquad\qquad\qquad\quad=5y-9x+3y=-9x+8y$

25 $2x-[y-\{9x-(x-2y)\}]=2x-\{y-(9x-x+2y)\}$
$\qquad\qquad\qquad\qquad\qquad=2x-\{y-(8x+2y)\}$
$\qquad\qquad\qquad\qquad\qquad=2x-(y-8x-2y)$
$\qquad\qquad\qquad\qquad\qquad=2x-(-8x-y)$
$\qquad\qquad\qquad\qquad\qquad=2x+8x+y=10x+y$

26 $5a-[a+4b-\{-2a+3b-(5a-2b)\}]$
$\quad=5a-\{a+4b-(-2a+3b-5a+2b)\}$
$\quad=5a-\{a+4b-(-7a+5b)\}$
$\quad=5a-(a+4b+7a-5b)$
$\quad=5a-(8a-b)$
$\quad=5a-8a+b=-3a+b$

02 이차식의 덧셈과 뺄셈

57쪽~58쪽

01 ○ / a^2, 2	**02** ○	**03** ×	**04** ○
05 ○	**06** ×	**07** ○	**08** x^2, 1, $4x^2+x+1$
09 $3a^2-3a+4$	**10** $4x^2-x-1$		
11 a^2+a+2	**12** $4x^2-1$	**13** $5a^2+6a+2$	
14 3, 3, $-2a^2+3a+2$	**15** $3x^2+5x+7$		
16 $-a^2-6a+6$	**17** $-3a^2+8a+4$	**18** $2x^2-2$	
19 x^2+x+2	**20** $-2a^2+2a-7$		
21 3, 8, 2, 11, $5x^2-8x+11$		**22** $2a^2-4a+6$	
23 $-7x+10$	**24** $6a^2+3a-1$		
25 $-x^2+4x+1$	**26** $-6a^2+4a$		

07 $x^3-2x^2-x^3+3=-2x^2+3$이므로 이차식이다.

12 $(2x^2-4x+5)+2(x^2+2x-3)$
$\quad=2x^2-4x+5+2x^2+4x-6=4x^2-1$

13 $3(-a^2+2a+1)+(8a^2-1)$
$\quad=-3a^2+6a+3+8a^2-1=5a^2+6a+2$

15 $(5x^2+6)-(2x^2-5x-1)$
$\quad=5x^2+6-2x^2+5x+1=3x^2+5x+7$

16 $(3a^2-7a+1)-(4a^2-a-5)$
$\quad=3a^2-7a+1-4a^2+a+5=-a^2-6a+6$

17 $(-a^2+3a-4)-(2a^2-5a-8)$
$\quad=-a^2+3a-4-2a^2+5a+8=-3a^2+8a+4$

18 $(x^2+2x+5)-(-x^2+2x+7)$
$\quad=x^2+2x+5+x^2-2x-7=2x^2-2$

19 $2(3x^2-x+2)-(5x^2-3x+2)$
$\quad=6x^2-2x+4-5x^2+3x-2=x^2+x+2$

20 $(2a^2-6a-3)-4(a^2-2a+1)$
$\quad=2a^2-6a-3-4a^2+8a-4=-2a^2+2a-7$

22 $-6a+2\{a-(a^2-3)+2a^2\}$
$\quad=-6a+2(a-a^2+3+2a^2)$
$\quad=-6a+2(a^2+a+3)$
$\quad=-6a+2a^2+2a+6$
$\quad=2a^2-4a+6$

23 $x^2-\{-(4-x^2)-2(3-x)\}-5x$
$\quad=x^2-(-4+x^2-6+2x)-5x$
$\quad=x^2-(x^2+2x-10)-5x$
$\quad=x^2-x^2-2x+10-5x$
$\quad=-7x+10$

24 $7a^2+[2a-\{5a^2+1-(4a^2+a)\}]$
$\quad=7a^2+\{2a-(5a^2+1-4a^2-a)\}$
$\quad=7a^2+\{2a-(a^2-a+1)\}$
$\quad=7a^2+(2a-a^2+a-1)$
$\quad=7a^2+(-a^2+3a-1)=6a^2+3a-1$

25 $4x^2-[\{5x^2+3x-(8x+1)\}+x]$
$\quad=4x^2-\{(5x^2+3x-8x-1)+x\}$
$\quad=4x^2-\{(5x^2-5x-1)+x\}$
$\quad=4x^2-(5x^2-4x-1)$
$\quad=4x^2-5x^2+4x+1=-x^2+4x+1$

26 $-a^2-[a-2a^2-\{2a-3a^2+(3a-4a^2)\}]$
$=-a^2-\{a-2a^2-(-7a^2+5a)\}$
$=-a^2-(a-2a^2+7a^2-5a)$
$=-a^2-(5a^2-4a)$
$=-a^2-5a^2+4a$
$=-6a^2+4a$

03 이차식의 덧셈과 뺄셈의 응용

―59쪽―

01 $5a-4b$　　　**02** $3x+7y$　　　**03** $-3x+y$
04 $-a+3b$　　　**05** $3a-2b-5$
06 $4x-3y+3$　　　**07** $2a^2-3a$
08 $2x^2-6x+4$　　　**09** $5a^2+3a-2$
10 $-3x^2+2x-3$

02 $\square=(x+8y)-(-2x+y)$
$=x+8y+2x-y=3x+7y$

03 $\square=(-2x-y)+(-x+2y)$
$=-2x-y-x+2y=-3x+y$

04 $\square=(6a-4b)-(7a-7b)$
$=6a-4b-7a+7b=-a+3b$

05 $\square=(-2a-b-12)-(-5a+b-7)$
$=-2a-b-12+5a-b+7$
$=3a-2b-5$

06 $\square=(8x+2y-5)-(4x+5y-8)$
$=8x+2y-5-4x-5y+8$
$=4x-3y+3$

07 $\square=(7a^2-2a)-(5a^2+a)$
$=7a^2-2a-5a^2-a=2a^2-3a$

08 $\square=(3x^2-8x+5)+(-x^2+2x-1)$
$=3x^2-8x+5-x^2+2x-1$
$=2x^2-6x+4$

09 $\square=(3a^2-2a-1)-(-2a^2-5a+1)$
$=3a^2-2a-1+2a^2+5a-1$
$=5a^2+3a-2$

10 $\square=(x^2+4x-9)-2(2x^2+x-3)$
$=x^2+4x-9-4x^2-2x+6$
$=-3x^2+2x-3$

―60쪽―

01 $x-3y$　**02** $4a+4b-2$　　　**03** $4x-9y$
04 $\dfrac{7}{6}x+\dfrac{7}{6}y$　　　**05** $-a-11b$
06 $6x+4y-6$　　　**07** $17a-19b$
08 $-\dfrac{7}{4}x-3y$　　　**09** $3a^2-4a+1$
10 x^2-7x-1　　　**11** $-4a^2-6a+3$
12 $-12x^2-x+14$　　　**13** $2x-y$　**14** $-2a^2+12a$
15 $3x^2-6x-1$　　　**16** $-2a^2-5a+6$　　　**17** $3a+5b$
18 $-3x+4y-1$　　　**19** a^2-5a+6
20 $5x^2-6x+3$

03 $2(-x+3y)+3(2x-5y)=-2x+6y+6x-15y$
$=4x-9y$

04 $\dfrac{x+3y}{2}+\dfrac{2x-y}{3}=\dfrac{3(x+3y)+2(2x-y)}{6}$
$=\dfrac{3x+9y+4x-2y}{6}$
$=\dfrac{7}{6}x+\dfrac{7}{6}y$

07 $3(5a-4b)-(-2a+7b)=15a-12b+2a-7b$
$=17a-19b$

08 $\dfrac{x-6y}{4}-\dfrac{4x+3y}{2}=\dfrac{(x-6y)-2(4x+3y)}{4}$
$=\dfrac{x-6y-8x-6y}{4}$
$=-\dfrac{7}{4}x-3y$

10 $-(x^2+x+5)+2(x^2-3x+2)$
$=-x^2-x-5+2x^2-6x+4=x^2-7x-1$

11 $(3a^2-4a-2)-(7a^2+2a-5)$
$=3a^2-4a-2-7a^2-2a+5=-4a^2-6a+3$

12 $3(-5x^2+2)-(-3x^2+x-8)$
$=-15x^2+6+3x^2-x+8=-12x^2-x+14$

13 $3x+\{y-(x+2y)\}=3x+(y-x-2y)$
$=3x+(-x-y)$
$=3x-x-y=2x-y$

14 $4a-\{2a^2-a+1-(7a-1)\}+2$
$=4a-(2a^2-a+1-7a+1)+2$
$=4a-(2a^2-8a+2)+2$
$=4a-2a^2+8a-2+2=-2a^2+12a$

15 $x^2-4+\{3x^2-5x+1-(x^2+x-2)\}$
$=x^2-4+(3x^2-5x+1-x^2-x+2)$
$=x^2-4+(2x^2-6x+3)$
$=x^2-4+2x^2-6x+3=3x^2-6x-1$

16 $1-[a^2-\{a+2-(a^2-3)\}]-6a$
$=1-\{a^2-(a+2-a^2+3)\}-6a$
$=1-\{a^2-(-a^2+a+5)\}-6a$
$=1-(a^2+a^2-a-5)-6a$
$=1-(2a^2-a-5)-6a$
$=1-2a^2+a+5-6a=-2a^2-5a+6$

17 $\boxed{}=(7a+4b)-(4a-b)$
$=7a+4b-4a+b=3a+5b$

18 $\boxed{}=(-5x+7y-8)+(2x-3y+7)$
$=-5x+7y-8+2x-3y+7=-3x+4y-1$

19 $\boxed{}=(5a^2-4a-3)-(4a^2+a-9)$
$=5a^2-4a-3-4a^2-a+9=a^2-5a+6$

20 $\boxed{}=(2x^2+x-4)-(-3x^2+7x-7)$
$=2x^2+x-4+3x^2-7x+7=5x^2-6x+3$

10분 연산 TEST 2회

— 61쪽 —

01 $6a+b$ **02** $9x-5y+1$ **03** $10x$

04 $\dfrac{7}{6}x-\dfrac{3}{2}y$ **05** $2a+11b$

06 $-6x+7y+2$ **07** $-16x+7y$ **08** $\dfrac{1}{4}a+b$

09 $4x^2+2x+9$ **10** $6x^2-4x+2$

11 $-3a^2+a-3$ **12** $-x^2-2$ **13** $10a-5b$

14 $-x^2-3x-2$ **15** $-2a^2+6a+6$

16 $-2x^2-4$ **17** $4x+5y$ **18** $5a+3b$

19 $3x^2+11x-7$ **20** $-5a^2+a+3$

03 $4(x-y)+2(3x+2y)=4x-4y+6x+4y=10x$

04 $\dfrac{-2x+5y}{3}+\dfrac{11x-19y}{6}=\dfrac{2(-2x+5y)+(11x-19y)}{6}$
$=\dfrac{-4x+10y+11x-19y}{6}$
$=\dfrac{7}{6}x-\dfrac{3}{2}y$

07 $2(-5x+2y)-3(2x-y)=-10x+4y-6x+3y$
$=-16x+7y$

08 $\dfrac{3a+2b}{4}-\dfrac{a-b}{2}=\dfrac{(3a+2b)-2(a-b)}{4}$
$=\dfrac{3a+2b-2a+2b}{4}=\dfrac{1}{4}a+b$

10 $2(x^2+x+6)+(4x^2-6x-10)$
$=2x^2+2x+12+4x^2-6x-10$
$=6x^2-4x+2$

11 $(-a^2-4a+1)-(2a^2-5a+4)$
$=-a^2-4a+1-2a^2+5a-4=-3a^2+a-3$

12 $\dfrac{1}{2}(4x^2-6x+2)-3(x^2-x+1)$
$=2x^2-3x+1-3x^2+3x-3=-x^2-2$

13 $8a+2b-\{4b-(2a-3b)\}$
$=8a+2b-(4b-2a+3b)$
$=8a+2b-(-2a+7b)$
$=8a+2b+2a-7b=10a-5b$

14 $x^2-\{(3x^2+4x-1)-(x^2+x-3)\}$
$=x^2-(3x^2+4x-1-x^2-x+3)$
$=x^2-(2x^2+3x+2)$
$=x^2-2x^2-3x-2=-x^2-3x-2$

15 $7a-a^2+[4a^2-\{3a+(5a^2-6)\}+2a]$
$=7a-a^2+\{4a^2-(3a+5a^2-6)+2a\}$
$=7a-a^2+(4a^2-3a-5a^2+6+2a)$
$=7a-a^2+(-a^2-a+6)$
$=7a-a^2-a^2-a+6=-2a^2+6a+6$

16 $x^2-[4x+3-\{2x^2-1-(5x^2+x)\}]+5x$
$=x^2-\{4x+3-(2x^2-1-5x^2-x)\}+5x$
$=x^2-\{4x+3-(-3x^2-x-1)\}+5x$
$=x^2-(4x+3+3x^2+x+1)+5x$
$=x^2-(3x^2+5x+4)+5x$
$=x^2-3x^2-5x-4+5x=-2x^2-4$

17 $\boxed{}=(6x+8y)-(2x+3y)$
$=6x+8y-2x-3y=4x+5y$

18 $\boxed{}=(3a+10b)+(2a-7b)$
$=3a+10b+2a-7b=5a+3b$

19 $\boxed{}=(-x^2+20x-13)-(-4x^2+9x-6)$
$=-x^2+20x-13+4x^2-9x+6=3x^2+11x-7$

20 $\boxed{}=(-2a^2+a-1)-(3a^2-4)$
$=-2a^2+a-1-3a^2+4=-5a^2+a+3$

04 단항식과 다항식의 곱셈

62쪽

01 $2a$, b, $8a^2+4ab$　　02 $20x+15xy$
03 $6a^2-12ab$　　04 $2x^2+4x$
05 $8ab-20b^2$　　06 $3x^2-21xy+6x$
07 $3a^2-6ab-3a$　　08 $2x$, 5, 2, 5　　09 $2a^2-8a$
10 $3xy-15x^2$　　11 $-2ab+3b^2$
12 $xy-2y^2+9y$　　13 $-10x^2+6xy-2x$
14 $-2a^2-10ab+4a$

04 $\dfrac{1}{2}x(4x+8)=\dfrac{1}{2}x\times4x+\dfrac{1}{2}x\times8=2x^2+4x$

05 $-4b(-2a+5b)=(-4b)\times(-2a)+(-4b)\times5b$
$=8ab-20b^2$

06 $3x(x-7y+2)=3x\times x+3x\times(-7y)+3x\times2$
$=3x^2-21xy+6x$

07 $-\dfrac{3}{5}a(-5a+10b+5)$
$=\left(-\dfrac{3}{5}a\right)\times(-5a)+\left(-\dfrac{3}{5}a\right)\times10b+\left(-\dfrac{3}{5}a\right)\times5$
$=3a^2-6ab-3a$

10 $(-y+5x)\times(-3x)=(-y)\times(-3x)+5x\times(-3x)$
$=3xy-15x^2$

11 $(-8a+12b)\times\dfrac{1}{4}b=(-8a)\times\dfrac{1}{4}b+12b\times\dfrac{1}{4}b$
$=-2ab+3b^2$

12 $(x-2y+9)\times y=x\times y+(-2y)\times y+9\times y$
$=xy-2y^2+9y$

13 $(5x-3y+1)\times(-2x)$
$=5x\times(-2x)+(-3y)\times(-2x)+1\times(-2x)$
$=-10x^2+6xy-2x$

14 $(3a+15b-6)\times\left(-\dfrac{2}{3}a\right)$
$=3a\times\left(-\dfrac{2}{3}a\right)+15b\times\left(-\dfrac{2}{3}a\right)+(-6)\times\left(-\dfrac{2}{3}a\right)$
$=-2a^2-10ab+4a$

05 다항식과 단항식의 나눗셈

63쪽

01 x, x, x, $3y-5$　　02 $2x-\dfrac{3}{2}$　03 $4a-1$　　04 $3a+5b$
05 $-2y+9$　　06 $4ab+3b$
07 $\dfrac{5}{x}$, $\dfrac{5}{x}$, $\dfrac{5}{x}$, $5x-15$　　08 $12x-4$
09 $-3b+27a$　　10 $-5x-15y$
11 $6x+3xy$　　12 $12ab^2-20a$

02 $(8x^2-6x)\div4x=\dfrac{8x^2-6x}{4x}=2x-\dfrac{3}{2}$

03 $(-12a^2+3a)\div(-3a)=\dfrac{-12a^2+3a}{-3a}=4a-1$

04 $(6a^2+10ab)\div2a=\dfrac{6a^2+10ab}{2a}=3a+5b$

05 $(2xy^2-9xy)\div(-xy)=\dfrac{2xy^2-9xy}{-xy}=-2y+9$

06 $(-20a^2b^2-15ab^2)\div(-5ab)=\dfrac{-20a^2b^2-15ab^2}{-5ab}$
$=4ab+3b$

08 $(3x^2-x)\div\dfrac{1}{4}x=(3x^2-x)\times\dfrac{4}{x}$
$=12x-4$

09 $(ab-9a^2)\div\left(-\dfrac{1}{3}a\right)=(ab-9a^2)\times\left(-\dfrac{3}{a}\right)$
$=-3b+27a$

10 $(2x^2+6xy)\div\left(-\dfrac{2}{5}x\right)=(2x^2+6xy)\times\left(-\dfrac{5}{2x}\right)$
$=-5x-15y$

11 $(-8x^2y-4x^2y^2)\div\left(-\dfrac{4}{3}xy\right)$
$=(-8x^2y-4x^2y^2)\times\left(-\dfrac{3}{4xy}\right)$
$=6x+3xy$

12 $(6a^2b^4-10a^2b^2)\div\frac{1}{2}ab^2$

$\quad=(6a^2b^4-10a^2b^2)\times\dfrac{2}{ab^2}$

$\quad=12ab^2-20a$

06 단항식과 다항식의 혼합 계산

64쪽

> **01** $8ab$, $3ab$, $2a^2+5ab$　**02** $9x^2-3x$
> **03** $3a$, $-2a$, 3, 6, $-6a+9$　　**04** $10x-11y$
> **05** $15a+4b$
> **06** $4x^2$, $4x^2$, $10x$, 2, $10x$, $7x^2-10x+2$
> **07** $-3a^2+4a-3b$　**08** $-13x^2+8x$
> **09** $-5xy^2+2xy+3$　**10** $-ab^2-5b^3$

02 $5x(x-2)+x(4x+7)=5x^2-10x+4x^2+7x$

$\qquad\qquad\qquad\qquad\qquad\quad=9x^2-3x$

04 $(6x^2-8xy)\div\frac{1}{2}x-(25y^2-10xy)\div(-5y)$

$\quad=(6x^2-8xy)\times\dfrac{2}{x}-\dfrac{25y^2-10xy}{-5y}$

$\quad=12x-16y+5y-2x=10x-11y$

05 $(12ab^2-4a^2b)\div(-4ab)+(6ab+3b^2)\div\frac{3}{7}b$

$\quad=\dfrac{12ab^2-4a^2b}{-4ab}+(6ab+3b^2)\times\dfrac{7}{3b}$

$\quad=-3b+a+14a+7b=15a+4b$

07 $-a(3a+1)+(10a^2-6ab)\div2a$

$\quad=-3a^2-a+\dfrac{10a^2-6ab}{2a}$

$\quad=-3a^2-a+5a-3b$

$\quad=-3a^2+4a-3b$

08 $\dfrac{6xy-12x^2y}{3y}-(6x-4)\times\dfrac{3}{2}x$

$\quad=2x-4x^2-9x^2+6x=-13x^2+8x$

09 $(-5y+7)\times xy+(12x^2-20x^3y)\div(-2x)^2$

$\quad=-5xy^2+7xy+\dfrac{12x^2-20x^3y}{4x^2}$

$\quad=-5xy^2+7xy+3-5xy$

$\quad=-5xy^2+2xy+3$

10 $(9a^3b^4-18a^2b^5)\div(-3ab)^2-\frac{1}{5}b(10ab+15b^2)$

$\quad=\dfrac{9a^3b^4-18a^2b^5}{9a^2b^2}-2ab^2-3b^3$

$\quad=ab^2-2b^3-2ab^2-3b^3$

$\quad=-ab^2-5b^3$

07 단항식과 다항식의 곱셈과 나눗셈의 응용

65쪽~66쪽

> **01** $xy+4x$　　**02** $15ab-20b^2$　　**03** $4a^2b-5$
> **04** $-y+5x+3$　　**05** $2xy^2-3x+y$
> **06** $-6x^3+8x^2y$　　**07** $xy^3+\frac{1}{6}x^2y^2$
> **08** $-6a^2b+3ab^2$　　**09** $-12x^3y-8xy^2$
> **10** $a^3b^2-10ab^4+5a^2b^2$　**11** $3a^2b+6ab^2$ / $2a+4b$, $3a^2b+6ab^2$
> **12** $8x^2y^2+8xy$　　**13** $60x^2y^2-40x^2y$
> **14** $4\pi a^4b+4\pi a^2b$　**15** $2x+3y$ / $2x$, $2x$, $2x$, 2, 3
> **16** $4a^2b$　　**17** $2a-ab$　**18** $\frac{1}{2}x+3y$

02 $\boxed{}=(-3a^2b+4ab^2)\div\left(-\frac{1}{5}a\right)$

$\qquad=(-3a^2b+4ab^2)\times\left(-\dfrac{5}{a}\right)$

$\qquad=15ab-20b^2$

03 $\boxed{}=(8a^3b^2-10ab)\div2ab$

$\qquad=\dfrac{8a^3b^2-10ab}{2ab}=4a^2b-5$

04 $\boxed{}=(4y^2-20xy-12y)\div(-4y)$

$\qquad=\dfrac{4y^2-20xy-12y}{-4y}=-y+5x+3$

05 $\boxed{}=(6x^3y^3-9x^3y+3x^2y^2)\div3x^2y$

$\qquad=\dfrac{6x^3y^3-9x^3y+3x^2y^2}{3x^2y}$

$\qquad=2xy^2-3x+y$

07 $\boxed{}=\left(4xy^2+\dfrac{2}{3}x^2y\right)\times\dfrac{1}{4}y$

$\qquad=xy^3+\dfrac{1}{6}x^2y^2$

08 $\boxed{}=(-2a+b)\times3ab=-6a^2b+3ab^2$

09 $\boxed{}=(9x^2+6y)\times\left(-\dfrac{4}{3}xy\right)=-12x^3y-8xy^2$

10 $\boxed{}=\left(\dfrac{1}{5}a^2b-2b^3+ab\right)\times 5ab$
$$=a^3b^2-10ab^4+5a^2b^2$$

12 (직사각형의 넓이)$=(xy+1)\times 8xy$
$$=8x^2y^2+8xy$$

13 (직육면체의 부피)$=4x\times(3y-2)\times 5xy$
$$=60x^2y^2-40x^2y$$

14 (원기둥의 부피)$=\pi\times(2a)^2\times(a^2b+b)$
$$=4\pi a^4b+4\pi a^2b$$

16 $\dfrac{1}{2}\times\{2b^2+$(아랫변의 길이)$\}\times 5ab=5ab^3+10a^3b^2$이므로
$2b^2+$(아랫변의 길이)$=(5ab^3+10a^3b^2)\times 2\div 5ab$
$$=(5ab^3+10a^3b^2)\times 2\times\dfrac{1}{5ab}$$
$$=2b^2+4a^2b$$
$\therefore$ (아랫변의 길이)$=(2b^2+4a^2b)-2b^2=4a^2b$

17 $3a\times 2b\times$(높이)$=12a^2b-6a^2b^2$이므로
(높이)$=(12a^2b-6a^2b^2)\div 6ab$
$$=\dfrac{12a^2b-6a^2b^2}{6ab}$$
$$=2a-ab$$

18 $\dfrac{1}{3}\times 4\pi x^2\times$(높이)$=\dfrac{2}{3}\pi x^3+4\pi x^2y$이므로
(높이)$=\left(\dfrac{2}{3}\pi x^3+4\pi x^2y\right)\div\dfrac{4}{3}\pi x^2$
$$=\left(\dfrac{2}{3}\pi x^3+4\pi x^2y\right)\times\dfrac{3}{4\pi x^2}$$
$$=\dfrac{1}{2}x+3y$$

08 식의 대입

67쪽

01 $1,\ -2,\ 1$　　02 -4　03 12　04 42
05 $y+1,\ -2y$　　06 $3y+1$　07 y^2+5y+4
08 $-x+5$　09 $-x+12$　10 $a-2b,\ 3a-b$　　11 $a+3b$
12 $5b$　　13 $-5a-5b$　　14 $10a+10b$

02 $-5x-\dfrac{1}{2}y$에 $x=1,\ y=-2$를 대입하면
$$-5\times 1-\dfrac{1}{2}\times(-2)=-5+1=-4$$

03 $(6x-4y)-(4x+y)=2x-5y$
이 식에 $x=1,\ y=-2$를 대입하면
$2\times 1-5\times(-2)=12$

04 $(12x^2y-8xy^2)\div\dfrac{2}{3}xy=18x-12y$
이 식에 $x=1,\ y=-2$를 대입하면
$18\times 1-12\times(-2)=42$

06 $-2x+5y+3=-2(y+1)+5y+3$
$$=-2y-2+5y+3=3y+1$$

07 $4x+xy=4(y+1)+(y+1)y=4y+4+y^2+y$
$$=y^2+5y+4$$

08 $x-y+2=x-(2x-3)+2$
$$=x-2x+3+2=-x+5$$

09 $5x-3(y-1)=5x-3(2x-3-1)$
$$=5x-6x+12=-x+12$$

11 $A-B=(2a+b)-(a-2b)=2a+b-a+2b=a+3b$

12 $A-2B=(2a+b)-2(a-2b)=2a+b-2a+4b=5b$

13 $-3A+B=-3(2a+b)+(a-2b)$
$$=-6a-3b+a-2b=-5a-5b$$

14 $4A-2(B-A)$
$$=4A-2B+2A=6A-2B$$
$$=6(2a+b)-2(a-2b)$$
$$=12a+6b-2a+4b=10a+10b$$

10분 연산 TEST 1회

68쪽

01 $6x^2+24xy$　　02 $-4x^3+6x^2-2x$
03 $4a^3-2a^2-6a$　04 $2a^2+4$　05 $2xy-3$
06 $-3ab^2+5b$　　07 $-21x+14y+7$
08 $12a^2-13ab$　　09 $x-y$　10 $5ab-3a+2b$
11 $-10ab-10b$　　12 x^2y-xy^2
13 $3a^2-12a$　　14 -3　15 9　　16 -12
17 $4x$　　18 $-x+2$　19 $-8x-6$　　20 $2a-b$
21 $8a-3b$

04 $(6a^3+12a)\div 3a=\dfrac{6a^3+12a}{3a}=2a^2+4$

06 $(12a^2b^3-20ab^2)\div(-4ab)$
$=\dfrac{12a^2b^3-20ab^2}{-4ab}=-3ab^2+5b$

07 $(12x^2y-8xy^2-4xy)\div\left(-\dfrac{4}{7}xy\right)$
$=(12x^2y-8xy^2-4xy)\times\left(-\dfrac{7}{4xy}\right)$
$=-21x+14y+7$

08 $2a(a-4b)+5a(2a-b)=2a^2-8ab+10a^2-5ab$
$=12a^2-13ab$

09 $(4x^2y-6xy^2)\div 2xy+(6xy-3x^2)\div 3x$
$=\dfrac{4x^2y-6xy^2}{2xy}+\dfrac{6xy-3x^2}{3x}=2x-3y+2y-x=x-y$

10 $3a(2b-1)+(2a^2b-4ab)\div(-2a)$
$=6ab-3a-ab+2b=5ab-3a+2b$

11 $(7a-4b+5)\times(-2b)+(a^2b-2ab^2)\div\dfrac{1}{4}a$
$=-14ab+8b^2-10b+(a^2b-2ab^2)\times\dfrac{4}{a}$
$=-14ab+8b^2-10b+4ab-8b^2$
$=-10ab-10b$

12 $\boxed{}=(-x^3y^2+x^2y^3)\div(-xy)$
$=\dfrac{-x^3y^2+x^2y^3}{-xy}=x^2y-xy^2$

13 $\boxed{}=(a-4)\times 3a=3a^2-12a$

14 $2x-7y$에 $x=2$, $y=1$을 대입하면
$2\times 2-7\times 1=-3$

15 $(24xy-12y^2)\div 4y=6x-3y$
$6x-3y$에 $x=2$, $y=1$을 대입하면
$6\times 2-3\times 1=9$

16 $(x^2y+2xy^2)\div(-xy)+x(1-5y)$
$=\dfrac{x^2y+2xy^2}{-xy}+x-5xy$
$=-x-2y+x-5xy$
$=-5xy-2y$
$-5xy-2y$에 $x=2$, $y=1$을 대입하면
$-5\times 2\times 1-2\times 1=-12$

17 $x+y+2=x+(3x-2)+2=4x$

18 $2x-y=2x-(3x-2)=-x+2$

19 $x-3(y+4)=x-3y-12=x-3(3x-2)-12$
$=x-9x+6-12=-8x-6$

20 $A+B=(5a-2b)+(-3a+b)=2a-b$

21 $A-B=(5a-2b)-(-3a+b)=5a-2b+3a-b$
$=8a-3b$

10분 연산 TEST 2회

69쪽

01 $-5a^2+7a$	**02** $-3x^2+6xy-12x$
03 $21x^3-6x^2y+15xy$	**04** $6xy+1$ **05** $-2a+3ab$
06 $-9x+6y^2+12$	**07** $2a^2+3b^2$ **08** $3x-4$
09 $-3a+3b$	**10** $5x^2-xy+12y$
11 $22xy-6x^2$	**12** $a-3b$ **13** $-x^2y^2+2xy^2$
14 5 **15** -2	**16** -2 **17** $9a-7$
18 $-12a+15$	**19** $4a^2-15a+7$ **20** $5x$
21 $-5y$	

04 $(12x^2y+2x)\div 2x=\dfrac{12x^2y+2x}{2x}$
$=6xy+1$

06 $(6x^2y-4xy^3-8xy)\div\left(-\dfrac{2}{3}xy\right)$
$=(6x^2y-4xy^3-8xy)\times\left(-\dfrac{3}{2xy}\right)$
$=-9x+6y^2+12$

07 $2a(a+6b)-3b(4a-b)$
$=2a^2+12ab-12ab+3b^2$
$=2a^2+3b^2$

08 $\dfrac{6x^2y-10xy^2}{2xy}-\dfrac{5y^2-4y}{-y}=3x-5y+5y-4$
$=3x-4$

09 $-(2a-b)+(2ab-4b^2)\div(-2b)$
$=-2a+b+\dfrac{2ab-4b^2}{-2b}$
$=-2a+b-a+2b=-3a+3b$

10 $\dfrac{5}{2}x(2x-4y)+(6x^2y+8xy)\div\dfrac{2}{3}x$

$\quad =5x^2-10xy+(6x^2y+8xy)\times\dfrac{3}{2x}$

$\quad =5x^2-10xy+9xy+12y$

$\quad =5x^2-xy+12y$

11 $(2x^2y-9x^3)\div\dfrac{1}{2}x+6x(2x+3y)$

$\quad =(2x^2y-9x^3)\times\dfrac{2}{x}+12x^2+18xy$

$\quad =4xy-18x^2+12x^2+18xy$

$\quad =22xy-6x^2$

12 $\boxed{}=(-5a^2+15ab)\div(-5a)$

$\quad =\dfrac{-5a^2+15ab}{-5a}=a-3b$

13 $\boxed{}=(-2xy+4y)\times\dfrac{1}{2}xy$

$\quad =-x^2y^2+2xy^2$

14 x^2-3y-5에 $x=1$, $y=-3$을 대입하면

$\quad 1^2-3\times(-3)-5=5$

15 $(x^2y+xy^2)\div xy=\dfrac{x^2y+xy^2}{xy}=x+y$

$x+y$에 $x=1$, $y=-3$을 대입하면

$1+(-3)=-2$

16 $(4xy-2xy^2)\div 2y+x(3y+2)$

$\quad =\dfrac{4xy-2xy^2}{2y}+3xy+2x$

$\quad =2x-xy+3xy+2x$

$\quad =2xy+4x$

$2xy+4x$에 $x=1$, $y=-3$을 대입하면

$2\times1\times(-3)+4\times1=-2$

17 $a+2b-1=a+2(4a-3)-1=a+8a-6-1=9a-7$

18 $8a-5b=8a-5(4a-3)=8a-20a+15=-12a+15$

19 $ab-3b-2=a(4a-3)-3(4a-3)-2$

$\quad\quad =4a^2-3a-12a+9-2$

$\quad\quad =4a^2-15a+7$

20 $2A+B=2(2x-y)+(x+2y)$

$\quad\quad =4x-2y+x+2y=5x$

21 $A-2B=(2x-y)-2(x+2y)$

$\quad\quad =2x-y-2x-4y=-5y$

70쪽~71쪽

스스로 개념 점검

(1) 동류항　　(2) 이차식　　(3) 전개　　(4) 역수

01 ③	02 ⑤	03 ③	04 ①	05 ④
06 ②	07 ⑤	08 ⑤	09 ④	10 ②
11 ⑤	12 -2			

01 $\dfrac{3x-y}{2}-\dfrac{4x+2y}{3}=\dfrac{3(3x-y)-2(4x+2y)}{6}$

$\quad =\dfrac{9x-3y-8x-4y}{6}$

$\quad =\dfrac{1}{6}x-\dfrac{7}{6}y$

02 $2x+[6x-\{x-2y+(3x-5y)\}]$

$\quad =2x+\{6x-(x-2y+3x-5y)\}$

$\quad =2x+\{6x-(4x-7y)\}=2x+(6x-4x+7y)$

$\quad =2x+2x+7y=4x+7y$

따라서 $a=4$, $b=7$이므로

$ab=4\times7=28$

03 ③ $x-x^2+(x^2-4x)=x-x^2+x^2-4x=-3x$

이므로 x에 대한 이차식이 아니다.

04 $2(x^2-2x+1)-3(x^2+x-6)$

$\quad =2x^2-4x+2-3x^2-3x+18=-x^2-7x+20$

따라서 x의 계수는 -7이다.

05 (도형의 둘레의 길이)

$\quad =2\{(2a^2-a-5)+(a^2+2a-2)\}+2(4a^2-3a-1)$

$\quad =2(3a^2+a-7)+(8a^2-6a-2)$

$\quad =6a^2+2a-14+8a^2-6a-2$

$\quad =14a^2-4a-16$

06 $3(\boxed{})=(8x-5y+11)+2(-x+y-1)$

$\quad =8x-5y+11-2x+2y-2$

$\quad =6x-3y+9$

$\quad \therefore \boxed{}=(6x-3y+9)\times\dfrac{1}{3}=2x-y+3$

07 어떤 다항식을 A라고 하면
$(3x-2y+1)+A=-x+y-2$에서
$A=(-x+y-2)-(3x-2y+1)$
$\quad=-4x+3y-3$
따라서 바르게 계산한 식은
$(3x-2y+1)-(-4x+3y-3)=7x-5y+4$

08 ⑤ $(-6x^2y+12xy-18y^2)\div\dfrac{3}{4}y$
$\quad=(-6x^2y+12xy-18y^2)\times\dfrac{4}{3y}$
$\quad=-8x^2+16x-24y$

09 $A=(6x^2-3xy)\div(-3x)=\dfrac{6x^2-3xy}{-3x}=-2x+y$
$B=(8xy-4y^2)\div2y=\dfrac{8xy-4y^2}{2y}=4x-2y$
$\therefore 2A-B=2(-2x+y)-(4x-2y)$
$\qquad\qquad=-4x+2y-4x+2y$
$\qquad\qquad=-8x+4y$

10 $\pi\times(x^2y)^2\times(\text{높이})=4\pi x^5y^2-6\pi x^4y^4$이므로
$(\text{높이})=(4\pi x^5y^2-6\pi x^4y^4)\div\pi x^4y^2$
$\qquad\quad=\dfrac{4\pi x^5y^2-6\pi x^4y^4}{\pi x^4y^2}$
$\qquad\quad=4x-6y^2$

11 $\dfrac{12a^2b+8ab^2}{4b}-\dfrac{30ab^2-12ab}{6b}$
$=3a^2+2ab-(5ab-2a)$
$=3a^2+2ab-5ab+2a$
$=3a^2-3ab+2a$
$3a^2-3ab+2a$에 $a=-1$, $b=2$를 대입하면
$3\times(-1)^2-3\times(-1)\times2+2\times(-1)=7$

12 📝 서술형
$-2x(2x^2-3x+4)+(8x^3-24x^2+10x)\div(-2x)$
$=-4x^3+6x^2-8x+\dfrac{8x^3-24x^2+10x}{-2x}$
$=-4x^3+6x^2-8x-4x^2+12x-5$
$=-4x^3+2x^2+4x-5$ ······❶
따라서 x^2의 계수는 2, x의 계수는 4이므로
$a=2$, $b=4$ ······❷
$\therefore a-b=2-4=-2$ ······❸

채점 기준	비율
❶ 주어진 식을 계산하기	50 %
❷ a, b의 값을 각각 구하기	30 %
❸ $a-b$의 값 구하기	20 %

Ⅲ. 부등식과 연립방정식

1 일차부등식

01 부등식
75쪽

01 ○	**02** ×	**03** ×	**04** ○	**05** ×
06 ×	**07** ○	**08** ×	**09** >	**10** <
11 ≥	**12** ≤	**13** $3x-5<7$		
14 $1000x\geq8000$		**15** $x-1\leq2$		
16 $200+500x>3000$				

02 부등식의 해
76쪽

01 × / 4, 2	**02** ○	**03** ×	**04** ○	**05** ×
06 ○	**07** ×	**08** -2, -1, 0		**09** 0, 1, 2
10 1, 2	**11** -2, -1	**12** -2, -1, 0, 1		**13** 2

02 $x=1$을 $3x-2\geq-5$에 대입하면
$3\times1-2\geq-5$ (참)

03 $x=\dfrac{1}{2}$을 $5x+1<3$에 대입하면
$5\times\dfrac{1}{2}+1<3$ (거짓)

04 $x=3$을 $7-2x>-2$에 대입하면
$7-2\times3>-2$ (참)

05 $x=-2$를 $4x<x-6$에 대입하면
$4\times(-2)<-2-6$ (거짓)

06 $x=-1$을 $-2x+1\leq3x+7$에 대입하면
$-2\times(-1)+1\leq3\times(-1)+7$ (참)

07 $x=6$을 $\dfrac{1}{3}x-5\geq1+2x$에 대입하면
$\dfrac{1}{3}\times6-5\geq1+2\times6$ (거짓)

09 $x=-2$일 때, $4\times(-2)>-4$ (거짓)
$x=-1$일 때, $4\times(-1)>-4$ (거짓)
$x=0$일 때, $4\times0>-4$ (참)
$x=1$일 때, $4\times1>-4$ (참)
$x=2$일 때, $4\times2>-4$ (참)
따라서 부등식 $4x>-4$의 해는 0, 1, 2이다.

10 $x=-2$일 때, $3\times(-2)-2\geq1$ (거짓)

$x=-1$일 때, $3\times(-1)-2\geq1$ (거짓)

$x=0$일 때, $3\times0-2\geq1$ (거짓)

$x=1$일 때, $3\times1-2\geq1$ (참)

$x=2$일 때, $3\times2-2\geq1$ (참)

따라서 부등식 $3x-2\geq1$의 해는 1, 2이다.

11 $x=-2$일 때, $4\leq3-2\times(-2)$ (참)

$x=-1$일 때, $4\leq3-2\times(-1)$ (참)

$x=0$일 때, $4\leq3-2\times0$ (거짓)

$x=1$일 때, $4\leq3-2\times1$ (거짓)

$x=2$일 때, $4\leq3-2\times2$ (거짓)

따라서 부등식 $4\leq3-2x$의 해는 -2, -1이다.

12 $x=-2$일 때, $5\times(-2)-3<3\times(-2)$ (참)

$x=-1$일 때, $5\times(-1)-3<3\times(-1)$ (참)

$x=0$일 때, $5\times0-3<3\times0$ (참)

$x=1$일 때, $5\times1-3<3\times1$ (참)

$x=2$일 때, $5\times2-3<3\times2$ (거짓)

따라서 부등식 $5x-3<3x$의 해는 -2, -1, 0, 1이다.

13 $x=-2$일 때, $8-3\times(-2)\leq-2+2$ (거짓)

$x=-1$일 때, $8-3\times(-1)\leq-1+2$ (거짓)

$x=0$일 때, $8-3\times0\leq0+2$ (거짓)

$x=1$일 때, $8-3\times1\leq1+2$ (거짓)

$x=2$일 때, $8-3\times2\leq2+2$ (참)

따라서 부등식 $8-3x\leq x+2$의 해는 2이다.

03 부등식의 성질

77쪽~78쪽

01 $>$	**02** $>$	**03** $>$	**04** $>$	**05** $>$
06 $<$	**07** $\leq$ / $\leq$, $\leq$, $\leq$	**08** $\leq$	**09** $\geq$	
10 $\geq$	**11** $\leq$	**12** $\geq$	**13** $>$ / $>$, $>$, $>$	
14 $\leq$	**15** $\geq$	**16** $>$	**17** $<$	**18** $\geq$
19 $\leq$	**20** $<$	**21** $x+3>4$ / $>$, $>$	**22** $2x>2$	
23 $5-x<4$		**24** $-2x+1<-1$		
25 $2x+1>5$ / 2, 4, 4, 4, 5			**26** $3x-2\leq-5$	
27 $5-\dfrac{x}{2}\leq3$		**28** $-\dfrac{x}{3}+8>10$		

08 $a\leq b$의 양변을 2로 나누면 $\dfrac{a}{2}\leq\dfrac{b}{2}$

$\dfrac{a}{2}\leq\dfrac{b}{2}$의 양변에서 3을 빼면 $\dfrac{a}{2}-3\leq\dfrac{b}{2}-3$

09 $a\leq b$의 양변에 -1을 곱하면 $-a\geq-b$

$-a\geq-b$의 양변에 8을 더하면 $-a+8\geq-b+8$

10 $a\leq b$의 양변에 -5를 곱하면 $-5a\geq-5b$

$-5a\geq-5b$의 양변에 4를 더하면 $4-5a\geq4-5b$

11 $a\leq b$의 양변에 7을 곱하면 $7a\leq7b$

$7a\leq7b$의 양변에 $\dfrac{2}{5}$를 더하면 $7a+\dfrac{2}{5}\leq7b+\dfrac{2}{5}$

12 $a\leq b$의 양변에 -1을 곱하면 $-a\geq-b$

$-a\geq-b$의 양변에 3을 더하면 $3-a\geq3-b$

$3-a\geq3-b$의 양변을 2로 나누면 $\dfrac{3-a}{2}\geq\dfrac{3-b}{2}$

17 $-7a+1>-7b+1$의 양변에서 1을 빼면 $-7a>-7b$

$-7a>-7b$의 양변을 -7로 나누면 $a<b$

18 $-\dfrac{a}{9}-4\leq-\dfrac{b}{9}-4$의 양변에 4를 더하면 $-\dfrac{a}{9}\leq-\dfrac{b}{9}$

$-\dfrac{a}{9}\leq-\dfrac{b}{9}$의 양변에 -9를 곱하면 $a\geq b$

19 $2-\dfrac{2}{3}a\geq2-\dfrac{2}{3}b$의 양변에서 2를 빼면 $-\dfrac{2}{3}a\geq-\dfrac{2}{3}b$

$-\dfrac{2}{3}a\geq-\dfrac{2}{3}b$의 양변을 $-\dfrac{2}{3}$로 나누면 $a\leq b$

20 $\dfrac{a+5}{6}<\dfrac{b+5}{6}$의 양변에 6을 곱하면 $a+5<b+5$

$a+5<b+5$의 양변에서 5를 빼면 $a<b$

23 $x>1$의 양변에 -1을 곱하면 $-x<-1$

$-x<-1$의 양변에 5를 더하면 $5-x<5-1$, $5-x<4$

24 $x>1$의 양변에 -2를 곱하면 $-2x<-2$

$-2x<-2$의 양변에 1을 더하면

$-2x+1<-2+1$, $-2x+1<-1$

26 $x\leq-1$의 양변에 3을 곱하면 $3x\leq-3$

$3x\leq-3$의 양변에서 2를 빼면

$3x-2\leq-3-2$, $3x-2\leq-5$

27 $x\geq4$의 양변을 -2로 나누면 $-\dfrac{x}{2}\leq-2$

$-\dfrac{x}{2}\leq-2$의 양변에 5를 더하면

$5-\dfrac{x}{2}\leq5-2$, $5-\dfrac{x}{2}\leq3$

28 $x<-6$의 양변을 -3으로 나누면 $-\dfrac{x}{3}>2$

$-\dfrac{x}{3}>2$의 양변에 8을 더하면

$-\dfrac{x}{3}+8>2+8$, $-\dfrac{x}{3}+8>10$

10분 연산 TEST 1회
79쪽

01 ○ 　 02 × 　 03 × 　 04 ○

05 $x+3\leq10$ 　 06 $\dfrac{x}{3}\geq5$ 　 07 $2(x+8)\leq25$

08 ○ 　 09 × 　 10 ○ 　 11 × 　 12 0, 1

13 $-1,\ 0,\ 1$ 　 14 $-2,\ -1,\ 0,\ 1$ 　 15 < 　 16 <

17 > 　 18 > 　 19 $x+4<6$

20 $-\dfrac{1}{2}x>-1$ 　 21 $-5x+1>-9$

10 $x=2$를 $6-2x\leq8$에 대입하면
　$6-2\times2\leq8$ (참)

11 $x=2$를 $5x-2>3x+4$에 대입하면
　$5\times2-2>3\times2+4$ (거짓)

12 $x=-2$일 때, $3\times(-2)+1>-2$ (거짓)
　$x=-1$일 때, $3\times(-1)+1>-2$ (거짓)
　$x=0$일 때, $3\times0+1>-2$ (참)
　$x=1$일 때, $3\times1+1>-2$ (참)
　따라서 부등식 $3x+1>-2$의 해는 0, 1이다.

13 $x=-2$일 때, $7\geq1-5\times(-2)$ (거짓)
　$x=-1$일 때, $7\geq1-5\times(-1)$ (참)
　$x=0$일 때, $7\geq1-5\times0$ (참)
　$x=1$일 때, $7\geq1-5\times1$ (참)
　따라서 부등식 $7\geq1-5x$의 해는 $-1,\ 0,\ 1$이다.

14 $x=-2$일 때, $2\times(-2)-3\leq-2-2$ (참)
　$x=-1$일 때, $2\times(-1)-3\leq-1-2$ (참)
　$x=0$일 때, $2\times0-3\leq0-2$ (참)
　$x=1$일 때, $2\times1-3\leq1-2$ (참)
　따라서 부등식 $2x-3\leq x-2$의 해는 $-2,\ -1,\ 0,\ 1$이다.

16 $a<b$의 양변에 2를 곱하면 $2a<2b$
　$2a<2b$의 양변에서 1을 빼면 $2a-1<2b-1$

17 $a<b$의 양변에 -1을 곱하면 $-a>-b$
　$-a>-b$의 양변에 5를 더하면 $5-a>5-b$
　$5-a>5-b$의 양변을 2로 나누면 $\dfrac{5-a}{2}>\dfrac{5-b}{2}$

18 $a<b$의 양변에 -3을 곱하면 $-3a>-3b$
　$-3a>-3b$의 양변에 7을 더하면 $7-3a>7-3b$

21 $x<2$의 양변에 -5를 곱하면 $-5x>-10$
　$-5x>-10$의 양변에 1을 더하면
　$-5x+1>-10+1,\ -5x+1>-9$

10분 연산 TEST 2회
80쪽

01 × 　 02 ○ 　 03 ○ 　 04 ×

05 $20-x\leq7$ 　 06 $5x>40000$

07 $2x+0.3\geq10$ 　 08 ○ 　 09 × 　 10 ×

11 ○ 　 12 $-1,\ 0,\ 1,\ 2$ 　 13 $-1,\ 0$

14 $-1,\ 0,\ 1$ 　 15 > 　 16 < 　 17 <

18 > 　 19 $2x\geq-2$ 　 20 $-x+2\leq3$

21 $5-3x\leq8$

11 $x=-2$를 $x+1<1-2x$에 대입하면
　$-2+1<1-2\times(-2)$ (참)

12 $x=-1$일 때, $2\times(-1)-1\leq3$ (참)
　$x=0$일 때, $2\times0-1\leq3$ (참)
　$x=1$일 때, $2\times1-1\leq3$ (참)
　$x=2$일 때, $2\times2-1\leq3$ (참)
　따라서 부등식 $2x-1\leq3$의 해는 $-1,\ 0,\ 1,\ 2$이다.

13 $x=-1$일 때, $6-(-1)>5$ (참)
　$x=0$일 때, $6-0>5$ (참)
　$x=1$일 때, $6-1>5$ (거짓)
　$x=2$일 때, $6-2>5$ (거짓)
　따라서 부등식 $6-x>5$의 해는 $-1,\ 0$이다.

14 $x=-1$일 때, $5\times(-1)-4<-1+3$ (참)
　$x=0$일 때, $5\times0-4<0+3$ (참)
　$x=1$일 때, $5\times1-4<1+3$ (참)
　$x=2$일 때, $5\times2-4<2+3$ (거짓)
　따라서 부등식 $5x-4<x+3$의 해는 $-1,\ 0,\ 1$이다.

16 $a>b$의 양변에 -1을 곱하면 $-a<-b$
　$-a<-b$의 양변에 10을 더하면 $10-a<10-b$

17 $a>b$의 양변에 -2를 곱하면 $-2a<-2b$
　$-2a<-2b$의 양변에 5를 더하면 $-2a+5<-2b+5$

18 $a>b$의 양변에 3을 곱하면 $3a>3b$
　$3a>3b$의 양변에 1을 더하면 $1+3a>1+3b$
　$1+3a>1+3b$의 양변을 4로 나누면 $\dfrac{1+3a}{4}>\dfrac{1+3b}{4}$

20 $x\geq-1$의 양변에 -1을 곱하면 $-x\leq1$
　$-x\leq1$의 양변에 2를 더하면 $-x+2\leq1+2,\ -x+2\leq3$

21 $x\geq-1$의 양변에 -3을 곱하면 $-3x\leq3$
　$-3x\leq3$의 양변에 5를 더하면 $5-3x\leq5+3,\ 5-3x\leq8$

04 일차부등식

81쪽

01 $x>3-2$ / — **02** $3x\le -2+5$

03 $-\dfrac{1}{2}x<10-4$ **04** $-2x-7x\ge 1$

05 $-6x-8x\le 3-1$ **06** $-x+4x>2-5$

07 ○ / 4, 1 **08** ○ **09** × **10** ○ **11** ×

12 ○

09 $2x+5>2x$에서 $2x+5-2x>0$ ∴ $5>0$
따라서 $2x+5>2x$는 일차부등식이 아니다.

10 $5-6x<10+6x$에서 $5-6x-10-6x<0$
∴ $-12x-5<0$
따라서 $5-6x<10+6x$는 일차부등식이다.

11 $2x-4>2(x-1)$에서 $2x-4>2x-2$
$2x-4-2x+2>0$ ∴ $-2>0$
따라서 $2x-4>2(x-1)$은 일차부등식이 아니다.

12 $x^2+2\ge x^2+3x-2$에서 $x^2+2-x^2-3x+2\ge 0$
∴ $-3x+4\ge 0$
따라서 $x^2+2\ge x^2+3x-2$는 일차부등식이다.

05 일차부등식의 해와 수직선

82쪽

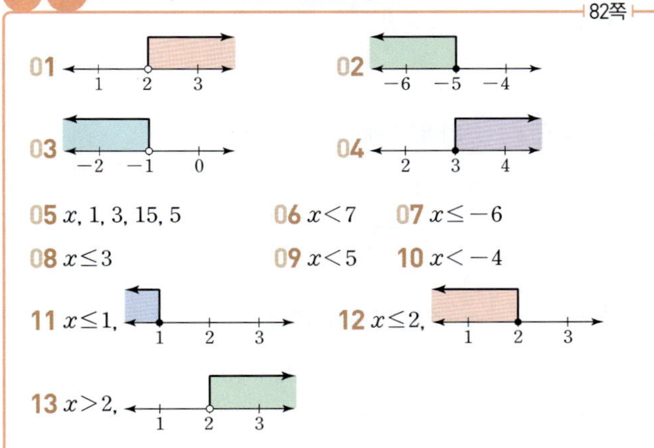

05 x, 1, 3, 15, 5 **06** $x<7$ **07** $x\le -6$
08 $x\le 3$ **09** $x<5$ **10** $x<-4$

08 $3x-2\le 7$에서 $3x\le 7+2$, $3x\le 9$ ∴ $x\le 3$

09 $x+5>2x$에서 $x-2x>-5$, $-x>-5$ ∴ $x<5$

10 $6x-3<4x-11$에서 $6x-4x<-11+3$
$2x<-8$ ∴ $x<-4$

12 $-3x+8\ge x$에서 $-3x-x\ge -8$, $-4x\ge -8$ ∴ $x\le 2$

13 $8x-5>2x+7$에서 $8x-2x>7+5$, $6x>12$ ∴ $x>2$

06 괄호가 있는 일차부등식의 풀이

83쪽

01 10, 7x, 10, 16, -8 **02** $x>-5$ **03** $x\le \dfrac{5}{3}$ **04** $x<4$

05 $x\le -\dfrac{1}{2}$ **06** $x>1$ **07** $x>-3$ **08** $x\ge 2$

09 $x\le 9$ **10** $x<-5$ **11** $x<-2$ **12** $x\le 3$ **13** $x<-2$

02 $3(x+4)>-3$에서 $3x+12>-3$
$3x>-3-12$, $3x>-15$ ∴ $x>-5$

03 $-2(2x-5)\ge 2x$에서 $-4x+10\ge 2x$
$-4x-2x\ge -10$, $-6x\ge -10$ ∴ $x\le \dfrac{5}{3}$

04 $5(x-2)<x+6$에서 $5x-10<x+6$
$5x-x<6+10$, $4x<16$ ∴ $x<4$

05 $4x+5\le -2(x-1)$에서 $4x+5\le -2x+2$
$4x+2x\le 2-5$, $6x\le -3$ ∴ $x\le -\dfrac{1}{2}$

06 $5x-2(x-3)>9$에서 $5x-2x+6>9$
$3x>9-6$, $3x>3$ ∴ $x>1$

07 $2(x+5)>-(x-1)$에서 $2x+10>-x+1$
$2x+x>1-10$, $3x>-9$ ∴ $x>-3$

08 $-(x+2)\le 4(x-3)$에서 $-x-2\le 4x-12$
$-x-4x\le -12+2$, $-5x\le -10$ ∴ $x\ge 2$

09 $2(x-6)\ge 3(x-7)$에서 $2x-12\ge 3x-21$
$2x-3x\ge -21+12$, $-x\ge -9$ ∴ $x\le 9$

10 $-(5-2x)>5(x+2)$에서 $-5+2x>5x+10$
$2x-5x>10+5$, $-3x>15$ ∴ $x<-5$

11 $3(2x+3)<-2(x+4)+1$에서 $6x+9<-2x-8+1$
$6x+2x<-7-9$, $8x<-16$ ∴ $x<-2$

12 $5-2(2x+1)\ge 3(x-6)$에서 $5-4x-2\ge 3x-18$
$-4x-3x\ge -18-3$, $-7x\ge -21$ ∴ $x\le 3$

13 $2(x-3)+1<-2(x+5)-3$에서
$2x-6+1<-2x-10-3$, $2x+2x<-13+5$
$4x<-8$ ∴ $x<-2$

07 계수가 소수인 일차부등식의 풀이

84쪽

01 11, 11, 12, 4 **02** $x>1$ **03** $x\leq3$ **04** $x>-4$
05 $x\leq6$ **06** $x<10$ **07** $x>-5$ **08** $x\geq9$ **09** $x>-15$
10 $x\geq1$ **11** $x>2$ **12** $x\geq-12$ **13** $x<\dfrac{1}{2}$

02 $0.5x+0.2>0.7$의 양변에 10을 곱하면
$5x+2>7,\ 5x>7-2$
$5x>5$ $\therefore x>1$

03 $0.8x-0.3\leq0.3x+1.2$의 양변에 10을 곱하면
$8x-3\leq3x+12,\ 8x-3x\leq12+3$
$5x\leq15$ $\therefore x\leq3$

04 $1.3+0.3x>-0.1x-0.3$의 양변에 10을 곱하면
$13+3x>-x-3,\ 3x+x>-3-13$
$4x>-16$ $\therefore x>-4$

05 $1.2x-2\leq0.8x+0.4$의 양변에 10을 곱하면
$12x-20\leq8x+4,\ 12x-8x\leq4+20$
$4x\leq24$ $\therefore x\leq6$

06 $0.03x+1.2<1.5$의 양변에 100을 곱하면
$3x+120<150,\ 3x<150-120$
$3x<30$ $\therefore x<10$

07 $0.05x<0.1x+0.25$의 양변에 100을 곱하면
$5x<10x+25,\ 5x-10x<25$
$-5x<25$ $\therefore x>-5$

08 $0.36x-0.38\geq0.18x+1.24$의 양변에 100을 곱하면
$36x-38\geq18x+124,\ 36x-18x\geq124+38$
$18x\geq162$ $\therefore x\geq9$

09 $-0.21x-0.2<1-0.13x$의 양변에 100을 곱하면
$-21x-20<100-13x,\ -21x+13x<100+20$
$-8x<120$ $\therefore x>-15$

10 $-0.3(x+3)\leq-1.2$의 양변에 10을 곱하면
$-3(x+3)\leq-12,\ -3x-9\leq-12$
$-3x\leq-12+9,\ -3x\leq-3$ $\therefore x\geq1$

11 $1.4<0.2(x+5)$의 양변에 10을 곱하면
$14<2(x+5),\ 14<2x+10$
$-2x<10-14,\ -2x<-4$ $\therefore x>2$

12 $0.4x-0.9\geq0.3(x-7)$의 양변에 10을 곱하면
$4x-9\geq3(x-7),\ 4x-9\geq3x-21$
$4x-3x\geq-21+9$ $\therefore x\geq-12$

13 $0.04(2-5x)>0.3x-0.17$의 양변에 100을 곱하면
$4(2-5x)>30x-17,\ 8-20x>30x-17$
$-20x-30x>-17-8,\ -50x>-25$
$\therefore x<\dfrac{1}{2}$

08 계수가 분수인 일차부등식의 풀이

85쪽

01 6, 3, 3, 6, 6, 6 **02** $x>10$ **03** $x\leq\dfrac{5}{4}$ **04** $x<-6$
05 $x>-10$ **06** $x\geq\dfrac{8}{3}$ **07** 2, 2, 2x, 2, 5
08 $x\leq\dfrac{11}{2}$ **09** $x\geq9$ **10** $x\leq1$ **11** $x>6$ **12** $x<10$

02 $\dfrac{5}{2}+\dfrac{1}{4}x<\dfrac{1}{2}x$의 양변에 4를 곱하면
$10+x<2x,\ x-2x<-10$
$-x<-10$ $\therefore x>10$

03 $\dfrac{x}{5}-\dfrac{3}{2}\leq-x$의 양변에 10을 곱하면
$2x-15\leq-10x,\ 2x+10x\leq15$
$12x\leq15$ $\therefore x\leq\dfrac{5}{4}$

04 $\dfrac{2}{3}x>\dfrac{3}{4}x+\dfrac{1}{2}$의 양변에 12를 곱하면
$8x>9x+6,\ 8x-9x>6$
$-x>6$ $\therefore x<-6$

05 $\dfrac{1}{5}x+\dfrac{2}{3}<\dfrac{1}{3}x+2$의 양변에 15를 곱하면
$3x+10<5x+30,\ 3x-5x<30-10$
$-2x<20$ $\therefore x>-10$

06 $-\dfrac{3}{4}x+2\leq\dfrac{1}{2}x-\dfrac{4}{3}$의 양변에 12를 곱하면
$-9x+24\leq6x-16,\ -9x-6x\leq-16-24$
$-15x\leq-40$ $\therefore x\geq\dfrac{8}{3}$

08 $\dfrac{2x-1}{4}\leq\dfrac{x+2}{3}$의 양변에 12를 곱하면
$3(2x-1)\leq4(x+2),\ 6x-3\leq4x+8$
$6x-4x\leq8+3,\ 2x\leq11$ $\therefore x\leq\dfrac{11}{2}$

09 $\frac{x}{3}-2\geq\frac{x-4}{5}$의 양변에 15를 곱하면

$5x-30\geq3(x-4)$, $5x-30\geq3x-12$

$5x-3x\geq-12+30$, $2x\geq18$ $\quad\therefore x\geq9$

10 $\frac{x-2}{2}\leq\frac{4-x}{6}-1$의 양변에 6을 곱하면

$3(x-2)\leq4-x-6$, $3x-6\leq-2-x$

$3x+x\leq-2+6$, $4x\leq4$ $\quad\therefore x\leq1$

11 $\frac{3}{4}x+1<\frac{1}{2}(2x-1)$의 양변에 4를 곱하면

$3x+4<2(2x-1)$, $3x+4<4x-2$

$3x-4x<-2-4$, $-x<-6$ $\quad\therefore x>6$

12 $\frac{4}{5}(5-x)>\frac{1}{2}x-9$의 양변에 10을 곱하면

$8(5-x)>5x-90$, $40-8x>5x-90$

$-8x-5x>-90-40$, $-13x>-130$ $\quad\therefore x<10$

09 복잡한 일차부등식의 풀이

86쪽

01 $\frac{4}{5}$, 20, 8, 8, 20, -3, 15, -5 **02** $x<-3$ **03** $x\geq-8$

04 $x>14$ **05** $x\leq21$ **06** $x>17$ **07** $x\leq-2$ **08** $x\geq\frac{25}{16}$

09 $x<-5$ **10** $x\geq3$

02 $\frac{1}{3}x>0.6x+\frac{4}{5}$에서 $\frac{1}{3}x>\frac{3}{5}x+\frac{4}{5}$

양변에 15를 곱하면

$5x>9x+12$, $5x-9x>12$

$-4x>12$ $\quad\therefore x<-3$

03 $\frac{3}{2}x+5\geq0.5x-3$에서 $\frac{3}{2}x+5\geq\frac{1}{2}x-3$

양변에 2를 곱하면

$3x+10\geq x-6$, $3x-x\geq-6-10$

$2x\geq-16$ $\quad\therefore x\geq-8$

04 $0.4x-0.1>\frac{1}{4}x+2$에서 $\frac{2}{5}x-\frac{1}{10}>\frac{1}{4}x+2$

양변에 20을 곱하면

$8x-2>5x+40$, $8x-5x>40+2$

$3x>42$ $\quad\therefore x>14$

05 $0.3x-\frac{5}{2}\leq\frac{1}{5}x-0.4$에서 $\frac{3}{10}x-\frac{5}{2}\leq\frac{1}{5}x-\frac{2}{5}$

양변에 10을 곱하면

$3x-25\leq2x-4$, $3x-2x\leq-4+25$ $\quad\therefore x\leq21$

06 $0.4x+0.7<\frac{1}{2}(x-2)$에서 $\frac{2}{5}x+\frac{7}{10}<\frac{1}{2}(x-2)$

양변에 10을 곱하면

$4x+7<5(x-2)$, $4x+7<5x-10$

$4x-5x<-10-7$, $-x<-17$ $\quad\therefore x>17$

07 $\frac{6}{5}x+0.2(x+5)\leq-1.8$에서 $\frac{6}{5}x+\frac{1}{5}(x+5)\leq-\frac{9}{5}$

양변에 5를 곱하면

$6x+x+5\leq-9$, $7x\leq-9-5$

$7x\leq-14$ $\quad\therefore x\leq-2$

08 $0.7(2x-1)\geq2-\frac{x+1}{5}$에서 $\frac{7}{10}(2x-1)\geq2-\frac{x+1}{5}$

양변에 10을 곱하면

$7(2x-1)\geq20-2(x+1)$, $14x-7\geq20-2x-2$

$14x+2x\geq18+7$, $16x\geq25$ $\quad\therefore x\geq\frac{25}{16}$

09 $\frac{x-3}{4}>0.2(3x+5)$에서 $\frac{x-3}{4}>\frac{1}{5}(3x+5)$

양변에 20을 곱하면

$5(x-3)>4(3x+5)$, $5x-15>12x+20$

$5x-12x>20+15$, $-7x>35$ $\quad\therefore x<-5$

10 $1.6(5-x)\leq\frac{10+2x}{5}$에서 $\frac{8}{5}(5-x)\leq\frac{10+2x}{5}$

양변에 5를 곱하면

$8(5-x)\leq10+2x$, $40-8x\leq10+2x$

$-8x-2x\leq10-40$, $-10x\leq-30$ $\quad\therefore x\geq3$

10 문자가 있는 일차부등식

87쪽

01 $x<\frac{3}{a}$ / 3, 양수, 바뀌지 않는다, $<$ **02** $x<1$ **03** $x\geq-1$

04 $x\geq-\frac{3}{a}$ **05** $x<\frac{2}{a}$ / 2, 음수, 바뀐다, $<$

06 $x\leq1$ **07** $x\geq2$ **08** $x>\frac{4}{a}$ **09** -1 / 3, -2, -1

10 7 **11** 1 / 1, 양수, 1, 1, 1 **12** 2 **13** -1

03 $ax+a\geq0$에서 $ax\geq-a$

이때 $a>0$이므로 $x\geq-1$

04 $2-ax\leq5$에서 $-ax\leq3$, $ax\geq-3$

이때 $a>0$이므로 $x\geq-\frac{3}{a}$

07 $ax-2a\leq0$에서 $ax\leq2a$

이때 $a<0$이므로 $x\geq2$

08 $ax-1<3$에서 $ax<4$

이때 $a<0$이므로 $x>\dfrac{4}{a}$

10 $-3x+a\geq4$에서 $x\leq-\dfrac{4-a}{3}$

이 부등식의 해가 $x\leq1$이므로

$-\dfrac{4-a}{3}=1$, $4-a=-3$ $\quad\therefore a=7$

12 $ax\geq2$의 해가 $x\geq1$이므로 $a>0$이고, 해는 $x\geq\dfrac{2}{a}$

$\dfrac{2}{a}=1$ $\quad\therefore a=2$

13 $2+ax<1$에서 $ax<-1$

이 부등식의 해가 $x>1$이므로 $a<0$이고, 해는 $x>-\dfrac{1}{a}$

$-\dfrac{1}{a}=1$ $\quad\therefore a=-1$

10분 연산 TEST 1회

88쪽

01 ○ **02** × **03** × **04** ○ **05** ○

06 $x>1$,

07 $x\leq-1$,

08 $x\geq-5$,

09 $x<3$,

10 $x\leq6$ **11** $x\leq2$ **12** $x>-9$ **13** $x\geq-\dfrac{1}{2}$ **14** $x\geq2$

15 $x<0$ **16** $x<2$ **17** $x\leq-1$ **18** $x<\dfrac{2}{a}$ **19** $x\geq3$

20 $x<1$

01 $4-2x\leq5-3x$에서 $4-2x-5+3x\leq0$

$\therefore x-1\leq0$

따라서 $4-2x\leq5-3x$는 일차부등식이다.

03 $x(x-1)\geq3x+2$에서 $x^2-x\geq3x+2$

$x^2-x-3x-2\geq0$ $\quad\therefore x^2-4x-2\geq0$

따라서 $x(x-1)\geq3x+2$는 일차부등식이 아니다.

04 $\dfrac{x}{2}+3<\dfrac{x}{3}-1$의 양변에 6을 곱하면

$3x+18<2x-6$, $3x+18-2x+6<0$

$\therefore x+24<0$

따라서 $\dfrac{x}{2}+3<\dfrac{x}{3}-1$은 일차부등식이다.

05 $x^2+x>x^2-x$에서 $x^2+x-x^2+x>0$

$\therefore 2x>0$

따라서 $x^2+x>x^2-x$는 일차부등식이다.

07 $-4x+3\geq7$에서 $-4x\geq7-3$

$-4x\geq4$ $\quad\therefore x\leq-1$

08 $2x-8\leq4x+2$에서 $2x-4x\leq2+8$

$-2x\leq10$ $\quad\therefore x\geq-5$

09 $-7x-2>-5x-8$에서 $-7x+5x>-8+2$

$-2x>-6$ $\quad\therefore x<3$

10 $x+6\geq2x$에서 $x-2x\geq-6$

$-x\geq-6$ $\quad\therefore x\leq6$

11 $2x+4\leq-5x+18$에서 $2x+5x\leq18-4$

$7x\leq14$ $\quad\therefore x\leq2$

12 $2(3x-1)-3<7x+4$에서 $6x-2-3<7x+4$

$6x-7x<4+5$, $-x<9$ $\quad\therefore x>-9$

13 $1.1x-0.7\geq0.5x-1$의 양변에 10을 곱하면

$11x-7\geq5x-10$, $11x-5x\geq-10+7$

$6x\geq-3$ $\quad\therefore x\geq-\dfrac{1}{2}$

14 $0.1+0.24x\leq0.36x-0.14$의 양변에 100을 곱하면

$10+24x\leq36x-14$, $24x-36x\leq-14-10$

$-12x\leq-24$ $\quad\therefore x\geq2$

15 $\dfrac{3}{5}x-2<\dfrac{x-4}{2}$의 양변에 10을 곱하면

$6x-20<5(x-4)$, $6x-20<5x-20$

$6x-5x<-20+20$ $\quad\therefore x<0$

16 $0.5x-\dfrac{4}{3}<-\dfrac{1}{6}x$에서 $\dfrac{1}{2}x-\dfrac{4}{3}<-\dfrac{1}{6}x$

양변에 6을 곱하면

$3x-8<-x$, $3x+x<8$

$4x<8$ $\quad\therefore x<2$

17 $\dfrac{x+3}{2} \le 0.2(x+6)$에서 $\dfrac{x+3}{2} \le \dfrac{1}{5}(x+6)$

양변에 10을 곱하면

$5(x+3) \le 2(x+6)$, $5x+15 \le 2x+12$

$5x-2x \le 12-15$, $3x \le -3$　　　$\therefore x \le -1$

18 $ax < 2$에서 $a > 0$이므로 $x < \dfrac{2}{a}$

19 $ax \ge 3a$에서 $a > 0$이므로 $x \ge 3$

20 $ax-a < 0$에서 $ax < a$

이때 $a > 0$이므로 $x < 1$

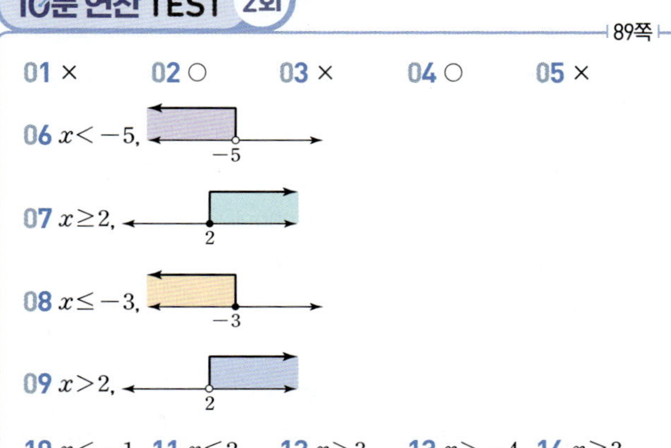

02 $x-2 > 3+2x$에서 $x-2-3-2x > 0$

$\therefore -x-5 > 0$

따라서 $x-2 > 3+2x$는 일차부등식이다.

03 $4x \le 4(x+1)$에서 $4x \le 4x+4$, $4x-4x-4 \le 0$

$\therefore -4 \le 0$

따라서 $4x \le 4(x+1)$은 일차부등식이 아니다.

04 $x(x-5) \ge x^2$에서 $x^2-5x \ge x^2$, $x^2-5x-x^2 \ge 0$

$\therefore -5x \ge 0$

따라서 $x(x-5) \ge x^2$은 일차부등식이다.

05 $x^2-x+4 < 3x-x^2$에서 $x^2-x+4-3x+x^2 < 0$

$\therefore 2x^2-4x+4 < 0$

따라서 $x^2-x+4 < 3x-x^2$은 일차부등식이 아니다.

07 $6x-5 \ge 7$에서 $6x \ge 7+5$

$6x \ge 12$　　　$\therefore x \ge 2$

08 $5x \le 2x-9$에서 $5x-2x \le -9$

$3x \le -9$　　　$\therefore x \le -3$

09 $-3x+7 < 2x-3$에서 $-3x-2x < -3-7$

$-5x < -10$　　　$\therefore x > 2$

10 $-x > 2x+3$에서 $-x-2x > 3$

$-3x > 3$　　　$\therefore x < -1$

11 $9-3x \ge -1+2x$에서 $-3x-2x \ge -1-9$

$-5x \ge -10$　　　$\therefore x \le 2$

12 $2x-(5x-4) < -5$에서 $2x-5x+4 < -5$

$2x-5x < -5-4$, $-3x < -9$　　　$\therefore x > 3$

13 $0.7x > 0.4x-1.2$의 양변에 10을 곱하면

$7x > 4x-12$, $7x-4x > -12$, $3x > -12$　　　$\therefore x > -4$

14 $\dfrac{x}{2} \ge \dfrac{x}{6}+1$의 양변에 6을 곱하면

$3x \ge x+6$, $3x-x \ge 6$, $2x \ge 6$　　　$\therefore x \ge 3$

15 $\dfrac{x+3}{6} < \dfrac{x+6}{4}$의 양변에 12를 곱하면

$2(x+3) < 3(x+6)$, $2x+6 < 3x+18$

$2x-3x < 18-6$, $-x < 12$　　　$\therefore x > -12$

16 $\dfrac{2}{5}x-1.2 \le \dfrac{3}{10}x+0.8$에서 $\dfrac{2}{5}x-\dfrac{6}{5} \le \dfrac{3}{10}x+\dfrac{4}{5}$

양변에 10을 곱하면

$4x-12 \le 3x+8$, $4x-3x \le 8+12$　　　$\therefore x \le 20$

17 $0.3(x-6) \ge 0.4+\dfrac{1}{2}x$에서 $\dfrac{3}{10}(x-6) \ge \dfrac{2}{5}+\dfrac{1}{2}x$

양변에 10을 곱하면

$3(x-6) \ge 4+5x$, $3x-18 \ge 4+5x$

$3x-5x \ge 4+18$, $-2x \ge 22$　　　$\therefore x \le -11$

18 $ax+1 > 0$에서 $ax > -1$

이때 $a < 0$이므로 $x < -\dfrac{1}{a}$

19 $ax < -4a$에서 $a < 0$이므로 $x > -4$

20 $-ax+5a \le 0$에서 $-ax \le -5a$, $ax \ge 5a$

이때 $a < 0$이므로 $x \le 5$

11 일차부등식의 활용 (1)

90쪽~93쪽

01 (1) $5x+3$, $5x+3$ (2) $x\leq4$ (3) 4

02 (1) $2x-5>x+5$ (2) $x>10$ (3) 11

03 (1) $x-1$, $x+1$, $x-1$, $x+1$ (2) $x<10$ (3) 8, 9, 10

04 (1) $3x+10\leq4(x+2)$ (2) $x\geq2$ (3) 3, 5

05 (1) $500x$, $<$, $500x$, $<$ (2) $x<4$ (3) 3개

06 (1) $1500x+3500\leq20000$ (2) $x\leq11$ (3) 11송이

07 (1) x, $10-x$, $1000x$, $800(10-x)$
　　(2) $1000x+800(10-x)\leq9000$ (3) $x\leq5$ (4) 5개

08 (1) $2000x+1800(20-x)<38000$ (2) $x<10$ (3) 9개

09 (1) 25000, 4000, $25000+4000x$
　　(2) $5000+5000x>25000+4000x$ (3) $x>20$ (4) 21개월 후

10 (1) $10000+3000x>20000+2000x$ (2) $x>10$ (3) 11개월 후

11 (1) $5000+1500x$, $7000+600x$, $5000+1500x$, $7000+600x$
　　(2) $x>30$ (3) 31주 후

12 (1) $60000+4000x<3(10000+3000x)$ (2) $x>6$ (3) 7개월 후

13 (1) $500x$, 2100, $500x+2100$ (2) $800x>500x+2100$
　　(3) $x>7$ (4) 8자루

14 (1) $1200x>900x+3000$ (2) $x>10$ (3) 11송이

15 (1) 10, $\leq$ (2) $x\leq6$ (3) 6 cm

16 (1) $2(12+x)\geq52$ (2) $x\geq14$ (3) 14 cm

01 (2) $5x+3\leq23$에서 $5x\leq20$　　∴ $x\leq4$

02 (1) 어떤 자연수의 2배에서 5를 뺀 수는 $2x-5$
어떤 자연수에 5를 더한 수는 $x+5$
따라서 일차부등식을 세우면
$2x-5>x+5$
(2) $2x-5>x+5$에서
$2x-x>5+5$　　∴ $x>10$

03 (2) $(x-1)+x+(x+1)<30$에서
$3x<30$　　∴ $x<10$

04 (1) 연속하는 두 홀수는 x, $x+2$
작은 수의 3배에 10을 더한 수는 $3x+10$
이 수가 큰 수의 4배 이하이므로 일차부등식을 세우면
$3x+10\leq4(x+2)$
(2) $3x+10\leq4(x+2)$에서 $3x+10\leq4x+8$
$-x\leq-2$　　∴ $x\geq2$

05 (2) $500x+2000<4000$에서
$500x<2000$　　∴ $x<4$

06 (1) 장미 x송이의 가격은 $1500x$원이므로 일차부등식을 세우면
(장미 x송이의 가격)＋(안개꽃 한 다발의 가격)
$$\leq20000$$
에서 $1500x+3500\leq20000$
(2) $1500x+3500\leq20000$에서
$1500x\leq16500$　　∴ $x\leq11$

07 (1)

	빵	우유
개수(개)	x	$10-x$
금액(원)	$1000x$	$800(10-x)$

(3) $1000x+800(10-x)\leq9000$에서
$1000x+8000-800x\leq9000$
$200x\leq1000$　　∴ $x\leq5$

08 (1)

	참외	사과
개수(개)	x	$20-x$
금액(원)	$2000x$	$1800(20-x)$

따라서 일차부등식을 세우면
$2000x+1800(20-x)<38000$
(2) $2000x+1800(20-x)<38000$에서
$2000x+36000-1800x<38000$
$200x<2000$　　∴ $x<10$

09 (1)

	동생	누나
현재 예금액(원)	5000	25000
매달 예금액(원)	5000	4000
x개월 후의 예금액(원)	$5000+5000x$	$25000+4000x$

(3) $5000+5000x>25000+4000x$에서
$1000x>20000$　　∴ $x>20$

10 (1)

	준우	서현
현재 예금액(원)	10000	20000
매달 예금액(원)	3000	2000
x개월 후의 예금액(원)	$10000+3000x$	$20000+2000x$

따라서 일차부등식을 세우면
$10000+3000x>20000+2000x$
(2) $10000+3000x>20000+2000x$에서
$1000x>10000$　　∴ $x>10$

11 (2) $5000+1500x>2(7000+600x)$에서
$5000+1500x>14000+1200x$
$300x>9000$　　∴ $x>30$

12 (1) x개월 후의 형의 예금액은 $(60000+4000x)$원

x개월 후의 동생의 예금액은 $(10000+3000x)$원

따라서 일차부등식을 세우면

$60000+4000x<3(10000+3000x)$

(2) $60000+4000x<3(10000+3000x)$에서

$60000+4000x<30000+9000x$

$-5000x<-30000$ $\quad\therefore x>6$

13 (1)

	동네 문구점	할인점
볼펜 x자루 가격(원)	$800x$	$500x$
교통비(원)	0	2100
총금액(원)	$800x$	$500x+2100$

(3) $800x>500x+2100$에서 $300x>2100$ $\quad\therefore x>7$

14 (1)

	동네 꽃가게	도매 시장
튤립 x송이 가격(원)	$1200x$	$900x$
교통비(원)	0	3000
총금액(원)	$1200x$	$900x+3000$

따라서 일차부등식을 세우면

$1200x>900x+3000$

(2) $1200x>900x+3000$에서 $300x>3000$ $\quad\therefore x>10$

15 (2) $\dfrac{1}{2}\times10\times x\leq30$에서 $5x\leq30$ $\quad\therefore x\leq6$

16 (1) 직사각형의 둘레의 길이가 52 cm 이상이므로

$2(12+x)\geq52$

(2) $2(12+x)\geq52$에서 $24+2x\geq52$

$2x\geq28$ $\quad\therefore x\geq14$

12 일차부등식의 활용 (2)

94쪽

01 (1) x, 3, $\dfrac{x}{3}$, $\dfrac{x}{2}+\dfrac{x}{3}\leq3$ (2) $x\leq\dfrac{18}{5}$ (3) $\dfrac{18}{5}$ km

02 $\dfrac{8}{3}$ km

03 (1) $8-x$, 6, $\dfrac{8-x}{6}$, $\dfrac{x}{3}+\dfrac{8-x}{6}\leq2$ (2) $x\leq4$ (3) 4 km

04 1500 m

01 (1)

	올라갈 때	내려올 때
거리(km)	x	x
속력(km/h)	2	3
시간(시간)	$\dfrac{x}{2}$	$\dfrac{x}{3}$

(2) $\dfrac{x}{2}+\dfrac{x}{3}\leq3$에서 $3x+2x\leq18$

$5x\leq18$ $\quad\therefore x\leq\dfrac{18}{5}$

02 x km까지 올라갔다 내려온다고 하면

$\dfrac{x}{2}+\dfrac{x}{4}\leq2$, $2x+x\leq8$, $3x\leq8$ $\quad\therefore x\leq\dfrac{8}{3}$

따라서 최대 $\dfrac{8}{3}$ km까지 올라갔다 내려올 수 있다.

03 (1)

	걸어갈 때	뛰어갈 때
거리(km)	x	$8-x$
속력(km/h)	3	6
시간(시간)	$\dfrac{x}{3}$	$\dfrac{8-x}{6}$

(2) $\dfrac{x}{3}+\dfrac{8-x}{6}\leq2$에서 $2x+(8-x)\leq12$ $\quad\therefore x\leq4$

04 분속 50 m로 걸어간 거리를 x m라 하면

$\dfrac{x}{50}+\dfrac{3000-x}{150}\leq40$, $3x+(3000-x)\leq6000$

$2x\leq3000$ $\quad\therefore x\leq1500$

따라서 분속 50 m로 걸어간 거리는 최대 1500 m이다.

10분 연산 TEST 1회

95쪽

01 (1) $(x-1)+x+(x+1)>45$ (2) 15, 16, 17

02 (1) $15+x>2(12-x)$ (2) 4개

03 (1) $4000x+2500(10-x)\leq32500$ (2) 5명

04 (1) $15000+3000x>18000+2500x$ (2) 7개월 후

05 (1) $1200x>800x+2000$ (2) 6개

06 (1) $\dfrac{x}{3}+\dfrac{x}{5}\leq4$ (2) $\dfrac{15}{2}$ km

01 (1) 연속하는 세 자연수는 $x-1$, x, $x+1$

세 자연수의 합이 45보다 크므로 일차부등식을 세우면

$(x-1)+x+(x+1)>45$

(2) $(x-1)+x+(x+1)>45$에서

$3x>45$ $\quad\therefore x>15$

따라서 연속하는 세 자연수 중 가장 작은 세 수는

15, 16, 17이다.

02 (1) 준수가 갖게 되는 사탕의 개수는 $15+x$

경준이가 갖게 되는 사탕의 개수는 $12-x$

따라서 일차부등식을 세우면

$15+x>2(12-x)$

(2) $15+x>2(12-x)$에서
$15+x>24-2x$, $3x>9$ $\quad\therefore x>3$
따라서 경준이가 준수에게 최소 4개 이상 주어야 한다.

03 (1) 어른 x명의 입장료는 $4000x$원
어린이 $(10-x)$명의 입장료는 $2500(10-x)$원
따라서 일차부등식을 세우면
$4000x+2500(10-x)\leq32500$
(2) $4000x+2500(10-x)\leq32500$에서
$4000x+25000-2500x\leq32500$
$1500x\leq7500$ $\quad\therefore x\leq5$
따라서 어른은 최대 5명까지 입장할 수 있다.

04 (1) x개월 후의 가연이의 예금액은 $(15000+3000x)$원
x개월 후의 재철이의 예금액은 $(18000+2500x)$원
따라서 일차부등식을 세우면
$15000+3000x>18000+2500x$
(2) $15000+3000x>18000+2500x$에서
$500x>3000$ $\quad\therefore x>6$
따라서 가연이의 예금액이 재철이의 예금액보다 많아지는 것은 7개월 후부터이다.

05 (1)

	집 앞 마트	할인점
과자 x개 가격(원)	$1200x$	$800x$
교통비(원)	0	2000
총금액(원)	$1200x$	$800x+2000$

따라서 일차부등식을 세우면
$1200x>800x+2000$
(2) $1200x>800x+2000$에서 $400x>2000$ $\quad\therefore x>5$
따라서 과자를 6개 이상 살 경우에 할인점에서 사는 것이 유리하다.

06 (2) $\dfrac{x}{3}+\dfrac{x}{5}\leq4$에서 $5x+3x\leq60$, $8x\leq60$ $\quad\therefore x\leq\dfrac{15}{2}$
따라서 최대 $\dfrac{15}{2}$ km까지 올라갔다 내려올 수 있다.

10분 연산 TEST 2회

—96쪽—

01 (1) $x+(x+2)+(x+4)<66$ (2) 18, 20, 22
02 (1) $600(12-x)+800x\leq9000$ (2) 9자루
03 (1) $30000+4000x>2(25000+1500x)$ (2) 21개월 후
04 (1) $1000x>750x+2500$ (2) 11캔
05 (1) $\dfrac{85+92+x}{3}\geq88$ (2) 87점
06 (1) $\dfrac{x}{3}+\dfrac{5-x}{6}\leq\dfrac{3}{2}$ (2) 4 km

01 (1) 연속하는 세 짝수는 x, $x+2$, $x+4$
세 짝수의 합이 66보다 작으므로 일차부등식을 세우면
$x+(x+2)+(x+4)<66$
(2) $x+(x+2)+(x+4)<66$에서
$3x+6<66$, $3x<60$ $\quad\therefore x<20$
따라서 연속하는 세 짝수 중 가장 큰 세 수는 18, 20, 22이다.

02 (1) 볼펜 x자루의 가격은 $800x$원
연필 $(12-x)$자루의 가격은 $600(12-x)$원
따라서 일차부등식을 세우면
$600(12-x)+800x\leq9000$
(2) $600(12-x)+800x\leq9000$에서
$7200-600x+800x\leq9000$, $200x\leq1800$
$\therefore x\leq9$
따라서 볼펜은 최대 9자루까지 살 수 있다.

03 (1) x개월 후의 승주의 예금액은 $(30000+4000x)$원
x개월 후의 민아의 예금액은 $(25000+1500x)$원
따라서 일차부등식을 세우면
$30000+4000x>2(25000+1500x)$
(2) $30000+4000x>2(25000+1500x)$에서
$30000+4000x>50000+3000x$
$1000x>20000$ $\quad\therefore x>20$
따라서 승주의 예금액이 민아의 예금액의 2배보다 많아지는 것은 21개월 후부터이다.

04 (1)

	집 근처 매장	인터넷 쇼핑몰
음료수 x캔 가격(원)	$1000x$	$750x$
배송료(원)	0	2500
총금액(원)	$1000x$	$750x+2500$

따라서 일차부등식을 세우면
$1000x>750x+2500$
(2) $1000x>750x+2500$에서
$250x>2500$ $\quad\therefore x>10$
따라서 음료수를 11캔 이상 살 경우에 인터넷 쇼핑몰에서 사는 것이 유리하다.

05 (2) $\dfrac{85+92+x}{3}\geq88$에서
$85+92+x\geq264$ $\quad\therefore x\geq87$
따라서 세 번째 수학 시험에서 87점 이상 받아야 총 세 번의 수학 시험의 평균 점수가 88점 이상이 된다.

06 (2) $\dfrac{x}{3}+\dfrac{5-x}{6}\leq\dfrac{3}{2}$에서
$2x+(5-x)\leq9$ $\quad\therefore x\leq4$
따라서 시속 3 km로 걸어간 거리는 최대 4 km이다.

97쪽~99쪽

스스로 개념 점검

(1) 부등식　　(2) ① <, <　② <, <, >, >　(3) 일차부등식

(4) ❶ 좌변, 우변　❸ a

01 ④	02 ④	03 ⑤	04 ③	05 ④
06 ③	07 ⑤	08 ③, ④	09 ④	10 ③
11 ①	12 ⑤	13 ①	14 ②	15 ⑤
16 ③	17 $2x-1 \geq -7$			

01 ④ $x+5>2x$

02 $x=3$일 때, $3\times3-5<14$ (참)

$x=4$일 때, $3\times4-5<14$ (참)

$x=5$일 때, $3\times5-5<14$ (참)

$x=6$일 때, $3\times6-5<14$ (참)

$x=7$일 때, $3\times7-5<14$ (거짓)

　　　　⋮

따라서 부등식 $3x-5<14$의 해는 3, 4, 5, 6의 4개이다.

03 주어진 부등식에 $x=2$를 대입하면

① $2\times2+3\geq8$ (거짓)

② $-2+1>1$ (거짓)

③ $2\times2-1>3\times2$ (거짓)

④ $4-2\times2\geq3\times2$ (거짓)

⑤ $2+1\geq3$ (참)

따라서 $x=2$일 때, 부등식이 성립하는 것은 ⑤이다.

04 ① $a>b$의 양변에 -2를 곱하면 $-2a<-2b$

② $a>b$의 양변에 7을 곱하면 $7a>7b$

$7a>7b$의 양변에서 3을 빼면 $7a-3>7b-3$

③ $a>b$의 양변에 -1을 곱하면 $-a<-b$

$-a<-b$의 양변에 2를 더하면 $2-a<2-b$

④ $a>b$의 양변을 5로 나누면 $\dfrac{a}{5}>\dfrac{b}{5}$

⑤ $a>b$의 양변을 -4로 나누면 $-\dfrac{a}{4}<-\dfrac{b}{4}$

$-\dfrac{a}{4}<-\dfrac{b}{4}$의 양변에 1을 더하면 $-\dfrac{a}{4}+1<-\dfrac{b}{4}+1$

따라서 옳지 않은 것은 ③이다.

05 ① $6a>6b$의 양변을 6으로 나누면 $a>b$

② $-4a>-4b$의 양변을 -4로 나누면 $a<b$

③ $\dfrac{a}{3}<\dfrac{b}{3}$의 양변에 3을 곱하면 $a<b$

④ $-3a+2>-3b+2$의 양변에서 2를 빼면 $-3a>-3b$

$-3a>-3b$의 양변을 -3으로 나누면 $a<b$

⑤ $\dfrac{a}{4}-5<\dfrac{b}{4}-5$의 양변에 5를 더하면 $\dfrac{a}{4}<\dfrac{b}{4}$

$\dfrac{a}{4}<\dfrac{b}{4}$의 양변에 4를 곱하면 $a<b$

따라서 옳은 것은 ④이다.

06 ② $5-x>x+2$에서 $5-x-x-2>0$

$-2x+3>0$

즉, $5-x>x+2$는 일차부등식이다.

③ $2x-1<5+2x$에서 $2x-1-5-2x<0$

$-6<0$

즉, $2x-1<5+2x$는 일차부등식이 아니다.

④ $3(x-1)>0$에서 $3x-3>0$

즉, $3(x-1)>0$은 일차부등식이다.

⑤ $2x^2+3<2x^2+2x+1$에서

$2x^2+3-2x^2-2x-1<0$

$-2x+2<0$

즉, $2x^2+3<2x^2+2x+1$은 일차부등식이다.

따라서 일차부등식이 아닌 것은 ③이다.

07 ① $x-2<0$에서 $x<2$

② $-x+1>-1$에서

$-x>-1-1$, $-x>-2$　　∴ $x<2$

③ $2x<4$에서 $x<2$

④ $-3x-1>-7$에서

$-3x>-7+1$, $-3x>-6$　　∴ $x<2$

⑤ $x+2>2x+4$에서

$x-2x>4-2$, $-x>2$　　∴ $x<-2$

따라서 일차부등식의 해가 나머지 넷과 다른 하나는 ⑤이다.

08 주어진 그림에서 $x\leq2$

① $3x-x<4$에서 $2x<4$　　∴ $x<2$

② $5+4x\leq-3$에서

$4x\leq-3-5$, $4x\leq-8$　　∴ $x\leq-2$

③ $7x-6\leq4x$에서 $7x-4x\leq6$

$3x\leq6$　　∴ $x\leq2$

④ $4-2x\geq2-x$에서 $-2x+x\geq2-4$

$-x\geq-2$　　∴ $x\leq2$

⑤ $-3x+5\leq x-3$에서 $-3x-x\leq-3-5$

$-4x\leq-8$　　∴ $x\geq2$

따라서 일차부등식의 해가 주어진 그림과 같은 것은 ③, ④이다.

09 $\dfrac{x-3}{4}\geq\dfrac{1-x}{2}+1$의 양변에 4를 곱하면

$x-3\geq2(1-x)+4$, $x-3\geq2-2x+4$

$x+2x\geq6+3$, $3x\geq9$　　∴ $x\geq3$

10 $0.2(x+4)<0.3(-2x+1)-3.5$의 양변에 10을 곱하면
$2(x+4)<3(-2x+1)-35$
$2x+8<-6x+3-35$, $2x+6x<-32-8$
$8x<-40$ $\quad\therefore x<-5$
따라서 x의 값 중 가장 큰 정수는 -6이다.

11 $1-ax<2$에서 $-ax<1$, $ax>-1$
이때 $a<0$이므로 $x<-\dfrac{1}{a}$

12 $2x-5<3a$에서 $2x<3a+5$ $\quad\therefore x<\dfrac{3a+5}{2}$
즉, $\dfrac{3a+5}{2}=10$이므로
$3a+5=20$, $3a=15$ $\quad\therefore a=5$

13 $2x+1<-3$에서 $2x<-3-1$, $2x<-4$ $\quad\therefore x<-2$
$x+3>3x-a$에서
$x-3x>-a-3$, $-2x>-a-3$ $\quad\therefore x<\dfrac{a+3}{2}$
두 일차부등식의 해가 서로 같으므로
$-2=\dfrac{a+3}{2}$, $a+3=-4$ $\quad\therefore a=-7$

14 사다리꼴의 아랫변의 길이를 x cm라 하면
$\dfrac{1}{2}\times(8+x)\times6\geq60$, $24+3x\geq60$
$3x\geq36$ $\quad\therefore x\geq12$
따라서 사다리꼴의 아랫변의 길이가 12 cm 이상이어야 한다.

15 x년 후의 주희의 나이는 $(15+x)$세, 엄마의 나이는
$(55+x)$세이므로
$55+x<3(15+x)$, $55+x<45+3x$
$-2x<-10$ $\quad\therefore x>5$
따라서 엄마의 나이가 주희의 나이의 3배보다 적어지는 것
은 6년 후부터이다.

16 집에서 자전거가 고장난 곳까지의 거리를 x km라 하면
$\dfrac{x}{9}+\dfrac{10-x}{3}\leq2$, $x+3(10-x)\leq18$
$x+30-3x\leq18$, $-2x\leq-12$ $\quad\therefore x\geq6$
따라서 자전거가 고장난 곳은 집에서 최소 6 km 이상 떨어
진 곳이다.

17 📋 서술형
$x\geq-3$의 양변에 2를 곱하면 $2x\geq-6$ $\quad\cdots\cdots$ ❶
$2x\geq-6$의 양변에서 1을 빼면 $2x-1\geq-7$ $\quad\cdots\cdots$ ❷

채점 기준	비율
❶ $2x$의 값의 범위 구하기	50 %
❷ $2x-1$의 값의 범위 구하기	50 %

---

2 연립일차방정식

01 일차방정식
101쪽

01 ×	**02** ○	**03** ○	**04** ○	**05** ×
06 ○	**07** ×	**08** $x=1$	**09** $x=-1$	**10** $x=2$
11 $x=2$	**12** $x=-1$	**13** $x=6$	**14** $x=-\dfrac{1}{3}$	

01 등식이 아니므로 일차방정식이 아니다.

05 $-x-3=3-x$에서 $-x-3-3+x=0$ $\quad\therefore -6=0$
따라서 (일차식)$=0$ 꼴이 아니므로 일차방정식이 아니다.

06 $x^2+3x-1=x^2+x+4$에서
$x^2+3x-1-x^2-x-4=0$ $\quad\therefore 2x-5=0$
따라서 일차방정식이다.

07 $2(x-3)=2x^2-6$에서 $2x-6=2x^2-6$
$2x-6-2x^2+6=0$ $\quad\therefore 2x-2x^2=0$
따라서 x의 차수가 2이므로 일차방정식이 아니다.

08 $4x+1=5$에서 $4x=4$ $\quad\therefore x=1$

09 $10=-7x+3$에서 $7x=-7$ $\quad\therefore x=-1$

10 $-3x+12=3x$에서 $-6x=-12$ $\quad\therefore x=2$

11 $2x+1=-x+7$에서 $3x=6$ $\quad\therefore x=2$

12 $-5x+8=x+14$에서 $-6x=6$ $\quad\therefore x=-1$

13 $6(x-2)=3x+6$에서 $6x-12=3x+6$
$3x=18$ $\quad\therefore x=6$

14 $2(2x-3)=-2(x+4)$에서 $4x-6=-2x-8$
$6x=-2$ $\quad\therefore x=-\dfrac{1}{3}$

02 미지수가 2개인 일차방정식
102쪽

01 ×	**02** ×	**03** ○	**04** ×	**05** ○
06 ×	**07** ×	**08** ○	**09** $3x+4y=36$	
10 $x+y=54$		**11** $500x+700y=4500$		
12 $2x+4y=28$		**13** $2(x+y)=40$		
14 $2x+3y=24$				

01 등식이 아니므로 일차방정식이 아니다.

02 미지수가 1개인 일차방정식이다.

04 x가 분모에 있으므로 일차방정식이 아니다.

06 $x+2y+3=x-9$에서 $x+2y+3-x+9=0$
$\therefore 2y+12=0$
따라서 미지수가 1개인 일차방정식이다.

07 $x^2-2y=x-5$에서 $x^2-2y-x+5=0$
따라서 x의 차수가 2이므로 일차방정식이 아니다.

08 $x(y-3)=xy-2y$에서 $xy-3x=xy-2y$
$xy-3x-xy+2y=0$　　$\therefore -3x+2y=0$
따라서 미지수가 2개인 일차방정식이다.

03 미지수가 2개인 일차방정식의 해

103쪽

01 $(1,4),(2,3),(3,2),(4,1),3,2,1,0\,/\,3,2,1$
02 $(1,7),(2,5),(3,3),(4,1),7,5,3,1,-1$
03 $(2,3),(4,2),(6,1),6,4,2,0$
04 $(2,3),(5,2),(8,1),8,5,2,-1$
05 $(3,3),(6,1),6,\dfrac{9}{2},3,\dfrac{3}{2},0$
06 × / 1, 3, 거짓, 해가 아니다　　**07** ○　　**08** ×
09 ○　　**10** ×　　**11** ×　　**12** ○

02

x	1	2	3	4	5	…
y	7	5	3	1	-1	…

03

x	6	4	2	0	…
y	1	2	3	4	…

04

x	8	5	2	-1	…
y	1	2	3	4	…

05

x	6	$\dfrac{9}{2}$	3	$\dfrac{3}{2}$	0	…
y	1	2	3	4	5	…

07 $x=2,\ y=-1$을 $2x-y=5$에 대입하면
$2\times2-(-1)=5$
따라서 순서쌍 $(2,-1)$은 주어진 방정식의 해이다.

08 $x=-4,\ y=3$을 $2x-y=5$에 대입하면
$2\times(-4)-3\neq5$
따라서 순서쌍 $(-4,3)$은 주어진 방정식의 해가 아니다.

09 $x=-1,\ y=-7$을 $2x-y=5$에 대입하면
$2\times(-1)-(-7)=5$
따라서 순서쌍 $(-1,-7)$은 주어진 방정식의 해이다.

10 $x=1,\ y=2$를 $x-2y+6=0$에 대입하면
$1-2\times2+6\neq0$
따라서 순서쌍 $(1,2)$는 주어진 방정식의 해가 아니다.

11 $x=-2,\ y=1$을 $3x-y=7$에 대입하면
$3\times(-2)-1\neq7$
따라서 순서쌍 $(-2,1)$은 주어진 방정식의 해가 아니다.

12 $x=3,\ y=-5$를 $2x+3y=-9$에 대입하면
$2\times3+3\times(-5)=-9$
따라서 순서쌍 $(3,-5)$는 주어진 방정식의 해이다.

04 미지수가 2개인 연립일차방정식(연립방정식)

104쪽

01 $(2,2)\,/\,3,2,1,5,2,2,2$　　**02** $(4,2)$　　**03** $(4,3)$
04 × / $-1,3$, 해가 아니다　　**05** ○　　**06** ×
07 ×　　**08** ○

02 $x+y=6$의 해는

x	1	2	3	4	5
y	5	4	3	2	1

$2x-y=6$의 해는

x	4	5	6	…
y	2	4	6	…

따라서 주어진 연립방정식의 해는 $(4,2)$이다.

03 $2x+y=11$의 해는

x	1	2	3	4	5
y	9	7	5	3	1

$x+2y=10$의 해는

x	2	4	6	8
y	4	3	2	1

따라서 주어진 연립방정식의 해는 $(4,3)$이다.

05 $x=-1$, $y=3$을 $x-y=-4$에 대입하면
$-1-3=-4$
$x=-1$, $y=3$을 $x+y=2$에 대입하면
$-1+3=2$
따라서 순서쌍 $(-1, 3)$은 주어진 연립방정식의 해이다.

06 $x=-1$, $y=3$을 $2x+y=1$에 대입하면
$2\times(-1)+3=1$
$x=-1$, $y=3$을 $x-y=4$에 대입하면
$-1-3\neq4$
따라서 순서쌍 $(-1, 3)$은 주어진 연립방정식의 해가 아니다.

07 $x=-1$, $y=3$을 $x+2y=2$에 대입하면
$-1+2\times3\neq2$
$x=-1$, $y=3$을 $2x+3y=7$에 대입하면
$2\times(-1)+3\times3=7$
따라서 순서쌍 $(-1, 3)$은 주어진 연립방정식의 해가 아니다.

08 $x=-1$, $y=3$을 $3x-y=-6$에 대입하면
$3\times(-1)-3=-6$
$x=-1$, $y=3$을 $x+2y=5$에 대입하면
$-1+2\times3=5$
따라서 순서쌍 $(-1, 3)$은 주어진 연립방정식의 해이다.

05 방정식의 해가 주어진 경우, 미지수 구하기

105쪽

01 2 / 2, 3, -3, -6, 2　　**02** 9　　**03** -1　　**04** 3
05 -1　　**06** 4
07 $a=-3$, $b=-3$ / -2, 1, -3, -2, 1, -2, 6, -3
08 $a=8$, $b=-1$　　　　**09** $a=-3$, $b=-5$
10 $a=2$, $b=-4$　　　　**11** $a=-1$, $b=6$

02 $x=2$, $y=3$을 $3x+y=a$에 대입하면
$3\times2+3=a$　　$\therefore a=9$

03 $x=2$, $y=3$을 $x-ay=5$에 대입하면
$2-a\times3=5$, $-3a=3$　　$\therefore a=-1$

04 $x=2$, $y=3$을 $3x-ay=-3$에 대입하면
$3\times2-a\times3=-3$, $-3a=-9$　　$\therefore a=3$

05 $x=2$, $y=3$을 $ax+2y=4$에 대입하면
$a\times2+2\times3=4$, $2a=-2$　　$\therefore a=-1$

06 $x=2$, $y=3$을 $ax-5y=-7$에 대입하면
$a\times2-5\times3=-7$, $2a=8$　　$\therefore a=4$

08 $x=-2$, $y=1$을 $3x+ay=2$에 대입하면
$3\times(-2)+a\times1=2$　　$\therefore a=8$
$x=-2$, $y=1$을 $bx-y=1$에 대입하면
$b\times(-2)-1=1$, $-2b=2$　　$\therefore b=-1$

09 $x=-2$, $y=1$을 $ax-2y=4$에 대입하면
$a\times(-2)-2\times1=4$, $-2a=6$　　$\therefore a=-3$
$x=-2$, $y=1$을 $2x-y=b$에 대입하면
$2\times(-2)-1=b$　　$\therefore b=-5$

10 $x=-2$, $y=1$을 $ax+y=-3$에 대입하면
$a\times(-2)+1=-3$, $-2a=-4$　　$\therefore a=2$
$x=-2$, $y=1$을 $x-by=2$에 대입하면
$-2-b\times1=2$, $-b=4$　　$\therefore b=-4$

11 $x=-2$, $y=1$을 $3x-ay=-5$에 대입하면
$3\times(-2)-a\times1=-5$, $-a=1$　　$\therefore a=-1$
$x=-2$, $y=1$을 $2x+by=2$에 대입하면
$2\times(-2)+b\times1=2$　　$\therefore b=6$

10분 연산 TEST 1회

106쪽

01 ○　　**02** ×　　**03** ○　　**04** $2x+3y=23$
05 $3x+4y=35$　　**06** $4x+2y=48$
07 $(1, 6)$, $(2, 5)$, $(3, 4)$, $(4, 3)$, $(5, 2)$, $(6, 1)$
08 $(1, 8)$, $(2, 5)$, $(3, 2)$　　**09** ○　　**10** ×　　**11** $(2, 3)$
12 $(5, 2)$　　**13** -1　　**14** 1　　**15** $a=-3$, $b=3$
16 $a=-2$, $b=3$

02 $x+y^2-1=y+2$에서 $x+y^2-1-y-2=0$
$\therefore x+y^2-y-3=0$
따라서 y의 차수가 2이므로 일차방정식이 아니다.

03 $x(x-1)=x^2+y+4$에서 $x^2-x=x^2+y+4$
$x^2-x-x^2-y-4=0$　　$\therefore -x-y-4=0$
따라서 미지수가 2개인 일차방정식이다.

09 $x=2$, $y=-1$을 $x+y=1$에 대입하면
$2+(-1)=1$
따라서 순서쌍 $(2, -1)$은 주어진 방정식의 해이다.

10 $x=2$, $y=-1$을 $3x-2y=4$에 대입하면
$3\times2-2\times(-1)\neq4$
따라서 순서쌍 $(2, -1)$은 주어진 방정식의 해가 아니다.

11 $x+y=5$의 해는

x	1	2	3	4
y	4	3	2	1

$2x+y=7$의 해는

x	1	2	3
y	5	3	1

따라서 주어진 연립방정식의 해는 $(2, 3)$이다.

12 $x-y=3$의 해는

x	4	5	6	7	8	$\cdots$
y	1	2	3	4	5	$\cdots$

$x+3y=11$의 해는

x	8	5	2
y	1	2	3

따라서 주어진 연립방정식의 해는 $(5, 2)$이다.

13 $x=1$, $y=-1$을 $3x-ay=2$에 대입하면
$3\times 1-a\times(-1)=2$ $\therefore a=-1$

14 $x=2$, $y=3$을 $ax-y=-1$에 대입하면
$a\times 2-3=-1$, $2a=2$ $\therefore a=1$

15 $x=-2$, $y=1$을 $2x+y=a$에 대입하면
$2\times(-2)+1=a$ $\therefore a=-3$
$x=-2$, $y=1$을 $bx-2y=-8$에 대입하면
$b\times(-2)-2\times 1=-8$, $-2b=-6$ $\therefore b=3$

16 $x=3$, $y=5$를 $x+ay=-7$에 대입하면
$3+a\times 5=-7$, $5a=-10$ $\therefore a=-2$
$x=3$, $y=5$를 $bx+y=14$에 대입하면
$b\times 3+5=14$, $3b=9$ $\therefore b=3$

10분 연산 TEST 2회

107쪽

01 $\times$ **02** $\bigcirc$ **03** $\bigcirc$ **04** $x-10=2y$

05 $4x+5y=80$ **06** $1000x+500y=4500$

07 $(5, 1)$ **08** $(2, 6), (4, 3)$ **09** $\times$ **10** $\bigcirc$

11 $(6, 2)$ **12** $(1, 3)$ **13** 6   **14** 4

15 $a=1, b=3$ **16** $a=-5, b=3$

01 y가 분모에 있으므로 일차방정식이 아니다.

03 $7x-3y+1=2(x+y-1)$에서
$7x-3y+1=2x+2y-2$, $7x-3y+1-2x-2y+2=0$
$\therefore 5x-5y+3=0$
따라서 미지수가 2개인 일차방정식이다.

09 $x=1$, $y=2$를 $2x-y=1$에 대입하면
$2\times 1-2\neq 1$
따라서 순서쌍 $(1, 2)$는 주어진 방정식의 해가 아니다.

10 $x=1$, $y=2$를 $3x+\dfrac{3}{2}y=6$에 대입하면
$3\times 1+\dfrac{3}{2}\times 2=6$
따라서 순서쌍 $(1, 2)$는 주어진 방정식의 해이다.

11 $x+y=8$의 해는

x	1	2	3	4	5	6	7
y	7	6	5	4	3	2	1

$x-y=4$의 해는

x	5	6	7	$\cdots$
y	1	2	3	$\cdots$

따라서 주어진 연립방정식의 해는 $(6, 2)$이다.

12 $4x-y=1$의 해는

x	1	2	3	4	5	$\cdots$
y	3	7	11	15	19	$\cdots$

$x+2y=7$의 해는

x	1	3	5
y	3	2	1

따라서 주어진 연립방정식의 해는 $(1, 3)$이다.

13 $x=-1$, $y=2$를 $2x+ay=10$에 대입하면
$2\times(-1)+a\times 2=10$, $2a=12$ $\therefore a=6$

14 $x=2$, $y=1$을 $ax-3y=5$에 대입하면
$a\times 2-3\times 1=5$, $2a=8$ $\therefore a=4$

15 $x=2$, $y=1$을 $x+ay=3$에 대입하면
$2+a\times 1=3$ $\therefore a=1$
$x=2$, $y=1$을 $2x-y=b$에 대입하면
$2\times 2-1=b$ $\therefore b=3$

16 $x=1$, $y=-3$을 $x+2y=a$에 대입하면
$1+2\times(-3)=a$ $\therefore a=-5$
$x=1$, $y=-3$을 $bx-y=6$에 대입하면
$b\times 1-(-3)=6$ $\therefore b=3$

06 연립방정식의 풀이 - 대입법

108쪽~109쪽

01 $x=-2, y=3$ / $2y-8$, 10, 24, 3, 3, 3, -2, -2, 3
02 $x=-5, y=-15$　　**03** $x=10, y=2$
04 $x=-1, y=2$　　**05** $x=2, y=-5$
06 $x=-1, y=1$　　**07** $x=-2, y=1$
08 $x=\dfrac{3}{2}, y=\dfrac{1}{4}$　　**09** $x=4, y=1$
10 $x=-17, y=-6$　　**11** $x=-1, y=-3$
12 $x=4, y=3$ / $-x+7$, $-x+7$, 12, 4, 4, 3, 4, 3
13 $x=-2, y=5$　　**14** $x=6, y=-1$
15 $x=4, y=7$　　**16** $x=3, y=-1$
17 $x=-2, y=3$　　**18** $x=-5, y=3$
19 $x=3, y=4$　　**20** $x=-2, y=2$
21 $x=-2, y=3$　　**22** $x=3, y=-1$
23 $x=-2, y=-3$　　**24** $x=3, y=5$

02 ㉠을 ㉡에 대입하면
$2x-3x=5, -x=5 \qquad \therefore x=-5$
$x=-5$를 ㉠에 대입하면 $y=3\times(-5)=-15$
따라서 연립방정식의 해는 $x=-5, y=-15$

03 ㉠을 ㉡에 대입하면
$5y+4y=18, 9y=18 \qquad \therefore y=2$
$y=2$를 ㉠에 대입하면 $x=5\times2=10$
따라서 연립방정식의 해는 $x=10, y=2$

04 ㉡을 ㉠에 대입하면
$(y-3)+3y=5, 4y=8 \qquad \therefore y=2$
$y=2$를 ㉡에 대입하면 $x=2-3=-1$
따라서 연립방정식의 해는 $x=-1, y=2$

05 ㉡을 ㉠에 대입하면
$3x-(x-7)=11, 2x=4 \qquad \therefore x=2$
$x=2$를 ㉡에 대입하면 $y=2-7=-5$
따라서 연립방정식의 해는 $x=2, y=-5$

06 ㉠을 ㉡에 대입하면
$2(2y-3)+y=-1, 5y=5 \qquad \therefore y=1$
$y=1$을 ㉠에 대입하면 $x=2\times1-3=-1$
따라서 연립방정식의 해는 $x=-1, y=1$

07 ㉠을 ㉡에 대입하면
$2x+3(3x+7)=-1, 11x=-22 \qquad \therefore x=-2$
$x=-2$를 ㉠에 대입하면 $y=3\times(-2)+7=1$
따라서 연립방정식의 해는 $x=-2, y=1$

08 ㉡을 ㉠에 대입하면
$3(3-6y)+2y=5, -16y=-4 \qquad \therefore y=\dfrac{1}{4}$
$y=\dfrac{1}{4}$을 ㉡에 대입하면 $x=3-6\times\dfrac{1}{4}=\dfrac{3}{2}$
따라서 연립방정식의 해는 $x=\dfrac{3}{2}, y=\dfrac{1}{4}$

09 ㉡을 ㉠에 대입하면
$-x+2(7-x)=2, -3x=-12 \qquad \therefore x=4$
$x=4$를 ㉡에 대입하면 $3y=7-4=3 \qquad \therefore y=1$
따라서 연립방정식의 해는 $x=4, y=1$

10 ㉠을 ㉡에 대입하면
$3y+1=2y-5 \qquad \therefore y=-6$
$y=-6$을 ㉠에 대입하면 $x=3\times(-6)+1=-17$
따라서 연립방정식의 해는 $x=-17, y=-6$

11 ㉠을 ㉡에 대입하면
$5x+2=-4x-7, 9x=-9 \qquad \therefore x=-1$
$x=-1$을 ㉠에 대입하면 $y=5\times(-1)+2=-3$
따라서 연립방정식의 해는 $x=-1, y=-3$

13 ㉠에서 y를 x에 대한 식으로 나타내면
$y=-x+3 \quad \cdots\cdots$ ㉢
㉢을 ㉡에 대입하면
$3x+(-x+3)=-1, 2x=-4 \qquad \therefore x=-2$
$x=-2$를 ㉢에 대입하면 $y=-(-2)+3=5$
따라서 연립방정식의 해는 $x=-2, y=5$

14 ㉠에서 x를 y에 대한 식으로 나타내면
$x=2y+8 \quad \cdots\cdots$ ㉢
㉢을 ㉡에 대입하면
$(2y+8)+3y=3, 5y=-5 \qquad \therefore y=-1$
$y=-1$을 ㉢에 대입하면 $x=2\times(-1)+8=6$
따라서 연립방정식의 해는 $x=6, y=-1$

15 ㉠에서 y를 x에 대한 식으로 나타내면
$y=x+3 \quad \cdots\cdots$ ㉢
㉢을 ㉡에 대입하면
$3x-(x+3)=5, 2x=8 \qquad \therefore x=4$
$x=4$를 ㉢에 대입하면 $y=4+3=7$
따라서 연립방정식의 해는 $x=4, y=7$

16 ㉠에서 y를 x에 대한 식으로 나타내면
$y=-2x+5 \quad \cdots\cdots$ ㉢
㉢을 ㉡에 대입하면
$3x+(-2x+5)=8 \qquad \therefore x=3$

$x=3$을 ⓒ에 대입하면 $y=-2\times 3+5=-1$
따라서 연립방정식의 해는 $x=3,\ y=-1$

17 ㉠에서 x를 y에 대한 식으로 나타내면
$x=-2y+4$ ⋯⋯ ⓒ
ⓒ을 ㉡에 대입하면
$2(-2y+4)-3y=-13,\ -7y=-21$ ∴ $y=3$
$y=3$을 ⓒ에 대입하면 $x=-2\times 3+4=-2$
따라서 연립방정식의 해는 $x=-2,\ y=3$

18 ㉠에서 x를 y에 대한 식으로 나타내면
$x=-5y+10$ ⋯⋯ ⓒ
ⓒ을 ㉡에 대입하면
$4(-5y+10)+3y=-11,\ -17y=-51$ ∴ $y=3$
$y=3$을 ⓒ에 대입하면 $x=-5\times 3+10=-5$
따라서 연립방정식의 해는 $x=-5,\ y=3$

19 ㉠에서 y를 x에 대한 식으로 나타내면
$y=3x-5$ ⋯⋯ ⓒ
ⓒ을 ㉡에 대입하면
$7x-2(3x-5)=13$ ∴ $x=3$
$x=3$을 ⓒ에 대입하면 $y=3\times 3-5=4$
따라서 연립방정식의 해는 $x=3,\ y=4$

20 ㉠에서 x를 y에 대한 식으로 나타내면
$x=\dfrac{3}{2}y-5$ ⋯⋯ ⓒ
ⓒ을 ㉡에 대입하면
$3\left(\dfrac{3}{2}y-5\right)-y=-8,\ \dfrac{7}{2}y=7$ ∴ $y=2$
$y=2$를 ⓒ에 대입하면 $x=\dfrac{3}{2}\times 2-5=-2$
따라서 연립방정식의 해는 $x=-2,\ y=2$

21 ㉠에서 y를 x에 대한 식으로 나타내면
$y=-2x-1$ ⋯⋯ ⓒ
ⓒ을 ㉡에 대입하면
$5x+4(-2x-1)=2,\ -3x=6$ ∴ $x=-2$
$x=-2$를 ⓒ에 대입하면 $y=-2\times(-2)-1=3$
따라서 연립방정식의 해는 $x=-2,\ y=3$

22 ㉡에서 y를 x에 대한 식으로 나타내면
$y=-3x+8$ ⋯⋯ ⓒ
ⓒ을 ㉠에 대입하면
$2x-3(-3x+8)=9,\ 11x=33$ ∴ $x=3$
$x=3$을 ⓒ에 대입하면 $y=-3\times 3+8=-1$
따라서 연립방정식의 해는 $x=3,\ y=-1$

23 ㉠에서 y를 x에 대한 식으로 나타내면
$y=4x+5$ ⋯⋯ ⓒ
ⓒ을 ㉡에 대입하면
$-x+2(4x+5)=-4,\ 7x=-14$ ∴ $x=-2$
$x=-2$를 ⓒ에 대입하면 $y=4\times(-2)+5=-3$
따라서 연립방정식의 해는 $x=-2,\ y=-3$

24 ㉠에서 y를 x에 대한 식으로 나타내면
$y=2x-1$ ⋯⋯ ⓒ
ⓒ을 ㉡에 대입하면 $-3x+2(2x-1)=1$ ∴ $x=3$
$x=3$을 ⓒ에 대입하면 $y=2\times 3-1=5$
따라서 연립방정식의 해는 $x=3,\ y=5$

07 연립방정식의 풀이 - 가감법

110쪽~111쪽

01 $+\ /\ +$ **02** $-$ **03** 2 **04** 3 **05** 2
06 $x=-1,\ y=2\ /\ -6,\ -1,\ -1,\ -1,\ 6,\ 2,\ -1,\ 2$
07 $x=2,\ y=3$ **08** $x=-13,\ y=-3$
09 $x=3,\ y=-4$ **10** $x=2,\ y=-1$
11 $x=0,\ y=2\ /\ 2,\ 2,\ 8,\ 6,\ 2,\ 2,\ 0,\ 0,\ 2$
12 $x=1,\ y=-1$ **13** $x=2,\ y=-1$
14 $x=3,\ y=0$ **15** $x=-1,\ y=-1$
16 $x=-2,\ y=3$
17 $x=1,\ y=-3\ /\ 3,\ 9,\ -21,\ -39,\ -3,\ -3,\ 1,\ 1,\ -3$
18 $x=-2,\ y=-1$ **19** $x=1,\ y=-1$
20 $x=2,\ y=1$ **21** $x=4,\ y=3$
22 $x=-1,\ y=1$

07 ㉠−㉡을 하면 $3y=9$ ∴ $y=3$
$y=3$을 ㉡에 대입하면 $x-3=-1$ ∴ $x=2$
따라서 연립방정식의 해는 $x=2,\ y=3$

08 ㉠+㉡을 하면 $-2y=6$ ∴ $y=-3$
$y=-3$을 ㉠에 대입하면 $x-5\times(-3)=2$
∴ $x=-13$
따라서 연립방정식의 해는 $x=-13,\ y=-3$

09 ㉠+㉡을 하면 $2x=6$ ∴ $x=3$
$x=3$을 ㉠에 대입하면 $3+y=-1$ ∴ $y=-4$
따라서 연립방정식의 해는 $x=3,\ y=-4$

10 ㉠+㉡을 하면 $4x=8$ ∴ $x=2$
$x=2$를 ㉠에 대입하면 $2\times 2+y=3$ ∴ $y=-1$
따라서 연립방정식의 해는 $x=2,\ y=-1$

12 ㉠×2−㉡을 하면

$$2x-4y=\ \ 6$$
$$-)\ \underline{2x+3y=-1}$$
$$-7y=\ \ 7 \qquad \therefore\ y=-1$$

$y=-1$을 ㉠에 대입하면 $x-2\times(-1)=3 \qquad \therefore\ x=1$
따라서 연립방정식의 해는 $x=1,\ y=-1$

참고 연립방정식을 가감법을 이용하여 풀 때, 없애려는 미지수의 계수의 절댓값이 다른 경우
❶ 각 방정식에 적당한 수를 곱하여 없애려는 미지수의 계수의 절댓값을 같게 한다.
❷ 그 미지수의 계수의 부호가 같으면 두 식을 변끼리 빼고, 부호가 다르면 두 식을 변끼리 더한다.

13 ㉠×4+㉡을 하면

$$8x+4y=12$$
$$+)\ \underline{3x-4y=10}$$
$$11x\ \ \ \ \ \ =22 \qquad \therefore\ x=2$$

$x=2$를 ㉠에 대입하면 $2\times2+y=3 \qquad \therefore\ y=-1$
따라서 연립방정식의 해는 $x=2,\ y=-1$

14 ㉠×3+㉡을 하면

$$9x+3y=27$$
$$+)\ \underline{2x-3y=\ \ 6}$$
$$11x\ \ \ \ \ \ =33 \qquad \therefore\ x=3$$

$x=3$을 ㉠에 대입하면 $3\times3+y=9 \qquad \therefore\ y=0$
따라서 연립방정식의 해는 $x=3,\ y=0$

15 ㉠×2−㉡을 하면

$$10x-4y=-6$$
$$-)\ \underline{\ 3x-4y=\ \ 1}$$
$$7x\ \ \ \ \ \ =-7 \qquad \therefore\ x=-1$$

$x=-1$을 ㉠에 대입하면
$5\times(-1)-2y=-3 \qquad \therefore\ y=-1$
따라서 연립방정식의 해는 $x=-1,\ y=-1$

16 ㉠+㉡×3을 하면

$$-3x+\ y=\ \ \ 9$$
$$+)\ \underline{\ 3x-6y=-24}$$
$$-5y=-15 \qquad \therefore\ y=3$$

$y=3$을 ㉠에 대입하면 $-3x+3=9 \qquad \therefore\ x=-2$
따라서 연립방정식의 해는 $x=-2,\ y=3$

18 ㉠×3+㉡×2를 하면

$$9x+6y=-24$$
$$+)\ \underline{10x-6y=-14}$$
$$19x\ \ \ \ \ \ =-38 \qquad \therefore\ x=-2$$

$x=-2$를 ㉠에 대입하면

$3\times(-2)+2y=-8 \qquad \therefore\ y=-1$
따라서 연립방정식의 해는 $x=-2,\ y=-1$

19 ㉠×9−㉡×2를 하면

$$18x-63y=81$$
$$-)\ \underline{18x-10y=28}$$
$$-53y=53 \qquad \therefore\ y=-1$$

$y=-1$을 ㉠에 대입하면 $2x-7\times(-1)=9 \qquad \therefore\ x=1$
따라서 연립방정식의 해는 $x=1,\ y=-1$

20 ㉠×3+㉡×4를 하면

$$12x+27y=\ \ 51$$
$$+)\ \underline{-12x+16y=-8}$$
$$43y=\ \ 43 \qquad \therefore\ y=1$$

$y=1$을 ㉠에 대입하면 $4x+9\times1=17 \qquad \therefore\ x=2$
따라서 연립방정식의 해는 $x=2,\ y=1$

21 ㉠×2+㉡×5를 하면

$$-8x+10y=-2$$
$$+)\ \underline{35x-10y=110}$$
$$27x\ \ \ \ \ \ =108 \qquad \therefore\ x=4$$

$x=4$를 ㉠에 대입하면 $-4\times4+5y=-1 \qquad \therefore\ y=3$
따라서 연립방정식의 해는 $x=4,\ y=3$

22 ㉠×2+㉡×3을 하면

$$6x+10y=\ \ 4$$
$$+)\ \underline{-6x+\ \ 9y=15}$$
$$19y=19 \qquad \therefore\ y=1$$

$y=1$을 ㉠에 대입하면 $3x+5\times1=2 \qquad \therefore\ x=-1$
따라서 연립방정식의 해는 $x=-1,\ y=1$

08 괄호가 있는 연립방정식의 풀이

112쪽

01 $x=-3,\ y=2$ / $2x+5y,\ -6,\ 2,\ 2,\ -3,\ -3,\ 2$
02 $x=2,\ y=1$　　　**03** $x=-1,\ y=2$
04 $x=-1,\ y=-3$　　**05** $x=2,\ y=-4$
06 $x=3,\ y=-1$ / $x+2y,\ 3x-4y,\ 15,\ 3,\ 3,\ -1,\ 3,\ -1$
07 $x=1,\ y=-3$　　　**08** $x=1,\ y=-1$
09 $x=5,\ y=2$　　　　**10** $x=2,\ y=-1$

02 ㉡의 괄호를 풀어 정리하면

$2x-3y=1 \qquad \cdots\cdots ㉢$
㉢−㉠×2를 하면 $-11y=-11 \qquad \therefore\ y=1$
$y=1$을 ㉠에 대입하면 $x+4\times1=6 \qquad \therefore\ x=2$
따라서 연립방정식의 해는 $x=2,\ y=1$

03 ㉠의 괄호를 풀어 정리하면

$6x+2y=-2$ ······ ㉢

㉢+㉡을 하면 $11x=-11$ $\quad\therefore\ x=-1$

$x=-1$을 ㉡에 대입하면

$5\times(-1)-2y=-9,\ -2y=-4$ $\quad\therefore\ y=2$

따라서 연립방정식의 해는 $x=-1,\ y=2$

04 ㉡의 괄호를 풀어 정리하면

$x-2y=5$ ······ ㉢

㉢+㉠$\times2$를 하면 $9x=-9$ $\quad\therefore\ x=-1$

$x=-1$을 ㉠에 대입하면

$4\times(-1)+y=-7$ $\quad\therefore\ y=-3$

따라서 연립방정식의 해는 $x=-1,\ y=-3$

05 ㉠의 괄호를 풀어 정리하면

$-4x-3y=4$ ······ ㉢

㉢+㉡$\times4$를 하면 $-23y=92$ $\quad\therefore\ y=-4$

$y=-4$를 ㉡에 대입하면 $x-5\times(-4)=22$ $\quad\therefore\ x=2$

따라서 연립방정식의 해는 $x=2,\ y=-4$

07 ㉠의 괄호를 풀어 정리하면

$10x+y=7$ ······ ㉢

㉡의 괄호를 풀어 정리하면

$2x-y=5$ ······ ㉣

㉢+㉣을 하면 $12x=12$ $\quad\therefore\ x=1$

$x=1$을 ㉣에 대입하면 $2\times1-y=5$ $\quad\therefore\ y=-3$

따라서 연립방정식의 해는 $x=1,\ y=-3$

08 ㉠의 괄호를 풀어 정리하면

$2x+y=1$ ······ ㉢

㉡의 괄호를 풀어 정리하면

$x-2y=3$ ······ ㉣

㉢$\times2+㉣$을 하면 $5x=5$ $\quad\therefore\ x=1$

$x=1$을 ㉢에 대입하면 $2\times1+y=1$ $\quad\therefore\ y=-1$

따라서 연립방정식의 해는 $x=1,\ y=-1$

09 ㉠의 괄호를 풀어 정리하면

$x-4y=-3$ ······ ㉢

㉡의 괄호를 풀어 정리하면

$-3x+2y=-11$ ······ ㉣

㉢$\times3+㉣$을 하면 $-10y=-20$ $\quad\therefore\ y=2$

$y=2$를 ㉢에 대입하면 $x-4\times2=-3$ $\quad\therefore\ x=5$

따라서 연립방정식의 해는 $x=5,\ y=2$

10 ㉠의 괄호를 풀어 정리하면

$4x-5y=13$ ······ ㉢

㉡의 괄호를 풀어 정리하면

$6x-y=13$ ······ ㉣

㉢$-㉣\times5$를 하면 $-26x=-52$ $\quad\therefore\ x=2$

$x=2$를 ㉣에 대입하면 $6\times2-y=13$ $\quad\therefore\ y=-1$

따라서 연립방정식의 해는 $x=2,\ y=-1$

113쪽

01 $x=4,\ y=-2$ / $2,\ 3,\ 8,\ -2,\ -2,\ 4,\ 4,\ -2$

02 $x=3,\ y=3$ **03** $x=-1,\ y=1$

04 $x=2,\ y=2$ **05** $x=1,\ y=2$

06 $x=4,\ y=-6$ **07** $x=16,\ y=3$

08 $x=-2,\ y=2$ **09** $x=-1,\ y=1$

02 ㉡$\times10$을 하면 $x-3y=-6$ ······ ㉢

㉠$-㉢$을 하면 $y=3$

$y=3$을 ㉠에 대입하면 $x-2\times3=-3$ $\quad\therefore\ x=3$

따라서 연립방정식의 해는 $x=3,\ y=3$

03 ㉠$\times10$을 하면 $3x+5y=2$ ······ ㉢

㉡$\times10$을 하면 $2x-y=-3$ ······ ㉣

㉢+㉣$\times5$를 하면 $13x=-13$ $\quad\therefore\ x=-1$

$x=-1$을 ㉣에 대입하면 $2\times(-1)-y=-3$ $\quad\therefore\ y=1$

따라서 연립방정식의 해는 $x=-1,\ y=1$

04 ㉠$\times10$을 하면 $2x+y=6$ ······ ㉢

㉡$\times10$을 하면 $12x+7y=38$ ······ ㉣

㉢$\times6-㉣$을 하면 $-y=-2$ $\quad\therefore\ y=2$

$y=2$를 ㉢에 대입하면 $2x+2=6,\ 2x=4$ $\quad\therefore\ x=2$

따라서 연립방정식의 해는 $x=2,\ y=2$

05 ㉠$\times10$을 하면 $3x-y=1$ ······ ㉢

㉡$\times100$을 하면 $x+2y=5$ ······ ㉣

㉢$\times2+㉣$을 하면 $7x=7$ $\quad\therefore\ x=1$

$x=1$을 ㉢에 대입하면 $3\times1-y=1$ $\quad\therefore\ y=2$

따라서 연립방정식의 해는 $x=1,\ y=2$

06 ㉠$\times10$을 하면 $2x-3y=26$ ······ ㉢

㉡$\times100$을 하면 $-x+5y=-34$ ······ ㉣

㉢+㉣$\times2$를 하면 $7y=-42$ $\quad\therefore\ y=-6$

$y=-6$을 ㉢에 대입하면

$2x-3\times(-6)=26,\ 2x=8$ $\quad\therefore\ x=4$

따라서 연립방정식의 해는 $x=4,\ y=-6$

07 ㉠$\times10$을 하면 $x-2y=10$ ······ ㉢

㉡$\times100$을 하면 $3x+4y=60$ ······ ㉣

㉢$\times2+㉣$을 하면 $5x=80$ $\quad\therefore\ x=16$

$x=16$을 ㉢에 대입하면

$16-2y=10,\ -2y=-6$ $\quad\therefore\ y=3$

따라서 연립방정식의 해는 $x=16,\ y=3$

08 ㉠×100을 하면 $12x-5y=-34$ ······ ㉢
㉡×100을 하면 $60x+11y=-98$ ······ ㉣
㉢×5−㉣을 하면 $-36y=-72$ $\therefore y=2$
$y=2$를 ㉢에 대입하면
$12x-5\times2=-34$, $12x=-24$ $\therefore x=-2$
따라서 연립방정식의 해는 $x=-2$, $y=2$

09 ㉠×100을 하면 $115x+30y=-85$ ······ ㉢
㉡×100을 하면 $15x+40y=25$ ······ ㉣
㉢×4−㉣×3을 하면 $415x=-415$ $\therefore x=-1$
$x=-1$을 ㉣에 대입하면
$15\times(-1)+40y=25$, $40y=40$ $\therefore y=1$
따라서 연립방정식의 해는 $x=-1$, $y=1$

10 계수가 분수인 연립방정식의 풀이

114쪽

01 $x=4$, $y=3$ / 4, 9, 48, -8, 4, 4, 3, 4, 3
02 $x=3$, $y=-2$　　**03** $x=5$, $y=4$
04 $x=-3$, $y=2$　　**05** $x=-2$, $y=1$
06 $x=10$, $y=-3$　　**07** $x=-4$, $y=8$
08 $x=3$, $y=-1$　　**09** $x=2$, $y=1$

02 ㉡×6을 하면 $2x-3y=12$ ······ ㉢
㉠×3+㉢×2를 하면 $13x=39$ $\therefore x=3$
$x=3$을 ㉠에 대입하면
$3\times3+2y=5$, $2y=-4$ $\therefore y=-2$
따라서 연립방정식의 해는 $x=3$, $y=-2$

03 ㉠×10을 하면 $2x+5y=30$ ······ ㉢
㉡+㉢을 하면 $6y=24$ $\therefore y=4$
$y=4$를 ㉡에 대입하면
$-2x+4=-6$, $-2x=-10$ $\therefore x=5$
따라서 연립방정식의 해는 $x=5$, $y=4$

04 ㉠×12를 하면 $8x-3y=-30$ ······ ㉢
㉡×6을 하면 $3x+4y=-1$ ······ ㉣
㉢×4+㉣×3을 하면 $41x=-123$ $\therefore x=-3$
$x=-3$을 ㉣에 대입하면
$3\times(-3)+4y=-1$, $4y=8$ $\therefore y=2$
따라서 연립방정식의 해는 $x=-3$, $y=2$

05 ㉠×4를 하면 $3x+2y=-4$ ······ ㉢
㉡×6을 하면 $4x+5y=-3$ ······ ㉣
㉢×5−㉣×2를 하면 $7x=-14$ $\therefore x=-2$
$x=-2$를 ㉢에 대입하면
$3\times(-2)+2y=-4$, $2y=2$ $\therefore y=1$
따라서 연립방정식의 해는 $x=-2$, $y=1$

06 ㉠×20을 하면 $4x+15y=-5$ ······ ㉢
㉡×9를 하면 $-6x+y=-63$ ······ ㉣
㉢×3+㉣×2를 하면 $47y=-141$ $\therefore y=-3$
$y=-3$을 ㉣에 대입하면
$-6x+(-3)=-63$, $-6x=-60$ $\therefore x=10$
따라서 연립방정식의 해는 $x=10$, $y=-3$

07 ㉠×8을 하면 $12x+y=-40$ ······ ㉢
㉡×4를 하면 $x+4y=28$ ······ ㉣
㉢×4−㉣을 하면 $47x=-188$ $\therefore x=-4$
$x=-4$를 ㉣에 대입하면
$-4+4y=28$, $4y=32$ $\therefore y=8$
따라서 연립방정식의 해는 $x=-4$, $y=8$

08 ㉠×6을 하면 $2x-3y=9$ ······ ㉢
㉡×12를 하면 $5x+3y=12$ ······ ㉣
㉢+㉣을 하면 $7x=21$ $\therefore x=3$
$x=3$을 ㉢에 대입하면
$2\times3-3y=9$, $-3y=3$ $\therefore y=-1$
따라서 연립방정식의 해는 $x=3$, $y=-1$

09 ㉠×6을 하면 $2x+3y=7$ ······ ㉢
㉡×6을 하면 $6x-y=11$ ······ ㉣
㉢+㉣×3을 하면 $20x=40$ $\therefore x=2$
$x=2$를 ㉣에 대입하면 $6\times2-y=11$ $\therefore y=1$
따라서 연립방정식의 해는 $x=2$, $y=1$

11 복잡한 연립방정식의 풀이

115쪽

01 $x=3$, $y=2$ / 5, 9, 3, 6, 3, 3, 2, 3, 2
02 $x=4$, $y=3$　　**03** $x=5$, $y=-3$
04 $x=-6$, $y=2$　　**05** $x=-\dfrac{3}{2}$, $y=-5$
06 $x=-1$, $y=\dfrac{15}{2}$　　**07** $x=\dfrac{1}{4}$, $y=-1$
08 $x=-4$, $y=-2$　　**09** $x=2$, $y=-2$

02 ㉠×10을 하면 $2x-7y=-13$ ······ ㉢
㉡×2를 하면 $x-2y=-2$ ······ ㉣
㉢−㉣×2를 하면 $-3y=-9$ $\therefore y=3$
$y=3$을 ㉣에 대입하면 $x-2\times3=-2$ $\therefore x=4$
따라서 연립방정식의 해는 $x=4$, $y=3$

03 ㉠×15를 하면 $6x+20y=-30$ ······ ㉢
㉡×10을 하면 $3x-8y=39$ ······ ㉣
㉢−㉣×2를 하면 $36y=-108$ $\therefore y=-3$
$y=-3$을 ㉣에 대입하면
$3x-8\times(-3)=39$, $3x=15$ $\therefore x=5$
따라서 연립방정식의 해는 $x=5$, $y=-3$

04 ㉠$\times 10$을 하면 $2x+10y=8$ ······ ㉢
㉡$\times 6$을 하면 $-2x+3y=18$ ······ ㉣
㉢$+$㉣을 하면 $13y=26$ $\quad\therefore y=2$
$y=2$를 ㉢에 대입하면
$2x+10\times 2=8$, $2x=-12$ $\quad\therefore x=-6$
따라서 연립방정식의 해는 $x=-6$, $y=2$

05 ㉠$\times 6$을 하면 $6x-4y=11$ ······ ㉢
㉡$\times 10$을 하면 $6x-2y=1$ ······ ㉣
㉢$-$㉣을 하면 $-2y=10$ $\quad\therefore y=-5$
$y=-5$를 ㉣에 대입하면
$6x-2\times(-5)=1$, $6x=-9$ $\quad\therefore x=-\dfrac{3}{2}$
따라서 연립방정식의 해는 $x=-\dfrac{3}{2}$, $y=-5$

06 ㉠$\times 6$을 하면 $3x+2y=12$ ······ ㉢
㉡$\times 100$을 하면 $x+2y=14$ ······ ㉣
㉢$-$㉣을 하면 $2x=-2$ $\quad\therefore x=-1$
$x=-1$을 ㉣에 대입하면
$-1+2y=14$, $2y=15$ $\quad\therefore y=\dfrac{15}{2}$
따라서 연립방정식의 해는 $x=-1$, $y=\dfrac{15}{2}$

07 ㉠$\times 12$를 하면 $4x+3y=-2$ ······ ㉢
㉡$\times 10$을 하면 $4x-y=2$ ······ ㉣
㉢$-$㉣을 하면 $4y=-4$ $\quad\therefore y=-1$
$y=-1$을 ㉣에 대입하면
$4x-(-1)=2$, $4x=1$ $\quad\therefore x=\dfrac{1}{4}$
따라서 연립방정식의 해는 $x=\dfrac{1}{4}$, $y=-1$

08 ㉠$\times 10$을 하면 $x-9y=14$ ······ ㉢
㉡$\times 4$를 하면 $2x-3y=-2$ ······ ㉣
㉢$\times 2-$㉣을 하면 $-15y=30$ $\quad\therefore y=-2$
$y=-2$를 ㉣에 대입하면
$2x-3\times(-2)=-2$, $2x=-8$ $\quad\therefore x=-4$
따라서 연립방정식의 해는 $x=-4$, $y=-2$

09 ㉠$\times 10$을 하면
$3(2x+y)-2y=10$, $6x+y=10$ ······ ㉢
㉡$\times 4$를 하면
$3(x-y)=12$, $3x-3y=12$ ······ ㉣
㉢$\times 3+$㉣을 하면 $21x=42$ $\quad\therefore x=2$
$x=2$를 ㉢에 대입하면 $6\times 2+y=10$ $\quad\therefore y=-2$
따라서 연립방정식의 해는 $x=2$, $y=-2$

12 미지수가 있는 연립방정식

116쪽

01 $1 \: / \: 4$, -1, 4, -1, 1 $\qquad$ 02 -2 $\qquad$ 03 3
04 $a=-1$, $b=5 \: / \: 1$, -2, 1, -2, -1, 1, -2, 5
05 $a=3$, $b=1$ $\qquad\qquad$ 06 $a=3$, $b=-7$

02 주어진 연립방정식의 해는 세 방정식을 모두 만족시키므로
연립방정식 $\begin{cases} x+2y=5 & \cdots\cdots ㉠ \\ x-y=-1 & \cdots\cdots ㉡ \end{cases}$의 해와 같다.
㉠$-$㉡을 하면 $3y=6$ $\quad\therefore y=2$
$y=2$를 ㉡에 대입하면
$x-2=-1$ $\quad\therefore x=1$
따라서 $x=1$, $y=2$를 $x+ay=-3$에 대입하면
$1+a\times 2=-3$, $2a=-4$ $\quad\therefore a=-2$

03 주어진 연립방정식의 해는 세 방정식을 모두 만족시키므로
연립방정식 $\begin{cases} 2x-y=-8 & \cdots\cdots ㉠ \\ y=x+5 & \cdots\cdots ㉡ \end{cases}$의 해와 같다.
㉡을 ㉠에 대입하면
$2x-(x+5)=-8$ $\quad\therefore x=-3$
$x=-3$을 ㉡에 대입하면 $y=-3+5=2$
따라서 $x=-3$, $y=2$를 $ax+2y=-5$에 대입하면
$a\times(-3)+2\times 2=-5$, $-3a=-9$ $\quad\therefore a=3$

05 두 연립방정식의 해가 서로 같으므로 그 해는
연립방정식 $\begin{cases} x+y=5 & \cdots\cdots ㉠ \\ -3x+5y=9 & \cdots\cdots ㉡ \end{cases}$의 해와 같다.
㉠$\times 3+$㉡을 하면 $8y=24$ $\quad\therefore y=3$
$y=3$을 ㉠에 대입하면
$x+3=5$ $\quad\therefore x=2$
따라서 $x=2$, $y=3$을 $x+ay=11$에 대입하면
$2+a\times 3=11$, $3a=9$ $\quad\therefore a=3$
$x=2$, $y=3$을 $2x-y=b$에 대입하면
$2\times 2-3=b$ $\quad\therefore b=1$

06 두 연립방정식의 해가 서로 같으므로 그 해는
연립방정식 $\begin{cases} 5x+y=6 & \cdots\cdots ㉠ \\ 3x-4y=-1 & \cdots\cdots ㉡ \end{cases}$의 해와 같다.
㉠$\times 4+$㉡을 하면 $23x=23$ $\quad\therefore x=1$
$x=1$을 ㉠에 대입하면
$5\times 1+y=6$ $\quad\therefore y=1$
따라서 $x=1$, $y=1$을 $4x-y=a$에 대입하면
$4\times 1-1=a$ $\quad\therefore a=3$
$x=1$, $y=1$을 $bx+5y=-2$에 대입하면
$b\times 1+5\times 1=-2$ $\quad\therefore b=-7$

13 $A=B=C$ 꼴의 방정식의 풀이

117쪽

01 $x=3,\ y=-3$ / $-3,\ -3,\ -3,\ 3,\ 3,\ 3,\ -3$

02 $x=4,\ y=-2$ **03** $x=-1,\ y=1$

04 $x=8,\ y=-1$ **05** $x=\dfrac{1}{2},\ y=1$

06 $x=-2,\ y=1$ **07** $x=1,\ y=2$

08 $x=2,\ y=1$ **09** $x=-4,\ y=4$

02 $\begin{cases} 2x+y=6 & \cdots\cdots\ \bigcirc \\ x-y=6 & \cdots\cdots\ \bigcirc\!\!\bigcirc \end{cases}$

$\bigcirc+\bigcirc\!\!\bigcirc$을 하면 $3x=12$ $\quad\therefore\ x=4$

$x=4$를 $\bigcirc\!\!\bigcirc$에 대입하면 $4-y=6$ $\quad\therefore\ y=-2$

따라서 방정식의 해는 $x=4,\ y=-2$

03 $\begin{cases} 2x+3y=1 & \cdots\cdots\ \bigcirc \\ 3x+4y=1 & \cdots\cdots\ \bigcirc\!\!\bigcirc \end{cases}$

$\bigcirc\times 3-\bigcirc\!\!\bigcirc\times 2$를 하면 $y=1$

$y=1$을 $\bigcirc$에 대입하면

$2x+3\times 1=1,\ 2x=-2$ $\quad\therefore\ x=-1$

따라서 방정식의 해는 $x=-1,\ y=1$

04 $\begin{cases} x+3y=5 \\ x+y-2=5 \end{cases}$ 에서 $\begin{cases} x+3y=5 & \cdots\cdots\ \bigcirc \\ x+y=7 & \cdots\cdots\ \bigcirc\!\!\bigcirc \end{cases}$

$\bigcirc-\bigcirc\!\!\bigcirc$을 하면 $2y=-2$ $\quad\therefore\ y=-1$

$y=-1$을 $\bigcirc$에 대입하면 $x+3\times(-1)=5$ $\quad\therefore\ x=8$

따라서 방정식의 해는 $x=8,\ y=-1$

05 $\begin{cases} 4x+2y-1=3 \\ 2x-3y+5=3 \end{cases}$ 에서 $\begin{cases} 4x+2y=4 & \cdots\cdots\ \bigcirc \\ 2x-3y=-2 & \cdots\cdots\ \bigcirc\!\!\bigcirc \end{cases}$

$\bigcirc-\bigcirc\!\!\bigcirc\times 2$를 하면 $8y=8$ $\quad\therefore\ y=1$

$y=1$을 $\bigcirc$에 대입하면

$4x+2\times 1=4,\ 4x=2$ $\quad\therefore\ x=\dfrac{1}{2}$

따라서 방정식의 해는 $x=\dfrac{1}{2},\ y=1$

06 $\begin{cases} 3x-y=y-8 \\ y-8=5x+3 \end{cases}$ 에서 $\begin{cases} 3x-2y=-8 & \cdots\cdots\ \bigcirc \\ 5x-y=-11 & \cdots\cdots\ \bigcirc\!\!\bigcirc \end{cases}$

$\bigcirc-\bigcirc\!\!\bigcirc\times 2$를 하면 $-7x=14$ $\quad\therefore\ x=-2$

$x=-2$를 $\bigcirc$에 대입하면

$3\times(-2)-2y=-8,\ -2y=-2$ $\quad\therefore\ y=1$

따라서 방정식의 해는 $x=-2,\ y=1$

07 $\begin{cases} y-5=-1-2x \\ -1-2x=2x-3y+1 \end{cases}$ 에서 $\begin{cases} 2x+y=4 & \cdots\cdots\ \bigcirc \\ 4x-3y=-2 & \cdots\cdots\ \bigcirc\!\!\bigcirc \end{cases}$

$\bigcirc\times 3+\bigcirc\!\!\bigcirc$을 하면 $10x=10$ $\quad\therefore\ x=1$

$x=1$을 $\bigcirc$에 대입하면 $2\times 1+y=4$ $\quad\therefore\ y=2$

따라서 방정식의 해는 $x=1,\ y=2$

08 $\begin{cases} x+3y=y+4 \\ y+4=2x-y+2 \end{cases}$ 에서 $\begin{cases} x+2y=4 & \cdots\cdots\ \bigcirc \\ 2x-2y=2 & \cdots\cdots\ \bigcirc\!\!\bigcirc \end{cases}$

$\bigcirc+\bigcirc\!\!\bigcirc$을 하면 $3x=6$ $\quad\therefore\ x=2$

$x=2$를 $\bigcirc$에 대입하면 $2+2y=4,\ 2y=2$ $\quad\therefore\ y=1$

따라서 방정식의 해는 $x=2,\ y=1$

09 $\begin{cases} 3x-2y+1=-4y-3 \\ x-5y+5=-4y-3 \end{cases}$ 에서 $\begin{cases} 3x+2y=-4 & \cdots\cdots\ \bigcirc \\ x-y=-8 & \cdots\cdots\ \bigcirc\!\!\bigcirc \end{cases}$

$\bigcirc+\bigcirc\!\!\bigcirc\times 2$를 하면 $5x=-20$ $\quad\therefore\ x=-4$

$x=-4$를 $\bigcirc\!\!\bigcirc$에 대입하면 $-4-y=-8$ $\quad\therefore\ y=4$

따라서 방정식의 해는 $x=-4,\ y=4$

14 해가 특수한 연립방정식의 풀이

118쪽

01 해가 무수히 많다. / $6,\ 15,\ =$ **02** 해가 무수히 많다.

03 해가 무수히 많다. **04** 해가 무수히 많다.

05 해가 없다. / $6,\ 6,\$ 같고, 다르다 **06** 해가 없다.

07 해가 없다. **08** 해가 없다.

02 $\begin{cases} 2x-y=1 & \cdots\cdots\ \bigcirc \\ 4x-2y=2 & \cdots\cdots\ \bigcirc\!\!\bigcirc \end{cases}$

$\bigcirc\times 2$를 하면

$4x-2y=2$ $\quad\cdots\cdots\ \bigcirc\!\!\bigcirc\!\!\bigcirc$

따라서 $\bigcirc\!\!\bigcirc\!\!\bigcirc=\bigcirc\!\!\bigcirc$이므로 연립방정식의 해가 무수히 많다.

03 $\begin{cases} 5x-2y=3 & \cdots\cdots\ \bigcirc \\ -15x+6y=-9 & \cdots\cdots\ \bigcirc\!\!\bigcirc \end{cases}$

$\bigcirc\times(-3)$을 하면

$-15x+6y=-9$ $\quad\cdots\cdots\ \bigcirc\!\!\bigcirc\!\!\bigcirc$

따라서 $\bigcirc\!\!\bigcirc\!\!\bigcirc=\bigcirc\!\!\bigcirc$이므로 연립방정식의 해가 무수히 많다.

04 $\begin{cases} \dfrac{x}{2}+\dfrac{y}{3}=1 & \cdots\cdots\ \bigcirc \\ 3x+2y=6 & \cdots\cdots\ \bigcirc\!\!\bigcirc \end{cases}$

$\bigcirc\times 6$을 하면

$3x+2y=6$ $\quad\cdots\cdots\ \bigcirc\!\!\bigcirc\!\!\bigcirc$

따라서 $\bigcirc\!\!\bigcirc\!\!\bigcirc=\bigcirc\!\!\bigcirc$이므로 연립방정식의 해가 무수히 많다.

06 $\begin{cases} x+y=4 & \cdots\cdots\ \bigcirc \\ 5x+5y=4 & \cdots\cdots\ \bigcirc\!\!\bigcirc \end{cases}$

$\bigcirc\times 5$를 하면

$5x+5y=20$ $\quad\cdots\cdots\ \bigcirc\!\!\bigcirc\!\!\bigcirc$

$\bigcirc\!\!\bigcirc\!\!\bigcirc$과 $\bigcirc\!\!\bigcirc$을 비교하면 x의 계수와 y의 계수는 각각 같고, 상수항은 다르므로 연립방정식의 해가 없다.

07 $\begin{cases} 2x+3y=1 & \cdots\cdots\ \bigcirc \\ -4x-6y=2 & \cdots\cdots\ \bigcirc \end{cases}$

$\bigcirc\times(-2)$를 하면

$-4x-6y=-2 \quad \cdots\cdots\ \bigcirc$

$\bigcirc$과 $\bigcirc$을 비교하면 x의 계수와 y의 계수는 각각 같고,
상수항은 다르므로 연립방정식의 해가 없다.

08 $\begin{cases} 3x-2y=5 & \cdots\cdots\ \bigcirc \\ \dfrac{x}{4}-\dfrac{y}{6}=\dfrac{5}{6} & \cdots\cdots\ \bigcirc \end{cases}$

$\bigcirc\times12$를 하면

$3x-2y=10 \quad \cdots\cdots\ \bigcirc$

$\bigcirc$과 $\bigcirc$을 비교하면 x의 계수와 y의 계수는 각각 같고,
상수항은 다르므로 연립방정식의 해가 없다.

01 $\begin{cases} y=3x-2 & \cdots\cdots\ \bigcirc \\ 2x+y=8 & \cdots\cdots\ \bigcirc \end{cases}$

$\bigcirc$을 $\bigcirc$에 대입하면 $2x+(3x-2)=8$

$5x=10 \quad \therefore\ x=2$

$x=2$를 $\bigcirc$에 대입하면 $y=3\times2-2=4$

따라서 연립방정식의 해는 $x=2,\ y=4$

02 $\begin{cases} -6x-y=2 & \cdots\cdots\ \bigcirc \\ x=y-5 & \cdots\cdots\ \bigcirc \end{cases}$

$\bigcirc$을 $\bigcirc$에 대입하면 $-6(y-5)-y=2$

$-7y=-28 \quad \therefore\ y=4$

$y=4$를 $\bigcirc$에 대입하면 $x=4-5=-1$

따라서 연립방정식의 해는 $x=-1,\ y=4$

03 $\begin{cases} 3y=2x-8 & \cdots\cdots\ \bigcirc \\ 3y=-7x+1 & \cdots\cdots\ \bigcirc \end{cases}$

$\bigcirc$을 $\bigcirc$에 대입하면 $2x-8=-7x+1$

$9x=9 \quad \therefore\ x=1$

$x=1$을 $\bigcirc$에 대입하면 $3y=2\times1-8=-6 \quad \therefore\ y=-2$

따라서 연립방정식의 해는 $x=1,\ y=-2$

04 $\begin{cases} x+y=9 & \cdots\cdots\ \bigcirc \\ x-y=5 & \cdots\cdots\ \bigcirc \end{cases}$

$\bigcirc+\bigcirc$을 하면 $2x=14 \quad \therefore\ x=7$

$x=7$을 $\bigcirc$에 대입하면 $7+y=9 \quad \therefore\ y=2$

따라서 연립방정식의 해는 $x=7,\ y=2$

05 $\begin{cases} -3x+2y=11 & \cdots\cdots\ \bigcirc \\ x+4y=1 & \cdots\cdots\ \bigcirc \end{cases}$

$\bigcirc\times2-\bigcirc$을 하면 $-7x=21 \quad \therefore\ x=-3$

$x=-3$을 $\bigcirc$에 대입하면

$-3+4y=1,\ 4y=4 \quad \therefore\ y=1$

따라서 연립방정식의 해는 $x=-3,\ y=1$

06 $\begin{cases} 5x+3y=7 & \cdots\cdots\ \bigcirc \\ 2x+y=3 & \cdots\cdots\ \bigcirc \end{cases}$

$\bigcirc-\bigcirc\times3$을 하면 $-x=-2 \quad \therefore\ x=2$

$x=2$를 $\bigcirc$에 대입하면 $2\times2+y=3 \quad \therefore\ y=-1$

따라서 연립방정식의 해는 $x=2,\ y=-1$

07 $\begin{cases} 2(x-y)+3y=1 & \cdots\cdots\ \bigcirc \\ x+3(x-2y)=10 & \cdots\cdots\ \bigcirc \end{cases}$

$\bigcirc$의 괄호를 풀어 정리하면 $2x+y=1 \quad \cdots\cdots\ \bigcirc$

$\bigcirc$의 괄호를 풀어 정리하면 $2x-3y=5 \quad \cdots\cdots\ \textcircled{2}$

$\bigcirc-\textcircled{2}$을 하면 $4y=-4 \quad \therefore\ y=-1$

$y=-1$을 $\bigcirc$에 대입하면

$2x+(-1)=1,\ 2x=2 \quad \therefore\ x=1$

따라서 연립방정식의 해는 $x=1,\ y=-1$

08 $\begin{cases} 0.3x-0.2y=0.8 & \cdots\cdots\ \bigcirc \\ 0.4x+y=-0.2 & \cdots\cdots\ \bigcirc \end{cases}$

$\bigcirc\times10$을 하면 $3x-2y=8 \quad \cdots\cdots\ \bigcirc$

$\bigcirc\times10$을 하면 $4x+10y=-2 \quad \cdots\cdots\ \textcircled{2}$

$\bigcirc\times5+\textcircled{2}$을 하면 $19x=38 \quad \therefore\ x=2$

$x=2$를 $\bigcirc$에 대입하면

$3\times2-2y=8,\ -2y=2 \quad \therefore\ y=-1$

따라서 연립방정식의 해는 $x=2,\ y=-1$

09 $\begin{cases} \dfrac{1}{3}x-\dfrac{1}{2}y=\dfrac{4}{3} & \cdots\cdots\ \bigcirc \\ \dfrac{1}{2}x+\dfrac{1}{8}y=\dfrac{1}{4} & \cdots\cdots\ \bigcirc \end{cases}$

$\bigcirc\times6$을 하면 $2x-3y=8 \quad \cdots\cdots\ \bigcirc$

$\bigcirc\times8$을 하면 $4x+y=2 \quad \cdots\cdots\ \textcircled{2}$

$\bigcirc+\textcircled{2}\times3$을 하면 $14x=14 \quad \therefore\ x=1$

$x=1$을 $\textcircled{2}$에 대입하면 $4\times1+y=2 \quad \therefore\ y=-2$

따라서 연립방정식의 해는 $x=1,\ y=-2$

10 $\begin{cases} 0.3x-0.5y=1.9 & \cdots\cdots\ \bigcirc \\ \dfrac{x}{2}+\dfrac{y}{3}=\dfrac{5}{6} & \cdots\cdots\ \bigcirc \end{cases}$

㉠×10을 하면 $3x-5y=19$ ····· ㉢
㉡×6을 하면 $3x+2y=5$ ····· ㉣
㉢-㉣을 하면 $-7y=14$ ∴ $y=-2$
$y=-2$를 ㉣에 대입하면
$3x+2\times(-2)=5,\ 3x=9$ ∴ $x=3$
따라서 연립방정식의 해는 $x=3,\ y=-2$

11 $\begin{cases} x+3y=-4 & \cdots\cdots ㉠ \\ 3x+9y=-12 & \cdots\cdots ㉡ \end{cases}$
㉠×3을 하면 $3x+9y=-12$ ····· ㉢
따라서 ㉢=㉡이므로 연립방정식의 해가 무수히 많다.

12 $\begin{cases} -x+2y=7 & \cdots\cdots ㉠ \\ x-2y=-3 & \cdots\cdots ㉡ \end{cases}$
㉠×(-1)을 하면 $x-2y=-7$ ····· ㉢
㉢과 ㉡을 비교하면 x의 계수와 y의 계수는 각각 같고, 상수항은 다르므로 연립방정식의 해가 없다.

13 주어진 연립방정식의 해는 세 방정식을 모두 만족시키므로
연립방정식 $\begin{cases} x+5y=4 & \cdots\cdots ㉠ \\ x+2y=1 & \cdots\cdots ㉡ \end{cases}$의 해와 같다.
㉠-㉡을 하면 $3y=3$ ∴ $y=1$
$y=1$을 ㉡에 대입하면 $x+2\times1=1$ ∴ $x=-1$
따라서 $x=-1,\ y=1$을 $ax-y=-3$에 대입하면
$a\times(-1)-1=-3$ ∴ $a=2$

14 두 연립방정식의 해가 서로 같으므로 그 해는
연립방정식 $\begin{cases} 3x+y=-2 & \cdots\cdots ㉠ \\ 2x-y=7 & \cdots\cdots ㉡ \end{cases}$의 해와 같다.
㉠+㉡을 하면 $5x=5$ ∴ $x=1$
$x=1$을 ㉠에 대입하면 $3\times1+y=-2$ ∴ $y=-5$
따라서 $x=1,\ y=-5$를 $4x-ay=9$에 대입하면
$4\times1-a\times(-5)=9,\ 5a=5$ ∴ $a=1$
$x=1,\ y=-5$를 $5x+2y=b$에 대입하면
$5\times1+2\times(-5)=b$ ∴ $b=-5$

15 $\begin{cases} 2x-3y=13 & \cdots\cdots ㉠ \\ 5x-y=13 & \cdots\cdots ㉡ \end{cases}$
㉠-㉡×3을 하면 $-13x=-26$ ∴ $x=2$
$x=2$를 ㉡에 대입하면 $5\times2-y=13$ ∴ $y=-3$
따라서 방정식의 해는 $x=2,\ y=-3$

16 $\begin{cases} x+2y+7=4x \\ 4x=3x+y \end{cases}$에서 $\begin{cases} 3x-2y=7 & \cdots\cdots ㉠ \\ x=y & \cdots\cdots ㉡ \end{cases}$
㉡을 ㉠에 대입하면 $3y-2y=7$ ∴ $y=7$
$y=7$을 ㉡에 대입하면 $x=7$
따라서 방정식의 해는 $x=7,\ y=7$

10분 연산 TEST 2회

120쪽

01 $x=4,\ y=6$	**02** $x=6,\ y=2$
03 $x=1,\ y=3$	**04** $x=4,\ y=1$
05 $x=-2,\ y=3$	**06** $x=-1,\ y=-2$
07 $x=-12,\ y=6$	**08** $x=1,\ y=\dfrac{1}{2}$
09 $x=10,\ y=-12$	**10** $x=2,\ y=2$
11 해가 무수히 많다.	**12** 해가 없다. **13** -2
14 $a=2,\ b=-2$	**15** $x=3,\ y=-4$
16 $x=2,\ y=-2$	

01 $\begin{cases} y=x+2 & \cdots\cdots ㉠ \\ 3x-y=6 & \cdots\cdots ㉡ \end{cases}$
㉠을 ㉡에 대입하면 $3x-(x+2)=6$
$2x=8$ ∴ $x=4$
$x=4$를 ㉠에 대입하면 $y=4+2=6$
따라서 연립방정식의 해는 $x=4,\ y=6$

02 $\begin{cases} x=3y & \cdots\cdots ㉠ \\ x+5y=16 & \cdots\cdots ㉡ \end{cases}$
㉠을 ㉡에 대입하면 $3y+5y=16$
$8y=16$ ∴ $y=2$
$y=2$를 ㉠에 대입하면 $x=3\times2=6$
따라서 연립방정식의 해는 $x=6,\ y=2$

03 $\begin{cases} 2x-y=-1 & \cdots\cdots ㉠ \\ 3x+2y=9 & \cdots\cdots ㉡ \end{cases}$
㉠에서 y를 x에 대한 식으로 나타내면
$y=2x+1$ ····· ㉢
㉢을 ㉡에 대입하면
$3x+2(2x+1)=9,\ 7x=7$ ∴ $x=1$
$x=1$을 ㉢에 대입하면 $y=2\times1+1=3$
따라서 연립방정식의 해는 $x=1,\ y=3$

04 $\begin{cases} x+y=5 & \cdots\cdots ㉠ \\ 4x-y=15 & \cdots\cdots ㉡ \end{cases}$
㉠+㉡을 하면 $5x=20$ ∴ $x=4$
$x=4$를 ㉠에 대입하면 $4+y=5$ ∴ $y=1$
따라서 연립방정식의 해는 $x=4,\ y=1$

05 $\begin{cases} 2x-3y=-13 & \cdots\cdots ㉠ \\ x-3y=-11 & \cdots\cdots ㉡ \end{cases}$
㉠-㉡을 하면 $x=-2$
$x=-2$를 ㉡에 대입하면
$-2-3y=-11,\ -3y=-9$ ∴ $y=3$

따라서 연립방정식의 해는 $x=-2$, $y=3$

06 $\begin{cases} 2x-3y=4 & \cdots\cdots \text{㉠} \\ 3x+2y=-7 & \cdots\cdots \text{㉡} \end{cases}$

㉠$\times 3-$㉡$\times 2$를 하면 $-13y=26$ $\quad \therefore y=-2$

$y=-2$를 ㉡에 대입하면

$3x+2\times(-2)=-7$, $3x=-3$ $\quad \therefore x=-1$

따라서 연립방정식의 해는 $x=-1$, $y=-2$

07 $\begin{cases} 5x-2(3x+y)=0 & \cdots\cdots \text{㉠} \\ 12+x=3(6-y) & \cdots\cdots \text{㉡} \end{cases}$

㉠의 괄호를 풀어 정리하면 $x=-2y$ $\quad\cdots\cdots$ ㉢

㉡의 괄호를 풀어 정리하면 $x+3y=6$ $\quad\cdots\cdots$ ㉣

㉢을 ㉣에 대입하면 $-2y+3y=6$ $\quad \therefore y=6$

$y=6$을 ㉢에 대입하면 $x=-2\times 6=-12$

따라서 연립방정식의 해는 $x=-12$, $y=6$

08 $\begin{cases} 0.1x+0.2y=0.2 & \cdots\cdots \text{㉠} \\ 0.04x+0.06y=0.07 & \cdots\cdots \text{㉡} \end{cases}$

㉠$\times 10$을 하면 $x+2y=2$ $\quad\cdots\cdots$ ㉢

㉡$\times 100$을 하면 $4x+6y=7$ $\quad\cdots\cdots$ ㉣

㉢$\times 4-$㉣을 하면 $2y=1$ $\quad \therefore y=\dfrac{1}{2}$

$y=\dfrac{1}{2}$을 ㉢에 대입하면 $x+2\times\dfrac{1}{2}=2$ $\quad \therefore x=1$

따라서 연립방정식의 해는 $x=1$, $y=\dfrac{1}{2}$

09 $\begin{cases} \dfrac{1}{2}x+\dfrac{1}{3}y=1 & \cdots\cdots \text{㉠} \\ \dfrac{1}{5}x-\dfrac{1}{4}y=5 & \cdots\cdots \text{㉡} \end{cases}$

㉠$\times 6$을 하면 $3x+2y=6$ $\quad\cdots\cdots$ ㉢

㉡$\times 20$을 하면 $4x-5y=100$ $\quad\cdots\cdots$ ㉣

㉢$\times 4-$㉣$\times 3$을 하면 $23y=-276$ $\quad \therefore y=-12$

$y=-12$를 ㉢에 대입하면

$3x+2\times(-12)=6$, $3x=30$ $\quad \therefore x=10$

따라서 연립방정식의 해는 $x=10$, $y=-12$

10 $\begin{cases} \dfrac{1}{2}x-\dfrac{1}{3}(x-y)=1 & \cdots\cdots \text{㉠} \\ 0.3(x+y)-0.2y=0.8 & \cdots\cdots \text{㉡} \end{cases}$

㉠$\times 6$을 하면

$3x-2(x-y)=6$, $x+2y=6$ $\quad\cdots\cdots$ ㉢

㉡$\times 10$을 하면

$3(x+y)-2y=8$, $3x+y=8$ $\quad\cdots\cdots$ ㉣

㉢$-$㉣$\times 2$를 하면 $-5x=-10$ $\quad \therefore x=2$

$x=2$를 ㉢에 대입하면 $2+2y=6$, $2y=4$ $\quad \therefore y=2$

따라서 연립방정식의 해는 $x=2$, $y=2$

11 $\begin{cases} -2x+4y=6 & \cdots\cdots \text{㉠} \\ x-2y=-3 & \cdots\cdots \text{㉡} \end{cases}$

㉡$\times(-2)$를 하면 $-2x+4y=6$ $\quad\cdots\cdots$ ㉢

따라서 ㉢$=$㉠이므로 연립방정식의 해가 무수히 많다.

12 $\begin{cases} x+2y=2 & \cdots\cdots \text{㉠} \\ \dfrac{1}{2}x+y=3 & \cdots\cdots \text{㉡} \end{cases}$

㉡$\times 2$를 하면 $x+2y=6$ $\quad\cdots\cdots$ ㉢

㉢과 ㉠을 비교하면 x의 계수와 y의 계수는 각각 같고, 상수항은 다르므로 연립방정식의 해가 없다.

13 주어진 연립방정식의 해는 세 방정식을 모두 만족시키므로

연립방정식 $\begin{cases} x+3y=-1 & \cdots\cdots \text{㉠} \\ x-y=3 & \cdots\cdots \text{㉡} \end{cases}$의 해와 같다.

㉠$-$㉡을 하면 $4y=-4$ $\quad \therefore y=-1$

$y=-1$을 ㉡에 대입하면

$x-(-1)=3$ $\quad \therefore x=2$

따라서 $x=2$, $y=-1$을 $x+ay=4$에 대입하면

$2+a\times(-1)=4$ $\quad \therefore a=-2$

14 두 연립방정식의 해가 서로 같으므로 그 해는 연립방정식

$\begin{cases} 2x-9y=-3 & \cdots\cdots \text{㉠} \\ -4x+5y=-7 & \cdots\cdots \text{㉡} \end{cases}$의 해와 같다.

㉠$\times 2+$㉡을 하면

$-13y=-13$ $\quad \therefore y=1$

$y=1$을 ㉠에 대입하면

$2x-9\times 1=-3$, $2x=6$ $\quad \therefore x=3$

따라서 $x=3$, $y=1$을 $ax+y=7$에 대입하면

$a\times 3+1=7$, $3a=6$ $\quad \therefore a=2$

$x=3$, $y=1$을 $x-by=5$에 대입하면

$3-b\times 1=5$ $\quad \therefore b=-2$

15 $\begin{cases} 4x-3y=24 \\ x-5y+1=24 \end{cases}$ 에서 $\begin{cases} 4x-3y=24 & \cdots\cdots \text{㉠} \\ x-5y=23 & \cdots\cdots \text{㉡} \end{cases}$

㉠$-$㉡$\times 4$를 하면

$17y=-68$ $\quad \therefore y=-4$

$y=-4$를 ㉠에 대입하면

$4x-3\times(-4)=24$, $4x=12$ $\quad \therefore x=3$

따라서 방정식의 해는 $x=3$, $y=-4$

16 $\begin{cases} 2x-y=5x+2y \\ 9x+5y-2=5x+2y \end{cases}$ 에서 $\begin{cases} x=-y & \cdots\cdots \text{㉠} \\ 4x+3y=2 & \cdots\cdots \text{㉡} \end{cases}$

㉠을 ㉡에 대입하면

$-4y+3y=2$ $\quad \therefore y=-2$

$y=-2$를 ㉠에 대입하면 $x=2$

따라서 방정식의 해는 $x=2$, $y=-2$

15 연립방정식의 활용 (1)

121쪽~123쪽

01 (1) $\begin{cases} x-y=4 \\ x=2y-9 \end{cases}$ / $x-y,\ 2y-9$ (2) $x=17,\ y=13$ (3) 17

02 (1) $\begin{cases} x+y=32 \\ x-y=10 \end{cases}$ (2) $x=21,\ y=11$ (3) 11

03 (1) $\begin{cases} x+y=9 \\ 10y+x=(10x+y)+9 \end{cases}$ / $x+y,\ 10y+x,\ 10y+x$

(2) $x=4,\ y=5$ (3) 45

04 (1) $\begin{cases} x+y=10 \\ 10y+x=2(10x+y)-1 \end{cases}$ (2) $x=3,\ y=7$ (3) 37

05 (1) $1000y,\ 7500$ (2) $\begin{cases} x+y=9 \\ 700x+1000y=7500 \end{cases}$

(3) $x=5,\ y=4$ (4) 5개

06 (1) $\begin{cases} x+y=20 \\ 1000x+1500y=24000 \end{cases}$ (2) $x=12,\ y=8$ (3) 12송이

07 (1) $25,\ 4y,\ 64$ (2) $\begin{cases} x+y=25 \\ 2x+4y=64 \end{cases}$ (3) $x=18,\ y=7$

(4) 18마리

08 (1) $\begin{cases} x+y=21 \\ 3x+4y=80 \end{cases}$ (2) $x=4,\ y=17$ (3) 17개

09 (1) $y+15$ (2) $\begin{cases} x-y=30 \\ x+15=2(y+15) \end{cases}$ (3) $x=45,\ y=15$

(4) 45세

10 (1) $\begin{cases} x+y=23 \\ x+10=2(y+10)-11 \end{cases}$ (2) $x=15,\ y=8$ (3) 8세

11 (1) $\begin{cases} x=y+8 \\ 2(x+y)=100 \end{cases}$ / $y+8,\ y$ (2) $x=29,\ y=21$ (3) 29 cm

12 (1) $\begin{cases} x+y=60 \\ x=y-16 \end{cases}$ (2) $x=22,\ y=38$ (3) 38 cm

01 (2) $\begin{cases} x-y=4 & \cdots\cdots\ \text{㉠} \\ x=2y-9 & \cdots\cdots\ \text{㉡} \end{cases}$

㉡을 ㉠에 대입하면 $(2y-9)-y=4$ $\quad \therefore\ y=13$
$y=13$을 ㉠에 대입하면 $x-13=4$ $\quad \therefore\ x=17$
따라서 연립방정식의 해는 $x=17,\ y=13$

02 (2) $\begin{cases} x+y=32 & \cdots\cdots\ \text{㉠} \\ x-y=10 & \cdots\cdots\ \text{㉡} \end{cases}$

㉠+㉡을 하면 $2x=42$ $\quad \therefore\ x=21$
$x=21$을 ㉠에 대입하면 $21+y=32$ $\quad \therefore\ y=11$
따라서 연립방정식의 해는 $x=21,\ y=11$

03 (2) $\begin{cases} x+y=9 \\ 10y+x=(10x+y)+9 \end{cases}$ 에서

$\begin{cases} x+y=9 & \cdots\cdots\ \text{㉠} \\ x-y=-1 & \cdots\cdots\ \text{㉡} \end{cases}$

㉠+㉡을 하면 $2x=8$ $\quad \therefore\ x=4$
$x=4$를 ㉠에 대입하면 $4+y=9$ $\quad \therefore\ y=5$
따라서 연립방정식의 해는 $x=4,\ y=5$

참고 십의 자리의 숫자가 x, 일의 자리의 숫자가 y인 두 자리의 자연

수에 대하여

① 처음 수 : $10x+y$

② 바꾼 수 : $10y+x$

04 (2) $\begin{cases} x+y=10 \\ 10y+x=2(10x+y)-1 \end{cases}$ 에서

$\begin{cases} x+y=10 & \cdots\cdots\ \text{㉠} \\ 19x-8y=1 & \cdots\cdots\ \text{㉡} \end{cases}$

㉠×8+㉡을 하면 $27x=81$ $\quad \therefore\ x=3$
$x=3$을 ㉠에 대입하면 $3+y=10$ $\quad \therefore\ y=7$
따라서 연립방정식의 해는 $x=3,\ y=7$

05 (3) $\begin{cases} x+y=9 \\ 700x+1000y=7500 \end{cases}$ 에서

$\begin{cases} x+y=9 & \cdots\cdots\ \text{㉠} \\ 7x+10y=75 & \cdots\cdots\ \text{㉡} \end{cases}$

㉠×7-㉡을 하면 $-3y=-12$ $\quad \therefore\ y=4$
$y=4$를 ㉠에 대입하면 $x+4=9$ $\quad \therefore\ x=5$
따라서 연립방정식의 해는 $x=5,\ y=4$

06 (2) $\begin{cases} x+y=20 \\ 1000x+1500y=24000 \end{cases}$ 에서

$\begin{cases} x+y=20 & \cdots\cdots\ \text{㉠} \\ 2x+3y=48 & \cdots\cdots\ \text{㉡} \end{cases}$

㉠×2-㉡을 하면 $-y=-8$ $\quad \therefore\ y=8$
$y=8$을 ㉠에 대입하면 $x+8=20$ $\quad \therefore\ x=12$
따라서 연립방정식의 해는 $x=12,\ y=8$

07 (3) $\begin{cases} x+y=25 \\ 2x+4y=64 \end{cases}$ 에서 $\begin{cases} x+y=25 & \cdots\cdots\ \text{㉠} \\ x+2y=32 & \cdots\cdots\ \text{㉡} \end{cases}$

㉠-㉡을 하면 $-y=-7$ $\quad \therefore\ y=7$
$y=7$을 ㉠에 대입하면 $x+7=25$ $\quad \therefore\ x=18$
따라서 연립방정식의 해는 $x=18,\ y=7$

08 (2) $\begin{cases} x+y=21 & \cdots\cdots\ \text{㉠} \\ 3x+4y=80 & \cdots\cdots\ \text{㉡} \end{cases}$

㉠×3-㉡을 하면 $-y=-17$ $\quad \therefore\ y=17$
$y=17$을 ㉠에 대입하면 $x+17=21$ $\quad \therefore\ x=4$

09 (3) $\begin{cases} x-y=30 \\ x+15=2(y+15) \end{cases}$ 에서 $\begin{cases} x-y=30 & \cdots\cdots\ \text{㉠} \\ x-2y=15 & \cdots\cdots\ \text{㉡} \end{cases}$

㉠-㉡을 하면 $y=15$
$y=15$를 ㉠에 대입하면 $x-15=30$ $\quad \therefore\ x=45$
따라서 연립방정식의 해는 $x=45,\ y=15$

10 (2) $\begin{cases} x+y=23 \\ x+10=2(y+10)-11 \end{cases}$ 에서

$\begin{cases} x+y=23 & \cdots\cdots \ ㉠ \\ x-2y=-1 & \cdots\cdots \ ㉡ \end{cases}$

㉠$-$㉡을 하면 $3y=24$ $\qquad \therefore y=8$

$y=8$을 ㉠에 대입하면 $x+8=23$ $\qquad \therefore x=15$

따라서 연립방정식의 해는 $x=15,\ y=8$

11 (2) $\begin{cases} x=y+8 \\ 2(x+y)=100 \end{cases}$ 에서 $\begin{cases} x=y+8 & \cdots\cdots \ ㉠ \\ x+y=50 & \cdots\cdots \ ㉡ \end{cases}$

㉠을 ㉡에 대입하면

$(y+8)+y=50,\ 2y=42$ $\qquad \therefore y=21$

$y=21$을 ㉠에 대입하면 $x=21+8=29$

따라서 연립방정식의 해는 $x=29,\ y=21$

12 (2) $\begin{cases} x+y=60 & \cdots\cdots \ ㉠ \\ x=y-16 & \cdots\cdots \ ㉡ \end{cases}$

㉡을 ㉠에 대입하면

$(y-16)+y=60,\ 2y=76$ $\qquad \therefore y=38$

$y=38$을 ㉠에 대입하면 $x+38=60$ $\qquad \therefore x=22$

따라서 연립방정식의 해는 $x=22,\ y=38$

16 연립방정식의 활용 (2)

124쪽

01 (1) y, 6, $\dfrac{y}{6}$, $\begin{cases} x+y=4.5 \\ \dfrac{x}{4}+\dfrac{y}{6}=1 \end{cases}$ (2) $x=3,\ y=1.5$ (3) 3 km

02 1 km

03 (1) y, 5, $\dfrac{y}{5}$, $\begin{cases} y=x-1 \\ \dfrac{x}{3}+\dfrac{y}{5}=3 \end{cases}$ (2) $x=6,\ y=5$ (3) 5 km

04 1 km

01 (1)

	걸어갈 때	뛰어갈 때
거리(km)	x	y
속력(km/h)	4	6
시간(시간)	$\dfrac{x}{4}$	$\dfrac{y}{6}$

(2) $\begin{cases} x+y=4.5 \\ \dfrac{x}{4}+\dfrac{y}{6}=1 \end{cases}$ 에서 $\begin{cases} x+y=4.5 & \cdots\cdots \ ㉠ \\ 3x+2y=12 & \cdots\cdots \ ㉡ \end{cases}$

㉠$\times2-$㉡을 하면 $-x=-3$ $\qquad \therefore x=3$

$x=3$을 ㉠에 대입하면 $3+y=4.5$ $\qquad \therefore y=1.5$

따라서 연립방정식의 해는 $x=3,\ y=1.5$

02 걸어간 거리를 x km, 뛰어간 거리를 y km라 하면

$\begin{cases} x+y=3 \\ \dfrac{x}{5}+\dfrac{y}{10}=\dfrac{1}{2} \end{cases}$ 에서 $\begin{cases} x+y=3 & \cdots\cdots \ ㉠ \\ 2x+y=5 & \cdots\cdots \ ㉡ \end{cases}$

㉠$-$㉡을 하면 $-x=-2$ $\qquad \therefore x=2$

$x=2$를 ㉠에 대입하면 $2+y=3$ $\qquad \therefore y=1$

따라서 미진이가 뛰어간 거리는 1 km이다.

03 (1)

	올라갈 때	내려올 때
거리(km)	x	y
속력(km/h)	3	5
시간(시간)	$\dfrac{x}{3}$	$\dfrac{y}{5}$

(2) $\begin{cases} y=x-1 \\ \dfrac{x}{3}+\dfrac{y}{5}=3 \end{cases}$ 에서 $\begin{cases} y=x-1 & \cdots\cdots \ ㉠ \\ 5x+3y=45 & \cdots\cdots \ ㉡ \end{cases}$

㉠을 ㉡에 대입하면

$5x+3(x-1)=45,\ 8x=48$ $\qquad \therefore x=6$

$x=6$을 ㉠에 대입하면 $y=6-1=5$

따라서 연립방정식의 해는 $x=6,\ y=5$

04 시속 2 km로 걸은 거리를 x km, 시속 3 km로 걸은 거리를 y km라 하면

$\begin{cases} y=x+0.5 \\ \dfrac{x}{2}+\dfrac{y}{3}=1 \end{cases}$ 에서 $\begin{cases} 2y=2x+1 & \cdots\cdots \ ㉠ \\ 3x+2y=6 & \cdots\cdots \ ㉡ \end{cases}$

㉠을 ㉡에 대입하면

$3x+(2x+1)=6,\ 5x=5$ $\qquad \therefore x=1$

$x=1$을 ㉠에 대입하면 $2y=2\times1+1=3$ $\qquad \therefore y=\dfrac{3}{2}$

따라서 시속 2 km로 걸은 거리는 1 km이다.

10분 연산 TEST 1회

125쪽

01 (1) $\begin{cases} x+y=36 \\ x=2y-9 \end{cases}$ (2) 21

02 (1) $\begin{cases} x+y=5 \\ 1100x+800y=4600 \end{cases}$ (2) 3명

03 (1) $\begin{cases} 6x+5y=8300 \\ 3x+6y=6600 \end{cases}$ (2) 800원

04 (1) $\begin{cases} x=y+27 \\ x+y=55 \end{cases}$ (2) 41세

05 (1) $\begin{cases} x=y-3 \\ 2(x+y)=26 \end{cases}$ (2) 8 cm

06 (1) $\begin{cases} x+y=7 \\ \dfrac{x}{4}+\dfrac{y}{3}=2 \end{cases}$ (2) 4 km

01 (2) $\begin{cases} x+y=36 & \cdots\cdots\ \bigcirc \\ x=2y-9 & \cdots\cdots\ \bigcirc \end{cases}$

$\bigcirc$을 $\bigcirc$에 대입하면

$(2y-9)+y=36,\ 3y=45 \qquad \therefore\ y=15$

$y=15$를 $\bigcirc$에 대입하면

$x+15=36 \qquad \therefore\ x=21$

따라서 두 자연수 중 큰 수는 21이다.

02 (2) $\begin{cases} x+y=5 \\ 1100x+800y=4600 \end{cases}$ 에서

$\begin{cases} x+y=5 & \cdots\cdots\ \bigcirc \\ 11x+8y=46 & \cdots\cdots\ \bigcirc \end{cases}$

$\bigcirc\times8-\bigcirc$을 하면

$-3x=-6 \qquad \therefore\ x=2$

$x=2$를 $\bigcirc$에 대입하면

$2+y=5 \qquad \therefore\ y=3$

따라서 정하네 가족 중 청소년은 3명이다.

03 (2) $\begin{cases} 6x+5y=8300 \\ 3x+6y=6600 \end{cases}$ 에서 $\begin{cases} 6x+5y=8300 & \cdots\cdots\ \bigcirc \\ x+2y=2200 & \cdots\cdots\ \bigcirc \end{cases}$

$\bigcirc-\bigcirc\times6$을 하면

$-7y=-4900 \qquad \therefore\ y=700$

$y=700$을 $\bigcirc$에 대입하면

$6x+5\times700=8300,\ 6x=4800 \qquad \therefore\ x=800$

따라서 과자 1봉지의 가격은 800원이다.

04 (2) $\begin{cases} x=y+27 & \cdots\cdots\ \bigcirc \\ x+y=55 & \cdots\cdots\ \bigcirc \end{cases}$

$\bigcirc$을 $\bigcirc$에 대입하면

$(y+27)+y=55,\ 2y=28 \qquad \therefore\ y=14$

$y=14$를 $\bigcirc$에 대입하면

$x=14+27=41$

따라서 현재 어머니의 나이는 41세이다.

05 (2) $\begin{cases} x=y-3 \\ 2(x+y)=26 \end{cases}$ 에서 $\begin{cases} x=y-3 & \cdots\cdots\ \bigcirc \\ x+y=13 & \cdots\cdots\ \bigcirc \end{cases}$

$\bigcirc$을 $\bigcirc$에 대입하면

$(y-3)+y=13,\ 2y=16 \qquad \therefore\ y=8$

$y=8$을 $\bigcirc$에 대입하면 $x=8-3=5$

따라서 직사각형의 세로의 길이는 8 cm이다.

06 (2) $\begin{cases} x+y=7 \\ \dfrac{x}{4}+\dfrac{y}{3}=2 \end{cases}$ 에서 $\begin{cases} x+y=7 & \cdots\cdots\ \bigcirc \\ 3x+4y=24 & \cdots\cdots\ \bigcirc \end{cases}$

$\bigcirc\times3-\bigcirc$을 하면

$-y=-3 \qquad \therefore\ y=3$

$y=3$을 $\bigcirc$에 대입하면

$x+3=7 \qquad \therefore\ x=4$

따라서 시속 4 km로 걸은 거리는 4 km이다.

10분 연산 TEST 2회

126쪽

01 (1) $\begin{cases} x+y=9 \\ 10y+x=2(10x+y)+18 \end{cases}$ (2) 27

02 (1) $\begin{cases} x+y=5 \\ 7x+9y=41 \end{cases}$ (2) 2번

03 (1) $\begin{cases} 5x+4y=6000 \\ 4x+5y=6600 \end{cases}$ (2) 400원

04 (1) $\begin{cases} x-y=24 \\ x+5=2(y+5)+3 \end{cases}$ (2) 16세

05 (1) $\begin{cases} x=y+2 \\ \dfrac{1}{2}\times(x+y)\times4=28 \end{cases}$ (2) 6 cm

06 (1) $\begin{cases} y=x-3 \\ \dfrac{x}{5}+\dfrac{y}{4}=\dfrac{3}{2} \end{cases}$ (2) 5 km

01 (2) $\begin{cases} x+y=9 \\ 10y+x=2(10x+y)+18 \end{cases}$ 에서

$\begin{cases} x+y=9 & \cdots\cdots\ \bigcirc \\ 19x-8y=-18 & \cdots\cdots\ \bigcirc \end{cases}$

$\bigcirc\times8+\bigcirc$을 하면 $27x=54 \qquad \therefore\ x=2$

$x=2$를 $\bigcirc$에 대입하면 $2+y=9 \qquad \therefore\ y=7$

따라서 처음 수는 27이다.

02 (2) $\begin{cases} x+y=5 & \cdots\cdots\ \bigcirc \\ 7x+9y=41 & \cdots\cdots\ \bigcirc \end{cases}$

$\bigcirc\times7-\bigcirc$을 하면 $-2y=-6 \qquad \therefore\ y=3$

$y=3$을 $\bigcirc$에 대입하면 $x+3=5 \qquad \therefore\ x=2$

따라서 7점짜리 과녁을 2번 맞혔다.

03 (2) $\begin{cases} 5x+4y=6000 & \cdots\cdots\ \bigcirc \\ 4x+5y=6600 & \cdots\cdots\ \bigcirc \end{cases}$

$\bigcirc\times4-\bigcirc\times5$를 하면 $-9y=-9000 \qquad \therefore\ y=1000$

$y=1000$을 $\bigcirc$에 대입하면

$5x+4\times1000=6000,\ 5x=2000 \qquad \therefore\ x=400$

따라서 지우개 1개의 가격은 400원이다.

04 (2) $\begin{cases} x-y=24 \\ x+5=2(y+5)+3 \end{cases}$ 에서 $\begin{cases} x-y=24 & \cdots\cdots\ \bigcirc \\ x-2y=8 & \cdots\cdots\ \bigcirc \end{cases}$

$\bigcirc-\bigcirc$을 하면 $y=16$

$y=16$을 $\bigcirc$에 대입하면 $x-16=24 \qquad \therefore\ x=40$

따라서 현재 현서의 나이는 16세이다.

05 (2) $\begin{cases} x=y+2 \\ \dfrac{1}{2}\times(x+y)\times4=28 \end{cases}$ 에서 $\begin{cases} x=y+2 & \cdots\cdots\ \bigcirc \\ x+y=14 & \cdots\cdots\ \bigcirc \end{cases}$

$\bigcirc$을 $\bigcirc$에 대입하면

$(y+2)+y=14,\ 2y=12 \qquad \therefore\ y=6$

$y=6$을 ㉠에 대입하면 $x=6+2=8$

따라서 사다리꼴의 윗변의 길이는 6 cm이다.

06 (2) $\begin{cases} y=x-3 \\ \dfrac{x}{5}+\dfrac{y}{4}=\dfrac{3}{2} \end{cases}$ 에서 $\begin{cases} y=x-3 & \cdots\cdots ㉠ \\ 4x+5y=30 & \cdots\cdots ㉡ \end{cases}$

㉠을 ㉡에 대입하면

$4x+5(x-3)=30,\ 9x=45 \qquad \therefore x=5$

$x=5$를 ㉠에 대입하면 $y=5-3=2$

따라서 시속 5 km로 걸은 거리는 5 km이다.

학교 시험 PREVIEW

├127쪽~129쪽┤

스스로 개념 점검

(1) 2, 1　　(2) 해　　(3) 연립일차방정식, 연립방정식

(4) 해　　(5) ① 대입　② 계수

01 ②, ③	**02** ③	**03** ②	**04** ③	**05** ④
06 ③	**07** ②	**08** ⑤	**09** ⑤	**10** ③
11 ⑤	**12** ④	**13** ②	**14** ④	**15** ④
16 ⑤	**17** $\dfrac{7}{2}$			

01 ① 등식이 아니므로 방정식이 아니다.

② $3y-2=3x$에서 $-3x+3y-2=0$이므로 미지수가 2개 인 일차방정식이다.

③ $xy+y=xy+x$에서 $xy+y-xy-x=0$

$\therefore y-x=0$

즉, 미지수가 2개인 일차방정식이다.

④ $x,\ y$가 분모에 있으므로 일차방정식이 아니다.

⑤ $2(x+y)-1=2x+y$에서 $2x+2y-1=2x+y$

$2x+2y-1-2x-y=0 \qquad \therefore y-1=0$

즉, 미지수가 1개인 일차방정식이다.

따라서 미지수가 2개인 일차방정식인 것은 ②, ③이다.

02 주어진 순서쌍의 $x,\ y$의 값을 $3x-y=2$에 각각 대입하면

① $3\times(-2)-(-8)=2$　　② $3\times(-1)-(-5)=2$

③ $3\times0-3\neq2$　　④ $3\times1-1=2$

⑤ $3\times2-4=2$

따라서 일차방정식 $3x-y=2$의 해가 아닌 것은 ③이다.

03 $x=2,\ y=-1$을 $2x+ay=5$에 대입하면

$2\times2+a\times(-1)=5 \qquad \therefore a=-1$

05 $x+2y=7$의 해는

x	5	3	1
y	1	2	3

$2x+y=8$의 해는

x	1	2	3
y	6	4	2

따라서 주어진 연립방정식의 해는 (3, 2)이다.

06 ㉠을 ㉡에 대입하면 $(y+1)-2y=-1,\ -y+1=-1$

즉, $-y=-2$이므로 $k=-1$

07 x를 없애려면 x의 계수의 절댓값이 같아야 하므로

㉠$\times4$, ㉡$\times3$을 한다.

이때 x의 계수의 부호가 같으므로 두 일차방정식을 뺀다.

08 $\begin{cases} 5x-6y=3 & \cdots\cdots ㉠ \\ 2x+3y=12 & \cdots\cdots ㉡ \end{cases}$

㉠$+$㉡$\times2$를 하면 $9x=27 \qquad \therefore x=3$

$x=3$을 ㉡에 대입하면 $2\times3+3y=12,\ 3y=6 \qquad \therefore y=2$

따라서 연립방정식의 해가 $x=3,\ y=2$이므로

$a=3,\ b=2$

$\therefore a+b=3+2=5$

09 $\begin{cases} 0.3x+0.4y=1.7 & \cdots\cdots ㉠ \\ \dfrac{2}{3}x+\dfrac{1}{2}y=3 & \cdots\cdots ㉡ \end{cases}$

㉠$\times10$을 하면 $3x+4y=17 \qquad \cdots\cdots ㉢$

㉡$\times6$을 하면 $4x+3y=18 \qquad \cdots\cdots ㉣$

㉢$\times4-$㉣$\times3$을 하면 $7y=14 \qquad \therefore y=2$

$y=2$를 ㉢에 대입하면

$3x+4\times2=17,\ 3x=9 \qquad \therefore x=3$

따라서 연립방정식의 해는 $x=3,\ y=2$

10 $x=1,\ y=2$를 $x+by=3$에 대입하면

$1+b\times2=3,\ 2b=2 \qquad \therefore b=1$

$x=1,\ y=2$를 $3x-2y=a$에 대입하면

$3\times1-2\times2=a \qquad \therefore a=-1$

$\therefore a+b=-1+1=0$

11 $\begin{cases} x-4y=3 & \cdots\cdots ㉠ \\ 2y-x=-1 & \cdots\cdots ㉡ \end{cases}$

㉠$+$㉡을 하면 $-2y=2 \qquad \therefore y=-1$

$y=-1$을 ㉠에 대입하면 $x-4\times(-1)=3 \qquad \therefore x=-1$

따라서 $x=-1,\ y=-1$을 $ax-4y=-13$에 대입하면

$a\times(-1)-4\times(-1)=-13 \qquad \therefore a=17$

12 ④ $\begin{cases} 2x-3y=5 & \cdots\cdots ㉠ \\ 4x-6y=10 & \cdots\cdots ㉡ \end{cases}$

㉠$\times2$를 하면 $4x-6y=10 \qquad \cdots\cdots ㉢$

따라서 ㉢$=$㉡이므로 연립방정식의 해가 무수히 많다.

13 큰 수를 x, 작은 수를 y라 하면

$\begin{cases} x-y=5 \\ 2y=x+9 \end{cases}$ 에서 $\begin{cases} x=y+5 & \cdots\cdots ㉠ \\ 2y=x+9 & \cdots\cdots ㉡ \end{cases}$

㉠을 ㉡에 대입하면 $2y=(y+5)+9$ $\therefore y=14$

$y=14$를 ㉠에 대입하면 $x=14+5=19$

따라서 큰 수는 19이다.

14 사탕을 x개, 초콜릿을 y개 샀다고 하면

$\begin{cases} x+y=9 \\ 500x+1000y=7000 \end{cases}$ 에서 $\begin{cases} x+y=9 & \cdots\cdots ㉠ \\ x+2y=14 & \cdots\cdots ㉡ \end{cases}$

㉠−㉡을 하면 $-y=-5$ $\therefore y=5$

$y=5$를 ㉠에 대입하면 $x+5=9$ $\therefore x=4$

따라서 구입한 초콜릿은 5개이다.

15 닭을 x마리, 토끼를 y마리라 하면

$\begin{cases} x+y=180 \\ 2x+4y=600 \end{cases}$ 에서 $\begin{cases} x+y=180 & \cdots\cdots ㉠ \\ x+2y=300 & \cdots\cdots ㉡ \end{cases}$

㉠−㉡을 하면 $-y=-120$ $\therefore y=120$

$y=120$을 ㉠에 대입하면 $x+120=180$ $\therefore x=60$

따라서 농장에서 기르는 닭은 60마리이다.

16 걸어간 거리를 x km, 뛰어간 거리를 y km라 하면

$\begin{cases} x+y=5 \\ \dfrac{x}{4}+\dfrac{y}{6}=1 \end{cases}$ 에서 $\begin{cases} x+y=5 & \cdots\cdots ㉠ \\ 3x+2y=12 & \cdots\cdots ㉡ \end{cases}$

㉠$\times 2-$㉡을 하면 $-x=-2$ $\therefore x=2$

$x=2$를 ㉠에 대입하면 $2+y=5$ $\therefore y=3$

따라서 명진이가 뛰어간 거리는 3 km이다.

17 서술형

주어진 방정식에서 $\begin{cases} \dfrac{2+x}{3}=x-y \\ \dfrac{4y-1}{2}=x-y \end{cases}$ $\cdots\cdots ❶$

$\begin{cases} \dfrac{2+x}{3}=x-y \\ \dfrac{4y-1}{2}=x-y \end{cases}$ 에서 $\begin{cases} -2x+3y=-2 & \cdots\cdots ㉠ \\ -2x+6y=1 & \cdots\cdots ㉡ \end{cases}$

㉠−㉡을 하면 $-3y=-3$ $\therefore y=1$

$y=1$을 ㉠에 대입하면

$-2x+3\times1=-2,\ -2x=-5$ $\therefore x=\dfrac{5}{2}$

따라서 방정식의 해가 $x=\dfrac{5}{2},\ y=1$이므로 $a=\dfrac{5}{2},\ b=1$ $\cdots\cdots ❷$

$\therefore a+b=\dfrac{5}{2}+1=\dfrac{7}{2}$ $\cdots\cdots ❸$

채점 기준	비율
❶ 연립방정식으로 나타내기	30 %
❷ a, b의 값을 각각 구하기	50 %
❸ $a+b$의 값 구하기	20 %

Ⅳ. 일차함수와 그래프

1 일차함수와 그 그래프 (1)

01 정비례 관계, 반비례 관계
134쪽

01 ○, / $3x$, 한다

x	1	2	3	4	$\cdots$
y	3	6	9	12	$\cdots$

02 ○,

x	1	2	3	4	$\cdots$
y	50	100	150	200	$\cdots$

03 ×,

x	1	2	3	4	$\cdots$
y	4	2	$\dfrac{4}{3}$	1	$\cdots$

04 ○, / $\dfrac{48}{x}$, 한다

x	1	2	3	4	$\cdots$
y	48	24	16	12	$\cdots$

05 ×,

x	1	2	3	4	$\cdots$
y	5	10	15	20	$\cdots$

06 ○,

x	1	2	3	4	$\cdots$
y	24	12	8	6	$\cdots$

02 $y=50x$

03 $y=\dfrac{4}{x}$

05 $y=5x$

06 $y=\dfrac{24}{x}$

02 함수
135쪽

01 ○, / 함수이다

x	1	2	3	4	$\cdots$
y	800	1600	2400	3200	$\cdots$

02 ○,

x	1	2	3	4	$\cdots$
y	3	6	9	12	$\cdots$

03 ×,

x	1	2	3	4	$\cdots$
y	없다.	없다.	2	2, 3	$\cdots$

/ 함수가 아니다

04 ○,

x	1	2	3	4	$\cdots$
y	1	2	2	3	$\cdots$

05 ○,

x	1	2	3	4	$\cdots$
y	120	60	40	30	$\cdots$

06 ×,	x	1	2	3	4	…
	y	$-1, 1$	$-2, 2$	$-3, 3$	$-4, 4$	…

07 ○,	x	1	2	3	4	…
	y	99	98	97	96	…

08 ○,	x	1	2	3	4	…
	y	45	40	35	30	…

03 함숫값

136쪽

01 1, 3	02 0	03 12	04 −9	05 1
06 3	07 12	08 −6	09 2	10 −3
11 36	12 2			

02 $f(0)=3 \times 0=0$

03 $f(4)=3 \times 4=12$

04 $f(-3)=3 \times (-3)=-9$

05 $f\left(\dfrac{1}{3}\right)=3 \times \dfrac{1}{3}=1$

06 $f(-1)=3 \times (-1)=-3, \ f(2)=3 \times 2=6$
$\therefore f(-1)+f(2)=-3+6=3$

07 $f(1)=\dfrac{12}{1}=12$

08 $f(-2)=\dfrac{12}{-2}=-6$

09 $f(6)=\dfrac{12}{6}=2$

10 $f(-4)=\dfrac{12}{-4}=-3$

11 $f\left(\dfrac{1}{3}\right)=12 \div \dfrac{1}{3}=12 \times 3=36$

12 $f(2)=\dfrac{12}{2}=6, \ f(-3)=\dfrac{12}{-3}=-4$
$\therefore f(2)+f(-3)=6+(-4)=2$

04 함숫값이 주어질 때 미지수의 값 구하기

137쪽

01 8, 2	02 3	03 −1	04 $\dfrac{1}{2}$	05 2, 5
06 1	07 −2	08 $\dfrac{5}{2}$	09 8, 4	10 −3
11 3	12 8	13 1, 3	14 6	15 −5
16 2				

02 $f(a)=4a=12$이므로 $a=3$

03 $f(a)=4a=-4$이므로 $a=-1$

04 $f(a)=4a=2$이므로 $a=\dfrac{1}{2}$

06 $f(a)=\dfrac{10}{a}=10$이므로 $a=1$

07 $f(a)=\dfrac{10}{a}=-5$이므로 $a=-2$

08 $f(a)=\dfrac{10}{a}=4$이므로 $a=\dfrac{10}{4}=\dfrac{5}{2}$

10 $f(-1)=-a=3$이므로 $a=-3$

11 $f(-2)=-2a=-6$이므로 $a=3$

12 $f\left(\dfrac{1}{2}\right)=\dfrac{1}{2}a=4$이므로 $a=8$

14 $f(2)=\dfrac{a}{2}=3$이므로 $a=6$

15 $f(-1)=-a=5$이므로 $a=-5$

16 $f\left(\dfrac{1}{3}\right)=a \div \dfrac{1}{3}=a \times 3=6$이므로 $a=2$

10분 연산 TEST 1회

138쪽

01 ○	02 ×	03 ○	04 ○	05 0
06 6	07 −1	08 −1	09 −15	10 3
11 30	12 −40	13 12	14 −1	15 4
16 −5	17 −1	18 5	19 −2	20 4

05 $f(0)=-3\times0=0$

06 $f(-2)=-3\times(-2)=6$

07 $f\left(\dfrac{1}{3}\right)=-3\times\dfrac{1}{3}=-1$

08 $f(1)=-3\times1=-3$

$f\left(-\dfrac{2}{3}\right)=-3\times\left(-\dfrac{2}{3}\right)=2$

$\therefore f(1)+f\left(-\dfrac{2}{3}\right)=-3+2=-1$

09 $f(-1)=\dfrac{15}{-1}=-15$

10 $f(5)=\dfrac{15}{5}=3$

11 $f\left(\dfrac{1}{2}\right)=15\div\dfrac{1}{2}=15\times2=30$

12 $f(3)=\dfrac{15}{3}=5$

$f\left(-\dfrac{1}{3}\right)=15\div\left(-\dfrac{1}{3}\right)=15\times(-3)=-45$

$\therefore f(3)+f\left(-\dfrac{1}{3}\right)=5+(-45)=-40$

13 $f(-2)=-6\times(-2)=12$

14 $f(-2)=\dfrac{1}{2}\times(-2)=-1$

15 $f(-2)=-\dfrac{8}{-2}=4$

16 $f(-2)=\dfrac{10}{-2}=-5$

17 $f(a)=-2a=2$이므로 $a=-1$

18 $f(a)=\dfrac{20}{a}=4$이므로 $a=5$

19 $f(-3)=-3a=6$이므로 $a=-2$

20 $f(8)=\dfrac{a}{8}=\dfrac{1}{2}$이므로 $a=4$

10분 연산 TEST 2회

139쪽

01 $\times$	**02** $\bigcirc$	**03** $\bigcirc$	**04** $\bigcirc$	**05** -4
06 8	**07** -2	**08** 3	**09** -8	**10** 4
11 -32	**12** 40	**13** 6	**14** $-\dfrac{5}{2}$	**15** -5
16 4	**17** 3	**18** 4	**19** -3	**20** $\dfrac{1}{2}$

05 $f(1)=-4\times1=-4$

06 $f(-2)=-4\times(-2)=8$

07 $f\left(\dfrac{1}{2}\right)=-4\times\dfrac{1}{2}=-2$

08 $f(0)=-4\times0=0,\ f\left(-\dfrac{3}{4}\right)=-4\times\left(-\dfrac{3}{4}\right)=3$

$\therefore f(0)+f\left(-\dfrac{3}{4}\right)=0+3=3$

09 $f(2)=-\dfrac{16}{2}=-8$

10 $f(-4)=-\dfrac{16}{-4}=4$

11 $f\left(\dfrac{1}{2}\right)=-16\div\dfrac{1}{2}=-16\times2=-32$

12 $f(-1)=-\dfrac{16}{-1}=16$

$f\left(-\dfrac{2}{3}\right)=-16\div\left(-\dfrac{2}{3}\right)=-16\times\left(-\dfrac{3}{2}\right)=24$

$\therefore f(-1)+f\left(-\dfrac{2}{3}\right)=16+24=40$

13 $f(-3)=-2\times(-3)=6$

14 $f(-3)=\dfrac{5}{6}\times(-3)=-\dfrac{5}{2}$

15 $f(-3)=\dfrac{15}{-3}=-5$

16 $f(-3)=-\dfrac{12}{-3}=4$

17 $f(a)=-3a=-9$이므로 $a=3$

18 $f(a)=-\dfrac{8}{a}=-2$이므로 $a=4$

19 $f(2)=2a=-6$이므로 $a=-3$

20 $f\left(\dfrac{1}{4}\right)=a\div\dfrac{1}{4}=a\times4=2$이므로 $a=\dfrac{1}{2}$

05 일차함수

140쪽

01 ○	02 ○	03 ×	04 ×	05 ○
06 ×	07 ○	08 ○	09 $y=4x$, 일차함수이다.	

10 $y=10000-500x$, 일차함수이다.
11 $y=1000x+5000$, 일차함수이다.
12 $y=x^2+x$, 일차함수가 아니다.
13 $y=\pi x^2$, 일차함수가 아니다.
14 $y=\dfrac{10}{x}$, 일차함수가 아니다.

03 x가 분모에 있으므로 일차함수가 아니다.

04 -5는 x에 대한 일차식이 아니므로 일차함수가 아니다.

06 $y=x(x-2)=x^2-2x$에서 y가 x에 대한 이차식이므로 일차함수가 아니다.

07 $y=3x^2-x(3x+1)=-x$이므로 일차함수이다.

08 $y+x=-x+1$에서 $y=-2x+1$이므로 일차함수이다.

12 $y=x\times(x+1)=x^2+x$

06 일차함수의 함숫값

141쪽

01 $3,2$	02 -2	03 -6	04 $-\dfrac{1}{2}$	05 4
06 2	07 -4	08 20	09 4	10 1
11 $1,-1$	12 -2	13 3	14 $1,6$	15 -2
16 4				

02 $f(-1)=-1-1=-2$

03 $f(-5)=-5-1=-6$

04 $f\left(\dfrac{1}{2}\right)=\dfrac{1}{2}-1=-\dfrac{1}{2}$

05 $f(4)=4-1=3,\ f(0)=0-1=-1$
$\quad \therefore f(4)-f(0)=3-(-1)=4$

06 $f(0)=-3\times0+2=2$

07 $f(2)=-3\times2+2=-4$

08 $f(-6)=-3\times(-6)+2=20$

09 $f\left(-\dfrac{2}{3}\right)=-3\times\left(-\dfrac{2}{3}\right)+2=4$

10 $f(3)=-3\times3+2=-7,\ f(-2)=-3\times(-2)+2=8$
$\quad \therefore f(3)+f(-2)=-7+8=1$

12 $f(a)=2a+3=-1$이므로 $2a=-4$ $\quad \therefore a=-2$

13 $f(a)=2a+3=9$이므로 $2a=6$ $\quad \therefore a=3$

15 $f(-2)=-2a-5=-1$이므로 $-2a=4$ $\quad \therefore a=-2$

16 $f\left(\dfrac{1}{2}\right)=\dfrac{1}{2}a-5=-3$이므로 $\dfrac{1}{2}a=2$ $\quad \therefore a=4$

07 일차함수 $y=ax$의 그래프

142쪽

01 $4, 2, -2, -4,$

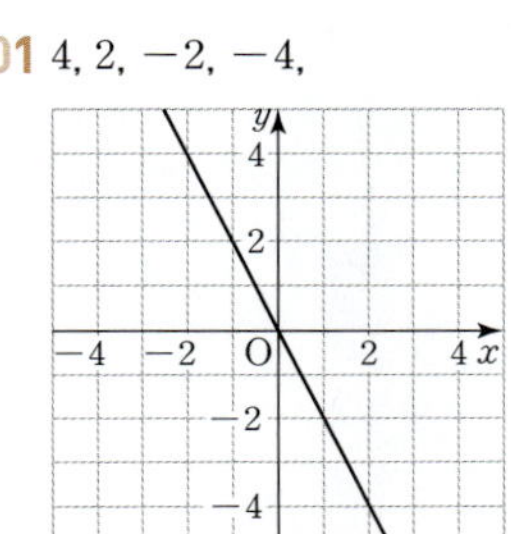

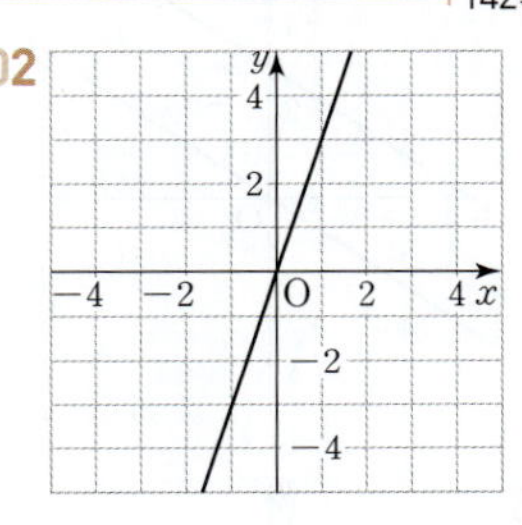

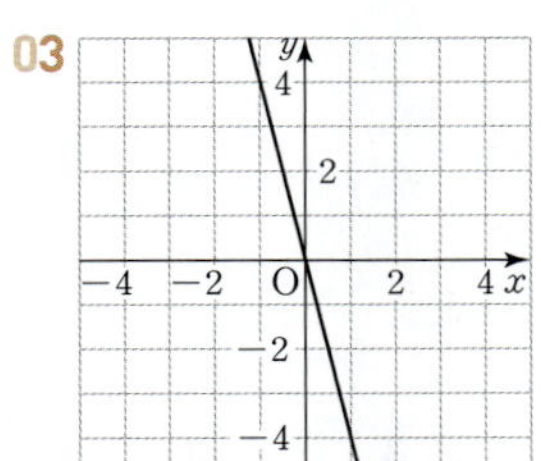

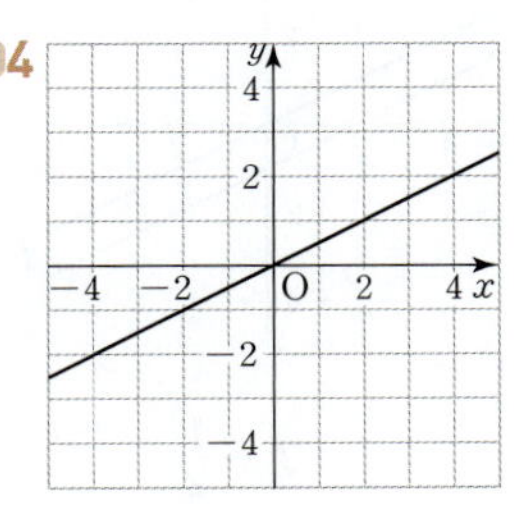

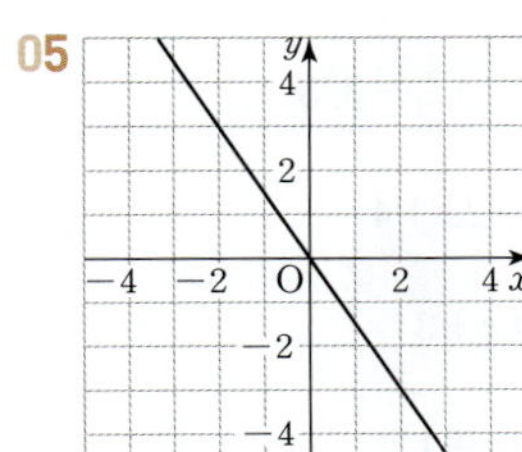

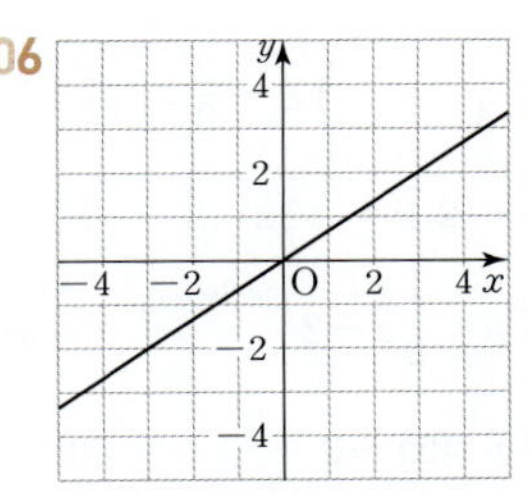

08 일차함수 $y=ax+b$의 그래프

143쪽~144쪽

01 $-2, 2, -7, -5, -3, -1, 1,$

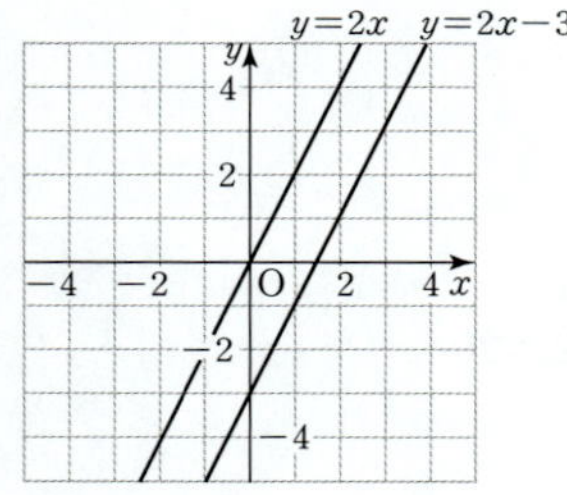

02 $2, 1, -1, -2, 4, 3, 2, 1, 0,$

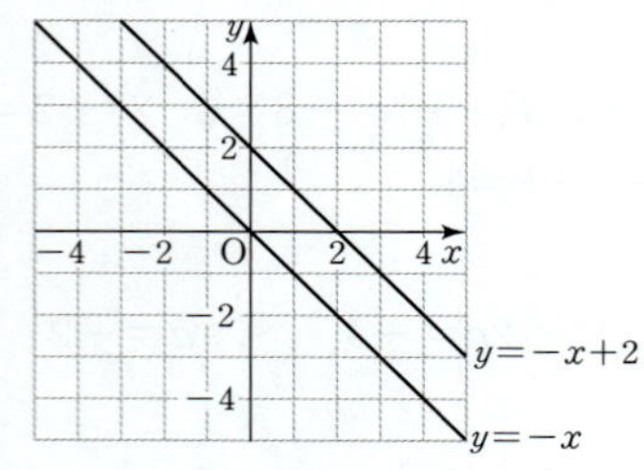

03 $/ -2$

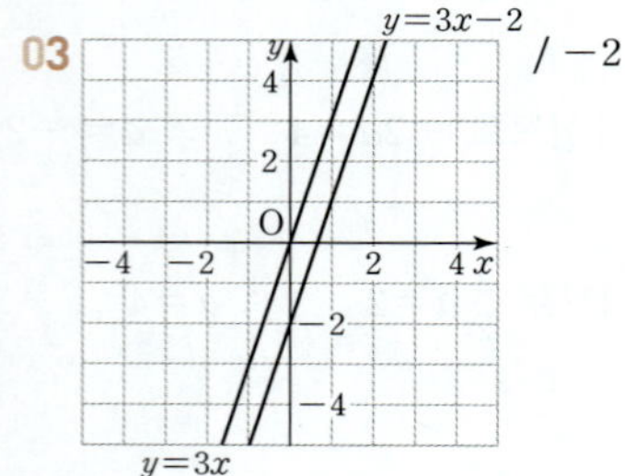

04

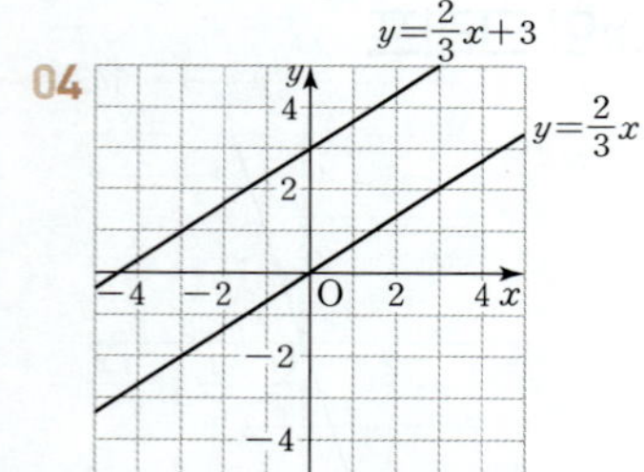

05

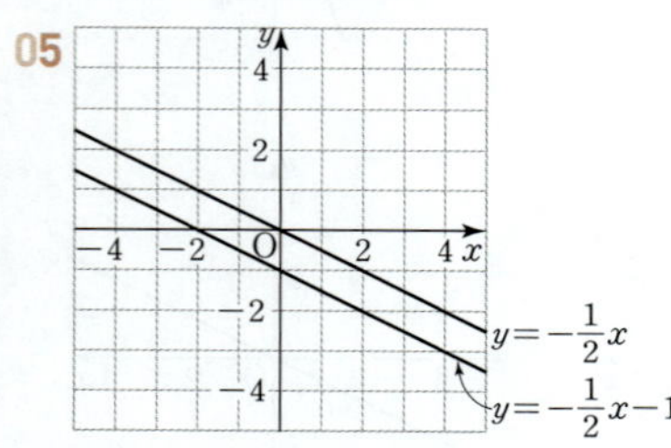

06 2 **07** $-\dfrac{1}{2}$ **08** -5 **09** 3 **10** -1

11 $\dfrac{1}{4}$ **12** $-\dfrac{2}{3}$ **13** 1 **14** $-3, 3$

15 $-2, y=-2x-2$ **16** $4, y=-2x+4$

17 $y=\dfrac{1}{2}x-2$ **18** $y=-4x+3$

19 $y=5x+3$ **20** $y=-3x+1$

01

x	$\cdots$	-2	-1	0	1	2	$\cdots$
$y=2x$	$\cdots$	-4	-2	0	2	4	$\cdots$
$y=2x-3$	$\cdots$	-7	-5	-3	-1	1	$\cdots$

02

x	$\cdots$	-2	-1	0	1	2	$\cdots$
$y=-x$	$\cdots$	2	1	0	-1	-2	$\cdots$
$y=-x+2$	$\cdots$	4	3	2	1	0	$\cdots$

09 $y=3(x+1)$에서 $y=3x+3$

13 $y=-5\left(x-\dfrac{1}{5}\right)$에서 $y=-5x+1$

09 일차함수의 그래프 위의 점

145쪽

01 $\bigcirc$ / $-1, -1$ **02** $\times$ **03** $\bigcirc$
04 -2 / $5, 5, -2$ **05** 3 **06** 5 **07** 2
08 -3 / ❶ $y=2x-5$ ❷ $1, a, 2, -3$ **09** -1
10 0 **11** 2 **12** 3 **13** 5

02 $y=-2x+1$에 $x=2$, $y=3$을 대입하면 $3\neq-2\times2+1$
따라서 점 $(2, 3)$은 일차함수 $y=-2x+1$의 그래프 위의 점
이 아니다.

03 $y=-2x+1$에 $x=-1$, $y=3$을 대입하면
$3=-2\times(-1)+1$
따라서 점 $(-1, 3)$은 일차함수 $y=-2x+1$의 그래프 위
의 점이다.

05 $y=4x-5$에 $x=2$, $y=a$를 대입하면 $a=4\times2-5=3$

06 $y=-\dfrac{1}{3}x+a$에 $x=6$, $y=3$을 대입하면
$3=-\dfrac{1}{3}\times6+a$ $\quad\therefore a=5$

07 $y=ax-8$에 $x=2$, $y=-4$를 대입하면
$-4=a\times2-8$, $2a=4$ $\quad\therefore a=2$

09 $y=3x+1$에 $x=a$, $y=-2$를 대입하면
$-2=3\times a+1$, $3a=-3$ $\quad\therefore a=-1$

10 $y=\dfrac{1}{3}x-2$에 $x=6$, $y=a$를 대입하면 $a=\dfrac{1}{3}\times6-2=0$

11 $y=-\dfrac{3}{4}x+\dfrac{1}{2}$에 $x=a$, $y=-1$을 대입하면
$-1=-\dfrac{3}{4}\times a+\dfrac{1}{2}$, $-\dfrac{3}{4}a=-\dfrac{3}{2}$ $\quad\therefore a=2$

12 $y=4x+1+a$에 $x=-1$, $y=0$을 대입하면
$$0=4\times(-1)+1+a \qquad \therefore a=3$$

13 $y=-5x-2+a$에 $x=2$, $y=-7$을 대입하면
$$-7=-5\times2-2+a \qquad \therefore a=5$$

01 ○　　**02** ×　　**03** ○　　**04** ○

05 $y=x+15$, 일차함수이다.

06 $y=\dfrac{40}{x}$, 일차함수가 아니다.

07 $y=50-2x$, 일차함수이다.　　**08** $y=3x$, 일차함수이다.

09 -3　　**10** 8　　**11** 0

12~13
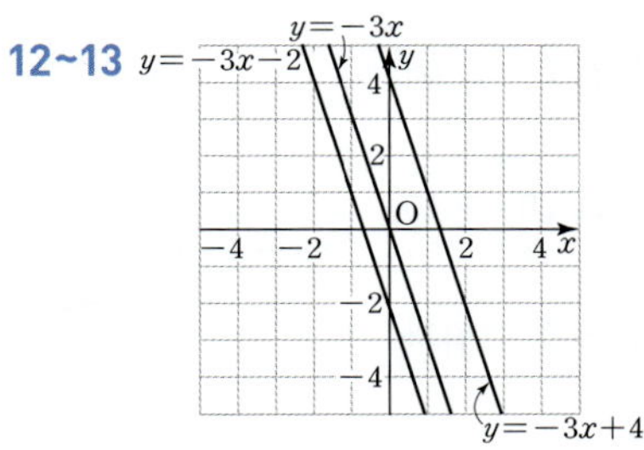

14 $y=2x+1$　　**15** $y=-x-\dfrac{1}{2}$

16 $y=\dfrac{1}{3}x+3$　　**17** $y=-4x-4$　　**18** 2

19 3　　**20** 4

02 x가 분모에 있으므로 일차함수가 아니다.

04 $y=2(x-1)=2x-2$이므로 일차함수이다.

09 $f(-2)=2\times(-2)+1=-3$

10 $f(-2)=-5\times(-2)-2=8$

11 $f(-2)=\dfrac{3}{2}\times(-2)+3=0$

18 $y=-2x+4$에 $x=1$, $y=a$를 대입하면
$$a=-2\times1+4=2$$

19 $y=-2x+4$에 $x=\dfrac{1}{2}$, $y=b$를 대입하면
$$b=-2\times\dfrac{1}{2}+4=3$$

20 $y=-2x+4$에 $x=c$, $y=-4$를 대입하면
$$-4=-2\times c+4, \quad -2c=-8 \qquad \therefore c=4$$

01 ○　　**02** ×　　**03** ○　　**04** ×

05 $y=\dfrac{10000}{x}$, 일차함수가 아니다.

06 $y=30-x$, 일차함수이다.

07 $y=x^2$, 일차함수가 아니다.

08 $y=300-15x$, 일차함수이다.

09 1　　**10** -2　　**11** 2

12~13
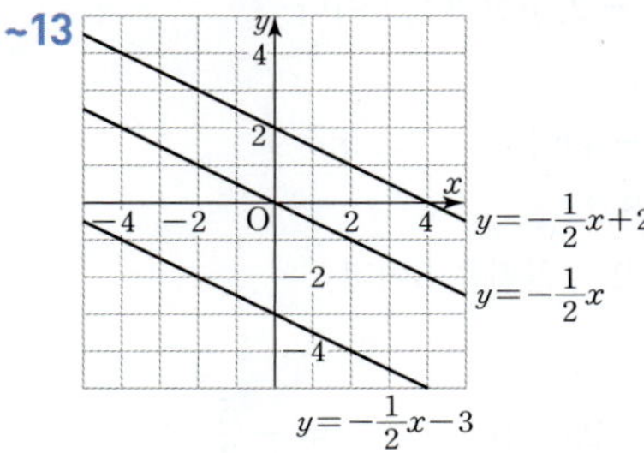

14 $y=-4x+2$　　**15** $y=\dfrac{1}{2}x-6$

16 $y=2x-2$　　**17** $y=-\dfrac{1}{3}x+1$　　**18** -1

19 8　　**20** -1

02 $y=x+y$에서 $x=0$이므로 일차함수가 아니다.

03 $\dfrac{x}{2}+\dfrac{y}{3}=1$에서 $y=-\dfrac{3}{2}x+3$이므로 일차함수이다.

04 $y=3(x+1)-3x=3$에서 3은 x에 대한 일차식이 아니므로 일차함수가 아니다.

09 $f(3)=-3+4=1$

10 $f(3)=3\times3-11=-2$

11 $f(3)=\dfrac{5}{6}\times3-\dfrac{1}{2}=\dfrac{5}{2}-\dfrac{1}{2}=2$

18 $y=-3x+2$에 $x=1$, $y=a$를 대입하면
$$a=-3\times1+2=-1$$

19 $y=-3x+2$에 $x=-2$, $y=b$를 대입하면
$$b=-3\times(-2)+2=8$$

20 $y=-3x+2$에 $x=c$, $y=5$를 대입하면
$$5=-3\times c+2, \quad -3c=3 \qquad \therefore c=-1$$

10 일차함수의 그래프의 절편

148쪽

01 1, 1, 3, 3　　02 3, -2　　03 -4, -3
04 0, 2, 2, 0, -2, -2　　05 -2, 6　　06 2, 8
07 $-\dfrac{5}{2}$, -5　　08 -6, 4　　09 12, -3

05 $y=0$일 때, $0=3x+6$　　∴ $x=-2$
　$x=0$일 때, $y=6$
　따라서 x절편은 -2, y절편은 6이다.

06 $y=0$일 때, $0=-4x+8$　　∴ $x=2$
　$x=0$일 때, $y=8$
　따라서 x절편은 2, y절편은 8이다.

07 $y=0$일 때, $0=-2x-5$　　∴ $x=-\dfrac{5}{2}$
　$x=0$일 때, $y=-5$
　따라서 x절편은 $-\dfrac{5}{2}$, y절편은 -5이다.

08 $y=0$일 때, $0=\dfrac{2}{3}x+4$　　∴ $x=-6$
　$x=0$일 때, $y=4$
　따라서 x절편은 -6, y절편은 4이다.

09 $y=0$일 때, $0=\dfrac{1}{4}x-3$　　∴ $x=12$
　$x=0$일 때, $y=-3$
　따라서 x절편은 12, y절편은 -3이다.

11 x절편, y절편을 이용하여 그래프 그리기

149쪽

01 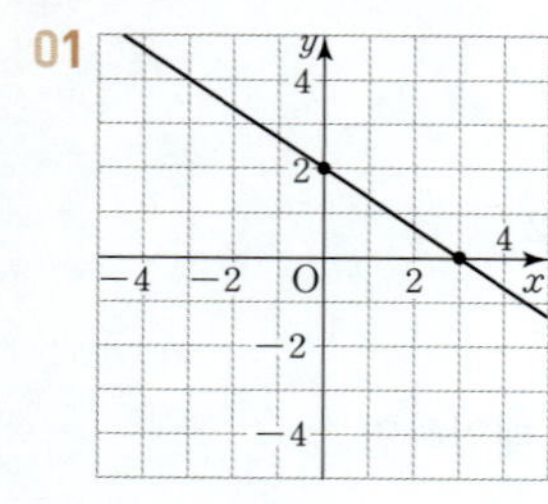　　02 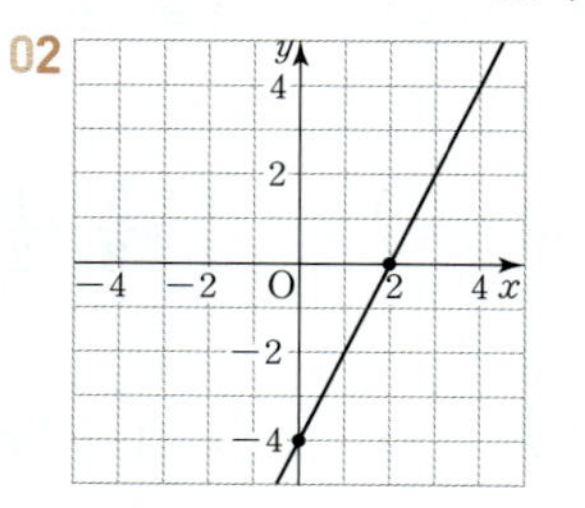

03 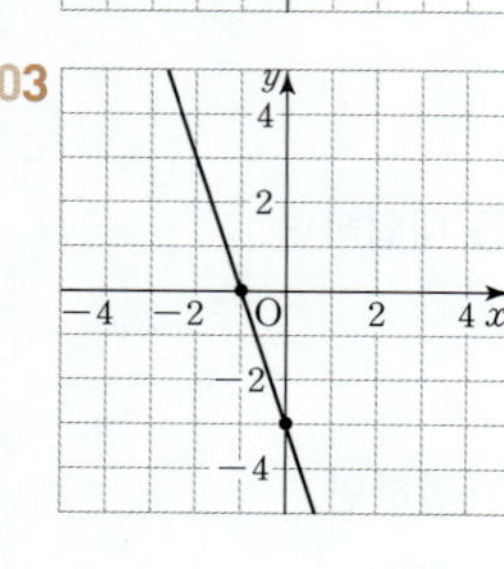　　04 3, 3, 3, 3,
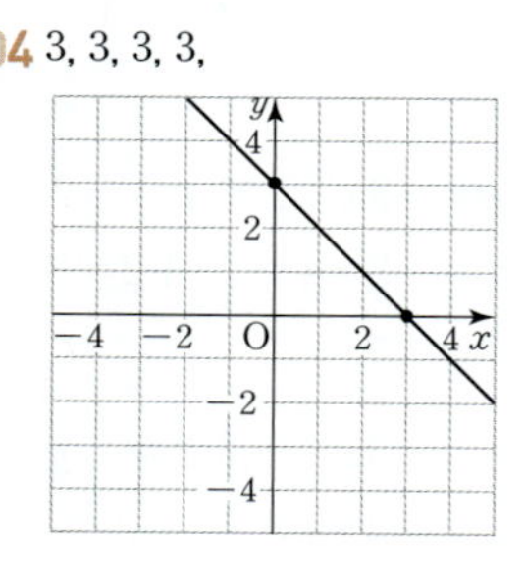

---

05 1, -3, 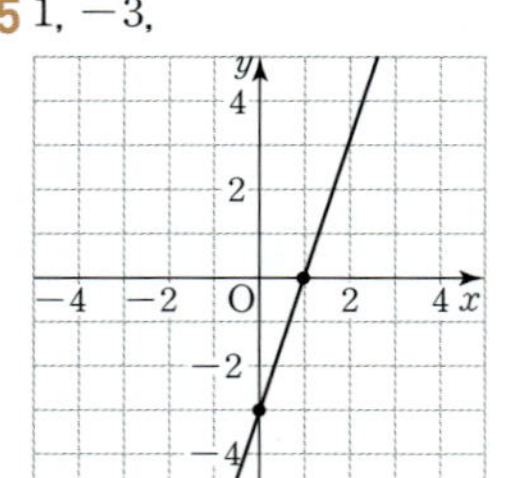　　06 -4, -1, 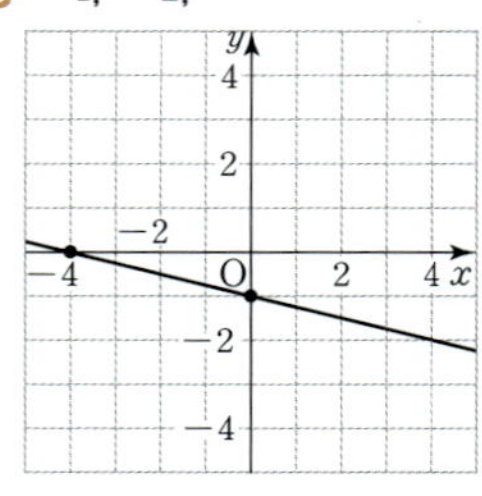

05 x절편은 1이므로 점 $(1,\ 0)$을 지난다.
　y절편은 -3이므로 점 $(0,\ -3)$을 지난다.
　따라서 그래프는 오른쪽 그림과 같다.
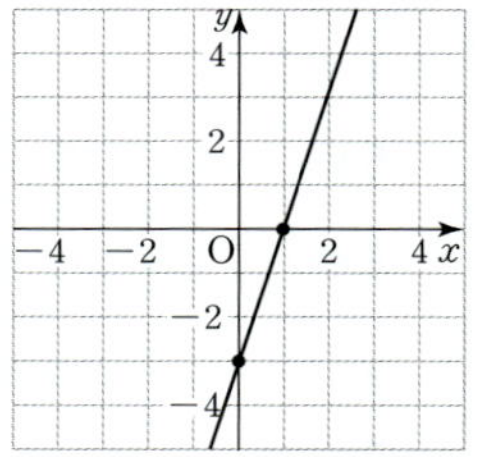

06 x절편은 -4이므로 점 $(-4,\ 0)$을 지난다.
　y절편은 -1이므로 점 $(0,\ -1)$을 지난다.
　따라서 그래프는 오른쪽 그림과 같다.
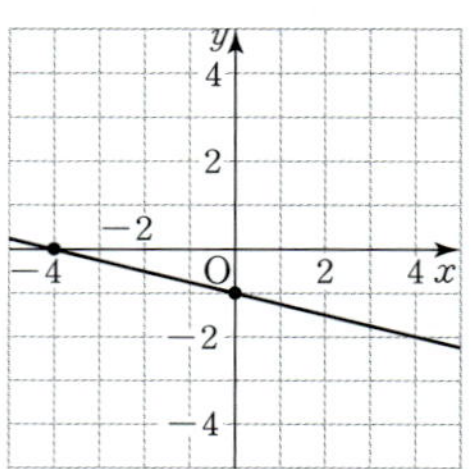

12 일차함수의 그래프의 기울기

150쪽~151쪽

01 1, 4, 3, 3, 3　　02 -1, 4, 3, 2, 1
03 $\dfrac{1}{2}$, $-\dfrac{3}{2}$, -1, $-\dfrac{1}{2}$, 0　　04 2, 2, 1　　05 -2, -2
06 3, $\dfrac{3}{2}$　　07 1　　08 -2　　09 $\dfrac{2}{3}$　　10 $-\dfrac{1}{5}$
11 2, 3, -1　12 3　　13 1　　14 -2　　15 2
16 2, 2, 4　　17 -9　　18 8　　19 -4　　20 ㄱ
21 ㄹ

12 (기울기)$=\dfrac{6-0}{5-3}=\dfrac{6}{2}=3$

13 (기울기)$=\dfrac{4-1}{2-(-1)}=\dfrac{3}{3}=1$

14 (기울기)$=\dfrac{2-4}{-1-(-2)}=\dfrac{-2}{1}=-2$

15 (기울기)$=\dfrac{-1-(-5)}{1-(-1)}=\dfrac{4}{2}=2$

17 기울기가 -3이므로 $\dfrac{(y의\ 값의\ 증가량)}{3}=-3$
　∴ $(y의\ 값의\ 증가량)=-9$

18 기울기가 4이므로 $\dfrac{(y\text{의 값의 증가량})}{3-1}=4$

$\therefore (y\text{의 값의 증가량})=8$

19 기울기가 $-\dfrac{2}{3}$이므로 $\dfrac{(y\text{의 값의 증가량})}{9-3}=-\dfrac{2}{3}$

$\therefore (y\text{의 값의 증가량})=-4$

20 $(\text{기울기})=\dfrac{6}{3}=2$

21 $(\text{기울기})=\dfrac{-2}{4}=-\dfrac{1}{2}$

13 기울기와 y절편을 이용하여 그래프 그리기

152쪽

01 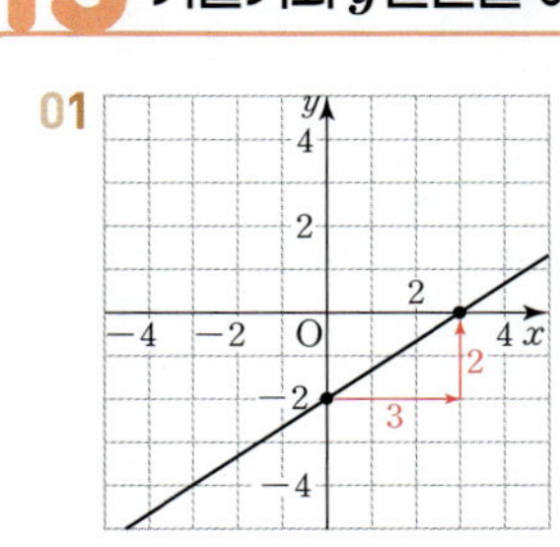

$/ -2, 2, 3, 0$

02 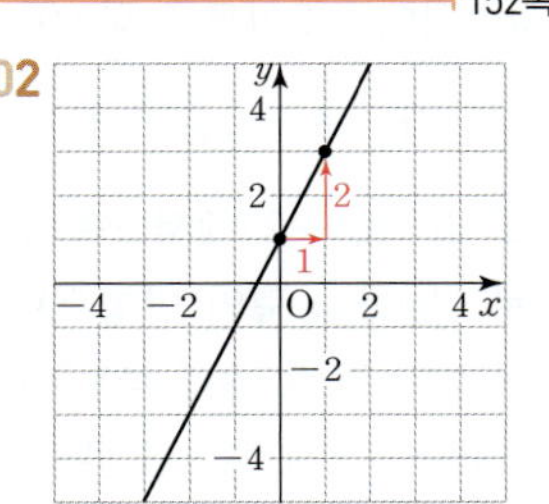

03 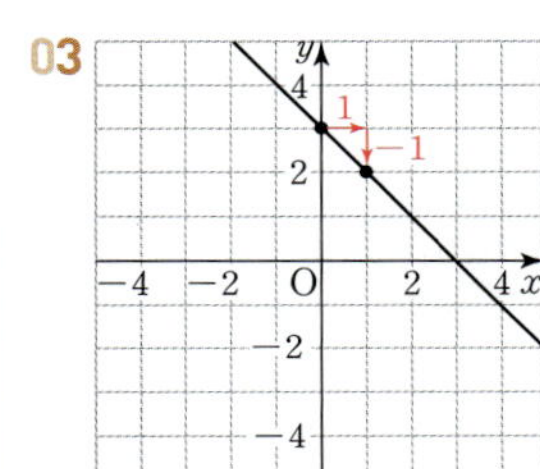

04 $2, -1,$ 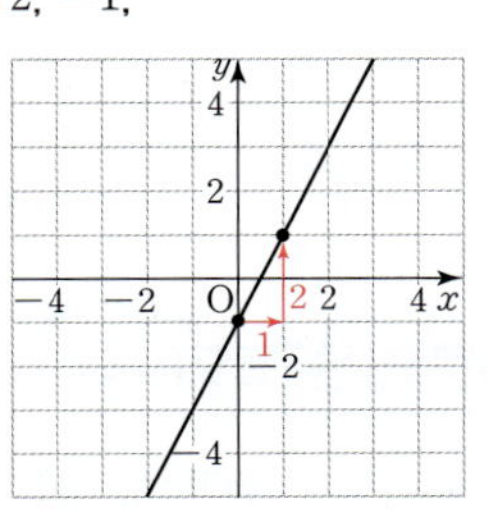

$/ -1, -1, 2, 1, 1$

05 $-3, 5,$ 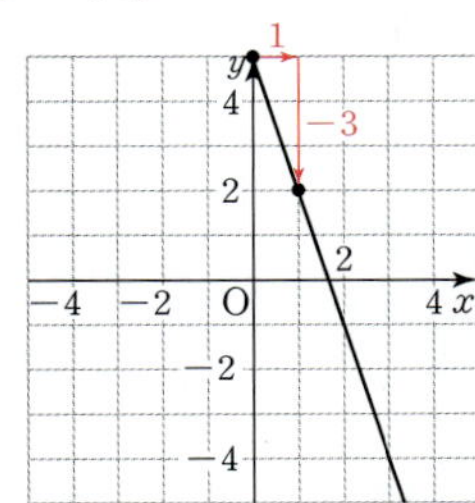

06 $\dfrac{1}{2}, 3,$ 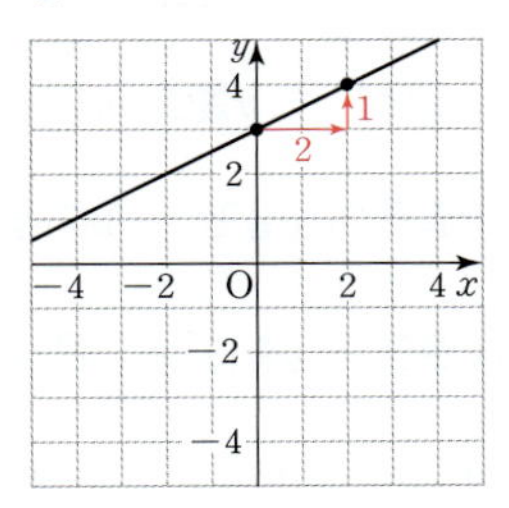

02 y절편이 1이므로 점 $(0, 1)$을 지난다. 또, 기울기가 2이므로 점 $(0, 1)$에서 x축의 방향으로 1만큼, y축의 방향으로 2만큼 이동한 점 $(1, 3)$을 지난다.
따라서 그래프는 오른쪽 그림과 같다.

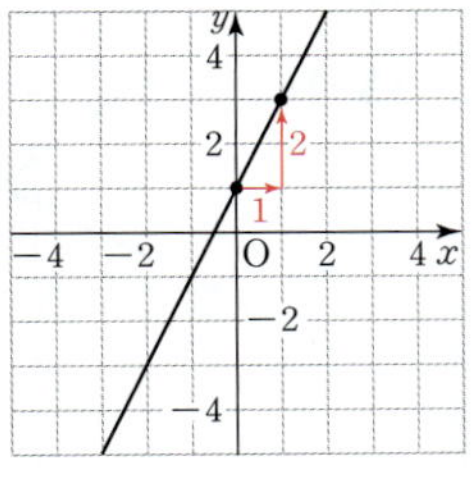

03 y절편이 3이므로 점 $(0, 3)$을 지난다. 또, 기울기가 -1이므로 점 $(0, 3)$에서 x축의 방향으로 1만큼, y축의 방향으로 -1만큼 이동한 점 $(1, 2)$를 지난다.
따라서 그래프는 오른쪽 그림과 같다.

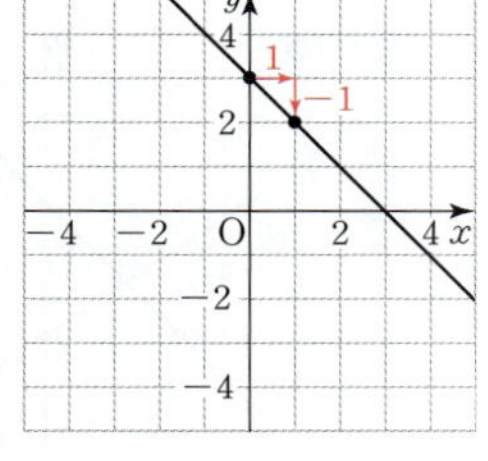

05 y절편이 5이므로 점 $(0, 5)$를 지난다. 또, 기울기가 -3이므로 점 $(0, 5)$에서 x축의 방향으로 1만큼, y축의 방향으로 -3만큼 이동한 점 $(1, 2)$를 지난다.
따라서 그래프는 오른쪽 그림과 같다.

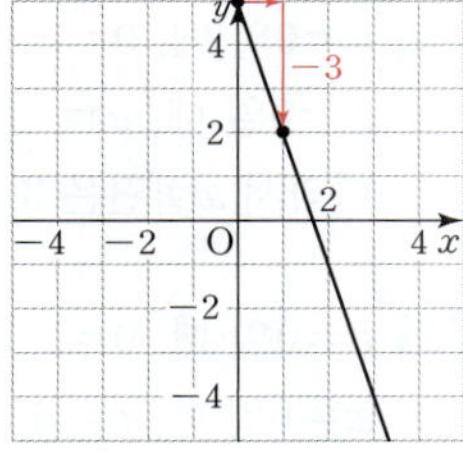

06 y절편이 3이므로 점 $(0, 3)$을 지난다. 또, 기울기가 $\dfrac{1}{2}$이므로 점 $(0, 3)$에서 x축의 방향으로 2만큼, y축의 방향으로 1만큼 이동한 점 $(2, 4)$를 지난다.
따라서 그래프는 오른쪽 그림과 같다.

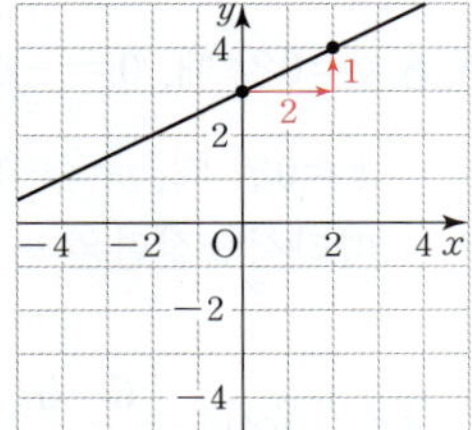

10분 연산 TEST 1회

153쪽

01 x절편 : 3, y절편 : 2, 기울기 : $-\dfrac{2}{3}$

02 x절편 : 1, y절편 : -4, 기울기 : 4

03 x절편 : -2, y절편 : -4, 기울기 : -2

04 x절편 : 3, y절편 : -3, 기울기 : 1

05 x절편 : 2, y절편 : 6, 기울기 : -3

06 x절편 : -3, y절편 : -1, 기울기 : $-\dfrac{1}{3}$

07 3 **08** $\dfrac{2}{3}$ **09** -2 **10** 1 **11** -10

12 2

13~14 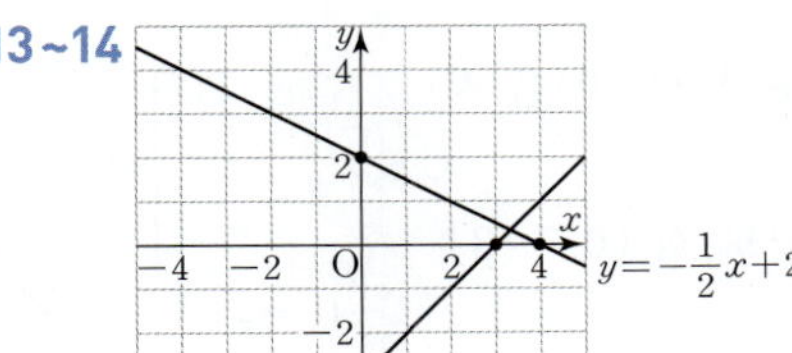

15~16

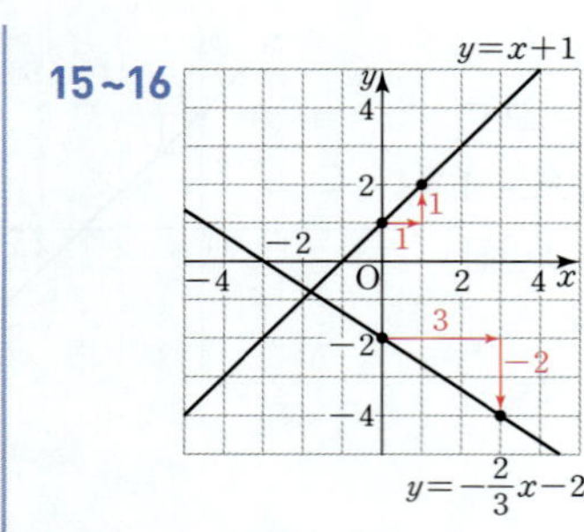

04 $y=0$일 때, $0=x-3$ $\therefore x=3$
$x=0$일 때, $y=-3$
따라서 x절편은 3, y절편은 -3이다.

05 $y=0$일 때, $0=-3x+6$ $\therefore x=2$
$x=0$일 때, $y=6$
따라서 x절편은 2, y절편은 6이다.

06 $y=0$일 때, $0=-\dfrac{1}{3}x-1$ $\therefore x=-3$
$x=0$일 때, $y=-1$
따라서 x절편은 -3, y절편은 -1이다.

07 (기울기)$=\dfrac{6-0}{4-2}=3$

08 (기울기)$=\dfrac{5-3}{2-(-1)}=\dfrac{2}{3}$

09 (기울기)$=\dfrac{-1-1}{2-1}=-2$

10 (기울기)$=\dfrac{-3-(-1)}{1-3}=1$

11 기울기가 -5이므로
$\dfrac{(y의\ 값의\ 증가량)}{2}=-5$
$\therefore (y의\ 값의\ 증가량)=-10$

12 기울기가 $\dfrac{1}{2}$이므로
$\dfrac{(y의\ 값의\ 증가량)}{3-(-1)}=\dfrac{1}{2}$
$\therefore (y의\ 값의\ 증가량)=2$

13 x절편은 3이므로 점 $(3,\ 0)$을 지난다.
y절편은 -3이므로 점 $(0,\ -3)$을 지난다.
따라서 그래프는 오른쪽 그림과 같다.

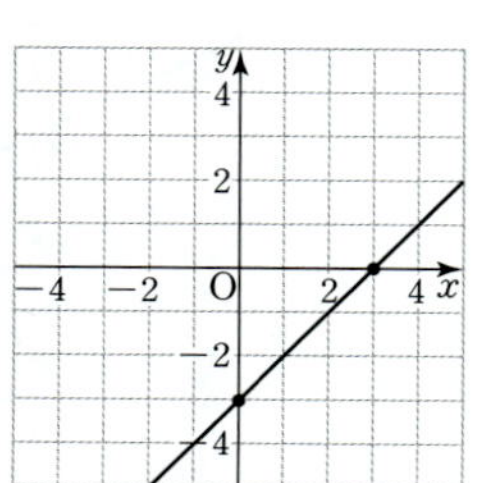

14 x절편은 4이므로 점 $(4,\ 0)$을 지난다.
y절편은 2이므로 점 $(0,\ 2)$를 지난다.
따라서 그래프는 오른쪽 그림과 같다.

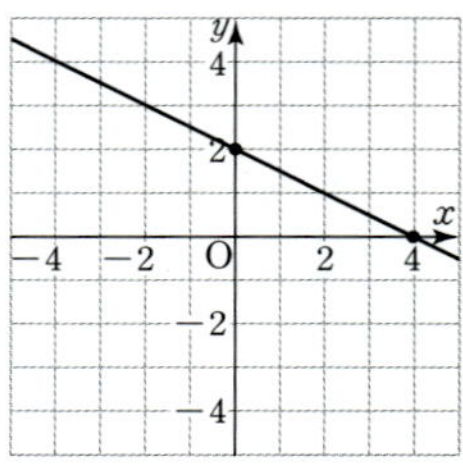

15 y절편이 1이므로 점 $(0,\ 1)$을 지난다. 또, 기울기가 1이므로 점 $(0,\ 1)$에서 x축의 방향으로 1만큼, y축의 방향으로 1만큼 이동한 점 $(1,\ 2)$를 지난다.
따라서 그래프는 오른쪽 그림과 같다.

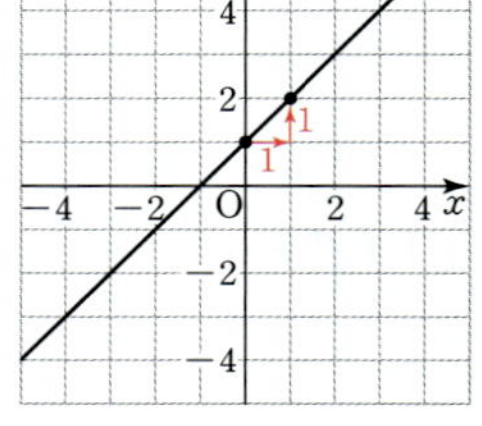

16 y절편이 -2이므로 점 $(0,\ -2)$를 지난다. 또, 기울기가 $-\dfrac{2}{3}$이므로 점 $(0,\ -2)$에서 x축의 방향으로 3만큼, y축의 방향으로 -2만큼 이동한 점 $(3,\ -4)$를 지난다.
따라서 그래프는 오른쪽 그림과 같다.

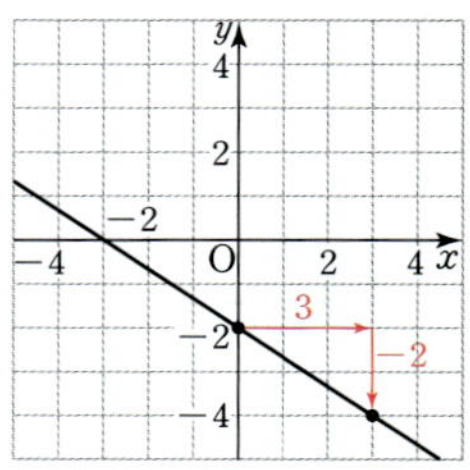

10분 연산 TEST 2회

154쪽

01 x절편 : 3, y절편 : 3, 기울기 : -1

02 x절편 : 1, y절편 : -1, 기울기 : 1

03 x절편 : -4, y절편 : -3, 기울기 : $-\dfrac{3}{4}$

04 x절편 : -2, y절편 : 4, 기울기 : 2

05 x절편 : 6, y절편 : -3, 기울기 : $\dfrac{1}{2}$

06 x절편 : 3, y절편 : 2, 기울기 : $-\dfrac{2}{3}$

07 2 　　**08** -7 　　**09** 2 　　**10** $-\dfrac{2}{3}$ 　　**11** -8

12 -3

13~14

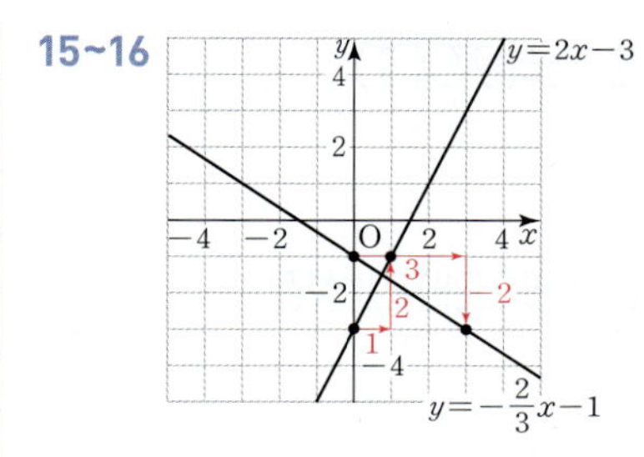

04 $y=0$일 때, $0=2x+4$ $\quad\therefore x=-2$
$x=0$일 때, $y=4$
따라서 x절편은 -2, y절편은 4이다.

05 $y=0$일 때, $0=\dfrac{1}{2}x-3$ $\quad\therefore x=6$
$x=0$일 때, $y=-3$
따라서 x절편은 6, y절편은 -3이다.

06 $y=0$일 때, $0=-\dfrac{2}{3}x+2$ $\quad\therefore x=3$
$x=0$일 때, $y=2$
따라서 x절편은 3, y절편은 2이다.

07 (기울기)$=\dfrac{8-4}{4-2}=2$

08 (기울기)$=\dfrac{5-(-2)}{2-3}=-7$

09 (기울기)$=\dfrac{0-4}{1-3}=2$

10 (기울기)$=\dfrac{-1-3}{3-(-3)}=-\dfrac{2}{3}$

11 기울기가 2이므로 $\dfrac{(y의\ 값의\ 증가량)}{-4}=2$
$\therefore (y의\ 값의\ 증가량)=-8$

12 기울기가 $-\dfrac{1}{3}$이므로 $\dfrac{(y의\ 값의\ 증가량)}{-2-(-11)}=-\dfrac{1}{3}$
$\therefore (y의\ 값의\ 증가량)=-3$

13 x절편은 -4이므로 점 $(-4,\ 0)$을 지난다.
y절편은 2이므로 점 $(0,\ 2)$를 지난다.
따라서 그래프는 오른쪽 그림과 같다.

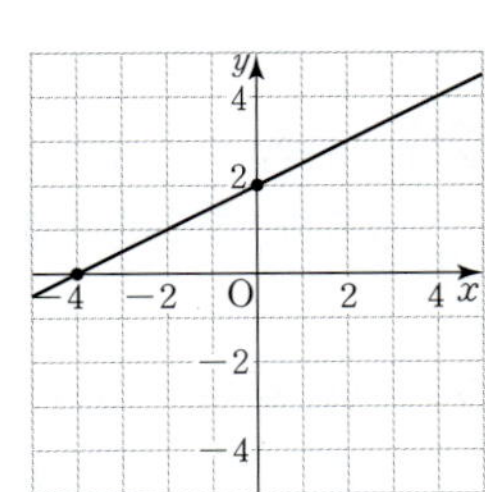

14 x절편은 4이므로 점 $(4,\ 0)$을 지난다.
y절편은 3이므로 점 $(0,\ 3)$을 지난다.
따라서 그래프는 오른쪽 그림과 같다.

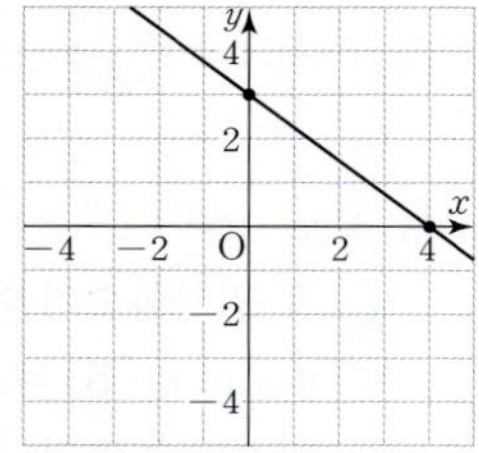

15 y절편은 -3이므로 점 $(0,\ -3)$을 지난다. 또, 기울기가 2이므로 점 $(0,\ -3)$에서 x축의 방향으로 1만큼, y축의 방향으로 2만큼 이동한 점 $(1,\ -1)$을 지난다.
따라서 그래프는 오른쪽 그림과 같다.

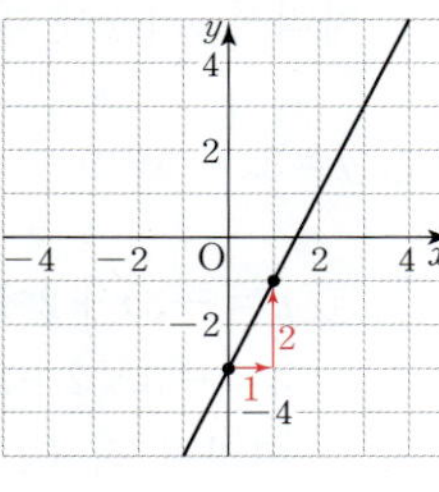

16 y절편은 -1이므로 점 $(0,\ -1)$을 지난다. 또, 기울기가 $-\dfrac{2}{3}$이므로 점 $(0,\ -1)$에서 x축의 방향으로 3만큼, y축의 방향으로 -2만큼 이동한 점 $(3,\ -3)$을 지난다.
따라서 그래프는 오른쪽 그림과 같다.

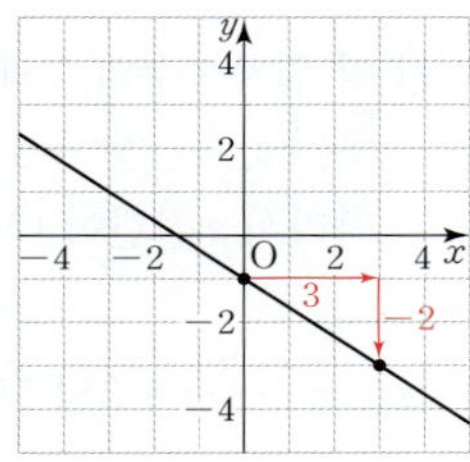

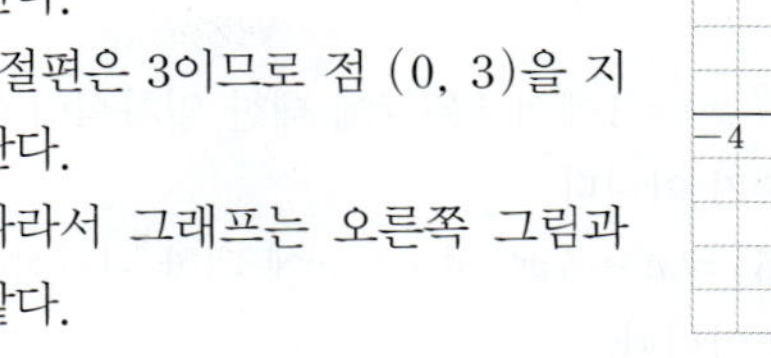

학교 시험 PREVIEW

┤155쪽~156쪽├

스스로 개념 점검

(1) 함수 　　(2) $y=f(x)$ 　　(3) 함숫값 　　(4) 일차함수
(5) 평행이동 　　(6) x절편, y절편 　　(7) 기울기

01 ②	**02** ④	**03** ①	**04** ①	**05** ②
06 ④	**07** ④	**08** ③	**09** ③	**10** ①
11 ①	**12** 풀이 참조			

01 ① $y=2x$
③ $\dfrac{1}{2}xy=8$ $\quad\therefore y=\dfrac{16}{x}$
④ $y=0.7x$
⑤

x	1	2	3	4	5	$\cdots$
y	1	2	0	1	2	$\cdots$

①, ③, ④, ⑤ x의 값이 변함에 따라 y의 값이 하나씩 정해지므로 y는 x의 함수이다.

02 ④ $f\left(\dfrac{2}{3}\right)=3\times\dfrac{2}{3}-5=2-5=-3$

03 $f(a)=5a+1=-9$, $5a=-10$ $\quad\therefore a=-2$

04 $f(-5)=\dfrac{a}{-5}=2$ $\quad$ $\therefore a=-10$

05 ④ $y=x+(1-x)=1$에서 1은 x에 대한 일차식이 아니므로 일차함수가 아니다.
⑤ $y=x(x+5)=x^2+5x$에서 y가 x에 대한 이차식이므로 일차함수가 아니다.
따라서 y가 x에 대한 일차함수인 것은 ②이다.

06 $y=3x-5+9$ $\quad$ $\therefore y=3x+4$

07 ④ $y=-3x+2$에 $x=2$, $y=4$를 대입하면
$4\neq-3\times2+2$
따라서 점 $(2,\ 4)$는 일차함수 $y=-3x+2$의 그래프 위의 점이 아니다.

08 각 일차함수의 그래프의 x절편을 구하면 다음과 같다.
①, ②, ④, ⑤ -3 $\quad$ ③ -2
따라서 x절편이 나머지 넷과 다른 하나는 ③이다.

09 $y=-\dfrac{3}{2}x+3$의 그래프의 x절편이 2, y절편이 3이므로
$y=-\dfrac{3}{2}x+3$의 그래프는 ③이다.

10 $(기울기)=\dfrac{-2-6}{3-(-1)}=\dfrac{-8}{4}=-2$

11 $(기울기)=\dfrac{(y의\ 값의\ 증가량)}{(x의\ 값의\ 증가량)}=\dfrac{-3}{2}=-\dfrac{3}{2}$
따라서 기울기가 $-\dfrac{3}{2}$인 그래프는 ①이다.

12 서술형

$y=-\dfrac{2}{3}x+3$에 $y=0$을 대입하면

$0=-\dfrac{2}{3}x+3$ $\quad$ $\therefore x=\dfrac{9}{2}$

즉, x절편은 $\dfrac{9}{2}$이다. $\quad$……❶

$y=-\dfrac{2}{3}x+3$에 $x=0$을 대입하면 $y=3$
즉, y절편은 3이다. $\quad$……❷

따라서 일차함수 $y=-\dfrac{2}{3}x+3$의 그래프는 오른쪽 그림과 같다. $\quad$……❸

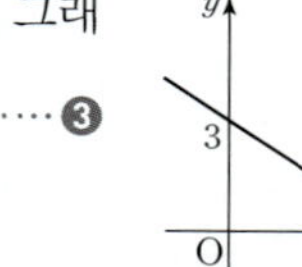

채점 기준	비율
❶ x절편 구하기	30 %
❷ y절편 구하기	30 %
❸ x절편, y절편을 이용하여 그래프 그리기	40 %

2 일차함수와 그 그래프 (2)

01 일차함수 $y=ax+b$의 그래프의 성질
158쪽~159쪽

01 양수	**02** 위	**03** 증가	**04** 음수	**05** 음
06 음수	**07** 아래	**08** 감소	**09** 양수	**10** 양

11 ㄱ, ㄷ, ㅂ **12** ㄴ, ㄹ, ㅁ **13** ㄱ, ㄷ, ㅂ **14** ㄴ, ㄹ, ㅁ **15** ㄱ, ㄴ
16 ㄷ, ㅂ **17** ㄹ, ㅁ

18 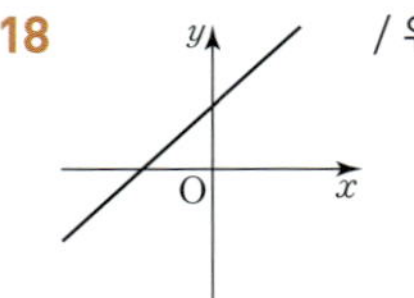 / 위, 양 **19**

20 **21**

22 $a>0$, $b>0$ / 위, $>$, 음, $<$, $>$ **23** $a<0$, $b<0$
24 $a>0$, $b<0$ **25** $a<0$, $b>0$
26 $a<0$, $b>0$ **27** $a>0$, $b<0$

11 기울기가 양수인 직선이므로 ㄱ, ㄷ, ㅂ이다.

12 기울기가 음수인 직선이므로 ㄴ, ㄹ, ㅁ이다.

13 기울기가 양수인 직선이므로 ㄱ, ㄷ, ㅂ이다.

14 기울기가 음수인 직선이므로 ㄴ, ㄹ, ㅁ이다.

15 y절편이 0인 직선이므로 ㄱ, ㄴ이다.

16 y절편이 양수인 직선이므로 ㄷ, ㅂ이다.

23 오른쪽 아래로 향하는 직선이므로 $a<0$
y축과 양의 부분에서 만나므로 $-b>0$ $\quad$ $\therefore b<0$

24 오른쪽 아래로 향하는 직선이므로 $-a<0$ $\quad$ $\therefore a>0$
y축과 음의 부분에서 만나므로 $b<0$

25 오른쪽 위로 향하는 직선이므로 $-a>0$ $\quad$ $\therefore a<0$
y축과 양의 부분에서 만나므로 $b>0$

26 오른쪽 위로 향하는 직선이므로 $-a>0$ $\quad$ $\therefore a<0$
y축과 음의 부분에서 만나므로 $-b<0$ $\quad$ $\therefore b>0$

27 오른쪽 아래로 향하는 직선이므로 $-a<0$ $\quad \therefore a>0$
y축과 양의 부분에서 만나므로 $-b>0$ $\quad \therefore b<0$

02 일차함수의 그래프의 평행과 일치

01 ㅂ	**02** ㅅ	**03** ㅁ	**04** ㅇ	**05** ㄷ
06 4	**07** -1	**08** $\frac{3}{2}$	**09** $a=-2, b=3$	
10 $a=4, b=5$		**11** $a=-1, b=1$		

02 ㅅ. $y=-2(x+3)=-2x-6$이므로 ㄴ과 일치한다.

03 ㅁ. $y=4(x-1)=4x-4$이므로 ㄷ과 평행하다.

04 ㅇ. $y=\frac{1}{4}(2x+8)=\frac{1}{2}x+2$이므로 ㄹ과 일치한다.

05 주어진 그래프의 기울기는 4, y절편은 -4이므로 ㄷ과 평행하다.

주의 주어진 그래프는 ㅁ과 일치한다.

08 $2a-5=-2$이므로 $a=\frac{3}{2}$

11 $2a=-2, -1=-b$이므로 $a=-1, b=1$

10분 연산 TEST 1회

01 ㄱ, ㅁ, ㅂ	**02** ㄴ, ㄷ, ㄹ	**03** ㄱ, ㄹ, ㅂ	**04** ㄷ, ㅁ	**05** ㉡
06 ㉠	**07** ㉢	**08** ㉣	**09** ㄱ과 ㄹ	**10** ㄴ과 ㅁ
11 1	**12** -2	**13** $a=-2, b=-1$		
14 $a=8, b=\frac{1}{2}$				

01 기울기가 양수인 직선이므로 ㄱ, ㅁ, ㅂ이다.

02 기울기가 음수인 직선이므로 ㄴ, ㄷ, ㄹ이다.

04 y절편이 음수인 직선이므로 ㄷ, ㅁ이다.

05 $a>0, b>0$에서 $-a<0, b>0$이다.
따라서 기울기가 음수이고, y절편이 양수인 직선이므로 ㉡이다.

06 $a>0, b<0$에서 $-a<0, b<0$이다.
따라서 기울기가 음수이고, y절편이 음수인 직선이므로 ㉠이다.

07 $a<0, b>0$에서 $-a>0, b>0$이다.
따라서 기울기가 양수이고, y절편이 양수인 직선이므로 ㉢이다.

08 $a<0, b<0$에서 $-a>0, b<0$이다.
따라서 기울기가 양수이고, y절편이 음수인 직선이므로 ㉣이다.

10 ㅁ. $y=\frac{1}{2}(x+2)=\frac{1}{2}x+1$이므로 ㄴ과 ㅁ의 그래프는 일치한다.

12 $-1=\frac{1}{2}a$이므로 $a=-2$

14 $-\frac{1}{2}a+1=-3$이므로 $-\frac{1}{2}a=-4$ $\quad \therefore a=8$
$\frac{1}{2}=b$

10분 연산 TEST 2회

01 ㄱ, ㄷ	**02** ㄴ, ㄹ, ㅁ, ㅂ	**03** ㄴ, ㄷ, ㅁ		
04 ㄱ, ㄹ	**05** ㉠	**06** ㉡	**07** ㉣	**08** ㉢
09 ㄴ과 ㄹ	**10** ㄱ과 ㅂ	**11** -3	**12** $\frac{1}{8}$	
13 $a=5, b=-10$		**14** $a=1, b=2$		

01 기울기가 음수인 직선이므로 ㄱ, ㄷ이다.

02 기울기가 양수인 직선이므로 ㄴ, ㄹ, ㅁ, ㅂ이다.

04 y절편이 양수인 직선이므로 ㄱ, ㄹ이다.

05 $a>0, b>0$에서 $-a<0, -b<0$이다.
따라서 기울기가 음수이고, y절편이 음수인 직선이므로 ㉠이다.

06 $a>0, b<0$에서 $-a<0, -b>0$이다.
따라서 기울기가 음수이고, y절편이 양수인 직선이므로 ㉡이다.

07 $a<0, b>0$에서 $-a>0, -b<0$이다.
따라서 기울기가 양수이고, y절편이 음수인 직선이므로 ㉣이다.

08 $a<0$, $b<0$에서 $-a>0$, $-b>0$이다.
따라서 기울기가 양수이고, y절편이 양수인 직선이므로 ㉢
이다.

10 ㅂ. $y=\frac{1}{4}(x-4)=\frac{1}{4}x-1$이므로 ㄱ과 ㅂ의 그래프는 일치
한다.

12 $2a=\frac{1}{4}$이므로 $a=\frac{1}{8}$

13 $-5=\frac{1}{2}b$이므로 $b=-10$
$a-2=3$이므로 $a=5$

14 $2a-1=a$이므로 $a=1$
$3=2b-1$이므로 $2b=4$ $\quad\therefore b=2$

03 일차함수의 식 구하기 (1) - 기울기와 y절편을 알 때
163쪽

01 $y=2x+3$ / 2, 3, $2x+3$ **02** $y=-4x+1$
03 $y=\frac{1}{5}x-5$ **04** $y=x+3$
05 $y=-3x-2$ **06** $y=\frac{2}{3}x+\frac{1}{2}$
07 $y=3x-1$ / 6, 3, $3x-1$ **08** $y=\frac{1}{2}x+2$
09 $y=-4x+1$ **10** $y=-2x-3$
11 $y=x+5$ **12** $y=\frac{1}{3}x-1$

08 기울기가 $\frac{2}{4}=\frac{1}{2}$이고 y절편이 2이므로
구하는 일차함수의 식은 $y=\frac{1}{2}x+2$

09 기울기가 $\frac{-12}{3}=-4$이고 y절편이 1이므로
구하는 일차함수의 식은 $y=-4x+1$

10 기울기가 -2이고 y절편이 -3이므로
구하는 일차함수의 식은 $y=-2x-3$

11 기울기가 1이고 y절편이 5이므로
구하는 일차함수의 식은 $y=x+5$

12 기울기가 $\frac{1}{3}$이고 y절편이 -1이므로
구하는 일차함수의 식은 $y=\frac{1}{3}x-1$

04 일차함수의 식 구하기 (2) - 기울기와 한 점의 좌표를 알 때
164쪽

01 $y=3x-1$ / 3, 1, 2, 3, -1, $3x-1$ **02** $y=-x+3$
03 $y=\frac{1}{2}x$ **04** $y=2x-2$ **05** $y=-4x+1$
06 $y=-\frac{1}{2}x-4$ **07** $y=4x+8$
08 $y=-3x-1$ **09** $y=-\frac{1}{3}x+2$
10 $y=2x-1$ **11** $y=-2x+3$
12 $y=\frac{1}{3}x-3$

02 기울기가 -1이므로 일차함수의 식을 $y=-x+b$라 하고
$x=-3$, $y=6$을 대입하면 $6=-(-3)+b$ $\quad\therefore b=3$
따라서 구하는 일차함수의 식은 $y=-x+3$

03 기울기가 $\frac{1}{2}$이므로 일차함수의 식을 $y=\frac{1}{2}x+b$라 하고
$x=-4$, $y=-2$를 대입하면
$-2=\frac{1}{2}\times(-4)+b$ $\quad\therefore b=0$
따라서 구하는 일차함수의 식은 $y=\frac{1}{2}x$

04 기울기가 2이므로 일차함수의 식을 $y=2x+b$라 하고
$x=1$, $y=0$을 대입하면 $0=2\times1+b$ $\quad\therefore b=-2$
따라서 구하는 일차함수의 식은 $y=2x-2$

05 기울기가 -4이므로 일차함수의 식을 $y=-4x+b$라 하고
$x=\frac{1}{4}$, $y=0$을 대입하면 $0=-4\times\frac{1}{4}+b$ $\quad\therefore b=1$
따라서 구하는 일차함수의 식은 $y=-4x+1$

06 기울기가 $-\frac{1}{2}$이므로 일차함수의 식을 $y=-\frac{1}{2}x+b$라 하고
$x=-8$, $y=0$을 대입하면
$0=-\frac{1}{2}\times(-8)+b$ $\quad\therefore b=-4$
따라서 구하는 일차함수의 식은 $y=-\frac{1}{2}x-4$

07 기울기가 $\frac{4}{1}=4$이므로 일차함수의 식을 $y=4x+b$라 하고
$x=-1$, $y=4$를 대입하면 $4=4\times(-1)+b$ $\quad\therefore b=8$
따라서 구하는 일차함수의 식은 $y=4x+8$

08 기울기가 $\frac{-9}{3}=-3$이므로 일차함수의 식을 $y=-3x+b$
라 하고 $x=-1$, $y=2$를 대입하면
$2=-3\times(-1)+b$ $\quad\therefore b=-1$
따라서 구하는 일차함수의 식은 $y=-3x-1$

09 기울기가 $\dfrac{-1}{3}=-\dfrac{1}{3}$ 이므로 일차함수의 식을 $y=-\dfrac{1}{3}x+b$

라 하고 $x=6,\ y=0$을 대입하면 $0=-\dfrac{1}{3}\times6+b$ $\quad\therefore b=2$

따라서 구하는 일차함수의 식은 $y=-\dfrac{1}{3}x+2$

10 기울기가 2이므로 일차함수의 식을 $y=2x+b$라 하고
$x=1,\ y=1$을 대입하면 $1=2\times1+b$ $\quad\therefore b=-1$
따라서 구하는 일차함수의 식은 $y=2x-1$

11 기울기가 -2이므로 일차함수의 식을 $y=-2x+b$라 하고
$x=2,\ y=-1$을 대입하면 $-1=-2\times2+b$ $\quad\therefore b=3$
따라서 구하는 일차함수의 식은 $y=-2x+3$

12 기울기가 $\dfrac{1}{3}$ 이므로 일차함수의 식을 $y=\dfrac{1}{3}x+b$라 하고

$x=9,\ y=0$을 대입하면 $0=\dfrac{1}{3}\times9+b$ $\quad\therefore b=-3$

따라서 구하는 일차함수의 식은 $y=\dfrac{1}{3}x-3$

05 일차함수의 식 구하기 (3) - 두 점의 좌표를 알 때

165쪽

> **01** $y=3x+1$ / 10, 4, 6, 3, 3, 4, 3, 1, $3x+1$
> **02** $y=-x+3$　　**03** $y=-5x+2$　　**04** $y=x-6$
> **05** $y=4x+9$　　**06** $y=-\dfrac{3}{2}x-7$
> **07** $y=x+2$ / ❶ $(-3,\ -1),\ (2,\ 4)$　❷ 1
> **08** $y=-2x+1$　　**09** $y=3x-4$
> **10** $y=-\dfrac{2}{5}x-1$

02 (기울기)$=\dfrac{-1-1}{4-2}=-1$이므로

일차함수의 식을 $y=-x+b$라 하고
$x=2,\ y=1$을 대입하면 $1=-2+b$ $\quad\therefore b=3$
따라서 구하는 일차함수의 식은 $y=-x+3$

03 (기울기)$=\dfrac{-3-7}{1-(-1)}=-5$이므로

일차함수의 식을 $y=-5x+b$라 하고
$x=-1,\ y=7$을 대입하면
$7=-5\times(-1)+b$ $\quad\therefore b=2$
따라서 구하는 일차함수의 식은 $y=-5x+2$

04 (기울기)$=\dfrac{0-(-2)}{6-4}=1$이므로

일차함수의 식을 $y=x+b$라 하고
$x=6,\ y=0$을 대입하면 $0=6+b$ $\quad\therefore b=-6$
따라서 구하는 일차함수의 식은 $y=x-6$

05 (기울기)$=\dfrac{5-(-3)}{-1-(-3)}=4$이므로

일차함수의 식을 $y=4x+b$라 하고
$x=-3,\ y=-3$을 대입하면
$-3=4\times(-3)+b$ $\quad\therefore b=9$
따라서 구하는 일차함수의 식은 $y=4x+9$

06 (기울기)$=\dfrac{-1-(-4)}{-4-(-2)}=-\dfrac{3}{2}$이므로

일차함수의 식을 $y=-\dfrac{3}{2}x+b$라 하고

$x=-2,\ y=-4$를 대입하면
$-4=-\dfrac{3}{2}\times(-2)+b$ $\quad\therefore b=-7$

따라서 구하는 일차함수의 식은 $y=-\dfrac{3}{2}x-7$

07 두 점 $(-3,\ -1),\ (2,\ 4)$를 지나므로
(기울기)$=\dfrac{4-(-1)}{2-(-3)}=1$
일차함수의 식을 $y=x+b$라 하고
$x=-3,\ y=-1$을 대입하면
$-1=-3+b$ $\quad\therefore b=2$
따라서 구하는 일차함수의 식은 $y=x+2$

08 두 점 $(-2,\ 5),\ (1,\ -1)$을 지나므로
(기울기)$=\dfrac{-1-5}{1-(-2)}=-2$
일차함수의 식을 $y=-2x+b$라 하고
$x=1,\ y=-1$을 대입하면
$-1=-2\times1+b$ $\quad\therefore b=1$
따라서 구하는 일차함수의 식은 $y=-2x+1$

09 두 점 $(2,\ 2),\ (4,\ 8)$을 지나므로
(기울기)$=\dfrac{8-2}{4-2}=3$
일차함수의 식을 $y=3x+b$라 하고
$x=2,\ y=2$를 대입하면
$2=3\times2+b$ $\quad\therefore b=-4$
따라서 구하는 일차함수의 식은 $y=3x-4$

10 두 점 $(-5,\ 1),\ (5,\ -3)$을 지나므로
(기울기)$=\dfrac{-3-1}{5-(-5)}=-\dfrac{2}{5}$

일차함수의 식을 $y=-\dfrac{2}{5}x+b$라 하고

$x=-5,\ y=1$을 대입하면
$1=-\dfrac{2}{5}\times(-5)+b$ $\quad\therefore b=-1$

따라서 구하는 일차함수의 식은 $y=-\dfrac{2}{5}x-1$

06 일차함수의 식 구하기 (4) - x절편과 y절편을 알 때

166쪽

01 $y=-x+2$ / 2, 2, 2, 2, -1, $-x+2$

02 $y=3x-3$　　　**03** $y=-3x+6$

04 $y=\dfrac{3}{4}x+3$　　　**05** $y=-\dfrac{1}{2}x-1$

06 $y=-\dfrac{1}{2}x+2$ / ❶ $(4,0),(0,2)$　❷ $-\dfrac{1}{2}$

07 $y=-2x-6$　　　**08** $y=\dfrac{5}{2}x+5$

09 $y=\dfrac{2}{3}x-2$

02 두 점 $(1,0),(0,-3)$을 지나므로

$(기울기)=\dfrac{-3-0}{0-1}=3$

따라서 구하는 일차함수의 식은 $y=3x-3$

03 두 점 $(2,0),(0,6)$을 지나므로

$(기울기)=\dfrac{6-0}{0-2}=-3$

따라서 구하는 일차함수의 식은 $y=-3x+6$

04 두 점 $(-4,0),(0,3)$을 지나므로

$(기울기)=\dfrac{3-0}{0-(-4)}=\dfrac{3}{4}$

따라서 구하는 일차함수의 식은 $y=\dfrac{3}{4}x+3$

05 두 점 $(-2,0),(0,-1)$을 지나므로

$(기울기)=\dfrac{-1-0}{0-(-2)}=-\dfrac{1}{2}$

따라서 구하는 일차함수의 식은 $y=-\dfrac{1}{2}x-1$

06 두 점 $(4,0),(0,2)$를 지나므로

$(기울기)=\dfrac{2-0}{0-4}=-\dfrac{1}{2}$, $(y절편)=2$

따라서 구하는 일차함수의 식은 $y=-\dfrac{1}{2}x+2$

07 두 점 $(-3,0),(0,-6)$을 지나므로

$(기울기)=\dfrac{-6-0}{0-(-3)}=-2$, $(y절편)=-6$

따라서 구하는 일차함수의 식은 $y=-2x-6$

08 두 점 $(-2,0),(0,5)$를 지나므로

$(기울기)=\dfrac{5-0}{0-(-2)}=\dfrac{5}{2}$, $(y절편)=5$

따라서 구하는 일차함수의 식은 $y=\dfrac{5}{2}x+5$

09 두 점 $(3,0),(0,-2)$를 지나므로

$(기울기)=\dfrac{-2-0}{0-3}=\dfrac{2}{3}$, $(y절편)=-2$

따라서 구하는 일차함수의 식은 $y=\dfrac{2}{3}x-2$

10분 연산 TEST 1회

167쪽

01 $y=2x-1$　　　**02** $y=\dfrac{1}{3}x-2$

03 $y=-x-1$　　　**04** $y=-2x+6$

05 $y=3x-3$　　　**06** $y=-2x-3$

07 $y=-\dfrac{1}{2}x+1$　　　**08** $y=-2x-4$

09 $y=4x-4$　　　**10** $y=2x+6$　　　**11** $y=x+1$

12 $y=-\dfrac{5}{3}x-\dfrac{1}{3}$　　　**13** $y=-\dfrac{3}{2}x+1$

14 $y=\dfrac{1}{3}x+1$　　　**15** $y=-x-2$

02 기울기가 $\dfrac{1}{3}$이고 y절편이 -2이므로

구하는 일차함수의 식은 $y=\dfrac{1}{3}x-2$

03 기울기가 -1이므로 일차함수의 식을 $y=-x+b$라 하고

$x=1$, $y=-2$를 대입하면 $-2=-1+b$　∴ $b=-1$

따라서 구하는 일차함수의 식은 $y=-x-1$

04 기울기가 -2이므로 일차함수의 식을 $y=-2x+b$라 하고

$x=3$, $y=0$을 대입하면 $0=-2\times3+b$　∴ $b=6$

따라서 구하는 일차함수의 식은 $y=-2x+6$

05 기울기가 3이므로 일차함수의 식을 $y=3x+b$라 하고

$x=-1$, $y=-6$을 대입하면

$-6=3\times(-1)+b$　∴ $b=-3$

따라서 구하는 일차함수의 식은 $y=3x-3$

06 기울기가 $\dfrac{-4}{2}=-2$이므로 일차함수의 식을 $y=-2x+b$

라 하고 $x=-2$, $y=1$을 대입하면

$1=-2\times(-2)+b$　∴ $b=-3$

따라서 구하는 일차함수의 식은 $y=-2x-3$

07 $(기울기)=\dfrac{3-0}{-4-2}=-\dfrac{1}{2}$이므로

일차함수의 식을 $y=-\dfrac{1}{2}x+b$라 하고

$x=2$, $y=0$을 대입하면 $0=-\dfrac{1}{2}\times2+b$ $\quad\therefore b=1$

따라서 구하는 일차함수의 식은 $y=-\dfrac{1}{2}x+1$

08 $(기울기)=\dfrac{-8-(-2)}{2-(-1)}=-2$이므로

일차함수의 식을 $y=-2x+b$라 하고
$x=-1$, $y=-2$를 대입하면
$-2=-2\times(-1)+b$ $\quad\therefore b=-4$
따라서 구하는 일차함수의 식은 $y=-2x-4$

09 두 점 $(1, 0)$, $(0, -4)$를 지나므로

$(기울기)=\dfrac{-4-0}{0-1}=4$

따라서 구하는 일차함수의 식은 $y=4x-4$

10 두 점 $(-3, 0)$, $(0, 6)$을 지나므로

$(기울기)=\dfrac{6-0}{0-(-3)}=2$

따라서 구하는 일차함수의 식은 $y=2x+6$

11 두 점 $(1, 2)$, $(3, 4)$를 지나므로

$(기울기)=\dfrac{4-2}{3-1}=1$

일차함수의 식을 $y=x+b$라 하고
$x=1$, $y=2$를 대입하면 $2=1+b$ $\quad\therefore b=1$
따라서 구하는 일차함수의 식은 $y=x+1$

12 두 점 $(1, -2)$, $(4, -7)$을 지나므로

$(기울기)=\dfrac{-7-(-2)}{4-1}=-\dfrac{5}{3}$

일차함수의 식을 $y=-\dfrac{5}{3}x+b$라 하고

$x=1$, $y=-2$를 대입하면

$-2=-\dfrac{5}{3}\times1+b$ $\quad\therefore b=-\dfrac{1}{3}$

따라서 구하는 일차함수의 식은 $y=-\dfrac{5}{3}x-\dfrac{1}{3}$

13 두 점 $(-2, 4)$, $(2, -2)$를 지나므로

$(기울기)=\dfrac{-2-4}{2-(-2)}=-\dfrac{3}{2}$

일차함수의 식을 $y=-\dfrac{3}{2}x+b$라 하고

$x=2$, $y=-2$를 대입하면 $-2=-\dfrac{3}{2}\times2+b$ $\quad\therefore b=1$

따라서 구하는 일차함수의 식은 $y=-\dfrac{3}{2}x+1$

14 두 점 $(-3, 0)$, $(0, 1)$을 지나므로

$(기울기)=\dfrac{1-0}{0-(-3)}=\dfrac{1}{3}$, $(y절편)=1$

따라서 구하는 일차함수의 식은 $y=\dfrac{1}{3}x+1$

15 두 점 $(-2, 0)$, $(0, -2)$를 지나므로

$(기울기)=\dfrac{-2-0}{0-(-2)}=-1$, $(y절편)=-2$

따라서 구하는 일차함수의 식은 $y=-x-2$

10분 연산 TEST 2회

168쪽

01 $y=-x+6$ **02** $y=-4x-5$ **03** $y=x-2$

04 $y=3x+3$ **05** $y=-x+2$ **06** $y=x+4$

07 $y=\dfrac{3}{2}x+\dfrac{11}{2}$ **08** $y=3x-6$

09 $y=-4x+8$ **10** $y=\dfrac{5}{3}x+5$

11 $y=\dfrac{1}{2}x+1$ **12** $y=-\dfrac{1}{2}x+3$

13 $y=\dfrac{7}{5}x+\dfrac{11}{5}$ **14** $y=-\dfrac{2}{3}x+2$

15 $y=3x-3$

02 기울기가 -4이고 y절편이 -5이므로
구하는 일차함수의 식은 $y=-4x-5$

03 기울기가 1이므로 일차함수의 식을 $y=x+b$라 하고
$x=3$, $y=1$을 대입하면 $1=3+b$ $\quad\therefore b=-2$
따라서 구하는 일차함수의 식은 $y=x-2$

04 기울기가 3이므로 일차함수의 식을 $y=3x+b$라 하고
$x=-1$, $y=0$을 대입하면
$0=3\times(-1)+b$ $\quad\therefore b=3$
따라서 구하는 일차함수의 식은 $y=3x+3$

05 기울기가 -1이므로 일차함수의 식을 $y=-x+b$라 하고
$x=2$, $y=0$을 대입하면 $0=-2+b$ $\quad\therefore b=2$
따라서 구하는 일차함수의 식은 $y=-x+2$

06 기울기가 $\dfrac{2}{2}=1$이므로 일차함수의 식을 $y=x+b$라 하고
$x=-1$, $y=3$을 대입하면 $3=-1+b$ $\quad\therefore b=4$
따라서 구하는 일차함수의 식은 $y=x+4$

07 $(기울기)=\dfrac{10-4}{3-(-1)}=\dfrac{3}{2}$이므로

일차함수의 식을 $y=\dfrac{3}{2}x+b$라 하고

$x=-1$, $y=4$를 대입하면

$4=\dfrac{3}{2}\times(-1)+b$ $\therefore b=\dfrac{11}{2}$

따라서 구하는 일차함수의 식은 $y=\dfrac{3}{2}x+\dfrac{11}{2}$

08 $(기울기)=\dfrac{3-(-3)}{3-1}=3$이므로

일차함수의 식을 $y=3x+b$라 하고

$x=1$, $y=-3$을 대입하면 $-3=3\times1+b$ $\therefore b=-6$

따라서 구하는 일차함수의 식은 $y=3x-6$

09 두 점 $(2,0)$, $(0,8)$을 지나므로

$(기울기)=\dfrac{8-0}{0-2}=-4$

따라서 구하는 일차함수의 식은 $y=-4x+8$

10 두 점 $(-3,0)$, $(0,5)$를 지나므로

$(기울기)=\dfrac{5-0}{0-(-3)}=\dfrac{5}{3}$, $(y절편)=5$

따라서 구하는 일차함수의 식은 $y=\dfrac{5}{3}x+5$

11 두 점 $(0,1)$, $(2,2)$를 지나므로

$(기울기)=\dfrac{2-1}{2-0}=\dfrac{1}{2}$, $(y절편)=1$

따라서 구하는 일차함수의 식은 $y=\dfrac{1}{2}x+1$

12 두 점 $(-4,5)$, $(2,2)$를 지나므로

$(기울기)=\dfrac{2-5}{2-(-4)}=-\dfrac{1}{2}$

일차함수의 식을 $y=-\dfrac{1}{2}x+b$라 하고

$x=2$, $y=2$를 대입하면 $2=-\dfrac{1}{2}\times2+b$ $\therefore b=3$

따라서 구하는 일차함수의 식은 $y=-\dfrac{1}{2}x+3$

13 두 점 $(-3,-2)$, $(2,5)$를 지나므로

$(기울기)=\dfrac{5-(-2)}{2-(-3)}=\dfrac{7}{5}$

일차함수의 식을 $y=\dfrac{7}{5}x+b$라 하고

$x=2$, $y=5$를 대입하면 $5=\dfrac{7}{5}\times2+b$ $\therefore b=\dfrac{11}{5}$

따라서 구하는 일차함수의 식은 $y=\dfrac{7}{5}x+\dfrac{11}{5}$

14 두 점 $(3,0)$, $(0,2)$를 지나므로

$(기울기)=\dfrac{2-0}{0-3}=-\dfrac{2}{3}$, $(y절편)=2$

따라서 구하는 일차함수의 식은 $y=-\dfrac{2}{3}x+2$

15 두 점 $(1,0)$, $(0,-3)$을 지나므로

$(기울기)=\dfrac{-3-0}{0-1}=3$, $(y절편)=-3$

따라서 구하는 일차함수의 식은 $y=3x-3$

07 일차함수의 활용

169쪽~171쪽

01 (1) 6, 6 (2) 12 ℃ (3) 5 km

02 (1) $y=\dfrac{1}{3}x+60$ (2) 65 ℃ (3) 30분 후

03 (1) $\dfrac{2}{5}$, $\dfrac{2}{5}$ (2) $\dfrac{83}{5}$ cm (3) 50 g

04 (1) $y=20-2x$ (2) 10 cm (3) 10분

05 (1) 3, 3 (2) 54 L (3) 30분 후

06 (1) $y=36-0.1x$ (2) 30 L (3) 360 km

07 (1) (위에서부터) 800, $25x$, $800-25x$, $800-25x$, $800-25x$

(2) 550 m (3) 32분

08 (1) $y=60-3x$ (2) 24 m (3) 20초 후

09 (1) $\dfrac{1}{2}x$, $\dfrac{1}{2}x$, 6, $\dfrac{3}{2}x$ (2) 15 cm^2 (3) 14초 후

10 (1) $8x$ cm^2 (2) $y=80-8x$ (3) 3초 후

11 (1) 200, 8, 200, 8, -25, 200, $-25x+200$ (2) 75 L

(3) 6시간 후

12 (1) $y=-\dfrac{3}{5}x+18$ (2) 12 L (3) 30시간

01 (2) $y=24-6x$에 $x=2$를 대입하면 $y=24-6\times2=12$

따라서 지면으로부터의 높이가 2 km인 곳의 기온은 12 ℃이다.

(3) $y=24-6x$에 $y=-6$을 대입하면

$-6=24-6x$, $6x=30$ $\therefore x=5$

따라서 기온이 -6 ℃인 곳의 지면으로부터의 높이는 5 km이다.

02 (1) 1분마다 물의 온도가 $\dfrac{1}{3}$ ℃씩 올라가므로 $y=\dfrac{1}{3}x+60$

(2) $y=\dfrac{1}{3}x+60$에 $x=15$를 대입하면

$y=\dfrac{1}{3}\times15+60=65$

따라서 가열한 지 15분 후의 물의 온도는 65 ℃이다.

(3) $y=\dfrac{1}{3}x+60$에 $y=70$을 대입하면

$70=\dfrac{1}{3}x+60,\ \dfrac{1}{3}x=10$ $\therefore x=30$

따라서 가열한 지 30분 후에 물의 온도가 70 ℃가 된다.

03 (2) $y=\dfrac{2}{5}x+15$에 $x=4$를 대입하면 $y=\dfrac{2}{5}\times4+15=\dfrac{83}{5}$

따라서 4 g의 추를 매달았을 때의 용수철의 길이는
$\dfrac{83}{5}$ cm이다.

(3) $y=\dfrac{2}{5}x+15$에 $y=35$를 대입하면

$35=\dfrac{2}{5}x+15,\ \dfrac{2}{5}x=20$ $\therefore x=50$

따라서 용수철의 길이가 35 cm가 되는 것은 50 g의 추를 매달았을 때이다.

04 (1) 양초의 길이가 1분에 2 cm씩 짧아지므로 $y=20-2x$

(2) $y=20-2x$에 $x=5$를 대입하면 $y=20-2\times5=10$
따라서 불을 붙인 지 5분 후에 남은 양초의 길이는
10 cm이다.

(3) $y=20-2x$에 $y=0$을 대입하면
$0=20-2x,\ 2x=20$ $\therefore x=10$
따라서 양초가 완전히 타는 데 걸리는 시간은 10분이다.

05 (2) $y=3x+30$에 $x=8$을 대입하면 $y=3\times8+30=54$
따라서 물을 넣기 시작한 지 8분 후의 물탱크에 들어 있는 물의 양은 54 L이다.

(3) $y=3x+30$에 $y=120$을 대입하면
$120=3x+30,\ 3x=90$ $\therefore x=30$
따라서 물탱크에 들어 있는 물의 양이 120 L가 되는 것은 물을 넣기 시작한 지 30분 후이다.

06 (1) 1 km를 달리는 데 0.1 L의 휘발유가 소모되므로
$y=36-0.1x$

(2) $y=36-0.1x$에 $x=60$을 대입하면
$y=36-0.1\times60=30$
따라서 자동차가 60 km를 달린 후에 자동차에 남은 휘발유의 양은 30 L이다.

(3) $y=36-0.1x$에 $y=0$을 대입하면
$0=36-0.1x,\ 0.1x=36$ $\therefore x=360$
따라서 휘발유를 모두 사용할 때까지 자동차가 달릴 수 있는 거리는 360 km이다.

07 (2) $y=800-25x$에 $x=10$을 대입하면
$y=800-25\times10=550$
따라서 집에서 출발한 지 10분 후 학교까지 남은 거리는 550 m이다.

(3) $y=800-25x$에 $y=0$을 대입하면
$0=800-25x,\ 25x=800$ $\therefore x=32$
따라서 집에서 학교까지 가는 데 32분이 걸린다.

08 (1) 초속 3 m로 내려오므로 $y=60-3x$

(2) $y=60-3x$에 $x=12$를 대입하면
$y=60-3\times12=24$
따라서 엘리베이터가 출발한 지 12초 후의 지상으로부터 엘리베이터의 높이는 24 m이다.

(3) $y=60-3x$에 $y=0$을 대입하면
$0=60-3x,\ 3x=60$ $\therefore x=20$
따라서 엘리베이터가 지상에 도착하는 것은 출발한 지 20초 후이다.

09 (2) $y=\dfrac{3}{2}x$에 $x=10$을 대입하면 $y=\dfrac{3}{2}\times10=15$
따라서 10초 후의 삼각형 ABP의 넓이는 15 cm²이다.

(3) $y=\dfrac{3}{2}x$에 $y=21$을 대입하면 $21=\dfrac{3}{2}x$ $\therefore x=14$
따라서 삼각형 ABP의 넓이가 21 cm²가 되는 것은 14초 후이다.

10 (1) x초 후 $\overline{\mathrm{BP}}=2x$ cm이므로 삼각형 ABP의 넓이는
$\dfrac{1}{2}\times8\times2x=8x\,(\mathrm{cm}^2)$

(2) x초 후 삼각형 ABP의 넓이는 $8x$ cm²이므로
$y=80-8x$

(3) $y=80-8x$에 $y=56$을 대입하면
$56=80-8x,\ 8x=24$ $\therefore x=3$
따라서 사각형 APCD의 넓이가 56 cm²가 되는 것은 3초 후이다.

11 (2) $y=-25x+200$에 $x=5$를 대입하면
$y=-25\times5+200=75$
따라서 물이 흘러 나온 지 5시간 후에 물통에 남아 있는 물의 양은 75 L이다.

(3) $y=-25x+200$에 $y=50$을 대입하면
$50=-25x+200,\ 25x=150$ $\therefore x=6$
따라서 물이 흘러 나온 지 6시간 후에 물통에 남아 있는 물의 양이 50 L가 된다.

12 (1) 그래프가 두 점 $(0,\ 18)$, $(5,\ 15)$를 지나므로
$(기울기)=\dfrac{15-18}{5-0}=-\dfrac{3}{5}$

이때 y절편이 18이므로 $y=-\dfrac{3}{5}x+18$

(2) $y=-\dfrac{3}{5}x+18$에 $x=10$을 대입하면
$y=-\dfrac{3}{5}\times10+18=12$

따라서 난로에 불을 붙인 지 10시간 후에 남아 있는 석유의 양은 12 L이다.

(3) $y=-\dfrac{3}{5}x+18$에 $y=0$을 대입하면

$0=-\dfrac{3}{5}x+18$, $\dfrac{3}{5}x=18$ $\quad\therefore x=30$

따라서 석유를 모두 사용하기까지 걸린 시간은 30시간이다.

10분 연산 TEST 1회

172쪽

01 (1) $y=0.5x+20$ (2) $35\,℃$

02 (1) $y=\dfrac{3}{10}x+10$ (2) 50 g

03 (1) $y=500-5x$ (2) 300 mL

04 (1) $y=3000-200x$ (2) 15분

05 (1) $y=3x$ (2) 4초 후

06 (1) $y=-\dfrac{1}{6}x+30$ (2) 15 cm

01 (1) 1분마다 물의 온도가 $0.5\,℃$씩 올라가므로
$y=0.5x+20$

(2) $y=0.5x+20$에 $x=30$을 대입하면
$y=0.5\times30+20=35$
따라서 가열한 지 30분 후의 물의 온도는 $35\,℃$이다.

02 (1) 1 g의 물체를 매달 때마다 용수철의 길이가
$\dfrac{6}{20}=\dfrac{3}{10}$ (cm)씩 늘어나므로 $y=\dfrac{3}{10}x+10$

(2) $y=\dfrac{3}{10}x+10$에 $y=25$를 대입하면
$25=\dfrac{3}{10}x+10$, $\dfrac{3}{10}x=15$ $\quad\therefore x=50$
따라서 용수철의 길이가 25 cm가 되는 것은 50 g의 물체를 매달았을 때이다.

03 (1) 1분에 5 mL씩 들어가므로 $y=500-5x$
(2) $y=500-5x$에 $x=40$을 대입하면
$y=500-5\times40=300$
따라서 40분 후에 남아 있는 링거액의 양은 300 mL이다.

04 (1) 3 km$=3000$ m이고 분속 200 m로 가므로
$y=3000-200x$
(2) $y=3000-200x$에 $y=0$을 대입하면
$0=3000-200x$, $200x=3000$ $\quad\therefore x=15$
따라서 학교에서 도서관까지 가는 데 15분이 걸린다.

---

05 (1) x초 후 $\overline{AP}=x$ cm이므로 $y=\dfrac{1}{2}\times6\times x=3x$

(2) $y=3x$에 $y=12$를 대입하면 $12=3x$ $\quad\therefore x=4$
따라서 삼각형 APD의 넓이가 12 cm^{2}가 되는 것은 4초 후이다.

06 (1) 그래프가 두 점 $(0,\ 30)$, $(180,\ 0)$을 지나므로
$(기울기)=\dfrac{0-30}{180-0}=-\dfrac{1}{6}$

이때 y절편이 30이므로 $y=-\dfrac{1}{6}x+30$

(2) 1시간 30분은 90분이므로
$y=-\dfrac{1}{6}x+30$에 $x=90$을 대입하면
$y=-\dfrac{1}{6}\times90+30=15$
따라서 불을 붙인 지 1시간 30분 후의 남은 양초의 길이는 15 cm이다.

10분 연산 TEST 2회

173쪽

01 (1) $y=0.6x+331$ (2) 초속 346 m

02 (1) $y=30-\dfrac{1}{5}x$ (2) 150분

03 (1) $y=2x+10$ (2) 70 L

04 (1) $y=350-70x$ (2) 5시간

05 (1) $y=320-40x$ (2) 200 cm^2

06 (1) $y=3x+12$ (2) 7 kg

01 (1) $1\,℃$ 올라갈 때마다 소리의 속력이 초속 0.6 m씩 증가하므로 $y=0.6x+331$
(2) $y=0.6x+331$에 $x=25$를 대입하면
$y=0.6\times25+331=346$
따라서 기온이 $25\,℃$일 때, 소리의 속력은 초속 346 m이다.

02 (1) 양초의 길이가 1분에 $\dfrac{2}{10}=\dfrac{1}{5}$ (cm)씩 짧아지므로
$y=30-\dfrac{1}{5}x$

(2) $y=30-\dfrac{1}{5}x$에 $y=0$을 대입하면
$0=30-\dfrac{1}{5}x$, $\dfrac{1}{5}x=30$ $\quad\therefore x=150$
따라서 양초가 완전히 타는 데 걸리는 시간은 150분이다.

03 (1) 1분에 2 L씩 물을 넣으므로 $y=2x+10$
(2) $y=2x+10$에 $x=30$을 대입하면 $y=2\times30+10=70$

따라서 물을 넣기 시작한 지 30분 후의 물탱크에 들어 있는 물의 양은 70 L이다.

04 (1) 시속 70 km의 일정한 속력으로 달리므로
$$y=350-70x$$
(2) $y=350-70x$에 $y=0$을 대입하면
$$0=350-70x,\ 70x=350 \quad \therefore x=5$$
따라서 목적지까지 가는 데 5시간이 걸린다.

05 (1) x초 후 $\overline{BP}=4x$ cm이므로
삼각형 ABP의 넓이는 $\dfrac{1}{2}\times 4x\times 20=40x\,(\text{cm}^2)$
$$\therefore y=320-40x$$
(2) $y=320-40x$에 $x=3$을 대입하면
$$y=320-40\times 3=200$$
따라서 3초 후의 사각형 APCD의 넓이는 200 cm²이다.

06 (1) 그래프가 두 점 $(1,\ 15)$, $(5,\ 27)$을 지나므로
$$(기울기)=\dfrac{27-15}{5-1}=3$$
$y=3x+b$라 하고 $x=1$, $y=15$를 대입하면
$$15=3\times 1+b \quad \therefore b=12$$
$$\therefore y=3x+12$$
(2) $y=3x+12$에 $y=33$을 대입하면
$$33=3x+12,\ 3x=21 \quad \therefore x=7$$
따라서 배송비가 33000원인 물건의 무게는 7 kg이다.

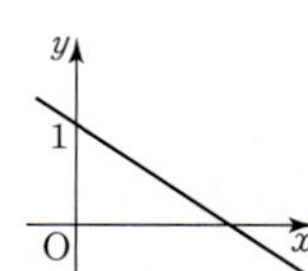

174쪽~175쪽

(1) ① 방향 ② y	(2) 평행, 일치	(3) 같다

01 ②	**02** ④	**03** ②	**04** ①	**05** ④
06 ①	**07** ④	**08** ②	**09** ②	**10** ③
11 ③	**12** 1			

01 ② $(기울기)=-\dfrac{2}{3}<0$, $(y절편)=1>0$
이므로 오른쪽 그림과 같이 제1, 2, 4
사분면을 지난다.

02 그래프가 오른쪽 위로 향하는 직선은 기울기가 양수인 직선이므로 ㄱ, ㄷ, ㅁ, ㅂ의 4개이다.

03 $y=ax+b$의 그래프가 오른쪽 위로 향하므로 $a>0$이고, y축과 음의 부분에서 만나므로 $b<0$이다.

04 $a<0$, $b<0$에서 $(기울기)=a<0$, $(y절편)=-b>0$이다.
따라서 $y=ax-b$의 그래프는 기울기가 음수이고 y절편이 양수인 직선이므로 ①이다.

06 $2a=-4$, $-5=b$이므로 $a=-2$, $b=-5$

07 기울기가 $\dfrac{6}{5-2}=2$이고 y절편이 3이므로
구하는 일차함수의 식은 $y=2x+3$

08 기울기가 -3이고 y절편은 -2이므로 구하는 일차함수의 식은 $y=-3x-2$

09 두 점 $(2,\ 0)$, $(0,\ 3)$을 지나므로
$$(기울기)=\dfrac{3-0}{0-2}=-\dfrac{3}{2} \quad \therefore y=-\dfrac{3}{2}x+3$$
따라서 $a=-\dfrac{3}{2}$, $b=3$이므로
$$\dfrac{a}{b}=-\dfrac{3}{2}\times\dfrac{1}{3}=-\dfrac{1}{2}$$

10 하루에 8쪽씩 x일 동안 읽으면 $8x$쪽이므로
$$y=200-8x$$
$y=200-8x$에 $y=0$을 대입하면
$$0=200-8x,\ 8x=200 \quad \therefore x=25$$
따라서 소설책을 다 읽는 데 25일이 걸린다.

11 해수면에서 물속으로 1 m 내려갈 때마다 압력이 $\dfrac{1}{10}$기압씩 높아지므로 수심이 x m인 지점의 압력을 y기압이라 하면
$$y=\dfrac{1}{10}x+1$$
$y=\dfrac{1}{10}x+1$에 $x=450$을 대입하면
$$y=\dfrac{1}{10}\times 450+1=46$$
따라서 수심이 450 m인 지점의 압력은 46기압이다.

12 서술형
두 점 $(-1,\ -1)$, $(2,\ 5)$를 지나므로
$$(기울기)=\dfrac{5-(-1)}{2-(-1)}=2 \quad \therefore a=2 \qquad \cdots\cdots ❶$$
$y=2x+b$에 $x=2$, $y=5$를 대입하면
$$5=2\times 2+b \quad \therefore b=1 \qquad \cdots\cdots ❷$$
$$\therefore a-b=2-1=1 \qquad \cdots\cdots ❸$$

채점 기준	비율
❶ 그래프가 지나는 두 점을 이용하여 a의 값 구하기	40 %
❷ b의 값 구하기	40 %
❸ $a-b$의 값 구하기	20 %

3 일차함수와 일차방정식의 관계

01 일차함수와 일차방정식의 관계

177쪽~178쪽

01

x	$\cdots$	-4	-2	0	2	4	$\cdots$
y	$\cdots$	4	3	2	1	0	$\cdots$

[x, y의 값이 정수]　　[x, y의 값의 범위가 수 전체]

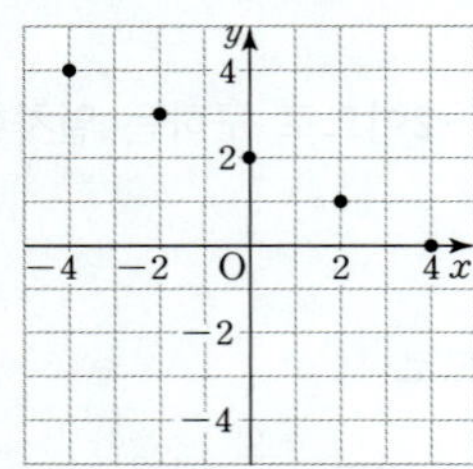 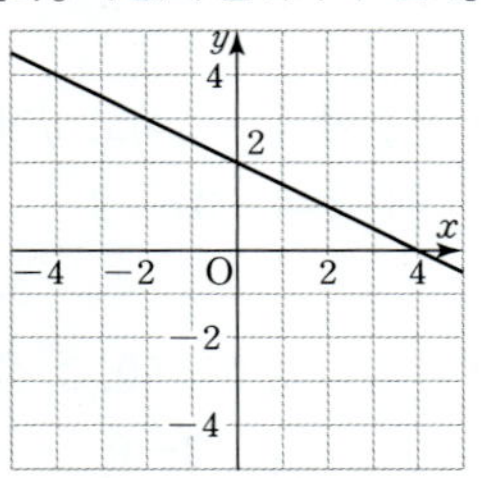

02

x	$\cdots$	-4	-3	-2	-1	0	1	$\cdots$
y	$\cdots$	-5	-3	-1	1	3	5	$\cdots$

[x, y의 값이 정수]　　[x, y의 값의 범위가 수 전체]

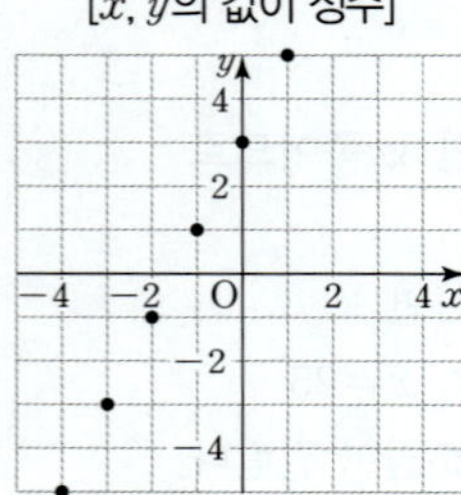 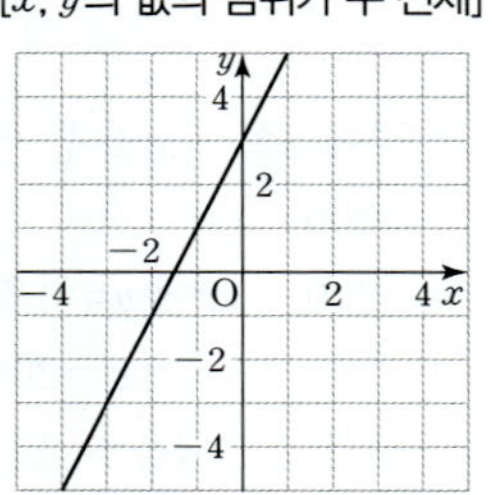

03 $y=x+3$　　**04** $y=2x-7$

05 $y=-2x+\dfrac{1}{2}$　　**06** $y=\dfrac{1}{3}x-\dfrac{2}{3}$

07 $y=-\dfrac{1}{2}x-3$　　**08** $y=\dfrac{5}{3}x-\dfrac{2}{3}$

09 $x+4,\ -4,\ 4,$　　**10** $2x-2,\ 1,\ -2,$

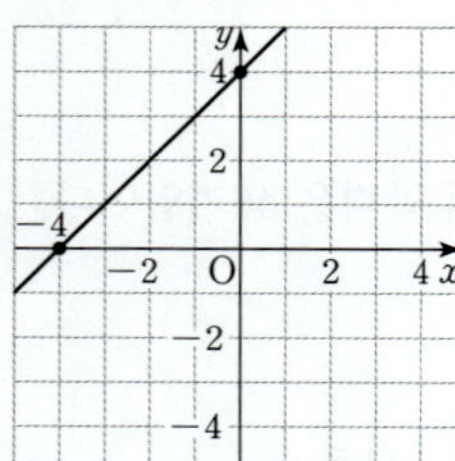 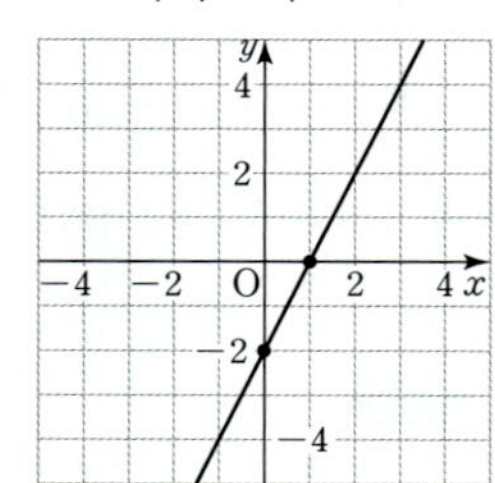

11 $-\dfrac{2}{3}x+2,\ 3,\ 2,$

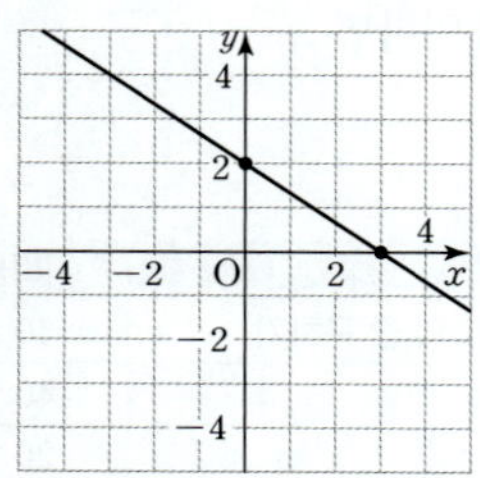

12 × 　　**13** ○ 　　**14** × 　　**15** ○
16 × / 3, 1, 3, -1, 점이 아니다 　　**17** ○ 　　**18** ×
19 ○ 　　**20** 2 / a, -1, 5, 12, 2 　　**21** -2 　　**22** 3
23 5

09 $x-y+4=0$에서 $y=x+4$
$y=x+4$에 $y=0$을 대입하면
$0=x+4$　　$\therefore x=-4$
$y=x+4$에 $x=0$을 대입하면
$y=4$
따라서 x절편은 -4, y절편은 4
이므로 그래프는 오른쪽 그림과
같다.

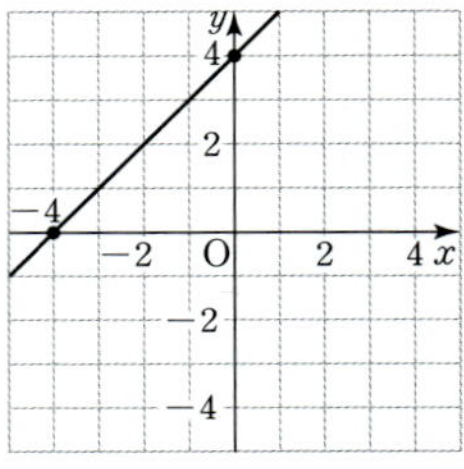

10 $2x-y-2=0$에서 $y=2x-2$
$y=2x-2$에 $y=0$을 대입하면
$0=2x-2$　　$\therefore x=1$
$y=2x-2$에 $x=0$을 대입하면
$y=-2$
따라서 x절편은 1, y절편은 -2
이므로 그래프는 오른쪽 그림과
같다.

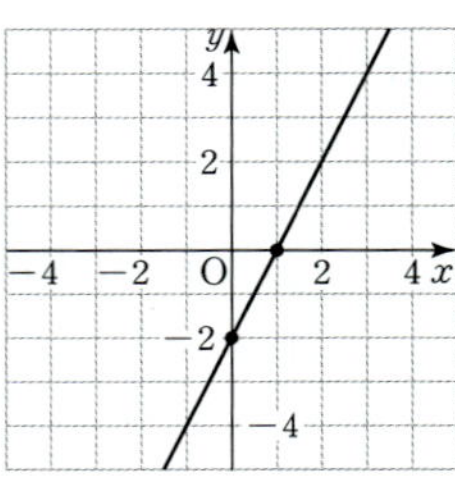

11 $-2x-3y+6=0$에서 $y=-\dfrac{2}{3}x+2$

$y=-\dfrac{2}{3}x+2$에 $y=0$을 대입하면

$0=-\dfrac{2}{3}x+2$　　$\therefore x=3$

$y=-\dfrac{2}{3}x+2$에 $x=0$을 대입하

면 $y=2$
따라서 x절편은 3, y절편은 2이므
로 그래프는 오른쪽 그림과 같다.

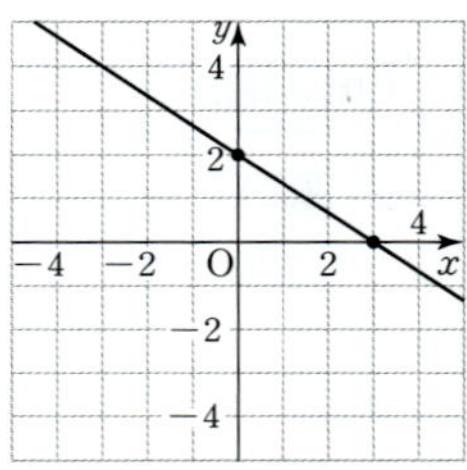

12 $2x+y-4=0$에 $y=0$을 대입하면
$2x-4=0$　　$\therefore x=2$
따라서 x절편은 2이다.

13 $2x+y-4=0$에 $x=0$을 대입하면
$y-4=0$　　$\therefore y=4$
따라서 y절편은 4이다.

14 $2x+y-4=0$에서 $y=-2x+4$
따라서 $y=-2x+4$의 그래프와 $y=2x-1$의 그래프의 기
울기가 각각 -2와 2로 같지 않으므로 두 그래프는 평행하
지 않다.

15 $y=-2x+4$의 그래프에서 (기울기)$=-2<0$,
(y절편)$=4>0$이므로 제1, 2, 4사분면을 지난다.

17 $4x-y-2=0$에 $x=0$, $y=-2$를 대입하면
$4\times0-(-2)-2=0$
따라서 점 $(0,\ -2)$는 일차방정식 $4x-y-2=0$의 그래프 위의 점이다.

18 $4x-y-2=0$에 $x=-2$, $y=6$을 대입하면
$4\times(-2)-6-2\neq0$
따라서 점 $(-2,6)$은 일차방정식 $4x-y-2=0$의 그래프 위의 점이 아니다.

19 $4x-y-2=0$에 $x=-\dfrac{1}{2}$, $y=-4$를 대입하면
$4\times\left(-\dfrac{1}{2}\right)-(-4)-2=0$
따라서 점 $\left(-\dfrac{1}{2},\ -4\right)$는 일차방정식 $4x-y-2=0$의 그래프 위의 점이다.

21 $-2x+3y+12=0$에 $x=3$, $y=a$를 대입하면
$-2\times3+3\times a+12=0$, $3a=-6$　　$\therefore a=-2$

22 $2x-y+a=0$에 $x=-1$, $y=1$을 대입하면
$2\times(-1)-1+a=0$　　$\therefore a=3$

23 $ax-y-12=0$에 $x=2$, $y=-2$를 대입하면
$a\times2-(-2)-12=0$, $2a=10$　　$\therefore a=5$

02 일차방정식 $x=p,\ y=q$의 그래프

179쪽~180쪽

01 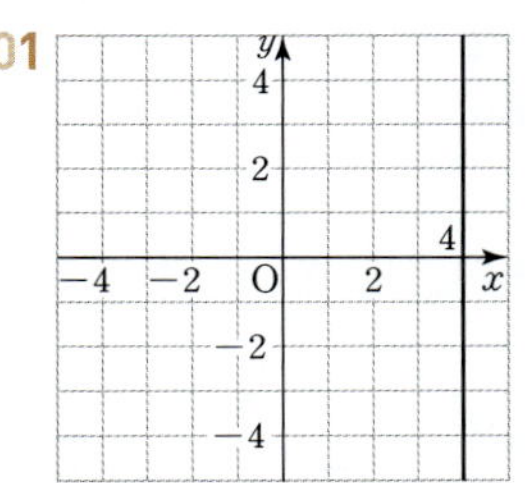
02 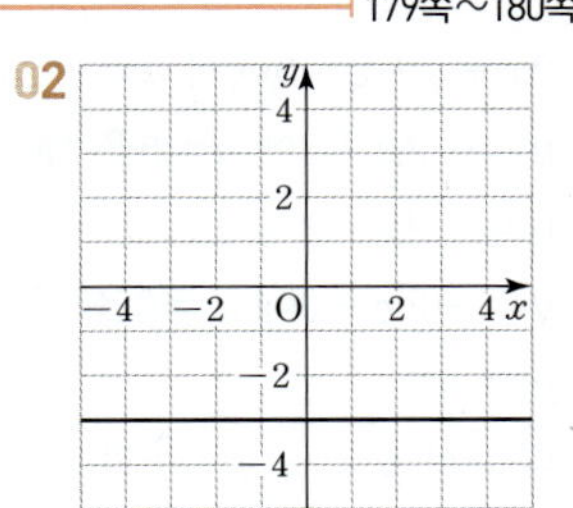
03 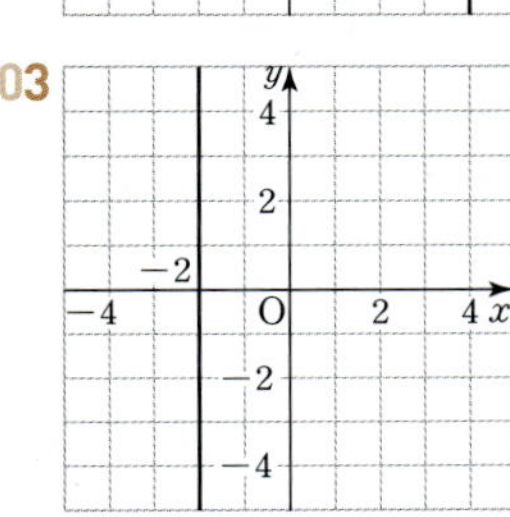
04 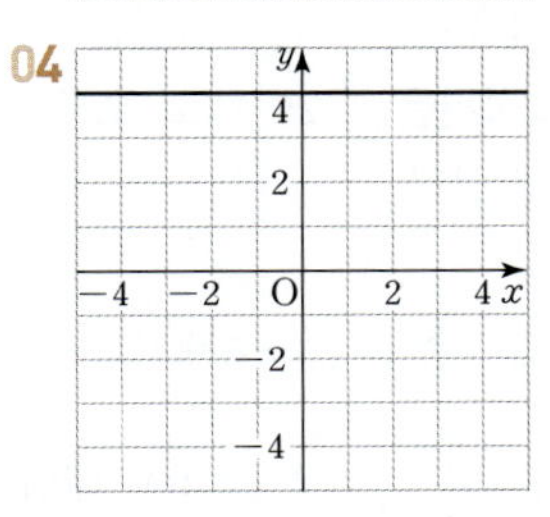

05 (1) $y=-4$　(2) $x=2$
06 $y=1 / 1,\ y=1$　　　**07** $x=-2$　**08** $x=4$　**09** $y=3$

10 $x=2$　　**11** $y=\dfrac{1}{2}$　　**12** $-3 / y,\ -5,\ -3$　　**13** 0
14 3　　　**15** -2

16 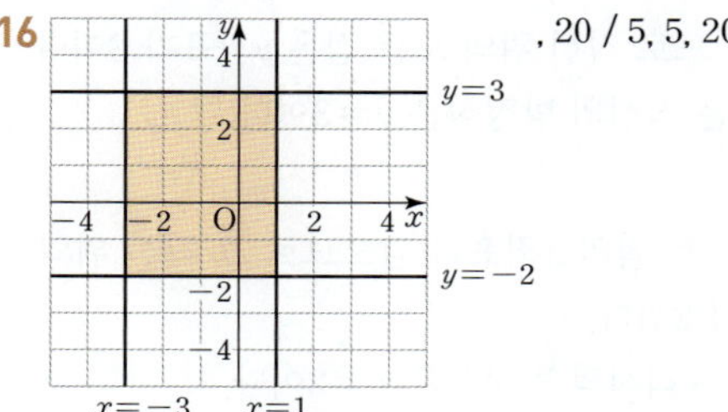
, 20 / 5, 5, 20

17 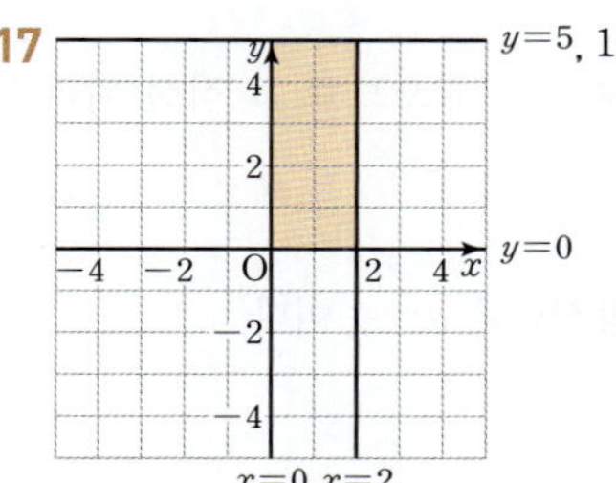
$y=5,\ 10$

18 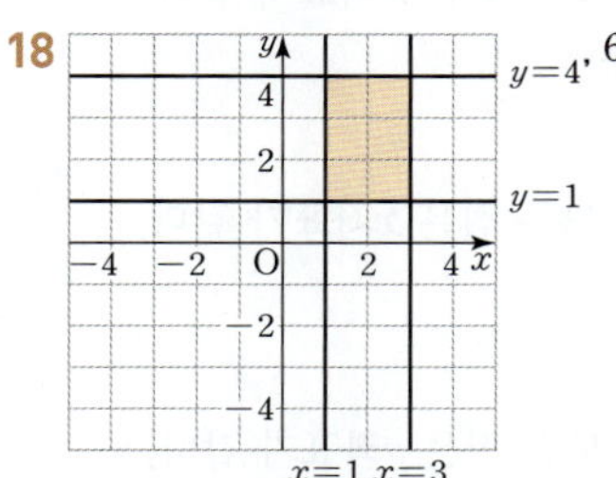
, 6

19 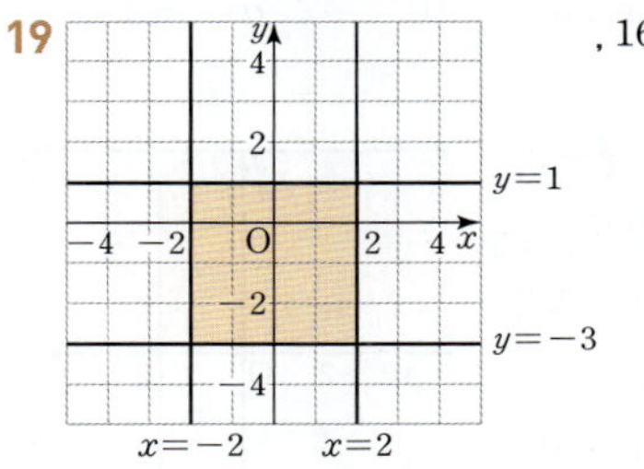
, 16

03 $4x=-8$에서 $x=-2$
따라서 $x=-2$의 그래프는 오른쪽 그림과 같다.

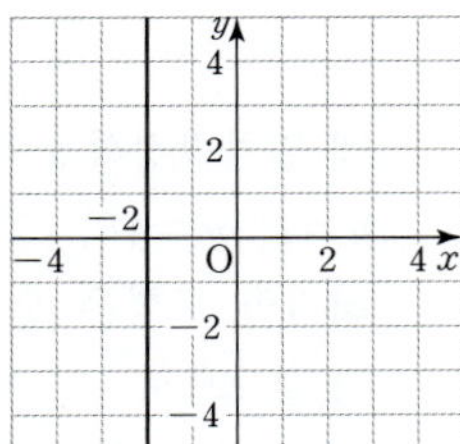

04 $-3y+12=0$에서
$-3y=-12$　　$\therefore y=4$
따라서 $y=4$의 그래프는 오른쪽 그림과 같다.

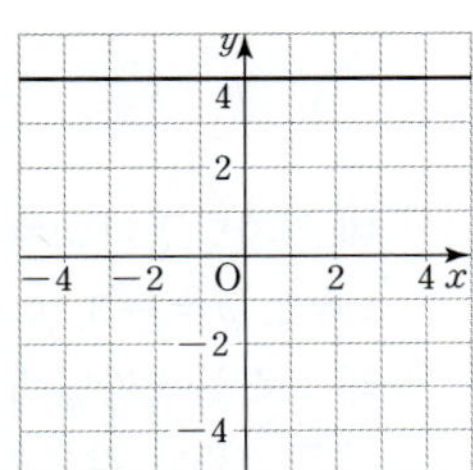

07 y축에 평행하므로 직선 위의 모든 점은 x좌표가 -2이다.
따라서 구하는 직선의 방정식은 $x=-2$이다.

08 x축에 수직이므로 직선 위의 모든 점은 x좌표가 4이다.
따라서 구하는 직선의 방정식은 $x=4$이다.

09 y축에 수직이므로 직선 위의 모든 점은 y좌표가 3이다.
따라서 구하는 직선의 방정식은 $y=3$이다.

10 한 직선 위의 두 점의 x좌표가 같으므로 그 직선 위의 모든
점은 x좌표가 2이다.
따라서 구하는 직선의 방정식은 $x=2$이다.

11 한 직선 위의 두 점의 y좌표가 같으므로 그 직선 위의 모든
점은 y좌표가 $\dfrac{1}{2}$이다.

따라서 구하는 직선의 방정식은 $y=\dfrac{1}{2}$이다.

13 y축에 평행한 직선 위의 모든 점은 x좌표가 같다.
즉, $a+1=1$이므로 $a=0$

14 x축에 수직인 직선 위의 모든 점은 x좌표가 같다.
즉, $6=2a$이므로 $a=3$

15 y축에 수직인 직선 위의 모든 점은 y좌표가 같다.
즉, $5a+1=-9$이므로 $5a=-10$ $\quad\therefore a=-2$

17 네 일차방정식 $x=0$, $x=2$,
$y=0$, $y=5$의 그래프로 둘
러싸인 도형은 오른쪽 그림
과 같으므로
(도형의 넓이)$=2\times5=10$

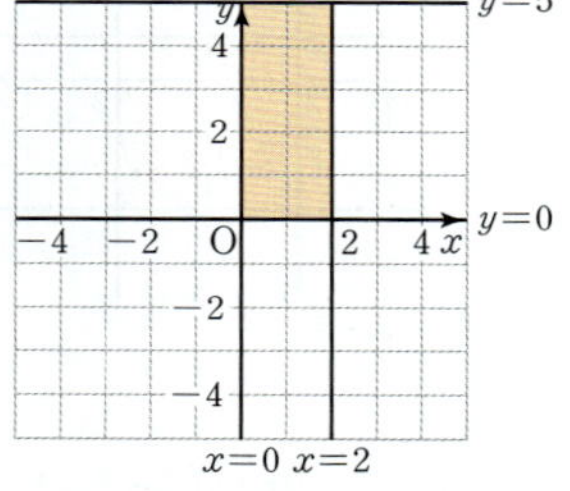

18 네 일차방정식 $x=1$, $x=3$,
$y=1$, $y=4$의 그래프로 둘
러싸인 도형은 오른쪽 그림
과 같으므로
(도형의 넓이)$=2\times3=6$

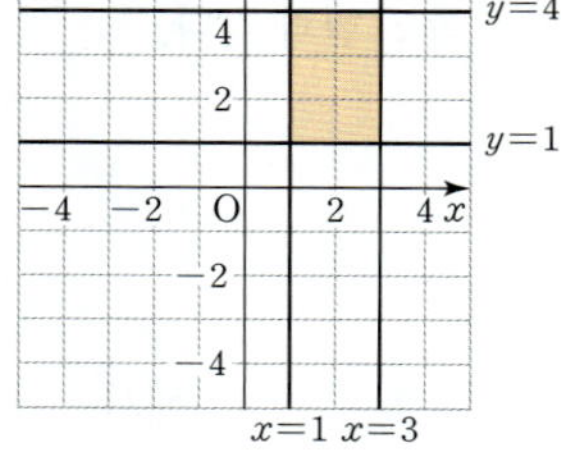

19 네 일차방정식 $x=-2$,
$x=2$, $y=-3$, $y=1$의 그
래프로 둘러싸인 도형은 오
른쪽 그림과 같으므로
(도형의 넓이)$=4\times4=16$

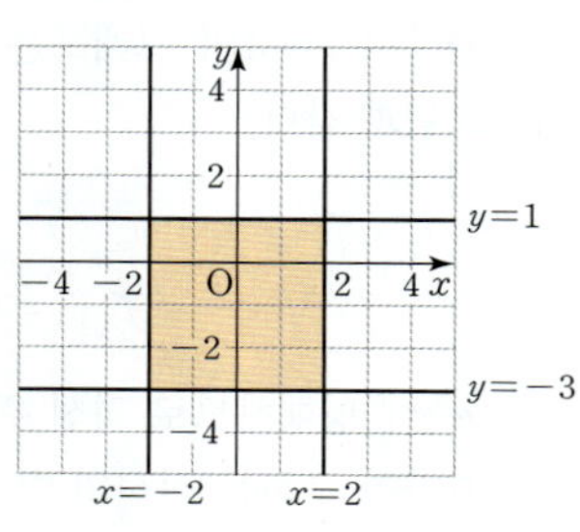

---

01 $y=-2x-2$
기울기 : -2
x절편 : -1
y절편 : -2

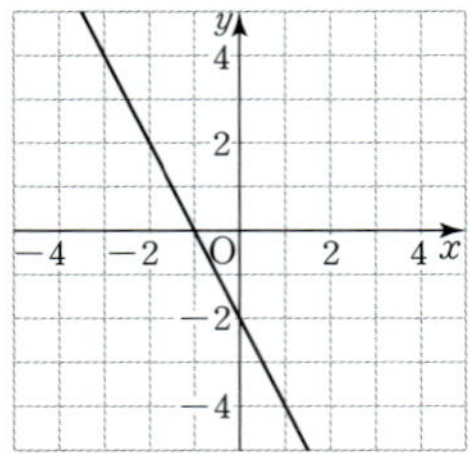

02 $y=\dfrac{5}{3}x-5$
기울기 : $\dfrac{5}{3}$
x절편 : 3
y절편 : -5

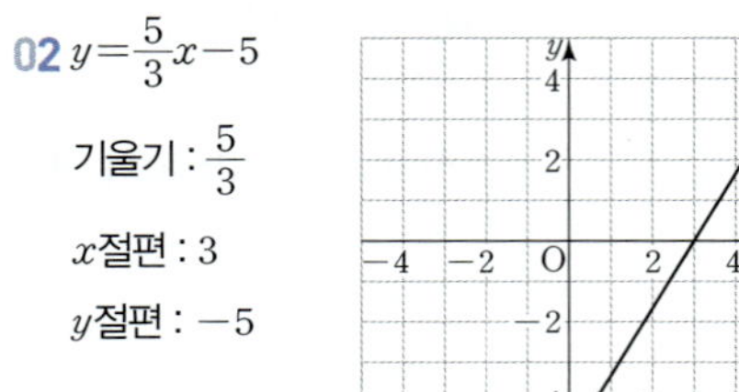

03 $y=-\dfrac{4}{3}x+4$
기울기 : $-\dfrac{4}{3}$
x절편 : 3
y절편 : 4

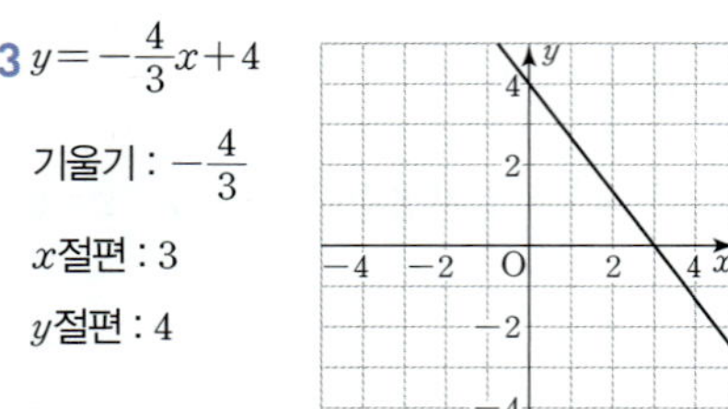

04 ○   **05** ×   **06** ×   **07** ○

08

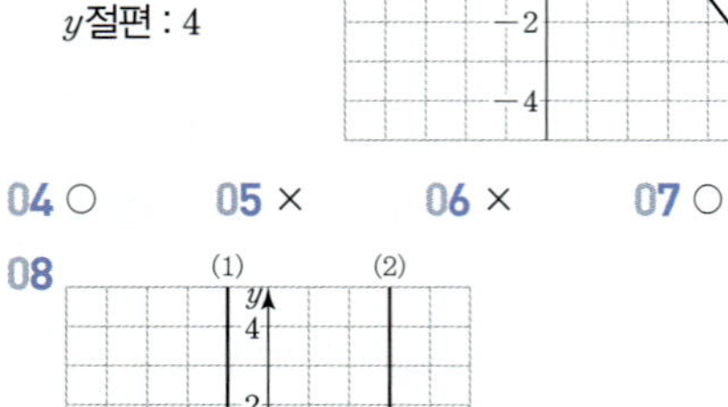

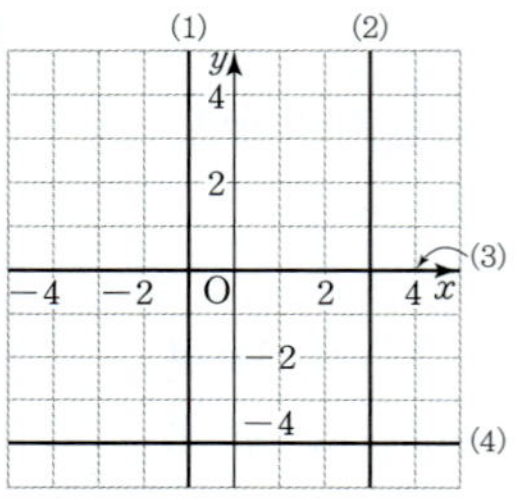

09 (1) $y=4$ (2) $x=-3$ (3) $y=-1$ (4) $x=2$
10 $y=-3$ **11** $x=1$ **12** $x=-1$ **13** $y=-2$

01 $2x+y+2=0$에서 $y=-2x-2$
$y=-2x-2$에 $y=0$을 대입하면
$0=-2x-2$ $\quad\therefore x=-1$
$y=-2x-2$에 $x=0$을 대입하면
$y=-2$
따라서 $y=-2x-2$의 그래프의
기울기는 -2, x절편은 -1,
y절편은 -2이므로 오른쪽 그림
과 같다.

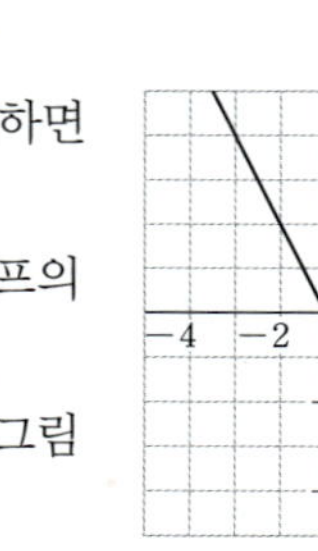

02 $5x-3y-15=0$에서 $y=\dfrac{5}{3}x-5$

$y=\dfrac{5}{3}x-5$에 $y=0$을 대입하면

$0=\dfrac{5}{3}x-5$ $\quad\therefore x=3$

$y=\dfrac{5}{3}x-5$에 $x=0$을 대입하면

$y=-5$

따라서 $y=\dfrac{5}{3}x-5$의 그래프의

기울기는 $\dfrac{5}{3}$, x절편은 3, y절편은

-5이므로 오른쪽 그림과 같다.

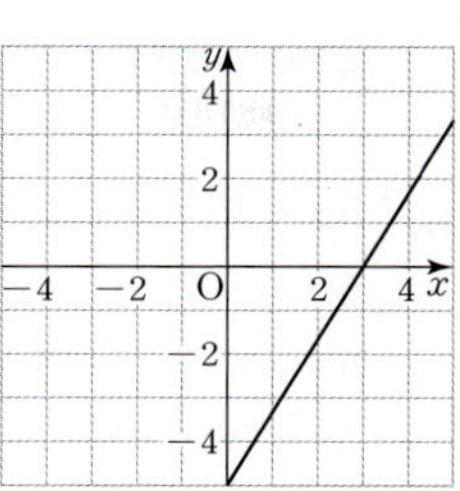

03 $4x+3y-12=0$에서 $y=-\dfrac{4}{3}x+4$

$y=-\dfrac{4}{3}x+4$에 $y=0$을 대입하면

$0=-\dfrac{4}{3}x+4$ $\quad\therefore x=3$

$y=-\dfrac{4}{3}x+4$에 $x=0$을 대입하면

$y=4$

따라서 $y=-\dfrac{4}{3}x+4$의 그래프

의 기울기는 $-\dfrac{4}{3}$, x절편은 3,

y절편은 4이므로 오른쪽 그림과

같다.

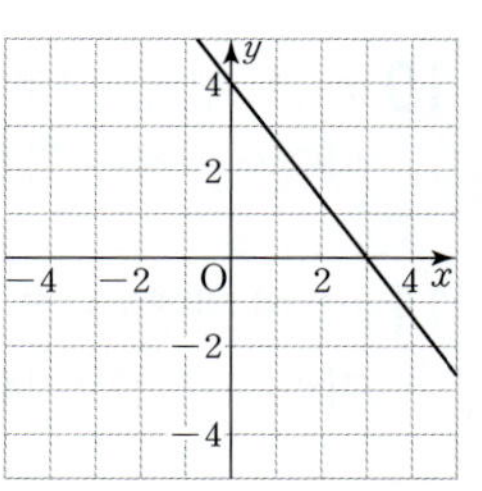

04 $-x+5y=-7$에 $x=2$, $y=-1$을 대입하면

$-2+5\times(-1)=-7$

따라서 점 $(2,\ -1)$은 일차방정식 $-x+5y=-7$의 그래프 위의 점이다.

05 $2x-y=3$에 $x=2$, $y=-1$을 대입하면

$2\times2-(-1)\neq3$

따라서 점 $(2,\ -1)$은 일차방정식 $2x-y=3$의 그래프 위의 점이 아니다.

06 $3x+4y=-2$에 $x=2$, $y=-1$을 대입하면

$3\times2+4\times(-1)\neq-2$

따라서 점 $(2,\ -1)$은 일차방정식 $3x+4y=-2$의 그래프 위의 점이 아니다.

07 $-2x-7y=3$에 $x=2$, $y=-1$을 대입하면

$-2\times2-7\times(-1)=3$

따라서 점 $(2,\ -1)$은 일차방정식 $-2x-7y=3$의 그래프 위의 점이다.

08 (2) $4x=12$에서 $x=3$

(4) $\dfrac{1}{2}y=-2$에서 $y=-4$

따라서 (1)~(4)의 그래프는 오른쪽 그림과 같다.

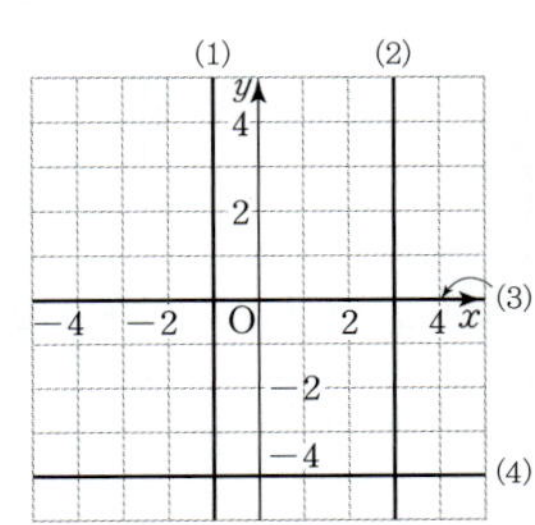

10 x축에 평행하므로 직선 위의 모든 점은 y좌표가 -3이다. 따라서 구하는 직선의 방정식은 $y=-3$이다.

11 y축에 평행하므로 직선 위의 모든 점은 x좌표가 1이다. 따라서 구하는 직선의 방정식은 $x=1$이다.

12 x축에 수직이므로 직선 위의 모든 점은 x좌표가 -1이다. 따라서 구하는 직선의 방정식은 $x=-1$이다.

13 y축에 수직이므로 직선 위의 모든 점은 y좌표가 -2이다. 따라서 구하는 직선의 방정식은 $y=-2$이다.

182쪽

01 $y=-3x-3$

기울기 : -3

x절편 : -1

y절편 : -3

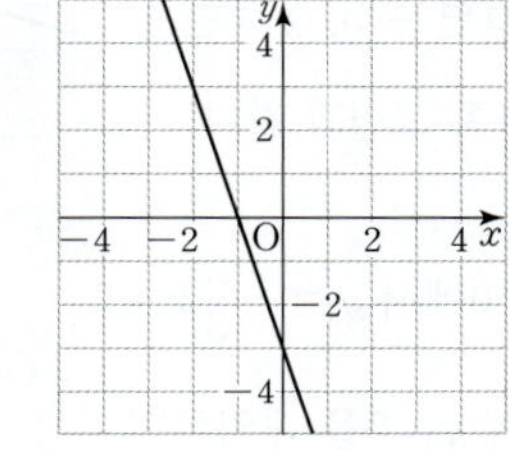

02 $y=\dfrac{1}{3}x-1$

기울기 : $\dfrac{1}{3}$

x절편 : 3

y절편 : -1

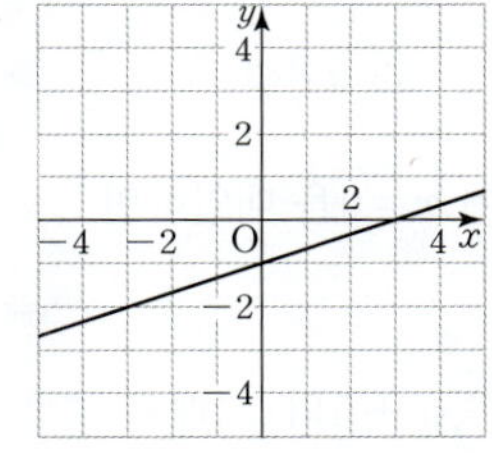

03 $y=-\dfrac{5}{3}x+5$

기울기 : $-\dfrac{5}{3}$

x절편 : 3

y절편 : 5

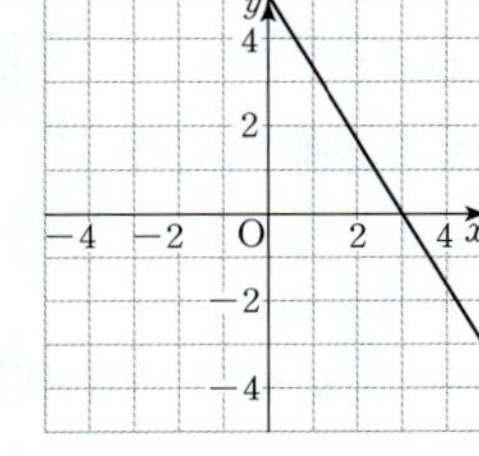

04 ○ **05** × **06** ○ **07** ×

08

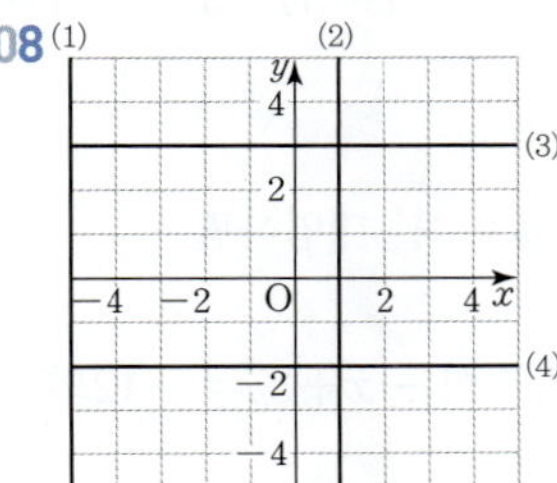

09 (1) $x=4$ (2) $y=1$ (3) $x=0$ (4) $y=-5$

10 $y=5$ **11** $x=-4$ **12** $x=3$ **13** $y=-1$

01 $3x+y+3=0$에서 $y=-3x-3$
$y=-3x-3$에 $y=0$을 대입하면
$0=-3x-3$ $\therefore x=-1$
$y=-3x-3$에 $x=0$을 대입하면
$y=-3$
따라서 $y=-3x-3$의 그래프의
기울기는 -3, x절편은 -1, y절
편은 -3이므로 오른쪽 그림과
같다.

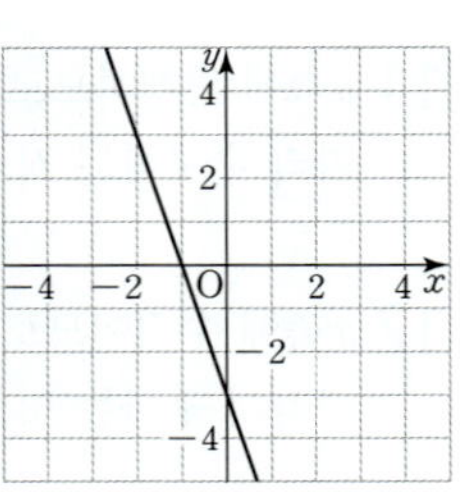

02 $x-3y-3=0$에서 $y=\dfrac{1}{3}x-1$
$y=\dfrac{1}{3}x-1$에 $y=0$을 대입하면 $0=\dfrac{1}{3}x-1$ $\therefore x=3$
$y=\dfrac{1}{3}x-1$에 $x=0$을 대입하면
$y=-1$
따라서 $y=\dfrac{1}{3}x-1$의 그래프의 기
울기는 $\dfrac{1}{3}$, x절편은 3, y절편은
-1이므로 오른쪽 그림과 같다.

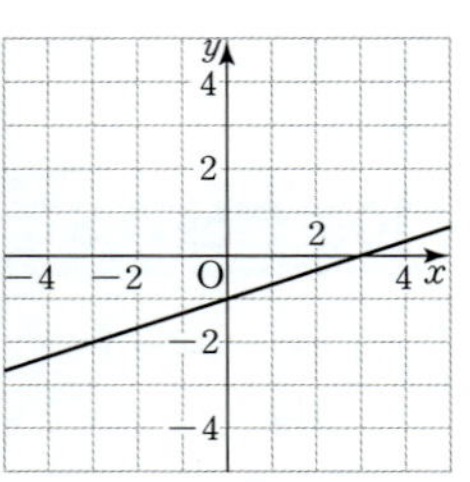

03 $5x+3y-15=0$에서 $y=-\dfrac{5}{3}x+5$
$y=-\dfrac{5}{3}x+5$에 $y=0$을 대입하면
$0=-\dfrac{5}{3}x+5$ $\therefore x=3$
$y=-\dfrac{5}{3}x+5$에 $x=0$을 대입하면
$y=5$
따라서 $y=-\dfrac{5}{3}x+5$의 그래프
의 기울기는 $-\dfrac{5}{3}$, x절편은 3,
y절편은 5이므로 오른쪽 그림과
같다.

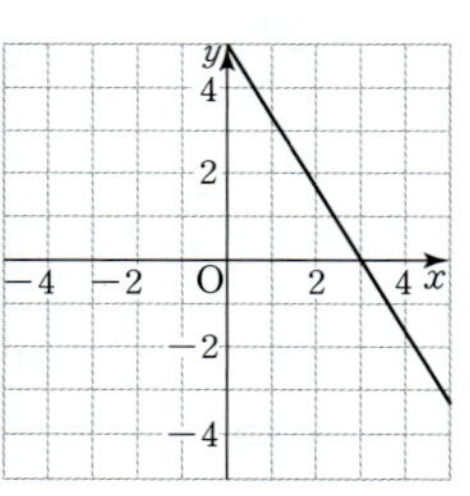

04 $x+3y=3$에 $x=-3$, $y=2$를 대입하면
$-3+3\times2=3$
따라서 점 $(-3,\ 2)$는 일차방정식 $x+3y=3$의 그래프 위
의 점이다.

05 $-x+3y=-12$에 $x=-3$, $y=2$를 대입하면
$-(-3)+3\times2\ne-12$
따라서 점 $(-3,\ 2)$는 일차방정식 $-x+3y=-12$의 그래
프 위의 점이 아니다.

06 $-2x-y=4$에 $x=-3$, $y=2$를 대입하면
$-2\times(-3)-2=4$
따라서 점 $(-3,\ 2)$는 일차방정식 $-2x-y=4$의 그래프
위의 점이다.

07 $5x-4y=7$에 $x=-3$, $y=2$를 대입하면
$5\times(-3)-4\times2\ne7$
따라서 점 $(-3,\ 2)$는 일차방정식 $5x-4y=7$의 그래프
위의 점이 아니다.

08 (2) $3x=3$에서 $x=1$
(4) $\dfrac{1}{8}y=-\dfrac{1}{4}$에서 $y=-2$
따라서 (1)~(4)의 그래프는 오
른쪽 그림과 같다.

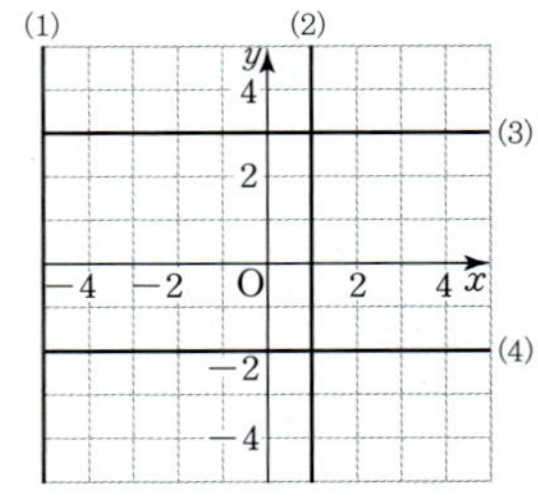

10 x축에 평행하므로 직선 위의 모든 점은 y좌표가 5이다.
따라서 구하는 직선의 방정식은 $y=5$이다.

11 y축에 평행하므로 직선 위의 모든 점은 x좌표가 -4이다.
따라서 구하는 직선의 방정식은 $x=-4$이다.

12 x축에 수직이므로 직선 위의 모든 점은 x좌표가 3이다.
따라서 구하는 직선의 방정식은 $x=3$이다.

13 y축에 수직이므로 직선 위의 모든 점은 y좌표가 -1이다.
따라서 구하는 직선의 방정식은 $y=-1$이다.

03 연립방정식의 해와 그래프

183쪽

01 $x=1,\ y=1\ /\ 1,\ 1,\ 1,\ 1$
02 $x=-2,\ y=0$
03 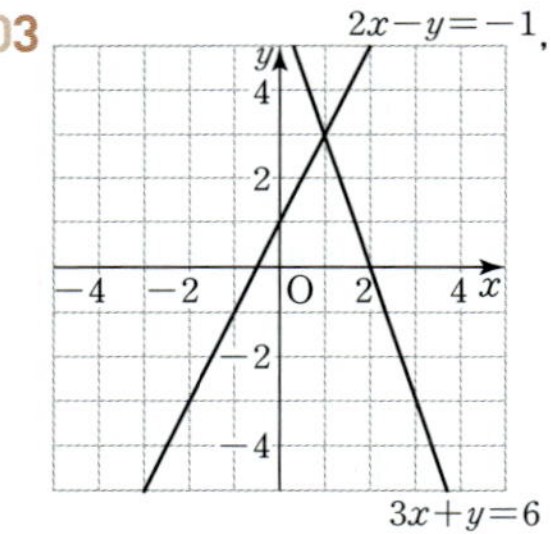
$2x-y=-1,\ x=1,\ y=3\ /\ 2x+1,\ 1,\ 3,\ 1,\ 3$

04 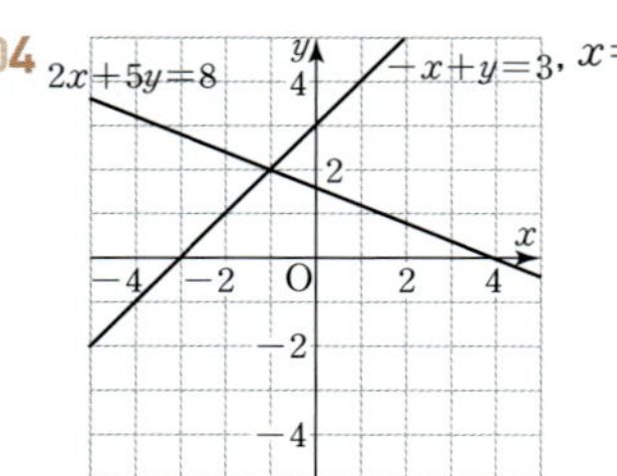
$-x+y=3,\ x=-1,\ y=2$

05 $a=1,\ b=-2\ /\ -1,\ 2,\ -1,\ 2,\ -1,\ 1,\ 1,\ 2,\ -1,\ 2,\ -2$
06 $a=4,\ b=\dfrac{3}{2}$

04 $2x+5y=8$에서

$y=-\dfrac{2}{5}x+\dfrac{8}{5}$

$-x+y=3$에서 $y=x+3$

두 그래프를 각각 그리면 오른쪽 그림과 같이 두 그래프의 교점의 좌표가 $(-1,\ 2)$이므로 연립방정식의 해는 $x=-1,\ y=2$이다.

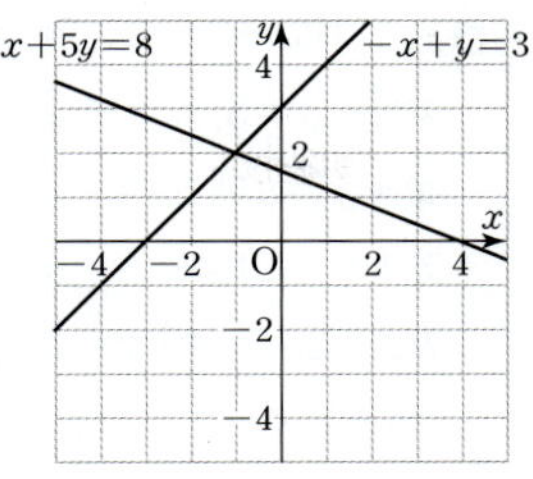

06 두 그래프의 교점의 좌표가 $(-1,\ 2)$이므로 연립방정식의 해는 $x=-1,\ y=2$이다.

$2x+3y=a$에 $x=-1,\ y=2$를 대입하면

$2\times(-1)+3\times2=a$　　$\therefore a=4$

$x-by=-4$에 $x=-1,\ y=2$를 대입하면

$-1-b\times2=-4,\ 2b=3$　　$\therefore b=\dfrac{3}{2}$

04 연립방정식의 해의 개수와 그래프

184쪽

01 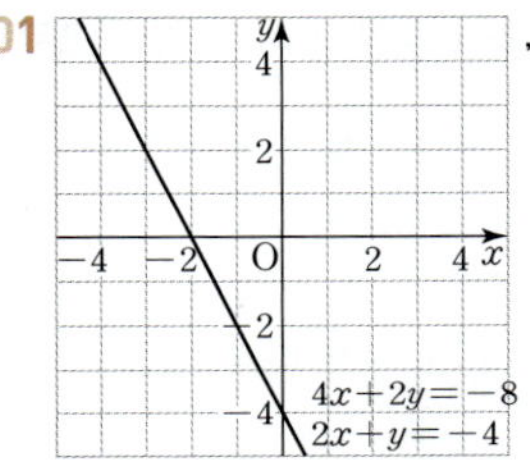, 해가 무수히 많다.

$/\ -2x-4$, 일치, 무수히 많다

02 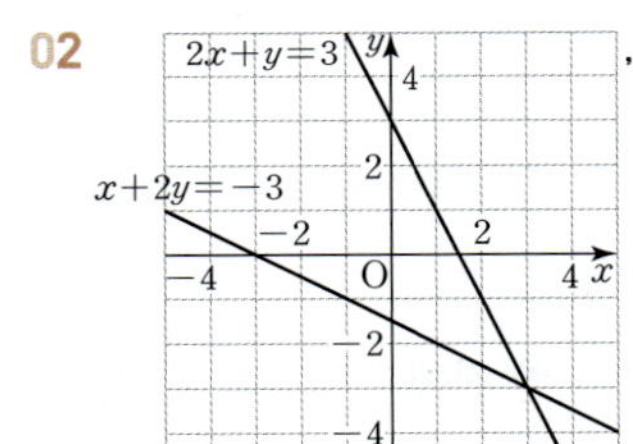, $x=3,\ y=-3$

03 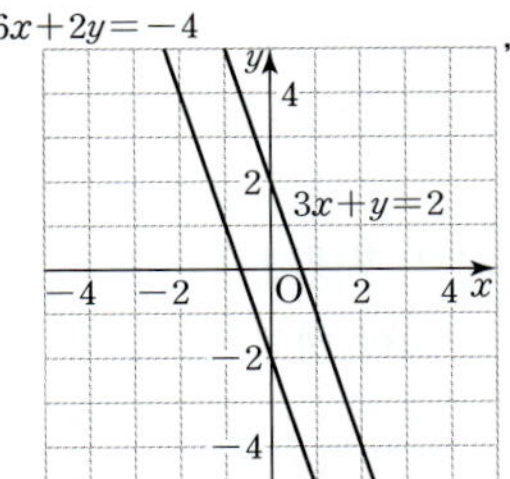, 해가 없다.

04 $\dfrac{a}{3}x+\dfrac{1}{3},\ \dfrac{4}{3}x-\dfrac{1}{3},\ 4\ /\ a,\ 4,\ 4$　　　　**05** -4

06 $\dfrac{a}{4}x-2,\ 2x-\dfrac{b}{2},\ a=8,\ b=4\ /\ 4,\ 2,\ 2,\ 8,\ 4$

07 $a=3,\ b=6$

02 $x+2y=-3$에서

$y=-\dfrac{1}{2}x-\dfrac{3}{2}$

$2x+y=3$에서 $y=-2x+3$

두 그래프를 각각 그리면 오른쪽 그림과 같이 두 그래프의 교점의 좌표가 $(3,\ -3)$이므로 연립방정식의 해는 $x=3,\ y=-3$이다.

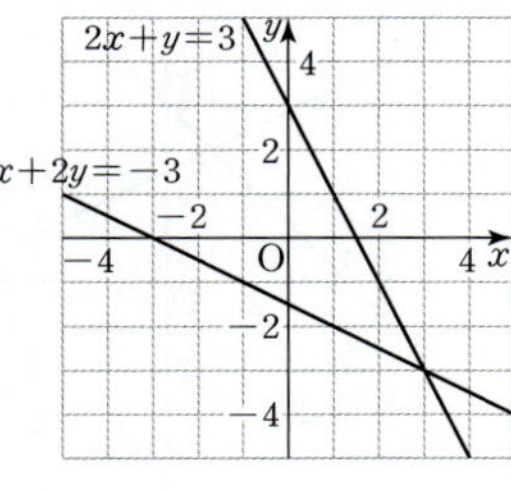

03 $3x+y=2$에서 $y=-3x+2$

$6x+2y=-4$에서 $y=-3x-2$

두 그래프를 각각 그리면 오른쪽 그림과 같이 두 그래프가 서로 평행하므로 연립방정식의 해가 없다.

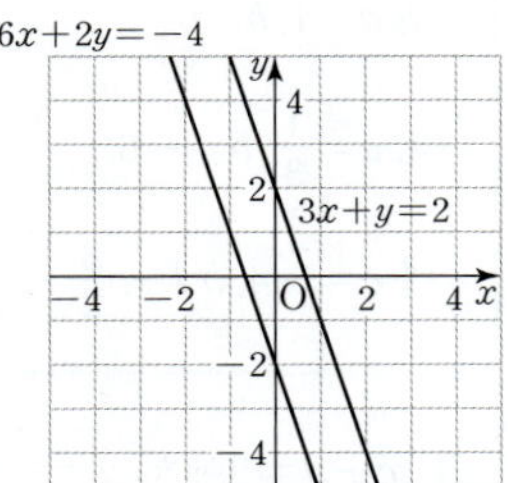

05 $2x-y=5$에서 $y=2x-5$

$ax+2y=2$에서 $y=-\dfrac{a}{2}x+1$

해가 없으려면 두 그래프가 서로 평행해야 한다.

즉, 기울기는 같고, y절편은 달라야 하므로

$2=-\dfrac{a}{2}$　　$\therefore a=-4$

07 $-x+3y=b$에서 $y=\dfrac{1}{3}x+\dfrac{b}{3}$

$ax-9y=-18$에서 $y=\dfrac{a}{9}x+2$

해가 무수히 많으려면 두 그래프가 일치해야 한다.

즉, 기울기와 y절편이 각각 같아야 하므로

$\dfrac{1}{3}=\dfrac{a}{9},\ \dfrac{b}{3}=2$　　$\therefore a=3,\ b=6$

10분 연산 TEST 1회

185쪽

01 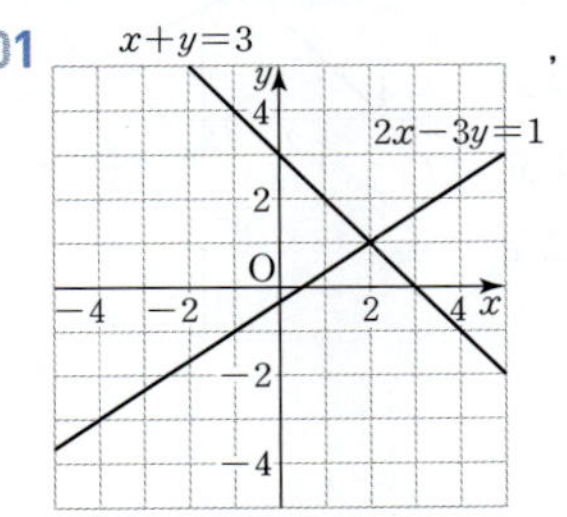, $x=2,\ y=1$

02 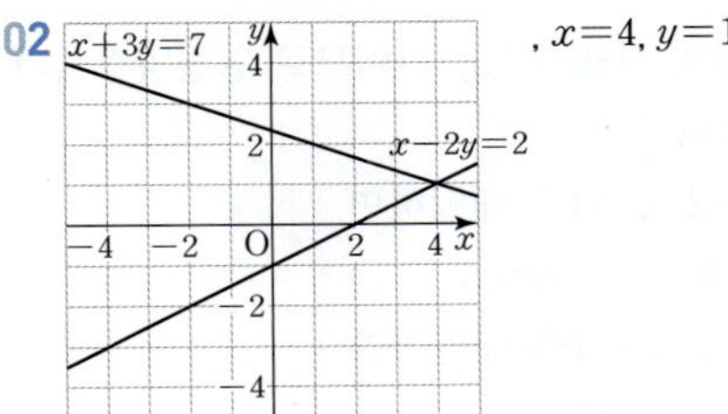, $x=4,\ y=1$

03 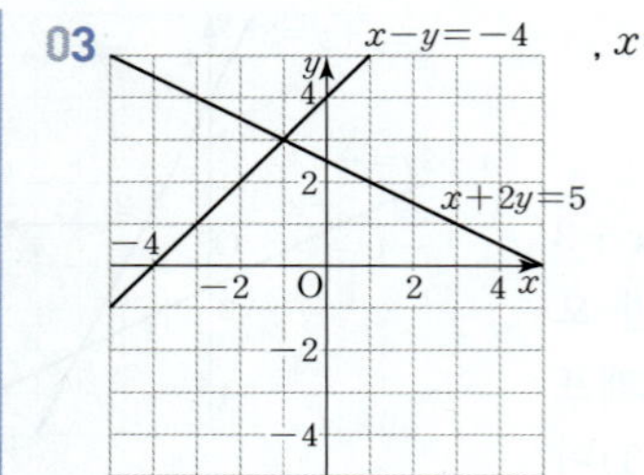 , $x=-1$, $y=3$

04 $a=3$, $b=3$　　05 $a=2$, $b=1$

06 $a=1$, $b=6$　　07 $a=\dfrac{1}{3}$, $b\neq-6$

08 $a=\dfrac{1}{3}$, $b=-6$　　09 $a\neq\dfrac{1}{3}$　　10 $a\neq-4$

11 $a=-4$, $b\neq-\dfrac{3}{2}$　　12 $a=-4$, $b=-\dfrac{3}{2}$

01 $x+y=3$에서 $y=-x+3$

$2x-3y=1$에서 $y=\dfrac{2}{3}x-\dfrac{1}{3}$

두 그래프를 각각 그리면 오른쪽 그림과 같이 두 그래프의 교점의 좌표가 $(2,\ 1)$이므로 연립방정식의 해는 $x=2$, $y=1$이다. 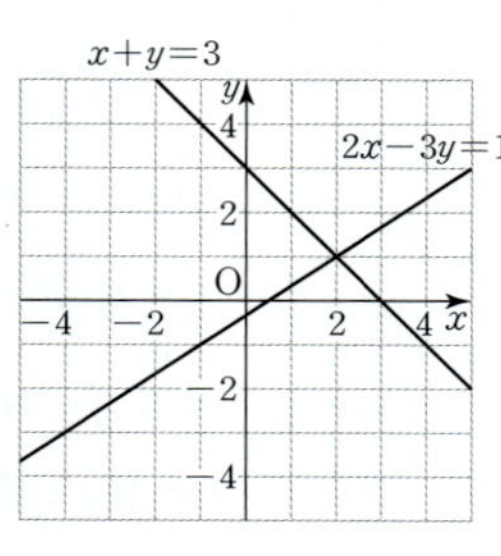

02 $x+3y=7$에서 $y=-\dfrac{1}{3}x+\dfrac{7}{3}$

$x-2y=2$에서 $y=\dfrac{1}{2}x-1$

두 그래프를 각각 그리면 오른쪽 그림과 같이 두 그래프의 교점의 좌표가 $(4,\ 1)$이므로 연립방정식의 해는 $x=4$, $y=1$이다. 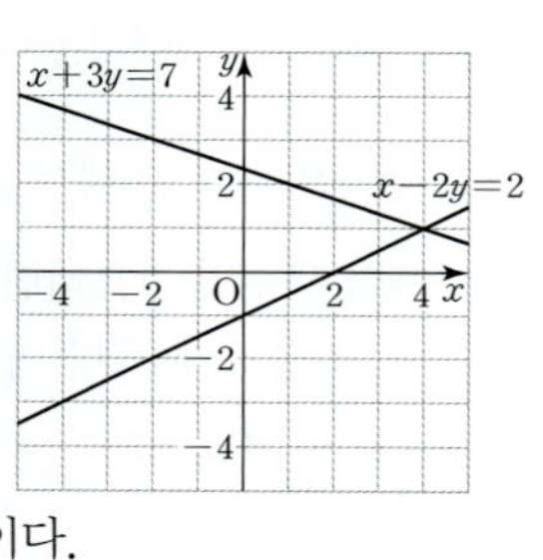

03 $x-y=-4$에서 $y=x+4$

$x+2y=5$에서 $y=-\dfrac{1}{2}x+\dfrac{5}{2}$

두 그래프를 각각 그리면 오른쪽 그림과 같이 두 그래프의 교점의 좌표가 $(-1,\ 3)$이므로 연립방정식의 해는 $x=-1$, $y=3$이다. 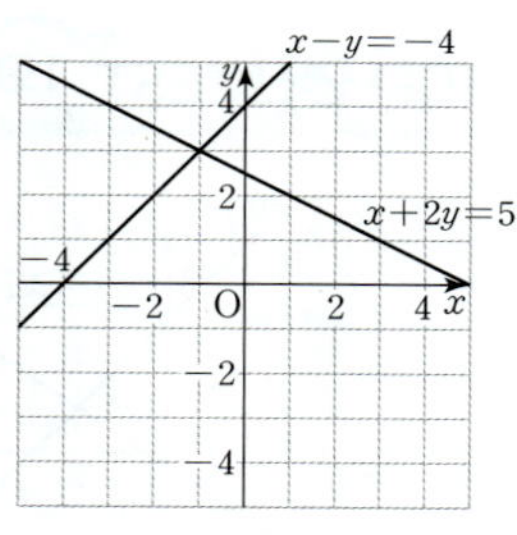

04 두 그래프의 교점의 좌표가 $(2,\ 1)$이므로 연립방정식의 해는 $x=2$, $y=1$이다.

$ax+y=7$에 $x=2$, $y=1$을 대입하면

$2a+1=7$, $2a=6$　　∴ $a=3$

$2x-y=b$에 $x=2$, $y=1$을 대입하면

$2\times2-1=b$　　∴ $b=3$

05 두 그래프의 교점의 좌표가 $(3,\ -1)$이므로 연립방정식의 해는 $x=3$, $y=-1$이다.

$x+y=a$에 $x=3$, $y=-1$을 대입하면

$3+(-1)=a$　　∴ $a=2$

$bx-2y=5$에 $x=3$, $y=-1$을 대입하면

$3b-2\times(-1)=5$, $3b=3$　　∴ $b=1$

06 두 그래프의 교점의 좌표가 $(-2,\ 2)$이므로 연립방정식의 해는 $x=-2$, $y=2$이다.

$ax+3y=4$에 $x=-2$, $y=2$를 대입하면

$-2a+3\times2=4$, $-2a=-2$　　∴ $a=1$

$-2x+y=b$에 $x=-2$, $y=2$를 대입하면

$-2\times(-2)+2=b$　　∴ $b=6$

07 $x-ay=-2$에서 $y=\dfrac{1}{a}x+\dfrac{2}{a}$

$3x-y=b$에서 $y=3x-b$

두 그래프가 서로 평행하면 기울기는 같고, y절편은 다르므로

$\dfrac{1}{a}=3$, $\dfrac{2}{a}\neq-b$　　∴ $a=\dfrac{1}{3}$, $b\neq-6$

08 두 그래프가 일치하면 기울기와 y절편이 각각 같으므로

$\dfrac{1}{a}=3$, $\dfrac{2}{a}=-b$　　∴ $a=\dfrac{1}{3}$, $b=-6$

09 두 그래프가 한 점에서 만나면 기울기가 다르므로

$\dfrac{1}{a}\neq3$　　∴ $a\neq\dfrac{1}{3}$

10 $ax+6y=3$에서 $y=-\dfrac{a}{6}x+\dfrac{1}{2}$

$2x-3y=b$에서 $y=\dfrac{2}{3}x-\dfrac{b}{3}$

해가 하나이려면 두 그래프가 한 점에서 만나야 한다.

즉, 기울기가 달라야 하므로

$-\dfrac{a}{6}\neq\dfrac{2}{3}$　　∴ $a\neq-4$

11 해가 없으려면 두 그래프가 서로 평행해야 한다.

즉, 기울기는 같고, y절편은 달라야 하므로

$-\dfrac{a}{6}=\dfrac{2}{3}$, $\dfrac{1}{2}\neq-\dfrac{b}{3}$　　∴ $a=-4$, $b\neq-\dfrac{3}{2}$

12 해가 무수히 많으려면 두 그래프가 일치해야 한다.

즉, 기울기와 y절편이 각각 같아야 하므로

$-\dfrac{a}{6}=\dfrac{2}{3}$, $\dfrac{1}{2}=-\dfrac{b}{3}$　　∴ $a=-4$, $b=-\dfrac{3}{2}$

186쪽

01 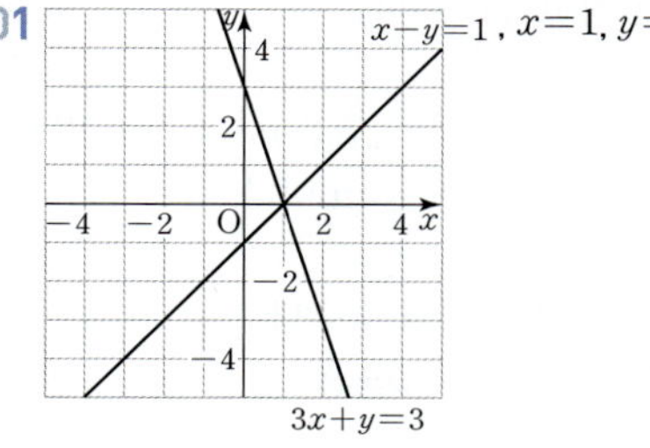 $x-y=1$, $x=1$, $y=0$

$3x+y=3$

02 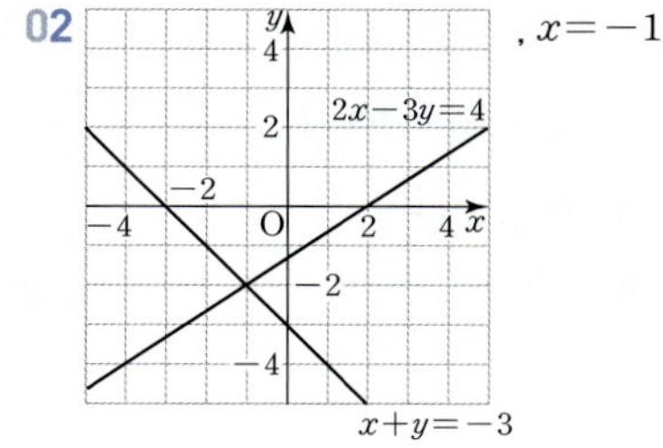 , $x=-1$, $y=-2$

$2x-3y=4$

$x+y=-3$

03 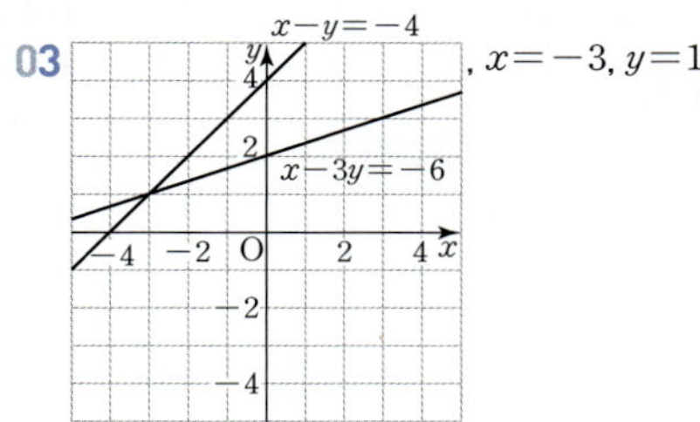 , $x=-3$, $y=1$

$x-y=-4$

$x-3y=-6$

04 $a=4$, $b=2$ **05** $a=-2$, $b=5$

06 $a=1$, $b=-1$ **07** $a=3$, $b\neq-4$

08 $a=3$, $b=-4$ **09** $a\neq3$ **10** $a\neq-1$

11 $a=-1$, $b\neq6$ **12** $a=-1$, $b=6$

---

01 $x-y=1$에서 $y=x-1$

$3x+y=3$에서 $y=-3x+3$

두 그래프를 각각 그리면 오른쪽 그림과 같이 두 그래프의 교점의 좌표가 $(1,\ 0)$이므로 연립방정식의 해는 $x=1$, $y=0$이다.

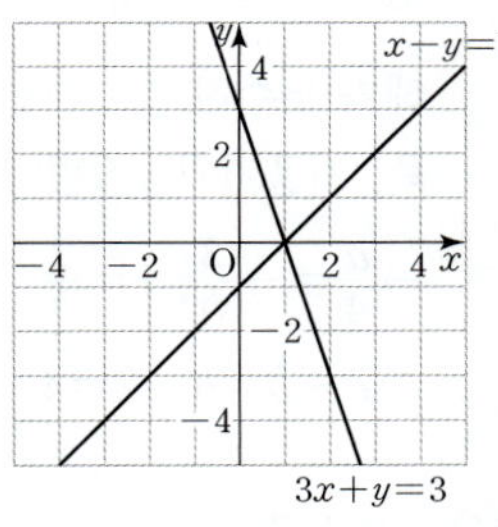

$x-y=1$

$3x+y=3$

02 $2x-3y=4$에서 $y=\dfrac{2}{3}x-\dfrac{4}{3}$

$x+y=-3$에서 $y=-x-3$

두 그래프를 각각 그리면 오른쪽 그림과 같이 두 그래프의 교점의 좌표가 $(-1,\ -2)$이므로 연립방정식의 해는 $x=-1$, $y=-2$이다.

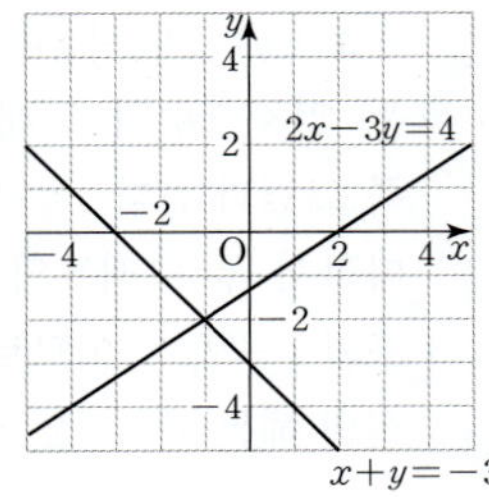

$2x-3y=4$

$x+y=-3$

03 $x-y=-4$에서 $y=x+4$

$x-3y=-6$에서 $y=\dfrac{1}{3}x+2$

두 그래프를 각각 그리면 오른쪽 그림과 같이 두 그래프의 교점의 좌표가 $(-3,\ 1)$이므로 연립방정식의 해는 $x=-3$, $y=1$이다.

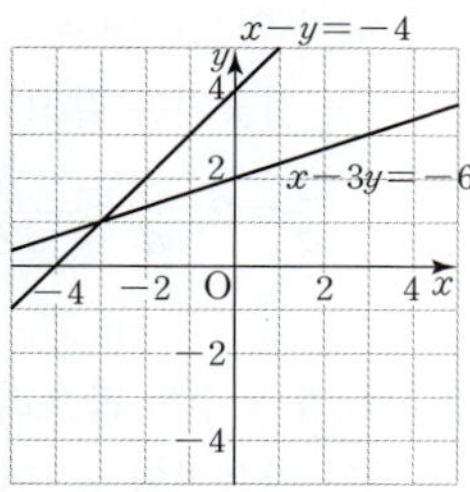

$x-y=-4$

$x-3y=-6$

04 두 그래프의 교점의 좌표가 $(1,\ 1)$이므로 연립방정식의 해는 $x=1$, $y=1$이다.

$ax-y=3$에 $x=1$, $y=1$을 대입하면

$a-1=3$ $\therefore a=4$

$x+y=b$에 $x=1$, $y=1$을 대입하면

$1+1=b$ $\therefore b=2$

05 두 그래프의 교점의 좌표가 $(-4,\ -4)$이므로 연립방정식의 해는 $x=-4$, $y=-4$이다.

$x+ay=4$에 $x=-4$, $y=-4$를 대입하면

$-4+a\times(-4)=4$, $-4a=8$ $\therefore a=-2$

$bx-4y=-4$에 $x=-4$, $y=-4$를 대입하면

$b\times(-4)-4\times(-4)=-4$, $-4b=-20$ $\therefore b=5$

06 두 그래프의 교점의 좌표가 $(-2,\ 1)$이므로 연립방정식의 해는 $x=-2$, $y=1$이다.

$ax-2y=-4$에 $x=-2$, $y=1$을 대입하면

$a\times(-2)-2\times1=-4$, $-2a=-2$ $\therefore a=1$

$x+by=-3$에 $x=-2$, $y=1$을 대입하면

$-2+b=-3$ $\therefore b=-1$

07 $ax+y=2$에서 $y=-ax+2$

$-6x-2y=b$에서 $y=-3x-\dfrac{b}{2}$

두 그래프가 서로 평행하면 기울기는 같고, y절편은 다르므로

$-a=-3$, $2\neq-\dfrac{b}{2}$ $\therefore a=3$, $b\neq-4$

08 두 그래프가 일치하면 기울기와 y절편이 각각 같으므로

$-a=-3$, $2=-\dfrac{b}{2}$ $\therefore a=3$, $b=-4$

09 두 그래프가 한 점에서 만나면 기울기가 다르므로

$-a\neq-3$ $\therefore a\neq3$

10 $2x+ay=3$에서 $y=-\dfrac{2}{a}x+\dfrac{3}{a}$

$4x-2y=b$에서 $y=2x-\dfrac{b}{2}$

해가 하나이려면 두 그래프가 한 점에서 만나야 한다.

즉, 기울기가 달라야 하므로

$-\dfrac{2}{a}\neq2$ $\therefore a\neq-1$

11 해가 없으려면 두 그래프가 서로 평행해야 한다.

즉, 기울기는 같고, y절편은 달라야 하므로

$-\dfrac{2}{a}=2$, $\dfrac{3}{a}\neq-\dfrac{b}{2}$ $\therefore a=-1,\ b\neq6$

12 해가 무수히 많으려면 두 그래프가 일치해야 한다.

즉, 기울기와 y절편이 각각 같아야 하므로

$-\dfrac{2}{a}=2$, $\dfrac{3}{a}=-\dfrac{b}{2}$ $\therefore a=-1,\ b=6$

학교 시험 PREVIEW

187쪽~188쪽

소소로 개념 점검

(1) 직선의 방정식　　　　　(2) ① $p,\ y$　② $q,\ x$

(3) ① 하나　② 없다　③ 무수히 많다

01 ③	02 ④	03 ⑤	04 ③	05 ②
06 ①	07 ②	08 ①	09 ⑤	10 ④
11 ③	12 $x=-2,\ y=3$			

01 $2x+3y=12$에서 $y=-\dfrac{2}{3}x+4$

따라서 $a=-\dfrac{2}{3}$, $b=4$이므로 $ab=-\dfrac{2}{3}\times4=-\dfrac{8}{3}$

02 ①, ③ $y=2x-3$　　　② $y=2x+3$

④ $y=3x-1$　　　　⑤ $y=2x-1$

따라서 기울기가 나머지 넷과 다른 하나는 ④이다.

03 그래프가 두 점 $(8,\ 0)$, $(4,\ 3)$을 지나므로

$ax+by-24=0$에 $x=8$, $y=0$을 대입하면

$8\times a+b\times0-24=0$, $8a=24$　　$\therefore a=3$

$3x+by-24=0$에 $x=4$, $y=3$을 대입하면

$3\times4+b\times3-24=0$, $3b=12$　　$\therefore b=4$

$\therefore a+b=3+4=7$

04 $5x-2y-20=0$에서 $y=\dfrac{5}{2}x-10$

② $y=0$일 때, $0=\dfrac{5}{2}x-10$, $x=4$

이므로 x절편은 4이다.

③ $x=0$일 때, $y=-10$이므로 y절편은 -10이다.

④ $y=\dfrac{5}{2}x-10$에 $x=2$, $y=-5$를 대입하면

$-5=\dfrac{5}{2}\times2-10$

이므로 점 $(2,\ -5)$는 $y=\dfrac{5}{2}x-10$의 그래프 위의 점이다.

따라서 옳지 않은 것은 ③이다.

05 $2x-6=0$에서 $2x=6$　　$\therefore x=3$

따라서 일차방정식 $2x-6=0$의 그래프는 점 $(3,\ 0)$을 지나고, y축에 평행한 직선인 ②이다.

06 y축에 수직이므로 직선 위의 모든 점은 y좌표가 6이다.

따라서 구하는 직선의 방정식은 $y=6$이다.

07 x축에 평행하므로 두 점의 y좌표가 같다.

즉, $-k-6=3k+2$이므로 $-4k=8$　　$\therefore k=-2$

08 $x+y=-1$에서 $y=-x-1$이므로 그 그래프는 세 점 A, D, E를 지난다. 또, $-3x+9y=3$에서 $y=\dfrac{1}{3}x+\dfrac{1}{3}$이므로 그 그래프는 두 점 A, B를 지난다.

따라서 연립방정식의 해는 두 일차방정식의 그래프가 만나는 점인 점 A이다.

09 두 그래프의 교점의 좌표가 $(3,\ 1)$이므로 연립방정식의 해는 $x=3$, $y=1$이다.

$2x+3y=k$에 $x=3$, $y=1$을 대입하면

$2\times3+3\times1=k$　　$\therefore k=9$

10 ④ $3x-2y=1$에서 $y=\dfrac{3}{2}x-\dfrac{1}{2}$

$6x-4y=1$에서 $y=\dfrac{3}{2}x-\dfrac{1}{4}$

두 그래프가 서로 평행하므로 연립방정식의 해가 없다.

11 $ax+4y=4$에서 $y=-\dfrac{a}{4}x+1$

$3x+by=2$에서 $y=-\dfrac{3}{b}x+\dfrac{2}{b}$

해가 무수히 많으려면 두 그래프가 일치해야 한다.

즉, 기울기와 y절편이 각각 같아야 하므로

$-\dfrac{a}{4}=-\dfrac{3}{b}$, $1=\dfrac{2}{b}$　　$\therefore a=6,\ b=2$

$\therefore a-b=6-2=4$

12 📋 서술형

$2x+y=-1$에서 $y=-2x-1$

$-x+y=5$에서 $y=x+5$　　　　……❶

두 일차함수의 그래프는 오른쪽 그림과 같다.　……❷

따라서 두 그래프의 교점의 좌표가 $(-2,\ 3)$이므로 연립방정식의 해는 $x=-2$, $y=3$이다.

　　　　……❸

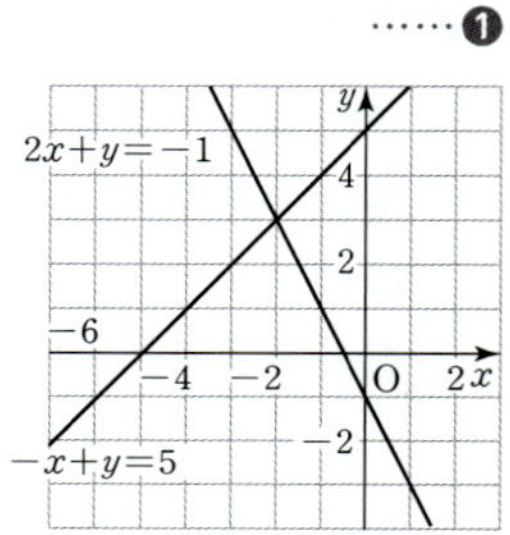

채점 기준	비율
❶ 두 일차방정식을 $y=ax+b$ 꼴로 변형하기	20 %
❷ 두 일차함수의 그래프 그리기	60 %
❸ 그래프를 이용하여 연립방정식 풀기	20 %